机械设计基础

（第2版）

陈照强　高立营　薛云娜　主　编

王宝林　许树辉　白晓兰　副主编

沈学会　付圳稔　陈　辉　孔胜利　参　编

電子工業出版社

Publishing House of Electronics Industry

北京 · BEIJING

内 容 简 介

本书将机械原理与机械设计的内容结合在一起，并将课程理论和实践内容有机地融合，突出知识的应用性，强化系统设计观念，强调设计技能的培养。本书所选内容和设计实例适合普通高等院校应用型人才培养的需要。

本书系统地阐述了机械中的各种常用机构、零部件的结构设计与工作原理及设计方法。全书共 14 章，内容包括绪论、平面机构的结构分析、平面连杆机构、凸轮机构与间歇运动机构、齿轮机构和齿轮传动、轮系、机械运转速度波动的调节与平衡、零件的连接、挠性传动、轴和联轴器、轴承、其他零部件、机械传动系统设计与实践、机械设计中的计算机辅助设计及实践。

本书可作为高等院校“机械设计基础”课程的教材，对研究生、高职院校学生及相关的工程技术人员也有很好的参考价值。

图书在版编目（CIP）数据

机械设计基础 / 陈照强，高立营，薛云娜主编. —2 版. —北京：电子工业出版社，2023.9
ISBN 978-7-121-46332-7

Ⅰ. ①机… Ⅱ. ①陈… ②高… ③薛… Ⅲ. ①机械设计－高等学校－教材 Ⅳ. ①TH122

中国国家版本馆 CIP 数据核字（2023）第 173470 号

责任编辑：郭穗娟
印　　刷：北京虎彩文化传播有限公司
装　　订：北京虎彩文化传播有限公司
出版发行：电子工业出版社
北京市海淀区万寿路 173 信箱　　邮编　100036
开　　本：787×1092　1/16　印张：21.75　字数：556.8 千字
版　　次：2015 年 5 月第 1 版
2023 年 9 月第 2 版
印　　次：2025 年 1 月第 3 次印刷
定　　价：79.80 元

凡所购买电子工业出版社图书有缺损问题，请向购买书店调换。若书店售缺，请与本社发行部联系，联系及邮购电话：(010)88254888，88258888。

质量投诉请发邮件至 zlts@phei.com.cn，盗版侵权举报请发邮件至 dbqq@phei.com.cn。

本书咨询联系方式：(010)88254502，guosj@phei.com.cn。

前　言

本书根据教育部《关于深化教学改革，培养适应21世纪需要的高质量人才的意见》与普通高等学校“机械设计基础”课程教学的基本要求，针对普通高等院校应用型人才的培养目标，按照“机械设计基础”课程教学规范的核心知识体系编写。

本书编者具有长期的教学实践经验，在编写过程中结合学生的认知规律，遵循机械设计科学的思维方法，着力于强化系统性，加强实践性，提升学生的创新能力。在知识节点上，强化机械设计的系统性和逻辑层次。在传统教学内容中引入系统设计的相关概念，从综合性角度增加机械系统分析与设计内容，培养学生的系统设计思想。将相对分散的传统内容加以集中，使内容结构体系进一步优化，使学生建立起机械设计的整体知识架构。

在叙述方式上，创立新颖的叙述模式，章节结构采取示例启发式方法，引导学生带着问题主动学习和思考。用关键词的方式把课程内容的主要概念展现在学生面前，以达到宏观把握、微观清晰的目的。内容表述力求贴近学生的思维习惯，通俗易懂。增加相关研究内容的发展趋势介绍，开阔学生的思路与眼界。

在学科核心上，强调综合应用性知识，以提高学生的应用技能、实践能力和创新能力。本书内容强化应用分析，引用了山东省机械设计研究院等单位的先进工程案例，加强例题和习题训练，促使学生将理论与实践结合起来，在学习中提高综合能力。

本书由齐鲁工业大学陈照强、高立营、薛云娜担任主编，王宝林、许树辉、白晓兰担任副主编。具体参编人员及编写分工如下：陈照强编写第1章，薛云娜编写第5、6、12章，高立营编写第8、14章，王宝林编写第7、10、13章，许树辉编写3、11章，付圳聆编写第9章，沈学会和孔胜利编写第2章，白晓兰和陈辉编写第4章。山东乐普韦尔自动化技术有限公司王明瑞高级工程师为本书提供了案例素材。本书由陈照强教授统稿，由高立营负责统一全稿格式。本书由齐鲁工业大学教材建设基金资助出版。

本书配有电子课件和习题分析，选用本书的读者请登录 www.hxedu.com.cn（华信教育资源网）下载本书教学资源；也可通过邮件索取，邮箱：guosj@phei.com.cn（责编邮箱）。

齐鲁工业大学许崇海教授详细审阅了本书，提出了许多宝贵意见，编者对此深表感谢。同时，对参考文献中的各位作者表示最诚挚的感谢。电子工业出版社的编辑为本书的出版与提高编校质量投入了大量人力，在此一并表示衷心的感谢。

尽管编者为本书付出了努力，但书中仍有不足和欠妥之处，敬请读者批评指正。

编　者

2023年3月

前言

目　　录

第1章 绪　　论

主要概念

机械、机器、机构、构件、零件、通用零件、失效、承载能力、强度、极限应力、计算应力、静应力、变应力、应力循环特性、强度极限、屈服极限、疲劳极限。

学习引导

本章内容涉及机械设计最基本的概念。内容编排特点是平铺直叙，但涉及面广。之所以把这些知识放在一起，是因为这些知识在该课程中是基本的知识点，进行机械设计时都应用到它们，也体现出该课程综合性强的特点。因此，学习这门课，从绪论开始，读者要强化知识的综合性应用的观点，慢慢体会机械设计的真正内涵，提高设计能力。

1.1 机械设计的有关概念

机械是人类在长期生活和生产实践中创造出的劳动工具，用于减轻人类的劳动强度、改善劳动条件、提高劳动生产率和产品质量。机械设计水平及其现代化程度已成为衡量一个国家的工业发展水平的重要标志。

机械是机器和机构的总称。机器是根据某种使用要求而设计的，用于变换或传递能量、物料和信息的执行机械运动的装置。例如，电动机和发电机用于变换能量，车床、滚齿机用于变换物料的状态，起重运输机械用于传递物料，计算机用于传输信息等。仅从功能的角度看，一部完整的机器一般包括四个基本组成部分：原动机、传动机构、控制机构和执行机构，也包括一些辅助部分，如冷却系统和润滑系统等。

原动机是驱动整部机器完成预定功能的动力源，一般来说，它们的功能都是把其他形式的能量转换为可以利用的机械能。例如，骑自行车是用人力作为原动机，而现代机器中使用的原动机大都是以各式各样的电动机和热力机为主的。这些原动机大多输出旋转运动，同时输出一定的转矩。

执行机构是用于完成机器预定功能的组成部分，由于机器的功能是各式各样的，因此所要求的运动形式也是各式各样的。同时，要克服的工作阻力也会随工作情况而异。

传动机构的作用就是为了解决从原动机到执行机构之间运动形式、运动及动力参数的转变。在完整的机器中，传动机构是必须存在的，因为原动机的运动形式、运动和动力参数是有限的，而且是确定的，但执行机构随工作情况而有各式各样的运动形式、运动和动力参数。机器的传动机构大都使用机械传动系统，有时也用液压和电力传动系统。传动机构是绝大多数机器不可缺少的重要组成部分。

图 1-1 所示的轿车就是人们所熟悉的典型的机器，它完整地表达出了机器的各组成部分。

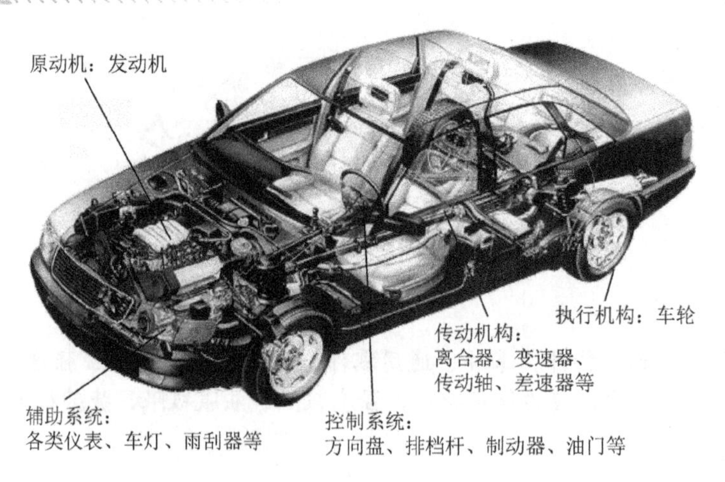

图 1-1　轿车的组成

图 1-2 所示为单缸内燃机，其主体部分是由曲轴 4、连杆 3、活塞 8 和汽缸体 9 所组成的连杆机构。燃气在汽缸内燃烧膨胀而推动活塞 8 移动，通过连杆 3 带动曲轴 4 转动，从而把燃气燃烧所产生的热能转化为曲轴 4 转动的机械能。

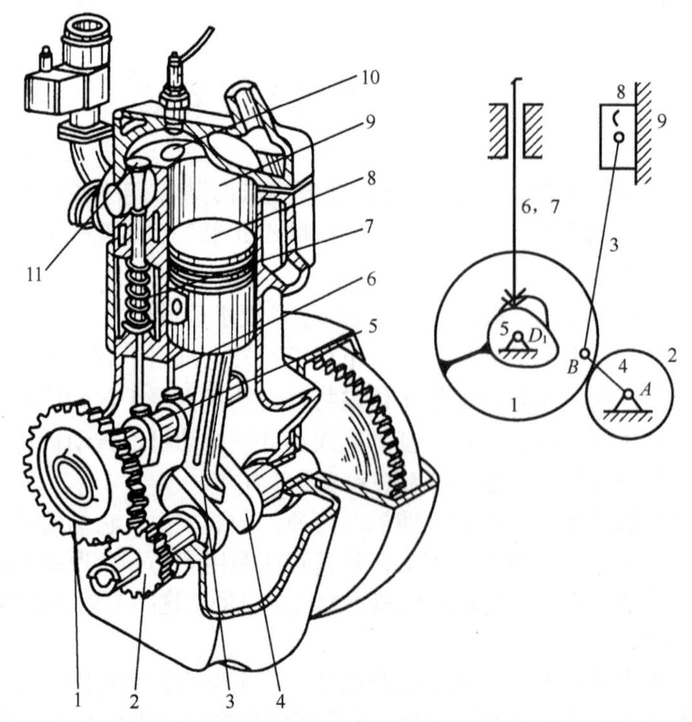

1，2—齿轮　3—连杆　4—曲轴　5—凸轮　6，7—气门顶杆　8—活塞　9—汽缸体

图 1-2　单缸内燃机

凸轮 5、气门顶杆 6、7 和汽缸体组成凸轮机构，将凸轮轴的连续转动变为气门顶杆有规律的直线移动，使气门顶杆 6、7 定时开启和关闭进气阀门和排气阀门，从而送进燃气、排出废气。

曲轴 4 上的齿轮 2 和凸轮轴上的齿轮 1 与汽缸体 9 组成齿轮机构，用于保证曲轴 4 每转两周，凸轮轴转一周，进气阀门和排气阀门各启闭一次。

以上 3 种机构协调配合，使进气、排气阀门的启闭与活塞的移动位置之间建立一定的协同关系，从而把燃气的热能转化为曲轴连续转动的机械能。

图 1-3 飞机螺旋桨发动机

单缸内燃机只采用了一组曲柄滑块机构，其曲轴回转的速度不够均匀。多缸发动机则采用多组对称布置的曲柄滑块机构，可提高曲轴运转的动力和平稳性。图 1-3 所示为飞机螺旋桨发动机，它由 9 组对称布置的滑块（活塞）共同驱动曲柄轴（螺旋桨轴），可使飞机螺旋桨高速、稳定运转。

通过上述分析可以看出，尽管各种不同的机器具有不同的形式、构造和用途，但它们都是由许多运动构件组合而成的，并且，为了传递运动和动力，各个运动构件之间的相对运动是确定的。这样，由若干构件以构件之间能够产生相对运动的连接方式而组成的构件系统称为机构。从机构的特征来看，机构是具有确定相对运动的构件组合体，它是用于传递运动或改变运动形式的可动装置。机器中最常用的机构有连杆机构、凸轮机构、齿轮机构和间歇运动机构等。

机器是由若干机构组成且用于变换或传递能量、物料和信息的机械装置。内燃机、装载机、挖掘机、焊接机器人、牛头刨床等就是常见的机器。机构与机器的区别在于，机构只是一个构件系统，而机器除构件系统之外还包含电气、液压等其他装置；机构只用于传递运动（或改变运动形式）和力，而机器除传递运动和力之外，还具有变换或传递能量、物料、信息的功能。

机器中具有各自特定运动的单元体称为构件，不可拆卸的基本单元称为零件。构件是机构运动的最小单元体，是组成机构的基本要素；构件可能是一个零件，也可能是由若干零件固联在一起的一个独立运动的整体。零件是机器加工制造的最小单元体。若将一部机器拆卸，拆到不可再拆的最小单元就是零件。机器中的构件或零件之间存在很多联系，其中之一是连接关系。万事万物是相互联系、相互依存的。在机器设计过程中，必须坚持系统观念，用普遍联系的、全面系统的、发展变化的观点进行分析和研究。

构件可以是单独的零件，如图 1-4（a）所示的曲轴；也可以由许多零件刚性地连接在一起组成，如图 1-4（b）所示的连杆，连杆大头轴孔应与曲轴连接。由于安装的需要，必须把连杆做成分体式，即连杆由连杆体 1、螺栓 2、连杆头 3、螺母 4 等零件组成，图 1-4（c）是连杆实物。

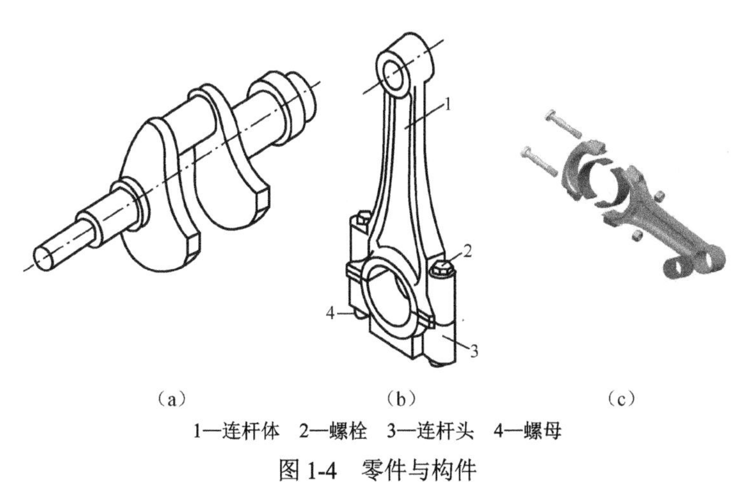

1—连杆体 2—螺栓 3—连杆头 4—螺母

图 1-4 零件与构件

由一组协同工作的零件组成的独立制造或独立装配的组合体称为部件。零件和部件统称为零部件，可概括地分为两类：一类是各种机器中经常都能用到的零部件，称为通用零部件，如螺栓、螺母、齿轮、轴等零件，滚动轴承、联轴器等部件；另一类是只在某些机械中用到的零件，称为专用零件，如内燃机活塞、汽轮机叶轮等。

1.2　本课程研究的内容、性质和任务

1.2.1　本课程研究的内容

“机械设计基础”课程主要研究机械中的常用机构和通用零件的工作原理、结构特点、基本的设计理论与计算方法。具体内容如下。

（1）研究机械中常用机构的结构、工作特点、运动和动力特性及其设计计算方法，如连杆机构、凸轮机构、齿轮机构、轮系和间歇运动机构，及机器动力学的基本知识（机械的调速和平衡）。

（2）研究机械零部件的工作能力和计算准则。阐述常用连接（螺纹连接、键连接等）、机械传动（带传动、链传动、齿轮传动）、轴系零部件（轴、轴承、联轴器）等，从强度、刚度、寿命、结构工艺性和材料选择等方面，研究通用零部件的设计计算方法。

1.2.2　本课程的性质

“机械设计基础”是工科类有关专业的一门重要的技术基础课程，是多学科理论和实际知识的综合运用。本课程的主要先修课程有“机械制图”、“工程力学”和“工程材料”等课程，并且更加结合工程实际，为学生学习相关专业机械设备课程和掌握新的机械科学技术提供必要的理论基础，为工程技术人员在了解各种机械的传动原理、设备的正确使用和维护、故障分析等方面提供必要的基础知识。

1.2.3　本课程的任务

通过本课程的学习和课程设计实践，使学生掌握常用机构和通用零部件的基本理论和基本知识，了解常用机构的工作原理及其特点，掌握机构分析和设计的基本方法，了解通用零部件的工作原理、结构及其特点，掌握通用零部件选用和设计计算的基本原理与方法，具有根据机械设计手册设计简单机械传动机构的能力。重要的是使学生学会从机械系统整体的角度进行设计，提高其设计能力。同时，培养学生的创新能力。

1.3　机械设计的基本要求和机械零件的设计准则

1.3.1　机械设计的基本要求

机械设计应满足的基本要求：在满足预期功能的前提下，性能好、效率高、成本低，在预定使用期限内安全可靠、操作方便、维修简单、造型美观。设计机械零件时，必须考虑上述要求，使所设计的机械零件既要工作可靠，又要成本低廉。

（1）满足预期功能及使用要求。设计者必须正确选择机器的工作原理、机构的类型和

机械传动方案，以满足机器的运动性能、动力性能、基本技术指标等方面的预定功能要求。例如，榨汁机的设计采用螺杆根径具有锥度的螺旋机构，并且螺杆螺距逐渐减小，以逐渐增加挤压程度，实现榨汁的功能。

（2）安全可靠、强度及寿命要求。安全可靠是机械正常工作的必要条件，必须保证所设计的机械在预定的工作期限内安全可靠地工作，应使所设计的机械零件具有合理的结构并满足强度、刚度、耐磨性、振动稳定性及寿命等方面的要求。特别是对关系到人身安全或可能引发重大设备事故的零部件，都必须进行认真严格的设计计算和校验计算，不能仅凭经验或以“类比”代替。计算说明书应妥善保留，以备核查。

（3）经济性要求。设计中应尽可能多选用标准件或成套组件，这些标准件或成套组件不仅工作可靠、价廉，还能大大节省设计工作量。设计零件时必须关注加工工艺，力求减少加工费用，注意节约贵重材料，降低成本。

（4）工艺性及标准化要求。机械及其零部件应具有良好的工艺性，所设计的零件制造方便，加工精度和表面粗糙度适当，并且易于装拆。设计时，零部件和机器参数应尽可能标准化，以提高设计质量，降低设计制造成本。这样，可使设计者把主要精力放在关键零件的设计上。

（5）环保及其他特殊要求。某些机械由于工作环境和要求的不同，而对设计提出某些特殊要求。如食品、纺织机械有不得污染产品的要求；高级轿车的变速箱齿轮要求低噪声；机床要长期保持精度的要求等。

总之，设计机械时要根据实际情况，分清应满足的主、次要求，尽量做到结构上可靠，工艺上可能，经济上合理。

1.3.2 机械零件的设计准则

1. 机械零件的工作能力准则

机械零件由于某种原因而不能正常工作称为失效。在不发生失效的条件下，零件能安全工作的限度称为工作能力。通常此限度是对载荷而言的，即零件的工作能力习惯上称为承载能力。零件的主要失效形式有断裂、塑性变形、过大的弹性变形、工作表面的过度磨损、发生强烈的振动、连接的松弛、摩擦传动的打滑等。

机械零件虽然有多种可能的失效形式，但归纳起来最主要的为强度、刚度、耐磨性、振动稳定性等几个方面的问题。对于不同的失效形式，相应地有其工作能力判定条件。这种为防止失效而制定的判定条件，称为工作能力计算准则或设计准则。

设计机械零件时，常根据一个或几个可能发生的主要失效形式，运用相应的判定条件，确定零件的形状和主要尺寸。零件常用的设计准则如下。

（1）强度准则。强度是指零件受载后，抵抗断裂、塑性变形及表面破坏的能力。它是设计机械零件时首先应满足的基本准则。强度条件是作用在零件上的实际应力小于或等于零件材料的许用应力，其表达式为

$$\sigma \leqslant [\sigma], \quad \tau \leqslant [\tau]$$

（2）刚度准则。刚度是机械零件受载后抵抗弹性变形的能力。刚度条件：零件在载荷作用下所产生的弹性变形量小于或等于机器工作的许用变形量，如变形量$y \leqslant [y]$。

（3）寿命准则。磨损、腐蚀和疲劳是影响零件寿命的主要因素。但对磨损和腐蚀，目

前尚无实用的计算方法和数据，只是进行条件性计算，限制运动副的压强，即 $p \leqslant [p]$。相对运动速度较高时，还应考虑运动副单位时间接触面积的发热量，即 $pv \leqslant [pv]$。

（4）振动稳定性准则。当机械零件的自振（固有）频率与周期性干扰力的频率相等时就会发生共振，不仅会影响机器的工作质量和精度，甚至会造成严重事故。设计时，必须使零件的自振频率远离干扰力的频率，以避免发生共振。可通过增加或减少零件的刚度、增添弹性零件等办法解决共振问题。

2. 机械零件承受的载荷、应力及其强度

强度是保证机械零件工作能力的最基本要求，在计算强度时，必须判明机械零件所承受的载荷和作用在零件上的应力的性质，并且合理确定许用应力。

1）载荷和应力的类型

零件所承受的载荷可分为静载荷和动载荷两类。不随时间变化或变化很小的载荷称为静载荷，随时间变化的载荷称为动载荷，其变化可以是周期性的或是非周期性的。

按照应力随时间变化的特性不同，把它可分为静应力和变应力。不随时间变化或变化缓慢的应力称为静应力［见图 1-5（a）］，随时间变化的应力称为变应力［见图 1-5（b）、图 1-5（c）、图 1-5（d）］，绝大多数机械零件都是在变应力状态下工作的。循环变应力的平均应力 σ_m 和应力幅 σ_a 分别表示为

$$\sigma_m = \frac{\sigma_{max} + \sigma_{min}}{2}, \quad \sigma_a = \frac{\sigma_{max} - \sigma_{min}}{2}$$

其中，平均应力 σ_m 表示循环应力中的不变部分，应力幅 σ_a 则表示循环应力中的变动部分。

循环变应力中的 σ_{min} 和 σ_{max} 之比称为变应力的应力循环特性，用 r 表示，简称应力比，即

$$r = \frac{\sigma_{min}}{\sigma_{max}}$$

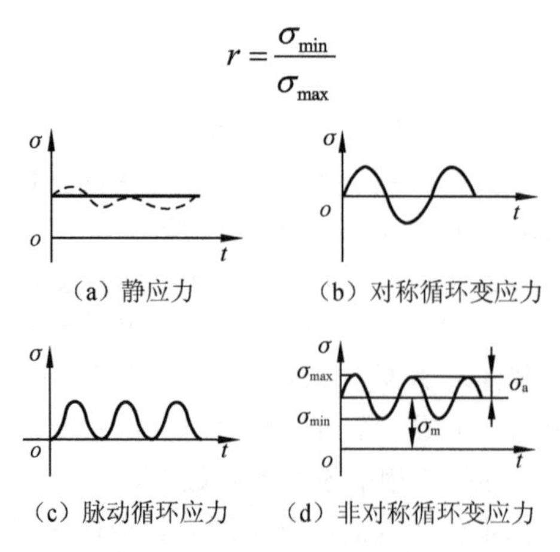

图 1-5　应力的类型

循环特性 r 表示循环变应力的变化情况和不对称度，对于对称循环变应力，$r=-1$；对于脉动循环变应力，$r=0$；静应力可以看作变应力的特例，它对应的 $r=+1$，而非对称循环变应力对应的 r 值在+1 和 1 之间变化，但不等于 0，即 r 的变化范围是 $-1<r<+1$，且 $r \neq 0$。

在上述公式中，如果是切应力，那么只要把应力符号改为τ即可。

2）许用应力和安全系数

在零件的强度计算中，要合理确定许用应力，使所设计的零件既有足够的强度和寿命，又不至于结构尺寸过大。从强度条件可知，许用应力取决于零件材料的极限应力和安全系数，其表达公式是

$$[\sigma]=\frac{\sigma_{\lim}}{S}$$

（1）极限应力。在静应力下工作的零件，其失效形式为断裂或塑性变形。对于由脆性材料制造的零件，为防止其发生断裂，应选取材料的强度极限σ_B作为极限应力；对于由塑性材料制造的零件，选取材料的屈服极限σ_S作为极限应力。

据不完全统计，工程中约有80%～90%的零件失效属于疲劳失效，这些零件都在变应力的作用下逐渐失效。疲劳失效是一种损伤累积的结果，随着作用在零件上的应力循环次数的增多，零件表面产生细微裂纹，然后裂纹逐渐扩展，应力循环到一定程度时零件会突然断裂。因此，疲劳断裂与一般静应力不同，它和应力循环次数密切相关。

当零件所承受应力的循环特性一定时，经过N次应力循环材料不发生断裂时的最大应力值称为疲劳极限，用σ_{rN}表示。应力循环特性r不同，疲劳极限数值也不同，在对称循环变应力下，材料的疲劳极限最低。

材料的疲劳极限由疲劳试验测定，表示疲劳极限与应力循环次数之间的关系曲线称作疲劳曲线（也称σ-N曲线），如图1-6所示。

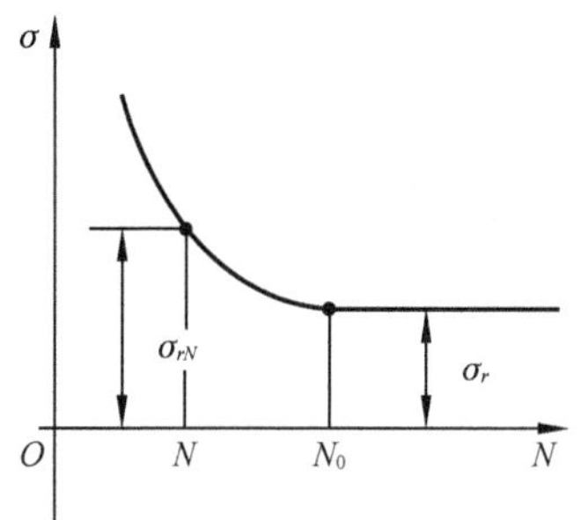

图1-6 疲劳曲线

由图1-6可知，应力越小，试件能经受的应力循环次数就越多。对于一般钢材，当应力循环次数N超过某一数值N_0以后，疲劳曲线趋于水平，即可认为试件经受“无限次”循环也不会断裂。N_0称为循环基数，对应于N_0的应力称为材料的疲劳极限σ_r，也称为材料的持久疲劳极限。例如，σ_{-1}表示对称循环应力下材料的疲劳极限，σ_0表示脉动循环应力下材料的疲劳极限。因此，为防止零件的疲劳失效，应选取材料的疲劳极限作为极限应力。当不具体考虑应力循环次数的影响时，就选取对应于循环基数N_0时的疲劳极限σ_r（如σ_{-1}、σ_0）作为极限应力。

需要指出的是，零件的疲劳强度还受到零件的应力集中、尺寸大小、表面质量等因素的影响，其值比材料的疲劳极限值低，这在计算强度时需要考虑，可参考相关资料。

（2）安全系数。安全系数是考虑材料力学性能的离散性、计算方法的准确性、零件的重要性等多种不确定因素的影响而确定的。若安全系数值过大，则零件的结构笨重，浪费材料；若安全系数值过小，则零件容易损坏，安全性降低。选取原则是在保证安全可靠的前提下，尽量选用较小的安全系数。在实际工作中，通常采用查表法确定安全系数。不同的工业部门根据长期生产实践经验和试验研究结果，制定了适合本部门的安全系数（或许用应力）规范（图表），使用方便，但这种规范都各有其适用范围，使用时加以注意。

3）机械零件的强度

（1）机械零件的静强度。在静应力作用下，机械零件的失效形式主要是断裂和塑性变

形，相应的强度条件需按材料力学强度进行计算。

（2）机械零件的疲劳强度。机械零件的疲劳失效主要是因零件受变应力而引起的。疲劳断裂不同于一般静力断裂，它是裂纹扩展到一定程度后，才发生的突然断裂，因此，在断裂截面上明显地有两个区域：一个是在变应力重复作用下裂纹两边相互摩擦形成的表面光滑区；另一个是最终发生脆性断裂的粗粒状区。

（3）机械零件的接触强度。一些依靠表面接触工作的零件，如齿轮传动、滚动轴承等，它们的工作能力取决于接触表面的强度。

若两个零件在受载前是点接触或线接触，受载后，由于变形其接触处扩大为一个小面积区域，通常此面积很小而表层产生的局部应力很大，这种应力称为接触应力。这时的零件强度称为接触强度。

机械零件的接触应力通常是随时间发生周期性变化的，在载荷重复作用下，首先在表层产生初始疲劳裂纹，在两个接触表面的相互运动中，润滑油被挤入裂纹内，运动表面将裂纹口封死，形成高压油，促使裂纹扩展。当裂纹扩展到一定深度以后，就导致表层金属呈小片状剥落，因而在零件表面形成一些小坑，这种现象称为疲劳点蚀。发生疲劳点蚀后，减少了接触面积，损坏了零件的光滑表面，因而也降低了其承载能力，并引起振动和噪声。疲劳点蚀是齿轮、滚动轴承等零件的主要失效形式。

1.3.3 机械零件的结构工艺性

设计机械零件时，不仅应使它满足使用要求，即具备所要求的工作能力，同时还应满足生产要求。机械零件具有良好的结构工艺性，是指在现有的生产条件下能方便而经济地生产出该零件并便于装配。有关工艺性的基本要求如下。

（1）合理选择零件的毛坯种类。机械制造中毛坯的制备方法包括直接利用型材、铸造、锻造、轧制件、冲压件和焊接件。毛坯的选择与机械对零件的具体要求及生产条件有关，可根据生产批量、零件的尺寸和形状、材料性能和加工可能性等进行选择。

（2）结构简单合理。设计零件的结构形状时，最好采用最简单的表面，如平面、圆柱面、螺旋面及其组合。同时，还应当尽量使加工表面数目最少和加工面积最小，以减少切削加工量及费用。此外，零件的结构便于装拆和调整。

（3）规定适当的制造精度及表面粗糙度。零件的加工费用随着制造精度的提高而增加。因此，在没有充分理由时，不应盲目规定高的制造精度。同样，对零件的表面粗糙度，也应当配合表面的实际需要，做出适当的规定。

“机械制造基础”课程和相关手册中也提供了一些工艺性的基本知识，可供设计时参考。

1.4 机械设计的一般程序

设计新机械是一项复杂而细致的工作。要使所设计的机械性能好、效率高、成本低，必须严格按照科学的工作程序进行设计。机械设计的一般程序如下：

（1）计划——编制设计任务书。首先根据实际需要与需求，确定所设计机械的功能和有关技术指标，确定设计课题，编制设计任务书。

（2）方案设计——提出原理性设计方案。根据设计任务书，拟定总体设计方案，绘制传动系统的机构简图，进行运动和动力分析，论证该设计方案的可行性。必要时，要对某些技术指标进行适当修改。

（3）技术设计——总装配图、零件装配图和零件图。确定机械各部分的结构和尺寸，对主要零件进行结构设计和工作能力的计算，合理选择标准零部件，绘制总装配图、零部件装配图和零件图。

机械零件的设计步骤如下：

① 根据零件的使用要求，选择零件的类型和结构并适当选择零件的材料和热处理方法。

② 拟定零件的计算简图，计算作用在零件上的载荷。

③ 根据零件可能的失效形式确定零件的计算准则，计算零件的工作能力，从而确定零件的主要尺寸。

④ 根据工艺性及标准化原则，设计零件的结构。

⑤ 绘制零件工作图，写出设计计算说明书。

（4）技术文件的编制——设计计算说明书、使用说明书、标准明细表和其他技术文件。技术文件的类型比较多，常用的有机器的设计计算说明书、使用说明书、标准明细表等。设计计算说明书应包括方案选择及技术设计的全部结论性的内容。在编制供用户使用的机器使用说明书时，应向用户介绍机器的性能参数范围、操作方法、日常保养及简单的维修方法、备用的目录等。其他技术文件，如检验合格单、外购件明细表、验收条件等，视需要与否另行编制。

1.5 机械零件常用材料及热处理

机械制造中最常用的材料是钢和铸铁，其次是有色金属合金。另外，塑料、橡胶等非金属材料也有其独特使用价值。

1.5.1 金属材料

钢和铸铁都是铁碳合金。含碳量小于 2% 的铁碳合金称为钢，含碳量大于 2% 的铁碳合金称为铸铁。

1. 钢

钢是一种非常重要的工程材料，按照化学成分可分为碳素钢和合金钢两大类。

（1）碳素钢。以铁、碳为主要成分，还含有少量的硅、锰、硫、磷等常见元素。碳素钢容易冶炼，价格低廉，性能可以满足一般工程机械、普通机械零件、工具及日常轻工业产品的使用要求，因此应用广泛。

碳素钢的性质主要取决于其含碳量，含碳量越高，则钢的强度越高，但塑性越低。在碳素钢中，含碳量低于 0.25% 的碳素钢是低碳钢，它的强度极限和屈服极限较低，但塑性好，并且具有良好的焊接性能，适用于冲压、焊接，常用于制作螺钉、螺母、轴和焊接件等。含碳量为 0.25%～0.6%的碳素钢是中碳钢，它既有较高的强度，又有一定的塑性和韧性，常用于制造受力较大的螺栓、螺母、齿轮、轴、键等零件。含碳量在 0.6%以上的碳素钢是高碳钢，它具有较高的强度和弹性，用于制作弹簧、钢丝绳等。

碳素钢的牌号由代表屈服强度的字母Q、屈服极限数值（按顺序）组成。例如，Q235，表示碳素钢的屈服极限为$\sigma_S = 235\,\text{MPa}$。

（2）合金钢。在碳素钢基础上有目的地加入某些元素，以改善钢的性能。例如，加入镍，能提高钢的强度但不会降低其韧性；加入铬，能提高钢的硬度、高温强度、耐腐蚀性和耐磨性；加入锰，能提高钢的耐磨性、强度和韧性；加入硅，能提高弹性极限和耐磨性，但会降低韧性。应注意的是，合金钢的优良性能不仅取决于化学成分，还取决于适当的热处理。

按照用途，钢又可分为结构钢、工具钢和特殊钢。结构钢用于制造机械零件；工具钢用于制造刃具、模具和量具；特殊钢（不锈钢和耐热钢等）用于制造在特殊环境下工作的零件。

总之，与铸铁相比，钢具有较高的强度、韧性和塑性，并且可用热处理方法改善其力学性能和加工性能。零件的毛坯可用锻造、冲压、焊接、铸造等方法制备。

2. 铸铁

铸铁具有适当的易熔性，良好的液态流动性，因而可铸成形状复杂的零件。它的减振性、耐磨性、切削性均较好且成本低廉，因此应用广泛。铸铁分为灰口铸铁、球墨铸铁、可锻铸铁、合金铸铁等。其中灰口铸铁和球墨铸铁属于脆性材料，不可锻造。

常用钢和铸铁材料的力学性能见表1-1。

表1-1 常用钢和铸铁材料的力学性能

材料		力学性能			试件尺寸/mm
类别	牌号	强度极限 σ_B / MPa	屈服极限 σ_S / MPa	延伸率 δ / %	
碳素结构钢	Q215	335～410	215	31	直径 $d \leqslant 16$
	Q235	375～460	235	26	
	Q275	490～610	275	20	
优质碳素结构钢	20	410	245	25	直径 $d \leqslant 25$
	35	530	315	20	
	45	600	355	16	
合金结构钢	35SiMn	883	735	15	直径 $d \leqslant 25$
	40Gr	981	785	9	直径 $d \leqslant 25$
	20GrMnTi	1079	834	10	直径 $d \leqslant 15$
	65Mn	981	785	8	直径 $d \leqslant 80$
铸钢	ZG270-500	500	270	18	直径 $d \leqslant 100$
	ZG310-570	570	310	15	
	ZG42SiMn	600	380	12	
灰口铸铁	HT150	145	—	—	壁厚为10～20
	HT200	195	—	—	
	HT250	240	—	—	
球墨铸铁	QT400-15	400	250	15	壁厚为30～200
	QT500-7	500	320	7	
	QT600-3	600	370	3	

注：钢和铸铁材料的硬度与热处理方法、试件尺寸等因素有关，其数值详见机械设计手册。

3. 铜合金

铜合金可分为黄铜、青铜及白铜（铜镍合金）三大类。机器制造业中应用较广的是黄铜和青铜。黄铜是铜和锌的合金，具有很好的塑性及流动性，可碾压和铸造。青铜是以除锌和镍外的其他元素作为主要合金元素的铜合金。按其所含的主要合金元素可分为锡青铜、铅青铜、铝青铜等。青铜的减摩性和抗腐蚀性较好，也可碾压和铸造，常用于制造滑动轴承的轴瓦和蜗轮的齿圈。

1.5.2 非金属材料

橡胶富于弹性，常用作联轴器的弹性元件及带传动的胶带等。此外，还可用于制造使用水润滑的轴承衬，如轮船的螺旋桨轴承。

塑料质量小，并且易于形成形状复杂的零件，它在机械制造中的应用越来越广。

1.5.3 钢件的热处理

1. 钢件的退火与正火

退火是指将钢件加热到一定温度，保温一定时间，然后缓慢冷却的热处理工艺。正火是指将钢件加热到适当温度（比退火高），再在空气中冷却的热处理工艺。退火或正火的主要目的可归纳如下。

（1）调整钢件硬度，以利于后续的切削加工（如车削、铣削、刨削等）。经退火或正火处理后钢件的硬度最适合于切削加工。

（2）消除残余应力，以稳定钢件尺寸并防止其变形及开裂。

（3）细化晶粒，改善钢件内部组织结构，提高钢件的力学性能和工艺性能，为最终热处理做好准备。

2. 钢件的淬火和回火

将钢件加热到某一较高温度，保温一段时间后，以适当方式（如浸在油或水中）快速冷却，从而使钢件获得所需要的组织结构（马氏体或贝氏体）的热处理工艺称为淬火。淬火是强化钢件最重要的热处理方法。

淬火后的零件一般都必须进行回火，不同的回火温度可使钢件具有不同的力学性能。回火是将淬火钢重新加热到某一适当温度（比淬火时的温度要低），保温一段时间，然后冷却到室温的热处理工艺。回火的目的如下：

（1）获得零件所需的组织和性能。通常淬火钢组织具有较高的强度和硬度，但塑性与韧性较低。为了满足零件不同性能的要求，就必须配以适当的回火改变淬火钢组织，以调整和改善钢件的性能。

（2）稳定工件尺寸。淬火后得到的组织（淬火马氏体和残留奥氏体）是不稳定的组织，它们呈现自发向稳定组织转变的趋势，因而会引起工件的形状和尺寸的改变。通过回火可使淬火钢组织转变为稳定组织，从而保证零件在使用过程中不再发生形状和尺寸的改变。

（3）消除或减小淬火内应力。工件在淬火后存在很大内应力，若不及时通过回火消除，会引起工件变形甚至开裂。

3. 钢件的表面淬火

实际生产中，有许多零件是在弯曲、扭转变载荷、冲击载荷及摩擦条件下工作的，如齿轮、轴及曲轴、活塞销等。零件表层承受比芯部高的应力，并且表面受磨损。因此，必须强化这类零件的表层，使其表面具有高的强度、硬度、疲劳强度和耐磨性。为使芯部能承受冲击载荷，仍要保持其足够的韧性。解决办法就是对零件进行表面热处理，即表面淬火或化学热处理。

表面淬火是通过快速加热，改变钢件表层组织（使其表层形成奥氏体）的局部热处理方法。在热量尚未充分传至芯部时立即进行淬火冷却，使表层获得硬而耐磨的马氏体组织，而芯部仍保持着原来塑性/韧性较好的退火、正火或调质状态的组织。根据加热方法，表面淬火分为感应淬火和火焰淬火等。

4. 钢件的化学热处理

将钢件置于一定温度的活性介质中保温，使一种或几种元素渗入其表层，以改变其化学成分及组织和性能这一过程称为钢件的化学热处理。与其他热处理相比，化学热处理后的钢件表层不仅有组织变化，而且有化学成分的改变。化学热处理的主要作用：强化工件表层，以提高工件表层的某些力学性能，如表面硬度、耐磨性及疲劳极限等；保护工件表层，以提高工件表层的物理性能和化学性能，如耐高温及耐腐蚀等。

（1）渗碳。渗碳是指把钢件置于渗碳介质中，加热到一定温度，保温一定时间，使碳原子渗入钢件表层的化学热处理工艺。

在机械制造工业中，有许多重要零件是在动载荷、冲击载荷、很大的接触应力和磨损条件下工作的，要求零件表层具有较高的硬度、耐磨性及疲劳极限，而芯部具有较高的强度和韧性，如汽车的变速箱齿轮、摩擦片和轴等。因此，可用低碳钢或低碳合金钢经渗碳、淬火、低温回火后，使零件表层具有较高的强度和耐磨性，而芯部仍保持较高的韧性。

（2）渗氮。在一定温度下使活性氮原子深入工件表层，以提高零件表面硬度、耐磨性、疲劳极限及耐蚀性等。

（3）碳氮共渗。向钢件的表层同时渗入碳和氮原子，以提高零件的表面硬度、耐磨性和疲劳极限。

5. 钢件的表面强化处理

钢件的表面强化处理是指在常温下通过冷加工方法使其表层金属发生冷态塑性变形，以减小表面粗糙度，提高表面硬度，并且在表层产生残余压应力。应用较多的是喷丸强化和滚压加工。

喷丸强化是指利用压缩空气或离心力，使用大量高速的钢珠丸（直径为0.4～4mm）撞击被加工零件表层，使表层产生冷硬层和残余压应力，可显著提高零件的疲劳强度。该工艺主要用于强化形状复杂的零件，如齿轮和曲轴等。零件经喷丸强化后，使用寿命可提高几倍甚至几十倍。

滚压加工是利用淬硬的滚压工具（滚轮）在常温下对工件表面施加压力，使其产生塑性变形，以减小表面粗糙度，并且使表层产生冷硬层和残余压应力，从而提高零件的承载能力和疲劳强度。该工艺可以加工外圆、孔、平面及成形表面，使零件表面硬度提高20%～40%，疲劳强度提高30%～50%。

1.6 金属材料加工方法及其精度和表面粗糙度

金属材料通常是用金属切削机床进行加工的，所用机床有车床、钻床、镗床、磨床、齿轮加工机床、铣床、刨床、插床、拉床及螺纹加工机床等，不同的加工方法可获得不同的精度和表面粗糙度。在实际应用中，要根据零件的要求选择合理的精度与表面粗糙度，以便降低成本。

1.6.1 常用机床及其使用

（1）车床。它是一般机器制造厂中应用最广泛的一类机床，主要用于加工零件的各种回转表面，如内外圆柱表面、圆锥表面和端面等，有些车床还能车削螺纹表面。除了使用车刀进行加工，还可使用各种孔加工刀具（如钻头、铰刀和镗刀等）进行孔加工，或使用螺纹刀具（丝锥和板牙）进行内外螺纹的加工。

（2）磨床。它以砂轮为工具进行切削加工，主要用于各种零件特别是淬硬零件的精加工。磨床可加工内外圆柱面、圆锥面、平面、齿轮的齿面、螺旋面及各种成形面，还可进行切断加工。

（3）齿轮加工机床。这机床包括滚齿机、插齿机和磨齿机。在齿轮齿形的加工中，滚齿机应用最广泛，可加工直齿轮、斜齿轮、蜗轮等，但一般不能加工内齿轮和相距很近的多联齿轮；滚齿机的加工精度高、生产率高。插齿机用插齿刀切削内外圆柱齿轮，特别适合加工在滚齿机上不能加工的内齿轮和多联齿轮，但不能加工蜗轮。磨齿机是用磨削方法对圆柱齿轮齿面进行精加工的精密机床，主要用于淬硬齿轮的精加工；一般先经过滚齿机或插齿机切出轮齿，然后用磨齿机磨齿，以提高齿轮的精度和表面粗糙度。

（4）钻床。属于孔加工机床，主要用钻头钻削精度要求不太高的孔。钻孔最常用的刀具是麻花钻，属于粗加工。这类机床主要用于质量要求不高的孔的终加工（如螺栓孔和油孔等），也可作为质量要求较高的孔的预加工。

（5）镗床。它主要用于加工高精度、大孔径孔，还可铣削平面、铣削沟槽、钻孔、车削端面、车削外圆等。

（6）刨床。它主要用于加工水平面、垂直面、倾斜面等平面和T形槽、燕尾槽等，分为牛头刨床和龙门刨床两类。

（7）拉床。它是使用拉刀加工各种内外表面的机床。采用不同的拉刀，可加工各种形状的通孔、通槽及平面。

1.6.2 机械加工方法能够达到的尺寸精度和表面粗糙度

机械加工方法能够达到的尺寸精度和表面粗糙度见表1-2。

表 1-2　机械加工方法能够达到的尺寸精度和表面粗糙度

加工方法	加工方式	加工材料	加工范围/mm	经济精度	高精度	经济表面粗糙度 *Ra*/μm	高表面粗糙度 *Ra*/μm
车削	车削外圆	有色金属	—	IT6	—	1.6	0.8
	车削内孔		—	IT7	—	1.6	0.8
	车削长度		0～200	0.1mm	0.05～0.08	1.6	0.8
车削	割槽、宽度	—	0.6～3	0.1mm	—	1.6	—
	车削螺纹		M8 以上	8h、（7H）	6h、（6H）	1.6	0.8
	板牙加工		M3～M16	8h	6h	1.6	—
	车削外圆	黑色金属	—	IT7	IT6	1.6～3.2	0.8
	车削内孔		—	IT8	IT7	1.6～3.2	0.8
	车削长度		0～200	0.1mm	0.05～0.08	1.6	—
	割槽、宽度		0.6～3	0.1mm	—	3.2	1.6
	车螺纹		M8 以上	8h、（7H）	6h、（7H）	1.6	—
	板牙加工		M3～M16	8h	7h	3.2	—
	滚直纹		—	0.08	—	—	—
铣削	铣削平面	—	≤120mm	0.1～0.15	—	1.6	1.6
	铣削键槽	—	—	0.04	0.025	3.2	1.6
	半圆键槽	—	—	0.04	0.025	3.2	—
	孔距偏差	—	分度头	0.1mm	0.05～0.1	1.6	—
磨削	外圆磨削	黑色金属	1:18	IT5	IT4	0.8	0.4
	内圆磨削			IT6	IT5	1.6	0.8
	无芯磨削		1:25	IT4	IT3	0.8	0.2
	平面磨削	—	—	IT5	IT4	0.8	0.8
加工中心	平面位置度	—	—	0.02mm	0.01mm	1.6	—
	旋转位置度	—	—	0.05mm	0.03mm	1.6	—
线切割	位置度	—	—	0.02mm	0.005mm	—	—
钻削	孔径	—	ϕ3～ϕ10	IT8	IT7	3.2	1.6
	轴孔对称度	—	—	0.12mm	0.08mm	—	—
	孔距	—	—	0.3mm	0.1-0.2	—	—
攻	攻丝	—	—	H7	H6	3.2	1.6

1.7　机械零件设计的标准化

零件的标准化是指通过对零件的尺寸、结构要素、材料性能、检验方法、设计方法、制图要求等，制定出各式各样的大家共同遵守的标准。标准化带来的优越性主要体现在以下 3 个方面。

（1）能以最先进的方法在专门化工厂中对那些用途最广的零件进行大量的、集中的制造，以提高质量、降低成本。例如，螺栓、滚动轴承、键和销等零件都是这样生产出来的标准件。

（2）统一了材料和零件的性能指标，提高了零件性能的可靠性。

（3）采用标准结构及零部件，可以简化设计工作，缩短设计周期，提高设计质量。同时，简化了机器的维修工作。

机械制图的标准化保证了工程语言的统一。因此，对设计图样的标准化检验是设计工作中的一个重要环节。

现已发布的与机械零件有关的标准，从运用范围上来讲，可以分为国家标准（GB）、行业标准和企业标准三个等级；从使用的强制性来说，可分为必须执行的（有关度、量、衡及涉及人身安全等标准）和推荐使用的（如标准直径等）。

为了增强在国际市场的竞争能力，我国鼓励积极采用国际标准和国外先进标准。近年发布的我国国家标准大都采用了国际标准，设计人员必须熟悉现行的有关标准。一般机械设计手册或机械工程手册中都收录或摘编了常用的标准和资料，以供查阅。

1.8 机械设备中的润滑油及润滑简介

润滑油是用在各类汽车和机械设备上以减少摩擦，保护机械及加工件的液体或半固体润滑剂，它主要起润滑、冷却、防锈、清洁、密封和缓冲等作用，是机械设备运行不可缺少的内容。按其来源分类，分为动物油、植物油、石油润滑油和合成润滑油四大类。其中，石油润滑油的用量占总用量90%以上，因此，润滑油常指石油润滑油。

润滑油一般由基础油和添加剂两部分组成。基础油是润滑油的主要成分，决定着润滑油的基本性质；添加剂则可弥补和改善基础油性能方面的不足，赋予某些新的性能。

添加剂是近代高级润滑油的精髓，正确选用和合理调配，可改善润滑油的物理性质和化学性质，赋予润滑油新的特殊性能，或者加强其原来具有的某种性能，满足更高的要求。根据润滑油要求的质量和性能，对添加剂精心选择，仔细平衡，进行合理调配，是保证润滑油质量的关键。

1.8.1 润滑油的命名方法

润滑油的整体名称（用一组符号表示）组成如下：

类别——石油产品的类别用一个字母表示（对润滑剂或润滑油而言，该字母为“L”）该字母应和其他符号用短横线“-”相隔。

品种——由一组英文字母所组成，其首字（GB/T 7631.1—2008《润滑剂、工业用油和有关产品（L类）的分类第1部分：总分组》的19个字母）总是表示组别，后面所跟的任何字母单独存在时有无含义，在有关组或品种的详细分类中将给予明确规定。

数字——位于产品名称的最后，一般说来，其含义是黏度等级，也应在有关标准中给予规定。

润滑油产品名称的一般形式举例如下：

【例1-1】 L-AN 46

这一组符号表示润滑剂全损耗系统用油精制的矿物油，按GB/T 3141—1994《工业液体润滑剂 ISO黏度分类》规定的黏度等级（40℃运动黏度中心值）。

【例 1-2】 L- HM 32。

这一组符号表示润滑剂抗磨型液压油，按 GB 3141 规定的黏度等级（40℃运动黏度中心值）。

从这些例子可以看出，任何一个润滑油产品名称必须包括性能水平和黏度等级两方面内容才能正确表达。

1.8.2 润滑油的主要规格指标

（1）黏度。润滑油的黏度是指润滑油液体流动时内摩擦力的量度，黏度随温度的升高而降低。大多数润滑油是根据黏度分牌号的。黏度一般有 5 种表示方式，即动力黏度、运动黏度、恩氏黏度、雷氏黏度和赛氏黏度。黏度一般又按运动黏度测定，其值为相同温度下液体的动力黏度与其密度之比。在我国法定计量单位中，以 m^2/s 为单位，但习惯上用厘斯为单位。

黏度的选择非常重要，一般建议在高速、低负荷的情况下选用低黏度的润滑油；在低速、高负荷的情况下选用高黏度的润滑油；在中速、高负荷的情况下选用中黏度的润滑油。实际应用时，根据具体情况而定。

黏度高，有利于在流体润滑状态下提高油膜强度，起到支撑负荷与减震和密封作用，但由于黏度大，故产生了更大的摩擦阻力，消耗较多的动力能源。现代的工业齿轮润滑油都含有高效添加剂，在齿轮经常所处的混合润滑及边界润滑状态可以形成润滑膜，因而在保证薄油膜润滑的情况下，尽量采用低黏度润滑油更有利于节能。润滑油低黏度化是当前国际上润滑油发展的一个重要趋势，但究竟降低到何种程度最合理，应该通过实验获得重要的数据。

（2）闪点。在规定件下，加热油品所产生的蒸汽和空气混合物与火焰接触发生瞬间闪火时的最低温度称为闪点，闪点是表示油品蒸发倾向和安全性的项目。

（3）倾点。倾点是指在规定条件下，被冷却的润滑油能流动时的最低温度，国际上一般用倾点表示油品的低温流动性。

（4）凝点。在规定条件下冷却至停止移动时润滑油的最高温度称为凝点，是评价油品流动性能的项目。

其他的特性还有剪切安定性、抗水性、机械杂质、酸值、破乳化值、氧化值、氧化安定性等。

1.8.3 润滑脂的构成及指标

润滑脂是由一种或多种稠化剂分散在一种或多种液体润滑剂中得到的介于半流体与固体之间的、具有非牛顿流体特征的一类润滑剂。润滑脂具有一定的形态，易于附着，流动性低于相应的基础油。润滑脂的基本组成包括稠化剂和基础油。

稠化剂在润滑脂中占 2%～35%，一般以胶体状态分散在液体润滑剂中形成空间网状结构，或者仅以分散相的形式分散在基础油中，起到吸附和限制基础油流动的作用。稠化剂的选择直接影响润滑脂的机械安定性、耐高温性、胶体安定性、抗水性等性能。

基础油。基础油在润滑脂中占 65%～98%，是稠化剂的分散介质。基础油的选择直接影响润滑脂的润滑性、蒸发性、低温性及与密封材料的相容性等。

（1）锥入度。锥入度是表示润滑脂软硬程度的指标。锥入度越大，稠度越小，润滑脂就越软。锥入度越小，稠度越大，润滑脂越硬。绝大多数润滑脂是根据锥入度大小分号的。

（2）滴点。滴点是指在规定条件下的固体或半固体石油产品达到一定流动性时的最低温度，即润滑脂从固态变成液态时的最低温度点，单位℃。它是反映润滑脂高温使用性能的指标之一，但是滴点并不能单独决定润滑脂的使用温度，不同种类基础油的抗氧化能力的差异、稠化剂类型对基础油的氧化催化作用和抗氧化添加剂的选择也是润滑脂使用温度的决定因素。

1.8.4 添加剂

添加剂是指加入润滑剂中的一种或几种化合物，以使润滑剂得到某种新的特性或改善润滑剂中已有的一些特性。添加剂按功能分，主要有抗氧化剂、清净分散剂、摩擦改善剂（又称油性剂）、极压添加剂、防腐防锈剂、泡沫抑制剂、流点改善剂（又称降凝剂）、黏度指数改进剂和抗乳化剂等类型。市场中所销售的添加剂一般都是以上各单一添加剂的复合品，所不同的就是单一添加剂的成分不同以及复合添加剂内部几种单一添加剂的比例不同而已。

（1）抗氧化剂。润滑油在使用中由于催化剂、高温和热的作用会发生氧化，抗氧剂的目的就是要抑制和减缓这种氧化的倾向。主要的抗氧化剂有胺型抗氧化剂、酚型抗氧化剂和金属型抗氧化剂等。根据润滑油使用温度和应用场合的不同，应选择不同类型的抗氧化剂。

（2）清净分散剂。金属表面的沉积物不利于润滑和散热，清净分散剂的目的就是为了减少老化产物在金属表面的沉积，将沉积物从金属表面冲洗下来使之悬浮在油中，并使用过滤器将其滤掉。此外，它还具有中和作用，以降低氧化产生的酸对金属的腐蚀作用。

（3）油性剂。这类添加剂用于降低摩擦系数，改进节能效果。一般场合下，油性剂的使用温度较低。

（4）极压添加剂。这类添加剂用于提高润滑剂的承载能力，起抵抗重载荷及冲击载荷的作用。它的活性较高，在高温高压下可以与金属表面发生化学反应。

（5）防腐防锈剂。这类添加剂极性较强的物质，容易吸附在金属表面上。

（6）泡沫抑制剂。大量的泡沫容易使油箱中的润滑油溢出，同时在金属表面产生大量的气蚀现象，严重影响机器正常工作。抗泡剂用于抑制泡沫的形成，以及降低泡沫的稳定性。

（7）降凝剂。这类添加剂用于改变润滑剂中蜡晶体的形状，从而提高润滑油在低温下的流动性。

（8）黏度指数改进剂。这类添加剂是一些高分子物质，用于提高油品的黏度，同时改进润滑油的黏度随温度变化的倾向，要求它有较好的抗剪切性能和热氧化安定性。不同的场合需要使用不同的黏度指数改进剂。

（9）抗乳化剂。润滑剂遇水后容易被乳化，这将严重影响其使用性能的发挥。加入抗乳化剂的目的是为了使混入的水分能够迅速分离。在工业润滑油中抗乳化性能是重要的指标。

1.8.5 齿轮传动中的润滑

齿轮及其装置的润滑可分为润滑脂润滑、润滑油润滑及固体润滑三种形式。

（1）润滑脂润滑。润滑脂润滑是指将润滑脂填充在机壳中，这类润滑仅适用于切向速度在 4.5m/s 以下的齿轮副。

（2）润滑油润滑。润滑油润滑是使用最广泛的齿轮润滑形式，可分为浸油润滑与强制润滑两种形式。

① 浸油润滑只适用于低速齿轮箱。在这种润滑形式下，润滑油的加注量直接影响齿轮的工作结果。

② 强制润滑是指将润滑剂以 0.05～0.2MPa 的压力喷入需要润滑的部位，提供充足的供油量，及时地将啮合产生的热量带走的润滑方式。这种润滑形式适用于各种润滑油润滑的齿轮机构。

强制润滑能控制啮合的齿轮的本体温度，当适合的润滑油被喷入后，可实现弹性流体润滑，有效地降低振动和噪声。但是，如果选择的润滑油不合适，导致喷油量不够，就会立即产生噪声和振动，一旦断了润滑油的供应，高速齿轮就立即失效。

（3）固体润滑。固体润滑是指将石墨、二硫化钼等带有润滑特性的固体材料细粉末涂敷、喷射或搅动后撒在齿轮啮合处，或是将这些材料与润滑脂、润滑油混合搅匀使用。因为固体润滑的缺陷很多，所以它一般仅用于低速、啮合摩擦发热不超过 90℃的齿面材料相适应的齿轮机构。

思 考 题

1-1　机器与机构、构件与零件有何区别？

1-2　机械设计的基本要求是什么？

1-3　常用的机械零件设计准则有哪几种？

1-4　机械零件的一般设计步骤是什么？

1-5　制造机械零件的常用材料有哪些？各有什么用途？

1-6　金属材料常用的热处理方法有哪些？各用于哪些场合？

1-7　常用的金属切削机床有哪些？各用于哪些加工？

1-8　分析火车车轮轴所承受应力的变化情况，并指出应力循环特性。

1-9　分析自行车前、后轮轴所承受应力变化情况，并分别指出应力循环特性。

1-10　自行车一般用什么类型的润滑剂？

第2章　平面机构的结构分析

主要概念

运动副、平面机构运动简图、平面机构的自由度、复合铰链、局部自由度、虚约束、机构具有确定运动的条件。

学习引导

需要所设计的机械和机器能进行有序的运动，并且运动是确定的。设计机械时，要解决两方面的问题：一是机构为什么能运动？二是机构满足什么条件运动才会确定？这是设计机械最基本的要求，也是本章要学习的主要内容。从延伸的意义上说，这些内容为实际设计机械和机器并进行机械的运动和动力分析奠定了基础。

引例

引例图2-1所示为机械式手表的机械装置，其主要的组成零件是齿轮。齿轮的作用是什么？怎么保证秒针、分针和时针的相对应关系？从引例图2-1中无法清楚地分析它们之间的关系。引例图2-2是一种简化了的机械式手表机构运动简图，排除了与运动无关的因素，清楚地表示出各个齿轮间的相对运动关系；该图中，S、M、H分别表示秒针、分针和时针，各个数字表示齿轮，根据这个图可以清楚地分析相对运动关系。根据S—M—H的运动传递路线，能够建立相对运动关系。

引例图2-1　机械式手表的机械装置

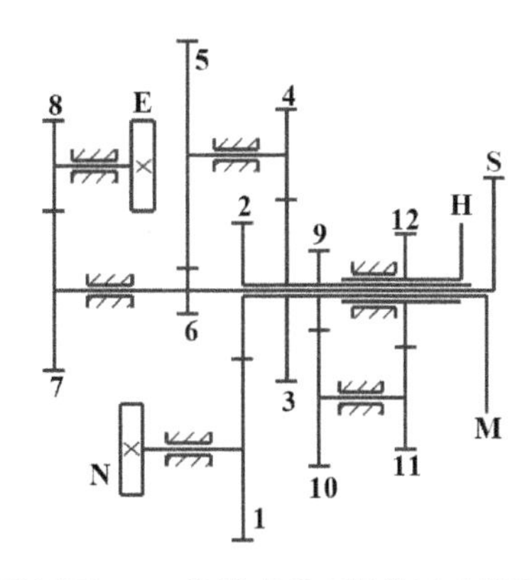

引例图2-2　机械式手表机构运动简图

在机械式手表结构中，什么因素与运动无关？齿轮怎么表示？怎么获得和表达这个机构运动简图？怎样说明这个机构的运动是确定的？学习完本章就可以找到答案。

机构是由构件组成的，机构中的各个构件之间必须具有确定的相对运动才能实现准确的运动和动力的传递。显然，任意连接的构件系统不一定具有确定的相对运动。因此判断机构是否能够运动和运动是否确定具有重要的意义，分析机构具有确定运动的条件，这是进行机械结构设计和创新设计的基础。

机构的类型很多，构件的外形和构造也是多种多样的。为了便于分析研究，撇开与运动无关的构件外形和运动副具体结构，仅用简单的线条和符号表示构件和运动副，并按比例定出各个运动副的相对位置。这种表明机构中的各个构件之间相对运动关系的简化图形称为机构运动简图，它是进行机构运动分析的重要基础。

机构分为平面机构和空间机构两大类。所有构件都在同一平面或在相互平行的平面内运动的机构称为平面机构，否则，称为空间机构。在实际工程中大多数机构为平面机构，本章仅讨论平面机构。

2.1 平面机构的组成

机构是机械中需要实现某种确定运动的部分，它由若干构件组成，各个构件之间都以一定的方式相互连接。这种连接不是固定连接，而是能产生相对运动的连接。两个构件直接接触并能产生相对运动的连接称为运动副，例如，活塞与汽缸的连接、转动轴与滚动轴承的连接都是运动副。构件和运动副相互联系又相互依存，因此，分析机构组成时，要寻求这种联系和依存关系。

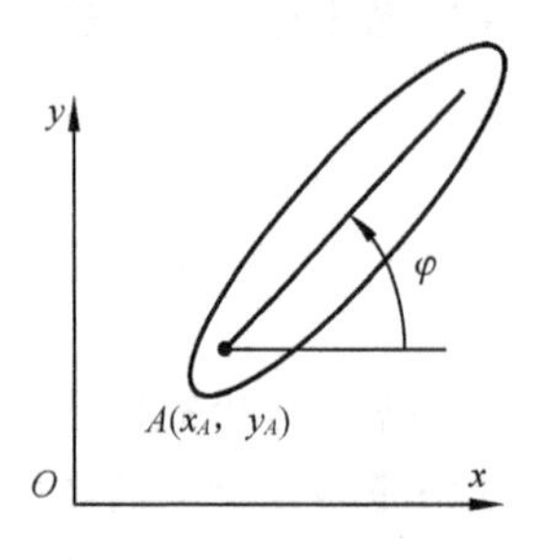

图 2-1　单个构件的自由度

一个作平面运动的自由构件具有三个独立运动。如图 2-1 所示，在坐标系 xOy 中，构件可沿 x 轴、y 轴移动和绕 A 点转动。一个作平面运动的自由构件具有三个自由度。当构件组成运动副后，其独立运动受到限制，自由度随之减少。在机构中，构件的自由是相对的，通过分析构件之间的相对运动，确定构件及机构的自由度。

由两个构件组成的运动副，一般通过点、线、面接触实现运动。按照接触特性，通常把运动副分为低副和高副两大类。

1. 低副

构件通过面接触组成的运动副称为低副。低副在受载时，单位面积上的压力较小。根据构件之间相对运动形式的不同，低副又分为转动副和移动副。

1）转动副

若组成运动副的两个构件只能在同一平面内相对转动，则这种运动副称为转动副（也称铰链），如图 2-2 所示。转动副限制和约束了两个相对移动的自由度，保留了相对转动的自由度，转动的轴线见图 2-2 中的点画线。

2）移动副

若组成运动副的两个构件只能沿某一轴线相对移动，则这种运动副称为移动副，如图 2-3 所示。移动副限制和约束了沿 y 轴方向的相对移动和在 xOy 平面内相对转动两个自由度，只保留了沿 x 轴方向相对移动的自由度。

2. 高副

两个构件通过点、线接触组成的运动副称为高副，如图 2-4 所示。高副在受载时，单位面积上的压力较大。图 2-4（b）和图 2-4（c）所示的在接触点 A 接触的高副，限制和约束了沿接触点 A 公法线 $n-n$ 方向相对移动的自由度，保留了绕接触点 A 的转动和沿接触点 A 公切线 $t-t$ 方向相对移动的两个自由度。

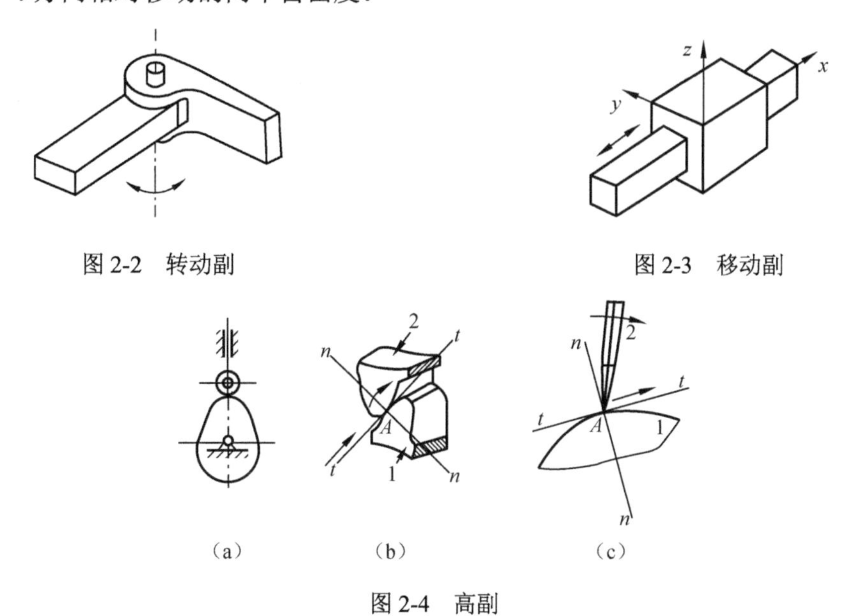

图 2-2　转动副

图 2-3　移动副

（a）　（b）　（c）

图 2-4　高副

2.2　平面机构运动简图

实际构件的外形和结构通常很复杂，在研究机构运动时，为使问题简化，通常不考虑构件的复杂外形、截面尺寸和运动副的实际构造，只用简单线条和符号表示构件和运动副，并按一定的比例画出各个运动副的相对位置，得到机构运动简图。曲柄滑块机构及其运动简图如图 2-5 所示。

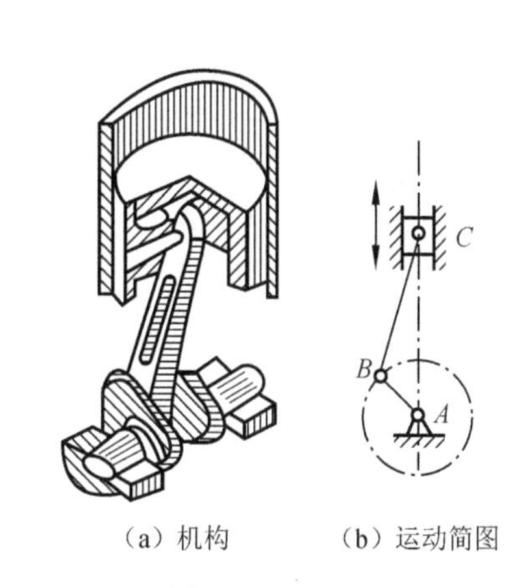

（a）机构　（b）运动简图

图 2-5　曲柄滑块机构及其运动简图

机构运动简图准确地表达了机构的组成及构件之间的相对运动关系，与实物机械具有完全相同的运动特性，因而可以用机构运动简图对机械进行运动和动力分析。

若只是为了表达机构的组成和结构状况，则不必严格按比例画图，这样画出的图称为机构示意图。

2.2.1　构件的分类

机构中的构件有三类：固定不动的构件称为固定构件，按给定的运动规律独立运动的构件称为原动构件，机构中其他的活动构件称为从动构件。

（1）固定构件（机架）——用来支撑活动构件的构件。研究机构中的活动构件的运动时，常以机架作为参考坐标系。

（2）原动构件（也称原动件或主动件）——运动规律已知的活动构件。原动构件的运动由外界输入，因此它又称输入构件。

（3）从动构件（也称从动件）——机构中随原动构件的运动而运动的其余活动构件。其中，输出预期运动的从动件称为输出构件，其他从动件则起传递运动的作用。

机构中必须有一个构件被相对地看作固定构件。例如，内燃机会跟随汽车运动，但在研究内燃机的运动时，应把汽缸体看作固定构件。在活动构件中必须有一个或几个原动构件，其余都是从动构件。

2.2.2 运动副及构件的表示方法

1. 低副的表示方法

1）转动副的表示方法

转动副的表示方法如图 2-6 所示。用圆圈表示转动副，圆心代表相对转动的轴线。图 2-6（a）所示为两个构件组成的转动副。组成转动副的两个构件都是活动构件，如图 2-6（b）所示。若两个构件之一为机架，则在代表机架的构件一侧画上阴影线，如图 2-6（c）和图 2-6（d）所示。

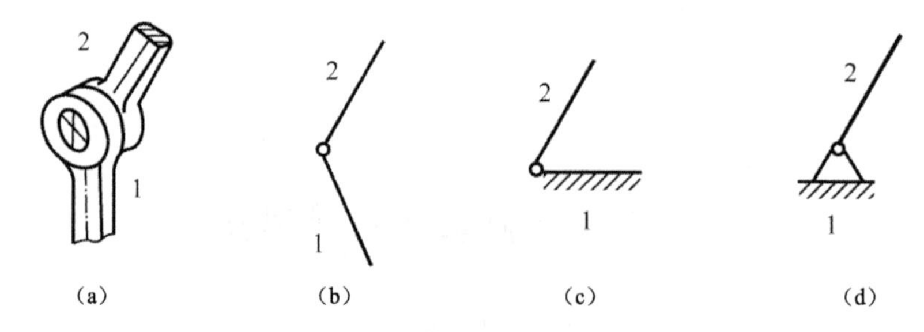

图 2-6　转动副的表示方法

2）移动副的表示方法

移动副的表示方法如图 2-7 所示。移动副的导路方向与相对移动的方向一致，如图 2-7（a）所示。在图 2-7（b）中，构件 1 用导杆表示，构件 2 用滑块表示。在图 2-7（c）中，构件 1 用导槽表示，构件 2 用导杆表示。在图 2-7（d）中，构件 1 用导向槽表示，构件 2 用滑块表示。

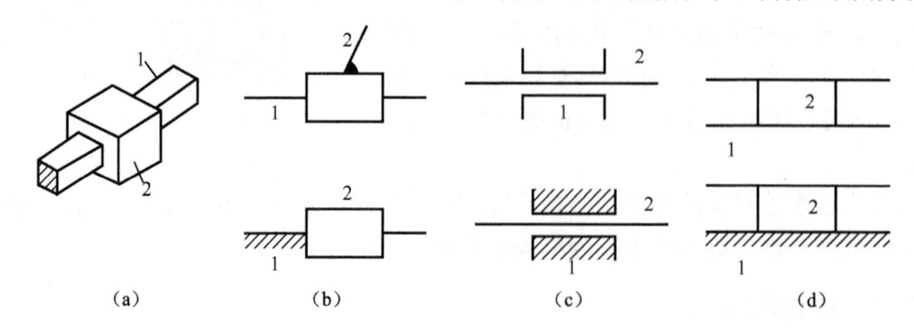

图 2-7　移动副的表示方法

2. 高副的表示方法

当两个构件组成高副时，在机构运动简图中画出两个构件接触处的曲线轮廓，高副的表示方法如图 2-8 所示。

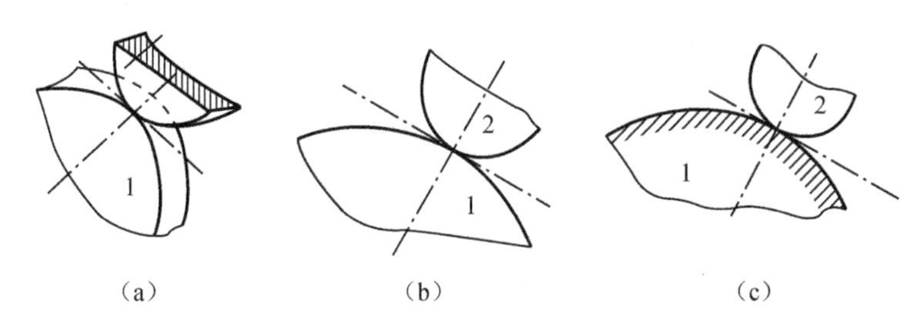

图 2-8 高副的表示方法

3. 构件的表示方法

参与组成两个运动副构件的表示方法与参与组成多个运动副构件的表示方法分别如图 2-9 和图 2-10 所示。对于机械中的一些常用构件和零件，也可采用惯常画法。例如，用粗实线或点画线画出一对相切的节圆，以此表示互相啮合的齿轮；用完整的轮廓曲线表示凸轮。其他常用构件及运动副的表示方法可参见 GB/T 4460—2013《机械制图 机构运动简图用图形符号》。

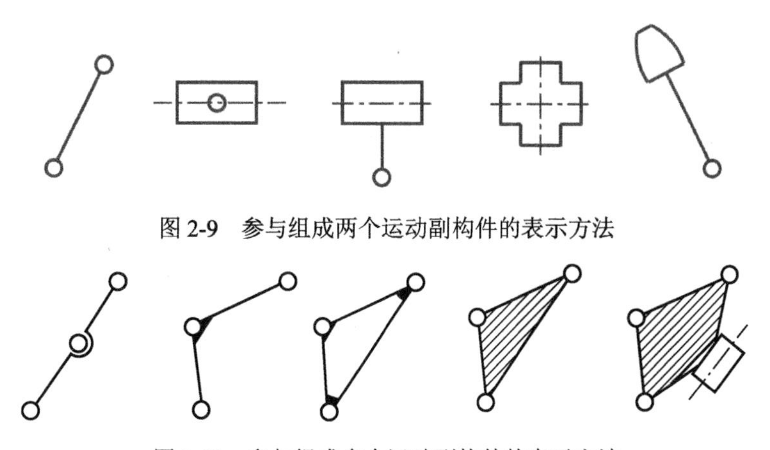

图 2-9 参与组成两个运动副构件的表示方法

图 2-10 参与组成多个运动副构件的表示方法

2.2.3 平面机构运动简图的绘制

绘制平面机构运动简图的步骤如下：

（1）分析机构的结构和运动情况，找出原动件、从动件和机架，确定各个构件之间的相对运动关系。

（2）确定机构中构件的数目，根据构件之间的接触情况和相对运动的性质确定运动副的类型及数目。

（3）选择与多数构件的运动平面平行的平面作为视图平面，作为绘制机构运动简图的投影面。选定适当的长度比例尺，按规定的图形符号画出构件及运动副。用数字标注出各个构件，用大写字母标注出运动副，在机架一侧画上阴影线，在原动件上标注表示运动方向的箭头。

下面举例说明机构运动简图的绘制方法。

【例 2-1】 绘制颚式破碎机的主体机构运动简图，该机构如图 2-11（a）所示。

解：（1）机构分析。颚式破碎机的主体机构由机架 1、偏心轴（又称曲轴）2、动鄂 3 和肘板 4 四个构件组成。带轮 5 和偏心轴 2 固定连接成一个整体，它们是运动和动力输入构件，即原动件。动颚和肘板是从动件。当带轮 5 带动偏心轴 2 绕 *A* 点所在轴线转动时，驱动动颚 3 作平面复杂运动，从而将矿石粉碎。

根据上述分析，颚式破碎机的主体机构由四个构件组成，各构件之间均为相对转动。其中，机架 1 与偏心轴 2 组成以 *A* 点为中心的转动副，偏心轴 2 与动颚 3 组成以 *B* 点为中心的转动副，动颚 3 与肘板 4 组成以 *C* 点为中心的转动副，肘板 4 与机架 1 组成以 *D* 点为中心的转动副。

（2）作图步骤。选定适当的比例尺，定出转动副中心 *A*、*B*、*C*、*D* 四点的位置，用圆圈表示转动副，用线条表示构件，绘制出机构运动简图，如图 2-11（b）所示。

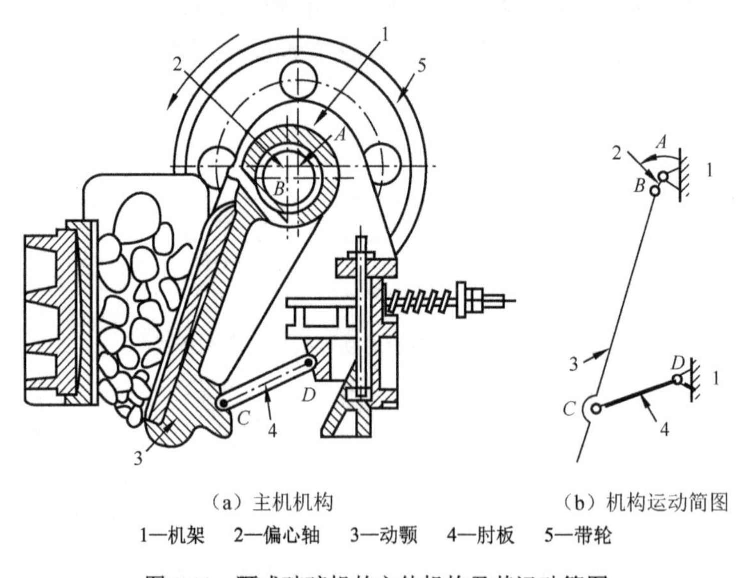

（a）主机机构　　（b）机构运动简图

1—机架　2—偏心轴　3—动颚　4—肘板　5—带轮

图 2-11　颚式破碎机的主体机构及其运动简图

【例 2-2】 绘制牛头刨床的机构运动简图。

解：（1）机构分析。牛头刨床是用于加工平面的机械，其中的滑枕 6 带着刨刀沿机床导轨作往复直线运动，工作台用于安装工件且作横向自动进给运动，从而加工出平面。

牛头刨床的主体机构是刨头运动机构，如图 2-11（a）所示。电动机通过带传动把运动和动力传递给齿轮 1，再通过齿轮 1、齿轮 2 的啮合传递给齿轮 2。滑块 3 用转动副连接在齿轮 2 上，滑块 3 与摆块 5 都分别与导杆 4 组成移动副，导杆 4 与滑枕 6 用转动副连接，滑枕 6 与机架 7 组成移动副，从而实现刨刀（固连在滑枕 6 上）的往复直线运动。可见，刨头运动机构由 7 个构件组成，共有 5 个转动副、3 个移动副和 1 个高副。

（2）作图步骤。选择与各个构件的运动平面平行的平面作为投影面，选择适当的比例尺，按规定的运动副和构件的图形符号画出机构运动简图，如图 2-12（b）所示。

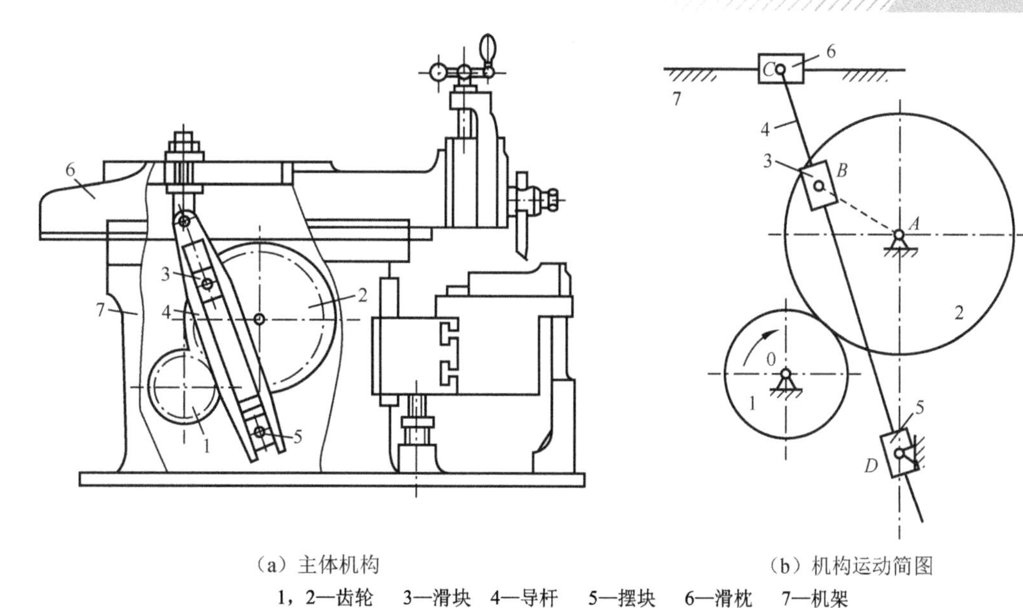

（a）主体机构　　（b）机构运动简图

1，2—齿轮　3—滑块　4—导杆　5—摆块　6—滑枕　7—机架

图 2-12　牛头刨床的主体机构及其运动简图

2.3　平面机构的自由度

机构是一个具有确定运动的构件系统，无规则乱动或无法运动的构件系统无法传递运动和动力。为了确定组合起来的构件是否具有确定运动，需要计算机构的自由度并判断该机构是否满足具有确定运动的条件。

2.3.1　平面机构自由度的计算公式

一个作平面运动的构件有三个自由度。当构件参与组成运动副之后，独立运动受到约束，自由度随之减少。在平面机构中，如果一个低副引入两个约束，就限制两个自由度；如果一个高副引入一个约束，就限制一个自由度。

若平面机构由 K 个构件组成，除去一个固定构件（机架），活动构件数量 $n=K-1$ 个。所有构件未参与组成运动副之前，这些活动构件的总自由度为 $3n$ 。

当用运动副将构件连接组成机构之后，各个构件具有的自由度随之减少。若机构中的低副数量为 P_{L} 个，高副数量为 P_{H} 个，则运动副引入的约束总数量为 $2P_{\mathrm{L}}+P_{\mathrm{H}}$ 。活动构件的自由度总数量减去运动副引入的约束总数量就等于机构自由度，用 F 表示，即

$$F=3n-2P_{\mathrm{L}}-P_{\mathrm{H}} \tag{1-1}$$

式（1-1）称为平面机构自由度的计算公式。由该公式可知，机构的自由度取决于活动构件的数量及运动副的性质和数量。

2.3.2　机构具有确定运动的条件

机构的自由度是机构相对于机架具有的独立运动的数量。机构中只有原动件才能独立运动，通常每个原动件具有一个独立运动（如内燃机活塞具有一个独立移动，电动机转子具有一个独立转动）。平面机构具有确定运动的条件如下：

机构的自由度 $F>0$ 且 F 等于原动件数量。

机构中原动件的独立运动是给定的。在如图 2-13 所示的机构中，若给出的原动件数量不等于机构自由度，将会出现下列问题。

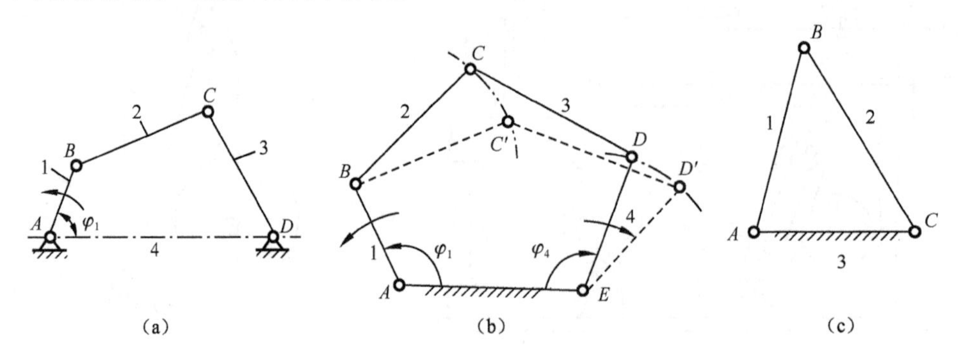

图 2-13　机构运动分析

（1）如图 2-13（a）所示平面四杆机构的自由度 $F=3\times3-2\times4=1$。若选取构件 1 作为原动件，则机构的自由度等于给定的原动件数量。由此可知，机构具有确定运动。如果同时满足两个原动件 1 和原动件 3 的给定运动，机构将被破坏。

（2）如图 2-13（b）所示平面五杆机构的自由度 $F=3\times4-2\times5=2$。若同时选取构件 1 和构件 4 作为原动件，则机构具有确定运动。若只选取构件 1 作为原动件，由该图可知，从动件 2、从动件 3、从动件 4 的运动不确定。

（3）如图 2-13（c）所示机构的自由度 $F=3\times2-2\times3=0$，由此可知，构件之间没有相对运动，它们构成一个刚性桁架。

2.3.3　计算平面机构自由度时的注意事项

1. 复合铰链

2 个以上构件在同一处用转动副连接，构成复合铰链。图 2-14 所示是由 3 个构件组成的复合铰链。从该图可以看出，这三个构件共组成两个转动副。依此类推，若有 m 个构件汇交组成复合铰链，则构成 $(m-1)$ 个转动副。

在如图 2-15 所示的圆盘锯机构运动简图中，A、B、D、E 这 4 点都表示由 3 个构件汇交构成的复合铰链。

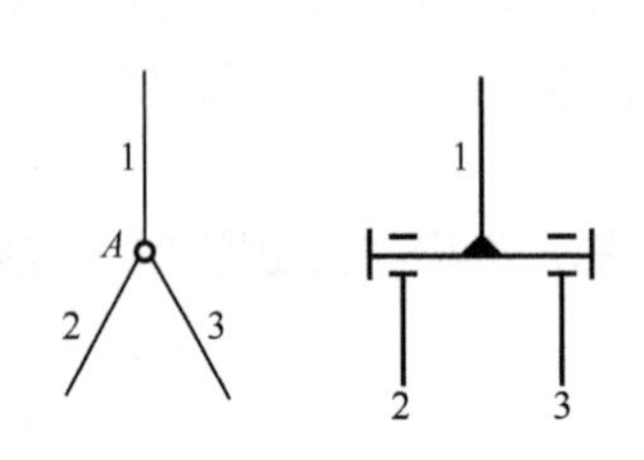

图 2-14　由 3 个构件组成的复合铰链

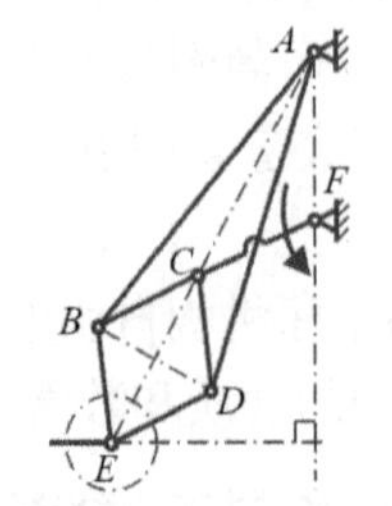

图 2-15　圆盘锯机构

2. 局部自由度

在机构中，某些构件所具有的自由度仅与其自身的局部运动有关，并不影响输出构件的运动，这种自由度称为局部自由度，如图 2-16 所示。在图 2-16（a）所示的凸轮机构中，原动件凸轮 1 转动时，通过滚子 4 驱动输出构件（从动件）2 在机架 3 中往复移动。无论滚子 4 是否绕其轴心 B 转动，都不影响输出构件 2 的运动。因此，滚子绕其轴心的转动是一个局部自由度。在计算机构自由度时，应排除局部自由度的影响，可设想将滚子与安装滚子的构件焊接在一起，把它们视为一个构件，如图 2-16（b）所示。

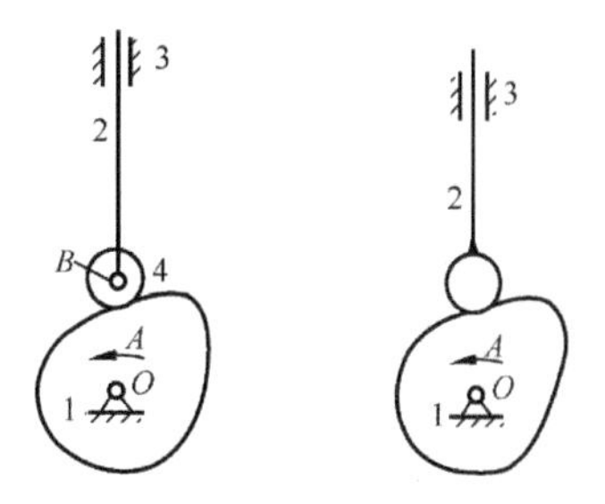

（a）凸轮机构　（b）设想的凸轮机构

图 2-16　局部自由度

局部自由度虽然不影响机构的运动，但加上滚子可使高副接触处的滑动摩擦变为滚动摩擦，减少构件磨损。因此，它经常应用于实际机械中。

3. 虚约束

在运动副引入的约束中，有些约束对机构运动不起限制作用，这种约束对机构自由度的影响是重复且多余的，称为虚约束。在计算机构自由度时，应将产生虚约束的构件和运动副忽略不计。

平面机构中的虚约束常出现在下列场合：

（1）当两个构件组成多个轴线重合的转动副时，只有一个转动副起作用，其余都是虚约束，如图 2-17 所示。

（2）当两个构件组成多个导路平行的移动副时，只有一个移动副起作用，其余都是虚约束，如图 2-18 所示。

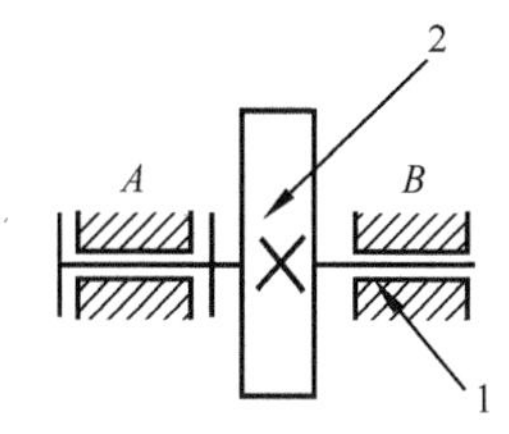

图 2-17　两个构件组成多个轴线重合的转动副及其虚约束

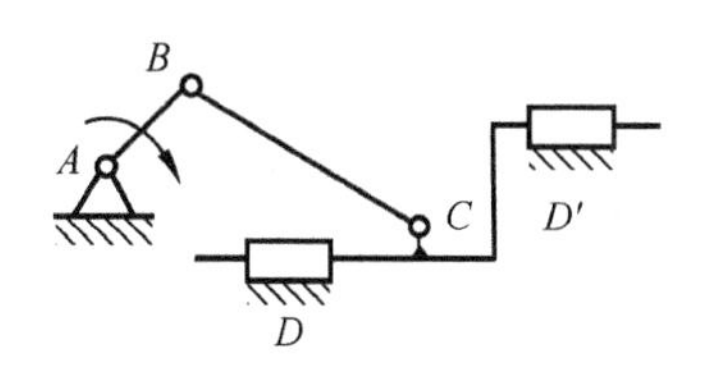

图 2-18　两个构件组成多个导路平行的移动副及其虚约束

（3）机构中对运动不起独立限制作用的对称部分。在图 2-19 所示的定轴轮系中，为使机构受力均匀和提高其承载能力，在主动轮 1 和从动轮 3 之间对称布置了 3 个相同的齿轮（齿轮 2、齿轮 2′ 和齿轮 2″）。但从运动传递的要求来看，只需要一个齿轮，其余两个齿轮的加入会带来 2 个虚约束（加入一个小齿轮增加三个自由度，参与组成一个转动副和两个高副，引入四个约束）。

（4）用双转动副杆连接两个构件上运动轨迹相重合的点，该连接将引入一个虚约束。如图 2-20 所示的平行四边形机构 $ABCD$ 的连杆 3 作平动。若在机构中增加一个构件 5，使构件 5 的长度 $EF = AB = CD$，且 $EF \parallel AB \parallel CD$，则构件 5 上 E 点的运动轨迹与连杆 3 上 E 点的轨迹重合。此时构件 5 对机构的运动没有影响。加入构件 5 的目的是为了保证平行四边形机构运动的连续性和改善受力状况。构件 5 和参与组成的两个转动副（转动副 E、转

动副 F ）引入一个虚约束。

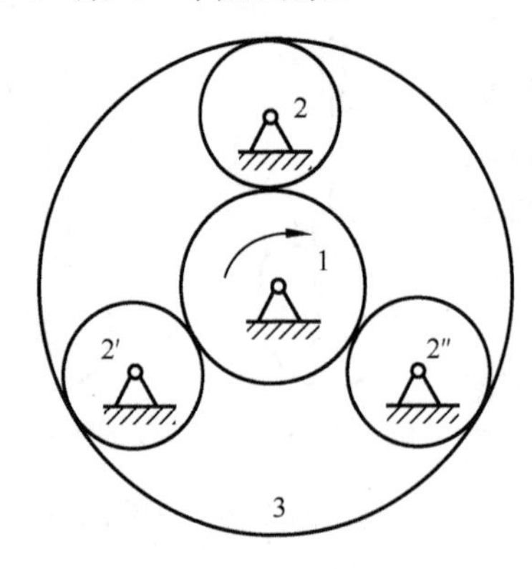

图 2-19　定轴轮系及其虚约束

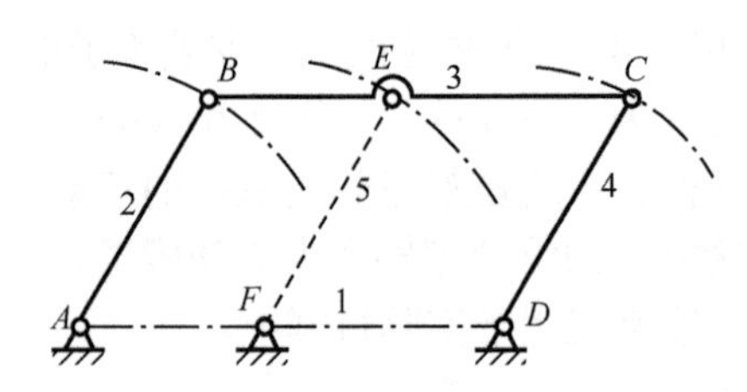

图 2-20　平行四边形机构及其虚约束

虚约束是构件之间几何尺寸满足特定几何条件的产物。虚约束虽然对机构的运动没有影响，但采用虚约束可以增加构件的刚性和使构件受力均衡，因此虚约束机构应用广泛。但需注意的是，虚约束的存在必须满足某些特定的几何条件，若这些条件不满足，则虚约束将成为实际有效的约束，从而影响机构的运动性能。机构中的虚约束数量越多，制造精度要求越高，制造成本也就越高。

重要提示

机构的自由度是整个机构相对于机架所具有的独立运动的数量。机构自由度大于零，表示机构能够运动。当机构自由度与原动件数量相等时，机构具有确定运动。运用式（1-1）计算自由度时，需要注意机构中的复合铰链、局部自由度和虚约束。

【例 2-3】 计算如图 2-21（a）所示大筛机构的自由度。

解题分析：如图 2-21（a）所示，在大筛机构中，C 点为 3 个构件形成的复合铰链，F 点为局部自由度（设想将滚子与推杆焊接在一起），E 点和 E' 点中的之一为虚约束。因此，可将机构运动简图 2-21（a）改画成图 2-21（b）的形式。

解：机构中的活动构件数为 $n=7$ ，低副数为 $P_L=9$ ，高副数为 $P_H=1$ 。

机构的自由度：$F=3n-2P_L-P_H=3\times7-2\times9-1=2$

机构原动件为杆 AB 及凸轮，数目为 2 个，等于机构的自由度数，机构具有确定运动。

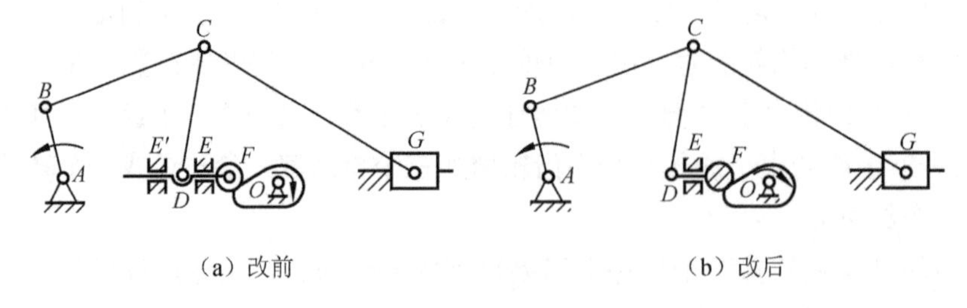

（a）改前　　（b）改后

图 2-21　大筛机构的自由度

【例 2-4】 计算图 2-12 所示牛头刨床主体机构的自由度。

解：牛头刨床主体机构共由 7 个构件组成，其中，构件 7 为机架，活动构件数为 $n=6$ ，低副数为 $P_L=8$（其中 5 个转动副，3 个移动副），高副数为 $P_H=1$（齿轮 1、齿轮 2 组成的高副），齿轮 1 为原动件。

机构的自由度：$F = 3n - 2P_{L} - P_{H} = 3\times6 - 2\times8 - 1 = 1$

机构的原动件数量为 1，等于机构的自由度，由此判断机构具有确定运动。

2.4　构件和运动副的结构

2.4.1　构件的结构

1. 组成转动副的构件

连杆机构中的构件有杆状、块状、偏心轮、偏心轴和曲轴等形式。当构件上的两个转动副轴线的间距较大时，一般采用杆状构件。杆状构件应尽量做成直杆。有时为了避免构件之间的运动干涉，也可将杆状构件做成其他结构。

（1）组成 2 个转动副的构件（双副杆）结构如图 2-22 所示。

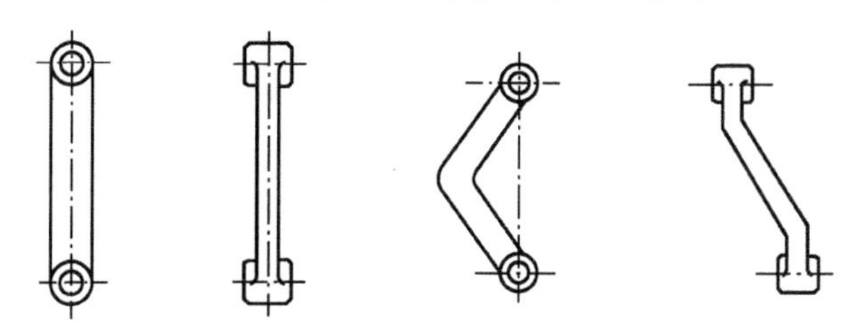

图 2-22　组成 2 个转动副的构件结构

（2）组成 3 个转动副的构件结构如图 2-23 所示。

组成 3 个转动副的构件的结构设计较为灵活，与 3 个转动副的相对位置和构件加工工艺有关，可以根据构件对强度、刚度要求的不同，将构件的横截面设计成不同形状，如图 2-24 所示。

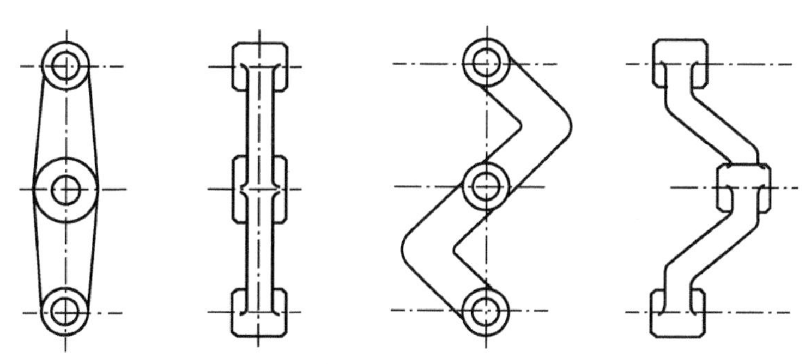

图 2-23　组成 3 个转动副的构件结构

2. 组成转动副和移动副的构件

构件参与组成转动副和移动副时，结构形式不但取决于转动副轴线与移动副导路的相对位置，还取决于移动副元素接触部位的数量和形状。图 2-25 为组成转动副和移动副构件的结构。

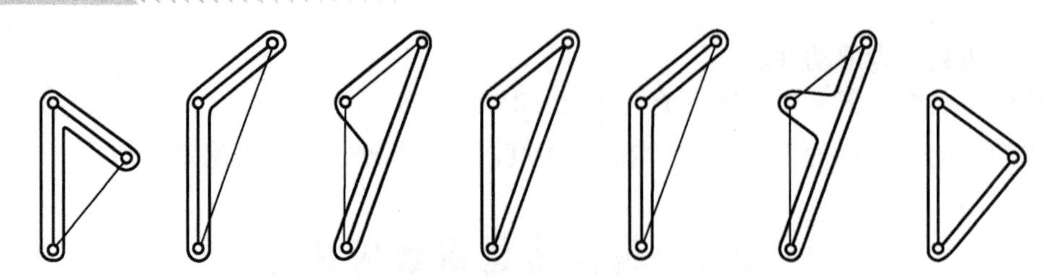

图 2-24　组成 3 个转动副的构件的不同横截面形状

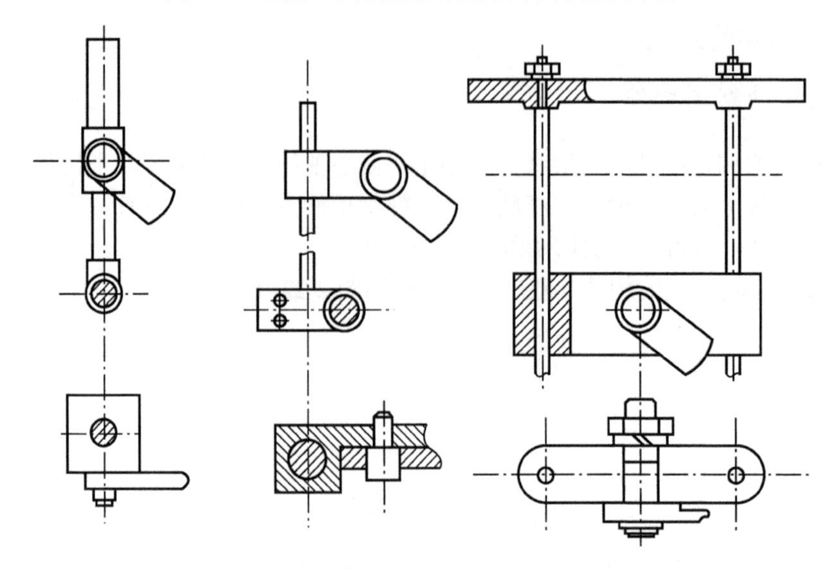

图 2-25　组成转动副和移动副构件的结构

3. 组成两个移动副的构件

构件参与组成两个移动副时，其结构与移动副导路的相对位置和移动副元素形状有关。其典型结构如图 2-26 所示。其中，图 2-26（a）为带移动导杆的六杆机构，图 2-26（b）为十字形滑槽椭圆仪。

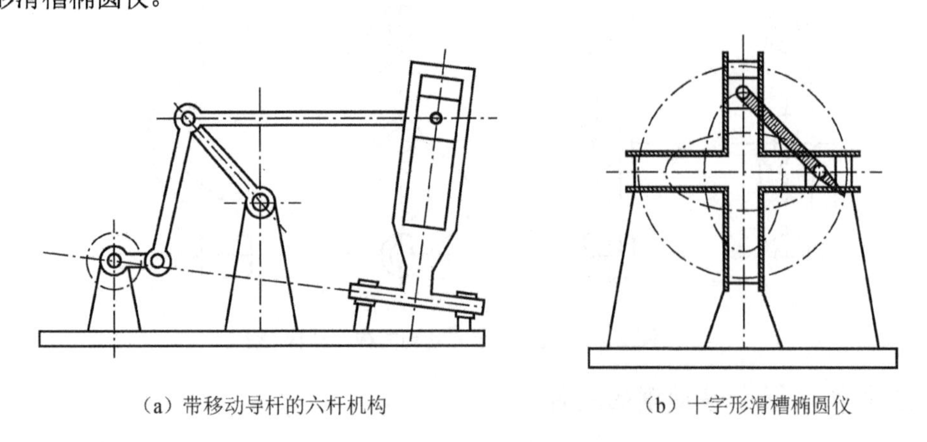

（a）带移动导杆的六杆机构　　（b）十字形滑槽椭圆仪

图 2-26　组成两个移动副的构件的典型结构

2.4.2　转动副的结构

转动副有滑动轴承式转动副和滚动轴承式转动副两种。滑动轴承式转动副的结构如

图 2-27 所示，其特点是结构简单，径向尺寸较小，减振能力较强，但滑动表面摩擦力较大，应考虑润滑或采用减磨材料。

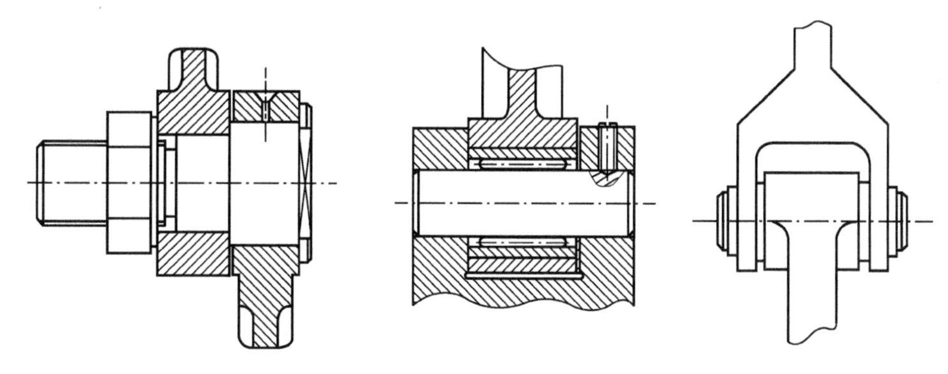

图 2-27　滑动轴承式转动副的结构

滚动轴承式转动副的结构如图 2-28 所示，其特点是摩擦力小，换向灵活，润滑和维护方便，但对振动敏感，易产生噪声，径向尺寸较大。

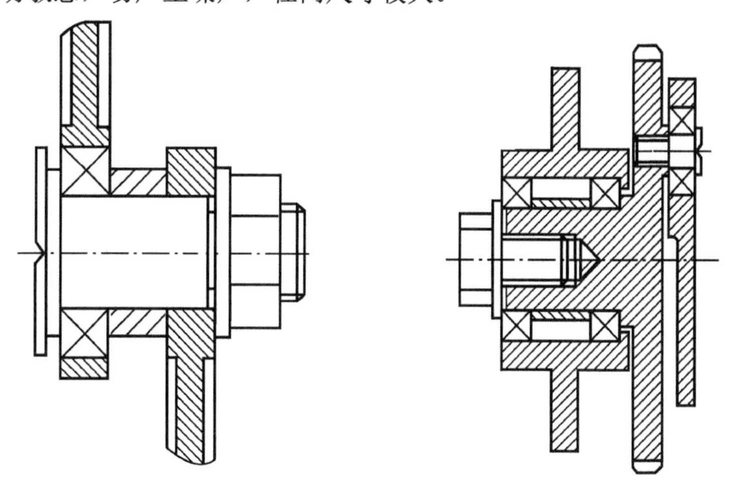

图 2-28　滚动轴承式转动副的结构

2.4.3　移动副的结构

按滑块和导轨相对移动摩擦性质的不同，移动副分为滑动导轨式移动副和滚动导轨式移动副两种。

（1）滑动导轨式移动副的结构。滑动导轨式移动副又可分为棱柱面滑动导轨式移动副（见图 2-29）和圆柱面滑动导轨式移动副（见图 2-30）两种。

（2）滚动导轨式移动副的结构。当需要移动副有较高的运动灵活度和较小的摩擦时，可选用滚动导轨式移动副，其结构如图 2-31 所示。但滚动导轨式移动副的结构复杂，尺寸较大且接触面小，其刚性不如滑动导轨式移动副。滚动导轨可分为非循环式滚珠导轨和循环式滚珠导轨等，有关内容可查阅机械设计手册。

对运动副的结构，可以根据工作环境和要求进行变换。在不同机械和机器中，运动副的结构多种多样，可以在设计过程中对其进行具体分析。

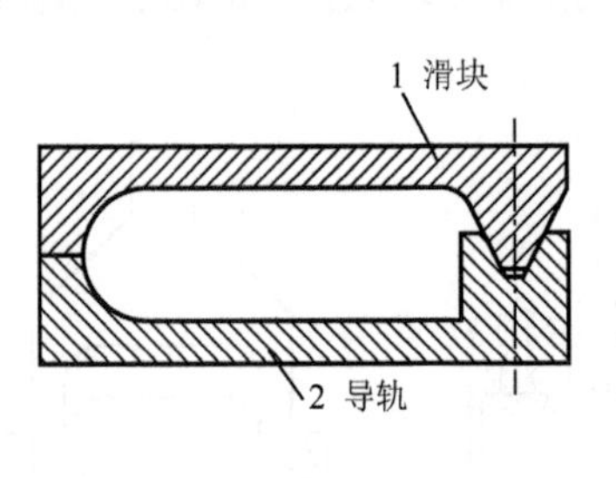

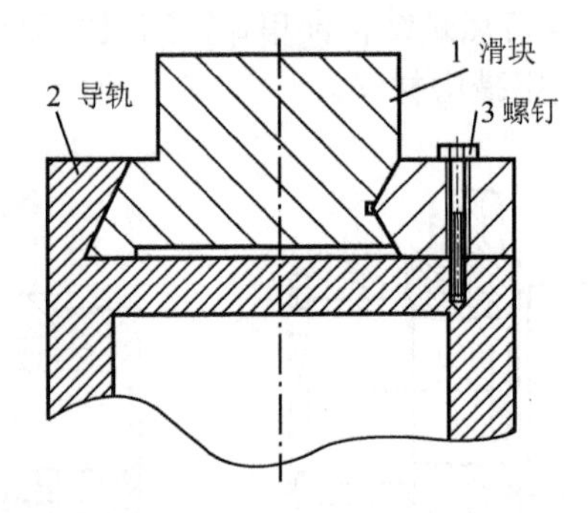

图 2-29　棱柱面滑动导轨式移动副

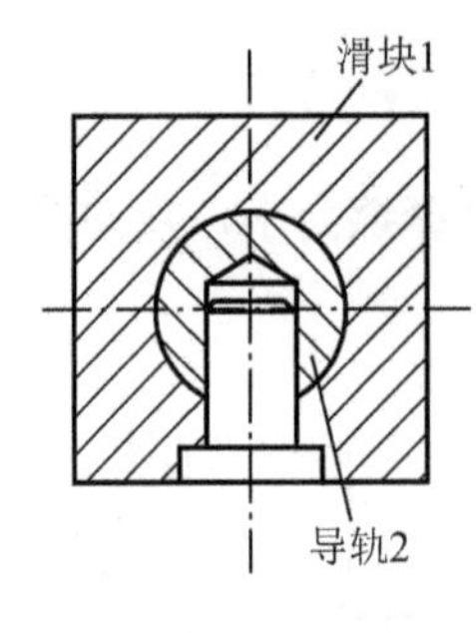

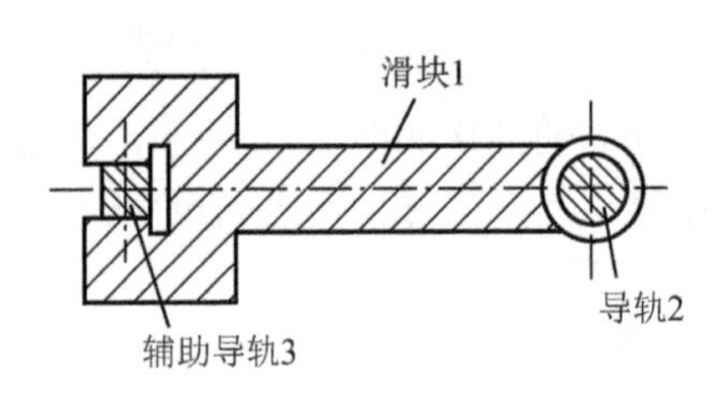

图 2-30　圆柱面滑动导轨式移动副

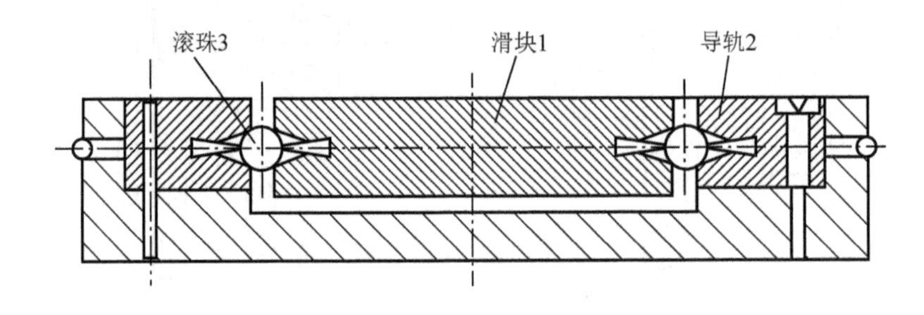

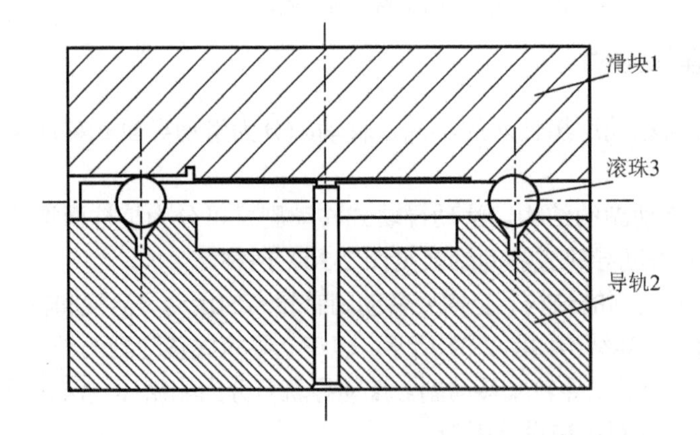

图 2-31　滚动导轨式移动副的结构

思　考　题

2-1　什么是运动副？运动副是如何分类的？

2-2　什么是机构运动简图？它有什么作用？如何绘制机构运动简图？

2-3　什么是机构自由度？如何计算机构的自由度？计算机构自由度时应注意哪些事项？

2-4　试分析本章引例中的机械式手表机构，说明秒针、分针和时针的关系。

习　　题

2-5　绘出如图 2-32 所示机构的运动简图。

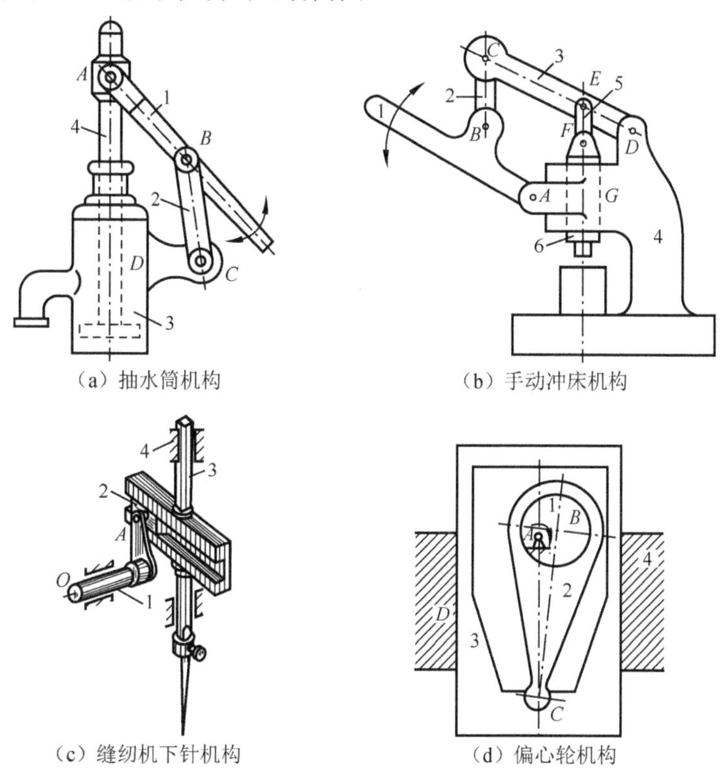

图 2-32　习题 2-5 的机构

2-6　计算如图 2-33 所示机构的自由度。如果这些机构中存在复合铰链、局部自由度和虚约束，请指明。

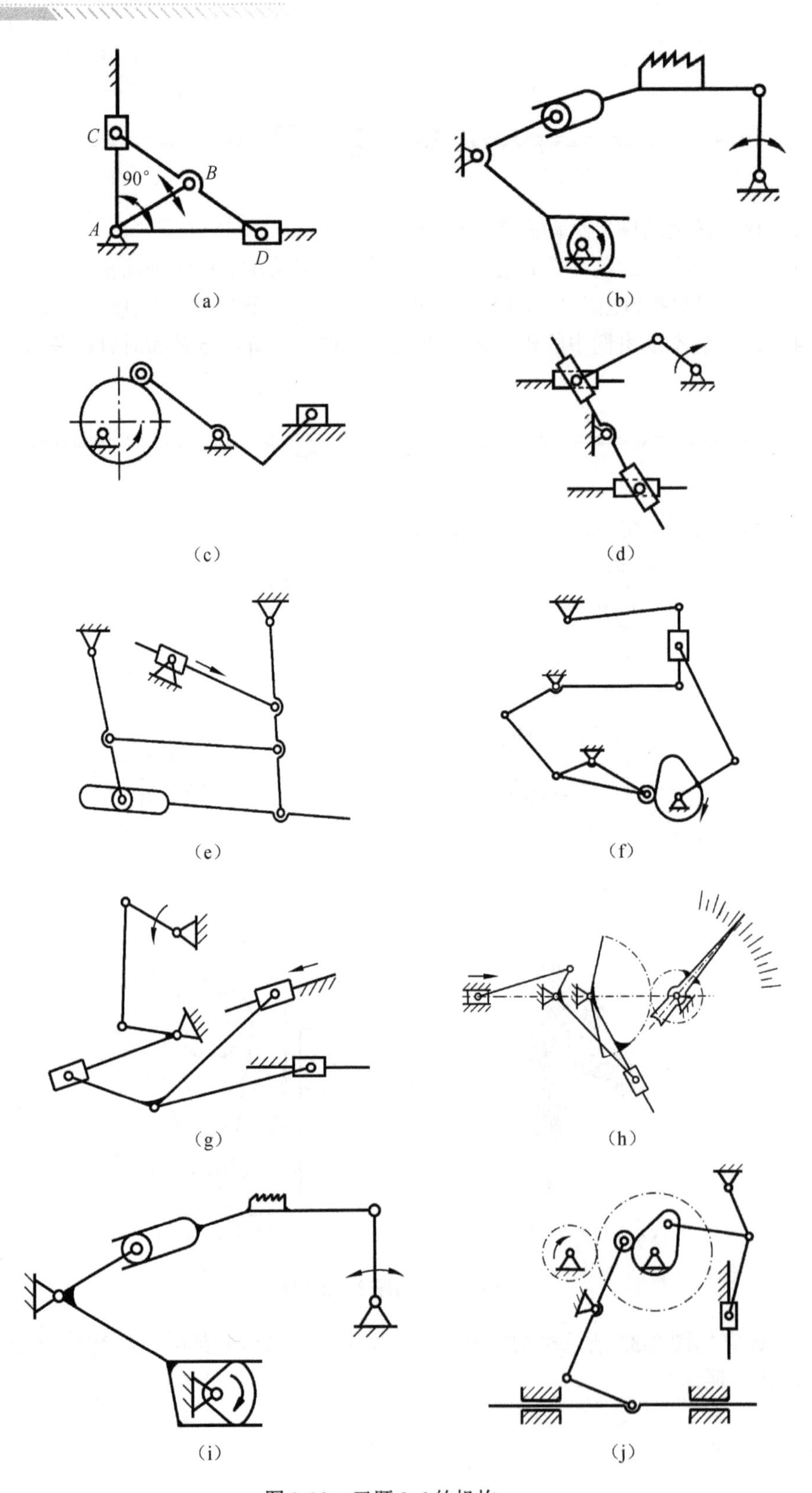

图 2-33　习题 2-6 的机构

第3章 平面连杆机构

主要概念

铰链四杆机构、机构的演化、平面四杆机构、整转副、摆动副、急回特性、压力角、传动角、机构的死点位置、机构设计的相对运动法原理、转动副和移动副的结构设计。

学习引导

机械中用到的杆机构很多，而平面连杆机构是杆机构中的最基本形式，它具备了杆机构的最基本性能和特性。有趣的是，在各杆长度不变的情况下，可以获得不同的机构。进一步地说，其他条件不变，只改变一个杆长就可以获得不同形式的机构。更进一步地说，机构可以通过不同的方法加以演化而得到更多的不同机构。

机构的传力性能是机械设计中强调的重要概念。传力性能好意味着机械运转轻快，效率高。采用不同的设计结果，机构的传力性能就有所不同，而且，有的机构运动时会在某一位置上出现“死点位置”，也就是机构卡死。

在机械设计中，机构的急回特性则体现出“人性化”的特点。急回特性是指在机构工作行程时按照要求努力工作，在回程不承受载荷时就快速返回。在要求往复运动的工作情况下，这一特性具有一定的价值，提高了工作效率，但并不是所有的机构都具有这样的性能。

在了解机构的基本性能和特点后，就可以根据其工作要求，按照不同特性所特有的基本位置关系和规律设计机构。例如，设计有急回特性的机构，设计有连杆位置要求的机构，设计有轨迹要求的机构等。

引例

见过挂在天花板上的篮球架吗？引例图 3-1（a）所示就是这种篮球架。在运动场馆中，篮球架可收起向房顶折叠，需要时再放下。可改变位置的篮球架采用杆机构，其运动原理如引例图 3-1（b）所示。请思考，对放下的篮球架应该提出什么要求？这样设置的篮球架有什么好处？其实，它利用了杆机构的一个重要的特点，至于什么特点，答案就在本章中。

（a）

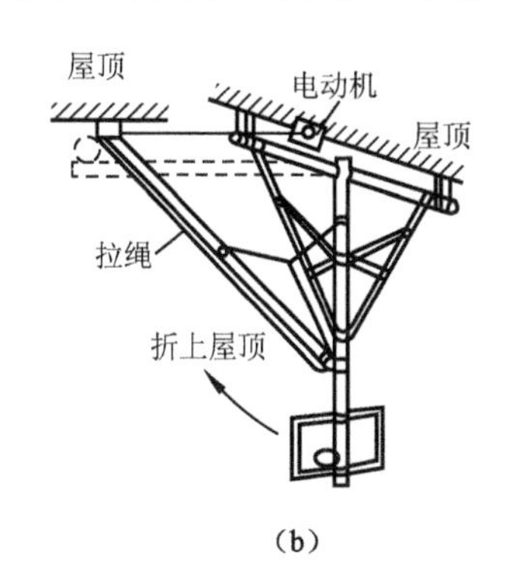

（b）

引例图 3-1 挂在天花板上的篮球架及其运动原理

平面连杆机构是由多个刚性构件通过低副（转动副或移动副）连接，并且各个构件都在相互平行的平面内运动的一类机构，又称平面低副机构。由于平面连杆机构能够生成众多的运动轨迹、再现大量的运动规律、具有较高的承载能力、使用寿命长及制造方便等特点，因此，它在自动化、工程机械等诸多领域都得到了广泛的应用。

在平面连杆机构中，结构最简单且应用最广泛的是由四个构件组成的平面四杆机构，其他多杆机构可以看成在此基础上依次增加杆组而成。

3.1　平面四杆机构的基本形式及其演化

3.1.1　平面四杆机构的基本形式

全部用转动副相连的平面四杆机构称为铰链四杆机构，如图 3-1 所示。它是平面四杆机构的基本形式。其中固定不动的杆 4 称为机架；与机架相连的杆 1 和杆 3 称为连架杆；不与机架直接相连的杆 2 称为连杆。能绕机架上的转动副中心作整周转动的连架杆称为曲柄（如杆 1），只能在某一角度范围内摆动的连架杆称为摇杆（如杆 3）。

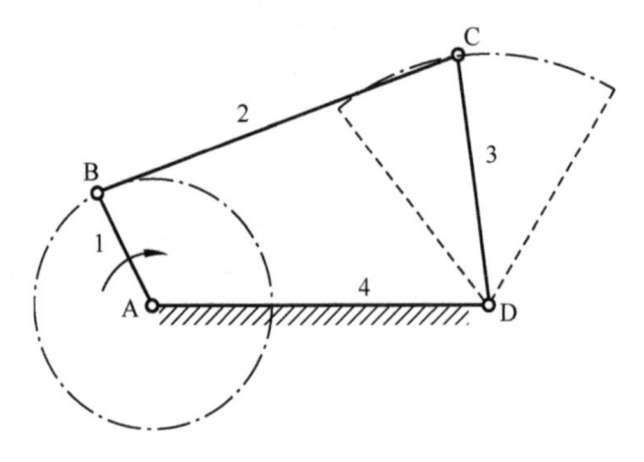

图 3-1　铰链四杆机构

按照连架杆能否作整周转动，可将铰链四杆机构分成三种基本形式：曲柄摇杆机构、双曲柄机构和双摇杆机构，如图 3-2 所示。

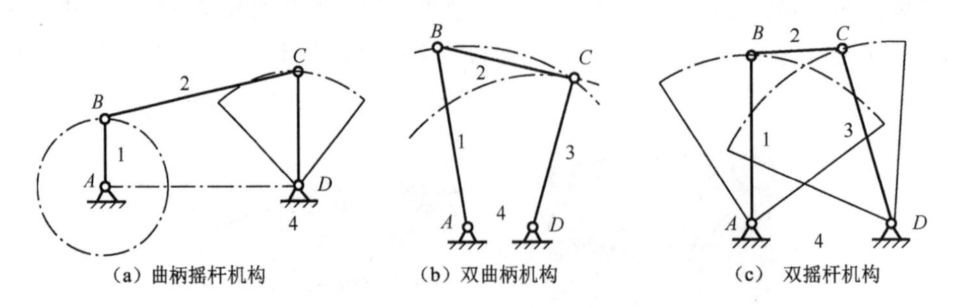

图 3-2　铰链四杆机构的基本形式

1. 曲柄摇杆机构

在两个连架杆中，若一个为曲柄，另一个为摇杆，则此四杆机构称为曲柄摇杆机构。通常曲柄是原动件，作等速转动，而摇杆是从动件，作变速往复摆动。

如图 3-3 所示的雷达天线俯仰角机构和如图 3-4 所示的搅拌机构，都是以曲柄为原动件的曲柄摇杆机构的实例。而如图 3-5 所示的缝纫机踏板机构，则是以摇杆 1（踏板）为原动件的曲柄摇杆机构。

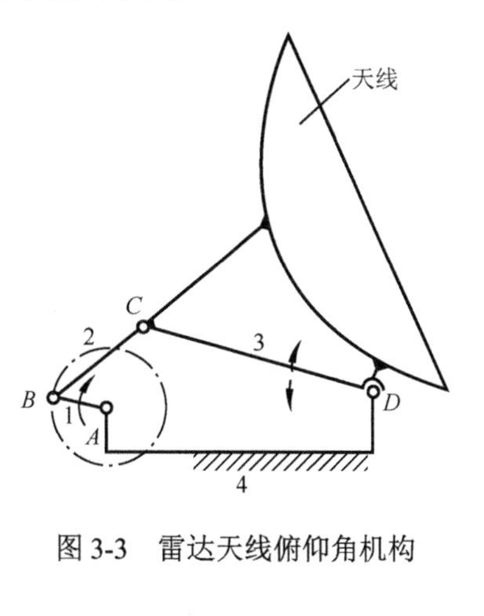

图 3-3 雷达天线俯仰角机构

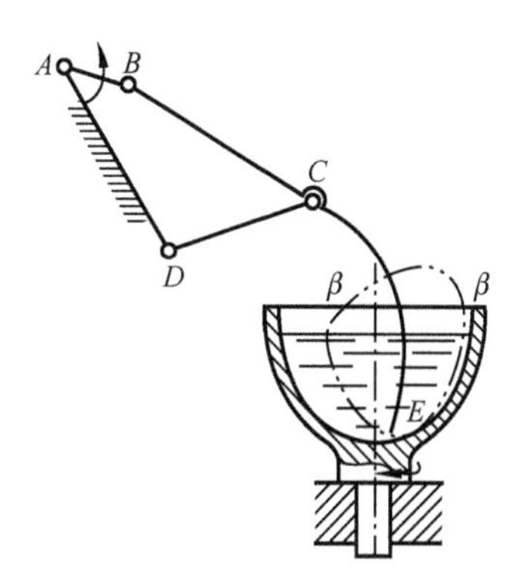

图 3-4 搅拌机构

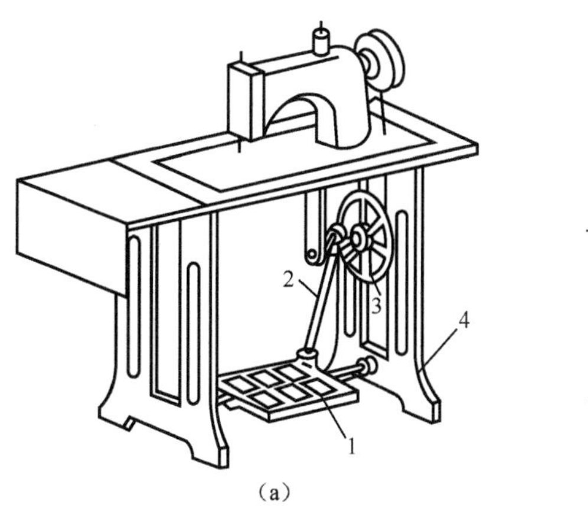

(a)

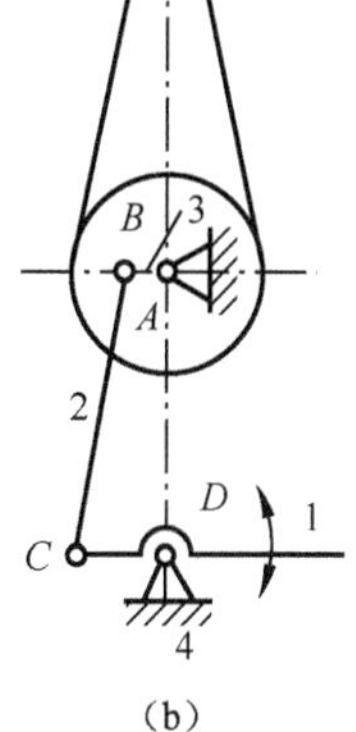

(b)

注：图（a）中的序号分别对应图（b）中的序号。

图 3-5 缝纫机踏板机构

2. 双曲柄机构

两个连架杆均为曲柄的铰链四杆机构称为双曲柄机构，如图 3-6 所示。双曲柄机构将原动件曲柄 1 的等速整周转动变为从动件曲柄 3 的变速整周转动。如图 3-7 所示的回转式水泵就是双曲柄机构的应用实例，它由相位依次相差 90° 的 4 个双曲柄机构组成，该图中所示的四边形 *ABCD* 是其中的一个双曲柄机构的运动简图。当主动件曲柄 *AB* 顺时针匀速转动时，带动从动件曲柄 *CD*（隔板）作周期性变速转动，使相邻隔板的夹角也发生周期性变化。转到右边时，相邻隔板的夹角及容积增大形成真空，从右边的进水口吸水；转到左边时，相邻隔板的夹角及容积变小，压力升高，从出水口排水，起到抽水的作用。

在双曲柄机构中，若连杆与机架的长度相等、两个曲柄的长度相等且转向相同时，称为平行四边形机构，如图 3-8 所示。平行四边形机构的特点是两个曲柄的转向且角速度时刻保持相等，而连杆作平动。例如，图 3-9 所示的摄影平台升降机构就利用了连杆平动的特点。

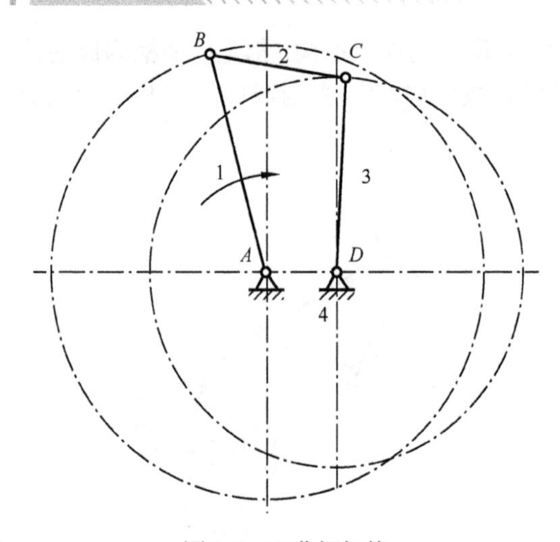

图 3-6 双曲柄机构

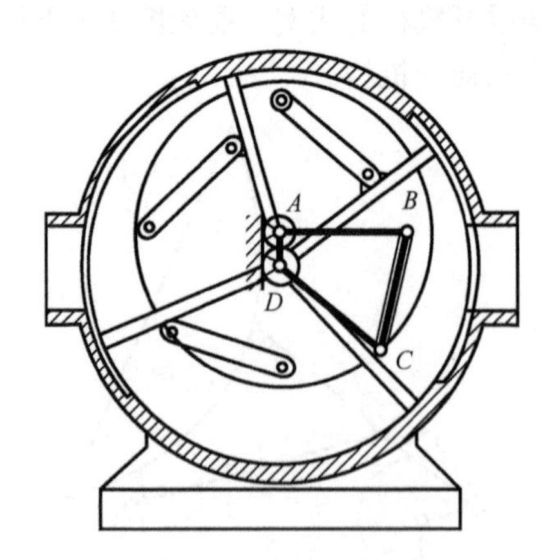

图 3-7 回转式水泵

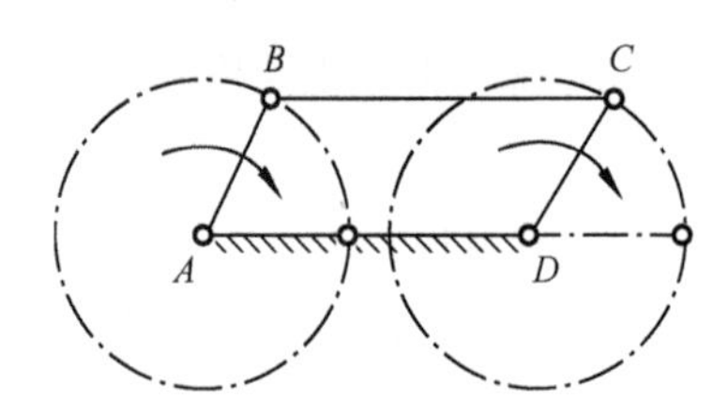

图 3-8 平行四边形机构

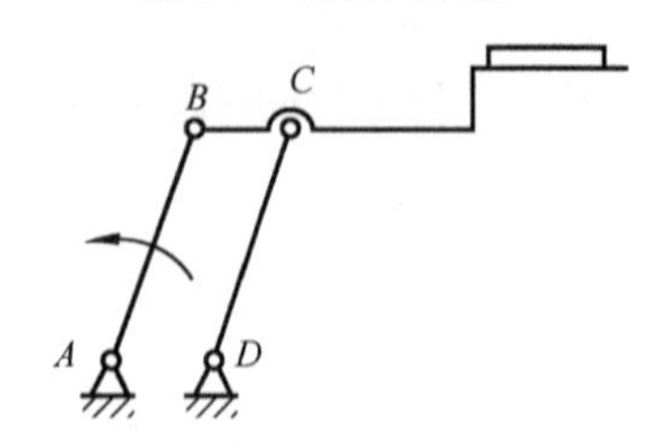

图 3-9 摄影平台升降机构

需要说明的是，当这种机构的 4 个铰链中心处于同一条直线上时（见图 3-10），将出现运动不确定状态。例如，当图 3-10 中的主动件曲柄 AB 由 AB_1 转动到 AB_2 时，从动件曲柄 CD 可能运动到 C_2D，也可能折返至 $C_2'D$。

为了解决这个问题，工程上利用惯性或通过在机构中添加构件所带来的虚约束使机构始终保持平行四边形。例如，图 3-11 所示的机车车轮联动的平行四边形机构，构件 EF 带来了一个虚约束，解决了运动不确定问题，同时也使机车的各个车轮具有相同的速度。

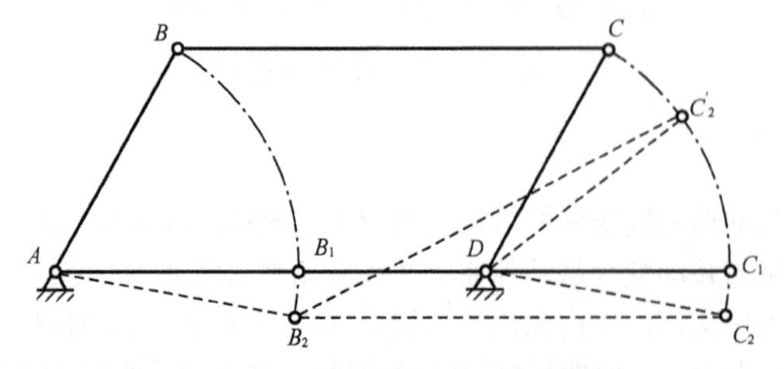

图 3-10 平行四边形机构的运动不确定状态

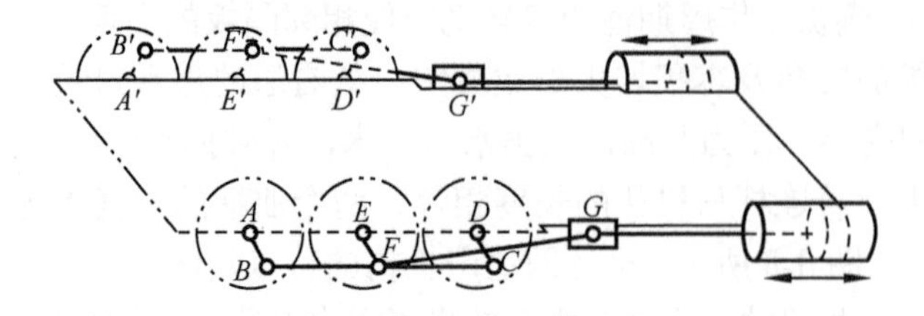

图 3-11 机车车轮联动的平行四边形机构

在双曲柄机构中，若两个曲柄长度相同，机架与连杆的长度也相同，但不平行（见图 3-12），则称为反平行四边形机构，其特点是两个曲柄反向转动且不等速。例如，在图 3-13 所示的公共汽车的车门启闭机构中，当主动件曲柄 *AB* 逆时针转动时，通过连杆使从动件曲柄 *CD* 作反向的顺时针转动，保证两扇车门同时打开或关闭。

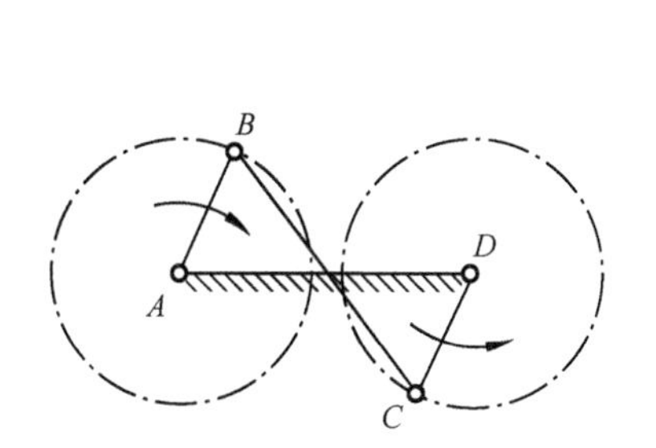

图 3-12　反平行四边形机构

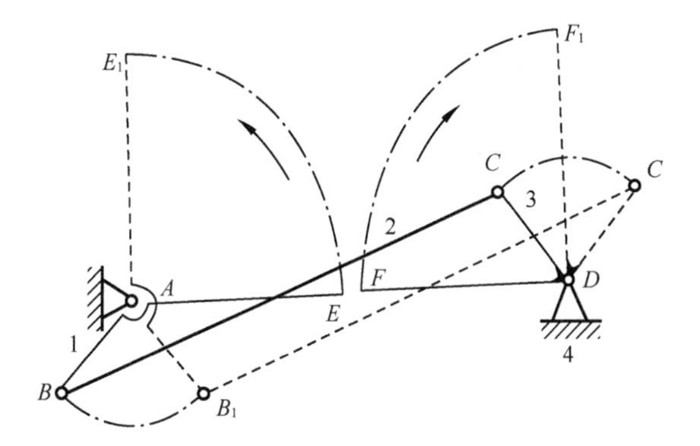

图 3-13　公共汽车的车门启闭机构

3. 双摇杆机构

两个连架杆均为摇杆的铰链四杆机构称为双摇杆机构。图 3-14 所示为飞机起落架机构，轮子的收放是由原动件摇杆 *AB* 通过连杆 *BC* 带动从动件摇杆 *CD* 实现的。图 3-15 所示为用于港口搬运货物的鹤式起重机，其连杆 *BC* 上的 *E* 点作近似水平直线运动，使重物避免不必要的升降，以减少能量损耗。

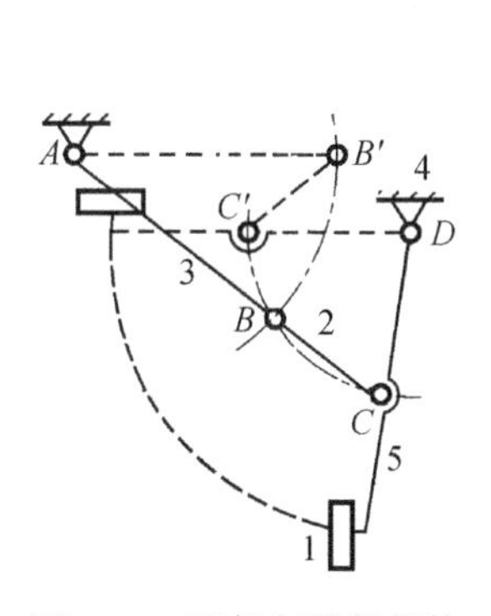

图 3-14　飞机起落架机构

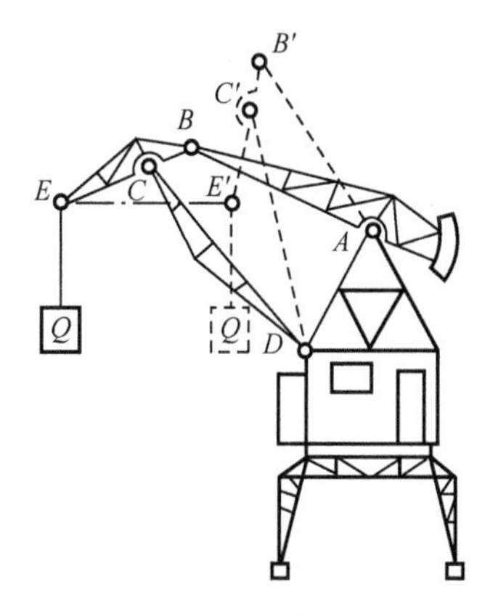

图 3-15　用于港口搬运货物的鹤式起重机

两个摇杆长度相等的双摇杆机构称为等腰梯形机构。图 3-16 所示为轮式车辆的前轮转向机构。当汽车转弯时，与前轮轴固连的两个摇杆的摆角不相等。若在任意位置上都能使两前轮轴线的交点 *O* 落在后轮轴线的延长线上，则整个车身绕 *O* 点转动，4 个车轮都在地面上作纯滚动，可避免轮胎的滑动磨损。等腰梯形机构就能近似地满足这个要求。

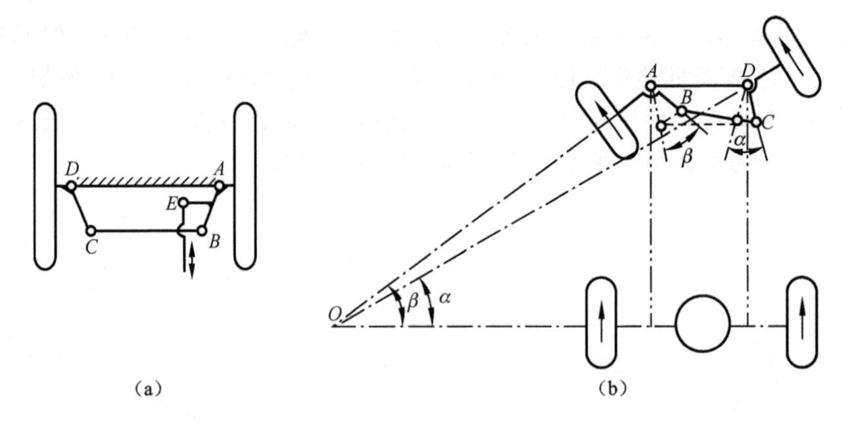

图 3-16　轮式车辆前轮转向机构

3.1.2　铰链四杆机构的演化

除了铰链四杆机构，工程中还广泛应用其他类型的四杆机构。这些四杆机构都可以看成由铰链四杆机构演化而来。演化的方法包括转动副转化成移动副、变换机架和扩大转动副。

1. 转动副转化成移动副

如图 3-17（a）所示的曲柄摇杆机构中，当曲柄 1 转动时，摇杆 3 上 C 点的轨迹是以 D 点为圆心、以 CD 为半径的圆弧。因此，可将摇杆 3 做成曲柄滑块，使它沿着以 D 点为圆心的曲线导轨 $\beta-\beta$ 运动。这样处理后，C 点的运动规律并没有改变，但此时机构已转化成具有曲线导轨的曲柄滑块机构，如图 3-17（b）所示。

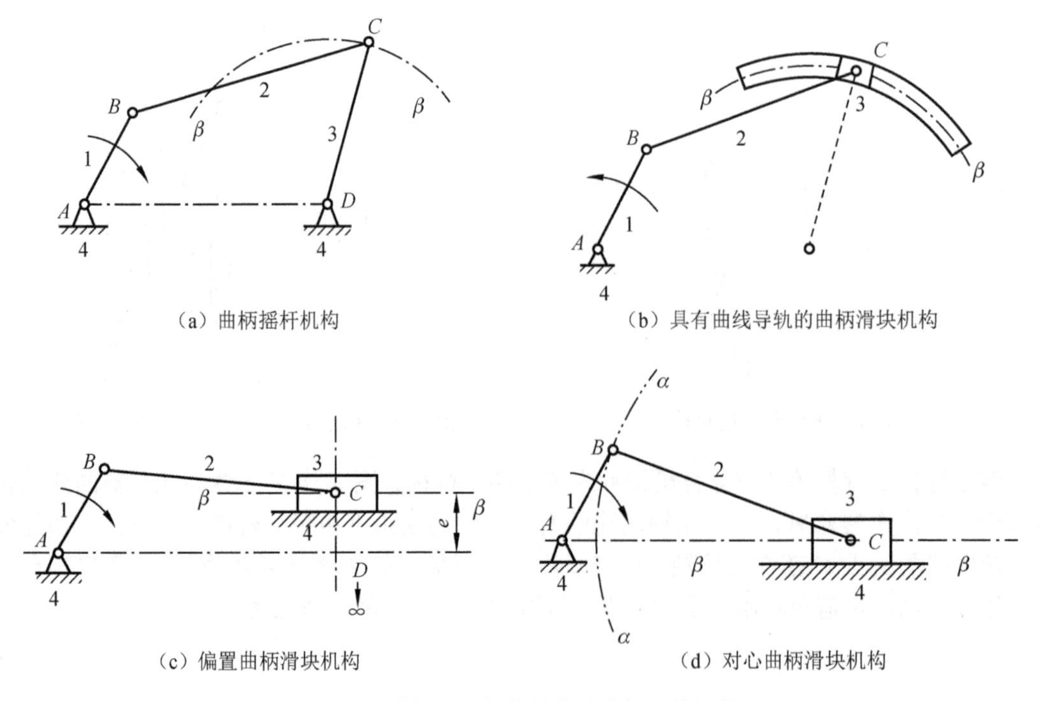

图 3-17　曲柄摇杆机构转化成曲柄滑块机构

摇杆长度越长，圆弧曲线越平直。当摇杆为无限长时，圆弧曲线将变成一条直线，曲线导轨则转化成直线导轨，转动副 D 转化成移动副，机构演变为曲柄滑块机构，偏置曲柄滑块机构与对心曲柄滑块机构分别如图 3-17（c）和图 3-17（d）所示。滑块导轨到曲柄回转中心 A 点之间的距离 e 称为偏距。若 e 不为零，则为偏置曲线滑块机构；若 e 等于零，则为对心曲柄滑块机构。内燃机、空气压缩机、冲床等的主体机构都是曲柄滑块机构。

在图 3-17（d）所示的对心曲柄滑块机构中，连杆 2 上 B 点相对于 C 点的运动轨迹为圆弧 $\widehat{\alpha\alpha}$，设想将连杆 2 做成曲柄滑块，使它沿着与滑块 3 固连的且以 C 为圆心、以 BC 为半径的圆弧轨迹运动，则机构的运动情况并未改变，如图 3-18（a）所示。若再设想将连杆 2 的长度变为无穷大，圆弧 $\widehat{\alpha\alpha}$ 将变成直线，连杆 2 转化成直线滑块，对心曲柄滑块机构转化成正弦机构，如图 3-18（b）所示。

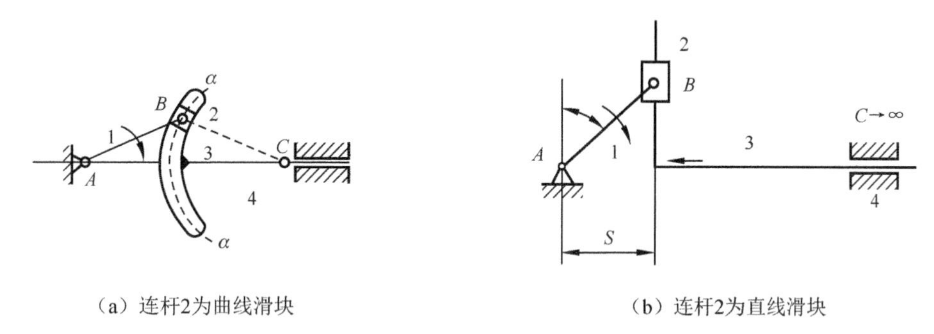

（a）连杆2为曲线滑块　　（b）连杆2为直线滑块

图 3-18　对心曲柄滑块机构的两种转化形式

2. 选取不同的构件作为机架

在平面低副机构中，当选取不同的构件作为机架时，并不会改变各个构件之间的相对运动关系，这一性质称为“低副运动可逆性”。例如，在图 3-19（a）所示的曲柄摇杆机构中，AB 为曲柄，CD 为摇杆。在曲柄 AB 作整周转动时，AB 与 AD 的夹角、AB 与 BC 的夹角均在 0°～360° 的范围内变动，而 BC 与 CD 的夹角、CD 与 AD 的夹角只能在小于 360° 的范围内变动，若选取其他构件作为机架，那么各个构件的夹角的变动范围不会发生改变。而在利用这个特性，若选取构件 1 作为机架，则得到如图 3-19（b）所示的双曲柄机构；若选取构件 2 作为机架，则得到如图 3-19（c）所示的另一个曲柄摇杆机构；若选取构件 3 作为机架，则得到如图 3-19（d）所示的双摇杆机构。

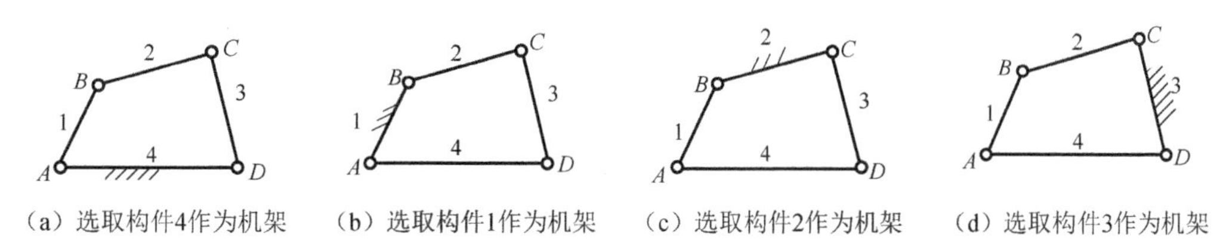

（a）选取构件4作为机架　（b）选取构件1作为机架　（c）选取构件2作为机架　（d）选取构件3作为机架

图 3-19　选取不同的构件作为机架

对于曲柄滑块机构，当选取不同构件作为机架时，它可分别转化成导杆机构、摇块机构和定块机构。

1）导杆机构

对于图3-17（d）所示的对心曲柄滑块机构，若选取构件1作为机架，则可得到导杆机构。导杆机构包括转动导杆机构和摆动导杆机构两种。如图3-20（a）所示，若构件1的长度小于构件2（原动件）的长度，则当构件2作整周转动时，导杆4在滑块3的带动下也作整周转动，这样的机构称为转动导杆机构。图3-20（b）所示的简易刨床的主运动机构即这种机构。

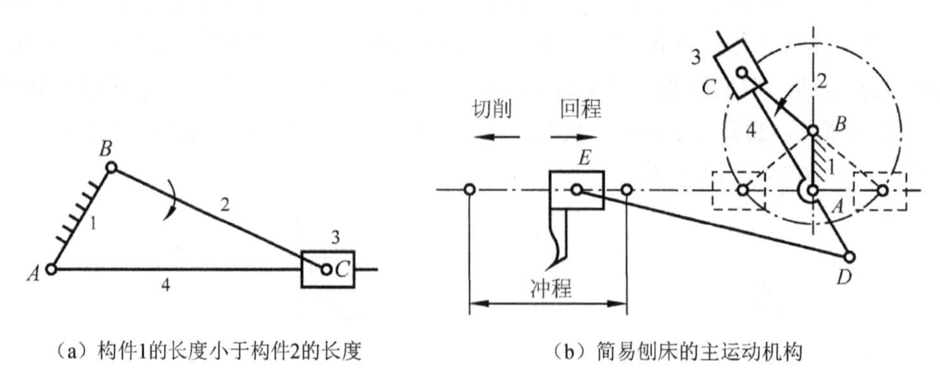

（a）构件1的长度小于构件2的长度　　（b）简易刨床的主运动机构

图3-20　转动导杆机构及其应用实例

如图3-21（a）所示，若构件1的长度大于构件2的长度，则当构件2（原动件）作整周转动时，导杆4只能在一定角度范围内摆动，这样的机构称为摆动导杆机构。图3-21（b）所示的牛头刨床的主运动机构即这种机构。

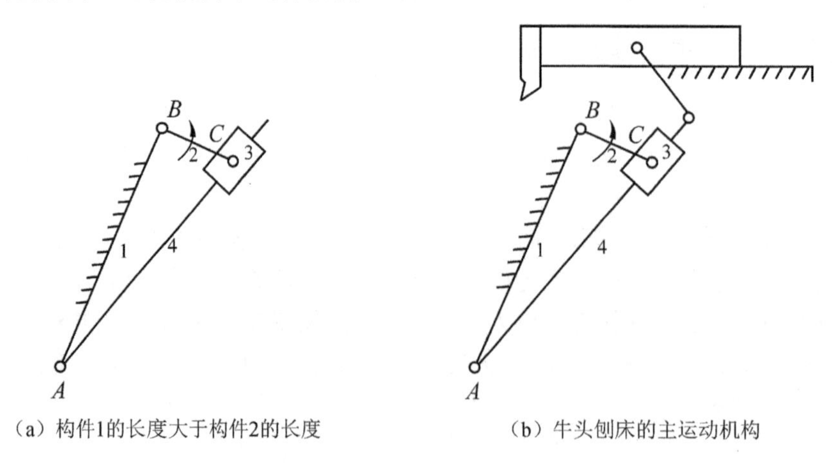

（a）构件1的长度大于构件2的长度　　（b）牛头刨床的主运动机构

图3-21　摆动导杆机构及其应用实例

2）摇块机构

对于图3-17（d）所示的对心曲柄滑块机构，若选取构件2作为机架，得到的机构即摇块机构，如图3-22（a）所示；在构件1转动的时候，滑块3在导杆4的作用下相对机架往复摆动。图3-22（b）所示的自卸式汽车的翻斗机构就是一个摇块机构。

3）定块机构

对于图3-17（d）所示的对心曲柄滑块机构，若选取滑块3作为机架，得到的机构即定块机构，如图3-23（a）所示；当构件1往复摆动时，导杆4在滑块3中往复移动。图3-23（b）所示的手压抽水机就是一个定块机构。

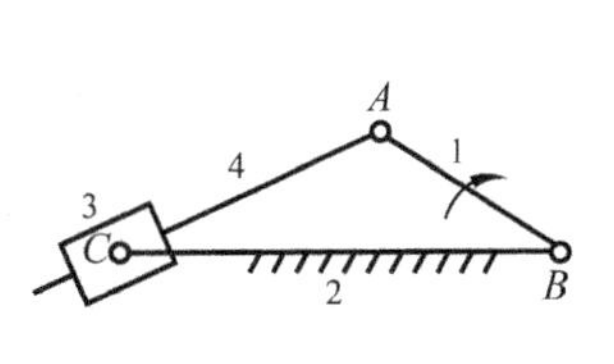

（a）选取构件2作为机架

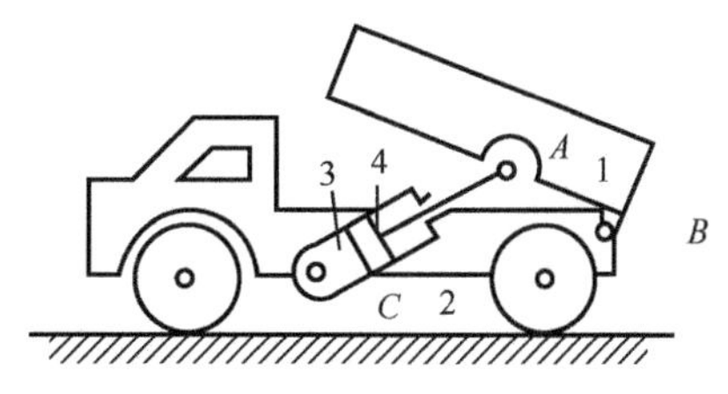

（b）自卸式汽车的翻斗机构

图 3-22　摇块机构及其应用实例

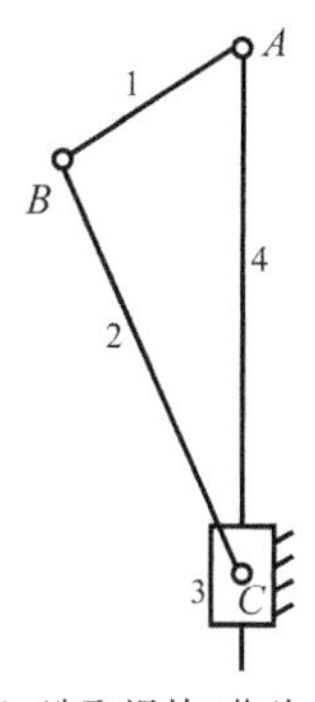

（a）选取滑块3作为机架

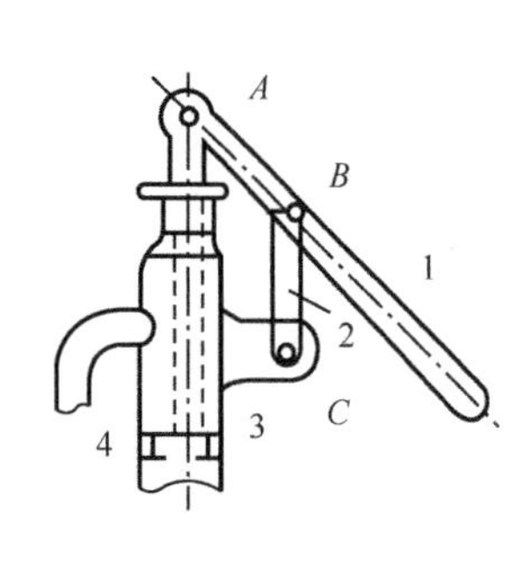

（b）手压抽水机的机构

图 3-23　定块机构及其应用实例

对于含有两个移动副的正弦机构（曲柄移动导杆机构），若选取不同构件作为机架，则还可得到双滑块机构和双转块机构。含有两个移动副的四杆机构及其应用实例如图 3-24 所示。

3. 扩大转动副的尺寸

在图 3-25（a）所示的曲柄摇杆机构中，构件 1 为曲柄，3 为摇杆。如图 3-25（b）所示，若将转动副 B 的半径扩大至超过曲柄 AB 的长度，曲柄 AB 变成一个回转中心（A）与几何中心（B）不相重合的圆盘，这样的圆盘称为偏心轮。A 点与 B 点之间的距离称为偏心距，其值等于曲柄的长度，这种机构称为偏心轮机构。此偏心轮机构与图 3-25（a）所示的曲柄摇杆机构相比，只是转动副的尺寸发生了变化，但各个构件之间的相对运动特性并未改变，因此，两者是等效机构。

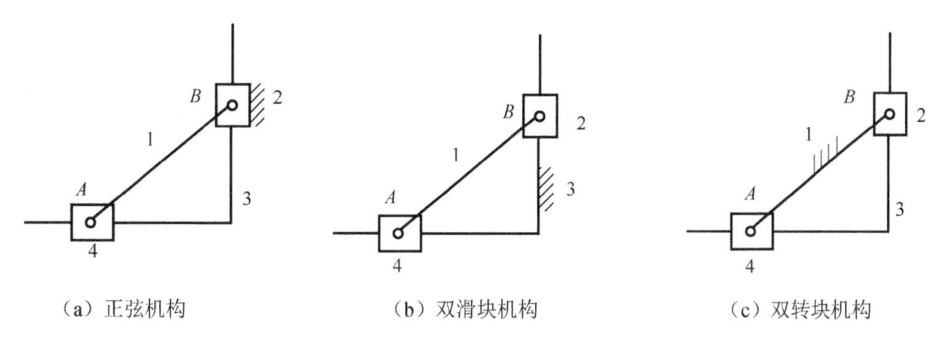

（a）正弦机构　（b）双滑块机构　（c）双转块机构

图 3-24　含有两个移动副的四杆机构及其应用实例

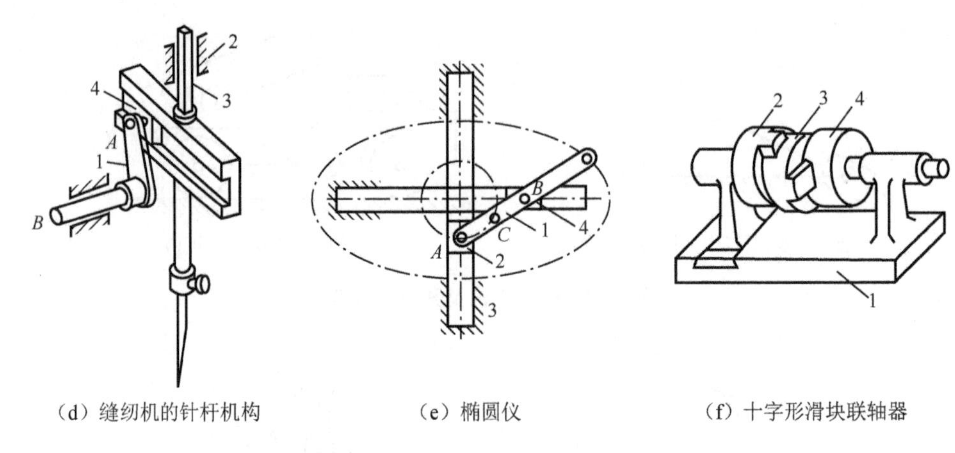

（d）缝纫机的针杆机构　　（e）椭圆仪　　（f）十字形滑块联轴器

图 3-24　含有两个移动副的四杆机构及其应用实例（续）

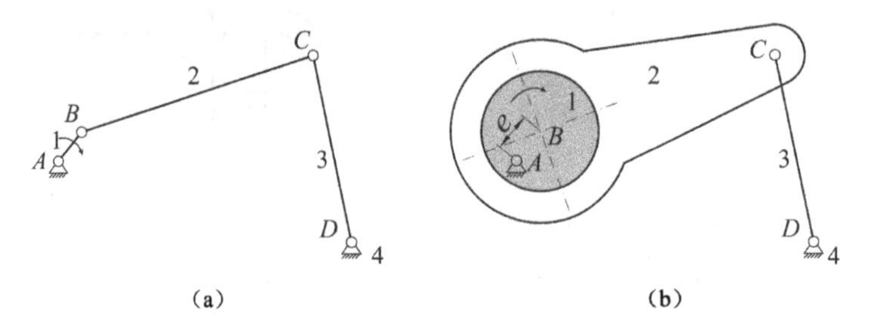

（a）　　（b）

图 3-25　曲柄摇杆机构转化成偏心轮机构

在实际机械中，当曲柄长度很短、曲柄销必须承受较大冲击载荷时，通常将曲柄做成偏心轮或偏心轴、曲轴，在冲床、压印机床、破碎机、纺织机、内燃机等设备中可见到这种结构。

3.2　铰链四杆机构曲柄存在的条件

铰链四杆机构的三种基本形式（曲柄摇杆机构、双曲柄机构和双摇杆机构）的区别在于机构中是否存在曲柄和有几个曲柄。铰链四杆机构具有曲柄的前提是机构中存在整转副（两个构件能相对转动 360° 的转动副），而整转副是否存在取决于各杆的相对长度。下面先讨论转动副成为整转副的条件。

铰链四杆机构具有整转副的条件分析如图 3-26 所示，设四杆机构各杆的长度分别为 a、b、c、d。要使转动副 A 成为整转副，则 AB 杆一定能通过与机架拉直共线和重叠共线的两个位置（这两个位置是 AB 杆在回转一整周的过程中最难以通过的两个位置），形成两个三角形 $\triangle B'C'D$ 和 $\triangle B''C''D$ 。根据三角形的边长关系可知：

在 $\triangle B'C'D$ 中，　$a+b \leqslant b+c$

在 $\triangle B''C''D$ 中，　$b \leqslant (d-a)+c$， $c \leqslant (d-a)+b$

整理后得

$$
\begin{aligned}
a+d &\leqslant b+c \\
a+b &\leqslant d+c \\
a+c &\leqslant d+b
\end{aligned}
\tag{3-1}
$$

将上式中的每两式两两相加，化简后得

$$a \leqslant b, \quad a \leqslant c, \quad a \leqslant d \tag{3-2}$$

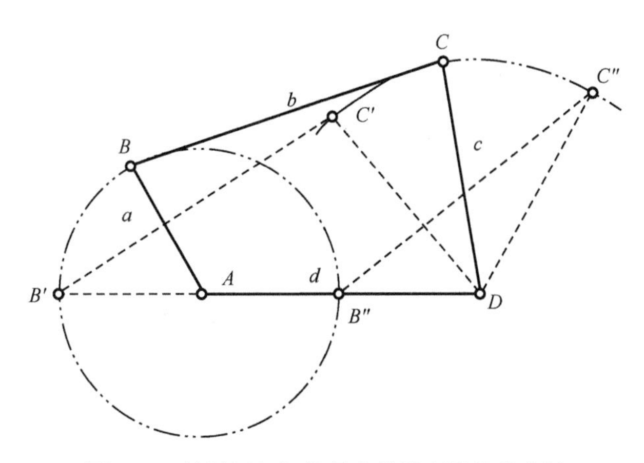

图 3-26　铰链四杆机构具有整转副的条件分析

分析上述各式，可得出转动副 A 成为整转副的条件如下：

（1）最短杆长度 + 最长杆长度≤其余两杆长度之和，此条件称为杆长条件。

（2）组成该整转副的两杆中必有一杆为最短杆。

上述条件表明，当四杆机构各杆的长度满足杆长条件时，由最短杆参与组成的两个转动副都是整转副，其余则是摆动副。

在铰链四杆机构中存在整转副的前提下，该机构中是否存在曲柄和存在几个曲柄取决于整转副是否位于机架上。当选取不同的构件作为机架时，可得到铰链四杆机构的三种基本形式：

（1）选取最短杆作为机架时，两个整转副均位于机架上，得到双曲柄机构。

（2）选取最短杆的邻边作为机架时，只有一个整转副位于机架上，得到曲柄摇杆机构。

（3）选取最短杆的对边作为机架时，机架上没有整转副，得到双摇杆机构。

若铰链四杆机构不满足杆长条件，则该机构不存在整转副，无论选取哪个构件作为机架，都只能得到双摇杆机构。

3.3　四杆机构的传动特性

平面机构的某些工作特性不仅影响机构的运动性质和传力情况，而且还是一些机构的主要设计依据。

3.3.1　急回运动特性

在工程上，往往要求作往复运动的从动件在工作行程时的速度慢些，而在空回行程时的速度快些，以提高生产效率。

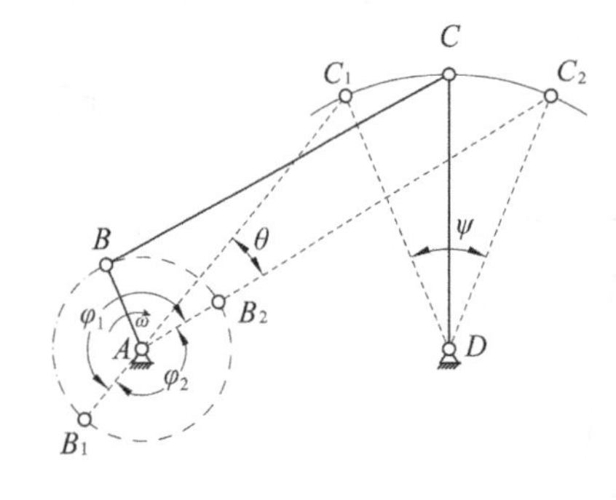

图 3-27　曲柄摇杆机构的急回运动特性

曲柄摇杆机构的急回运动特性如图 3-27 所示，在该曲柄摇杆机构中，曲柄 AB 以等角速度 ω 沿顺时针方向回转，它在转动一周的过程中，有两次与连杆 BC 共线：拉直共线 AB_2C_2 和重叠共线 AB_1C_1。此时，AC_2 和 AC_1 分别为最长距离与最短距离，因而 C_1D 和 C_2D 分别为摇杆往复摆动的左、右两个极限位置。摇杆两个极限位置之间的夹角 ψ 称为摇杆的摆角，而对应的曲柄两个位置 AB_1 和 AB_2 之间的锐角 θ 称为极位夹角。

当曲柄由位置 AB_1 沿顺时针转过角度 $\varphi_1 = 180° + \theta$ 到达位置 AB_2 时（工作行程），摇杆由左极限位置 C_1D 摆到右极限位置 C_2D，摆角为 ψ，所需时间为 $t_1 = \varphi_1/\omega_1$，摇杆摆动的平均角速度为

$$\omega_{\mathrm{W}} = \frac{\psi}{t_1} = \frac{\psi}{\varphi_1/\omega_1} = \frac{\psi\omega_1}{\varphi_1} \tag{3-3}$$

曲柄继续由位置 AB_2 沿顺时针转过 $\varphi_2 = 180° - \theta$ 回到位置 AB_1 时，摇杆由位置 C_2D 摆回位置 C_1D，其摆角仍为 ψ，所需时间 $t_2 = \omega_2 / \omega_1$，摇杆摆动的平均角速度为

$$\omega_{\mathrm{R}} = \frac{\psi}{t_2} = \frac{\psi}{\varphi_2/\omega_1} = \frac{\psi\omega_1}{\varphi_2} \tag{3-4}$$

由于 $\varphi_1 > \varphi_2$，故有 $\omega_{\mathrm{W}} < \omega_{\mathrm{R}}$，说明该机构具有急回运动特性。

为描述从动摇杆急回运动的程度，引入行程速度变化系数 K，即

$$K = \frac{\omega_{\mathrm{R}}}{\omega_{\mathrm{W}}} = \frac{\psi\omega_1/\varphi_2}{\psi\omega_1/\varphi_1} = \frac{\varphi_1}{\varphi_2} = \frac{180° + \theta}{180° - \theta} \tag{3-5}$$

由上式可知，极位夹角 θ 越大，K 值也越大，急回运动程度也就越大。

当 θ=0° 时，K=1，机构无急回运动特性。

在设计具有急回运动特性的机构时，通常根据工作要求和设计经验先给定 K 值，然后求出极位夹角 θ，即

$$\theta = 180° \frac{K-1}{K+1} \tag{3-6}$$

偏置曲柄滑块机构和摆动导杆机构也具有急回运动特性，它们的极限位置和极位夹角如图 3-28 所示。

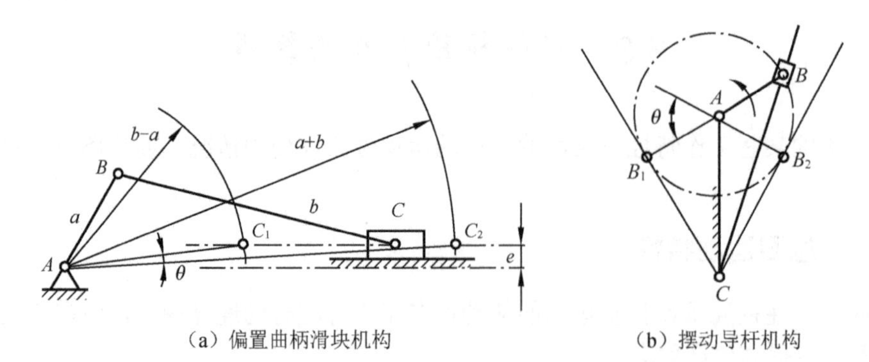

（a）偏置曲柄滑块机构　　（b）摆动导杆机构

图 3-28　偏置曲柄滑块机构和摆动导杆机构的极限位置与极位夹角

3.3.2 压力角与传动角

平面连杆机构不仅应能实现预定的运动规律，还应具有运转轻便、效率高等良好的传力性能。

曲柄摇杆机构中的压力角与传动角如图 3-29 所示，在该曲柄摇杆机构中，若忽略构件所承受的重力、惯性力和运动副中的摩擦力，则连杆 BC 为二力杆，曲柄通过连杆传递给从动件摇杆 CD 的力 F 一定沿 BC 方向，而受力点 C 的速度 v_C 的方向垂直于摇杆 CD，两者之间的夹角 α 即压力角。显然，力 F 沿速度 v_C 方向的分力 $F_t = F\cos\alpha$，F_t 是使从动件摇杆 CD 转动的有效分力。而力 F 沿 CD 方向的分力 $F_n = F\sin\alpha$，不仅对从动件摇杆 CD 没有转动效应，还会在转动副 D 中引起附加的径向压力和摩擦力，因此，F_n 是有害分力。

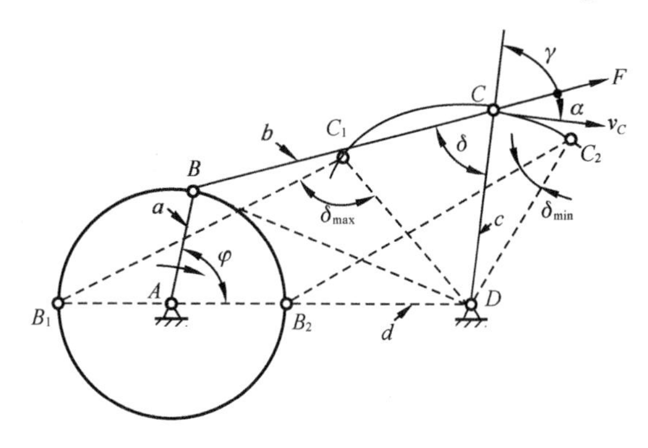

图 3-29 曲柄摇杆机构中的压力角与传动角

从机构传力效果来说，有效分力 F_t 越大，有害分力 F_n 越小，则越有利于传力。也就是说，压力角 α 越小，机构的传力效果越好。

压力角 α 的余角 γ 称为传动角，即连杆与从动件之间所夹的锐角。由于传动角易于观察和测量，因此工程上常用传动角衡量连杆机构的传力性能。

在机构运转过程中，传动角是变化的，机构出现最小传动角的位置就是其传力效果最差的时候。为了校验连杆机构的传力性能，需确定最小传动角 γ_{min} 出现的位置。在图 3-29 中 δ 是连杆 BC 与摇杆 CD 之间的夹角，即 $\delta = \angle BCD$。当曲柄 AB 与机架 AD 两次共线时（此时 $\triangle BCD$ 中 BD 的距离分别达到最大和最小），$\angle BCD$（δ 角）分别出现最大值与最小值。需要说明的是，当 $\angle BCD < 90°$ 时，传动角 $\gamma = \delta = \angle BCD$；当 $\angle BCD > 90°$ 时，传动角 $\gamma = 180° - \delta = 180° - \angle BCD$。因此，应比较这两个位置上的传动角，较小的一个即机构的最小传动角 γ_{min}。对 $\angle BCD$ 的最大值和最小值，可用图解法求得，也可用三角形余弦定理计算求得。设计时，一般应使机构的最小传动角 $\gamma_{min} \geqslant 40°$。

3.3.3 机构的死点位置

机构传动角 $\gamma = 0°$（$\alpha = 90°$）的位置称为机构的死点位置，如图 3-30 所示。在该图的曲柄摇杆机构中，若以摇杆 CD 为原动件，当其处于两个极限位置时，则连杆 BC 与从动件曲柄 AB 共线。此时传动角 $\gamma = 0°$，作用于曲柄上 B 点的有效分力为零，并且驱动力不能驱动机构运动，机构处于死点位置。

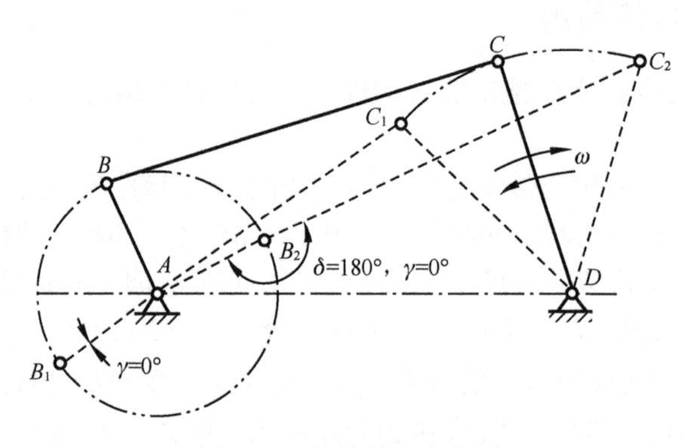

图 3-30　机构的死点位置

机构处于死点位置时，从动件会出现卡死或正反转运动不确定的现象。例如，缝纫机有时会出现踏不动或倒车现象，就是因踏板机构处于死点位置而引起的。

对于传动机构来说，机构有死点位置是不利的，为了使机构能顺利通过死点位置，可利用惯性作用或对从动件曲柄施加外力，使机构能顺利通过死点位置。例如，家用缝纫机的大带轮就起到飞轮的作用。

工程上，也常利用死点位置实现一定的工作要求。例如，图 3-31 所示的连杆式夹具正是利用死点位置夹紧工件的。施加力 F，压下手柄，工件被夹紧，此时构件 BC 与构件 CD 共线，机构处于死点位置。撤去外力 F 后，无论工件的反作用力 N 多大，机构也不会自行松开，又如，图 3-32 所示的飞机起落架机构在飞机着陆时，机构处于死点位置，从而可承受较大的冲击。

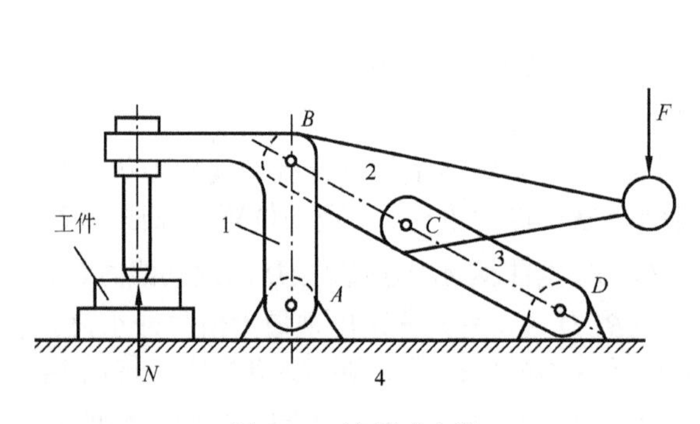

图 3-31　连杆式夹具

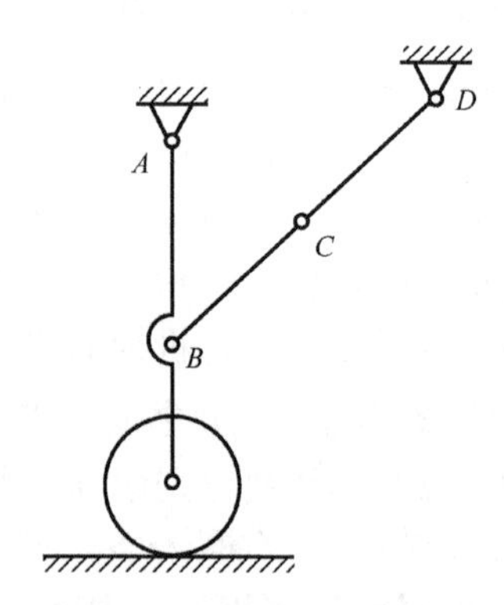

图 3-32　飞机起落架机构

重要提示

铰链四杆机构的极限位置、极位夹角 θ、传动角 γ 与压力角 α 的概念，以及最小传动角 γ_{min} 出现的位置、机构的死点位置是本章的几个重要概念。机构的极限位置和机构的死点位置是机构的同一个位置，但只有当原动件作往复运动（往复移动或往复摆动），而从动件作整周转动时机构才会出现死点位置。

3.4 平面四杆机构的设计

3.4.1 平面四杆机构设计的基本问题

平面四杆机构应用广泛，形式多样，其设计问题可归纳为两类基本问题：

（1）实现给定的运动规律。例如，要求从动件满足急回运动的要求；实现连杆预定位置的要求；实现两个连架杆几组对应位置要求等。

（2）实现给定的运动轨迹。例如，要求实现图 3-4 搅拌机构中连杆上 E 点的轨迹等。

平面四杆机构的设计方法有图解法、解析法和实验法，本章仅介绍图解法。

3.4.2 按连杆的给定位置设计铰链四杆机构

按给定连杆的长度及三个位置设计铰链四杆机构，如图 3-33 所示，已知连杆 B_1C_1 的长度及其三个位置 B_1C_1、B_2C_2、B_3C_3，设计铰链四杆机构。

铰链四杆机构中连杆的运动规律虽然较复杂，但连杆上两个转动副中心 B、C 两点的运动轨迹都是圆弧。由于 B_1、B_2、B_3 三点位于以 A 为圆心的同一圆弧上，故运用已知三点求圆心的方法，连接 B_1B_2、B_2B_3，分别作其垂直平分线 b_{12} 和 b_{23}，这两条线的交点就是固定铰链中心 A。

按同样方法，连接 C_1C_2 和 C_2C_3，分别作其垂直平分线 c_{12} 和 c_{23}，这两条线的交点为另一个固定铰链中心 D。则 AB_1C_1D 为所求的铰链四杆机构。

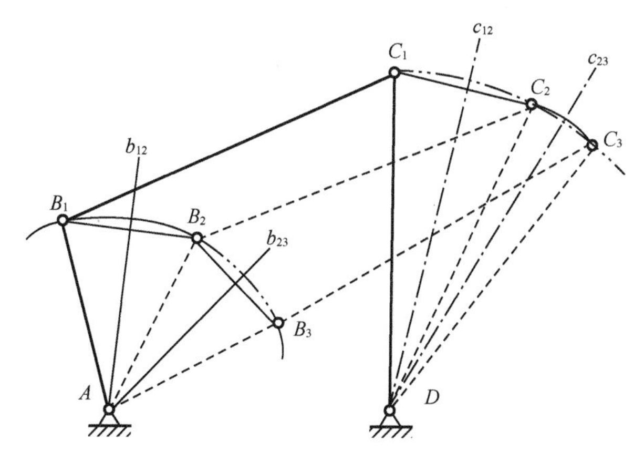

图 3-33 给定连杆三个位置设计四杆机构

设计要点分析：

（1）当已知连杆长度及其三个位置时，所求的铰链四杆机构是唯一解。若要满足某些附加条件（例如，要求 $\gamma_{\min} \geqslant 40°$），则可按这些条件进行检验。当不能满足附加条件时，可根据实际课题改变连杆长度或改变某些不必满足的位置，使其满足必需的附加条件。

（2）已知连杆的长度和要占据的两个位置 B_1C_1、B_2C_2，在设计铰链四杆机构时，可在 b_{12} 和 c_{12} 上分别选取两点，即 A 和 D，因此有无穷多个解。这对设计者而言是个方便条件，因为可以从中选择最有利于工作的 A 和 D 的位置（方便安装的位置、较大的传动角、整转副的条件等）。

【例 3-1】 图 3-34（a）所示是用于热处理的加热炉的炉门启闭机构，在图 3-34（b）中给出炉门处于关闭和开启两个位置的情况。设炉门 2 的尺寸及其上的铰链中心 B 和 C 的位置已选定，要求炉门上 BC 能占据两个位置 I 和 II。试设计此四杆机构。

解：已知连杆 BC 的长度及其两个位置 B_1C_1 和 B_2C_2，据此设计铰链四杆机构。

（1）选取长度比例尺 μ_l，计算出连杆 BC 的长度，按炉门处于关闭和开启的两个位置，绘制连杆的两个给定位置 B_1C_1 和 B_2C_2 两条线，如图 3-34（b）所示。

（2）连接 B_1B_2 和 C_1C_2，分别作其垂直平分线 b_{12} 和 c_{12}，则机架上的两个转动副中心 A 和 D 应分别在中垂线 b_{12} 和 c_{12} 上，故有无穷多个解。

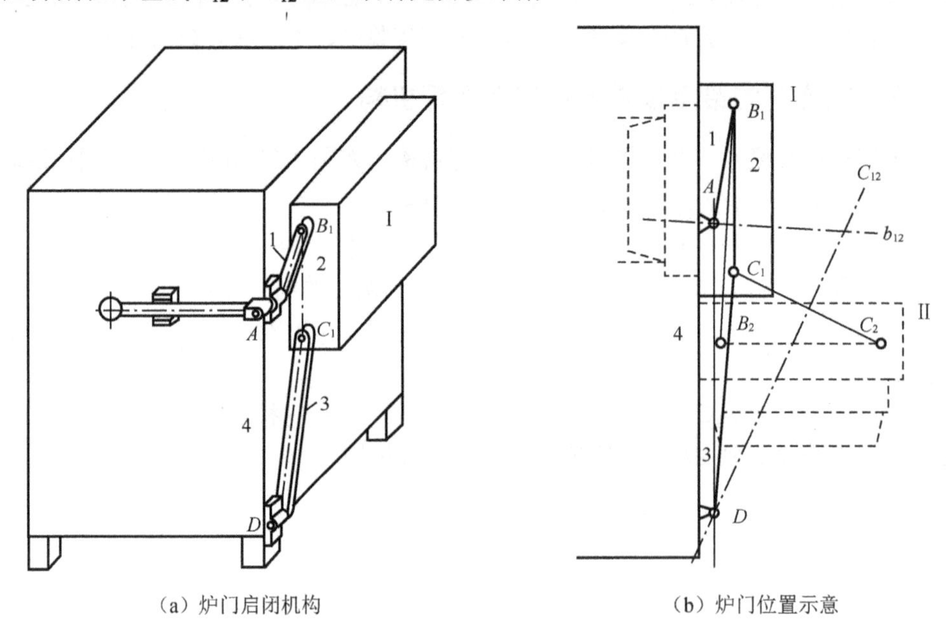

（a）炉门启闭机构　　（b）炉门位置示意

图 3-34　炉门启闭机构及其位置示意

需要注意的是，在选择转动副中心 A 和 D 时，还要考虑以下附加条件。

（1）应使固定转轴（A 和 D 所在轴）能便于安装在炉体上，并且有较紧凑的机构尺寸。

（2）需要检验最小传动角 γ_{min}。

构件 1 与手柄连成一体组成原动件，机构在位置 I（实线位置）时的传动角 γ_1 是炉门开闭范围内的最小值 γ_{min}。如果 γ_1 过小，则炉门打不开。这时应重新选择 A 和 D，甚至重新选择 B 和 C，再进行设计，直到满足要求为止。

另外，还需检验炉门在自重作用下，能否可靠地停留在指定的位置。炉门位于关闭位置 I 时，若不能紧靠在炉体上，就不能关紧炉门。因此，应在炉壁上安装一个固定手柄的定位块，以便炉门能可靠地停留在相应位置。

从上述分析可知，为使所设计的机构能较好地工作，还要考虑许多实际的附加条件。

3.4.3　按给定两个连架杆对应位置设计平面四杆机构

1. 设计方法分析

对于这类问题，通常将其转化为按给定连杆位置设计平面四杆机构的问题。为此，先对已有的铰链四杆机构进行分析。机构的倒置原理如图 3-35 所示。

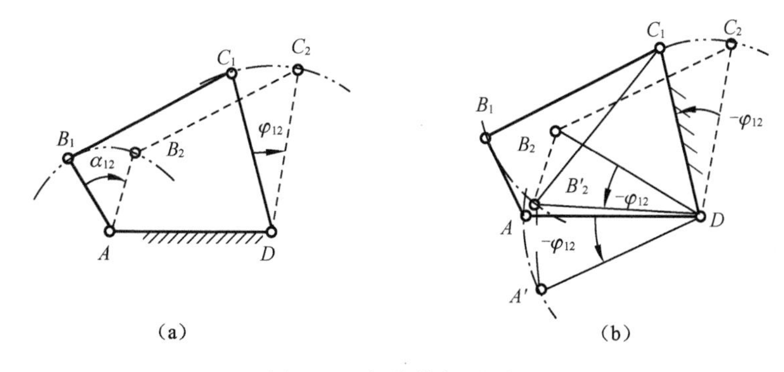

图 3-35　机构的倒置原理

根据低副机构运动的可逆性，在平面四杆机构中无论选取何构件作为机架，各个构件之间的相对运动关系不会改变，即机构在各位置上的构型不会因选取不同的构件作为机架而改变。

在图 3-35（b）中，将 AB_1 看作新连杆，将 C_1D 看作新机架，将机构的第二个位置构型 AB_2C_2D 变成刚体，并将此刚体绕 D 点沿逆时针方向反转到 φ_{12} 角，使 DC_1 与 DC_2 重合，则 B_2 点到达 B_2' 点的位置，并且新机架上的固定铰链中心 C_1 点必在 B_1B_2' 的垂直平分线上。这样，就可以把上述问题转化为已知连杆上的活动铰链中心所占据的位置，求机架上固定铰链中心位置。这种方法称为相对运动法或反转法。

2. 按给定连架杆三组对应位置设计平面四杆机构

已知两个连架杆 AB_1 和 DE_1（E 点是 C_1D 上异于 C 点的某一点）需要满足的三组对应位置，连架杆 AB_1 和机架 AD 的长度分别为 a 和 d，如图 3-36（a）所示。要求设计此平面四杆机构。

1）设计方法分析

根据反转法原理，将 DE_1（C_1D）作为新机架的位置，而将 AB_1 作为新连杆，将机构的第二个及第三个位置构型 AB_2E_2D 与 AB_3E_3D 变成刚体，并将两个刚体绕 D 点沿逆时针方向反转到 φ_{12} 角和 φ_{13} 角，使 E_2D、E_3D 都和 E_1D 重合，即可得到两点 B_2' 和 B_3'。这样，上述问题便可转化为已知新连杆 AB_1 上的活动铰链 B_1 所占据的三个位置 B_1、B_2'、B_3'，而寻求新机架 DE_1（C_1D）上的固定铰链中心 C_1 点位置。而 C_1 点必在 B_1B_2' 的垂直平分线 b_{12} 和 $B_2'B_3'$ 的垂直平分线 b_{23} 上。

2）作图步骤

作图步骤如图 3-36（b）所示，具体如下：

（1）作三角形 $\triangle B_2'E_1D \cong \triangle B_2E_2D$ 和 $\triangle B_3'E_1D \cong \triangle B_3E_3D$，即可得到两点 B_2' 和 B_3'。

（2）连接 B_1B_3' 和 $B_2'B_3'$，分别作其垂直平分线 b_{12} 和 b_{23}，这两条直线的交点 C_1 即连杆 B_1C_1 与连架杆 C_1D 的铰链中心。

这样求得的图形 AB_1C_1D 就是所要求的平面四杆机构。若需设计一个曲柄滑块机构，并且已知曲柄 AB 的长度、曲柄与滑块的三组对应位置，要求确定连杆长度和偏距 e，也可应用上述方法设计。

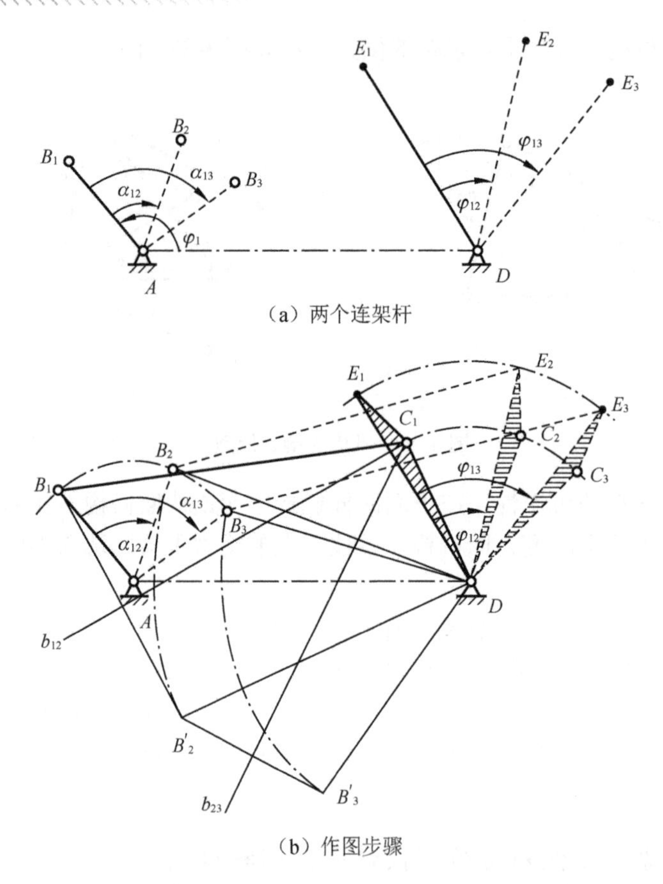

（a）两个连架杆

（b）作图步骤

图 3-36　给定连架杆三组对应位置设计平面四杆机构

3.4.4　按给定的行程速度变化系数 K 设计平面四杆机构

设计具有急回运动特性的机构时，通常先给定 K 值，然后求出极位夹角 θ，使所设计机构的极位夹角满足下式：

$$\theta = 180^\circ \frac{K-1}{K+1}$$

1. 设计曲柄摇杆机构

已知摇杆 CD 的长度为 c，其摆角为 ψ，行程速度变化系数为 K，试设计曲柄摇杆机构。这类问题设计的关键是确定曲柄与机架组成的转动副中心 A 点的位置。

1）设计步骤

（1）计算极位夹角 θ。

（2）选取适当的比例尺 μ_l，绘制摇杆 CD 的两个极限位置 DC_1 和 DC_2（见图 3-37）。

（3）连接 C_1C_2，从这两点作两条直线，使 $\angle C_1C_2N = 90^\circ - \theta$，$\angle C_2C_1M = 90^\circ$，得到交点 P。再以 PC_2 为直径作辅助圆，即作 $\triangle C_1C_2P$ 的外接圆。在该圆上任取一点作为转动副中心 A，连接 AC_1 与 AC_2，因为 $\angle C_1AC_2$ 与 $\angle C_1PC_2$ 为同一段圆弧所对的圆周角，所以 $\angle C_1AC_2 = \theta$。

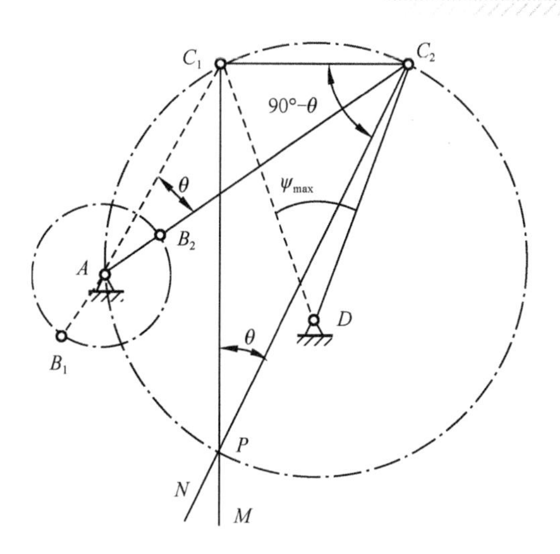

图 3-37　设计曲柄摇杆机构

由此可知，只要把曲柄与机架的铰链中心（转动副中心）A 选在辅助圆上，就能满足所要求的急回运动要求。

（4）A 点确定后，根据摇杆处于极限位置时曲柄与连杆共线的几何关系，设曲柄长度为a，连杆长度为b，则

$$\begin{aligned} AC_1 &= b - a \\ AC_2 &= b + a \end{aligned} \tag{3-7}$$

曲柄和连杆的长度如式 3-8 所示，其中 AC_1 和 AC_2 的实际长度可通过测量图中 AC_1 和 AC_2 的长度，然后根据前述的比例尺换算得到实际长度。

$$\begin{aligned} a &= \frac{1}{2}(AC_2 - AC_1) \\ b &= \frac{1}{2}(AC_2 + AC_1) \end{aligned} \tag{3-8}$$

（5）校验机构的传动角。确定机构各杆的长度后，绘制曲柄 AB_2 与机架 AD 共线时的两个位置，求出在此两个位置时连杆与摇杆之间的夹角，进而求出最小传动角 γ_{min}。校验最小传动角是否大于 40°。

2）设计要点说明

（1）为了满足所要求的极位夹角 θ，需要绘制辅助圆，在该圆上选取一点作为曲柄与机架的铰链中心 A 点。

（2）由于 A 点是在辅助圆上任意选取的，因此，仅按行程速度变化系数 K 设计，可得到无穷多解。A 点的位置不同，机构传动角的大小也不同，A 点离 C 点越近，机构的传动角越大。为了使机构具有良好的传力性能，可按最小传动角或其他附加条件确定 A 点的位置。

2. 设计曲柄滑块机构

已知滑块的行程 H、偏距 e 和行程速度变化系数 K，试设计曲柄滑块机构。

曲柄滑块机构的设计步骤与曲柄摇杆机构的设计步骤有很多相同之处，具体步骤如下：

（1）先由 K 值求出极位夹角 θ，选定比例尺 μ_1，再根据滑块的行程 H 绘制滑块的两个

极限位置 C_1、C_2（见图 3-38）。

（2）从 C_2 点作直线 C_2N，使 $\angle C_1C_2N = 90° - \theta$；从 C_1 点作直线 C_1M 垂直于 C_1C_2，C_2N 和 C_1M 相交于 P 点。作 $\triangle C_1C_2P$ 的外接圆，在该圆上选取 A 点。

（3）作与 C_1C_2 平行且距离为 e 的直线，此直线与上述外接圆的交点即曲柄与机架的铰链轴心 A。连接 AC_1 和 AC_2，即可确定曲柄与连杆共线的两个位置。可由前述公式求出曲柄和连杆的长度。

3. 设计摆动导杆机构

已知机构中的机架 AC 的长度及行程速度变化系数 K，试设计摆动导杆机构（见图 3-39）。

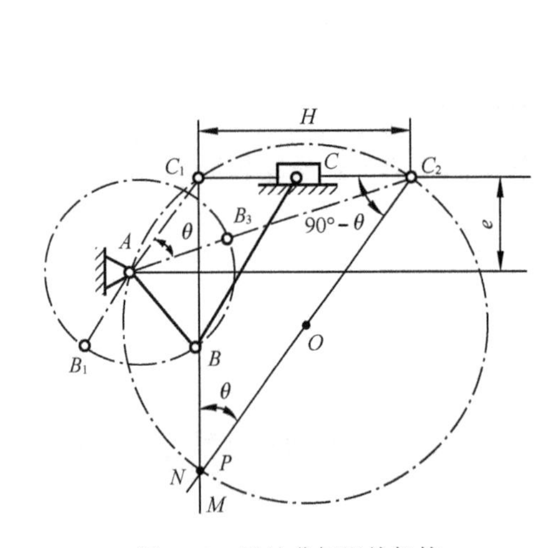

图 3-38　设计曲柄滑块机构

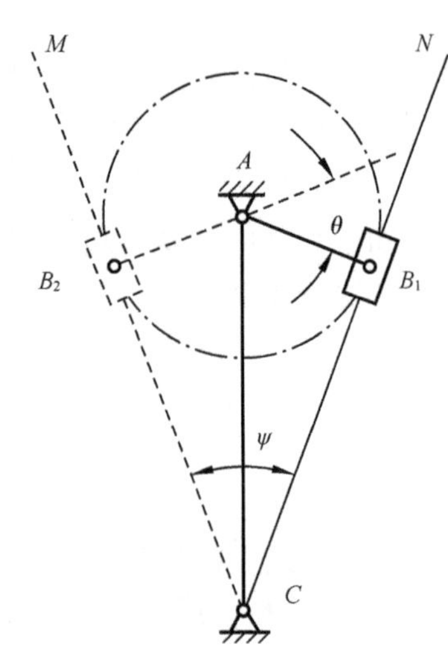

图 3-39　设计摆动导杆机构

设计步骤如下：

（1）由 K 值求出极位夹角 θ，由几何关系可知，导杆的摆角 ψ 就等于机构的极位夹角 θ。

（2）选取比例尺 μ_1，绘制导杆的两个极限位置 CM 和 CN，作摆角的平分线并在其上按机架 AC 的长度确定曲柄固定铰链 A 点位置。过 A 点作导杆极限位置的垂线，即可得到曲柄长度 AB，$l_{AB} = \mu_1 AB$。

3.4.5　按预定的轨迹设计——利用连杆曲线图谱设计平面四杆机构

按预定轨迹设计平面四杆机构的一种简便有效的方法是利用连杆曲线图谱，使连杆上的某点实现给定的轨迹。

连杆曲线的形状如图 3-40 所示，在平面四杆机构中，连杆曲线的形状取决于各杆的相对长度和描点在连杆上的位置。为了方便分析和设计，工程上常常利用事先编好的连杆曲线图谱，如图 3-41 所示。从图谱中找出与所要实现的轨迹相似的曲线，由该连杆曲线组成的平面四杆机构中的各杆的相对长度可从图谱中查得，描点在连杆上的位置也可从图谱中查得。然后用比例尺求出图谱中的连杆曲线与所要实现的轨迹在大小上相差的倍数，进而确定所设计的平面四杆机构中的各杆的实际尺寸。对图 3-4 所示的搅拌机构，就可利用连杆图谱曲线设计。

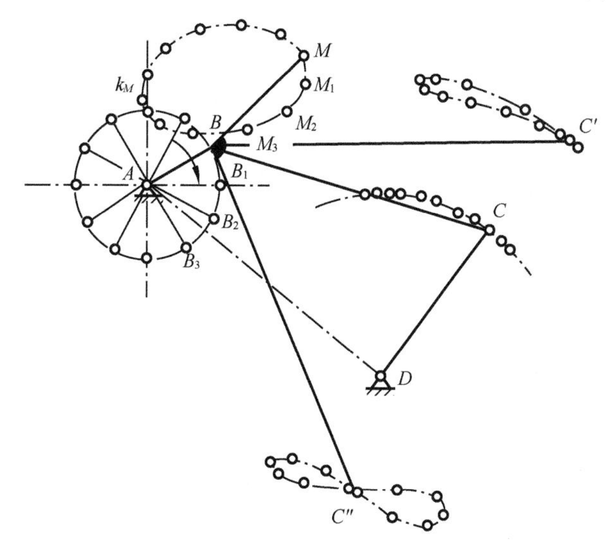

图 3-40 连杆曲线的形状

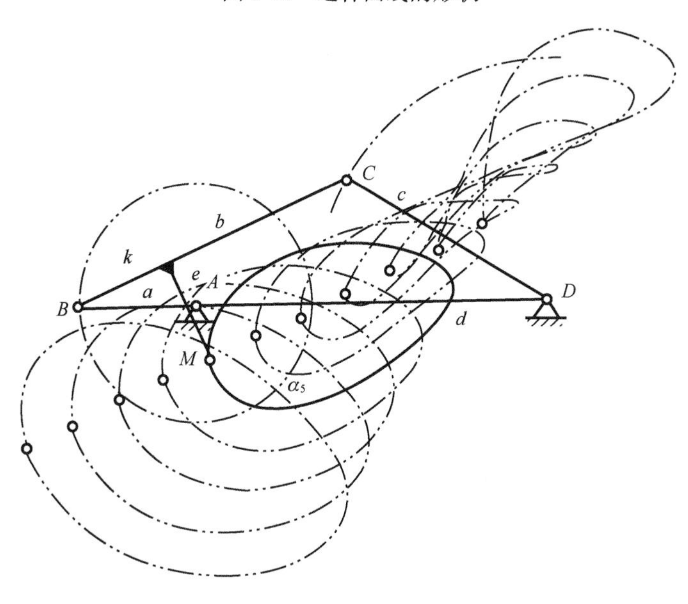

图 3-41 连杆曲线图谱

3.5 连杆机构的工程应用案例

在医院里，给卧床患者喂药物或食物时，需要将患者的上半身倾斜抬起，同时为了提高患者坐姿的舒适性，还需要使患者曲腿，即使大腿和小腿保持一个舒服的角度。图 3-42 所示为多功能自动翻身床，其中的曲腿机构可以实现两个功能：机构运动时可以抬起患者背部所在床板，并且可以使患者小腿所在床板与大腿所在床板保持一定角度，从而实现曲腿动作。

该机构的设计要求：

（1）床板总长度为 1900mm，大腿所在床板长度为 350mm，小腿所在床板长度为

590mm。

（2）背部所在床板抬起的角度为 0°～40°，大腿所在床板沿定轴转动。

根据要求选定多功能自动翻身床机构设计方案，如图 3-43 所示。该机构由曲柄摇块机构 *ABCD* 和曲柄摇杆机构 *AEFG* 组成，分别实现背部所在床板的抬高、大腿所在床板及小腿所在床板的运动。

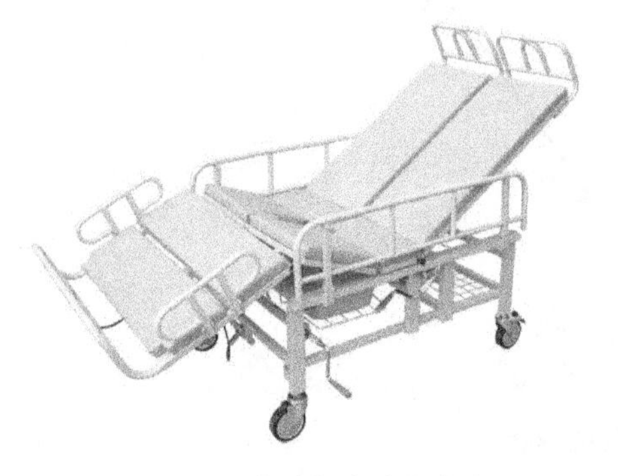

图 3-42　多功能自动翻身床

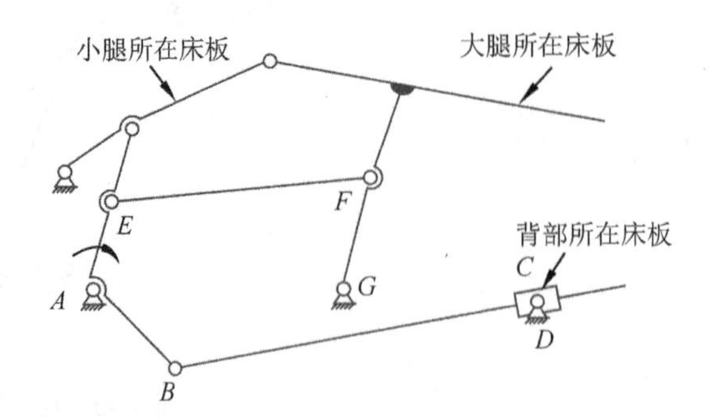

图 3-43　多功能自动翻身床机构设计方案

1）设计曲柄摇块机构

所要设计的曲柄摇块机构如图 3-44 所示，已知三组给定的曲柄位置角度 θ_1（°）和导杆长度 S（mm）：

$$\begin{cases}\theta_{11}=82.5, & S_1=466\\ \theta_{12}=60.3, & S_2=409\\ \theta_{13}=45.1, & S_3=375\end{cases} \tag{3-9}$$

求该机构的机架水平长度 d、曲柄长度 L、铰链点 A 和 D 之间的垂直距离 e。

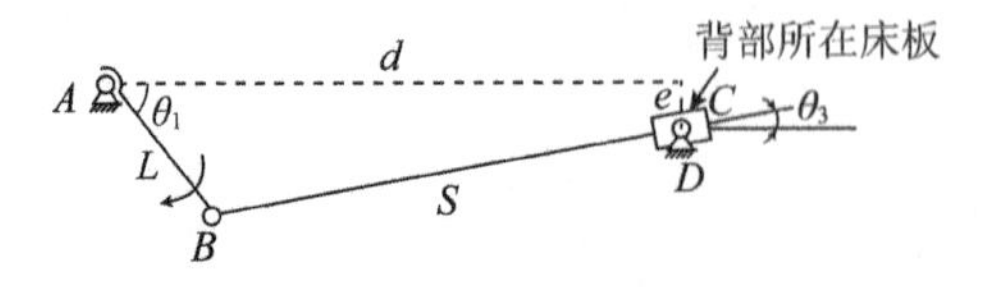

图 3-44　所要设计的曲柄摇块机构

解：由于该机构的已知条件为给定两个连架杆的三个位置，因此应按给定两个连架杆的对应位置设计该机构。

将各个构件的长度在水平、垂直方向投影，可得

$$\begin{cases}S\cos\theta_3+L\cos\theta_1=d\\ S\sin\theta_3+e=L\sin\theta_1\end{cases}$$

消去上式中的θ_3，得

$$S^2=d^2+L^2+e^2-2dL\cos\theta_1-2eL\sin\theta_1$$

最后得到的方程组如下：

$$\begin{cases}S_1^{\ 2}=d^2+L^2+e^2-2dL\cos\theta_{11}-2eL\sin\theta_{11}\\ S_2^{\ 2}=d^2+L^2+e^2-2dL\cos\theta_{12}-2eL\sin\theta_{12}\\ S_3^{\ 2}=d^2+L^2+e^2-2dL\cos\theta_{13}-2eL\sin\theta_{13}\end{cases}$$

利用MATLAB工具箱进行非线性方程组求解，可得

$$\begin{cases} d = 479\text{mm} \\ L = 150\text{mm} \\ e = 69\text{mm} \end{cases}$$

2）设计曲柄摇杆机构

所要设计的曲柄摇杆机构如图 3-45 所示，已知机架 AG 的长度 d=300mm，并且给定三组曲柄和摇杆的角位移 θ_1 与 θ_3（°）：

$$\begin{cases} \theta_{11} = 48.3, \ \theta_{31} = 30.2 \\ \theta_{12} = 68.1, \ \theta_{32} = 45.5 \\ \theta_{13} = 78.9, \ \theta_{33} = 53.2 \end{cases} \tag{3-10}$$

求三个构件的长度a、b、c。

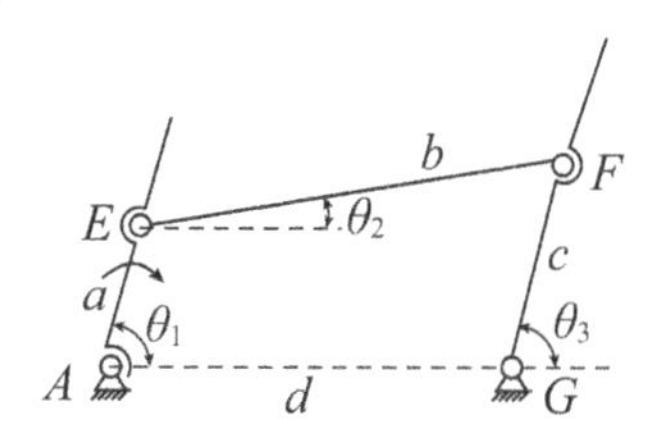

图 3-45 所要设计的曲柄摇杆机构

解：将各个构件的长度在水平、垂直方向投影，可得

$$\begin{cases} a\cos\theta_1 + b\cos\theta_2 = c\cos\theta_3 + d \\ a\sin\theta_1 + b\sin\theta_2 = c\sin\theta_3 \end{cases}$$

消去上式中的θ_2，得

$$(c\cos\theta_3 + d - a\cos\theta_1)^2 + (c\sin\theta_3 - a\sin\theta_1)^2 = b^2 \tag{3-11}$$

将式（3-10）的数据以及机架长度代入式（3-11），得到如下方程组：

$$\begin{cases} (c\cos\theta_{31} + 300 - a\cos\theta_{11})^2 + (c\sin\theta_{31} - a\sin\theta_{11})^2 = b^2 \\ (c\cos\theta_{32} + 300 - a\cos\theta_{12})^2 + (c\sin\theta_{32} - a\sin\theta_{12})^2 = b^2 \\ (c\cos\theta_{33} + 300 - a\cos\theta_{13})^2 + (c\sin\theta_{33} - a\sin\theta_{13})^2 = b^2 \end{cases}$$

利用MATLAB工具箱进行非线性方程组求解，可得

$$\begin{cases} a = 80\text{mm} \\ b = 376.7\text{mm} \\ c = 150\text{mm} \end{cases}$$

思 考 题

3-1 铰链四杆机构有哪三种基本形式？它们各有什么特点？

3-2 铰链四杆机构可通过哪几种途径演化成其他形式的平面四杆机构？

3-3 什么是机构的急回运动特性？哪几种平面四杆机构具有急回运动特性？试举出

它们的应用实例。

3-4　对于曲柄摇杆机构，如果要调整摇杆摆角的大小或极限位置，可采用哪些途径？

3-5　曲柄摇杆机构的最小传动角出现在什么位置？是否出现在机构的极限位置？试参考曲柄摇杆机构的最小传动角的分析过程，分析偏置曲柄滑块机构的最小传动角出现在什么位置。

3-6　在对心曲柄滑块机构中，滑块的行程与曲柄的长度有什么关系？

3-7　什么是机构的死点位置？它在什么情况下出现？如何能使机构顺利通过死点位置？哪些机构是利用死点位置工作的？

3-8　用本章相关概念对引例图 3-1 中的篮球架机构进行分析。

习　题

3-9　在图 3-46 所示铰链四杆机构中，已知 l_{BC}=50mm，l_{CD}=35mm，l_{AD}=30mm，AD 为机架。问：

（1）若此机构为曲柄摇杆机构，并且连杆 AB 为曲柄，求 l_{AB} 的最大值。

（2）若此机构为双曲柄机构，求 l_{AB} 的最小值。

（3）若此机构为双摇杆机构，求 l_{AB} 的取值范围。

3-10　如图 3-47 所示，B_1C_1、B_2C_2 为曲柄摇杆机构 $ABCD$ 中连杆 BC 需占据的两个位置。连杆 AB 为原动件。已知当连杆 BC 在 B_1C_1 位置时，摇杆 CD 恰好处于左极限位置 C_1D，此时机构的传动角 $\gamma=60°$，试确定固定铰链点 A、D 的位置。

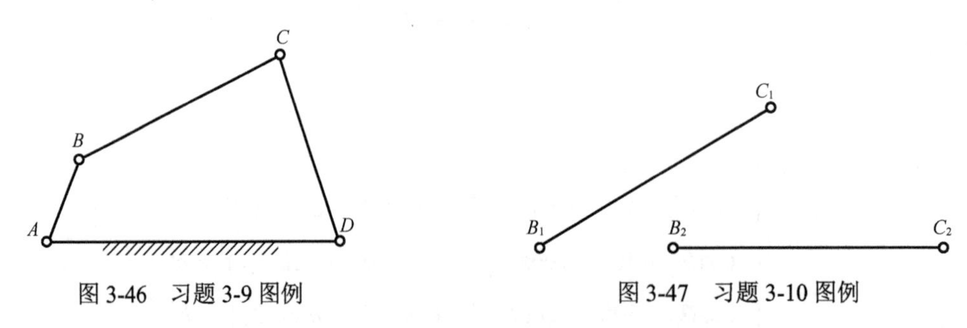

图 3-46　习题 3-9 图例　　　图 3-47　习题 3-10 图例

3-11　试设计一个平面四杆机构，已知 $l_{AB}=50\text{mm}$，$l_{AD}=72\text{mm}$，原动件连杆 AB 与从动件连杆 CD 上的一条标线 DE 之间的对应角位移关系如图 3-48 所示。

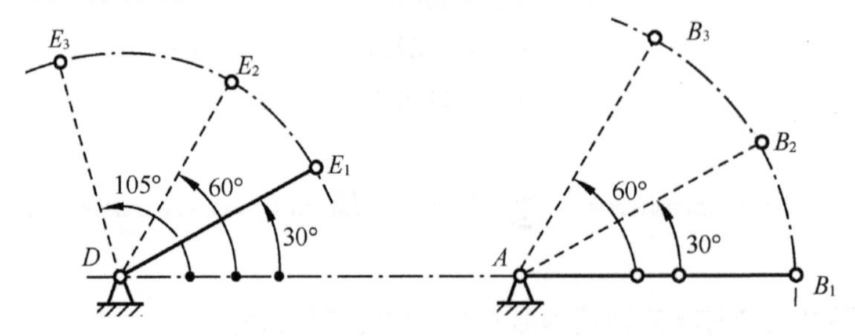

图 3-48　习题 3-11 图例

3-12 如图 3-49 所示，在曲柄滑块机构 ABC 中，当曲柄 AB 沿顺时针方向旋转时，该曲柄上的一条标线 AE 分别通过 AE_1、AE_2、AE_3 三个位置，而滑块上的铰链点 C 相应地占据 C_1、C_2、C_3 三个位置，试设计该曲柄滑块机构。

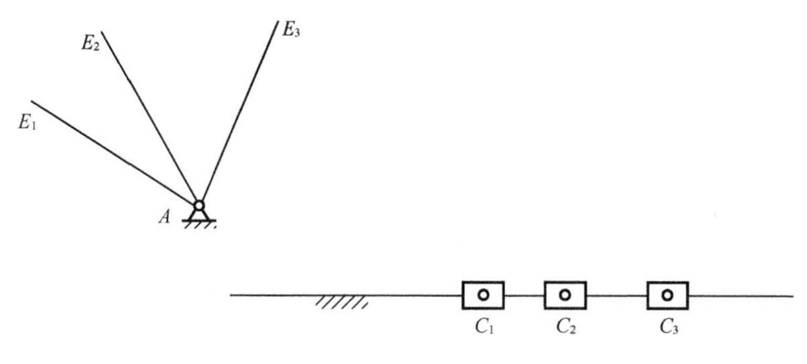

图 3-49 习题 3-12 图例

3-13 试设计一个曲柄滑块机构，已知滑块的行程速度变化系数 $K=1.5$，滑块行程 $h=50\text{mm}$，偏距 $e=20\text{mm}$，试用图解法求曲柄长度 l_{AB} 和连杆长度 l_{BC}。

3-14 试设计一个曲柄摇杆机构 $ABCD$。已知摇杆 CD 长度 $l_{CD}=60\text{mm}$，其摆角 $\psi=50°$，行程速度变化系数 $K=1.5$，并满足机架长度 l_{AD} 等于连杆长度 l_{BC} 与曲柄长度 l_{AB} 之差。

3-15 在偏置曲柄滑块机构中，设曲柄长度 $a=120\text{mm}$，连杆长度 $b=600\text{mm}$，偏距 $e=120\text{mm}$，曲柄为原动件，试求：

（1）行程速度变化系数 K 和滑块的行程 h。

（2）检验最小传动角 $\gamma_{\min}$。

3-16 在图 3-50 所示的牛头刨床主传动机构中，已知中心距 $l_{AC}=300\text{mm}$，刨头的冲程 $H=450\text{mm}$，行程速度变化系数 $K=2$，试求曲柄 AB 和导杆 CD 的长度。

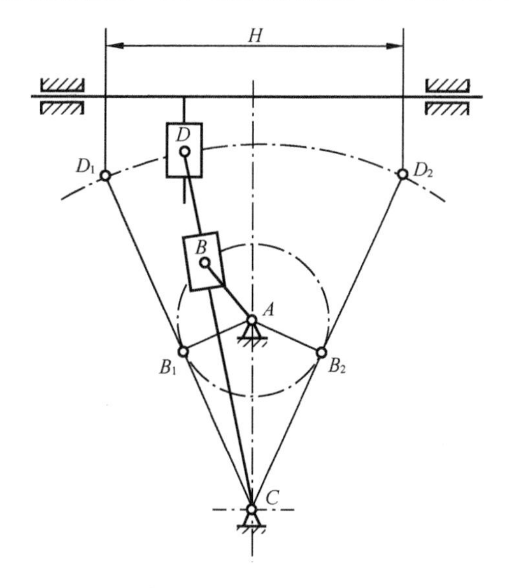

图 3-50 习题 3-16 图例

第 4 章　凸轮机构与间歇运动机构

主要概念

凸轮机构、从动件运动规律、凸轮轮廓、基圆、基圆半径、压力角、从动件升程、推程、回程、远休止角、近休止角、推程运动角、回程运动角、尖顶对心式、尖顶偏置式、反转法设计原理、从动件端部结构设计、槽轮机构、棘轮机构。

学习引导

通过设计适当的凸轮轮廓，便可使从动件（移动或摆动）获得预期的运动规律；反过来说，要想获得从动件不同的运动规律，只需要设计不同的凸轮轮廓即可，这就是凸轮机构。

凸轮机构主要解决两方面的问题：首先，从动件是输出构件，其运动形式（移动、摆动或转动）要按照工作要求确定；按照怎样的运动规律工作，也需要根据机构要完成的任务特点和运动规律的性能确定，这是在设计凸轮轮廓前必须完成的工作。其次，怎样设计凸轮轮廓，保证实现从动件的运动规律。

在凸轮轮廓设计中，影响凸轮结构和凸轮机构的传力性能等的因素也比较多。例如，从动件的运动规律、从动件与凸轮接触处的结构形状（尖顶、滚子和平底等）、凸轮基圆的大小、滚子尺寸等。了解这些影响因素，有助于设计出合理的凸轮轮廓，使之很好地满足工作要求。

引例

引例图 4-1 为量杯式液体灌装机构，属于常压灌装机构。该机构利用一定容积的量杯量取药液，再通过灌装阀将药液装到容器中，达到定量灌装的目的。

引例图 4-1（a）是量杯在储液箱的液位之下，引例图 4-1（b）是量杯处于灌装过程的位置。如引例图 4-1（c）所示，瓶子的移动是靠凸轮机构推动的，并且从换瓶位置上升到一定高度开始灌装。试为这个设备设计一个凸轮机构。

瓶子的运动规律如何确定？怎样设计凸轮轮廓？学习完本章，就会完成这个设计任务了。

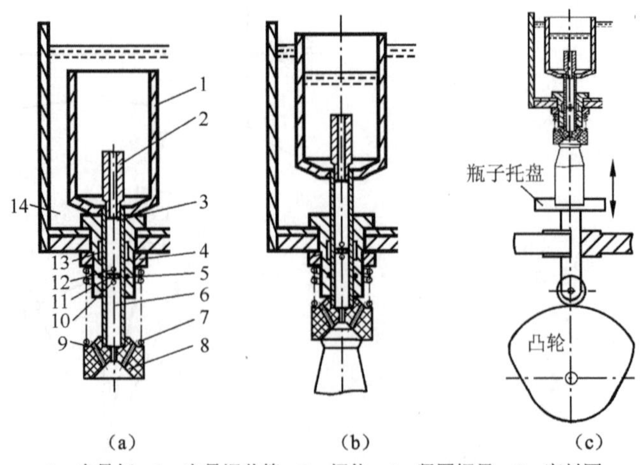

1—定量杯　2—定量调节管　3—阀体　4—紧固螺母　5—密封圈
6—进液管　7—弹簧　8—灌装头　9—透气孔　10—下孔
11—隔板　12—上孔　13—中间槽　14—储液箱

引例图 4-1　量杯式液体灌装机构

4.1 凸轮机构的类型和应用

凸轮机构主要由凸轮、从动件（也称推杆）和机架组成，它是一种高副机构。凸轮是一个具有曲线轮廓或凹槽的构件，通常为主动件，并且作连续的等速运动，从动件则被凸轮直接推动，按照预定的运动规律运动。

根据凸轮和从动件的不同形状和运动形式，凸轮机构的分类如下。

1. 按凸轮的形状分类

（1）盘形凸轮。盘形凸轮是凸轮的最基本形式，这种凸轮是一个绕固定轴线转动并且向径变化的盘形零件。图 4-1 所示为盘形凸轮机构，图 4-2 所示为绕线凸轮机构，图 4-3 所示为内燃机配气凸轮机构。

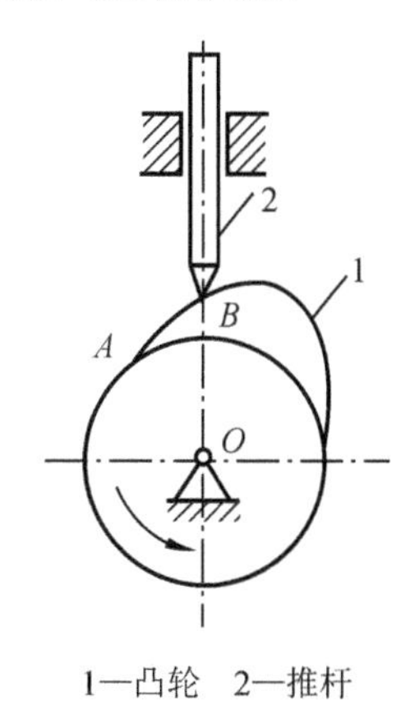

1—凸轮 2—推杆

图 4-1 盘形凸轮机构

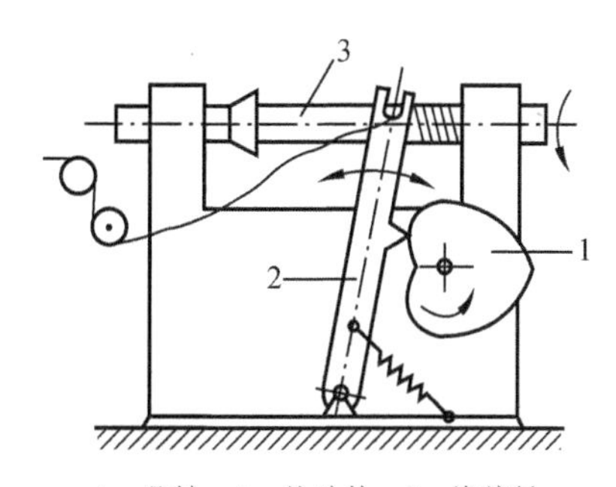

1—凸轮 2—从动件 3—绕线轴

图 4-2 绕线凸轮机构

（2）移动凸轮。当盘形凸轮的回转中心趋于无穷远时，凸轮相对机架作直线运动。这种凸轮称为移动凸轮，如图 4-4 所示。早期使用的录音机卷带机构也是移动凸轮机构，如图 4-5 所示。

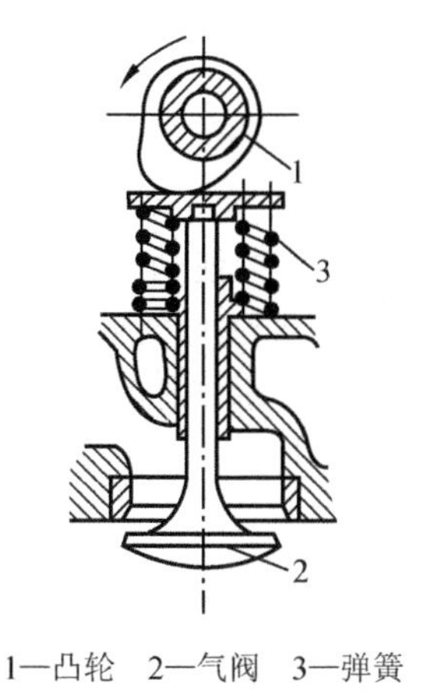

1—凸轮 2—气阀 3—弹簧

图 4-3 内燃机配气凸轮机构

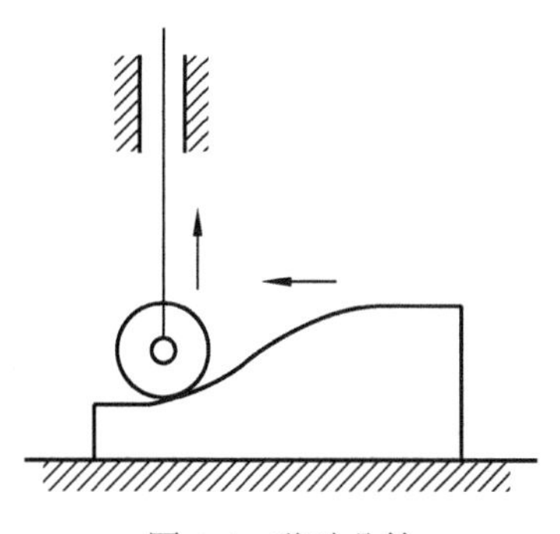

图 4-4 移动凸轮

（3）圆柱凸轮。将移动凸轮卷成圆柱体就成为圆柱凸轮，如图 4-6 所示的机床刀具进给机构。

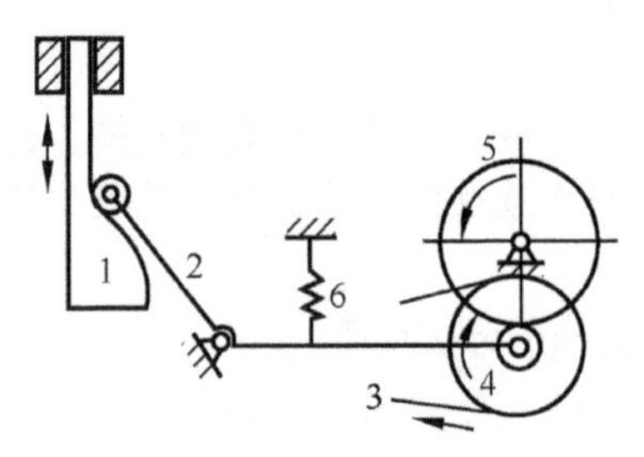

图 4-5 早期的录音机卷带机构

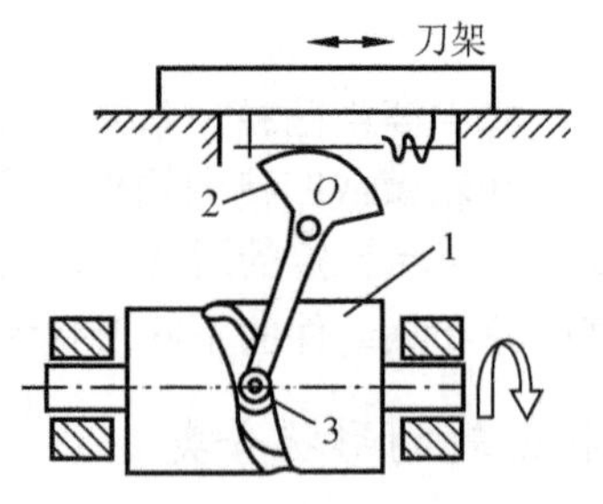

图 4-6 机床刀具进给机构

2. 按从动件的形状和运动形式分类

首先，根据从动件形状的不同，凸轮机构可分为如下形式。

（1）尖顶从动件（见图 4-1 和图 4-2），尖顶能与复杂的凸轮轮廓保持接触，因而能实现任意预期的运动规律，但尖顶与凸轮是点接触，磨损快，只宜用于受力不大的低速凸轮机构。

（2）滚子从动件（见图 4-4 和图 4-5）。为了克服尖顶从动件的缺点，在从动件的尖顶处安装一个滚子，该从动件就成为滚子从动件。滚子和凸轮轮廓之间存在滚动摩擦，磨损慢，可承受较大载荷。因此，滚子从动件是从动件中最常用的一种形式。

（3）平底从动件（见图 4-3），这种从动件与凸轮轮廓表面接触的端面为平面。显然，平底从动件不能与凹陷的凸轮轮廓相接触。这种从动件的优点如下：当不考虑摩擦时，凸轮与从动件之间的作用力始终与从动件的平底相垂直，传动效率较高，并且在接触面易形成油膜，有利于润滑。因此，平底从动件常用于高速凸轮机构。

其次，根据从动件的运动形式的不同，凸轮机构可以使用作往复直线运动的直动从动件（见图 4-1）和作往复摆动的摆动从动件（见图 4-5）。

3. 按凸轮与从动件的接触方式分类

（1）力封闭的凸轮机构（见图 4-1、图 4-2 和图 4-3）。利用从动件或推杆的重力、弹簧力使从动件与凸轮保持接触。

（2）几何封闭的凸轮机构。利用凸轮或从动件的特殊几何结构使凸轮与从动件保持接触。例如，图 4-6 所示的机床刀具进给机构和图 4-7 所示的沟槽凸轮机构都利用凸轮上的凹槽或沟槽实现运动规律；图 4-8 所示的等宽凸轮机构利用与凸轮轮廓线相切的任意两条平行线之间的宽度 B 处处相等，并且等于推杆内框上、下壁之间的距离，使凸轮和推杆可始终保持接触。

凸轮机构的优点是只须设计适当的凸轮轮廓，便可使从动件获得所需的运动规律，并且结构简单、紧凑，设计方便。缺点是凸轮轮廓与从动件之间的接触为点接触或线接触，易磨损。因此，凸轮机构通常用于受力不大的控制机构。

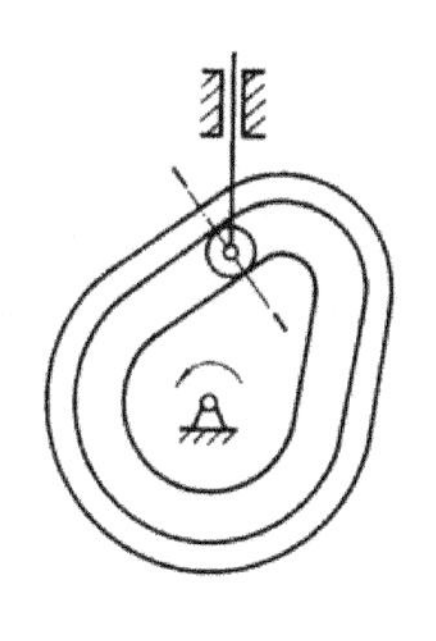

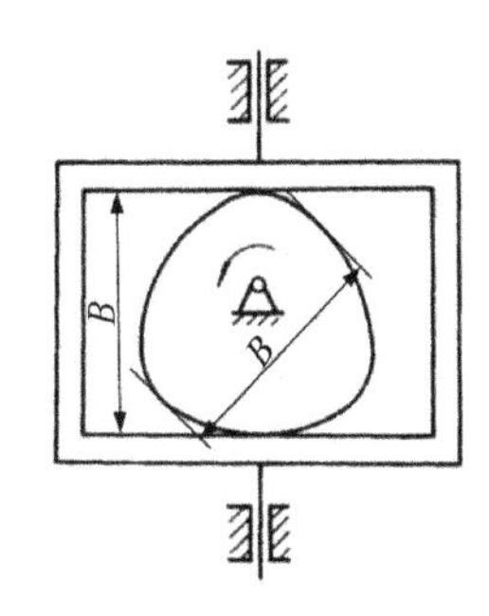

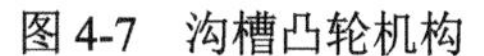

图 4-7 沟槽凸轮机构　　图 4-8 等宽凸轮机构

4.2 从动件的常用运动规律

设计凸轮机构时，首先应根据工作要求确定从动件的运动规律，然后按照这一运动规律设计出凸轮轮廓。下面以尖顶直动从动件盘形凸轮机构为例，说明从动件的运动规律与凸轮轮廓之间的相互关系。如图 4-9（a）所示，以凸轮轮廓的最小向径 r_0 为半径所绘的圆称为基圆。

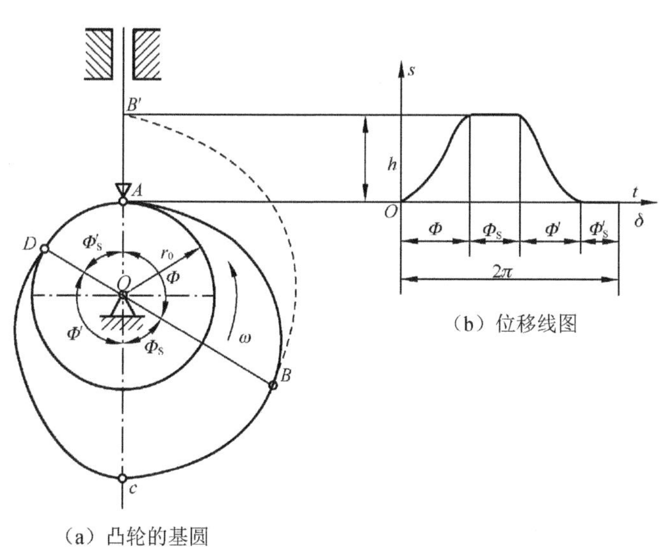

图 4-9 凸轮轮廓与从动件的位移线图

当从动件尖顶与凸轮轮廓上的 A 点（基圆与轮廓 $\overset{\frown}{AB}$ 的连接点）相接触时，从动件处于上升的起始位置。

当凸轮以等角速 ω 沿逆时针方向回转 Φ 角度时，从动件尖顶被凸轮轮廓推动，以一定运动规律由离回转中心最近位置 A 到达最远位置 B'，这个过程称为推程。这时从动件所走过的距离 h 称为从动件的升程，而与推程相对应的凸轮转角 Φ 称为推程运动角。

当凸轮继续回转 Φ_s 角度时，以 O 点为中心的圆弧 $\overset{\frown}{BC}$ 与从动件尖顶相作用，从动件停留在最远位置不动。此时，Φ_s 称为远休止角。

凸轮继续回转Φ'角度时，从动件在弹簧力或重力作用下，以一定运动规律回到起始位置，这个过程称为回程，Φ'称为回程运动角。

当凸轮继续回转Φ_s'角度时，以O点为中心的圆弧$\widehat{DA}$与从动件尖顶相作用，从动件停留在最近位置不动。此时，Φ_s'称为近休止角。当凸轮连续回转时，从动件重复上述运动。

如果以直角坐标系的纵坐标代表从动件的位移s，横坐标代表凸轮转角δ（通常因凸轮以等角速转动，故横坐标也代表时间t），则可以画出从动件位移s与凸轮转角δ之间的关系曲线，它称为从动件位移线图，如图4-9（b）所示。

由以上分析可知，从动件的位移线图取决于凸轮轮廓曲线的形状。也就是说，从动件的运动规律与凸轮轮廓曲线一一对应，从动件的不同运动规律要求凸轮具有不同的轮廓曲线。

下面介绍几种常用从动件运动规律。

1. 等速运动规律

等速运动规律如图4-10所示。从动件在推程作等速运动时，其位移线图为一条斜直线，速度线图为一条水平直线。运动开始时，从动件的速度由零突变为v_0。理论上，该处的加速度a趋近+∞。同理，运动终止时，从动件的速度由v_0突变为零，该处的加速度a趋近−∞（材料有弹性变形，实际上不可能达到无穷大）。由此产生的巨大惯性力导致强烈冲击。这种强烈冲击称为刚性冲击，会造成严重危害。因此，等速运动规律不宜单独使用，对运动的开始和终止时的规律必须加以修正，只能用于低速轻载场合。

推程：

$$s=\frac{h}{\Phi}\delta \qquad v=\frac{h}{\Phi}\omega \qquad a=0$$

回程：

$$s=h-\frac{h}{\Phi'}\delta \qquad v=-\frac{h}{\Phi'}\omega \qquad a=0$$

2. 等加速等减速运动规律（抛物线运动规律）

等加速等减速运动规律如图4-11所示。从动件在推程作等加速等减速运动时，其位移线图为一条抛物线。为保证凸轮机构运动的平稳性，常使从动件在一个升程h中的前半段作等加速运动，后半段作等减速运动，并且加速度和减速度的绝对值相等。

推程前半段：$0\leqslant\delta\leqslant\Phi$　　　　推程后半段：$\frac{\Phi}{2}\leqslant\delta\leqslant\Phi$

$$\begin{cases} s=\dfrac{2h}{\Phi}\delta^2 \\ v=\dfrac{4h\omega}{\Phi}\delta \\ a=\dfrac{4h\omega^2}{\Phi^2} \end{cases} \qquad \begin{cases} s=h-\dfrac{2h}{\Phi^2}(\Phi-\delta)^2 \\ v=-\dfrac{2h\omega}{\Phi^2}(\Phi-\delta) \\ a=\dfrac{4h\omega^2}{\Phi^2} \end{cases}$$

在等加速等减速运动过程中，从动件在起点、中点和终点的加速度突变，引起从动件惯性力的突变，并且突变值为有限值，故引起的冲击较小。这种加速度有限的冲击称为柔性冲击，只有将这种等加速等减速运动规律同时用于升—降运动从动件的推程和回程时，才可避免其柔性冲击。

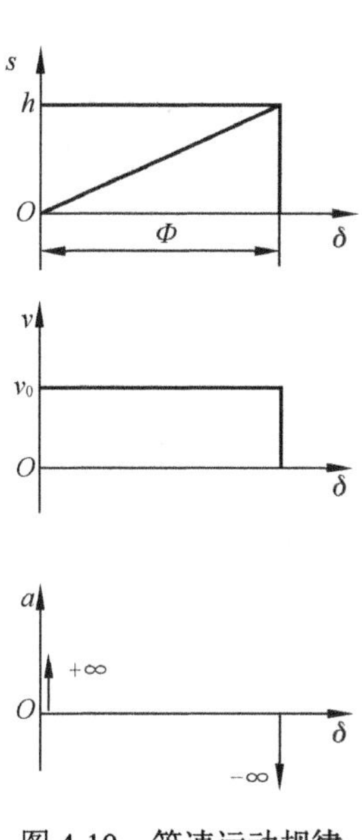

图 4-10　等速运动规律

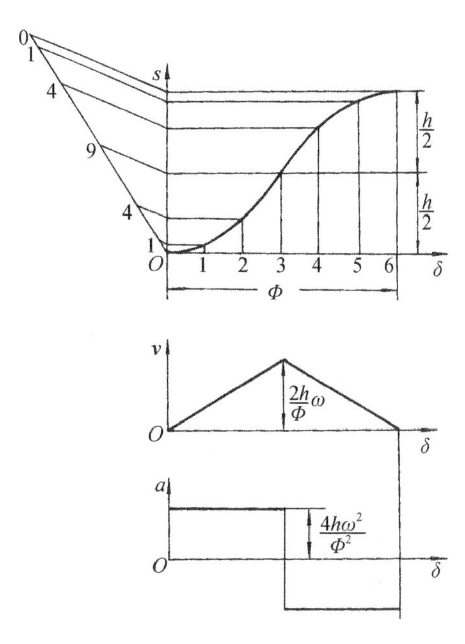

图 4-11　等加速等减速运动规律

3. 简谐运动规律（余弦加速度运动规律）

点在圆上匀速运动时，它在这个圆的直径上的投影所构成的运动称为简谐运动。简谐运动规律如图 4-12 所示。把从动件的行程 h 作为直径并画半圆，将此半圆分为若干等份（图 4-12 中为 6 等份），得 a,b,c,d,e,f。再把凸轮推程运动角 Φ 也分成相同的等份 1,2,3,4,5,6，并作对应的垂直线 11′,22′,33′,…，然后将圆周上的等分点投影到相应的垂直线上，得 1′,2′,3′,…点。用光滑曲线连接这些点，便得到简谐运动的位移线图。其方程为

$$s=\frac{h}{2}(1-\cos\theta)$$

由图 4-12 可知，当 $\theta=\pi$ 时，$\delta=\Phi$，可知 $\theta=\pi\delta/\Phi$，把它代入上式可得从动件推程作简谐运动的位移方程。由此可导出其速度方程和加速度方程，即

$$s=\frac{h}{2}\left(1-\cos\frac{\pi\delta}{\Phi}\right)$$

$$v=\frac{h\pi\omega}{2\Phi}\sin\left(\frac{\pi\delta}{\Phi}\right)$$

$$a=\frac{h\pi^2\omega^2}{2\Phi^2}\cos\left(\frac{\pi\delta}{\Phi}\right)$$

由图 4-12 中的加速度线图可知，从动件在运动开始和运动终止时的加速度突变，导致从动件的惯性力突然变化而产生冲击。但是此处加速度的变化量和冲击都是有限的，会产生柔性冲击，在高速状态下也会产生不良的影响。因此，简谐运动规律宜用于中低速凸轮机构。只有当从动件作无停留的升—降—升连续往复运动时，才可以获得连续的加速度曲

线，如图 4-12 中的虚线所示，这种运动规律可用于高速传动。

4. 摆线运动规律（正弦加速度运动规律）

摆线运动规律如图 4-13 所示。这种运动规律的加速度线图为一条正弦曲线，其位移为摆线在纵轴上的投影，因此又称摆线运动规律。由图 4-13 可知，这种运动规律既无速度突变，也没有加速度突变，没有任何冲击，因此可用于高速凸轮。它的缺点是加速度最大值 a_{max} 较大，惯性力较大，要求较高的加工精度。

为了进一步降低 a_{max} 或满足某些特殊要求，近代高速凸轮的运动线图还采用多项式曲线或几种曲线的组合。等速运动和正弦加速度两种运动规律的组合，既能使从动件在大部分行程保持匀速运动，又能避免在起始和终止点产生冲击。

同样道理，可以推导出这种运动规律的位移、速度和加速度数学表达公式，感兴趣的读者可以自己推导这些公式。

要说明的是，在实际设计工作中，有时要求从动件实现特定的运动规律，可以参考上述的方法进行设计。

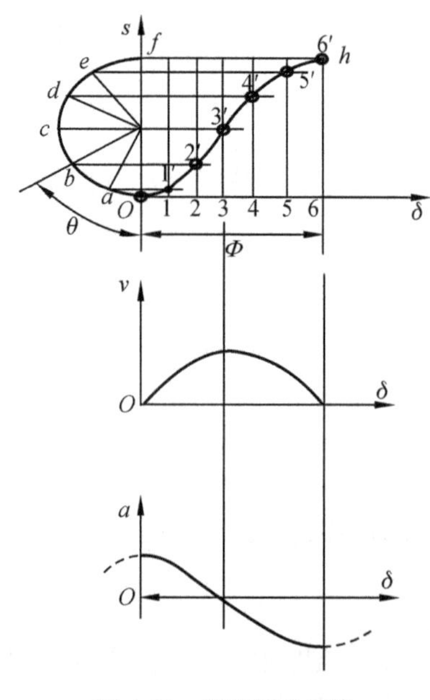

图 4-12　简谐运动规律

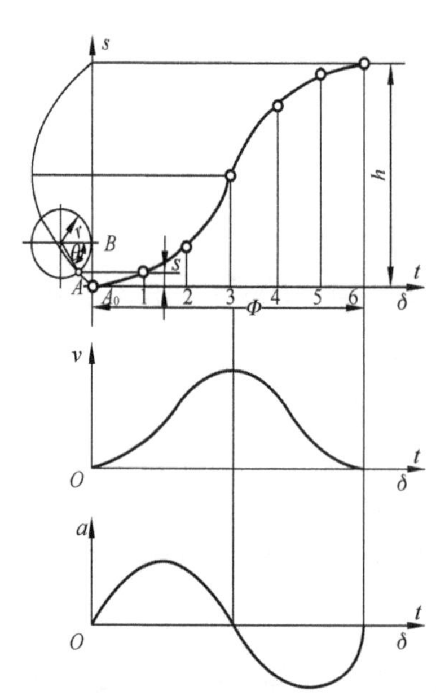

图 4-13　摆线运动规律

4.3　凸轮机构的传力性能分析

在设计凸轮机构时，除了要求从动件能实现预期运动规律，还希望机构有较好的传力性能和较小的尺寸。为此，需要讨论压力角对机构的受力情况及尺寸的影响。

如第 3 章所述，作用在从动件上的驱动力与该力作用点绝对速度之间所夹的锐角称为压力角。在不计摩擦力时，在高副中，构件之间的力是沿法线方向作用的，因此，对于高副机构，压力角就是接触轮廓法线与从动件速度方向所夹的锐角。

4.3.1 压力角与作用力的关系

图 4-14 为凸轮机构的压力角。图 4-14（a）所示为尖顶直动从动件盘形凸轮机构。当不计凸轮与从动件之间的摩擦力时，凸轮给予从动件的力 F 是沿法线方向的，从动件运动方向与力 F 之间的锐角 α 即压力角。力 F 可分解为沿从动件运动方向的有用分力 F'和使从动件紧压导路的有害分力 F''，两者关系式如下：

$$F'' = F' \tan\alpha$$

上式表明，驱动从动件的有用分力 F' 值一定时，压力角 α 越大，有害分力 F'' 值越大，机构的效率越低。当 α 增大到一定程度，以致 F''在导路中所引起的摩擦力大于有用分力 F' 时，无论凸轮施加给从动件的作用力多大，从动件都不能运动，这种现象称为自锁。为了保证凸轮机构正常工作并具有一定的传动效率且运动流畅，必须对压力角加以限制。凸轮轮廓曲线上各点的压力角一般是变化的，在设计时应使最大压力角不超过许用值。通常，对于直动从动件凸轮机构，建议选取许用压力角$[\alpha]=30°$；对于摆动从动件凸轮机构，建议选取许用压力角$[\alpha]=45°$。在常见的依靠外力使从动件与凸轮维持接触的凸轮机构中，其从动件是在弹簧或重力作用下返回的，回程不能出现自锁。因此，对于这类凸轮机构，通常只需校验推程压力角。

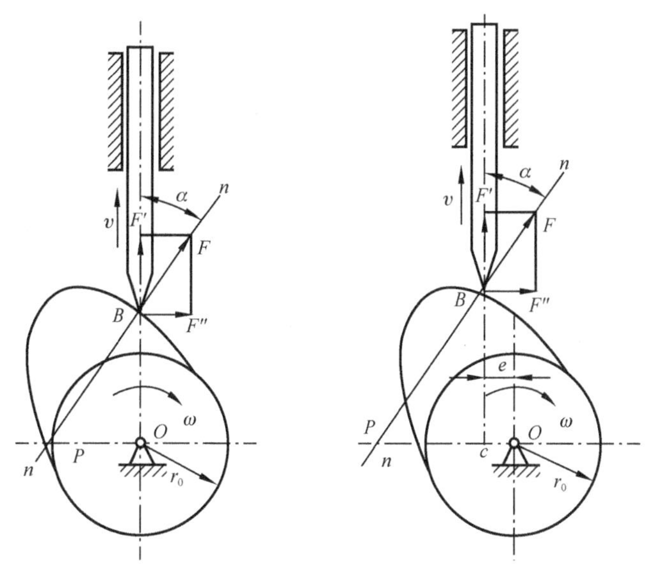

（a）尖顶直动从动件盘形凸轮机构　（b）偏置尖顶直动从动件盘形凸轮机构

图 4-14　凸轮机构的压力角

4.3.2 压力角与凸轮机构尺寸的关系

在凸轮机构设计中，若基圆半径增大，则凸轮机构的尺寸也将随之增大，但基圆半径减小会引起压力角增大。图 4-14（b）所示为偏置尖顶直动从动件盘形凸轮机构，假设此时它处于推程的一个任意位置。过凸轮与从动件的接触点 B 作公法线 $n—n$，该法线与经过凸轮轴心 O 且垂直于从动件导路的直线相交于 P，P 就是凸轮和从动件的相对速度瞬心。由相对速度瞬心概念可知，凸轮机构的压力角计算公式是

$$\tan\alpha = \frac{\left|\frac{\mathrm{d}s}{\mathrm{d}\delta} \mp e\right|}{s + \sqrt{r_0^2 - e^2}} \tag{4-1}$$

式中，s 为对应凸轮转角 δ 的从动件位移。

分析式（4-1）可知，在其他条件不变的情况下，一方面，基圆半径 r_0 越小，压力角 α 越大。基圆半径过小，压力角就会超过许用值；另一方面，e 为从动件导路偏离凸轮回转中心的距离，称为偏距，它的大小对压力角的影响也比较大；还有偏置的方向也会影响压力角的大小，当导路和相对速度瞬心 P 在凸轮轴心 O 的同侧时，式（4-1）取“-”号，可使推程压力角减小；反之，当导路和相对速度瞬心 P 在凸轮轴心 O 的异侧时，式（4-1）取“+”号，推程压力角将增大。为了减小推程压力角，应将从动件导路向推程相对速度瞬心的同侧偏置。但必须注意，用导路偏置法虽然可使推程压力角减小，但是同时使回程压力角增大。因此，偏距不宜过大。

在实际设计中，可以综合考虑各种因素对压力角的影响，在保证凸轮轮廓的最大压力角不超过许用值的前提下，尽量考虑缩小凸轮机构的尺寸。

在凸轮机构设计中，从动件滚子半径也会影响凸轮机构实际尺寸的大小，而且对凸轮轮廓曲线的影响很大，需要特别注意。

4.4 平面凸轮轮廓曲线设计

在设计凸轮轮廓时，需要根据其工作要求和结构条件，确定凸轮机构的形式、从动件运动规律、基圆半径和偏距等。

凸轮轮廓设计方法包括图解法和解析法。一般工程中采用图解法，该方法简单、直观，也是解析法的理论基础；解析法多用于高速和精密凸轮的设计。下面，主要介绍图解法。

为了便于绘出凸轮轮廓曲线，应使工作中转动着的凸轮与不动的图样保持相对静止。如果给整个凸轮机构施加一个与凸轮转动角速度 ω 值相等、方向相反的“$-\omega$”角速度，那么凸轮处于相对静止状态。图 4-15 所示为反转后的凸轮机构，其中，从动件既在导路上移动，又绕着凸轮轴心回转。由于从动件的尖顶始终与凸轮轮廓线接触，因此，从动件尖顶的轨迹就是凸轮的轮廓曲线。

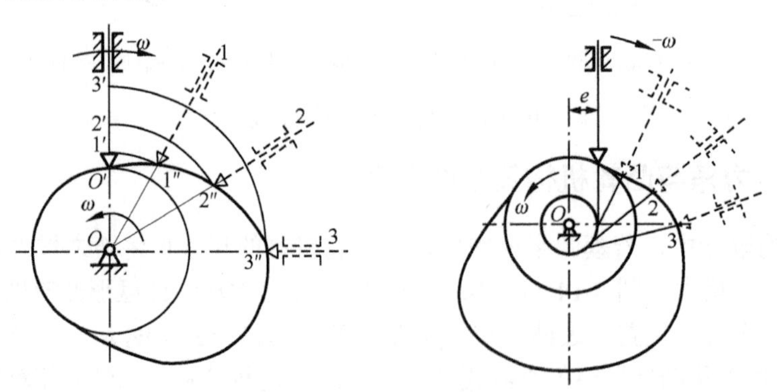

图 4-15　反转后的凸轮机构

4.4.1 图解法设计直动从动件盘形凸轮轮廓曲线

1. 对心尖顶直动从动件盘形凸轮轮廓曲线的设计

图 4-16（a）所示为对心尖顶直动从动件盘形凸轮机构。已知从动件位移线图如图 4-16（b）所示，凸轮基圆半径为 r_0，凸轮角速度为 ω，凸轮沿逆时针方向匀速回转，要求绘制此凸轮的轮廓曲线。

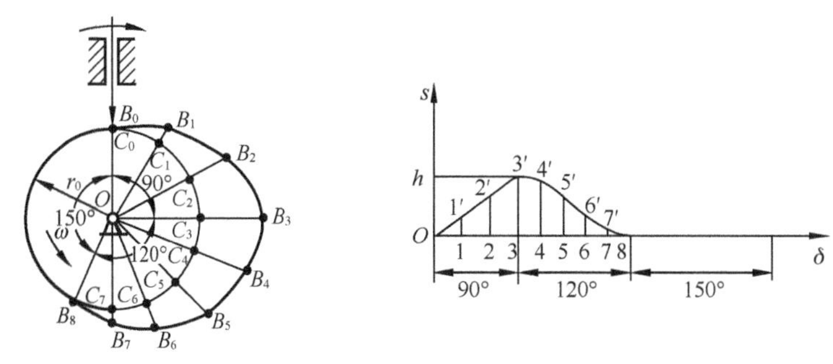

（a）对心尖顶直动从动件盘形凸轮机构　　（b）从动件位移线图

图 4-16　对心尖顶直动从动件盘形凸轮机构及其从动件位移线图

根据“反转法”原理，绘制该凸轮轮廓曲线的步骤如下：

（1）选定合适的比例尺 μ，任取一点作为凸轮的轴心 O，以 O 点为圆心、以 r_0 为半径作基圆，该基圆与导路的交点 B_0 是从动件尖顶的起始位置。

（2）将从动件位移线图 $s\text{-}\delta$ 的推程运动角和回程运动角分别分为若干等份（图 4-16 中推程运动角分为 3 等份，回程运动角分为 5 等份）。

（3）自 B_0 点开始，沿 $-\omega$ 方向将基圆分为 3 等份，分别对应推程运动角 Φ=90°、回程运动角 Φ'=120° 和近休止角 Φ_s=150°，并将 Φ 和 Φ' 分为与图 4-16（b）对应的等份，在基圆上得到 $C_0, C_1, C_2, \cdots, C_7$ 各点。连接 $OC_0, OC_1, OC_2, \cdots$ 使之为射线，得到反转后从动件导路的各个位置。

（4）沿以上各条射线，自基圆开始量取从动件对应的位移量，即选取 $C_1B_1=11'$，$C_2B_2=22'$，$C_3B_3=33'$，…，得到反转后从动件尖顶的一系列位置 $B_1, B_2, B_3, \cdots, B_8$。

（5）将 $B_0, B_1, B_2, B_3, \cdots, B_8$ 连接为光滑的曲线（B_0 和 B_8 之间为以 O 点为圆心，r_0 为半径的圆弧……），便得到所要求的凸轮轮廓曲线。

2. 偏置尖顶直动从动件盘形凸轮轮廓曲线的设计

如果从动件的导路不通过凸轮轴心，那么此类凸轮机构为偏置尖顶直动从动件凸轮机构，如图 4-17（a）所示。

对于偏置尖顶直动从动件凸轮机构，从动件的导路与凸轮轴心之间存在偏距 e，绘制此类凸轮轮廓曲线时，以 O 点为圆心、以 e 为半径绘制偏距圆，以 r_0 为半径绘制基圆。以导路和基圆的交点 B_0 作为从动件的起始位置，沿 $-\omega$ 方向将基圆分为与从动件位移线图对应的等份，然后通过这些等分点分别作偏距圆的切线，从而得到反转后导路的对应位置，余下的步骤参考对心直动从动件盘形凸轮轮廓曲线的绘制方法。

从图 4-17 可知偏置尖顶直动从动件盘形凸轮机构凸轮轮廓的设计过程。已知从动件位移线图［见图 4-17（a）］、偏距 e、凸轮的基圆半径 r_0 以及凸轮以等角速度 ω 沿顺时针方向回转，要求绘出此凸轮的轮廓。

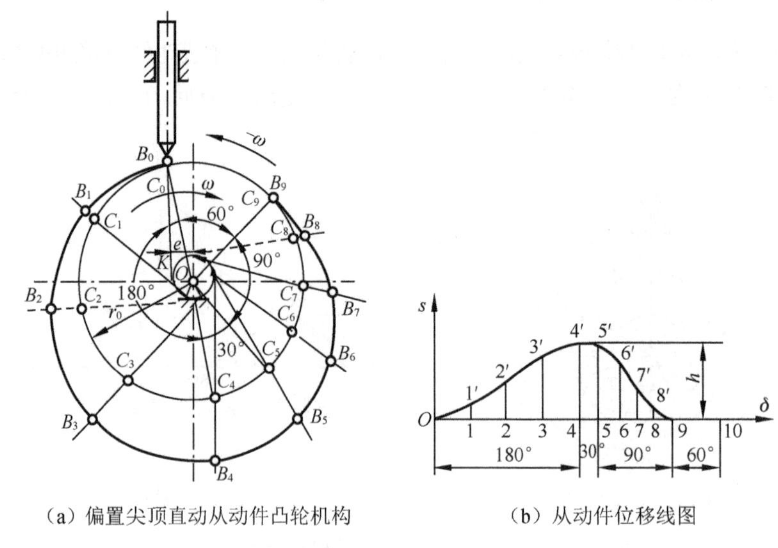

（a）偏置尖顶直动从动件凸轮机构　　（b）从动件位移线图

图 4-17　偏置尖顶直动从动件盘形凸轮机构及其从动件位移线图

根据“反转法”原理，可以按以下步骤绘制凸轮轮廓曲线：

（1）以 r_0 为半径作基圆，以 e 为半径作偏距圆，与从动件导路相切于 K 点。基圆与导路的交点 B_0（C_0）即从动件的初始位置。

（2）将位移线图 s-δ 的推程运动角和回程运动角分别分为若干等份（图 4-17 中分为 4 等份）。

（3）在基圆上，自 OC_0 开始，沿 ω 的反方向选取推程运动角 Φ=180°、远休止角 Φ_s=30°、回程运动角 Φ'=90°、近休止角 Φ_s=60°，并且将推程运动角和回程运动角分成与图 4-17（a）对应的等份，得到 $C_0, C_1, C_2, \cdots, C_6, C_7, C_8, C_9$ 各点。

（4）过 $C_1, C_2, C_3, \cdots, C_9$ 作偏距圆的一系列切线（过每点的切线有两条，与初始位置相对应，反转后的切线仅是其中的一条），这些切线代表反转后从动件导路的一系列位置。

（5）沿以上各切线从基圆开始量取从动件相应的位移量，即选取线段 $C_1B_1=11'$，$C_2B_2=22'$，$C_3B_3=33'$，…，$C_9B_9=99'$，得到反转后从动件尖顶的一系列位置 $B_1, B_2, B_3, \cdots, B_9$。

（6）将点 $B_0, B_1, B_2, \cdots, B_9$ 连接成光滑曲线（B_4 和 B_5 之间，以及 B_9 和 B_0 之间均为以 O 为中心的圆弧），便得到所求的凸轮轮廓曲线。

重要提示

对偏置尖顶直动从动件盘形凸轮机构，采用“反转法”设计凸轮廓线时，一定要保证反转后的从动件导路延长线与偏距圆相切，并且只选取两条切线中的一条，以保证从动件在反转过程中，与凸轮轴心的相对位置固定不动，而另一条切线则是错误的。

3. 滚子直动从动件盘形凸轮轮廓曲线的设计

若将图 4-16 中的尖顶改为滚子，则得到如图 4-18 所示的滚子直动从动件盘形凸轮机构，则其凸轮轮廓曲线可按下述方法绘制：首先，把滚子中心看作尖顶从动件的尖顶。按前文所述方法先求出一条凸轮轮廓曲线η_0，其次，以η_0上的各点为圆心、以滚子半径为半径作一系列圆。最后，作这些圆的内包络线η，该包络线是使用滚子从动件时凸轮的实际轮廓，而η_0称为此凸轮的理论轮廓。由作图过程可知，对滚子从动件盘形凸轮的基圆和压力角等参数，应当在理论轮廓上度量。

必须指出，滚子半径的大小对实际凸轮轮廓有很大影响，如图 4-19 所示。理论凸轮轮廓曲线内凹时，如图 4-19（a）所示，实际凸轮轮廓曲线的曲率半径与滚子半径和理论凸轮轮廓曲线曲率半径的关系为$\rho_a=\rho_{min}+r_T$。此时，滚子半径取任何值，从动件的运动也不会失真。

若理论凸轮轮廓曲线外凸时，外凸部分的最小曲率半径用ρ_{min}表示，滚子半径用r_T表示，则相应位置实际凸轮轮廓的曲率半径$\rho_a=\rho_{min}-r_T$。

如图 4-19（b）所示，当$\rho_{min}>r_T$时，$\rho_a>0$，实际凸轮轮廓为一条平滑曲线。

如图 4-19（c）所示，当$\rho_{min}=r_T$时，$\rho_a=0$，在实际凸轮轮廓上产生了尖点，这种尖点极易磨损，磨损后就会改变原定的运动规律。

如图 4-19（d）所示，当$\rho_{min}<r_T$时，$\rho_a<0$，实际凸轮轮廓曲线发生自交，交点以上的凸轮轮廓曲线在实际加工时将被切去，使这一部分运动规律无法实现。为了使凸轮轮廓曲线在任何位置既不变尖也不自交，滚子半径必须小于理论凸轮轮廓外凸部分的最小曲率半径ρ_{min}（理论凸轮轮廓的内凹部分对滚子半径的选择没有影响）。如果ρ_{min}过小，那么按上述条件选择的滚子半径太小而不能满足安装和强度要求。因此，应当把凸轮基圆半径增大，重新设计凸轮轮廓曲线。

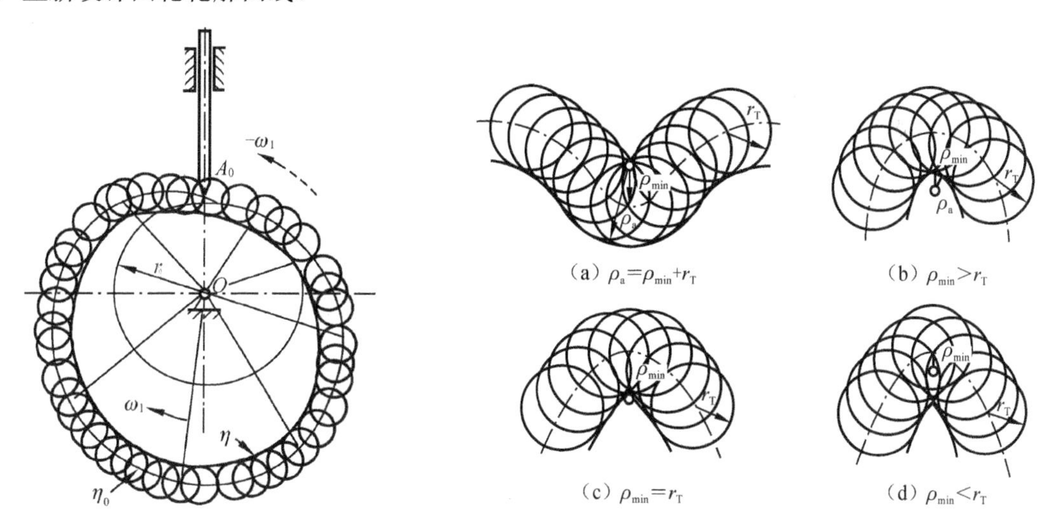

图 4-18 滚子直动从动件盘形凸轮机构

图 4-19 滚子半径的大小对凸轮实际轮廓的影响

4. 平底直动从动件盘形凸轮

当从动件的顶端部分是平底时，实际凸轮轮廓曲线的求法与上述方法相同。平底直动从动件盘形凸轮轮廓曲线设计过程如图 4-20 所示，首先选取平底与导路的交点B_0，把它当作从动件的尖顶，按照尖顶从动件凸轮轮廓曲线的绘制方法，求出尖顶反转后的一系列位

置 $B_1, B_2, B_3, \cdots, B_9$；其次，过这些点画出一系列平底；最后，作这些平底的包络线，便得到实际凸轮轮廓曲线。

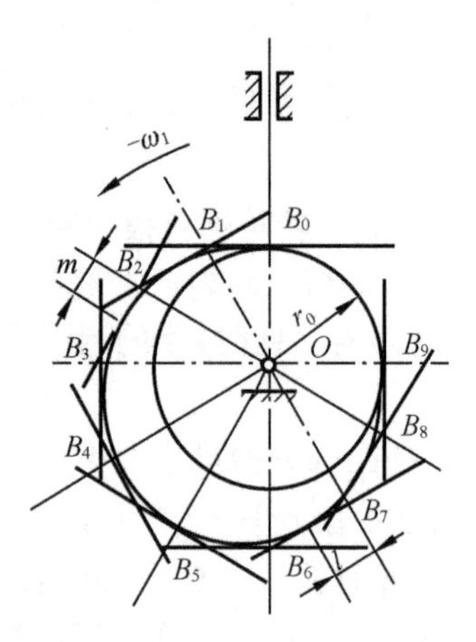

图 4-20　平底直动从动件盘形凸轮轮廓曲线设计过程

平底与实际凸轮轮廓曲线相切的点是变化的，为了保证在所有位置平底都能与凸轮轮廓曲线相切，平底左右两侧的宽度必须分别大于导路至左右最远切点的距离 m 和 l。此外，还必须指出，基圆半径太小会使平底从动件的运动失真。

4.4.2　图解法设计摆动从动件盘形凸轮轮廓曲线

图 4-21（a）所示为尖顶摆动从动件盘形凸轮机构，已知其从动件的角位移线图［见图 4-21（b）］、凸轮与摆动从动件的中心距 l_{OA}、摆动从动件的长度 l_{AB}、凸轮的基圆半径 r_0 和凸轮的等角速度 ω，凸轮沿逆时针方向回转，要求绘出此凸轮的轮廓曲线。

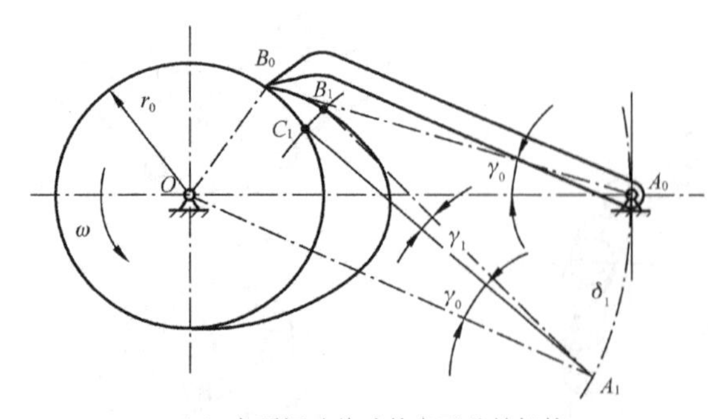

（a）尖顶摆动从动件盘形凸轮机构

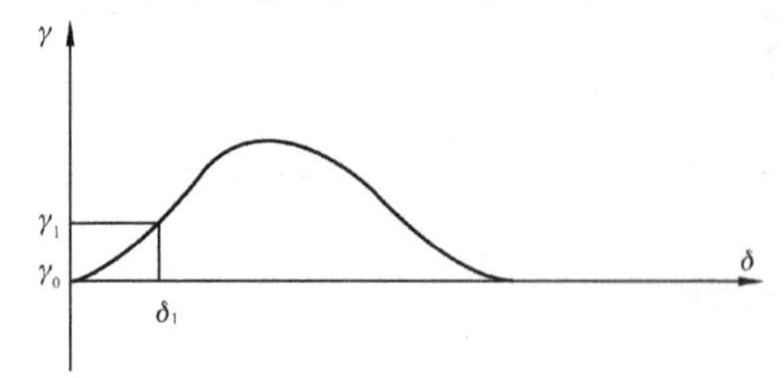

（b）从动件的角位移线图

图 4-21　尖顶摆动从动件盘形凸轮机构及其从动件的角位移线图

图 4-21 中γ_0是初始角，从动件位移线图是凸轮转角δ和从动件转角γ之间的关系。同前文的作图原理一样，这里也用“反转法”求该凸轮轮廓曲线。令整个凸轮机构以角速度$-\omega$绕 O 点回转，凸轮不动而摆动从动件一方面随机架以等角速度$-\omega$绕 O 点回转，另一方面又绕A 点摆动。这里，不再对该凸轮轮廓曲线的绘制全过程进行说明。

若采用滚子从动件或平底从动件，则上述凸轮轮廓曲线即理论凸轮轮廓曲线，只要在理论凸轮轮廓曲线上选取一系列点作滚子或平底，绘制它们的包络线，便可求出相应的实际凸轮轮廓曲线。

对按照结构需要选取基圆半径并按上述方法绘制的凸轮轮廓曲线，必须校验推程压力角。在凸轮推程轮廓比较陡峭的区段选取若干点，绘制经过这些点的法线和从动件尖顶的运动速度方向线，求出它们之间的锐角$\alpha_1,\alpha_2,\cdots$，判断其最大值α_{max}是否超过许用压力角$[\alpha]$。如果超过，就应修改设计。通常，可用增大基圆半径的方法使α_{max}减小。

对滚子从动件凸轮，只须校验理论轮廓曲线的压力角。图 4-20 中的平底从动件凸轮机构压力角恒等于零，故可不必校验。

4.4.3 解析法设计凸轮轮廓曲线

采用图解法，可以简便地设计出凸轮轮廓曲线，但由于作图误差较大，因此该方法只适用于对从动件运动规律要求不太严格的场合。对于精度要求高的高速凸轮和靠模凸轮等，必须用解析法进行精确设计。

用解析法设计凸轮轮廓曲线时，首先建立凸轮轮廓曲线的数学方程式，然后根据该方程式准确地计算出凸轮轮廓曲线上各点的坐标值。这种烦琐、费时的计算工作，需要借助计算机。

凸轮轮廓曲线通常以凸轮轴心为极点的极坐标表示，理论凸轮轮廓曲线上各点的极坐标记为（ρ，θ），实际凸轮轮廓曲线上各对应点的极坐标记为（ρ_T，θ_T）。

当前，计算机辅助设计已广泛应用于解析法设计凸轮轮廓曲线。按照设计要求绘出程序框图，根据程序框图编写源程序，然后上机计算。它不仅能迅速得到凸轮轮廓曲线上各点的坐标值，而且可以在屏幕上画出凸轮轮廓曲线，以便随时修改设计参数，得到最佳设计方案。为了简化设计，凸轮机构的不同类型（对心、偏置、直动、摆动、尖顶、滚子、平底），以及从动件的各种常用运动规律，都可以被编制成子程序以备调用。输入不同的数据，计算机就会输出相应的轮廓坐标、图形和最大压力角值。随着计算机软件技术的发展，已经出现了多种新型绘图软件和设计软件，这里不再赘述。

4.5 凸轮与从动件端部的结构设计

凸轮的结构可以设计成凸轮轴或单个凸轮。凸轮轴把凸轮与轴组合成一体，在凸轮尺寸很小、与轴的尺寸比较接近时采取这种结构，如图 4-22 所示。若凸轮尺寸较大，则应将凸轮单独制造，然后再把它与轴装配在一起，如图 4-23 所示。

凸轮机构主要失效形式是磨损和疲劳点蚀，这就要求凸轮和滚子的工作表面硬度高、耐磨，并且有足够的表面接触强度。对于经常受冲击的凸轮机构，还应要求凸轮芯部有较高的韧性。从动件的结构形式依据凸轮机构工作要求和环境的不同而不同，但从动件端部结构多用滚子结构（见图 4-24），以减少摩擦和磨损。

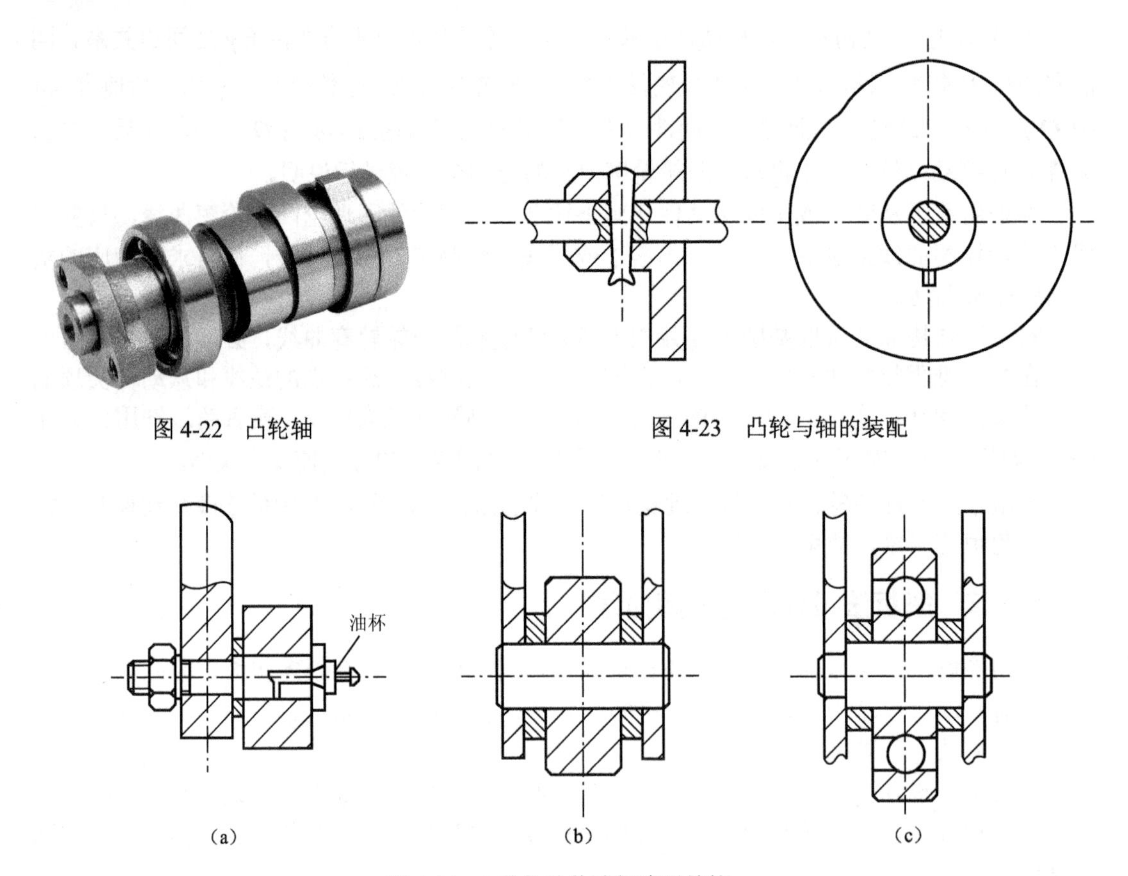

图 4-22　凸轮轴

图 4-23　凸轮与轴的装配

图 4-24　3 种从动件端部滚子结构

通常，对用于低速、中小载荷场合的凸轮采用 45 钢、40Cr 表面淬火（硬度 40～50HRC），也可采用 15 钢、20Cr、20CrMnTi 经渗碳淬火，硬度达到 56～62HRC。滚子材料可采用 20Cr，经渗碳淬火，表面硬度达到 56～62HRC，也可用滚动轴承作为滚子。

【例 4-1】 图 4-25 所示为对心尖顶直动从动件盘形凸轮机构。该凸轮由两段圆弧（R=35mm，r=20mm）和两段圆弧的切线构成，两段圆弧的中心距离 e=35mm。凸轮沿逆时针回转。

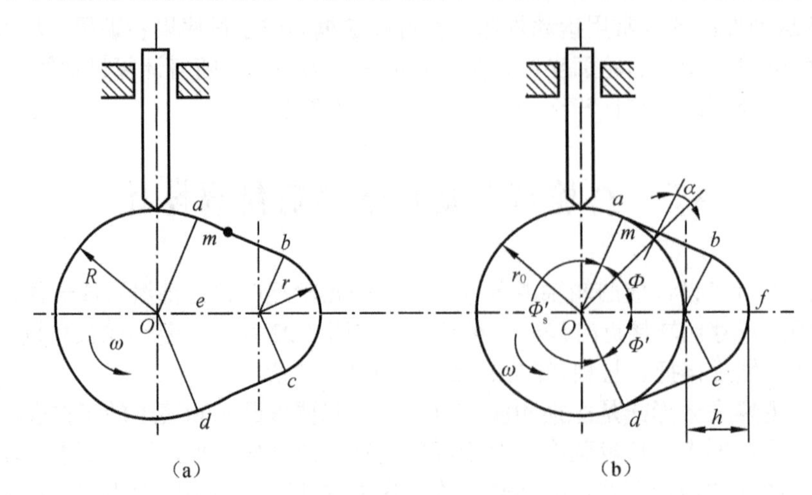

图 4-25　对心尖顶直动从动件盘形凸轮机构

（1）求出并画出基圆半径 r_0 和升程 h，并求出它们的数值。

（2）在图上标出推程运动角、回程运动角、远休止角和近休止角。

（3）在图上标出 m 点的压力角。

（4）指出推程和回程的凸轮轮廓曲线。

解：

（1）从图 4-25（b）可知，凸轮轮廓上的 a 点和 f 点是从动件位于推程的起点与终点，因此，基圆半径 $r_0 = R = 35\text{mm}$；升程计算公式如下：

$$h = e + r - R = 35 + 20 - 35 = 20\text{mm}$$

（2）根据推程运动角 Φ、回程运动角 Φ' 和近休止角 Φ_s'，可知远休止角 Φ_s=0。

（3）m 点的压力角是凸轮轮廓在 m 点的法线与从动件导路线（Om 连线）之间的锐角 α。

（4）按顺时针方向，凸轮廓线 a—f 是推程轮廓线，f—d 是回程轮廓线。

4.6 间歇运动机构

4.6.1 棘轮机构

1. 棘轮机构的工作原理和类型

棘轮机构如图 4-26 所示。图 4-26（a）所示为外啮合棘轮机构，它主要由棘轮 1、驱动棘爪 2、制动爪 4 及机架组成。摆杆空套在与棘轮固连的从动轴 O 上，并通过转动副与驱动棘爪 2 相连，在曲柄的驱动下绕从动轴 O 往复摆动。弹簧 5 使制动爪和棘轮保持接触。当摆杆沿逆时针方向摆动时，驱动棘爪插入棘轮的齿槽中，使棘轮转过一定的角度，此时，制动爪在棘轮的齿背上滑动。当摆杆沿顺时针方向转动时，制动爪阻止棘轮向顺时针方向转动，驱动棘爪在棘轮齿背上滑动，此时，棘轮静止不动。这样，当摆杆作连续的往复摆动时，棘轮便作单向的间歇运动。图 4-26（b）所示为内啮合棘轮机构。

若要使棘轮得到双向间歇运动，则需要把棘轮轮齿制成矩形，把棘爪制成可翻转的形式，如图 4-27（a）所示。当棘爪 3 处于实线状态时，棘轮 2 可沿逆时针方向作间歇运动；当棘爪 3 处于虚线状态时，棘轮 2 可沿顺时针方向作间歇运动。图 4-27（b）所示为另一种可变向棘轮机构，当棘爪 2 按该图示位置放置时，棘轮 1 可沿逆时针方向作单向间歇运动；当把棘爪 2 提起并绕其本身轴线转 180° 后再把它放下时，就会使棘爪 2 的直边与棘齿的左侧齿廓接触，从而使棘轮沿顺时针方向作间歇运动。

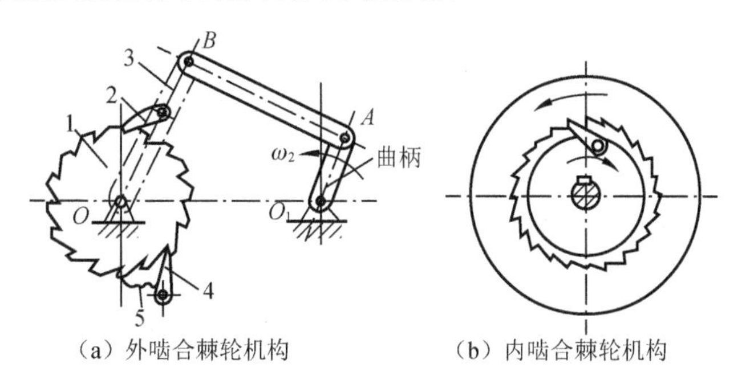

（a）外啮合棘轮机构　　（b）内啮合棘轮机构

图 4-26　棘轮机构

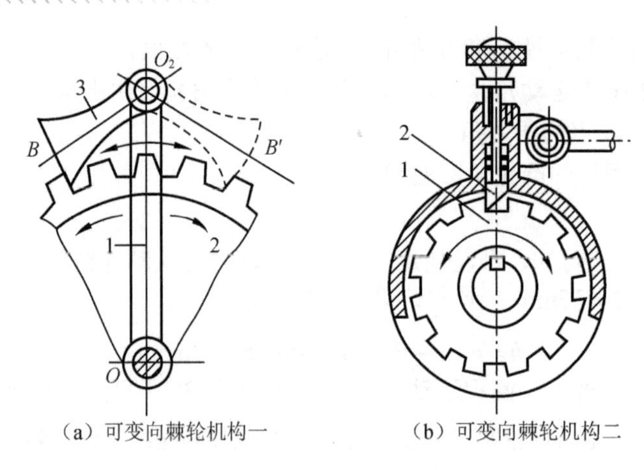

（a）可变向棘轮机构一　（b）可变向棘轮机构二

图 4-27　两种可变向棘轮机构

若要使摆杆在来回摆动时都能驱动棘轮沿同一方向转动，则可采用如图 4-28 所示的双动式棘轮机构。此种机构的棘爪可制成非钩状棘爪，如图 4-28（a）所示，或者制成钩状棘爪，如图 4-28（b）所示。

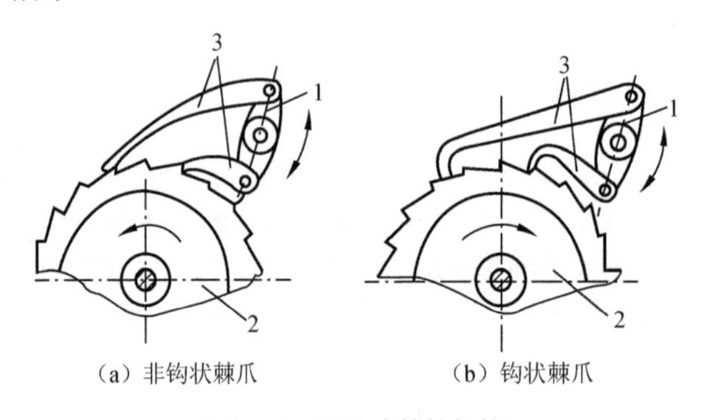

（a）非钩状棘爪　（b）钩状棘爪

图 4-28　双动式棘轮机构

在上述棘轮机构中，棘轮的转角都是相邻齿所夹中心角的倍数。也就是说，棘轮的转角是有级性改变的。如果要实现无级性改变，就需要采用无棘齿的棘轮。图 4-29 所示的摩擦式棘轮机构就是通过棘爪 2 与棘轮 3 之间的摩擦力传递运动的（4 所指为制动棘爪）。摩擦式棘轮机构的优点是噪声小，工作时不会发出轮齿式棘轮的“嗒嗒”声，并且它的转角可以无级性调整；缺点是接触面容易发生滑动，导致传动不准确。

2. 棘轮机构的应用

棘轮机构的优点是结构简单，转角大小的调节方便；缺点是传动力不大，并且传动平稳性差，仅适用于转速不高的场合，如各种机床中的进给机构。棘轮机构的典型应用是实现超越运动。图 4-30 所示为自行车后轴的内齿式双棘爪结构，其中棘轮与链轮固定连接，棘爪与车轮固定连接。脚踏的转动通过链条传递给后轴链轮，链轮带动棘轮同步旋转，棘轮通过棘爪驱动后轮，从而使自行车前进。如果保持脚踏不动，后轮便会超越链轮而转动，此时棘爪在棘齿背上滑过，发出“嗒嗒”声，驱动力无法由车轮传递到脚踏。

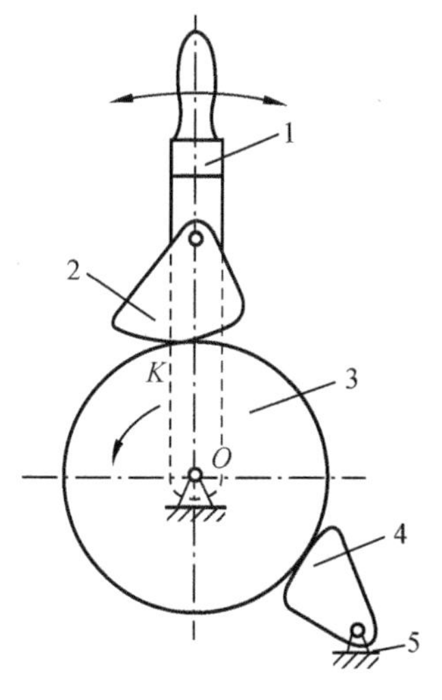

图 4-29 摩擦式棘轮机构

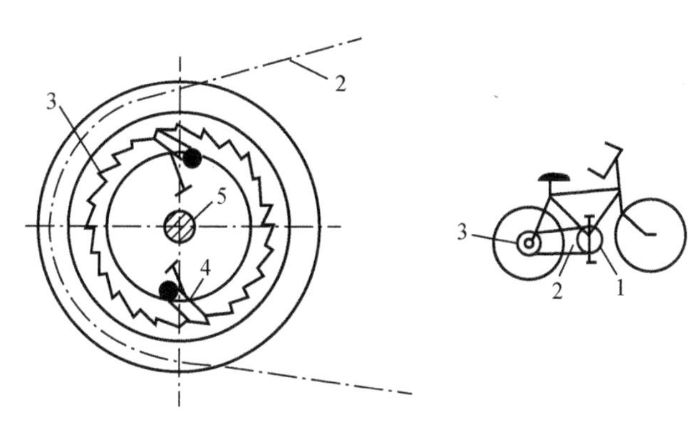

图 4-30 自行车后轴的内齿式双棘爪结构

4.6.2 槽轮机构

槽轮机构也是一种间歇运动机构，它由槽轮 2、拨盘 1 和机架组成。图 4-31 所示为外啮合槽轮机构，具有圆销 A 的拨盘 1 是主动件，具有径向槽的槽轮 2 是从动件。当拨盘 1 连续回转时，圆销 A 进入槽轮 2 的径向槽，拨动槽轮 2 转动；当圆销 A 由径向槽滑出时，槽轮 2 停止运动。为了使槽轮 2 具有精确的间歇运动，当圆销 A 脱离径向槽时，拨盘 1 上的锁止弧应恰好卡在槽轮 2 的凹圆弧上，迫使槽轮 2 停止运动，直到圆销 A 再次进入下一个径向槽时，锁止弧脱开，槽轮 2 才能继续回转。

对于外啮合的槽轮机构，槽轮转向与拨盘的转向相反。对于图 4-32 所示的内啮合槽轮机构，槽轮与拨盘的转向相同。此外，还有槽条机构和球面槽轮机构（见图 4-33）等。槽轮机构结构简单，机械效率高，但圆销切入/切出径向槽时加速度变化较大，冲击严重，因

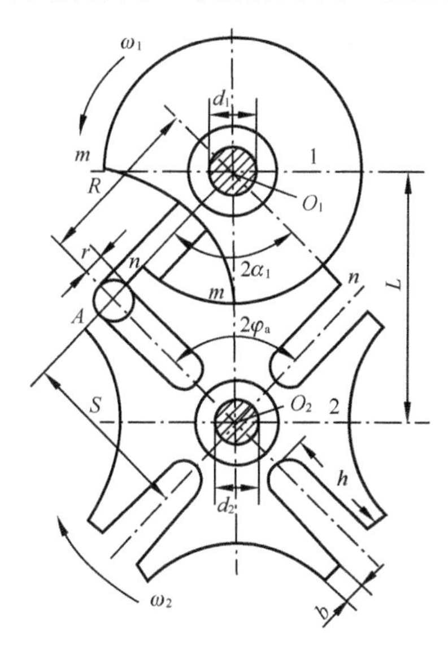

图 4-31 外啮合槽轮机构

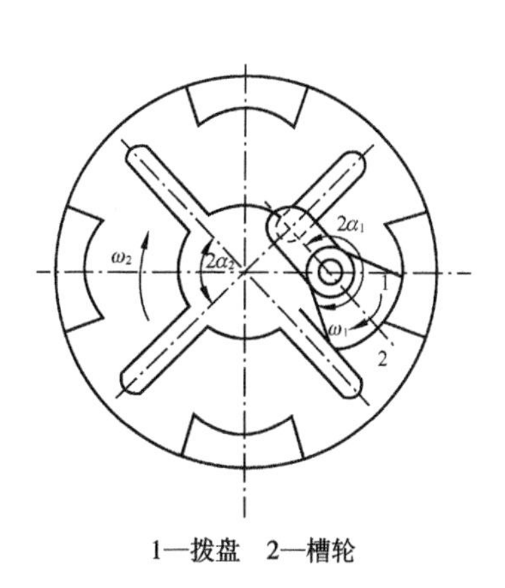

图 4-32 内啮合槽轮机构

此它不能用于高速运动场合，常用于机床、生产线自动转位机构。图 4-34 所示为车床刀架的转位机构。刀架（与槽轮固定连接）的 6 个孔中装有 6 种刀具（图中未画出），相应的槽轮 2 上有 6 个径向槽。拨盘 1 转动一周，圆销 *A* 将拨动槽轮转过六分之一圆周，刀架也随着转过 60°，从而将下一道工序的刀具转换到工作位置。

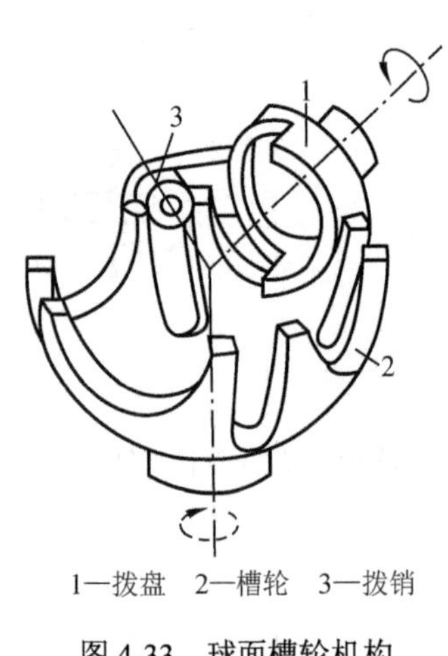

1—拨盘　2—槽轮　3—拨销

图 4-33　球面槽轮机构

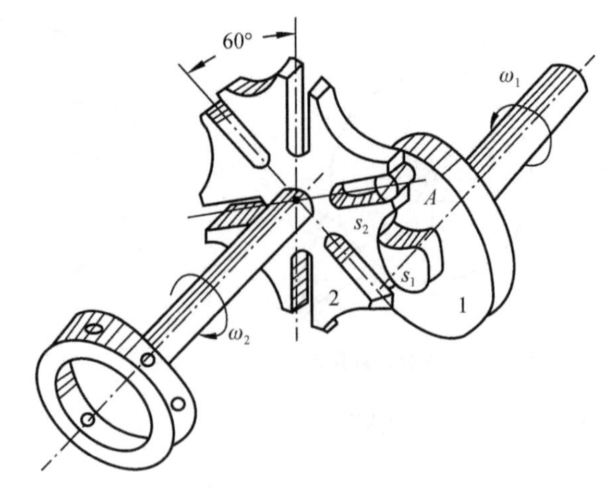

图 4-34　车床刀架的转位机构

4.6.3　不完全齿轮机构

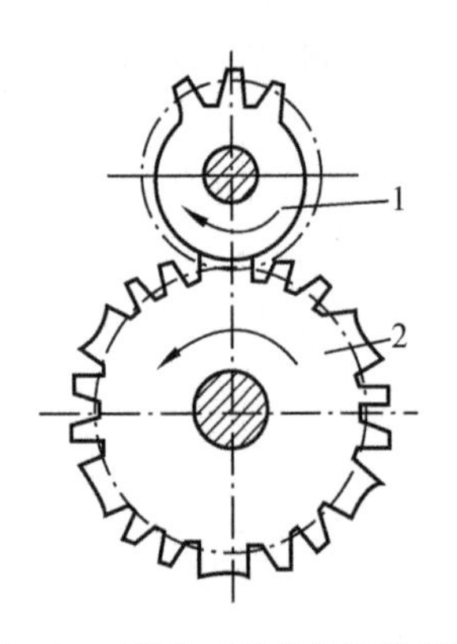

图 4-35　外啮合不完全齿轮机构

不完全齿轮机构是在普通渐开线齿轮的基础上演化而来的，不同之处在于轮齿没有布满整个圆周。它分为外啮合不完全齿轮机构和内啮合不完全齿轮机构两种类型，在外啮合不完全齿轮机构中，主动件和从动件的转向相反（见图 4-35）；在内啮合不完全齿轮机构中，主动件和从动件的转向相同。不完全齿轮机构的优点是结构简单、制造方便，它常用于计数器、多工位自动化机械中。在不完全齿轮机构中，主动轮 1 只有一个或几个齿，从动轮 2 具有多个与主动轮啮合的轮齿和锁止弧，从而把主动轮的连续旋转转化为从动轮的间歇运动。

利用不完全齿轮机构，可以方便地设计从动轮的静止时间和运动时间，但是从动轮时而匀速转动、时而静止，在运动与静止之间转化时产生严重的冲击和振动。因此，不完全齿轮机构只能用于低速轻载的场合。

4.6.4　凸轮间歇运动机构

棘轮机构和槽轮机构是目前应用较为广泛的间歇运动机构，但由于机构和运动、动力性能的限制，它们的运转速度不能太高，一般每分钟动作的次数不宜高于 100～200 次，否则，会产生过大的动载荷，引起较强烈的冲击和振动，难以保证机构的工作精度。随着相关科学技术的发展，高速自动机械日益增多，所要求的机构动作频率越来越高。例如，电机矽钢片冲槽机的冲槽速度高达每分钟 1200 次左右。为了适应这种需要，凸轮间歇运动机构得到越来越广泛的应用。

凸轮间歇运动机构由主动件凸轮和从动件分度盘组成，主动件凸轮连续转动，通过其轮廓曲线推动从动件分度盘作预期的间歇分度运动。按结构分类，凸轮间歇运动机构主要分为圆柱分度凸轮间歇运动机构和弧面分度凸轮间歇运动。图 4-36 所示为圆柱分度凸轮间歇运动，凸轮 1 呈圆柱形。滚子 3 均匀地分布在分度盘 2 的端面，动载荷小，无刚性和柔性冲击，适合高速运转，无须定位装置，定位精度高，结构紧凑，但加工成本高，装配与调整的要求高。弧面分度凸轮间歇运动机构如图 4-37 所示，其凸轮形状如同圆弧面蜗杆一样，滚子中心均匀地分布在分度转盘的圆柱面上，犹如蜗轮的齿；这种凸轮间歇运动机构可以通过调整凸轮与转盘的中心距，消除滚子与凸轮接触面的间隙，以补偿磨损量。

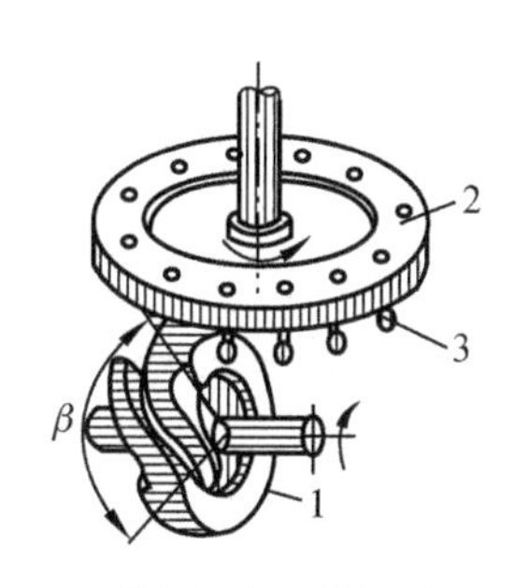

图 4-36　圆柱分度凸轮间歇运动机构

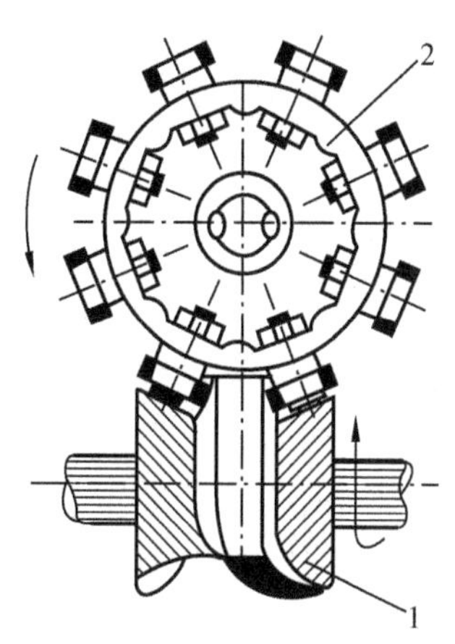

图 4-37　弧面分度凸轮间歇运动机构

凸轮间歇运动机构的优点是运转可靠、传动平稳、转盘可以实现任何运动规律，还可以通过改变凸轮推程运动角，得到所需要的分度盘转动时间与停歇时间的比值。凸轮间歇运动机构常用于传递交错轴间的分度运功和需要间歇转位的机械装置中。

4.7　凸轮机构工程应用示例

凸轮机构的最大优点是只要适当地设计出其凸轮轮廓曲线，就可以使从动件获得各种预期的运动规律，而且响应快速，机构简单紧凑。正因为如此，凸轮机构不可能被数控、电控等装置完全代替。

在各种机械中，特别是在传力不大的自动机和自动控制装置中，广泛采用各种形式的凸轮机构。在绕线机中用于排线的凸轮机构（见图 4-2）中，当绕线轴 3 快速转动时，经齿轮带动凸轮 1 缓慢地转动，通过凸轮轮廓与尖顶之间的作用，驱使从动件 2 往复摆动，从而使线均匀地缠绕在绕线轴上。在内燃机配气凸轮机构（见图 4-3）中，当凸轮 1 回转时，其轮廓曲线将迫使气阀 2 开启或关闭（在弹簧 3 的作用下关闭），以控制可燃物质在适当的时间进入汽缸或排出废气，气阀开启或关闭时间的长短及其速度和加速度的变化规律，取决于凸轮轮廓曲线的形状。在早期的录音机卷带机构（见图 4-5）中，凸轮 1 随放音键上下移动。开始放音时，凸轮 1 处于图示最低位置，在弹簧 6 的作用下，安装于带轮轴上的摩擦轮 4 紧靠卷带轮 5，从而将磁带 3 卷紧；停止放音时，凸轮 1 随按键上下移动，其轮廓压迫从动件 2，使之顺时针摆动，使摩擦轮 4 与卷带轮 5 分离，从而停止卷带。在机床刀具进给机构（见图 4-6）中，当具有凹槽的圆柱凸轮 1 回转时，其凹槽的侧面通过嵌于凹槽中的滚子 3，迫使推杆 2 绕轴 O 往复摆动，从而控制刀架的进刀和退刀运动，进刀和退刀的运动规律取决于凹槽曲线的形状。

现代机械日益向高速发展，凸轮机构的运动速度也越来越高。同时，凸轮机构的缺点是凸轮轮廓与推杆之间的点接触或线接触，凸轮易磨损，且制造较困难。因此，高速凸轮的设计及其动力学问题的研究已引起普遍重视，研究人员已提出了许多适合在高速条件下采用的推杆运动规律以及一些新型的凸轮机构。此外，随着计算机技术的发展，凸轮机构的计算机辅助设计和制造、反求设计已获得普遍应用，提高了设计和加工的速度与质量，这也为凸轮机构的更广泛应用创造了条件。

思 考 题

4-1 什么是推程运动角、回程运动角、近休止角和远休止角？它们的度量起始位置分别在哪里？

4-2 什么是凸轮机构的压力角和基圆半径？应如何选择它们的数值大小？这对凸轮机构的运动特性和动力特性有什么影响？

4-3 凸轮机构中从动件常用的运动规律有哪些？各有什么特点？

4-4 在选取滚子半径时，应注意哪些问题？

4-5 棘轮机构和槽轮机构是怎样实现间歇运动的？它们各应用于什么场合？

习 题

4-6 在图 4-38 所示的偏置尖顶直动从动件盘形凸轮机构中。已知凸轮是一个以 C 点为圆心的圆盘，试用作图法画出：

（1）凸轮轮廓上 D 点与尖顶接触时的压力角 α_D。

（2）D 点的位移 h_D。

（3）凸轮的升程 h 和推程运动角 Φ。

4-7 已知直动从动件的升程 h=30mm，Φ=150°，Φ_s=30°，Φ'=120°，Φ_s'=60°，从动件在推程和回程均作简谐运动，试运用作图法或公式法绘出其运动线图 $s-t$、$v-t$ 和 $a-t$。

4-8 试设计图 4-39 所示的偏置直动滚子从动件盘形凸轮机构。已知其凸轮以等角速度沿顺时针方向回转，偏距 e=10mm，凸轮的基圆半径 r_0=60mm，滚子半径 r_T=10mm，从动件的升程及运动规律与习题 4-7 相同，试用图解法绘制出凸轮的轮廓并校验推程压力角。

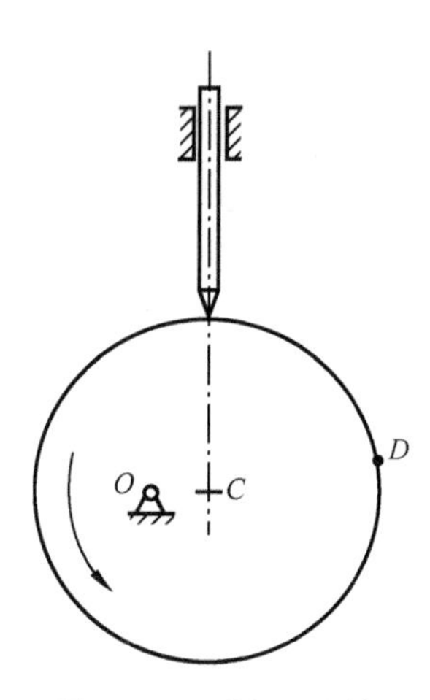

图 4-38　习题 4-6 图例

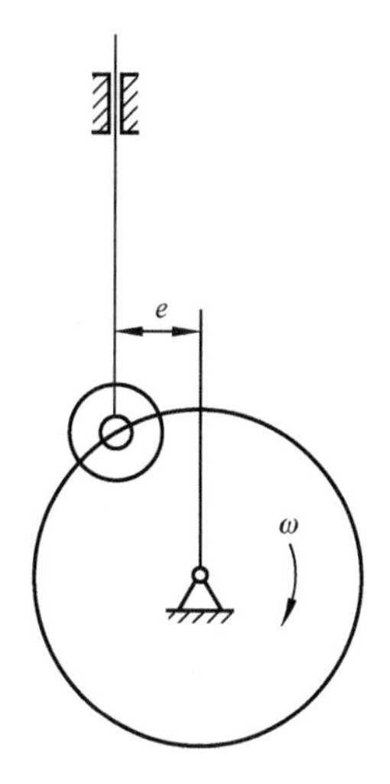

图 4-39　习题 4-8 图例

4-9　试设计一个平底直动从动件盘形凸轮机构。已知其凸轮以等角速度 ω 沿逆时针方向回转，凸轮的基圆半径 r_0=40mm，从动件升程 h=10mm，Φ=120°，Φ_s=30°，Φ'=120°，Φ'_s=90°，从动件在推程和回程均作简谐运动。试绘出该凸轮的轮廓曲线。

4-10　试为本章引例图 4-1 中的量杯式液体灌装机构设计一个凸轮机构。

第 5 章　齿轮机构和齿轮传动

主要概念

齿廓啮合基本定律、传动比、节圆、基圆、压力角、渐开线、啮合线、齿顶圆、齿根圆、分度圆、齿距、模数、齿数、标准齿轮、标准中心距、正确啮合条件、重合度、范成法、根切、变位齿轮、软/硬齿面、轮齿折断、齿面点蚀、齿轮胶合、齿根弯曲应力、齿面接触应力、径向力、圆周力、法向力、齿根弯曲疲劳强度、齿面接触疲劳强度、齿宽系数、螺旋角、端面、法面、当量齿轮、轴向力、齿轮轴、实心式、腹板式、蜗杆传动。

学习引导

齿轮是一个带齿的轮子，在很多机械设备中都可以见到它。齿轮的应用非常广泛，原因是什么？齿轮有什么性能和特点让设计者对其情有独钟？在本章中可以找到基本答案。

齿轮是怎样的一个零件，两个齿轮一起工作（形成齿轮传动）要满足什么条件，齿轮是如何加工出来的，根据不同的工作要求如何设计齿轮传动，齿轮是传递运动和动力的回转件，依靠轴的支撑，齿轮和轴之间是怎么连接的，这些都是读者想了解的基本内容。下面的引例也会给读者带来更多的思考，体会齿轮设计的复杂性，体会齿轮设计者、制造者及使用者的责任。

引例

在引例图 5-1 是古代与现代的齿轮应用。其中引例图 5-1（a）是牛转翻车，引例图 5-1（b）是汽车差速器，两者都用齿轮作为传动机构。试想一下，它们都有哪些方面的区别？如材质、加工精度、速度、传力大小，还有工作稳定性呢？齿轮破坏情况呢？为什么有这些区别？

（a）牛转翻车

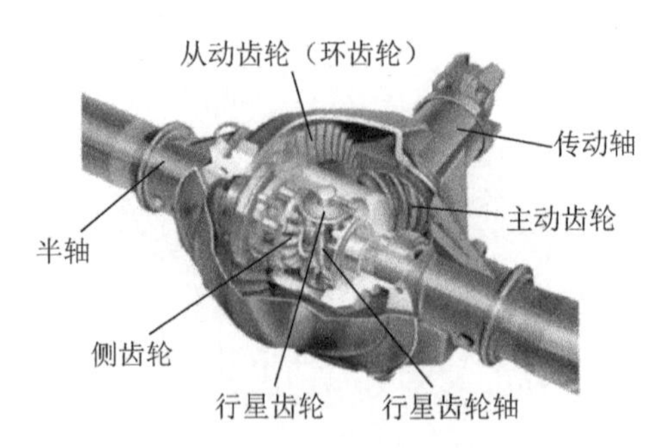

（b）汽车差速器

引例图 5-1　古代与现代的齿轮应用

5.1 齿轮机构的特点和分类

5.1.1 齿轮机构的特点

齿轮机构是现代机械中应用最广泛的一种机械传动机构，它可用于传递空间任意夹角下的两个轴之间的运动和动力，也可以用来改变运动形式。齿轮机构的主要优点：传动功率大、速度范围广、效率高（0.94～0.99）、工作可靠、使用寿命长、结构紧凑、能保证恒定的瞬时传动比。主要缺点：制造精度和安装精度要求高，成本高；精度低时，传动噪声和振动较大；不宜用于中心距较大的传动。

5.1.2 齿轮机构的分类

齿轮机构的主要类型、特点及应用范围见表5-1。

表5-1 齿轮机构的主要类型、特点及应用范围

分类		图例	特点及应用范围
平面齿轮机构	外啮合直齿圆柱齿轮机构		两个齿轮的转向相反；轮齿与轴线平行，工作时不存在轴向力，重合度小，传动平稳性较差，承载能力低；多用于转速较低的传动，尤其适用于变速箱的换挡
	外啮合斜齿圆柱齿轮机构		两个齿轮的转向相反；轮齿与轴线呈一定夹角，工作时存在轴向力，所需支承比较复杂；重合度较大，传动平稳，承载能力高；适用于转速高、承载大或要求结构紧凑的场合
	外啮合人字齿圆柱齿轮机构		两个齿轮的转向相反；可看成一个由两个螺旋角大小相等而方向相反的斜齿轮组合而成的齿轮机构，承载能力比斜齿轮还高，轴向力可相互抵消，但制造复杂，成本高。这种机构多用于重载传动，对轴系结构的设计有特殊的要求
	齿轮齿条传动		可实现旋转运动与直线运动的相互转换。齿条可看作半径无限大的一个齿轮。承载力大，传动精度较高，可无限长度对接延续，传动速度高，但对加工及安装精度要求高，磨损大；主要用于升降机、数控切割机等直线运动与旋转运动相互转换的场合
	内啮合圆柱齿轮机构		两个齿轮的转向相同；重合度大，轴向间距小，结构紧凑，传动效率高；用途广泛，主要用于组成各种轮系

续表

分类		图例	特点及应用范围
空间齿轮机构	锥齿轮机构		两条轴线平面垂直相交；可分为直齿锥齿轮机构与曲齿锥齿轮机构，其中直齿锥齿轮机构的制造和安装简便，但承载能力差，传动稳定性差，主要用于低速、低载传动；曲线锥齿轮机构重合度大，承载能力高，工作平稳，可用于高速和重载传动
	蜗杆蜗轮机构		两条轴线交错；一般呈 90°；可以得到很大的传动比；啮合时齿面间为线接触，其承载能力大，传动平稳，噪声很小，具有自锁性；传动效率较低，磨损较严重；蜗杆轴向力较大；常用于两个轴交错、传动比大、传动功率不大或间歇工作的场合
	交错轴斜齿轮机构		两条轴线交错；啮合时两个齿轮为点接触，传动效率低，易磨损，适用于速度小、载荷低的传动

5.2 齿廓啮合基本定律与齿轮的齿廓曲线

5.2.1 齿廓实现定角速比传动的条件

图 5-1 为齿廓实现定角速比传动的条件，即齿轮任一对平面齿廓曲线 C_1 和 C_2 的啮合传动。两个齿轮的回转中心分别为 O_1、O_2，瞬时角速度分别为 ω_1 和 ω_2，在 K 点啮合。两个齿轮角速度之比即该对齿轮的瞬时传动比，可表示为

$$i_{12}=\frac{\omega_1}{\omega_2} \tag{5-1}$$

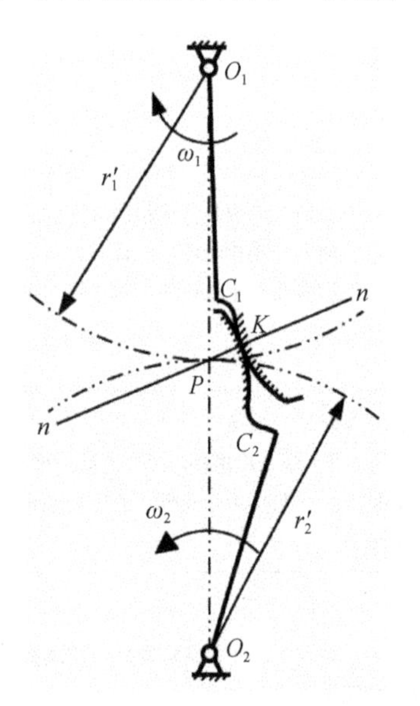

图 5-1　齿廓实现定角速比传动的条件

齿轮传动的基本要求之一是瞬时角速度之比保持恒定，否则，当主动齿轮以等角速度回转时，从动齿轮的角速度为变量，就会产生惯性力。这种惯性力会引起机器的振动和噪声，影响其工作精度，也会影响齿轮的使用寿命。在一些特殊场合，为满足某种特定要求，也会应用传动比不是定值的非圆齿轮。对于非圆齿轮，本章不作介绍，本章只介绍定传动比的齿轮机构。

过 K 点作两个齿廓的公法线 n—n，该法线与连心线 O_1O_2 的交点 P 称为节点。P 点是齿轮 1 和齿轮 2 的相对速度瞬心，因此，齿轮 1 和齿轮 2 在 P 点的速度相同，即

$$v_P=O_1P\times\omega_1=O_2P\times\omega_2$$

因此，这对齿轮的瞬时传动比为

$$i_{12}=\frac{\omega_1}{\omega_2}=\frac{O_2P}{O_1P} \tag{5-2}$$

式（5-2）表明，任意一对齿廓在任一位置啮合时的瞬时传动比，恒等于连心线被接触点的公法线所分的两条线段长度的反比。这就是齿廓啮合基本定律。

对于定传动比齿轮机构，传动比 i 是恒定值。因此，欲使两个齿轮瞬时传动比恒定不变，必须使节点 P 为连心线上的固定点。因此，齿廓实现定角速比传动的条件可表述如下：两个齿廓在任一位置啮合时，过啮合点的公法线与连心线交于一个定点。

分别以两个齿轮的回转中心 O_1、O_2 为圆心，以 $r_1'=O_1P$ 和 $r_2'=O_2P$ 为半径，作两个相切于节点 P 的圆。这两个圆称为两个齿轮的节圆，r_1'、r_2' 为两个齿轮的节圆半径。由于节点的相对速度为零，因此一对齿轮传动时，一对节圆可视作纯滚动。一对外啮合齿轮的中心距恒等于其这两个齿轮的节圆半径之和，传动比恒等于节圆半径的反比，即

$$i=\frac{\omega_1}{\omega_2}=\frac{O_2P}{O_1P}=\frac{r_2'}{r_1'}$$

5.2.2 渐开线齿廓

齿轮常用的齿廓曲线有渐开线、圆弧和摆线等，其中渐开线具有很好的传动性能，并且便于加工制造、安装、测量和互换，因此应用最为广泛。

1. 渐开线的生成

渐开线的生成如图 5-2 所示。一条直线 NK 与半径为 r_b 的圆相切，当直线 NK 沿该圆作纯滚动时，该直线上任一点 K 的轨迹即该圆的渐开线。这个圆称为渐开线的基圆，而作纯滚动的直线 NK 称为渐开线的发生线。

2. 渐开线的性质

渐开线具有如下一些重要性质：

（1）发生线沿基圆滚过的长度等于基圆上被滚过的弧长，即 $NK=\overset{\frown}{NA}$。

（2）渐开线上任一点的法线恒与基圆相切。发生线 NK 在基圆上作纯滚动，它与基圆的切点 N 即速度瞬心，发生线 NK 为渐开线在 K 点的法线［见图 5-2（a）］。

（3）渐开线齿廓上各点的压力角不相等，向径 r_k 越大，压力角越大。渐开线齿廓上某点的法线（压力方向）与速度（垂直向径 r_k 方向）之间的锐角 α_k 称为该点的压力角［见图 5-2（b）］。其中，r_b 为基圆半径，由几何关系可知

$$\cos\alpha_k=\frac{ON}{OK}=\frac{r_b}{r_k} \tag{5-3}$$

（4）渐开线的形状取决于基圆半径的大小，基圆半径越大，渐开线越平直，基圆与渐开线的形状如图 5-3 所示。当基圆半径无限大时，渐开线将成为一条直线，齿轮变成齿条。

（5）基圆内无渐开线。

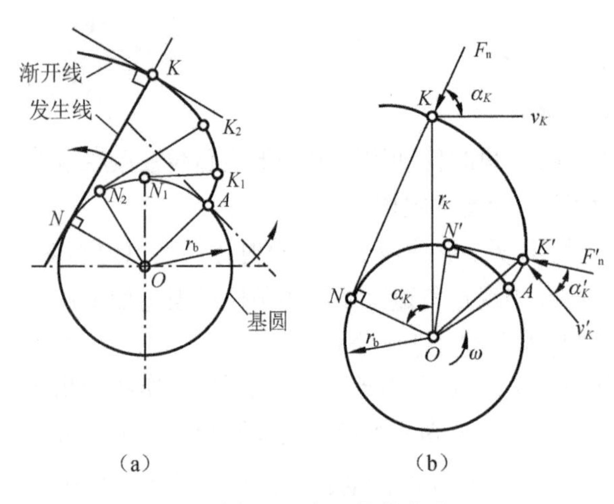

图 5-2　渐开线的生成

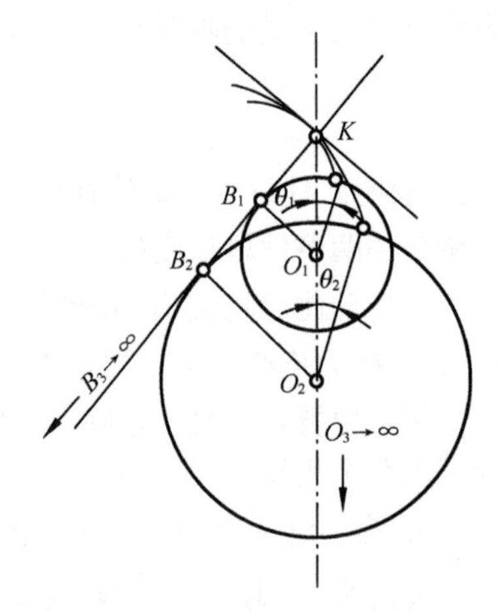

图 5-3　基圆与渐开线的形状

3. 渐开线齿廓的啮合特性

1）传动比恒定

渐开线齿廓定角速比如图 5-4 所示，其中一对渐开线齿廓啮合，过 K 点作两个齿廓的公法线 $n—n$ 与两个齿轮的连心线交于 P 点。由渐开线的性质可知，$n—n$ 就是两个基圆的内公切线。由于两个齿轮基圆的位置不变，同一方向的内公切线只有一条，因此，在一对渐开线齿轮啮合过程中，过所有啮合点的公法线一定和 $n—n$ 重合。也就是说，无论两个齿轮的齿廓在何处啮合，过啮合点的齿廓公法线为定直线，它与连心线的交点 P 为定点，符合齿廓啮合基本定律，并且渐开线齿廓满足定角速比要求。凡满足这一基本定律的一对齿廓称为共轭齿廓，其齿廓曲线称为共轭曲线。

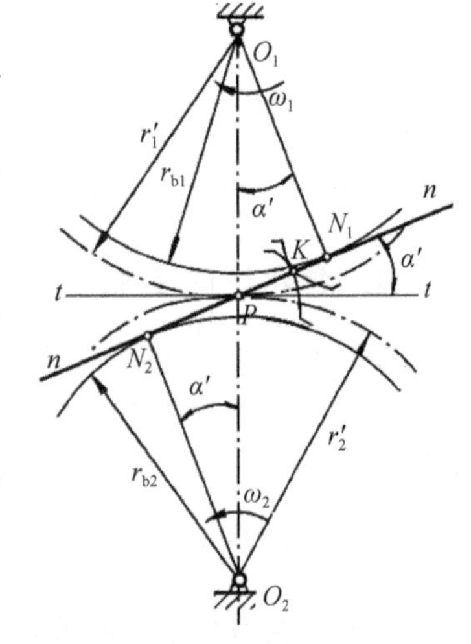

图 5-4　渐开线齿廓定角速比

在图 5-4 中，$\triangle O_1N_1P \backsim \triangle O_2N_2P$，因此，这对齿轮的传动比为

$$i=\frac{n_1}{n_2}=\frac{\omega_1}{\omega_2}=\frac{O_2P}{O_1P}=\frac{r'_2}{r'_1}=\frac{r_{b2}}{r_{b1}} \tag{5-4}$$

渐开线齿轮的传动比恒等于两个齿轮基圆半径的反比。

2）四线合一性

一对渐开线齿轮啮合，两个齿轮基圆的公切线和过啮合点的公法线是同一条直线。为保证这一点，轮齿所有啮合点也在这条线上，简称啮合线。在齿轮加工完毕、基圆确定、中心距确定的情况下，无论齿轮轮齿上的任何点参与啮合，过啮合点的法线必定是定直线，那么任一啮合点上的力的方向不变，该定直线称为正压力作用线。因此，基圆切线、啮合点的法线、啮合线和正压力作用线四条线在一条线上。

3）中心距可分性

齿轮制造完成后，其基圆半径不变，安装时由于安装误差等原因可能使中心距 O_1O_2 发生变化，但这对齿轮的传动比不变，这种性质称为渐开线齿轮传动的中心距可分性。在实际工程中，由于制造误差和安装误差或轴承磨损，常常导致中心距发生微小改变，渐开线齿轮传动的可分性保证了齿轮良好的传动特性。

4）正压力方向不变

根据四线合一性，渐开线齿廓的公法线 n—n 与基圆相切，它也是所有啮合点的连线。过节点 P 作两个节圆的公切线 t—t，与法线（又是啮合线）n—n 的夹角称为啮合角 α'。由图 5-4 可知，渐开线齿轮在传动过程中，不论哪点参与啮合，啮合角 α' 恒为常数。啮合角不变，意味着齿廓之间正压力的方向不变，若齿轮传递的力矩不变，则两个齿轮之间、轴与轴承之间压力的大小和方向均不变，这为齿轮传动的平稳性、受力分析计算和强度设计等都带来极大的方便，这是渐开线齿轮传动的又一个突出优点。

5.3 渐开线直齿圆柱齿轮的基本参数

5.3.1 渐开线标准直齿圆柱齿轮的各部分名称

以一个外啮合渐开线标准直齿圆柱齿轮的一部分为例说明其各部分名称，如图 5-5 所示。

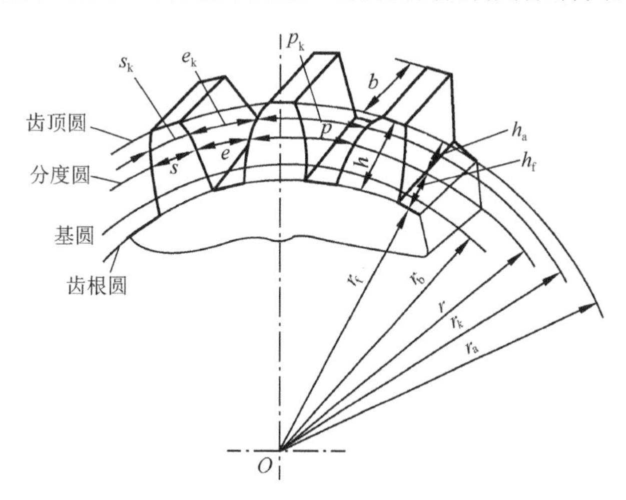

图 5-5 外啮合渐开线标准直齿圆柱齿轮各部分名称

（1）齿顶圆。齿轮各齿顶端都过同一个圆，该圆称为齿顶圆，其半径和直径分别用 r_a 和 d_a（图中未标出）表示。

（2）齿根圆。齿轮所有轮齿齿槽底部也在同一个圆上，该圆称为齿根圆，其半径和直径分别用 r_f 和 d_f（图中未标出）表示。

（3）分度圆。分度圆是设计、测量齿轮的一个基准圆，其半径和直径分别用 r 和 d（图中未标出）表示。

（4）基圆。形成渐开线的圆称为基圆，其半径和直径分别用 r_b 和 d_b（图中未标出）表示。

（5）齿顶高 h_a、齿根高 h_f 和全齿高 h。齿顶圆和分度圆之间的径向距离称为齿顶高，用 h_a 表示；分度圆与齿根圆之间的径向距离称为齿根高，用 h_f 表示；齿顶圆与齿根圆之间的径向距离，即齿顶高与齿根高之和称为全齿高，用 h 表示，$h=h_a+h_f$。

（6）齿厚 s 和齿槽宽 e。在任意半径 r_k 的圆上，单个轮齿两侧齿廓之间的弧长称为该圆上的齿厚，用 s_k 表示。齿顶圆上的齿厚称为齿顶圆齿厚，用 s_a（图中未标出）表示。分度圆上的齿厚用 s 表示。在任意半径 r_k 的圆上，单个齿槽两侧齿廓之间的弧长称为该圆上的齿槽宽，用 e_k 表示；分度圆上的齿槽宽用 e 表示。

（7）齿距 p 和基圆齿距 p_b（图中未标出）。在任意半径 r_k 的圆上，相邻两个轮齿同侧齿廓之间的弧线长度称为该圆上的齿距，用 p_k 表示，$p_k=s_k+e_k$。分度圆上的齿距，用 p 表示，$p=s+e$。基圆上的齿距称为基圆齿距，用 p_b 表示，$p_b=s_b+e_b$（图中未标出）。

（8）法向齿距 p_n（图中未标出）。相邻两个轮齿同侧齿廓之间在法线方向的距离称为法向齿距，用 p_n 表示。法向齿距在齿轮的分析和测量中经常用到，由渐开线性质可知，$p_n=p_b$。

综上所述，单个齿轮轮齿的基本尺寸可总结为两个平面三个方向的尺寸：端面上的径向尺寸和周向尺寸、轴面上的轴向尺寸。端面上的径向尺寸有“四圆三高”，由图 5-5 可知，“四圆”分别是齿顶圆、分度圆、基圆和齿根圆，“三高”分别是齿顶高、齿根高和全齿高。端面上的周向尺寸分别为上述各圆上的齿距、齿厚和齿槽宽。轴面上的轴向尺寸主要为齿轮的轮齿宽度 b。

5.3.2　渐开线齿轮的基本参数

为了计算齿轮各部分尺寸，需要规定若干基本参数。对标准齿轮而言，有以下 5 个基本参数。

（1）齿数 z。齿数为整数。

（2）模数 m。齿轮分度圆周长等于 zp，因此分度圆直径 $d=zp/\pi$。由于 π 是无理数，为了便于设计、计算和检验，人为规定 p/π 比值为一个简单的数值或有理数，并把这个比值称为模数，用 m 表示。模数 m 的单位为mm。于是得

$$d = mz \tag{5-5}$$

模数是决定齿轮几何尺寸大小的一个重要参数，m 越大，p 越大，轮齿也越厚，轮齿的抗弯能力就越强。因此，模数 m 是齿轮抗弯能力的重要指标。齿轮的模数已标准化，我国规定的标准模数有两个系列，表 5-2 是渐开线圆柱齿轮部分标准模数，优先选用第一系列，括号内的模数最好避免使用。

表 5-2　渐开线圆柱齿轮部分标准模数（摘自 GB/T 1357—2008）

单位：mm

第一系列	1	1.25	1.5	2	2.5	3	4	5	6
	8	10	12	16	20	25	32	40	50
第二系列	1.125	1.375	1.75	2.25	2.75	3.5	4.5	5.5	（6.5）
	7	9	11	14	18	22	28	36	45

（3）压力角 α。由渐开线性质可知，渐开线齿廓上各点的压力角都不相同。分度圆上的压力角 α 被规定为标准值。我国国家标准规定，分度圆上的压力角标准值为 20°。若无特殊说明，渐开线齿轮的压力角均指分度圆上的压力角。

（4）齿顶高系数 h_a^*。齿顶高用齿顶高系数 h_a^* 与模数的乘积表示，即 $h_a = h_a^* m$。

（5）顶隙系数 c^*。为避免两个齿轮卡死和有利于储存润滑油，齿根高要比齿顶高大一些，以便在齿顶圆和齿根圆之间形成间隙，即顶隙 c，规定 $c = c^* m$，其中 c^* 为顶隙系数。

我国国家标准规定了渐开线圆柱齿轮的齿顶高系数 h_a^* 和顶隙系数 c^* 的标准值，见表 5-3。

表 5-3 渐开线圆柱齿轮的齿顶高系数和顶隙系数的标准值

	正常齿制		短齿制
	$m \geqslant 1$	$m < 1$	
齿顶高系数 h_a^*	1	1	0.8
顶隙系数 c^*	0.25	0.35	0.3

5.3.3 渐开线标准直齿圆柱齿轮的几何尺寸计算

模数 m、压力角 α、齿顶高系数 h_a^* 和顶隙系数 c^* 均为标准值，并且分度圆上齿厚与齿槽宽相等的齿轮称为标准齿轮。

渐开线标准直齿圆柱齿轮常用几何尺寸的计算公式列于表 5-4。

表 5-4 渐开线标准直齿圆柱齿轮常用几何尺寸的计算公式

名称	符号	计算公式
分度圆直径	d	$d_1=mz_1$，$d_2=mz_2$
齿顶圆直径	d_a	$d_{a1}=d_1+2h_a=(z_1+2h_a^*)m$，$d_{a2}=d_2\pm 2h_a=(z_2\pm 2h_a^*)m$
齿根圆直径	d_f	$d_{f1}=d_1-2h_f=(z_1-2h_a^*-2c^*)m$，$d_{f2}=d_2\mp 2h_f=(z_2\mp 2h_a^*\mp 2c^*)m$
基圆直径	d_b	$d_{b1}=d_1\cos\alpha=mz_1\cos\alpha$，$d_{b2}=d_2\cos\alpha=mz_2\cos\alpha$
齿顶高	h_a	$h_a=h_a^*m$
齿根高	h_f	$h_f=h_a+c=(h_a^*+c^*)m$
全齿高	h	$h=h_a+h_f=(2h_a^*+c^*)m$
齿距	p	$p=\pi m$
基圆齿距	p_b	$p_b=p\cos\alpha$
齿厚	s	$s=\pi m/2$
齿槽宽	e	$e=\pi m/2$
标准中心距	a	$\alpha=(d_2\pm d_1)/2=m(z_2\pm z_1)/2$
节圆直径	d'	$d_1'=mz_1$，$d_2'=mz_2$ （标准中心距）

注：（1）表中“±、∓”上面的符号用于外啮合，下面的符号用于内啮合。

（2）用于内啮合时，下标“1”指外齿轮，“2”指内齿轮。

5.4 渐开线直齿圆柱齿轮的啮合传动

5.4.1 齿轮传动的正确啮合条件

具有一对渐开线齿廓的齿轮能实现定传动比传动，但并不表明任意两个渐开线齿轮装配起来就能正确啮合传动。

由前文可知，一对渐开线齿轮在传动时，轮齿齿廓啮合点均位于啮合线 n—n 上。在一对渐开线直齿圆柱齿轮啮合传动中，相邻两对齿同时参与啮合，啮合点 K 和 K' 点均位于啮

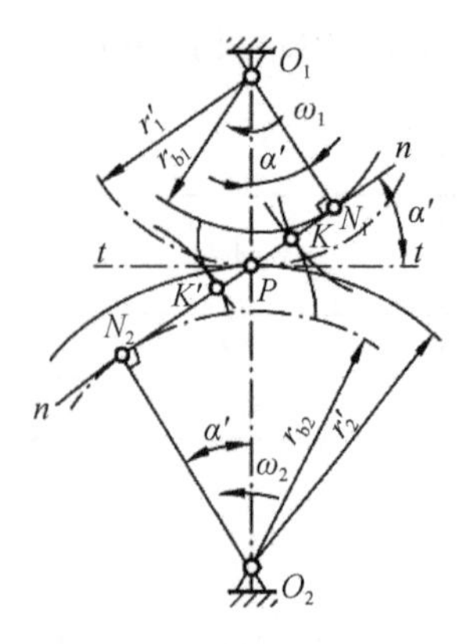

图 5-6　正确啮合条件

合线 $n—n$ 上，正确啮合条件如图 5-6 所示。齿轮 1 相邻两齿同侧齿廓沿法线的距离 K_1K_1'（图中未标出）应与齿轮 2 上的相应距离 K_2K_2'（图中未标出）相等，也就是

$$p_{n1}=p_{n2} \tag{5-6}$$

而渐开线直齿圆柱齿轮的法向齿距等于基圆齿距，因此，可得

$$p_{b1}=p_{b2} \tag{5-6a}$$

又因为

$$p_b=p\cos\alpha=\pi m\cos\alpha$$

所以渐开线直齿圆柱齿轮的正确啮合条件为 $m_1\cos\alpha_1=m_2\cos\alpha_2$，但是，由于齿轮的模数和分度圆压力角都已经标准化，因此为满足上述等式，只有使

$$m_1=m_2=m,\quad \alpha_1=\alpha_2=\alpha$$

上式说明，渐开线直齿圆柱齿轮的正确啮合条件是两个齿轮的模数和分度圆压力角分别相等。这样，一对齿轮的传动比可表示为

$$i_{12}=\frac{\omega_1}{\omega_2}=\frac{d_2'}{d_1'}=\frac{d_{b2}}{d_{b1}}=\frac{d_2}{d_1}=\frac{z_2}{z_1} \tag{5-7}$$

5.4.2　标准齿轮传动的正确安装条件

一对渐开线齿轮的啮合传动具有可分性，即齿轮传动中心距的变化不会对传动比造成影响，但中心距的变化会引起顶隙和齿侧间隙的变化。齿侧间隙是两个齿轮与一侧齿廓相接触时，与另一侧齿廓的间隙。为了消除齿轮反向传动的空程和减小冲击力，理论上要求侧隙为零，即要求一个齿轮节圆上的齿厚等于另一个齿轮节圆上的齿槽宽，这就是一对齿轮传动的无齿侧间隙啮合条件，也是一对齿轮的正确安装条件。

虽然在实际工程中，为防止齿轮卡死和方便润滑，齿轮传动都有适当的齿侧间隙（由公差要求保障），但在设计齿轮机构的运动规律时，仍需要按照无齿侧间隙的要求计算中心距。

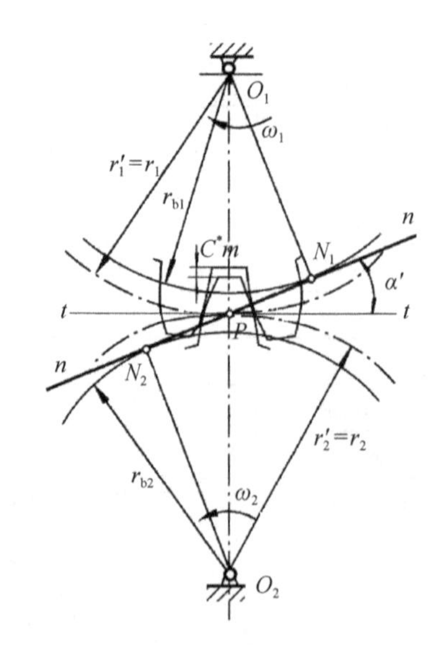

图 5-7　一对标准齿轮的正确安装条件

图 5-7 为一对标准齿轮的正确安装条件，两个齿轮的分度圆与节圆重合时正好满足无齿侧间隙啮合的条件，因此一对标准齿轮正确安装的中心距为

$$a=r_1'+r_2'=r_1+r_2=m(z_1+z_2)/2 \tag{5-8}$$

该中心距称为标准中心距。由于按标准中心距安装时，节圆与分度圆重合，因此啮合角 α' 等于分度圆的压力角 α。

由于两个齿轮的分度圆相切，因此顶隙按下式计算：

$$c=c^*m=h_f-h_a \tag{5-9}$$

在非标准中心距情况下安装，实际中心距 a' 不等于标准中心距 a，由图 5-7 可知，啮合

角 α' 和实际中心距 a' 的关系为

$$a'\cos\alpha' = a\cos\alpha \tag{5-10}$$

重要提示

分度圆和压力角是单个齿轮所具有的参数，而节圆和啮合角是两个齿轮啮合时才有的参数。标准齿轮传动只有在分度圆与节圆重合时啮合角才等于分度圆的压力角，否则，二者不相等。

5.4.3 连续传动条件

重合度如图 5-8 所示，其中，齿轮 1 为主动轮，齿轮 2 为从动轮，转动方向见图 5-8。一对齿轮开始啮合时，主动轮 1 的齿根部分推动从动轮 2 的齿顶部分，因此起始啮合点是从动轮的齿顶圆与啮合线 N_1N_2 的交点 B_2。两个齿轮继续啮合，啮合点的位置沿啮合线 N_1N_2 向左下方移动，从动轮 2 齿廓上的啮合点由齿顶向齿根移动，而主动轮 1 齿廓上的啮合点则由齿根向齿顶移动。当啮合点到达主动轮 1 齿顶圆与啮合线 N_1N_2 的交点 B_1 时，两个轮齿即将脱离接触，B_1 点是一对轮齿的啮合终止点。线段 B_1B_2 为啮合点的实际轨迹，称为实际啮合线段。

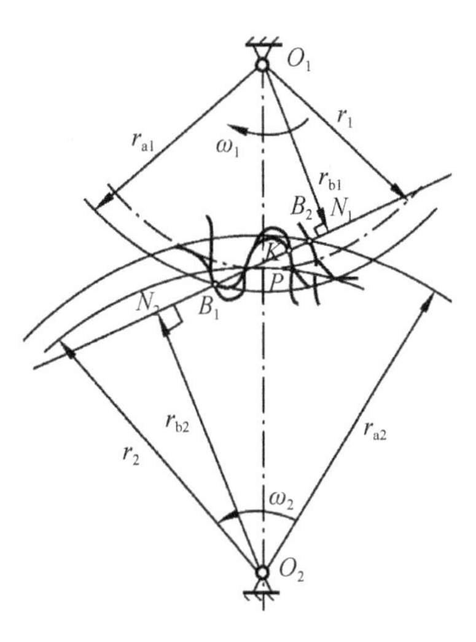

图 5-8 重合度

如果增大两个齿轮的齿顶圆，B_1 点、B_2 点将分别趋近于 N_2 点和 N_1 点，实际啮合线段就会变长，但基圆内无渐开线。因此，B_2 点和 B_1 点分别不会超过 N_1 点与 N_2 点，N_1N_2 为理论上可能的最大啮合线段，称为理论啮合线段。

为保证渐开线齿轮能够连续传动，要求在前一对轮齿终止啮合前，后一对轮齿已经进入啮合，否则，传动就会瞬时中断，从而引起冲击，影响齿轮传动的平稳性。由渐开线性质可知，在啮合线方向相邻轮齿同侧齿廓的距离，即法向齿距 p_n 等于基圆齿距 p_b。由图 5-8 可知，为达到连续传动的目的，实际啮合线段的长度应至少等于或大于基圆齿距 p_b。定义实际啮合线段的长度 B_1B_2 与基圆齿距 p_b 的比值为齿轮啮合的重合度，记为 ε_α，那么一对齿轮连续传动的条件如下：

$$\varepsilon_\alpha = \frac{B_1B_2}{p_b} = \frac{B_1P + PB_2}{\pi m\cos\alpha} = \frac{z_1(\tan\alpha_{a1} - \tan\alpha') + z_2(\tan\alpha_{a2} - \tan\alpha')}{2\pi} \geqslant 1 \tag{5-11}$$

重合度不仅反映一对齿轮能否连续传动，还表明同时参与啮合的轮齿对数。重合度 ε_α 随齿数 z 的增大而增大，ε_α 越大，同时参与啮合的轮齿对数越多，齿轮传动的平稳性和承载能力越高。标准齿轮传动的重合度大于 1，对非标准齿轮传动，必须验算其重合度。

5.5 渐开线齿轮的加工方法

齿轮的加工方法按其原理分为仿形法和范成法。

5.5.1　仿形法

仿形法是指用渐开线齿形的圆盘铣刀或指状铣刀（见图 5-9）在铣床上直接切削齿槽加工出齿廓的方法。加工时，圆盘铣刀绕自身轴线旋转，同时齿轮坯沿齿轮轴线方向直线移动。铣削出一个齿槽后，齿轮坯退回原处，用分度头将齿轮坯转过$360°/z$角度，再铣削第二个齿槽，其余依此类推。

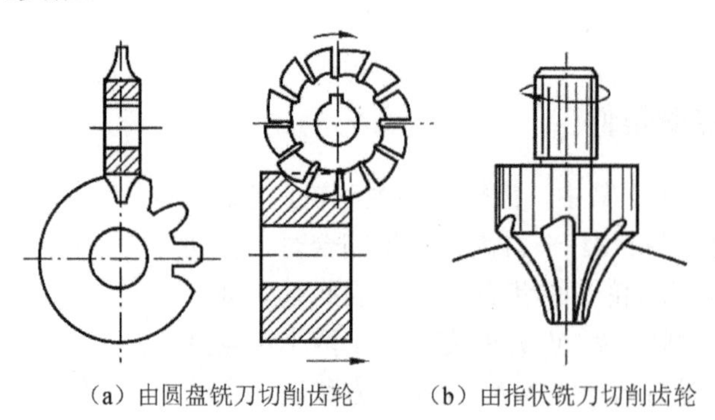

（a）由圆盘铣刀切削齿轮　　（b）由指状铣刀切削齿轮

图 5-9　用仿形法加工齿轮

使用仿形法加工方便，但齿廓精度难以保证。由于渐开线齿廓形状取决于基圆的大小，而基圆半径$r_{\mathrm{b}}=(mz\cos\alpha)/2$，可知渐开线齿廓形状与$m$、$z$、$\alpha$有关。欲加工精确的齿廓，对模数和压力角相同的而齿数不同的齿轮，应采用不同的刀具，而这在实际中是不可能实现的。生产中通常用同一号铣刀切削同模数、不同齿数的齿轮，因此齿形通常是近似的。

这种加工方法无须专门设备，成本低，但加工不连续，生产效率低，精度差，不宜用于大量及精度要求高的齿轮加工。

5.5.2　范成法（展成法）

范成法是指利用一对齿轮（或齿轮与齿条）互相啮合时，两个轮齿齿廓互为包络线的原理加工齿轮。如果把其中一个齿轮（或齿条）做成刀具，就可以切出与其共轭的渐开线齿廓。范成法所用的刀具有齿轮插刀、齿条插刀和齿轮滚刀。

1. 齿轮插刀

图 5-10（a）所示为齿轮插刀加工齿轮示意。刀具顶部比正常齿轮齿顶高$c^{*}m$，以便切出顶隙部分。插齿时齿轮插刀沿齿轮坯轴线方向作往复切削运动。同时，插齿机的传动系统使齿轮插刀与齿轮坯之间保持啮合关系，如图 5-10（b）所示，直至全部齿槽切削完毕。

由于齿轮插刀的齿廓为渐开线，因此其所加工的齿轮齿廓也是渐开线。根据正确啮合条件，被加工齿轮的模数和压力角必定与插刀的模数和压力角相等。通过改变齿轮插刀与齿轮坯的传动比，即可加工出模数和压力角相同而齿数不同的齿轮。

2. 齿条插刀

齿条插刀加工齿轮示意如图 5-11 所示，把刀具做成齿条形状，模拟齿轮齿条的啮合过程。齿条插刀的顶部比传动用的齿条高出$c^{*}m$，以便切出传动时的顶隙部分。

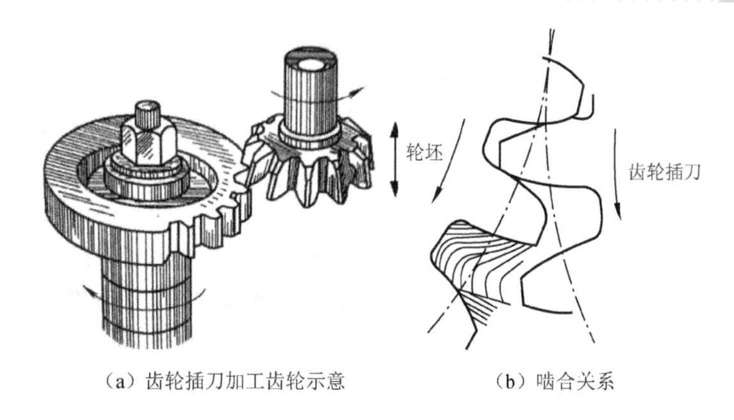

（a）齿轮插刀加工齿轮示意　　（b）啮合关系

图 5-10　使用齿轮插刀加工齿轮时的啮合关系

加工标准齿轮时，应使齿轮坯沿径向进给，进给至刀具中线与齿轮坯分度圆相切并作纯滚动。这样加工出来的齿轮的分度圆齿厚与齿槽宽相等，模数和压力角与刀具的模数和压力角相等。

3. 齿轮滚刀

以上两种刀具只能实现间断切削，生产效率低。目前生产中广泛应用的齿轮滚刀，可实现连续切削，生产效率高。齿轮滚刀加工齿轮示意如图 5-12 所示。滚刀是一种开有斜纵向槽的螺旋形刀具，其轴向剖面为一个齿条，齿轮滚刀连续转动相当于一根无限长的齿条在连续移动，而转动的齿轮坯就成为与其啮合的齿轮。齿轮滚刀除旋转外，还沿齿轮坯轴向逐渐移动，以便切出整个齿宽。齿轮滚切直齿轮时，为使齿轮滚刀齿螺旋线方向与被切轮齿方向一致；安装时，应使齿轮滚刀轴线与齿轮坯断面有一个倾斜角。

用范成法加工齿轮时，只要刀具与被切齿轮的模数和压力角相同，就可以用同一把刀具加工，这给生产带来了很大的方便。因此，范成法得到了广泛的应用。

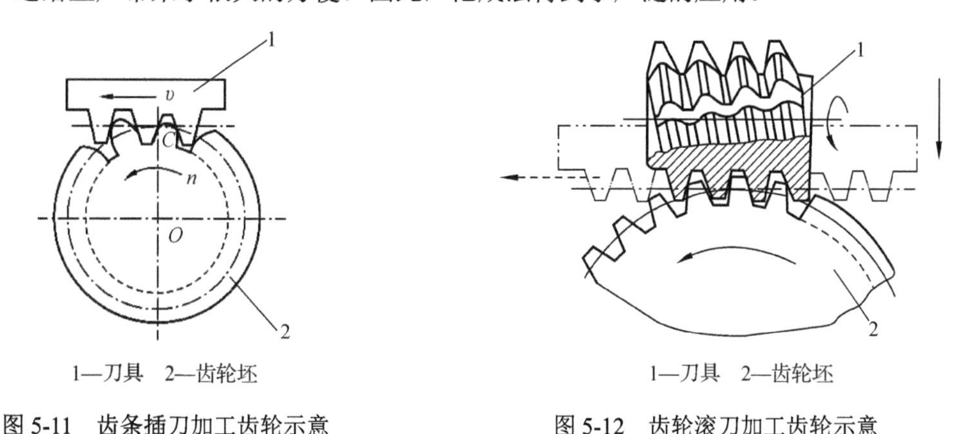

1—刀具　2—齿轮坯

图 5-11　齿条插刀加工齿轮示意

1—刀具　2—齿轮坯

图 5-12　齿轮滚刀加工齿轮示意

5.6　根切、最少齿数及变位齿轮

5.6.1　根切与最少齿数

为减小齿轮机构的尺寸和质量，在传动比和模数一定时，齿数越少，齿轮机构的尺寸

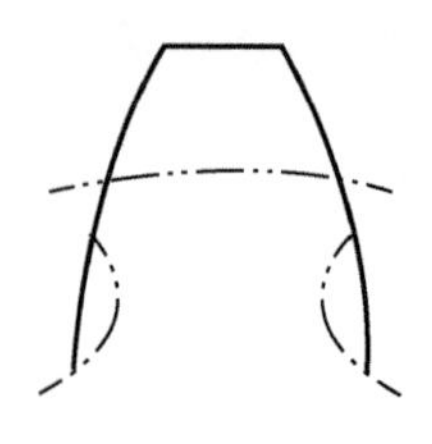
图 5-13 根切现象

和质量越小。因此，设计齿轮机构时应使小齿轮的齿数尽可能少。但是，当用展成法加工渐开线齿轮时，如果齿数过少，切削刃会把轮齿根部的渐开线齿廓切去一部分。这种现象称为齿轮的根切现象，如图 5-13 所示。根切削弱了轮齿的抗弯强度，还会使齿轮传动的重合度有所降低，这对传动是十分不利的。

图 5-14（a）为齿条插刀加工标准齿轮示意，刀具中心线与分度圆相切（切点即节点，即图中的 C 点），并作纯滚动，齿条顶线恰好通过啮合极限点 N_1。

在图 5-14（b）中，如果基圆半径增大，$r_b' > r_b$，N 点沿啮合线上移至 N' 点，加工时就不会发生根切现象。如果基圆半径减小，$r_b'' < r_b$，N 点沿啮合线下移至 N''，刀具顶线超过啮合极限点，加工时就会发生根切现象。

在图 5-14（b）中，r_b 是不发生根切的最小基圆半径，由于被切齿轮的 m 和 α 与刀具相同，因此基圆半径的大小取决于齿数 z，不被根切的齿数称为标准齿轮无根切的最少齿数，用 $z_{\min}$ 表示。若要求无根切现象，则应满足 $h_a^* m \leqslant NM$ 。由此可得

$$z \geqslant \frac{2h_a^*}{\sin^2 \alpha} \tag{5-12}$$

当 $\alpha = 20°$，$h_a^* = 1$ 时，$z_{\min} = 17$；当 $\alpha = 20°$，$h_a^* = 0.8$ 时，$z_{\min} = 14$。

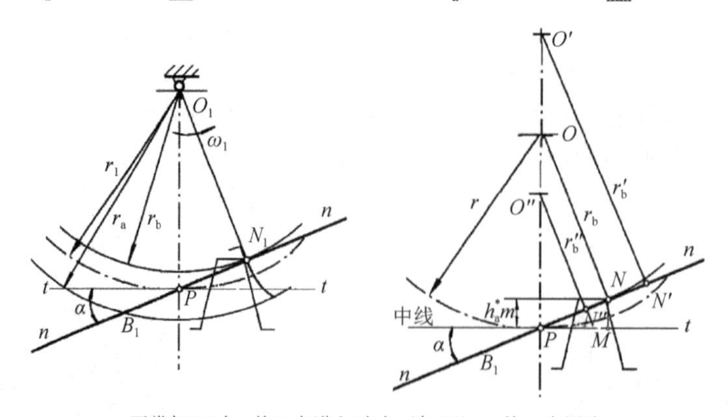

（a）齿条插刀加工标准齿轮示意　（b）根切现象发生的条件

图 5-14 根切原理

加工标准直齿轮时，若发生根切现象，可采取如下解决措施：

（1）减少齿顶高系数 h_a^*，使用非标准刀具。

（2）加大刀具压力角 α，使用非标准刀具。

（3）变位修正，使刀具远离齿轮坯中心，所得齿轮为变位齿轮。

5.6.2 变位齿轮

在齿轮加工过程中，为了防止用标准刀具切削齿数较少的齿轮而发生根切现象，通过改变刀具与齿轮坯的相对位置切削齿轮，避免了齿轮加工中的根切现象。这种方法就是变位修正法，利用这种方法加工的齿轮即变位齿轮。刀具中线（或分度线）相对齿轮坯移动

的距离称为变位量（或移距），常用 xm 表示，x 称为变位系数。当 $x>0$ 时，刀具远离齿轮坯，称为正变位；当 $x<0$ 时，刀具移近齿轮坯，称为负变位。

与标准齿轮相比，变位齿轮存在下列主要优点：

（1）变位齿轮的齿数可以小于最小根切齿数，并且不会发生根切现象，齿轮机构结构更为紧凑。

（2）变位齿轮可用于实际中心距不等于标准中心距的场合。当实际中心距 $a'>a$ 时，采用标准齿轮会出现较大的齿侧间隙，重合度也减小；当实际中心距 $a'<a$ 时，标准齿轮无法安装。

（3）对于一对互相啮合的标准齿轮，小齿轮齿根厚度小于大齿轮齿根厚度，抗弯能力有明显差别。采用正变位齿轮可增大分度圆齿厚。

1. 变位系数与变位齿轮齿厚

与标准齿轮相比，正变位齿轮分度圆上的齿厚和齿根圆上的齿厚增大，轮齿强度增大。负变位齿轮齿厚的变化恰好相反，轮齿强度减小。

变位系数与齿数有关，对于 $h_a^*=1$ 的齿轮，最小变位系数可用下式计算：

$$x_{\min}=\frac{17-z}{17} \tag{5-13}$$

加工变位齿轮时，被切齿轮的分度圆不再与刀具的中线相切，而是与刀具节线相切。刀具节线上的齿距、模数、压力角相同，均为标准值。因此，变位齿轮分度圆上的模数、压力角也保持标准值不变。但是，节线上的齿厚和齿槽宽不相等，因此变位齿轮分度圆上的齿厚和齿槽宽也不再相等。正变位齿轮分度圆上的齿厚变大，齿槽宽变小；负变位齿轮则相反。变位齿轮分度圆上的齿厚与齿槽如图 5-15 所示。因此，变位齿轮分度圆齿厚和齿槽宽分别表示为

$$s=\frac{\pi m}{2}+2xm\tan\alpha \tag{5-14a}$$

$$e=\frac{\pi m}{2}-2xm\tan\alpha \tag{5-14b}$$

式（5-14a）和式（5-14b）适用于正变位和负变位，负变位时 x 以负值代入。

2. 变位齿轮的传动类型

按照一对齿轮的变位系数之和 x_1+x_2 的取值情况的不同，可将变位齿轮传动分为三种基本传动类型。

（1）零传动。若一对齿轮的变位系数之和为零（$x_1+x_2=0$），则称之为零传动。零传动又可分为两种情况：一种是两个齿轮的变位系数都等于零（$x_1=0,\ x_2=0$），这种齿轮传动就是标准齿轮传动。为了避免根切，两个齿轮齿数均需大于 $z_{\min}$；另一种是两个齿轮的变位系数绝对值相等，即 $x_1=-x_2$。这种齿轮传动称为高度变位齿轮传动，采用高度变位必须满足齿数和条件：$z_1+z_2\geqslant 2z_{\min}$。

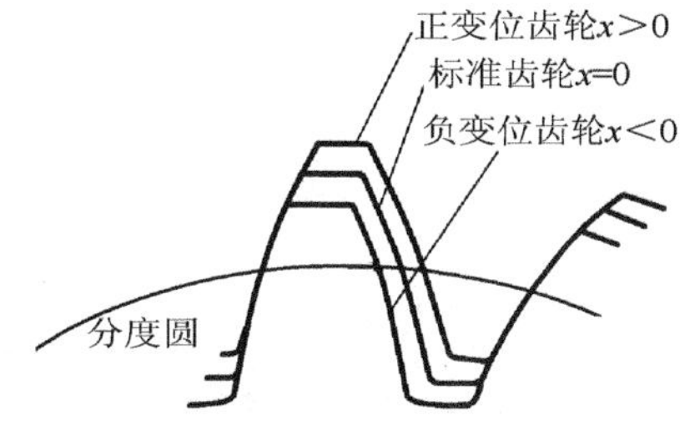

图 5-15　变位齿轮分度圆上的齿厚与齿槽

高度变位可以在不改变中心距的前提下合理协调大小齿轮的强度，有利于提高齿轮传动机构的使用寿命。

（2）正传动。若一对齿轮的变位系数之和大于零（$x_1+x_2>0$），则这种传动称为正传动。正传动时实际中心距$a'>a$，啮合角$\alpha'>\alpha$，因此也称为正角度变位。正角度变位有利于提高齿轮传动强度，但使重合度略减小。

（3）负传动。若一对齿轮的变位系数之和小于零（$x_1+x_2<0$），则这种传动称为负传动。负传动时实际中心距$a'<a$，啮合角$\alpha'<\alpha$，因此也称为负角度变位。负角度变位使齿轮传动强度削弱，只用于安装中心距要求小于标准中心距的场合。为了避免根切，必须满足齿数和条件：$z_1+z_2\geqslant 2z_{\min}$。

5.7 齿轮的失效形式和设计准则

根据工作条件，齿轮传动可分为开式齿轮传动和闭式齿轮传动。实践中应用较多的是闭式传动，这是一种封闭良好的传动类型，能保证良好的润滑效果和工作条件。开式齿轮传动不能保证良好的润滑效果，而且易落入灰尘、杂质，齿面易磨损，只宜用于低速传动。根据齿面硬度，齿轮又可分为软齿面（齿面硬度≤350HBS）齿轮和硬齿面（齿面硬度＞350HBS）齿轮。齿轮工作转速不同，工作载荷也不同。因此在实际应用时，齿轮会由于不同结构、不同工况、不同材料而出现各种不同的失效形式。

齿轮传动依靠轮齿的依次啮合传递运动和动力，而齿轮的齿圈、轮毂和轮辐通常根据经验设计，它们在实践中很少失效。因此，齿轮的失效主要发生在轮齿上。

5.7.1 轮齿的失效形式

一般来说，齿轮轮齿经常出现的失效形式有下面几种。

1. 轮齿折断（齿根断裂）

齿轮啮合时，啮合点在齿顶和齿根中间移动。当轮齿受载时，轮齿的受力可看作悬臂梁受力：齿根处受弯曲应力作用，齿根处的弯曲应力最大，并且齿根处的截面突变和加工刀痕引起应力集中，因此齿根容易折断，齿根折断示例如图5-16所示。

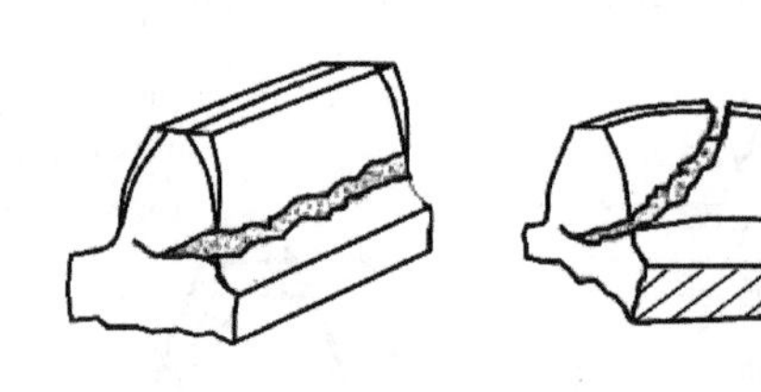
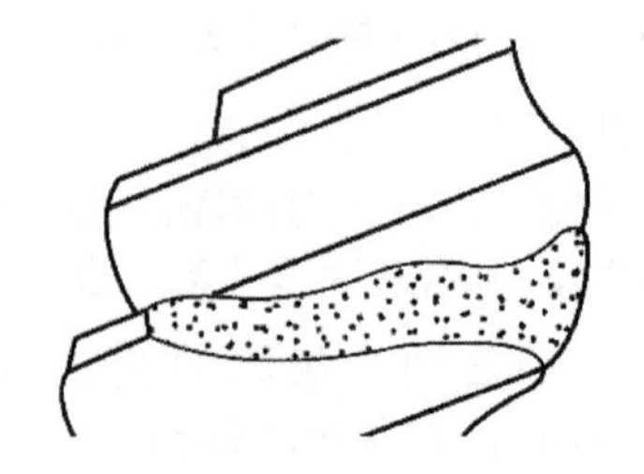

图5-16　齿根折断示例

在正常工况下，齿根折断主要因为齿根的疲劳折断，这是因为在较大的弯曲应力反复作用下，齿根处受拉一侧出现疲劳裂纹，随着疲劳裂纹的不断扩展，最终导致齿根折断。

当轮齿单侧齿廓工作时，齿根处弯曲应力脉动循环变化。当轮齿双侧齿廓工作时，齿根处弯曲应力对称循环变化，对称循环变化的弯曲应力对轮齿折断影响更大些。

当严重过载或齿轮材料脆性较大时，轮齿还可能发生过载折断。此外，如果轮齿宽度较大，那么会因制造、安装误差使轮齿沿齿宽方向的载荷分配不均匀，而造成局部折断。

齿根折断是齿轮传动中常出现的一种失效形式，应采取相应措施，以提高轮齿的抗折断能力。可采取的措施如下：增大齿根过渡圆角半径，以减少应力集中；增大轴及支承的刚度，使接触线上的载荷均匀；在齿根处，采用喷丸处理等强化措施；采用适当的材料和热处理方法，以增大齿根的韧性，从而提高齿轮的抗折断能力。

2. 齿面点蚀

轮齿工作时，工作表面上任一点的接触应力由零增加到最大值，齿面的接触应力脉动循环变化。接触应力反复作用在齿面上，当该应力超过齿轮材料的接触疲劳极限时，齿面表层会产生许多微小的疲劳裂纹。这些疲劳裂纹不断扩展，使得齿面表层材料片状剥落，形成很多小麻点或凹坑，这种现象称为齿面点蚀。齿面点蚀首先出现在齿根靠近节线处，如图 5-17 所示。因为该处同时啮合的齿数少，接触应力较大，并且该处齿面的相对运动速度低，难于形成润滑油膜，所以摩擦力较大。

当齿轮的轮齿材料较软时，齿面容易出现点蚀。当齿轮轮齿表面出现点蚀现象时，若工作条件未改善，点蚀区域将逐步扩大，甚至连成片，形成明显的齿面损伤，使齿轮传动出现剧烈的振动和噪声。因此，提高表面硬度和降低表面粗糙度，在许可范围内采用大变位系数和综合曲率半径，采用黏度较高的润滑油，减小动载荷，均可提高齿轮的抗疲劳点蚀能力。

在闭式软齿面齿轮传动中，齿轮常因齿面点蚀而失效。在开式齿轮传动中，由于齿面磨损较快，点蚀还来不及出现或扩展即被磨损掉，因此很少看到点蚀现象。

3. 齿轮胶合

在高速重载传动中，齿轮的齿面间的压力大，摩擦产生的热量大，瞬时温度高，润滑油膜易破裂，使齿面金属直接接触而黏合在一起。由于齿面间存在相对滑动，因此导致较软齿面的表面材料沿滑动方向被撕下，在齿面上形成条状伤痕，这种现象称为齿轮胶合，如图 5-18 所示。低速重载传动也可能因齿面间不易形成润滑油膜而导致胶合失效。

图 5-17　齿面点蚀出现在齿根靠近节线处

图 5-18　齿轮胶合

齿轮胶合后将产生强烈磨损。为此，需要提高齿轮齿面硬度，降低齿轮表面粗糙度；低速传动时采用黏度高的润滑油，高速传动时采用抗胶合性能好的润滑油；采用角变位齿轮传动，以降低啮合开始和结束时的滑动系数；减小模数和齿高，以降低滑动速度。以上措施均可防止或减轻齿轮胶合。

4. 齿面磨损

在开式齿轮传动中，因灰尘、硬质颗粒等进入啮合的齿面间而引起齿面磨损。齿面严重磨损后将破坏渐开线齿形，并使齿侧间隙增大，工作时会产生冲击力和噪声，甚至会使齿厚过度减薄而导致轮齿折断，如图 5-19 所示。

齿面磨损通常有磨粒磨损和跑合磨损两种。对于新齿轮副，由于它在刚加工后表面具有一定的粗糙度，它在受载时实际上只有部分峰顶接触，接触处的载荷大，因此在开始工作期间，磨损量较大，磨损到一定程度后，摩擦面变得较为光滑，这种磨损称为跑合磨损。对新齿轮副，通常要进行跑合磨损，当跑合磨损结束后，必须清洗和更换润滑油。

把开式齿轮传动转为闭式齿轮传动，可以降低齿面磨损。除此之外，还可以提高齿轮表面硬度，降低表面粗糙度，保证润滑油的清洁度。以上措施均可以防止或减轻齿面磨损。

5. 塑性变形

在低速重载的齿轮传动中，当齿轮材料较软、润滑不良、齿侧间隙大、受较大载荷冲击时，在较大的摩擦力作用下，齿面材料会沿摩擦力方向滑移，出现齿面塑性变形。由运动分析结果可知，主动轮齿面上的摩擦力方向背离节线，主动轮齿面上的材料由节线分别挤向齿顶与齿根，节线处的断面向下凹；从动轮齿面上的摩擦力方向恰好相反，即由齿顶、齿根指向节线。于是，齿顶和齿根面的材料都被挤向节线，使节线处的齿面形成凸棱，导致齿轮塑性变形如图 5-20 所示。

图 5-19　齿面磨损导致的轮齿折断

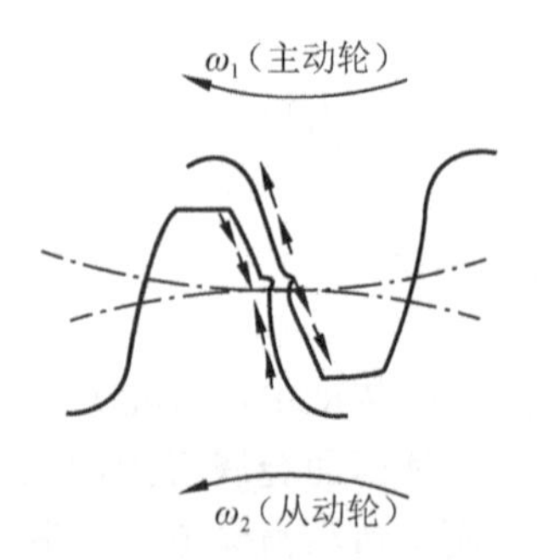

图 5-20　齿轮塑性变形

采用降低齿面滑动系数、提高齿面硬度及改善润滑效果等措施，都能有效地增强齿轮抗塑性变形的能力。

5.7.2　设计准则

为了避免齿轮出现上述失效形式，需要提出相应的设计准则。强度准则是零件设计的基本准则，它自然也是齿轮设计的重要准则。在一般闭式齿轮传动中，最常出现的失效形式是轮齿折断和齿面点蚀。因此，需要保证齿轮具有足够的齿根弯曲疲劳强度和齿面接触疲劳强度。

一般认为，闭式软齿面齿轮传动的主要失效形式为齿面点蚀，会产生轮齿弯曲折断。此类齿轮的设计准则如下：先按齿面接触疲劳强度进行设计，再校验齿根弯曲疲劳强度。

而闭式硬齿面齿轮传动的主要失效形式为轮齿折断，也可能会产生齿面点蚀。此类齿轮的设计准则如下：先按齿根弯曲疲劳强度进行设计，再校验齿面接触疲劳强度。

在开式齿轮传动中，虽然齿面磨损是最主要的失效形式，但是主要根据齿根弯曲疲劳强度进行设计，并且考虑磨损的影响，而无须进行齿面接触疲劳强度的校验计算，因为这种情况下发生点蚀破坏的可能性较小。在高速重载和低速重载齿轮传动中，还需要保证齿轮具有一定的抗胶合能力。

5.8 齿轮材料和精度等级

在齿轮传动的设计中，齿轮的材料选择很重要，这对齿轮可能产生的失效具有重要的影响。一般来说，对齿轮材料的要求为芯部韧性好、齿面硬度高，并且工艺性好，同时成本低。

5.8.1 齿轮材料

常用的齿轮材料是优质碳素钢、合金结构钢、铸钢和铸铁等，一般多用锻钢或轧制钢材。当齿轮的结构形状复杂或尺寸较大（直径大于400～600mm）时，齿轮坯不易锻造，可采用铸钢。对于开式或低速齿轮传动，可采用灰铸铁制作齿轮。轻载并要求低噪声时，常用非金属材料制作齿轮。锻钢具有高强度、韧性好、便于制造和热处理等优点，大多数齿轮均采用锻钢制造。

对于钢制齿轮，可通过不同的热处理方法获得不同齿面硬度和不同力学性能。常用的齿轮材料及其热处理方法和主要力学性能列于表5-5。

表5-5 常用的齿轮材料及其热处理方法和主要力学性能

材料牌号	热处理方法	硬度	接触疲劳极限 σ_{Hlim} /MPa	弯曲疲劳极限 σ_{FE} /MPa	应用场合
45	正火	156～217HBS	350～400	280～340	低速轻载
	调质	197～286HBS	550～620	410～480	低速中载
	表面淬火	40～50HRC	1120～1150	680～700	高速中载，低速重载，冲击力小
20Cr	渗碳淬火回火	56～62HRC	1500	850	高速中载，承受冲击
40Cr	调质	217～286HBS	650～750	560～620	高速中载，无剧烈冲击
	表面淬火	48～55HRC	1150～1210	700～740	
35SiMn	调质	207～286HBS	650～760	550～610	高速中载，无剧烈冲击
	表面淬火	45～50HRC	1130～1150	690～700	
40MnB	调质	241～286HBS	680～760	580～610	高速中载，无剧烈冲击
	表面淬火	45～55HRC	1130～1210	690～720	
38SiMnMo	调质	241～286HBS	680～760	580～610	高速中载，无剧烈冲击
	表面淬火	45～55HRC	1130～1210	690～720	
	碳氮共渗	57～63HRC	880～950	790	中速中载，有较小冲击力
20CrMnTi	渗氮	>850HV	1000	715	高速中载，承受冲击
	渗碳淬火回火	56～62HRC	1500	850	

续表

材料牌号	热处理方法	硬度	接触疲劳极限 σ_{Hlim} /MPa	弯曲疲劳极限 σ_{FE} /MPa	应用场合
ZG310-570	正火	163～197HBS	280～330	210～250	中速中载，大直径
ZG340-640	正火	179～207HBS	310～340	240～270	
ZG35SiMn	调质	241～269HBS	590～640	500～520	高速中载，无剧烈冲击
	表面淬火	45～53HRC	1130～1190	690～720	
HT250	人工时效	170～240HBS	320～380	90～140	低速轻载，冲击力很小
HT300	人工时效	187～255HBS	330～390	100～150	
QT500-7	正火	170～230HBS	450～540	260～300	低/中速轻载，有较小的冲击力
QT600-3	正火	190～270HBS	490～580	280～310	

1. 锻钢

锻钢具有强度高、韧性好、工艺性好等特点，它是齿轮传动中应用最广的材料。图 5-21 所示是采取不同的热处理方法获得的不同齿面硬度的齿轮。

图 5-21　不同齿面硬度的齿轮

（1）软齿面齿轮。软齿面齿轮材料通常是牌号为 45、40Cr、40MnB 的中碳钢或中碳合金钢，其热处理方法为正火或调质，其加工工艺过程如下：先对齿轮坯进行热处理，然后再进行切齿（滚齿、插齿、铣齿）。

在啮合过程中，小齿轮的啮合次数比大齿轮的啮合次数多，并且小齿轮的齿根较薄、强度较低。为使大齿轮和小齿轮的使用寿命相近，应使小齿轮的轮齿齿面硬度比大齿轮的齿面硬度高 30～50HBS。软齿面齿轮的承载能力低，适用于精度要求不高、载荷不大、速度中等的中小型机器。

（2）硬齿面齿轮。硬齿面齿轮常用优质中碳钢或中碳合金钢制造成，并且经表面淬火处理。若用优质低碳钢或低碳合金钢制造，可经渗碳淬火处理。经热处理后，其齿面硬度一般为 45～65HRC。

由于热处理后齿面硬度很高，因此这类齿轮的加工工艺过程如下：首先切齿，即粗切并留有磨削余量；然后进行表面热处理，使齿面达到高硬度要求；最后用磨齿、研齿等方法精加工轮齿。此类齿轮的加工精度一般在 6 级以上。

通过热处理提高齿面硬度，从而提高抗齿面点蚀的能力是很有效的方法。因此，热处理方法选择得当，可以减少齿轮传动的尺寸，但这类齿轮的加工过程较为复杂，成本较高，多用于高速重载及要求结构紧凑的重要齿轮传动中。

2. 铸钢

当待加工的齿轮直径较大（齿顶圆直径 d_a≥400mm）时，不宜采用锻造的齿轮坯，宜采用铸钢制造。常用的铸钢牌号有 ZG270-500、ZG310-570、ZG310-640 等。对铸钢齿轮坯，应进行正火处理，以消除残余应力和硬度不均匀现象。

3. 铸铁

铸铁的铸造性能和切削性能较好，易被铸成形状复杂的齿轮坯，并且容易加工，成本低，但抗弯强度及冲击韧性较差，存在铸造内应力，需要进行时效处理。因此，铸铁常用于制造受力较小、无冲击载荷和大尺寸的低速齿轮（圆周速度小于 6m/s）。常用的铸铁牌号有 HT200、HT350，以及球墨铸铁牌号 QT500-7、QT600-3 等，球墨铸铁的力学性能和抗冲击性能优于灰铸铁。

4. 非金属材料

非金属材料（如夹布胶木和尼龙）常用于高速、小功率、精度不高或要求噪声低的齿轮传动中，其优点是质量小、韧性好、噪声小、不生锈、便于维护，缺点是强度低、导热性差、不适于高温环境中工作。与非金属小齿轮配对的大齿轮仍采用金属材料，以利于散热。

5.8.2 齿轮的精度等级

齿轮在制造过程中一定存在加工误差，如齿形误差、齿距误差、齿向误差等，在装配过程中又会存在安装误差，这些误差会对齿轮传动性能造成一定的影响，因此，必须对齿轮及齿轮传动提出相应的精度等级要求，从而保证齿轮传动的工作要求。

国家标准《渐开线圆柱齿轮精度》（GB/T 10095—2008）对圆柱齿轮和齿轮副规定了 13 个精度等级，其中 0 级最高，12 级最低。根据齿轮的误差特性及其对传动性能的影响，精度要求分为 3 组：第Ⅰ公差组、第Ⅱ公差组和第Ⅲ公差组，各公差组主要反映齿轮运动精度、运动平稳性和承载能力方面的要求。一般动力传动的公差等级，要根据传动用途、平稳性要求、节圆圆周速度、载荷、运动精度要求等确定。常见机器所用齿轮传动的精度等级列于表 5-6 中，按圆周线速度推荐的齿轮传动精度等级见表 5-7。

表 5-6　常见机器所用齿轮传动的精度等级

机器名称	精度等级	机器名称	精度等级
汽轮机	3～6	拖拉机	6～8
金属切削机床	3～8	通用减速机	6～8
航空发动机	4～8	锻压机床	6～9
轻型汽车	5～8	起重机	7～10
载重汽车	7～9	农业机械	8～11

注：对于主传动齿轮或重要的齿轮传动，精度等级偏上限；对于辅助传动的齿轮或一般齿轮传动，精度等级居中或偏下限。

表 5-7　按圆周线速度推荐的齿轮传动精度等级

精度等级	圆周速度 m/s			应用场合
	直齿圆柱齿轮	斜齿圆柱齿轮	直齿锥齿轮	
6 级	≤15	≤30	≤12	高速重载的齿轮传动，如飞机、汽车和机床中的重要齿轮，分度机构的齿轮传动等
7 级	≤10	≤15	≤8	高速中载或中速重载的齿轮传动，如标准系列减速器的齿轮，汽车和机床中的齿轮
8 级	≤6	≤10	≤4	机械制造中对精度无特殊要求的齿轮
9 级	≤2	≤4	≤1.5	低速且对精度要求低的传动

5.9　直齿圆柱齿轮传动的设计计算

齿轮在啮合过程中，是依靠轮齿之间的接触传递运动和动力的。直齿圆柱齿轮的轮齿沿宽度方向与轴线平行，因此，理论上，齿轮啮合时的接触线为一条平行于轴线的线段，接触线的长度为轮齿的有效啮合宽度。主动轮依靠接触线上的力推动从动齿轮运动，齿轮的受力情况对齿轮传动失效形式有重要的影响。因此，分析齿轮传动的受力就是为齿轮传动的设计计算打下基础。

5.9.1　轮齿上的作用力

对齿轮进行受力分析时，若忽略摩擦力，轮齿之间相互作用的力为法向力 F_n，该力沿接触线均匀分布。为简化分析，常用作用在齿宽中点的集中力代替上述法向力。设一对标准直齿圆柱齿轮按标准中心距安装，将齿轮 1 作为主动轮 1 并设为分离体，齿轮齿廓在节点 P 处啮合（见图 5-22）。

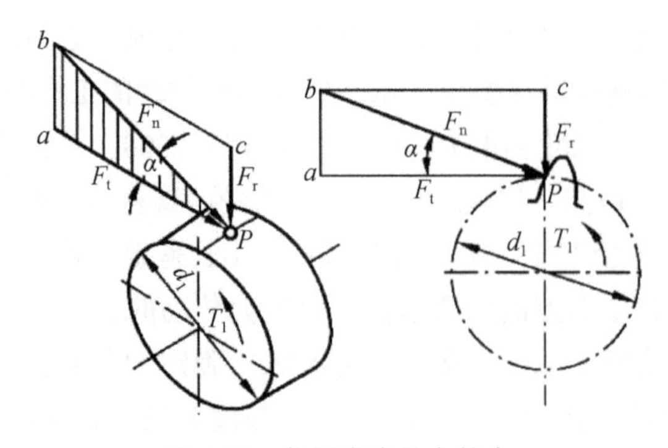

图 5-22　作用在齿轮上的力

由渐开线特性可知，节点 P 处法向力 F_n 的方向与啮合线、正压力作用线和基圆的公切线重合。此时，F_n 可分解为两个方向的分力，即圆周力（切向力）F_t 和径向力 F_r，这些力的计算公式如下：

圆周力
$$F_t = \frac{2T_1}{d_1}(\mathrm{N}) \tag{5-15}$$

径向力
$$F_r = F_t \tan\alpha(\mathrm{N}) \tag{5-15a}$$

法向力
$$F_n = \frac{F_t}{\cos\alpha}(\mathrm{N}) \tag{5-15b}$$

式中，T_1 为小齿轮上的转矩，$T_1 = 10^6 \frac{P}{\omega_1} = 9.55\times10^6 \frac{P}{n_1}(\mathrm{N\cdot mm})$，$P$ 为传递的功率（kW）；

ω_1 为小齿轮上的角速度，$\omega_1 = \frac{2\pi n_1}{60}\mathrm{rad/s}$，$n_1$ 为小齿轮的转速（r/min）；

d_1 为小齿轮的分度圆直径，mm;

α 为压力角，标准齿轮的压力角 $\alpha = 20°$。

主动轮 1 和从动轮 2 的作用力遵循大小相等、方向相反的规则。齿轮所承受径向力的方向均通过力作用点指向齿轮的中心，简称“指向轮心”。齿轮所承受圆周力的方向取决于该齿轮是主动轮还是从动齿轮。圆周力的方向符合“主反从同”的原则。对于一对互相啮合的齿轮，当两个轮齿在节点 P 处啮合时，主动轮 1 的圆周力 F_{t1} 过节点 P 且与节点 P 处的圆周线速度方向相反。而从动轮 2 的圆周力 F_{t2} 过节点 P 且与节点 P 处的圆周线速度方向相同。

5.9.2 计算载荷

上述的法向力 F_n 是在理想状态下，作用在节点 P 处的接触线上的集中名义载荷。当齿轮在实际状况下工作时，有很多因素对其产生影响，如原动机和工作机的载荷特性，齿轮、轴和支承情况，加工、安装误差及受载后产生的弹性变形，载荷沿齿宽分布不均匀造成的载荷集中等。这些因素作用的结果是使实际载荷比名义载荷大，在齿轮传动的设计计算中必须考虑这一点。

为使齿轮传动的设计计算更为准确，在确定载荷系数 K 时要考虑多种因素的影响，为简化计算，下面仅用载荷系数 K 作为全部的影响因素。因此，计算载荷 F_{ca} 的计算公式如下：

$$F_{ca} = KF_n \tag{5-16}$$

式中的载荷系数 K 可由表 5-8 查取。

表 5-8 载荷系数 K

工作机械	载荷特性	原动机		
		电动机载荷系数	多缸内燃机载荷系数	单缸内燃机载荷系数
均匀加料的输送机和加料机、轻型卷扬机、发电机、机床辅助传动	均匀、轻微冲击	1～1.2	1.2～1.6	1.6～1.8
不均匀加料的输送机和加料机、重型卷扬机、球磨机、机床主传动	中等冲击	1.2～1.6	1.6～1.8	1.8～2.0
冲床、钻机、轧机、破碎机、挖掘机	较大冲击	1.6～1.8	1.9～2.1	2.2～2.4

注：对斜齿、圆周速度低、精度高、齿宽系数小、齿轮在两个轴之间对称布置这种情况，载荷系数取小值；对直齿、圆周速度高，精度低、齿宽系数大、齿轮在两个轴之间不对称布置及悬臂布置这种情况，载荷系数取大值。

5.9.3 标准直齿圆柱齿轮的齿根弯曲疲劳强度计算

计算齿根弯曲疲劳强度就是要控制齿根弯曲应力大小，从而控制齿根弯曲疲劳。

在计算齿根弯曲应力时，可将轮齿受力视作悬臂梁受力。轮齿的齿顶受载时，齿根所承受的弯矩最大，产生的弯曲应力也最大。因此，齿根处的弯曲疲劳强度最弱。齿根处的危险截面可用切线法确定，即作两条与轮齿对称中心线成30° 夹角并与齿根过渡圆角相切的斜线，两条斜线之间的区域即危险截面位置，设危险截面处轮齿宽度参数为 s_F。

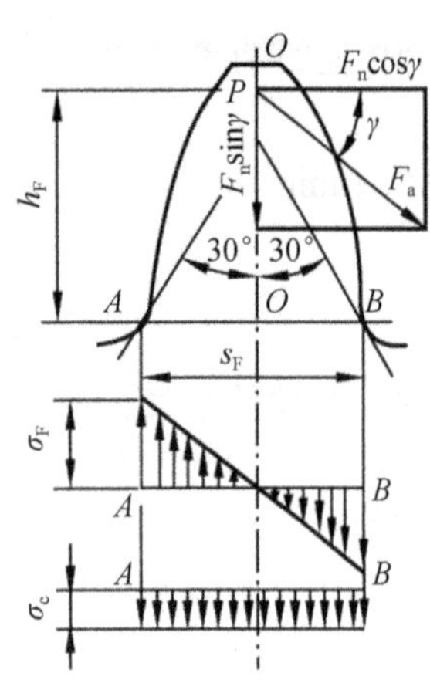

图 5-23　齿顶受力分析

因为齿轮连续传动条件为重合度 $\varepsilon_\alpha \geqslant 1$，所以齿轮在传动时处于单对和双对齿轮交替啮合的过程中。当轮齿在齿顶处啮合时，轮齿处于双对轮齿啮合区。此时，弯矩的力臂虽然最大，但是力并不是最大，因此弯矩也不是最大。根据运动分析，齿根所承受的最大弯矩发生在啮合点位于单对轮齿啮合区最高点时。因此，齿根弯曲疲劳强度也应按载荷作用于单对轮齿啮合区最高点的情况计算。但是，这种算法比较复杂，通常只用于高精度的齿轮传动（如 6 级精度以上的齿轮传动）。为计算方便，在计算齿轮的齿根弯曲疲劳强度时，通常认为单对轮齿承担全部载荷，并且在齿顶处受力最大。齿顶受力分析如图 5-23 所示。

将作用于齿顶的法向力 F_n 移至该法向力与轮齿宽度中线的交点，并把它分解为两个相互垂直的分力，即 $F_n\cos\gamma$ 和 $F_n\sin\gamma$。$F_n\cos\gamma$ 使齿根产生弯曲应力和剪切应力，$F_n\sin\gamma$ 使齿根产生压应力。齿根危险截面的弯曲力矩计算公式为

$$M = KF_n\cos\gamma h_F$$

式中，K 为载荷系数；h_F 为弯曲力臂。

齿根危险截面的抗弯截面系数 W 计算公式为

$$W = \frac{bs_F^2}{6}$$

因此，齿根危险截面的弯曲应力计算公式为

$$\sigma_F' = \frac{M}{W} = \frac{6KF_n h_F\cos\gamma}{bs_F^2} = \frac{6KF_t h_F\cos\gamma}{bs_F^2\cos\alpha} = \frac{2KT_1}{bmd_1}\cdot\frac{6\left(\dfrac{h_F}{m}\right)\cos\gamma}{\left(\dfrac{s_F}{m}\right)^2\cos\alpha} \tag{5-17}$$

令

$$Y_{Fa} = \frac{6\left(\dfrac{h_F}{m}\right)\cos\gamma}{\left(\dfrac{s_F}{m}\right)^2\cos\alpha}$$

式中，Y_{Fa} 为齿形系数。因为轮齿高度参数 h_F 和轮齿宽度参数 s_F 均与模数成正比，所以齿形系数与 m 的大小无关，只与齿形中的尺寸比例有关，即仅与齿数有关。其数值可从表 5-9 查取。

考虑齿根应力集中、其他应力、重合度的影响，引入应力修正系数 Y_{Sa}、重合度系数 Y_ε。应力修正系数 Y_{Sa} 也可从表 5-9 中查取。重合度系数 Y_ε 按下式计算

$$Y_\varepsilon = 0.25 + \frac{0.75}{\varepsilon_\alpha}$$

式中，ε_α 为直齿圆柱齿轮的重合度。

表 5-9　齿形系数 Y_{Fa} 和应力修正系数 Y_{Sa}

z	17	18	19	20	22	25	27	30	35
Y_{Fa}	2.97	2.91	2.85	2.81	2.72	2.63	2.57	2.53	2.46
Y_{Sa}	1.52	1.53	1.54	1.56	1.575	1.59	1.61	1.625	1.65
z	40	45	50	60	70	80	100	200	∞
Y_{Fa}	2.41	2.37	2.33	2.28	2.25	2.23	2.19	2.12	2.06
Y_{Sa}	1.67	1.69	1.71	1.73	1.75	1.775	1.80	1.865	1.97

引入齿宽系数 ϕ_d（见表 5-10），令有效齿宽 $b=\phi_d d_1$。由此可得齿根弯曲疲劳强度的校验公式，即

$$\sigma_F = \frac{2KT_1}{\phi_d m^3 z_1^2} Y_\varepsilon \cdot Y_{Fa} Y_{Sa} \leqslant [\sigma_F] \tag{5-18}$$

轮齿的设计公式为

$$m \geqslant \sqrt[3]{\frac{2KT_1 Y_\varepsilon}{\phi_d z_1^2} \frac{Y_{Fa} Y_{Sa}}{[\sigma_F]}} \tag{5-19}$$

表 5-10　圆柱齿轮的齿宽系数 ϕ_d（摘选值）

两个支承相对齿轮而布置	对称布置	非对称布置	悬臂式布置
软齿面或仅大齿轮为软齿面	0.8～1.4	0.2～1.2	0.3～0.4
硬齿面	0.4～0.9	0.3～0.6	0.2～0.25

注：（1）对直齿圆柱齿轮，宜取小值；对斜齿圆柱齿轮，可取大值；当载荷稳定、轴刚度大时，可取大值；当变载荷、轴刚度小时；应取较小值。

（2）括号内的数值用于人字齿轮传动（这类数值未摘选）；

（3）对非金属齿轮，可取 ϕ_d=0.5～1.2。

在对齿轮轮齿进行弯曲疲劳强度校验与设计时要注意以下问题：

（1）由弯曲应力的推导过程可知，互相啮合的一对齿轮，弯曲应力 σ_F 不同，主要是由于齿数不等，即齿形系数 Y_{Fa} 和应力修正系数 Y_{Sa} 不等。

（2）计算 σ_{F1} 和 σ_{F2} 时，所代入的 $\dfrac{2KT_1}{\phi_d z_1^2 m^3} Y_\varepsilon$ 相同，即公式中 T_1 和 z_1 都是齿轮 1 的参数。b 为接触线的宽度，即有效齿宽。

（3）许用弯曲应力 $[\sigma_F]=\dfrac{\sigma_{FE}}{S_F}$ MPa，采用的材料、热处理方法不同，许用值也不同。因此，应对两个齿轮的齿根弯曲疲劳强度分别校验。该式中的 σ_{FE} 为试验轮齿失效概率为 1/100 时的齿根弯曲疲劳极限，见表 5-5。当齿轮齿廓双侧工作时，实际的疲劳极限应选取所查数值的 70%。S_F 为齿根弯曲疲劳强度的安全系数，一般选取 S_F=1.25，当齿轮损坏可能造成严

重影响时，选取 S_F=1.6；

（4）设计齿轮时，使用式（5-19）计算模数 m 时，所代入的 $\frac{Y_{Fa}Y_{Sa}}{[\sigma_F]}$ 值要根据齿根弯曲疲劳强度弱的齿轮确定，即代入两个齿轮比值中的大值。对于传递动力的齿轮，其模数 m 不宜小于 1.5mm。对于开式齿轮传动，为考虑齿面磨损，可将计算得到的 m 值提高 10%～15%。

5.9.4 标准直齿圆柱齿轮的齿面接触疲劳强度设计计算

由轮齿的失效形式可知，齿根靠近节线附近处最易出现点蚀。为简化计算，只需计算节线处的接触应力即可。

对在节线处的齿轮啮合接触进行简化分析，可将其视作两个半径为节线处曲率半径的小圆柱体接触。根据弹性力学理论，两个半径分别为 ρ_1 和 ρ_2 的圆柱体的宽度为 b，在法向力 F_n 的作用下，接触区域将产生接触应力，如图 5-24 所示，最大接触应力可用赫兹公式表示，即

$$\sigma_H = \sqrt{\frac{F_n}{\pi b} \cdot \frac{\frac{1}{\rho_1} \pm \frac{1}{\rho_2}}{\frac{1-\mu_1^2}{E_1} + \frac{1-\mu_2^2}{E_2}}}$$

式中，正号用于外啮合，负号用于内啮合。

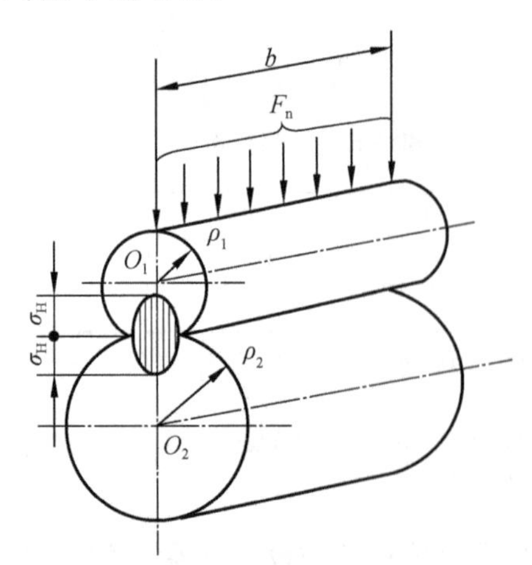

图 5-24　两个圆柱体的接触应力

对于标准直齿圆柱齿轮传动，两个齿廓在节线处的曲率半径即齿轮分度圆的曲率半径为

$$\rho_1 = \frac{d_1}{2}\sin\alpha \qquad \rho_2 = \frac{d_2}{2}\sin\alpha$$

令两个齿轮的齿数比 $u = \frac{z_2}{z_1}$，可得

$$\frac{1}{\rho_1} \pm \frac{1}{\rho_2} = \frac{\rho_2 \pm \rho_1}{\rho_1\rho_2} = \frac{2(d_2 \pm d_1)}{d_1 d_2 \sin\alpha} = \frac{u \pm 1}{u} \cdot \frac{2}{d_1 \sin\alpha}$$

在节点一般仅有一对轮齿啮合，即载荷由一对轮齿承担。因此接触应力为

$$\sigma_{\mathrm{H}}=\sqrt{\frac{F_{\mathrm{n}}}{\pi L}\cdot\frac{\frac{2}{d_1\sin\alpha}\cdot\frac{u\pm1}{u}}{\frac{1-\mu_1^2}{E_1}+\frac{1-\mu_2^2}{E_2}}}=\sqrt{\frac{1}{\pi\left(\frac{1-\mu_1^2}{E_1}+\frac{1-\mu_2^2}{E_2}\right)}}\cdot\sqrt{\frac{2}{\sin\alpha\cos\alpha}}\cdot\sqrt{\frac{F_{\mathrm{t}}}{Ld_1}\cdot\frac{u\pm1}{u}}$$

式中，L 为接触线长度，与重合度有关， $L=b/Z_\varepsilon^2$ 。Z_ε 为齿面接触疲劳强度计算用重合度系数，其表达式为

$$Z_\varepsilon=\sqrt{\frac{4-\varepsilon_\alpha}{3}}$$

令

$$Z_{\mathrm{E}}=\sqrt{\frac{1}{\pi\left(\frac{1-\mu_1^2}{E_1}+\frac{1-\mu_2^2}{E_2}\right)}}$$

把它称为弹性系数，其数值与材料有关，可查表 5-11。

令
$$Z_{\mathrm{H}}=\sqrt{\frac{2}{\sin\alpha\cos\alpha}}$$

把它称为区域系数，对于标准直齿圆柱齿轮，选取 $Z_{\mathrm{H}}=2.5$ 。

表 5-11 弹性系数 （单位：$\sqrt{\mathrm{MPa}}$ ）

弹性模量 E/MPa \ 齿轮材料	配对齿轮材料				
	灰铸铁	球墨铸铁	铸钢	锻钢	夹布胶木
	11.8×10^4	17.3×10^4	20.2×10^4	20.6×10^4	0.785×10^4
锻钢	162	181.4	188.9	189.8	56.4
铸钢	161.4	180.5	180.0	—	—
球墨铸铁	156.6	173.9	—	—	—
灰铸铁	143.7	—	—	—	—

将 $F_{\mathrm{t1}}=2T_1/d_1$ 和 $\phi_{\mathrm{d}}=b/d_1$ 代入接触应力公式，可得标准直齿圆柱齿轮的齿面接触疲劳强度的校验公式，即

$$\sigma_{\mathrm{H}}=Z_{\mathrm{E}}Z_{\mathrm{H}}Z_\varepsilon\sqrt{\frac{2KT_1}{\phi_{\mathrm{d}}d_1^3}\cdot\frac{u\pm1}{u}}\leqslant[\sigma_{\mathrm{H}}] \tag{5-20}$$

则标准直齿圆柱齿轮的齿面接触疲劳强度设计公式为

$$d_1\geqslant\sqrt[3]{\frac{2KT_1}{\phi_{\mathrm{d}}}\cdot\frac{u\pm1}{u}\cdot\left(\frac{Z_{\mathrm{E}}Z_{\mathrm{H}}Z_\varepsilon}{[\sigma_{\mathrm{H}}]}\right)^2} \tag{5-21}$$

在对齿轮轮齿进行齿面接触疲劳强度校验与设计时要注意以下问题：

（1）对互相啮合的两个轮齿，齿面上的接触应力计算值一定相等，但许用接触应力不一定相等。因此，仅需校验齿面接触疲劳强度弱的齿轮。

（2）不论是设计公式还是校验公式，所代入的都是齿轮 1 上的参数，而 b 为有效齿宽。

（3）在式（5-21）中，要根据齿面接触疲劳强度弱的齿轮进行设计，从而确定 d_1 的最小值，即在式（5-21）中应代入$[\sigma_{\mathrm{H}}]$的小值。

（4）因为许用接触应力$[\sigma_H]=\dfrac{\sigma_{Hlim}}{S_H}$，所以$\sigma_{Hlim}$与齿面硬度有关，可根据齿轮材料和热处理方法查表5-5。该式中的S_H为齿面接触疲劳强度的安全系数，一般选取S_H=1。

5.9.5 圆柱齿轮的参数对齿轮传动的影响

1. 齿轮齿数z_1

由式（5-19）和式（5-21）可知，齿轮的齿面接触疲劳强度取决于小齿轮的分度圆直径d_1，而齿根弯曲疲劳强度取决于模数m。若保持齿轮的分度圆直径不变，增加齿数，则不仅能增大传动的重合度，改善传动的平稳性，而且可以减少模数，降低齿高，减少金属切削量，节省制造费用。另外，降低齿高，还可减小轮齿齿廓之间的相对滑动量，提高齿轮抗磨损和抗胶合能力。但模数减小，会降低轮齿的弯曲强度。因此在满足齿根弯曲强度的前提下，宜选取较多的齿数和较小的模数。

对闭式软齿面齿轮传动，为了提高传动的平稳性，在保证模数m足够小的情况下，齿数应多一些。对小齿轮的齿数，可选取z_1＝20～40；对高速齿轮传动，z_1≥25。对闭式硬齿面或开式（半开式）齿轮传动，由于轮齿失效主要为磨损失效，为使轮齿不致过小，对z_1应选取较小值，一般选取z_1＝17～20；为使齿轮免于根切，应选取z_1≥17。对于传递动力的齿轮，为防止因过载而断齿，一般应使模数m≥1.5mm。大齿轮的齿数$z_2=iz_1$。

2. 有效齿宽b和齿宽系数ϕ_d

在载荷一定、齿宽一定的情况下，增大齿宽系数，就可减小分度圆直径和中心距，使结构更为紧凑。齿宽越大，承载能力也越高，但载荷沿齿宽的分布越不均匀，因此齿宽系数应适当选取。齿宽系数ϕ_d的推荐值可查表5-10。

为防止大小齿轮因安装误差产生轴向错位，导致有效啮合齿宽减小而增大轮齿单位齿宽的工作载荷，常将大齿轮齿宽b_2定为有效齿宽b，小齿轮的齿宽b_1应比大齿轮的齿宽b_2大5～10mm。

【例5-1】 图5-25所示为带式运输机的齿轮传动方案，它采用带传动、单级直齿圆柱齿轮减速器进行减速，由电动机驱动，承受中等冲击，单向运转，工作寿命15年（每年工作250天），两班制。齿轮传动比i=3.2，小齿轮转速n_1=970r/min，传动功率P=11kW，试设计该齿轮传动方案。

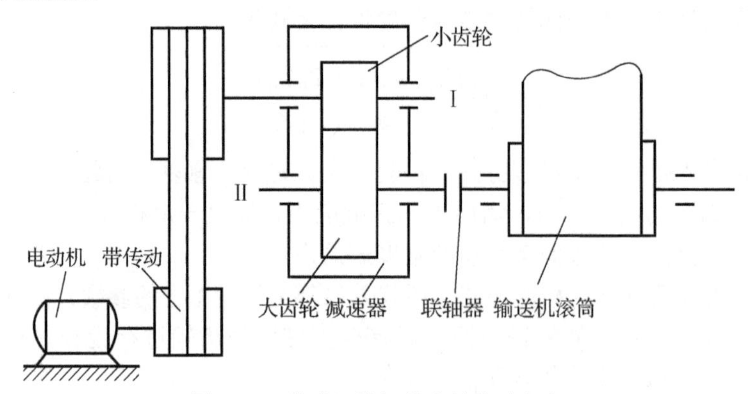

图5-25 带式运输机的齿轮传动方案

解：（1）选择齿轮类型、精度等级、材料及齿数。

① 按图 5-25 所示齿轮传动方案，选用标准直齿圆柱齿轮传动。

② 带式运输机为一般工作机器，宜选用 8 级精度。

③ 查表 5-5 可知，小齿轮的材料为 40Cr，经调质处理，齿面硬度为 280HBS，$\sigma_{\text{Hlim1}}=650\text{MPa}$，$\sigma_{\text{FE1}}=560\text{MPa}$。大齿轮的材料为 45 钢，经调质处理，齿面硬度为 240HBS，$\sigma_{\text{Hlim2}}=550\text{MPa}$，$\sigma_{\text{FE2}}=410\text{MPa}$。

④ 初选小齿轮齿数 z_1=24，大齿轮齿数 $z_2=uz_1=3.2\times24=76.8$，四舍五入后，选取 z_2=77。

（2）按齿面接触疲劳强度设计。

利用式（5-16）试算小齿轮分度圆直径 d_1，即

$$d_1\geqslant\sqrt[3]{\frac{2KT_1}{\phi_{\text{d}}}\cdot\frac{u\pm1}{u}\cdot\left(\frac{Z_{\text{E}}Z_{\text{H}}Z_{\varepsilon}}{[\sigma_{\text{H}}]}\right)^2}$$

按以下步骤确定上式中的各个参数值：

① 查表 5-8，选取载荷系数 K=1.3。

② 小齿轮传递的转矩 T_1。

$$T_1=9.55\times10^6\times\frac{P}{n_1}=9.55\times10^6\times\frac{11}{970}=1.083\times10^5\ （\text{N}\cdot\text{mm}）$$

③ 查表 5-10，选取齿宽系数 $\phi_{\text{d}}=1$。

④ 在标准直齿圆柱齿轮传动中，压力角 $\alpha=20°$，区域系数 Z_{H}=2.5。

⑤ 查表 5-11，选取 $Z_{\text{E}}=189.8\sqrt{\text{MPa}}$。

⑥ 接触疲劳强度计算用重合度系数 Z_{ε}。

$$\alpha_{\text{a1}}=\arccos\frac{z_1\cos\alpha}{z_1+2h_{\text{a}}^*}=\arccos\frac{24\times\cos20°}{24+2\times1}=29.841°$$

$$\alpha_{\text{a2}}=\arccos\frac{z_2\cos\alpha}{z_2+2h_{\text{a}}^*}=\arccos\frac{77\times\cos20°}{77+2\times1}=23.666°$$

$$\begin{aligned}\varepsilon_{\alpha}&=\frac{z_1(\tan\alpha_{\text{a1}}-\tan\alpha')+z_2(\tan\alpha_{\text{a2}}-\tan\alpha')}{2\pi}\\&=\frac{24\times(\tan29.841°-\tan20°)+77\times(\tan23.666°-\tan20°)}{2\pi}=1.711\end{aligned}$$

$$Z_{\varepsilon}=\sqrt{\frac{4-\varepsilon_{\alpha}}{3}}=\sqrt{\frac{4-1.711}{3}}=0.873$$

⑦ 计算许用接触应力 $[\sigma_{\text{H}}]$。

选取 $S_{\text{H}}=1$，则

$$[\sigma_{\text{H}}]_1=\frac{\sigma_{\text{Hlim1}}}{S_{\text{H}}}=\frac{650}{1}=650\ （\text{MPa}）$$

$$[\sigma_{\text{H}}]_2=\frac{\sigma_{\text{Hlim2}}}{S_{\text{H}}}=\frac{550}{1}=550\ （\text{MPa}）$$

选取 $[\sigma_{\text{H}}]_1$ 和 $[\sigma_{\text{H}}]_2$ 中的较小者作为该齿轮副的许用接触应力，可得 $[\sigma_{\text{H}}]=550\text{MPa}$。

计算小齿轮分度圆直径：

$$d_1 \geqslant \sqrt[3]{\frac{2KT_1}{\phi_d} \cdot \frac{u \pm 1}{u} \cdot \left(\frac{Z_E Z_H Z_\varepsilon}{[\sigma_H]}\right)^2}$$

$$= \sqrt[3]{\frac{2 \times 1.3 \times 1.083 \times 10^5}{1} \cdot \frac{77/24+1}{77/24} \cdot \left(\frac{2.5 \times 189.8 \times 0.873}{550}\right)^2}$$

$$= 59.149\text{（mm）}$$

初步确定齿轮参数：

① 实际传动比。

$$i = 77/24 = 3.208$$

② 模数。

$$m = d_1 / z_1 = 59.149/24 = 2.465\text{（mm）}$$

查表 5-2，选取 m=2.5mm。

③ 齿宽。

$$b = \phi_d d_1 = 1 \times 59.149 = 59.149\text{（mm）} = 60\text{mm}$$

选取 b_2=60mm，b_1=65mm。

④ 分度圆直径。

$$d_1 = mz_1 = 2.5 \times 24 = 60\text{mm}，d_2 = mz_2 = 2.5 \times 77 = 192.5\text{（mm）}$$

⑤ 中心距。

$$a = \frac{d_1 + d_2}{2} = \frac{60 + 192.5}{2} = 252.5\text{（mm）}$$

（3）校验计算齿根弯曲疲劳强度。

根据式（5-13）校验计算，即

$$\sigma_F = \frac{2KT_1}{\phi_d z_1^2 m^3} Y_\varepsilon \cdot Y_{Fa} Y_{Sa} \leqslant [\sigma_F]$$

按以下步骤确定上式中的各个参数值：

① 重合度系数 $Y_\varepsilon = 0.25 + 0.75/\varepsilon_\alpha = 0.25 + 0.75/1.711 = 0.688$。

② 由齿数查表 5-9，齿形系数 $Y_{Fa1} = 2.65$，$Y_{Fa2} = 2.23$，应力修正系数 $Y_{Sa1} = 1.58$，$Y_{Sa2} = 1.76$。

③ 选取 $S_F = 1.25$，则

$$[\sigma_{F1}] = \frac{\sigma_{FE1}}{S_F} = \frac{560}{1.25} = 448\text{（MPa）}，[\sigma_{F2}] = \frac{\sigma_{FE2}}{S_F} = \frac{410}{1.25} = 328\text{（MPa）}$$

计算两个齿轮的齿根弯曲应力：

$$\sigma_{F1} = \frac{2KT_1}{\phi_d z_1^2 m^3} Y_\varepsilon \cdot Y_{Fa1} Y_{Sa1} = \frac{2 \times 1.3 \times 1.083 \times 10^5}{1 \times 24^2 \times 2.5^3} \times 0.688 \times 2.65 \times 1.58 = 90.127\text{（MPa）}$$

$$\sigma_{F2} = \frac{\sigma_{F1} Y_{Fa2} Y_{Sa2}}{Y_{Fa1} Y_{Sa1}} = \frac{90.127 \times 2.23 \times 1.76}{2.65 \times 1.58} = 84.483\text{（MPa）}$$

校验计算：

$$\sigma_{F1} = 90.127\text{MPa} \leqslant [\sigma_{F1}] = 448\text{MPa}$$

$$\sigma_{F2} = 84.483\text{MPa} \leqslant [\sigma_{F2}] = 328\text{MPa}$$

因此，齿根弯曲疲劳强度足够。

计算齿轮的圆周速度：

$$v=\frac{\pi d_1 n_1}{60\times1000}=\frac{3.14\times60\times970}{60\times1000}=3.046\text{（m/s）}$$

对照表 5-7 可知，选用 8 级精度合适。

齿轮的结构设计（从略），参看 5.12.1 节。

（4）主要设计结论。

齿数：z_1=24，z_2=77；模数：m=2.5mm，压力角：α=20°，中心距：a=105mm；齿宽：b_1=65mm，b_2=60mm。小齿轮的材料为 40Cr，经调质处理，齿面硬度为 280HBS。大齿轮材料为用 45 钢，经调质处理，齿面硬度为 240HBS。8 级精度。

5.10 斜齿圆柱齿轮传动

5.10.1 斜齿圆柱齿轮齿廓的形成和特点

如图 5-26（a）所示，直齿圆柱齿轮的齿廓是由直线 KK' 展成的渐开线曲面，直线 KK' 与基圆柱轴线平行，位于与基圆柱相切且作纯滚动的发生面上。当一对直齿圆柱齿轮啮合时，轮齿的接触线是与轴线平行的直线，轮齿沿整个齿宽突然同时进入啮合区和退出啮合区，因此容易引起冲击、振动和噪声，造成传动平稳性较差。

斜齿圆柱齿轮齿廓的形成原理和直齿圆柱齿轮类似，如图 5-26（b）所示，所不同的是形成渐开线曲面的直线 KK' 与基圆柱轴线偏斜了一个角度 β_b，直线 KK' 展开成斜齿圆柱齿轮的齿廓曲面，称为渐开线螺旋面，β_b 称为基圆柱上的螺旋角。该曲面与任意一个以基圆柱轴线为轴线的圆柱面的交线都是螺旋线。由斜齿圆柱齿轮齿廓的形成原理可知，在端面上，斜齿圆柱齿轮与直齿圆柱齿轮一样具有准确的渐开线齿形。斜齿圆柱齿轮啮合传动时，齿面接触线的长度随啮合位置而变化，开始时，齿面接触线的长度由短变长，然后由长变短，直至脱离啮合区，因此提高了传动平稳性。

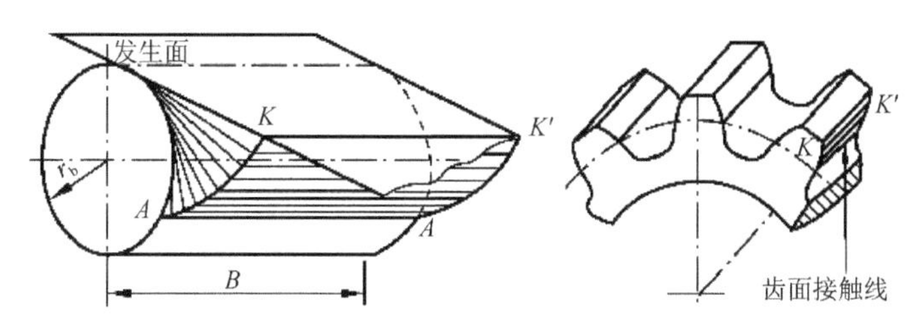

（a）直齿圆柱齿轮

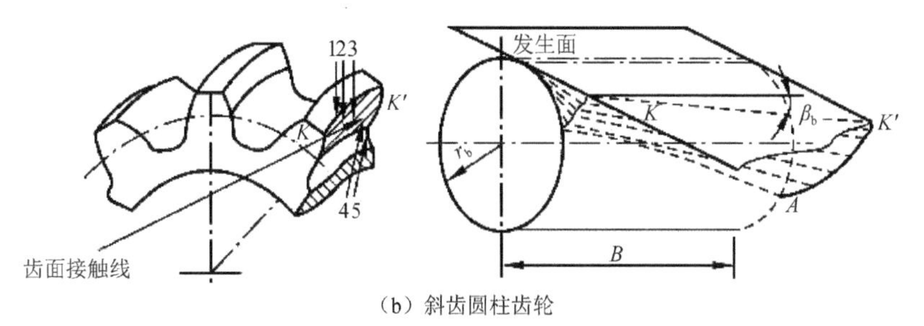

（b）斜齿圆柱齿轮

图 5-26　直齿/斜齿圆柱齿轮齿廓的形成及齿面接触线

由上述分析可知，与直齿圆柱齿轮传动相比，斜齿圆柱齿轮传动具有以下优点。

（1）平行轴斜齿圆柱齿轮传动中齿面接触线是斜直线，轮齿是逐渐进入啮合区和脱离啮合区的，因此传动平稳，冲击力和噪声小，适用于高速传动。

（2）重合度较大，有利于提高承载能力和传动平稳性。

（3）最少齿数小于直齿圆柱齿轮的最少齿数 $z_{\min}$。

斜齿圆柱齿轮的主要缺点是传动中齿面受法向力作用时会产生轴向分力，应用斜齿圆柱齿轮的场合往往需要安装能承受轴向力的轴承，这无疑会使结构复杂化。为了克服此缺点，可采用人字齿轮。人字齿轮可以看作两个螺旋角大小相等而方向相反的斜齿圆柱齿轮合并而成，由于左右对称，因此两个轴向力可以相互抵消。但人字齿轮的制造较困难，成本高，并且其轴系结构的设计有特殊的要求。

5.10.2 斜齿圆柱齿轮的主要参数和几何尺寸

斜齿圆柱齿轮的齿廓曲面与其分度圆柱面相交的螺旋线的切线与齿轮轴线之间的锐角 β 称为斜齿圆柱齿轮分度圆柱的螺旋角，简称斜齿轮的螺旋角。斜齿圆柱齿轮的旋向如图 5-27 所示，其螺旋线的旋向有左旋和右旋之分。

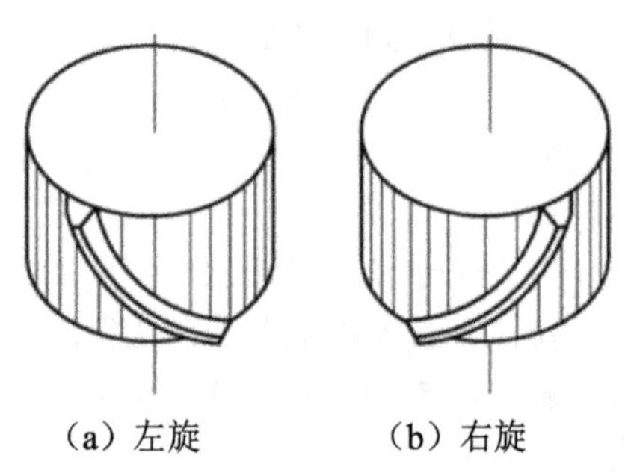

（a）左旋　　（b）右旋

图 5-27　斜齿圆柱齿轮的旋向

斜齿圆柱齿轮的轮齿是倾斜的，因此其参数有端面参数和法面参数之分。法面参数通常用下标 n 表示，端面参数用下标 t 表示。

一对外啮合斜齿圆柱齿轮的正确啮合条件为

$$m_{n1}=m_{n2}=m，\alpha_{n1}=\alpha_{n2}=\alpha$$

另外，要求啮合点的齿向相同，即外啮合时，满足 $\beta_1=-\beta_2$；内啮合时，满足 $\beta_1=\beta_2$。

由图 5-27（a）所示的斜齿圆柱齿轮展开图和图 5-28（b）所示的斜齿圆柱齿轮螺旋角中可得端面齿距 p_t 和法面齿距 p_n 的关系为

$$p_n=p_t\cos\beta \tag{5-22}$$

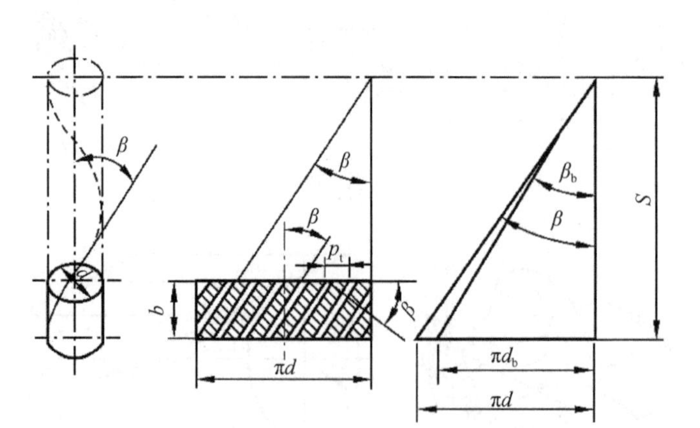

（a）斜齿圆柱齿轮展开图　　（b）斜齿圆柱齿轮螺旋角

图 5-28　端面齿距与法面齿距

由于 $p=\pi m$，因此端面模数 m_t 与法面模数 m_n 也有类似关系：

$$m_n = m_t\cos\beta \tag{5-23}$$

图 5-30 所示为斜齿条的一个轮齿的端面压力角与法面压力角，其中△abc 在齿条的端面上，∠abc 在数值上等于端面压力角 α_t。△$a'b'c$ 在齿条的法面上，∠$a'b'c$ 在数值上等于法向压力角 α_n，由图 5-29 中的几何关系可知

$$\tan\alpha_n = \tan\alpha_t\cos\beta \tag{5-24}$$

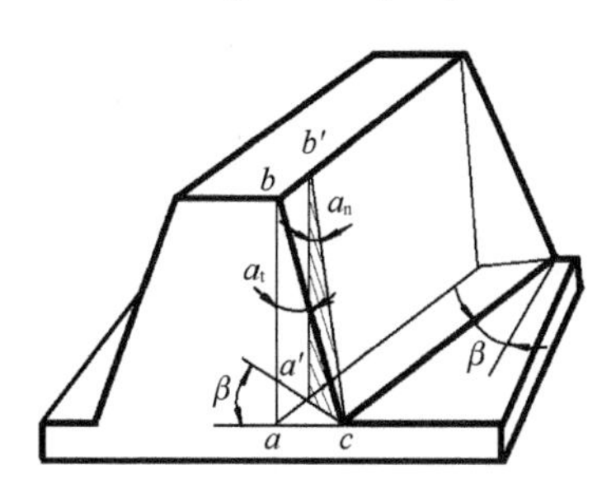

图 5-29 斜齿条的一个轮齿的端面压力角与法面压力角

由于切齿刀具的齿形为标准齿形，因为斜齿圆柱齿轮的法向基本参数也为标准值，设计、加工和测量斜齿圆柱齿轮时均以法向为基准。规定如下：m_n 为标准值，$\alpha_n=\alpha=20°$；正常齿制，选取 $h_{an}^*=1$，$c_n^*=0.25$；短齿制，选取 $h_{an}^*=0.8$，$c_n^*=0.3$。

一对斜齿圆柱齿轮传动在端面上相当于一对直齿轮传动，因此可将直齿轮的几何尺寸计算公式用于斜齿圆柱齿轮端面。渐开线标准斜齿圆柱齿轮的尺寸计算公式见表 5-12。

表 5-12 渐开线标准斜齿圆柱齿轮尺寸计算公式

名称	符号	计算公式
螺旋角	β	一般选取 $\beta=8°\sim20°$
端面模数	m_t	$m_t=m_n/\cos\beta$
端面压力角	α_t	$\tan\alpha_t=\tan\alpha_n/\cos\beta$
端面齿顶高系数	h_{at}^*	$h_{at}^*=h_{an}^*\cos\beta$
端面顶隙系数	c_{at}^*	$c_{at}^*=c_{an}^*\cos\beta$
当量齿数	z_v	$z_v=z/\cos^3\beta$
分度圆直径	d	$d_1=m_tz_1=(m_n/\cos\beta)z_1$，$d_2=m_tz_2=(m_n/\cos\beta)z_2$
齿顶圆直径	d_a	$d_{a1}=d_1+2h_a=(z_1/\cos\beta+2h_a^*)m_n$，$d_{a2}=d_2+2h_a=(z_2/\cos\beta+2h_a^*)m_n$
齿根圆直径	d_f	$d_{f1}=d_1-2h_f=(z_1/\cos\beta-2h_a^*-2c^*)m_n$，$d_{f2}=d_2-2h_f=(z_2/\cos\beta-2h_a^*-2c^*)m_n$
基圆直径	d_b	$d_{b1}=d_1\cos\alpha_t=mz_1\cos\alpha_t$，$d_{b2}=d_2\cos\alpha_t=mz_2\cos\alpha_t$
齿顶高	h_a	$h_a=h_a^*m_n$
齿根高	h_f	$h_f=h_a+c=(h_a^*+c^*)m_n$
全齿高	h	$h=h_a+h_f=(2h_a^*+c^*)m_n$
标准中心距	a	$a=(d_1+d_2)/2=m_t(z_1+z_2)/2=m_n(z_1+z_2)/(2\cos\beta)$

由表 5-12 可知，斜齿圆柱齿轮传动的中心距与螺旋角 β 有关。当一对齿轮的模数和齿数一定时，可以通过改变螺旋角 β 配凑中心距。也就是说，斜齿圆柱齿轮的螺旋角有调整中心距的功能。

5.10.3　平行轴斜齿圆柱齿轮传动的重合度

由平行轴斜齿圆柱齿轮一对齿轮啮合过程的特点可知，在计算斜齿圆柱齿轮重合度时，还必须考虑螺旋角的影响。

图 5-30 所示为两个端面参数（齿数、模数、压力角、齿顶高系数及顶隙系数）完全相同的标准直齿圆柱齿轮和标准斜齿圆柱齿轮的分度圆柱面（节圆柱面）展开图。由于直齿圆柱齿轮接触线为与齿宽相当的直线，因此轮齿从 B_2 点开始进入啮合区，从 B_1 点退出啮合区，啮合区长度为 B_2B_1；斜齿圆柱齿轮由 B_2 点进入啮合区，接触线逐渐增大，至 B_1 点退出啮合区。由于轮齿倾斜，前端面虽已开始脱离啮合，但后端面仍位于啮合区内。只有当后端面退出啮合区，该轮齿才脱离啮合。斜齿圆柱齿轮比直齿圆柱齿轮多转过一个弧长 $\Delta L = b\tan\beta$，因此，平行轴斜齿圆柱齿轮传动的重合度为端面重合度和纵向重合度之和。平行轴斜齿圆柱齿轮的重合度随螺旋角 β 和齿宽 b 的增大而增大，其值可以达到很大。这也是斜齿圆柱齿轮传动平稳和承载能力高的原因之一，在实际工程中，常根据齿数之和 z_1+z_2，以及螺旋角 β，查表选取重合度。

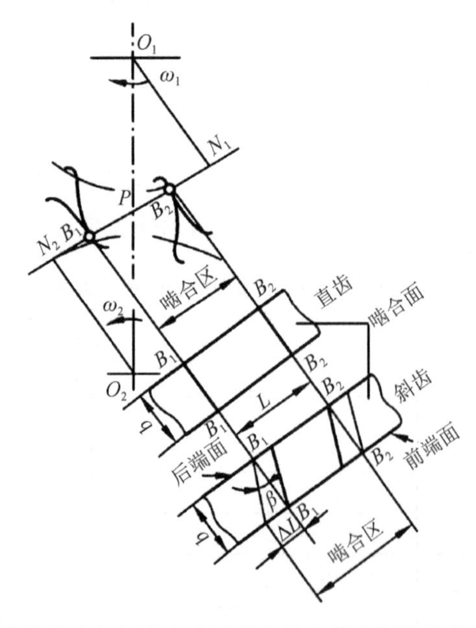

图 5-30　两个端面参数完全相同的直齿圆柱齿轮和斜齿圆柱齿轮的分度圆柱面展开图

5.10.4　平行轴斜齿圆柱齿轮传动的当量齿轮和当量齿数

用范成法加工斜齿圆柱齿轮，在选择刀具时，刀具的刀刃位于斜齿圆柱齿轮的法面内，并且沿着螺旋齿槽的方向进刀。因此，刀具的刀刃形状与轮齿的法向齿槽形状相似。图 5-31 所示斜齿圆柱齿轮的当量齿轮，过斜齿圆柱齿轮分度圆柱面上的 C 点作轮齿螺旋线的法面以 $n—n$ 表示，该法面与分度圆柱面的交线为椭圆。该椭圆的短半轴为 $d/2$，长半轴为 $d/(2\cos\beta)$。已知该椭圆上 C 点的曲率半径为

$$\rho_{\mathrm{n}} = \frac{a^2}{b} = \frac{d}{2\cos^2\beta}$$

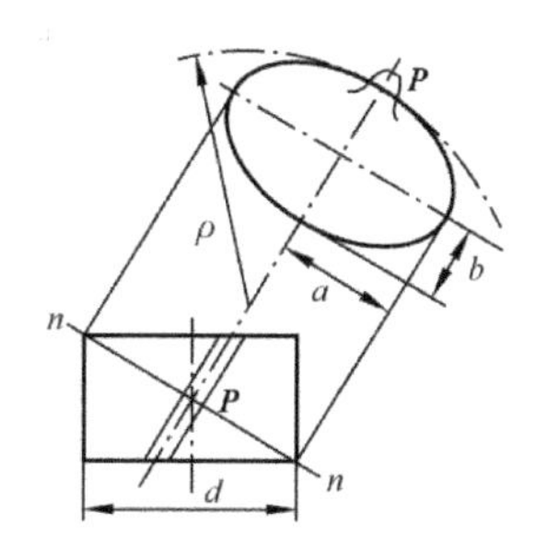

图 5-31 斜齿圆柱齿轮的当量齿轮

若以曲率半径 ρ 为分度圆半径，选取斜齿圆柱齿轮的法面模数 m_n 为标准模数，以标准压力角（法向压力角）作一个假想的直齿圆柱齿轮，该齿轮齿形与斜齿圆柱齿轮的法面齿形非常接近。该假想直齿圆柱齿轮称为斜齿圆柱齿轮的当量齿轮，其齿数称为斜齿圆柱齿轮的当量齿数，用 z_v 表示，则

$$z_v = \frac{2\rho_n}{m_n} = \frac{z}{\cos^3\beta} \tag{5-25}$$

由式（5-25）可知，斜齿圆柱齿轮的当量齿数不为整数，并且大于斜齿圆柱齿轮的实际齿数。由于斜齿圆柱齿轮的当量齿轮是一个标准直齿圆柱齿轮，其最少根切齿数 $z_{v\min} = 17$，由此可知斜齿圆柱齿轮的最少根切齿数为

$$z_{\min} = z_{v\min}\cos^3\beta$$

5.10.5 平行轴渐开线斜齿圆柱齿轮的受力分析

与直齿圆柱齿轮一样，在设计计算之前必须先对斜齿圆柱齿轮进行受力分析。已知斜齿圆柱齿轮的轮齿螺旋线方向与齿轮轴线的夹角为螺旋角 β。选取斜齿轮节线宽度中点作为节点 C，过 C 点作法面。因此，斜齿轮轮齿之间的法向力 F_n 作用于该法面内，它被分解为径向力 F_r、圆周力 F_t 和轴向力 F_a（见图 5-32）。

圆周力：
$$F_t = \frac{2T_1}{d_1} \tag{5-26}$$

径向力：
$$F_r = \frac{F_t \tan\alpha_n}{\cos\beta} \tag{5-26a}$$

轴向力：
$$F_a = F_t \tan\beta \tag{5-26b}$$

法向力：
$$F_n = \frac{F_t}{\cos\alpha_n \cos\beta} \tag{5-26c}$$

斜齿圆柱齿轮的轴向力的大小与螺旋角的正切成正比，因此，为限制轴向力的大小，螺旋角不能太大，一般取 $\beta = 8^\circ \sim 20^\circ$。基圆螺旋角 $\beta_b = \arctan(\tan\beta\cos\alpha_t)$。

斜齿圆柱齿轮圆周力和径向力的判断方法与直齿圆柱齿轮相同。轴向力 F_a 的方向取决于主动轮的轮齿螺旋线方向和齿轮转动方向，可用左/右手法则判断。判断轴向力方向前必须先判断主动斜齿圆柱齿轮的螺旋线方向，即旋向。左旋时，用左手法则，右旋时，用右手法则，四指弯曲的方向为主动轮的转动方向，大拇指的指向即主动轮所承受轴向力的方向。

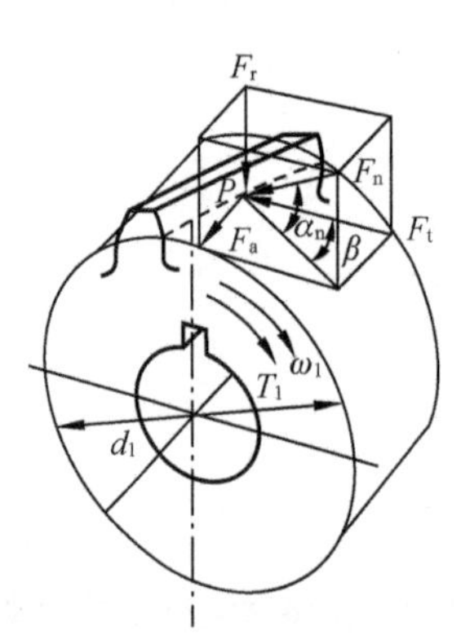

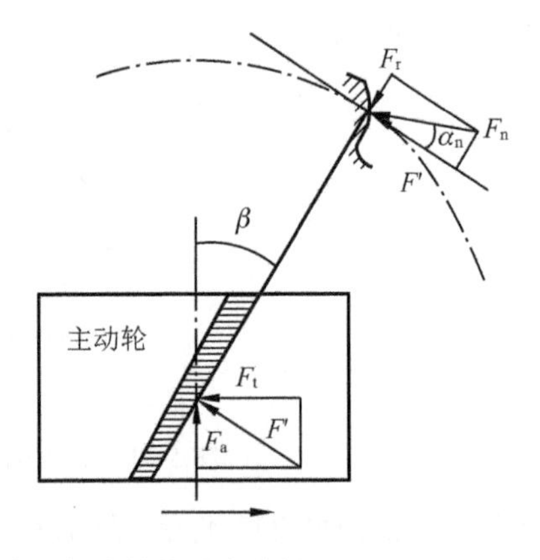

图 5-32 平行轴渐开线斜齿圆柱齿轮的受力分析

5.10.6 斜齿圆柱齿轮的强度计算

斜齿圆柱齿轮的强度计算方法可参考直齿圆柱齿轮，但斜齿圆柱齿轮的重合度更大，接触线方向倾斜，并且其当量齿轮可视作直齿圆柱齿轮。因此，在建立斜齿圆柱齿轮的齿根弯曲疲劳强度计算模型时，用一对当量直齿圆柱齿轮代替斜齿圆柱齿轮，把当量齿轮的相关参数代入相应公式，并考虑到斜齿圆柱齿轮倾斜的接触线对提高齿根弯曲疲劳强度有利，从而得到一对钢制标准斜齿圆柱齿轮传动的齿根弯曲疲劳强度校验和设计公式分别为

$$\sigma_{\mathrm{F}}=\frac{2KT_1}{\phi_{\mathrm{d}}z_1^2m_{\mathrm{n}}^3}Y_\varepsilon Y_\beta\cos^2\beta\cdot Y_{\mathrm{Fa}}Y_{\mathrm{Sa}}\leqslant[\sigma_{\mathrm{F}}] \tag{5-27}$$

$$m_{\mathrm{n}}\geqslant\sqrt[3]{\frac{2KT_1}{\phi_{\mathrm{d}}z_1^2}\frac{Y_{\mathrm{Fa}}Y_{\mathrm{Sa}}}{[\sigma_{\mathrm{F}}]}\cos^2\beta} \tag{5-28}$$

式中，Y_{Fa} 为齿形系数，Y_{Sa} 为应力修正系数，它们分别由当量齿数 $z_{\mathrm{v}}=z/(\cos^3\beta)$ 查表 5-9 获得。Y_ε 为齿根弯曲疲劳强度计算用重合度系数，按 $Y_\varepsilon=0.25+0.75/\varepsilon_{\alpha\mathrm{v}}$ 计算，其中 $\varepsilon_{\alpha\mathrm{v}}=\varepsilon_\alpha/\cos^2\beta_{\mathrm{b}}$。$Y_\beta$ 为齿根弯曲疲劳强度计算用螺旋角系数，按 $Y_\beta=1-\varepsilon_\beta\beta/120^\circ$ 计算，其中 $\varepsilon_\beta=\phi_{\mathrm{d}}z_1\tan\beta/\pi$。

齿面接触疲劳强度校验和设计公式分别为

$$\sigma_{\mathrm{H}}=Z_{\mathrm{E}}Z_{\mathrm{H}}Z_\varepsilon Z_\beta\sqrt{\frac{2KT_1}{\phi_{\mathrm{d}}d_1^3}\cdot\frac{u\pm1}{u}}\leqslant[\sigma_{\mathrm{H}}] \tag{5-29}$$

$$d_{1\mathrm{t}}\geqslant\sqrt[3]{\frac{2KT_1}{\phi_{\mathrm{d}}}\frac{u\pm1}{u}\left(\frac{Z_{\mathrm{E}}Z_{\mathrm{H}}Z_\varepsilon Z_\beta}{[\sigma_{\mathrm{H}}]}\right)^2} \tag{5-30}$$

式中，Z_{E} 为材料弹性系数，由表 5-11 查取；Z_{H} 为标准斜齿圆柱齿轮的区域系数，$Z_{\mathrm{H}}=\sqrt{2\cos\beta_{\mathrm{b}}/(\cos\alpha_{\mathrm{t}}\sin\alpha_{\mathrm{t}})}$；$Z_\beta=\sqrt{\cos\beta}$ 为螺旋角系数；Z_ε 为齿面接触疲劳强度计算用重合度系数，并且 $Z_\varepsilon=\sqrt{(4-\varepsilon_\alpha)(1-\varepsilon_\beta)/3+\varepsilon_\beta/\varepsilon_\alpha}$。

5.11 直齿圆锥齿轮传动

直齿圆锥齿轮用于相交轴之间的传动，两个轴的交角根据传动要求确定，可为任意值。

直齿圆锥齿轮传动如图 5-33 所示。

图 5-33 直齿圆锥齿轮传动

$\Sigma=90^\circ$ 的标准直齿圆锥齿轮如图 5-34 所示，一对圆锥齿轮传动相当于一对节圆锥作纯滚动。一对正确安装的标准直齿圆锥齿轮的分度圆锥与节圆锥重合。设 δ_1 和 δ_2 分别为小齿轮和大齿轮的分度圆锥角（实为锥顶半角），其传动比仍可表示为

$$i_{12}=\frac{\omega_1}{\omega_2}=\frac{r_2}{r_1}=\frac{z_2}{z_1}$$

由于 $r_1=OC\cdot\sin\delta_1$，$r_2=OC\cdot\sin\delta_2$，因此一对直齿圆锥齿轮的传动比为

$$i_{12}=\frac{\omega_1}{\omega_2}=\frac{r_2}{r_1}=\frac{z_2}{z_1}=\frac{\sin\delta_2}{\sin\delta_1} \tag{5-31}$$

其中，$\Sigma=\delta_1+\delta_2=90^\circ$ 的标准直齿圆锥齿轮传动应用最广泛。此时直齿圆锥齿轮的传动比为

$$i_{12}=\frac{\sin\delta_2}{\sin\delta_1}=\cot\delta_1=\tan\delta_2 \tag{5-32}$$

式（5-32）表明直齿圆锥齿轮的传动比与分度圆锥角存在一种特殊关系，设计直齿圆锥齿轮机构时，若 $\Sigma=90^\circ$，则可根据给定的传动比，确定两个齿轮的分度圆锥角。

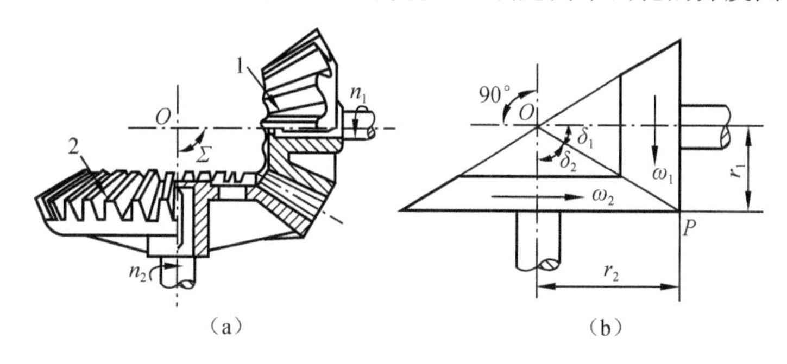

图 5-34 $\Sigma=90^\circ$ 的标准直齿圆锥齿轮

由于圆锥齿轮的轮齿分布在圆锥面上，因此齿形从大端到小端逐渐缩小。一对圆锥齿轮传动时，两个节圆锥作纯滚动。与圆柱齿轮相似，圆锥齿轮也有基圆锥、分度圆锥、齿顶圆锥、齿根圆锥。正确安装时的标准圆锥齿轮的节圆锥与分度圆锥重合。为了计算和测量方便，通常选取圆锥齿轮的大端参数为标准值。一对圆锥齿轮的正确啮合条件为两个圆锥齿轮的大端模数和大端压力角相等。

圆锥齿轮的轮齿有直齿、斜齿和曲齿等类型，直齿圆锥齿轮的加工相对简单，因此应用较广，它适用于低速轻载的场合；曲齿圆锥齿轮的设计制造较复杂，但因传动平稳，承载能力强，它常用于高速重载的场合；斜齿圆锥齿轮目前已很少使用。

由于直齿圆锥齿轮的轮齿与齿轮轴线成一个锥角 δ，垂直于齿面的法向力 F_{n} 随之旋转

一个角度，因此法向力 F_n 可分解为径向力 F_r、圆周力 F_t 和轴向力 F_a（见图 5-35）。直齿圆锥齿轮有大端和小端之分，受力分析时常假定法向力 F_n 集中作用于齿宽中点，因此各力的计算公式如下。

圆周力：
$$F_t = \frac{2T_1}{d_{m1}} \tag{5-33}$$

径向力：
$$F_r = F_t \tan\alpha \cos\delta \tag{5-33a}$$

轴向力：
$$F_a = F_t \tan\alpha \cdot \sin\delta \tag{5-33b}$$

式（5-33）中，d_{m1} 为小齿轮齿宽中点的分度圆直径。由图 5-34 可知，

$$d_{m1} = d_1 - b\sin\delta_1$$

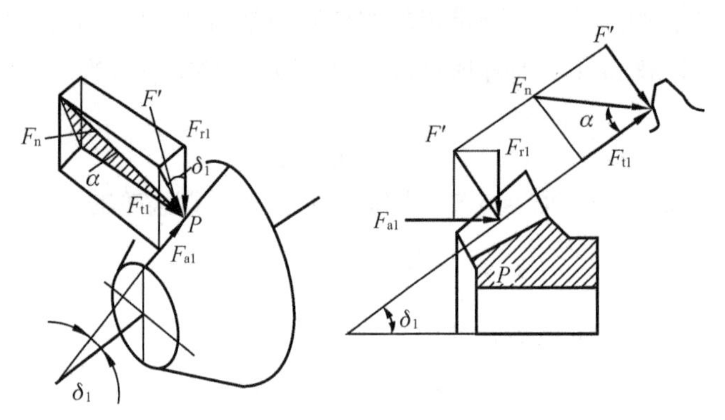

图 5-35　直齿圆锥齿轮受力分析

直齿圆锥齿轮径向力和圆周力的判断方法与直齿圆柱齿轮相同，其轴向力的方向平行于轴线，由力的作用点指向大端。

直齿圆锥齿轮几何尺寸的计算公式、相应标准及设计计算请查阅相关机械设计手册，这里就不作详细介绍。

5.12　齿轮的结构设计、润滑和传动效率

5.12.1　齿轮结构与轴的连接

按齿轮的强度设计计算能确定齿轮的模数、齿宽、分度圆直径等轮齿部分的参数，而齿轮的结构形状、轮毂、轮辐和齿圈部分的尺寸需要通过齿轮的结构设计确定，而这部分的尺寸通常根据经验值而定。

齿轮的结构设计，通常是指先根据齿轮直径的大小，选择合理的结构形式，然后由经验公式确定有关尺寸，绘制齿轮零件工作图。齿轮的结构形式与齿轮坯直径、材料、热处理、制造工艺、使用条件及经济性等都有关，齿轮的结构形式应在综合考虑上述因素的基础上确定。

按齿轮坯制造方法的不同，齿轮结构可分为锻造齿轮、铸造齿轮、镶圈齿轮和焊接齿轮等类型。按照直径的大小，齿轮结构可分为齿轮轴、实心式齿轮、腹板式齿轮和轮辐式齿轮。

1. 齿轮的结构设计

（1）齿轮轴。圆柱齿轮轴和圆锥齿轮轴如图 5-36 所示，对直径较小的钢制齿轮，若其齿

根圆直径与轴的直径相差不多，即 $e<2.5m_t$ 或 $e<1.6m$（m_t、m 分别为圆柱齿轮的端面模数和圆锥齿轮的大端模数）时，应将齿轮和轴做成一体，称为齿轮轴。若 e 值超过上述尺寸，则无论从方便制造还是从节约贵重金属材料的角度考虑，都应把齿轮和轴分开制造。齿轮轴尺寸较小，可锻造而成。

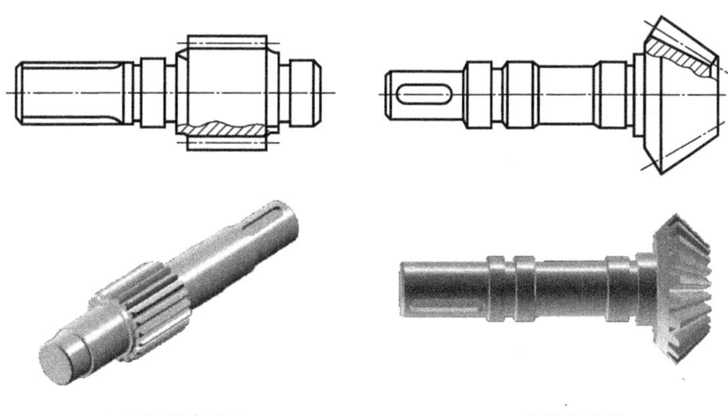

（a）圆柱齿轮轴　　（b）圆锥齿轮轴

图 5-36　圆柱齿轮轴和圆锥齿轮轴

（2）实心式齿轮。当 e 值较大而不需要做成齿轮轴且 $d_a \leqslant 200\text{mm}$ 时，则做成实心式齿轮（见图 5-37）。实心式齿轮的尺寸不大，也可锻造而成。

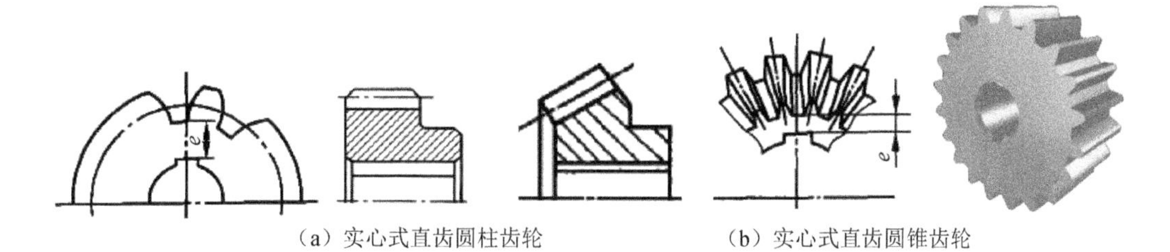

（a）实心式直齿圆柱齿轮　　（b）实心式直齿圆锥齿轮

图 5-37　实心式直齿圆柱齿轮和直齿圆锥齿轮

（3）腹板式齿轮。当齿轮齿顶圆直径 $200\text{mm}<d_a \leqslant 400\text{mm}$ 时，为减小质量和节省材料，需做成腹板式齿轮（见图 5-38），这种结构的齿轮可锻造而成，也可铸造而成。

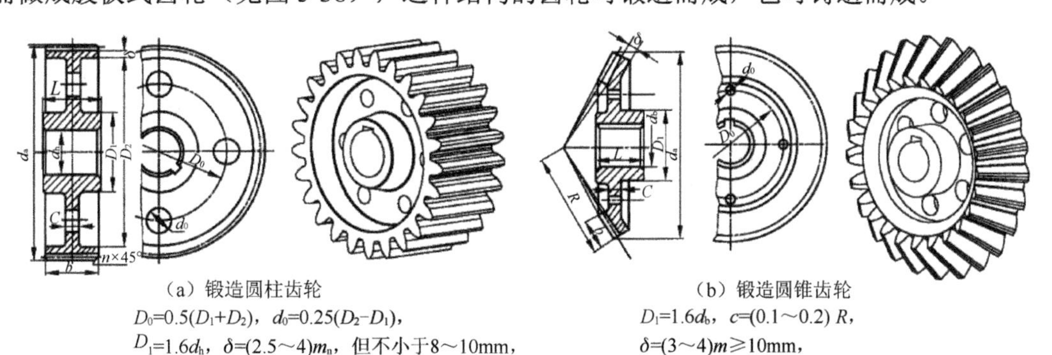

（a）锻造圆柱齿轮

$D_0=0.5(D_1+D_2)$，$d_0=0.25(D_2-D_1)$，
$D_1=1.6d_h$，$\delta=(2.5\sim4)m_n$，但不小于 8～10mm，
$C=0.3b$，$n=0.5m_n$，$L=(1.2\sim1.5)d_h$

（b）锻造圆锥齿轮

$D_1=1.6d_h$，$c=(0.1\sim0.2)R$，
$\delta=(3\sim4)m\geqslant10\text{mm}$，
$L=(1\sim1.2)d_h$，D_0，d_0，由齿轮结构确定

图 5-38　腹板式圆柱齿轮和圆锥齿轮

（4）轮辐式齿轮。当齿轮齿顶圆直径 d_a >400～500mm 时，由于尺寸较大，锻造较困难，因此宜采用铸钢或铸铁铸造齿轮坯，其结构为轮辐式（见图 5-39）。

除此之外，当齿轮直径很大时，为节约贵重金属，可将齿轮做成镶圈结构。将优质材料制成的齿圈（轮缘）用过盈配合的方法套在铸铁或铸钢轮芯上，并且在配合面加装紧定螺钉。当需要单件或小批量生产或尺寸过大不便铸造时，也可采用焊接齿轮。

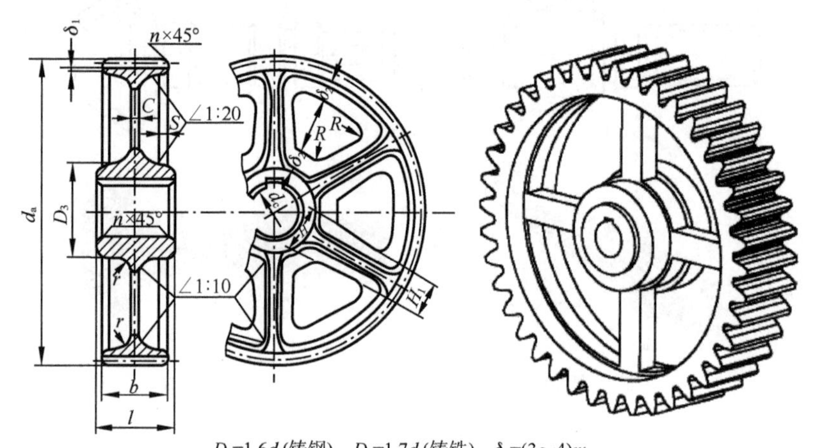

D_3=1.6d_c(铸钢)；D_3=1.7d_c(铸铁)；δ_1=(3～4)m_n；
C=0.2H≥10mm；S=0.8C≥10mm；
δ_2=(1～1.2)δ_1；H=0.8d_c；H_1=0.8H；r>5mm；R≈0.5H；l≥b

图 5-39　轮辐式齿轮

2. 齿轮与轴的连接

齿轮与轴的连接方法有很多，常见的有键连接（见图 5-40）、销连接（见图 5-41）、螺钉连接（见图 5-42）等。各种连接方法有各自的特点，需要综合考虑后进行选择。

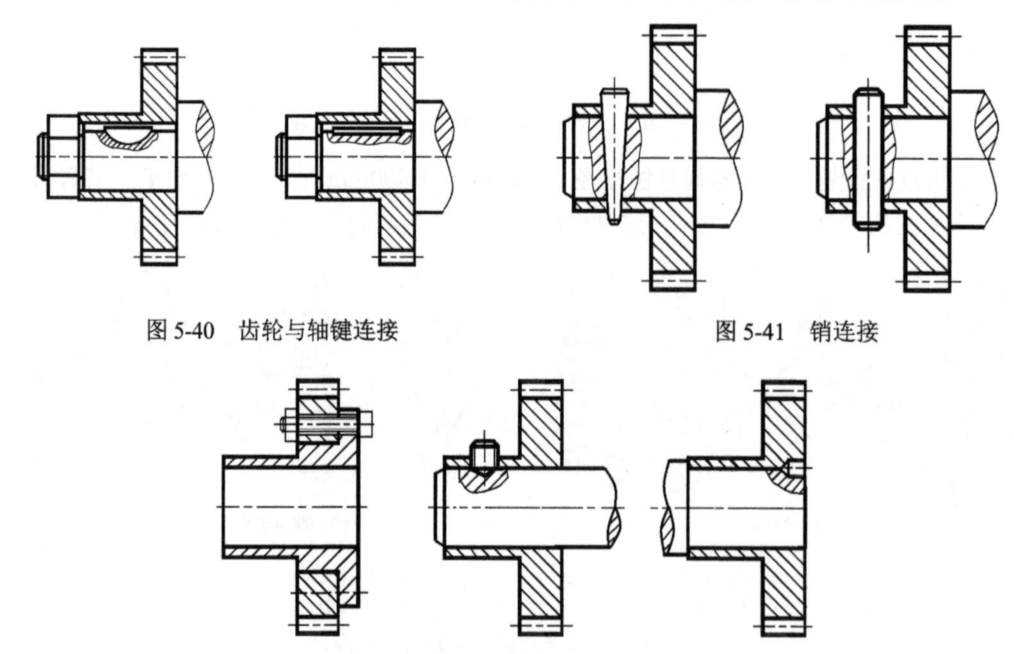

图 5-40　齿轮与轴键连接

图 5-41　销连接

图 5-42　螺钉连接

5.12.2 齿轮的润滑

在齿轮传动过程中，常因润滑不充分、润滑油选择不当及润滑油不清洁等原因，造成齿轮提前损坏。因此，对齿轮进行适当润滑，可以大大改善轮齿的工况，确保其运转正常及达到预期的使用寿命。为此，需要合理选择润滑油和润滑方式，使轮齿之间形成一层很薄的油膜，以避免两个轮齿直接接触，降低摩擦系数，减少磨损量，提高传动效率，延长使用寿命。此外，还能起到散热和防锈等作用。

常见的润滑方式有人工定期润滑、浸油润滑（油池润滑）和喷油润滑等。对开式齿轮传动，一般采用人工定期润滑，可采用润滑油或润滑脂。闭式齿轮传动的润滑方式一般根据齿轮传动的圆周速度确定。

1. 浸油润滑

当闭式传动齿轮的圆周速度 $v \leqslant 12\text{m/s}$ 时，采用浸油润滑，如图 5-43 所示。在这种润滑方式中，大齿轮浸入油池一定深度，齿轮转动时把润滑油带到啮合区。大齿轮浸油深度可根据其圆周速度大小而定。对于圆柱齿轮浸油深度通常不宜超过一个齿高，但一般应大于 10mm；对于圆锥齿轮，浸油深度为全齿宽，至少应浸入齿宽的一半。

在多级齿轮传动中，当几个大齿轮直径不相等时，可利用带油轮浸油润滑，如图 5-44 所示。

2. 喷油润滑

当齿轮的圆周速度 $v > 12\text{m/s}$ 时，应采用喷油润滑，如图 5-45 所示。喷油润滑是用油泵以一定的压力供油，通过喷嘴将润滑油喷到齿面上。当 $v \leqslant 25\text{m/s}$ 时，喷嘴位于轮齿啮入边或啮出边均可。当 $v > 25\text{m/s}$ 时，喷嘴应位于轮齿啮出边，以便借助润滑油及时冷却刚啮合过的轮齿，同时对轮齿进行润滑。

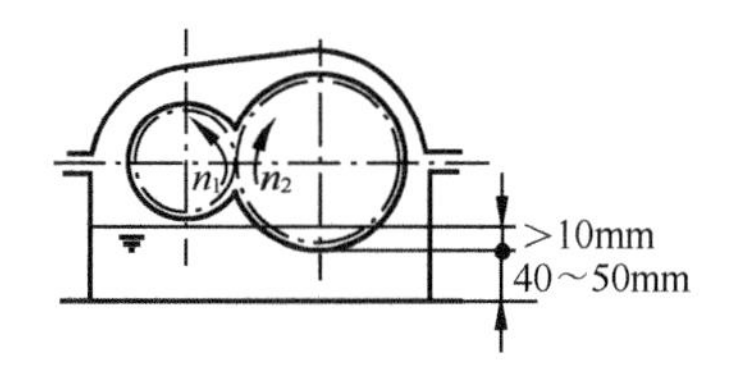

图 5-43　浸油润滑

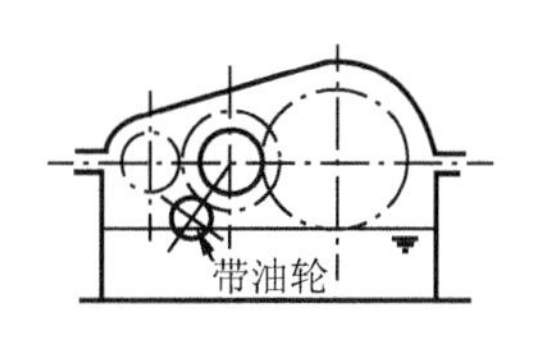

图 5-44　采用带油轮（惰轮）的浸油润滑

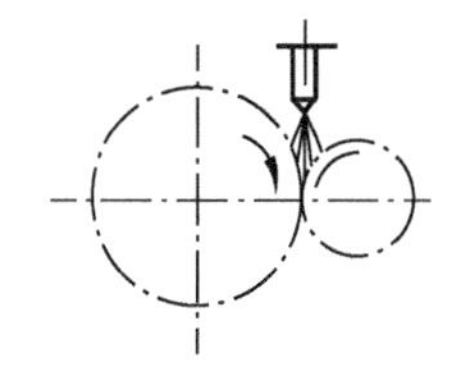
图 5-45　喷油润滑

5.12.3 齿轮的传动效率

齿轮传动的功率损耗主要包括齿轮啮合摩擦损失、轴承摩擦损失和搅动润滑油的油阻损失。因此，齿轮传动的总效率为

$$\eta = \eta_1 \eta_2 \eta_3$$

式中，η_1 为啮合效率，对 8 级以上的齿轮传动，近似地选取 $\eta_1 = 0.98$；

η_2 为轴承效率，对滚动轴承，选取 $\eta_2 = 0.99$，对滑动轴承，选取 $\eta_2 = 0.98$；

η_3 为搅油效率，η_3 与齿轮的浸油面积、圆周速度和润滑油的黏度有关，一般近似地选取 $\eta_3 = 0.96 \sim 0.99$；

对于采用滚动轴承的中速中载齿轮传动，齿轮传动的平均效率见表 5-13。

表 5-13　齿轮传动的平均效率

传动机构	结构形式		
	6 级或 7 级的闭式齿轮传动	8 级精度的闭式齿轮传动	开式齿轮传动
圆柱齿轮	0.98	0.97	0.95
圆锥齿轮	0.97	0.96	0.93

5.13　蜗 杆 传 动

蜗杆传动由蜗杆和蜗轮组成，如图 5-46 所示，它主要用于在交错轴之间传递运动和动力，通常交错角为 90°，一般蜗杆为主动件。

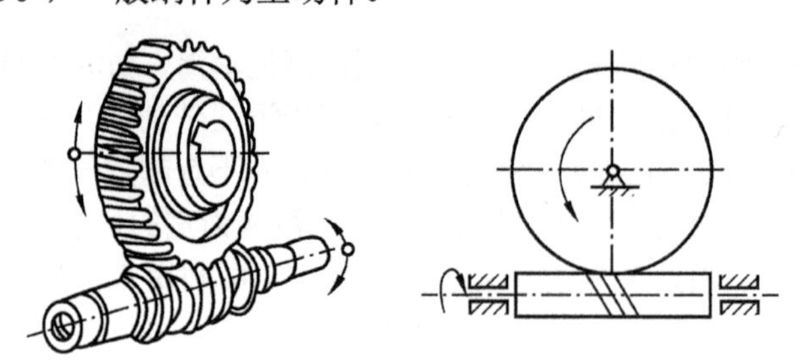

图 5-46　蜗杆和蜗轮

蜗杆的形状像圆柱形螺纹，蜗轮的形状像斜齿轮，只是它的轮齿沿齿长方向弯曲成圆弧形，以便与蜗杆更好地啮合。蜗杆和螺纹一样有右旋和左旋之分，分别称为右旋蜗杆和左旋蜗杆，与螺纹和斜齿轮的旋向判断方法相同。蜗杆上只有一条螺旋线时，称为单头蜗杆，即蜗杆转一周，蜗轮转过一个齿距；蜗杆上有两条螺旋线时，称为双头蜗杆，即蜗杆转一周，蜗轮转过两个齿距。依此类推，设蜗杆头数为 z_1（一般选取 z_1=1～4），蜗轮齿数为 z_2，则传动比 i 为

$$i=\frac{n_1}{n_2}=\frac{z_2}{z_1} \tag{5-34}$$

5.13.1　蜗杆传动的类型、特点和应用

蜗杆传动种类繁多，常用的蜗杆传动可分为圆柱蜗杆传动、环面蜗杆传动和锥面蜗杆传动，如图 5-47 所示。根据蜗杆齿形的不同，圆柱蜗杆传动又分为阿基米德圆柱蜗杆传动（ZA 型）、渐开线圆柱蜗杆传动（ZI 型）、法向直廓蜗杆传动（ZN 型）和锥面包络圆柱蜗杆传动（ZK 型）。

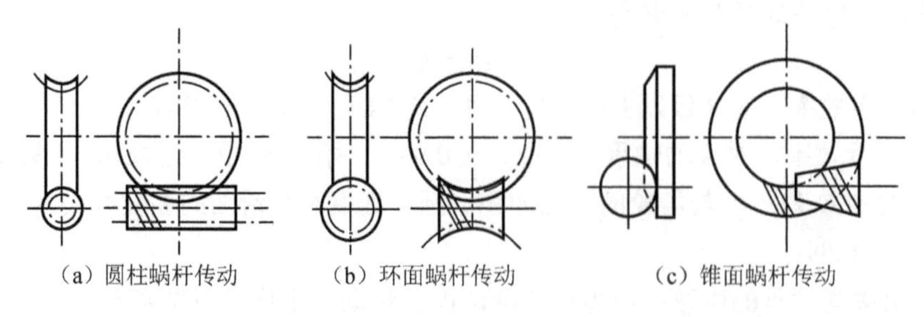

（a）圆柱蜗杆传动　（b）环面蜗杆传动　（c）锥面蜗杆传动

图 5-47　蜗杆传动

阿基米德圆柱蜗杆传动如图 5-48 所示，在端面内的齿廓曲线是阿基米德螺旋线，蜗杆螺旋面的形成与螺纹相同，加工容易。阿基米德蜗杆加工及测量方便，因此应用广泛。

其他类型的蜗杆齿面不同，加工方式不同，又各有特点，也适应不同的场合和要求。

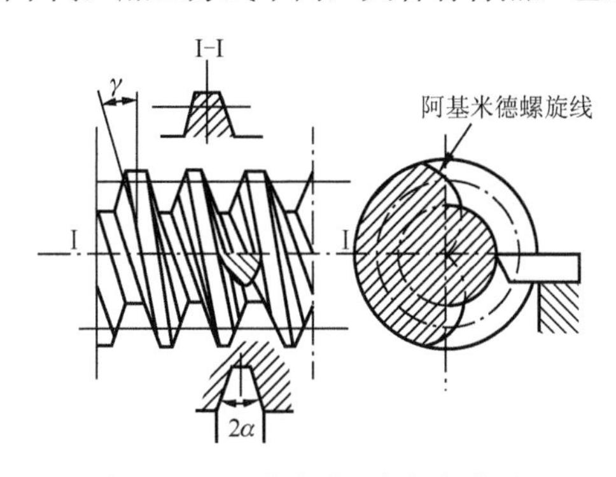

图 5-48 阿基米德圆柱蜗杆传动

蜗杆传动的优点如下：

（1）传动比大，结构紧凑。用于一般动力传动时的传动比 i=10～80；在分度机构或手动机构中，传动比 i 可达 300；若主要用于传递运动，则传动比 i 可达 1000。

（2）传动平稳，噪声小。因为蜗杆齿是连续不间断的螺旋齿，它与蜗轮轮齿的啮合是连续不断的。蜗杆轮齿无啮入和啮出的过程，因此工作平稳，冲击、振动的影响小，噪声小。

（3）具有自锁性。当蜗杆的螺纹升角很小且小于当量摩擦角时，只能由蜗杆带动蜗轮传动，而蜗轮不能带动蜗杆转动。

蜗杆传动的缺点是传动效率较低；蜗轮材料较贵，为了减摩耐磨，蜗轮齿圈常需用青铜制造，成本较高；不能实现互换。由于蜗轮是用与其匹配的蜗轮滚刀加工而成的，因此，仅模数和压力角相同的蜗杆与蜗轮是不能任意互换的。

由于蜗杆传动具有上述特点，因此一般把它用于功率不太大且不作连续运转的场合。如今，蜗杆传动广泛应用于各种机器和仪器中。在工程应用中，可以根据要求选择不同形式的蜗杆传动。

5.13.2 圆柱蜗杆传动的主要参数

将蜗杆沿轴线方向开槽，形成切削刃，就变成了蜗轮滚刀。根据齿廓范成原理，蜗轮在中间平面的齿形为渐开线，蜗轮与蜗杆在中间平面上相当于渐开线齿轮与齿条的啮合。圆柱蜗杆传动的主要参数如图 5-59 所示。圆柱蜗杆传动的基本尺寸与参数的计算是以中间平面上的参数与尺寸为基准的。这里的中间平面是指通过蜗杆轴线并垂直于蜗轮轴线的平面。

1. 模数 m 和压力角 α

在中间平面内，蜗杆与蜗轮的啮合相当于齿条和齿轮啮合。因此，蜗杆轴向模数 m_{a1} 等于蜗轮端面模数 m_{t2}。蜗杆轴向压力角 α_{a1} 等于蜗轮端面压力角 α_{t2}，即

$$m_{a1} = m_{t2} = m$$
$$\alpha_{a1} = \alpha_{t2} = \alpha \tag{5-35}$$

模数 m 的标准值可查表 5-14，压力角标准值为 20°。相应于切削刀具，对 ZA 型蜗杆，选取轴向压力角为标准值；对 ZI 型蜗杆，选取法向压力角为标准值。

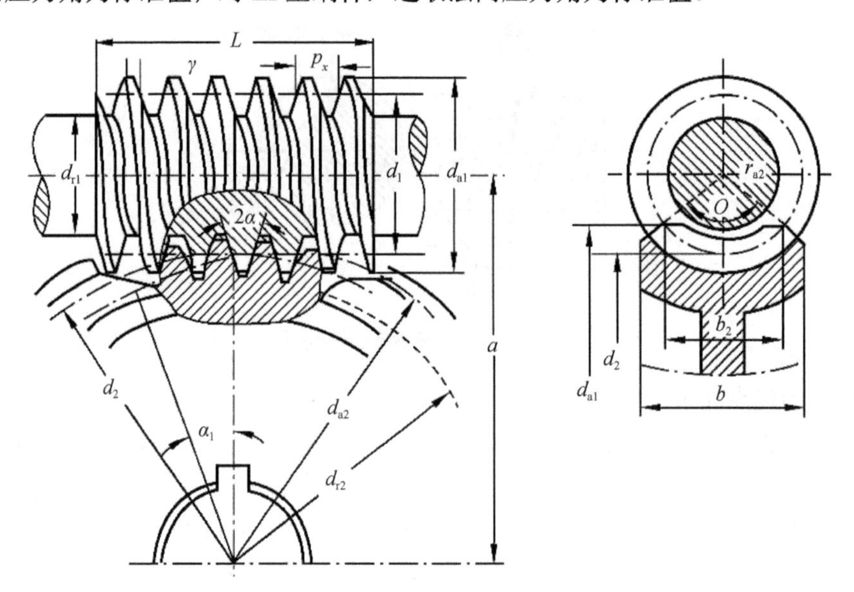

图 5-49　圆柱蜗杆传动的主要参数

表 5-14　圆柱蜗杆的基本尺寸和参数

m/mm	d_1/mm	z_1	q	m^2d_1/mm^3	m/mm	d_1/mm	z_1	q	m^2d_1/mm^3
1	18	1	18.000	18	6.3	63	1,2,4,6	10.000	2500
1.25	20	1	16.000	31.25		112	1	17.778	4445
	22.4	1	17.920	35	8	80	1,2,4,6	10.000	5120
1.6	20	1,2,4	12.500	51.2		140	1	17.500	8960
	28	1	17.500	71.68	10	90	1,2,4,6	9.000	9000
2	22.4	1,2,4,6	11.200	89.6		160	1	16.000	16000
	35.5	1	17.750	142	12.5	112	1,2,4	8.960	17500
2.5	28	1,2,4,6	11.200	175		200	1	16.000	31250
	45	1	18.000	281	16	140	1,2,4	8.750	35840
3.15	35.5	1,2,4,6	11.270	352		250	1	15.625	64000
	56	1	17.778	556	20	160	1,2,4	8.000	64000
4	40	1,2,4,6	10.000	640		315	1	15.750	126000
	71	1	17.750	1136	25	200	1,2,4	8.000	125000
5	50	1,2,4,6	10.000	1250		400	1	16.000	250000
	90	1	18.000	2250					

注：（1）本表摘自 GB 10085—2018，本表所列 d_1 数值为国标规定的优先使用值。

（2）表中同一模数有两个 d_1 值，当选取其中较大的 d_1 值时，蜗杆导程角 γ 小于 3°30′，有较好的自锁性。

2. 蜗杆直径系数 q 及分度圆直径 d_1

在图 5-49 中，齿厚与齿槽宽相等的圆柱称为蜗杆分度圆柱（或称为中圆柱）。由于蜗轮是用与蜗杆尺寸相同的蜗轮滚刀配对加工而成的，因此蜗杆的尺寸参数与加工蜗轮的蜗轮滚刀的尺寸参数相同。为了限制滚刀的数目及便于滚刀的标准化，国家标准对每一标准模数规定了一定数目的标准蜗杆分度圆直径 d_1（见表 5-14）。直径 d_1 与模数 m 的比值 q 称为蜗杆的直径系数。蜗轮的分度圆直径以 d_2 表示。蜗杆直径计算公式为

$$d_1 = mq \tag{5-36}$$

3. 传动比 i、蜗杆头数 z_1 和蜗轮齿数 z_2

蜗杆传动比的计算公式为

$$i = \frac{n_1}{n_2} = \frac{z_2}{z_1} = \frac{d_2/m}{q\tan\gamma} = \frac{d_2/m}{(d_1/m)\tan\gamma} = \frac{d_2}{d_1\tan\gamma} \neq \frac{d_2}{d_1} \tag{5-37}$$

由式（5-37）可知，较少的蜗杆头数（如单头蜗杆）可以实现较大的传动比，但传动效率较低。蜗杆头数越多，传动效率越高，但蜗杆头数过多时不易加工。通常，蜗杆头数为 1、2、4、6。

蜗轮齿数主要取决于传动比，即 $z_2=iz_1$。z_2 不宜太小（例如，当 $z_2<26$ 时，蜗轮轮齿将发生根切），否则，将使传动平稳性变差。z_2 也不宜太大，一般不大于 80，否则，在模数一定时，蜗轮直径将增大，从而使啮合的蜗杆支承间距变大，降低蜗杆的弯曲刚度，啮合精度也会降低。z_1、z_2 的推荐值见表 5-15。

表 5-15 蜗杆头数 z_1 与蜗轮齿数 z_2 的推荐值

传动比 i	7～13	14～27	28～40	>40
蜗杆头数 z_1/个	4	2	2、1	1
蜗轮齿数 z_2/个	28～52	28～54	28～80	>40

4. 蜗杆导程角 γ 和蜗轮螺旋角 β

蜗杆导程如图 5-50 所示，蜗杆螺旋面与分度圆柱面的交线是螺旋线。设 γ 为蜗杆分度圆柱上的螺旋线导程角，简称蜗杆导程角；p_a 为轴向齿距，由图 5-51 可得

$$\tan\gamma = \frac{z_1 p_a}{\pi d_1} = \frac{z_1 m}{d_1} = \frac{z_1}{q} \tag{5-38}$$

由式（5-38）可知，d_1 或 q 越小，蜗杆导程角 γ 越大，传动效率也越高，但蜗杆的刚度和强度越小。通常，对转速高的蜗杆，选取较小的 d_1 值；当蜗轮齿数 z_2 较多时，可选取较大的 d_1 值。

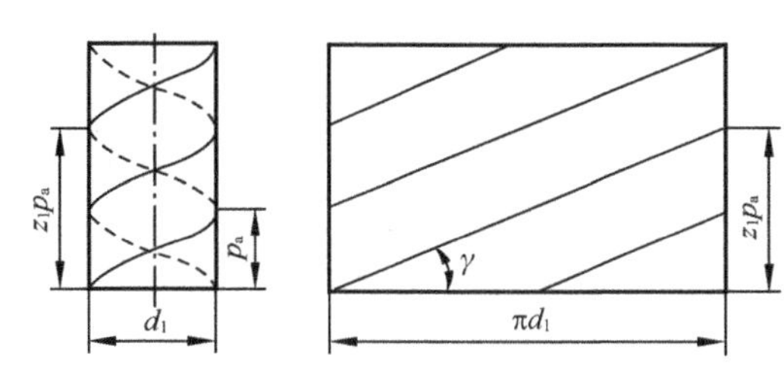

图 5-50 蜗杆导程

在两个轴交错角为 90° 的蜗杆传动中，蜗轮蜗杆的正确啮合条件除了需要满足模数和压力角相等的关系，还应满足蜗杆分度圆柱上的螺旋线导程角和蜗轮分度圆柱上的螺旋角相等，并且旋向相同，即

$$\gamma_1 = \beta_2$$

5. 中心距

当蜗杆节圆与其分度圆重合时称为标准传动，其中心距计算公式为

$$a = \frac{1}{2}(d_1 + d_2) = \frac{1}{2}m(q + z_2) \tag{5-39}$$

6. 齿面之间的滑动速度 v_s 及蜗轮转向的确定

蜗杆在传动中，即使在节点 P 处啮合，齿面之间也有较大的相对滑动，滑动速度 v_s 沿蜗杆螺旋线方向（见图 5-51）。设蜗杆圆周速度为 v_1、蜗轮圆周速度为 v_2，由图 5-51 可得

$$v_s = \sqrt{v_1^2 + v_2^2} = \frac{v_1}{\cos\gamma} \tag{5-40}$$

滑动速度的大小，对齿面的润滑情况、齿面失效形式、发热及传动效率等都有很大影响，这决定了蜗杆传动的设计计算与齿轮传动有非常大的差异。

当已知蜗杆的旋向和转向且蜗杆为主动轮时，蜗轮的转向用左/右手定则进行判断。若为右旋蜗杆，则用右手定则判断，右手四指顺着蜗杆的转向空握成拳，大拇指所指方向为蜗杆轴向力的方向，反方向为蜗轮在力作用点的蜗轮圆周力的方向，即蜗轮在力作用点圆周线速度的方向。作为从动轮，蜗轮在力作用点的速度方向与蜗轮圆周力方向相同。

若为左旋蜗杆，用左手定则判断，左手四指顺着蜗杆的转向空握成拳，大拇指所指方向的反方向为蜗轮在啮合点的速度方向，如图 5-52 所示。

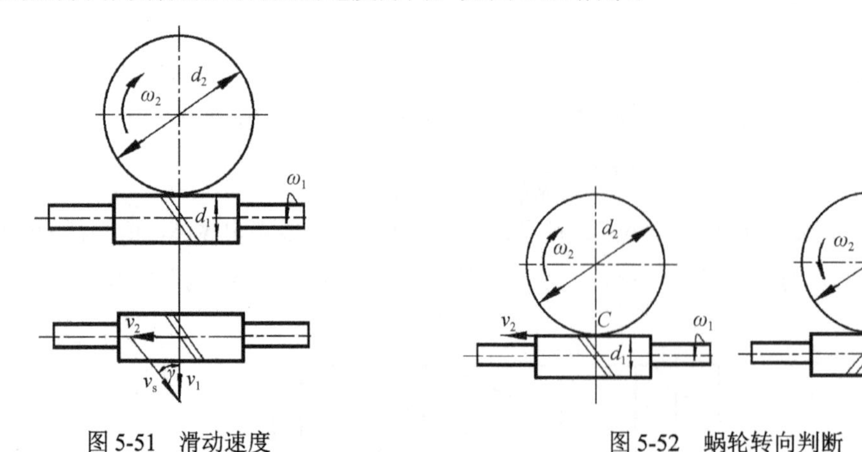

图 5-51　滑动速度　　　　图 5-52　蜗轮转向判断

5.13.3　圆柱蜗杆传动的几何尺寸计算

设计圆柱蜗杆传动时，一般先根据传动的功用和传动比要求，选择蜗杆头数 z_1 和蜗轮齿数 z_2，然后根据强度计算结果，确定中心距 a 和模数 m。上述参数确定后，可查表 5-16 计算蜗杆、蜗轮的几何尺寸（适用于交错角为 90° 的标准圆柱蜗杆传动）。

表 5-16 圆柱蜗杆传动的几何尺寸计算

名 称	计算公式	
	蜗杆	蜗轮
蜗杆分度圆直径、蜗轮分度圆直径	$d_1 = mq$	$d_2 = mz_2$
蜗杆齿顶圆直径、蜗轮顶圆直径	$d_{a1} = m(q+2)$	$d_{a2} = m(z_2+2)$
齿根圆直径	$d_{f1} = m(q-2.4)$	$d_{f2} = m(z_2-2.4)$
齿顶高	$h_a = m$	$h_a = m$
齿根高	$h_f = 1.2m$	$h_f = 1.2m$
蜗杆轴向齿距、蜗轮端面齿距	$p_{a1} = p_{t2} = p_x = \pi m$	
径向间隙	$c = 0.20m$	
中心距	$a = \frac{1}{2}(d_1+d_2) = \frac{1}{2}m(q+z_2)$	

5.13.4 蜗杆和蜗轮的结构

蜗杆螺旋部分的直径不大，因此常把它和轴做成一个整体，并且把它称为蜗杆轴，如图 5-53 所示。车削蜗杆时需要有退刀槽，轴径 d 比蜗杆齿根圆直径小 2～4mm，因此刚性较差。铣削蜗杆时无退刀槽，轴径 d 可大于蜗杆齿根圆直径，刚性较好。当蜗杆螺旋部分的直径较大时，可以将轴与蜗杆分开制造。

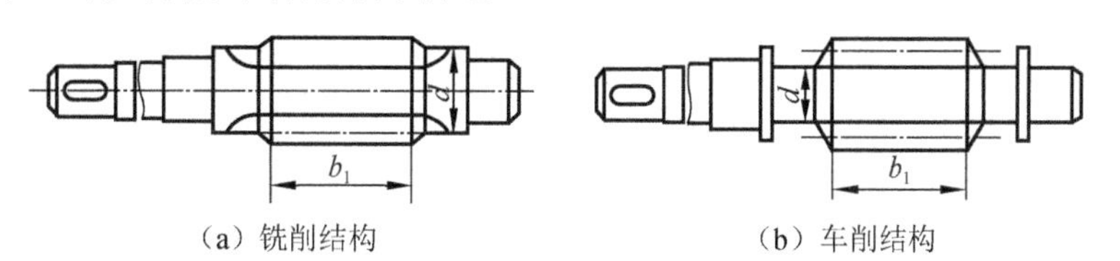

（a）铣削结构　　（b）车削结构

图 5-53 蜗杆轴

蜗轮可以被制成一个整体，如图 5-54（a）所示，主要用于铸铁蜗轮或直径小于 100mm 的青铜蜗轮。

为了节约贵重有色金属，对大尺寸的蜗轮通常采用组合式结构，即齿圈用有色金属制造，而轮芯用钢或铸铁制造，根据组合方式的不同可分为轮箍式（配合式）、螺栓连接式和镶铸式三种结构形式。

对于轮箍式（配合式）组合蜗轮，如图 5-54（b）所示，齿圈和轮芯之间可用过盈（H7/r6 配合）连接，并且沿结合面圆周装上 4～8 个螺钉，以增加连接方式的可靠性。为了便于钻孔，应将螺孔中心线向材料较硬的一边偏移 2～3mm。这种结构用于尺寸不大而工作温度变化较小的场合，以免热胀冷缩影响配合的质量。

对于螺栓连接式组合蜗轮，如图 5-54（c）所示，对轮圈与轮芯，也可用普通螺栓或铰制孔用螺栓连接，螺栓的尺寸和数目可参考蜗轮的结构尺寸选取，然后进行适当的校验。这种结构装拆方便，常用于尺寸较大或磨损后需要更换齿圈的场合。

对于镶铸式组合蜗轮，如图 5-54（d）所示，在铸铁轮芯上浇铸出青铜齿圈，然后切齿，适用于成品制造的蜗轮。

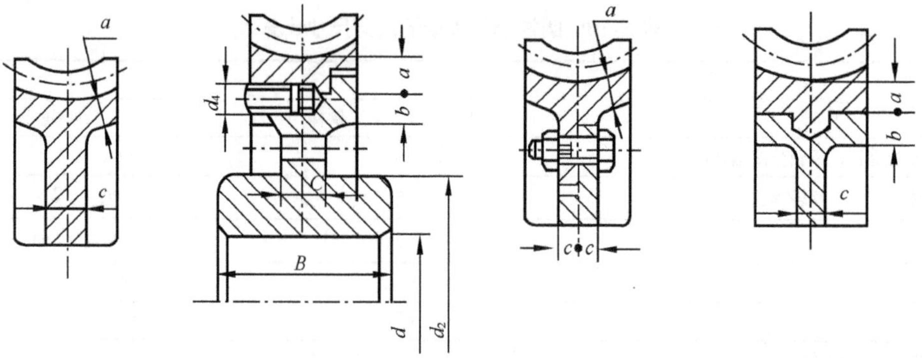

（a）整体式　（b）轮箍式　（c）螺栓连接式　（d）镶铸式

图 5-54　蜗轮结构形式

5.13.5　圆柱蜗杆传动设计考虑的主要问题

圆柱蜗杆传动的受力分析方法同斜齿轮，但在失效形式、设计准则及材料选择方面与齿轮传动不同。由于这个传动形式的滑动摩擦力比较大，因此失效形式主要有胶合、点蚀和磨损等，并且传动效率低，发热量大；在闭式蜗杆传动中，往往要进行热平衡计算。在选择材料时，需要考虑能使蜗轮和蜗杆减摩耐磨，这也是为什么对蜗轮通常选用青铜作为材料的主要原因。蜗杆通常由钢材制成，蜗杆螺旋齿部分的强度总是高于蜗轮轮齿的强度，因此强度失效通常发生在蜗轮轮齿上。为此，一般只对蜗轮轮齿进行承载能力计算。

在闭式蜗杆传动中，通常按蜗轮的齿面接触疲劳强度进行设计，而后校验蜗轮的齿根弯曲疲劳强度。此外，由于蜗杆传动效率较低，当长期运转时会产生较大的热量，如果产生的热量不能及时散去，会引起箱体内油温过高，破坏润滑状态，导致轮齿磨损加剧，甚至出现胶合，导致传动系统进一步恶化。因此，需要对连续工作的闭式蜗杆传动进行热平衡计算。

如果箱体内的油温超过温差允许值，那么可以采取下述冷却措施：

（1）增加散热面积，合理设计箱体结构，铸出或焊上散热片。

（2）提高表面散热系数，在蜗杆轴上配置风扇，如图 5-55（a）所示，或者在箱体油池内配置蛇形冷却水管，如图 5-55（b）所示，或者用循环油冷却，如图 5-55（c）所示。

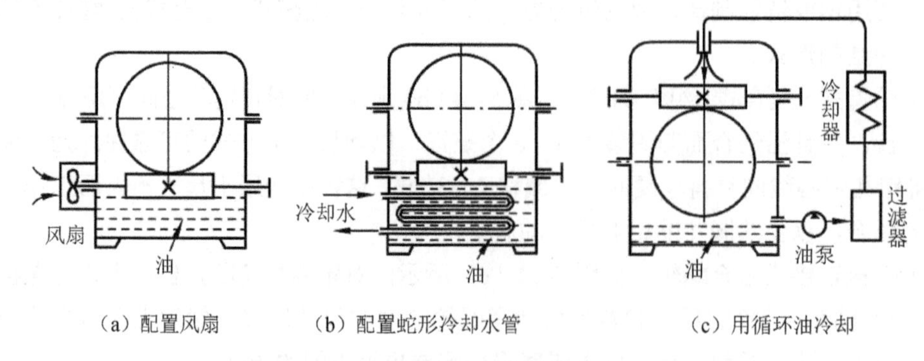

（a）配置风扇　（b）配置蛇形冷却水管　（c）用循环油冷却

图 5-55　蜗杆传动的冷却措施

对于圆柱蜗杆传动的设计，需要时可参看机械设计手册。

5.14 齿轮传动应用示例

【例 5-2】 电动蜗杆卷扬机如图 5-56（a）所示，已知小齿轮 1 的轴的转速 n_1=1440r/min，各个齿轮齿数为 z_1=23，z_2=72，z_4=46，蜗杆 3 为单头右旋蜗杆。蜗杆 3 和大齿轮 2（从动轮）同轴，其他数据与例 5-1 相同。为使蜗杆轴向力与大齿轮轴向力能互相抵消一部分，试确定齿轮的轮齿螺旋线方向，并设计计算齿轮传动的其他参数。

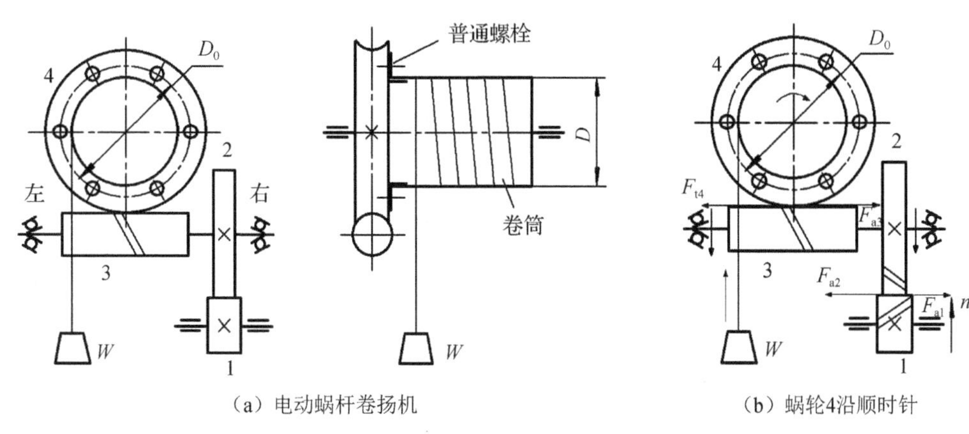

（a）电动蜗杆卷扬机　　（b）蜗轮4沿顺时针

图 5-56　电动蜗杆卷扬机

解：（1）选择标准斜齿圆柱齿轮的精度等级、材料及齿数。

① 蜗杆卷扬机为一般工作机器，齿轮选用 8 级精度。

② 查表 5-5，对小齿轮，选用 40Cr 钢，经调质处理，齿面硬度为 280HBS，$\sigma_{\text{Hlim1}}=650\text{MPa}$，$\sigma_{\text{FE1}}=560\text{MPa}$。对大齿轮，用 45 钢，经调质处理，齿面硬度为 240HBS，$\sigma_{\text{Hlim2}}=550\text{MPa}$，$\sigma_{\text{FE2}}=410\text{MPa}$。

③ 初选小齿轮 1 的齿数 z_1=24，大齿轮 2 的齿数 $z_2=uz_1$=3.2×24=76.8，四舍五入后选取 z_2=77。

④ 初选螺旋角 β=14°。

（2）按齿面接触疲劳强度设计。

由式（5-25）试算小齿轮 1 的分度圆直径 d_{1t}，即

$$d_{1\text{t}} \geqslant \sqrt[3]{\frac{2KT_1}{\phi_{\text{d}}}\frac{u\pm1}{u}\left(\frac{Z_{\text{E}}Z_{\text{H}}Z_{\varepsilon}Z_{\beta}}{[\sigma_{\text{H}}]}\right)^2}$$

按以下步骤确定上式中的各个参数值：

① 查表 5-8，选取载荷系数 K=1.3。

② 小齿轮 1 的传递的转矩 T_1。

$$T_1=9.55\times10^6\times\frac{P}{n_1}=9.55\times10^6\times\frac{11}{970}=1.083\times10^5\,\text{N}\cdot\text{mm}$$

③ 查表 5-10，选取齿宽系数 $\phi_{\text{d}}=1$。

④ 计算区域系数 Z_{H}。

$$\alpha_t = \arctan\frac{\tan\alpha_n}{\cos\beta} = \arctan\frac{\tan 20^\circ}{\cos 14^\circ} = 20.562^\circ$$

$$\beta_b = \arctan(\tan\beta\cos\alpha_t) = \arctan(\tan 14^\circ \cos 20.562^\circ) = 13.14^\circ$$

$$Z_H = \sqrt{\frac{2\cos\beta_b}{\cos\alpha_t \sin\alpha_t}} = \sqrt{\frac{2\cos 13.14^\circ}{\cos 20.562^\circ \sin 20.562^\circ}} = 2.434$$

⑤ 查表 5-11，选取弹性系数 $Z_E = 189.8\sqrt{\text{MPa}}$ 。

⑥ 接触疲劳强度计算用重合度系数 Z_ε 。

$$\alpha_{at1} = \arccos\frac{z_1\cos\alpha_t}{z_1 + 2h_{an}^*} = \arccos\frac{24\times\cos 20.562^\circ}{24 + 2\times 1\times\cos 14^\circ} = 29.974^\circ$$

$$\alpha_{at2} = \arccos\frac{z_2\cos\alpha_t}{z_2 + 2h_{an}^*} = \arccos\frac{77\times\cos 20.562^\circ}{77 + 2\times 1\times\cos 14^\circ} = 24.038^\circ$$

$$\begin{aligned}\varepsilon_\alpha &= \frac{z_1(\tan\alpha_{at1} - \tan\alpha_t') + z_2(\tan\alpha_{at2} - \tan\alpha_t')}{2\pi} \\ &= \frac{24\times(\tan 29.974^\circ - \tan 20.562^\circ) + 77\times(\tan 24.038^\circ - \tan 20.562^\circ)}{2\pi} = 1.639\end{aligned}$$

$$\varepsilon_\beta = \phi_d z_1 \tan\beta / \pi = 1\times 24\times\tan 14^\circ / \pi = 1.905$$

$$Z_\varepsilon = \sqrt{(4-\varepsilon_\alpha)(1-\varepsilon_\beta)/3 + \varepsilon_\beta/\varepsilon_\alpha} = \sqrt{(4-1.639)(1-1.905)/3 + 1.905/1.639} = 0.671$$

⑦ 计算螺旋角系数 Z_β 。

$$Z_\beta = \sqrt{\cos\beta} = \sqrt{\cos 14^\circ} = 0.985$$

上式中的其他参数与例 5-1 相同。

计算小齿轮 1 的分度圆直径：

$$\begin{aligned}d_{1t} &\geqslant \sqrt[3]{\frac{2KT_1}{\phi_d}\frac{u\pm 1}{u}\left(\frac{Z_E Z_H Z_\varepsilon Z_\beta}{[\sigma_H]}\right)^2} \\ &= \sqrt[3]{\frac{2\times 1.3\times 1.083\times 10^5}{1}\times\frac{77/24+1}{77/24}\cdot\left(\frac{2.434\times 189.8\times 0.671\times 0.985}{550}\right)^2} = 48.281\text{（mm）}\end{aligned}$$

初步确定齿轮参数：

① 实际传动比。

$$i = 77/24 = 3.208$$

② 模数。

$$m_n = d_{1t}\cos\beta / z_1 = 48.281\times\cos 14^\circ / 24 = 1.952\text{（mm）}$$

查表 5-2，选取 m_n=2mm。

（3）校验计算齿根弯曲疲劳强度。

根据式（5-22）进行验算，即

$$\sigma_F = \frac{2KT_1}{\phi_d z_1^2 m_n^3} Y_\varepsilon Y_\beta \cos^2\beta \cdot Y_{Fa} Y_{Sa} \leqslant [\sigma_F]$$

按以下步骤确定公式中的各个参数值：

① 弯曲疲劳强度的重合度系数 Y_ε 。

$$\varepsilon_{\alpha v} = \varepsilon_\alpha / \cos^2\beta_b = 1.639 / \cos^2 13.140^\circ = 1.728$$

$$Y_{\varepsilon}=0.25+0.75/\varepsilon_{\alpha v}=0.25+0.75/1.728=0.684$$

② 弯曲疲劳强度的螺旋角系数 Y_{β}。

$$Y_{\beta}=1-\varepsilon_{\beta}\beta/120°=1-1.905\times14°/120°=0.778$$

③ 齿形系数 Y_{Fa} 和应力修正系数 Y_{Sa}。

当量齿数 $z_{v1}=z_1/(\cos^3\beta)=24/(\cos^3 14°)=26.272$，$z_{v2}=z_2/(\cos^3\beta)=77/(\cos^3 14°)=84.290$，查表 5-9 得齿形系数 $Y_{Fa1}=2.59$，$Y_{Fa2}=2.21$，应力修正系数 $Y_{Sa1}=1.6$，$Y_{Sa2}=1.77$。许用应力与例 5-1 相同。

计算两个齿轮的齿根弯曲应力：

$$\sigma_{F1}=\frac{2KT_1}{\phi_d z_1^2 m_n^3}Y_{\varepsilon}Y_{\beta}\cos^2\beta\cdot Y_{Fa}Y_{Sa}$$

$$=\frac{2\times1.3\times1.083\times10^5}{1\times24^2\times2^3}\times0.684\times0.778\times\cos^2 14°\times2.59\times1.6=126.798\text{（MPa）}$$

$$\sigma_{F2}=\frac{\sigma_{F1}Y_{Fa2}Y_{Sa2}}{Y_{Fa1}Y_{Sa1}}=\frac{126.798\times2.21\times1.77}{2.59\times1.6}=119.691\text{（MPa）}$$

校验计算：

$$\sigma_{F1}=126.798\text{MPa}<[\sigma_{F1}]=448\text{MPa}$$

$$\sigma_{F2}=119.691\text{MPa}<[\sigma_{F2}]=328\text{MPa}$$

因此，齿根弯曲疲劳强度足够。

（4）计算齿轮的圆周速度。

$$v=\frac{\pi d_{1t}n_1}{60\times1000}=\frac{3.14\times49.47\times970}{60\times1000}=2.512\text{（m/s）}$$

对照表 5-7 可知，选用 8 级精度合适。

（5）几何尺寸计算

① 计算中心距。

$$a=\frac{d_{1t}+d_{2t}}{2}=\frac{m_n(z_1+z_2)}{2\cos\beta}=\frac{2\times(24+77)}{2\cos14°}=104.092\text{（mm）}$$

将中心距圆整为 105mm。

② 按圆整后的中心距，修正螺旋角 β。

$$\beta=\arccos\frac{m_n(z_1+z_2)}{2a}=\arccos\frac{2\times(24+77)}{2\times105}=15.867°$$

因其值变化不大，故不必做强度验算。

③ 分度圆直径。

$$d_1=m_n z_1=2\times24=48\text{mm}，\ d_2=m_n z_2=2\times77=154\text{（mm）}$$

$$d_{1t}=m_n z_1/\cos\beta=2\times24/\cos15.867°=49.9\text{（mm）}$$

$$d_{2t}=m_n z_2/\cos\beta=2\times77/\cos15.867°=160.1\text{（mm）}$$

④ 计算齿轮宽度。

$$b=\phi_d d_{1t}=1\times49.9=49.9\text{（mm）}$$

选取 b_2=50mm，b_1=55mm。

（6）确定齿轮的螺旋线方向。

如图 5-56（b）所示，假设重物上升，蜗轮 4 沿顺时针方向旋转。因为蜗轮 4 为从动轮，

所以圆周力 F_{t4} 的方向向左，与其大小相同、方向相反的是蜗杆 3 的轴向力 F_{a3}，其方向向右。为使蜗杆轴向力 F_{a3} 与大齿轮轴向力 F_{a2} 能互相抵消一部分，大齿轮轴向力 F_{a2} 方向向左，小齿轮轴向力 F_{a1} 方向向右。

又因为蜗杆 3 右旋，轴向力 F_{a3} 方向向右，由左/右手定则判断，蜗杆 3 转动方向箭头向下，大齿轮 2 和蜗杆 3 同轴，转动方向相同，也向下，小齿轮 1 和大齿轮 2 外啮合，因此转动方向向上。

根据小齿轮 1 的转动方向和轴向力 F_{a1} 的方向，由左/右手定则判断，小齿轮 1 左旋，大齿轮 2 右旋［见图 5-57（b）］。

（7）齿轮的结构设计（从略）。参看 5.12.1 节。

（8）主要设计结论。

齿数：z_1=24，z_2=77；模数 m_n=2mm，压力角 α=20°，螺旋角中心距 a=105mm；齿宽：b_1=55mm，b_2=50mm。小齿轮 1 左旋，大齿轮 2 右旋。小齿轮 1 的材料选用 40Cr，经调质，齿面硬度为 280HBS。大齿轮 2 的材料选用 45 钢，经调质，齿面硬度为 240HBS，8 级精度。

思 考 题

5-1　渐开线是怎样形成的？具有什么样的性质？渐开线齿轮是否满足齿廓啮合定律？为什么？

5-2　压力角与啮合角、节圆与分度圆之间的区别与联系？

5-3　一对标准渐开线直齿圆柱齿轮在安装时的实际中心距大于标准中心距，在传动比、啮合角、分度圆直径、基圆直径、实际啮合线长度、齿顶高、齿顶隙这些参数中，哪些参数发生变化？哪些参数不变？

5-4　根切现象发生在基圆内还是基圆之外？分析产生根切的原因。

5-5　用齿条插刀加工时，刀具与齿轮坯之间应保证实现怎样的运动？

5-6　为什么用渐开线作为齿轮轮廓曲线能保证定传动比？

5-7　用范成法加工渐开线齿轮时，可以用同一把刀具加工同一模数和分度圆压力角而不同齿数的齿轮，为什么？是否可以使用仿形法？

5-8　为什么会出现刀具顶线超过啮合极限点 N 的情况？是刀具的原因吗？

5-9　为什么通过强度计算不能解决齿轮传动的 5 种失效形式？

5-10　为什么轮齿折断出现在齿根？齿面点蚀位于在靠近节点的齿根处？

5-11　在轮齿弯曲疲劳强度计算时，为什么要引入齿形系数 Y_{Fa} 和应力修正系数 Y_{Sa}？

5-12　什么参数直接决定了轮齿的弯曲疲劳强度和接触疲劳强度的高低？

5-13　小齿轮齿数 z_1 的选择原则是什么？

5-14　为什么在分析斜齿圆柱齿轮、锥齿轮和蜗杆蜗轮的受力情况时，可以将法向力 F_n 分解为径向力 F_r、圆周力 F_t 和轴向力 F_a？

习 题

5-15　一个渐开线的基圆半径 $r_b = 40\text{mm}$，试求此渐开线压力角 $\alpha = 20°$ 处的半径 r 和曲率半径 ρ 的大小。

5-16 有一个标准渐开线直齿圆柱齿轮，其齿顶圆直径 $d_a = 106.40\text{mm}$，齿数 $z = 25$，它是哪一种齿制的齿轮？基本参数是多少？

5-17 有两个标准直齿圆柱齿轮，已知齿数 $z_1 = 22$，$z_2 = 98$，小齿轮齿顶圆直径 $d_{a1} = 240\text{mm}$，大齿轮全齿高 $h = 22.5\text{mm}$，试判断这两个齿轮能否正确啮合传动。

5-18 有一对正常齿制渐开线标准直齿圆柱齿轮，它们的齿数分别为 $z_1 = 19$ 和 $z_2 = 81$，模数 m=5mm，压力角 $\alpha = 20°$。若将其安装成 $a' = 250\text{mm}$ 的齿轮传动机构，能否实现无侧隙啮合？为什么？此时的顶隙（径向间隙）C 是多少？

5-19 已知一对渐开线标准外啮合圆柱齿轮传动机构，要求传动比 i=8/5，模数 m=3mm，安装中心距 a=78mm，试确定这对齿轮的齿数、分度圆半径、齿顶圆半径、齿根圆半径和基圆半径。

5-20 由一对按标准安装的渐开线标准齿轮组成的外啮合传动机构，中心距 a=100mm，z_1=20，z_2=30，d_{a1}=88mm，求这对齿轮各部分尺寸。若安装中心距增大到 102mm，齿轮各部分尺寸有无变化？如有变化，分别为多少？

5-21 现有 4 个标准齿轮：

（1）m_1=4mm，z_1=25。

（2）m_2=4mm，z_2=50。

（3）m_3=3mm，z_3=60。

（4）m_4=2.5mm，z_4=40。试问：

① 哪两个齿轮的渐开线形状相同？

② 哪两个齿轮能正确啮合？

③ 哪两个齿轮能用同一把滚刀制造？对这两个齿轮，能否改成用同一把铣刀加工？

5-22 已知一对正常齿标准斜齿圆柱齿轮的模数 m=3mm，齿数 z_1=33，z_2=76，分度圆螺旋角 $\beta = 8°6'34''$。试求其中心距、端面压力角、当量齿数、分度圆直径、齿顶圆直径和齿根圆直径。

5-23 由两对按标准安装的标准直齿圆柱齿轮组成的传动机构，其中一对齿轮的有关参数如下：m=5mm，$h_a^* = 1$，$\alpha = 20°$，$z_1 = 24$，$z_2 = 45$；另一对的有关参数如下：m=2mm，$h_a^* = 1$，$\alpha = 20°$，$z_1 = 24$，$z_2 = 45$。哪一对齿轮传动的重合度大？

5-24 有一个标准直齿圆柱齿轮传动机构，已知 $z_1 = 20$，$z_2 = 40$，$\alpha = 20°$，$h_a^* = 1$。为提高该齿轮机构传动的平稳性，要求在传动比 i、模数 m 和中心距 a 都不变的前提下，把标准直齿圆柱齿轮机构换成标准斜齿圆柱齿轮机构。试设计计算这对齿轮的齿数 z_1、z_2 和螺旋角 β。（z_1 应少于 20）。

5-25 在一对齿轮的啮合传动中，下列应力是否相等？为什么？

（1）两个齿面的接触应力 σ_{H1} 和 σ_{H2}。

（2）两个齿轮的许用接触疲劳应力[σ_{H1}]和[σ_{H2}]。

（3）两个轮齿根的弯曲应力 σ_{F1} 和 σ_{F2}。

（4）两个轮齿根的许用弯曲应力[σ_{F1}]和[σ_{F2}]。

5-26 在单级闭式直齿圆柱齿轮传动中，小齿轮的材料为 45 钢，经调质处理，大齿轮的材料为 ZG310～570 钢，经正火处理。已知这对齿轮的模数 m=4mm，z_1=25，z_2=73，n_1=720r/min，b_1=84mm，b_2=78mm，单向传动，载荷为中等冲击，用电动机驱动。试问：

（1）若根据弯曲疲劳强度进行设计，这对齿轮能够传递的功率是多少？

（2）若根据接触疲劳强度进行设计，这对齿轮能够传递的功率是多少？

（3）这对齿轮的主要失效形式是什么？这对齿轮能够传递的最大功率是多少？

5-27　在单级闭式标准直齿圆柱齿轮传动中，小齿轮的材料为45钢，经调质处理，大齿轮的材料为ZG310～570，经正火处理，P=4kW，n_1=720r/min，m=4mm，z_1=25，z_2=73，b_1=84mm，b_2=78mm，单向转动，载荷为中等冲击，用电动机驱动，试验算此单级传动机构的强度。

5-28　两级斜齿圆柱齿轮减速器如图5-57所示，输出轴的转向和齿轮4的螺旋线见图5-58，求：

（1）为使齿轮2和齿轮3的轴向力方向相反，试确定齿轮1、齿轴2、齿轴3的螺旋线方向。

（2）两对齿轮所承受的各个分力的方向。

5-29　两级圆锥-圆柱齿轮减速器如图5-58所示，动力由轴Ⅰ输入，转向见图5-58。求：

（1）为使轴Ⅱ上两个齿轮的轴向力方向相反，确定斜齿轮3和齿轮4的螺旋线方向。

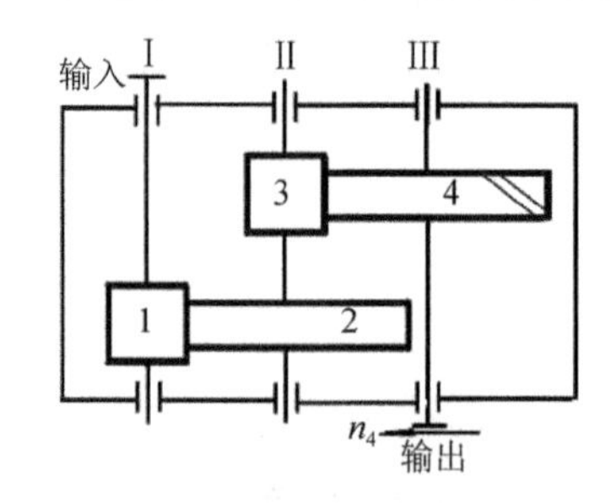

图5-57　两级斜齿圆柱齿轮减速器

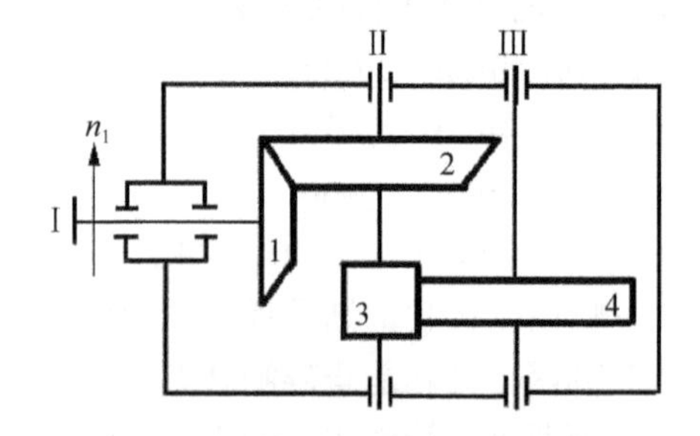

图5-58　两级圆锥-圆柱齿轮减速器

（2）两对齿轮所承受的各个分力的方向。

5-30　图5-59所示为一个两级蜗杆蜗轮圆柱齿轮减速器，小斜齿轮1为主动轮，已知蜗轮右旋，转向见图5-59。试在该图上标出：

（1）蜗杆螺旋线方向及转向。

（2）大斜齿轮螺旋线方向，要求大斜齿轮的轴向力能与蜗杆的轴向力抵消一部分。

（3）小斜齿轮螺旋线方向及轴的转向。

（4）蜗杆轴（包括大斜齿轮）上各个作用力的方向，画出受力图（各以3个分力表示）。

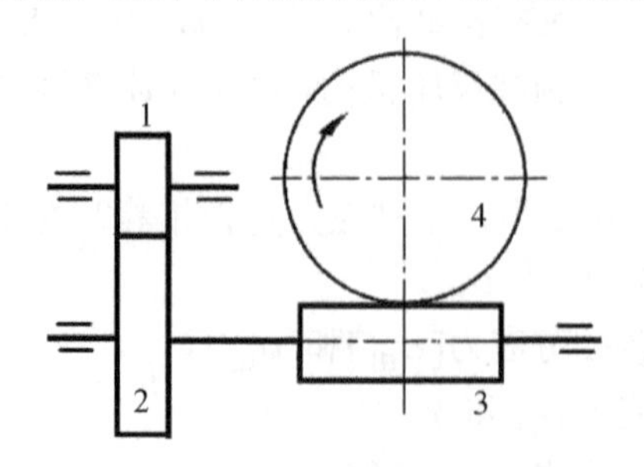

图5-59　两级蜗杆蜗轮圆柱齿轮减速器

第 6 章 轮　　系

主要概念

轮系、定轴轮系、周转轮系、行星轮系、差动轮系、复合轮系、转化轮系、轮系传动比。

学习引导

轮系是一系列齿轮构成的传动系统，实际应用广泛，如减速器和汽车齿轮变速器等。在应用齿轮传动的场合，传动比的计算是传动设计中重要的内容。

从轮系基本类型看，有定轴轮系和周转轮系，还有复合轮系。两个齿轮的传动比容易计算，轮系的传动比该怎样计算？定轴轮系和周转轮系的传动比计算方法有何不同？复合轮系的传动比计算呢？这些内容都是轮系中的主要问题。

采用轮系能实现变速传动、远距离传动、分路传动、换向传动、运动的合成、运动的分解、获得较大传动比、实现大功率传动等，这些功能已经在实际机械设计中得到广泛的应用。

引例

汽车手动变速器如引例图 6-1 所示，它简直就是一个齿轮的“群英会”，令人眼花缭乱。

汽车在使用时需要有不同的速度，用变速器实现变速要求是其主要作用之一。变速器的原理是依靠不同齿数的齿轮啮合改变传动比大小，从而实现输出速度的变化。一般汽车手动变速器的传动比主要分 1～4 挡，通常设计者首先需要确定最低挡（1 挡）与最高挡（4 挡）传动比后，对中间各挡传动比，一般按等比级数分配。另外，还有倒挡，又称 5 挡。

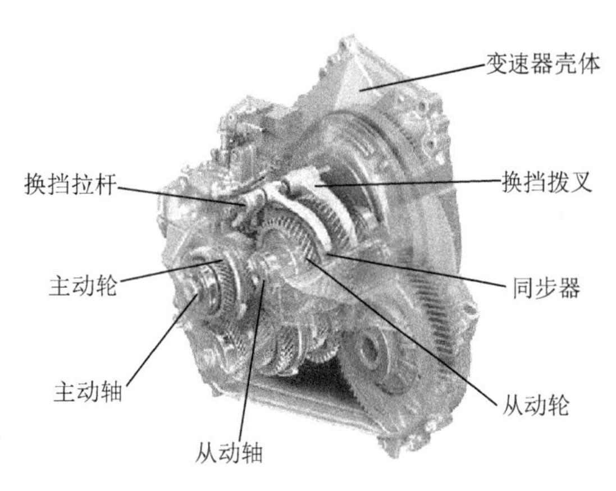

引例图 6-1　汽车手动变速器构造

6.1　轮系的分类

根据轮系运转时各齿轮轴线位置相对于机架是否固定，可将轮系分为定轴轮系和周转轮系两种基本类型。

6.1.1　定轴轮系

轮系在运转过程中，若每个齿轮的轴线位置相对于机架均固定不变，则该轮系称为定轴轮系，如图 6-1 所示。

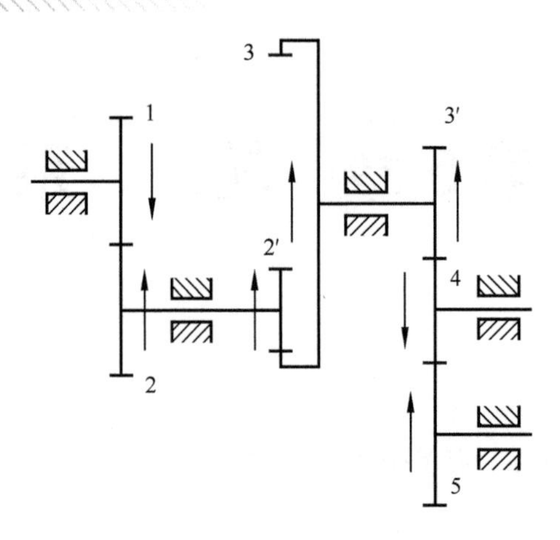

图 6-1　定轴轮系

6.1.2　周转轮系

轮系在运转过程中，若有一个齿轮构件的几何轴线相对于机架变动，其轴线绕某一个固定轴线回转，则这样的轮系称为周转轮系，如图 6-2 所示。从图 6-2 可以看出，轮系运转时，齿轮 1 和齿轮 3 的轴线相对于机架固定不定；齿轮 2 绕自身轴线回转的同时，又随构件 H 一起绕固定轴线 O_H 作周转运动。因此，可以形象地把齿轮 2 比喻成地球那样的行星，既有自转也有公转，这类齿轮称为行星轮。构件 H 称为行星架或系杆，行星架是用于支撑行星轮并使其公转的构件，轴线固定的齿轮 1 和齿轮 3 则称为中心轮或太阳轮。基本周转轮系由行星轮、支持它的行星架和与行星轮相啮合的两个（有时只有一个）中心轮组成。行星架与中心轮的几何轴线必须重合，否则，该轮系不能传动。

在周转轮系中，中心轮和行星架绕固定轴线旋转，因此一般将它们作为运动的输入/输出构件，称它们为周转轮系的基本构件。基本构件都是围绕同一个固定轴线回转的。

根据轮系所具有的自由度，周转轮系又可以分为差动轮系（自由度 F=2）和行星轮系（自由度 F=1），如图 6-3 所示。

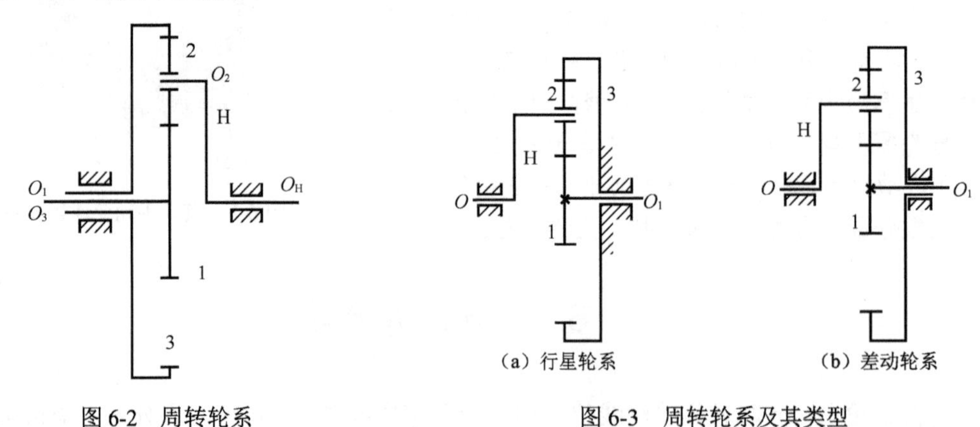

图 6-2　周转轮系

图 6-3　周转轮系及其类型

1. 行星轮系

在图 6-3（a）所示的行星轮系中，齿轮 1、2、行星架 H 为活动构件。可知，该机构中的活动构件数量 n=3，低副数 P_L=3，高副数 P_H=2，于是该行星轮系的自由度为

$$F = 3n - 2P_L - P_H = 3\times3 - 2\times3 - 2 = 1$$

对这种周转轮系，只需要输入一个独立的运动就可以确定整个轮系中各构件的相对运动关系。

2. 差动轮系

在图6-3（b）所示的差动轮系中，齿轮1、齿轮2、齿轮3以及行星架H均为活动构件，因此该机构中活动构件数量n=4，低副数P_L=4（齿轮1、齿轮3和机架组成复合铰链），高副数$P_H = 2$。于是，该差动轮系的自由度为

$$F = 3n - 2P_L - P_H = 3\times4 - 2\times4 - 2 = 2$$

对这种周转轮系，需要输入两个独立的运动才能确定该轮系中各个构件的相对运动关系。

在周转轮系中，中心轮通常用符号K表示，行星架用H表示。根据构件的特点，周转轮系还可以分为以下几类：

（1）2K-H型周转轮系。该轮系如图6-4所示，其中，基本构件为两个中心轮和一个行星架，因此称为2K-H型周转轮系。

（2）3K型周转轮系。该轮系如图6-5所示轮系，其中，基本构件为三个中心轮，因此称为3K型周转轮系。由于该轮系中的行星架H只起支撑行星轮并使其与中心轮保持啮合的作用，不作为输入或输出构件，因此该轮系的型号中不含符号“H”。

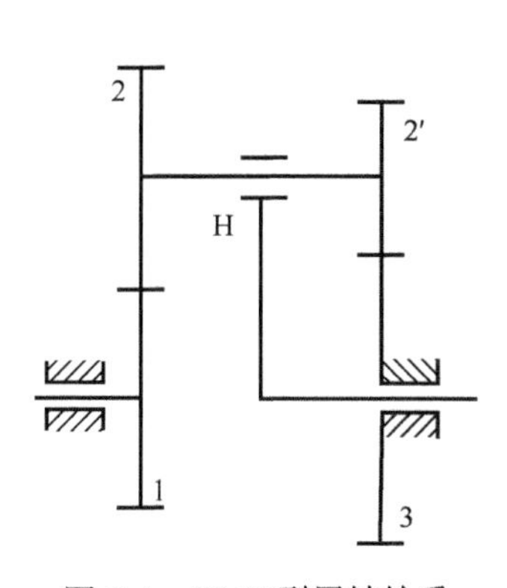

图6-4　2K-H型周转轮系

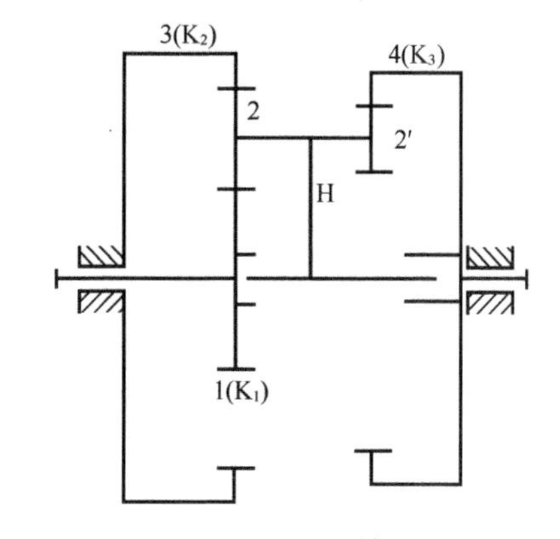

图6-5　3K型周转轮系

6.1.3 复合轮系

在实际工程应用中，除了以上两种基本轮系，还经常将定轴轮系和周转轮系或者几个基本周转轮系组合在一起使用，这种组合轮系称为复合轮系。

除了上述几种轮系，还需要注意转化轮系这一概念。转化轮系既不是定轴轮系也不是周转轮系，是为了计算周转轮系传动比而设定的一种“假想定轴轮系”。关于转化轮系的概念，将在6.3中详细介绍。

6.2 定轴轮系及其传动比

轮系运转时，输入轴与输出轴的角速度之比称为该轮系的传动比，用 i 表示。假设轴 1 为轮系输入轴，k 为轮系输出轴，则该轮系的传动比为

$$i_{1k}=\frac{\omega_1}{\omega_k}=\frac{n_1}{n_k}$$

式中，ω 和 n 分别代表轴的角速度与转速。需要说明的是，计算轮系的传动比时，不仅需要确定传动比的大小，还需要确定输出轴的转向。这样，才能完整地表达出输入轴与输出轴的转向关系。

6.2.1 输入轴与输出轴转向关系的确定

定轴轮系各齿轮的相对转向可以通过逐一对齿轮标注箭头的方法确定。例如，一对平行轴外啮合齿轮的两个齿轮转向相反，用方向相反的箭头表示，如图 6-6（a）所示。平行轴内啮合的一对齿轮，其两轮转向相同，用方向相同的箭头表示，如图 6-6（b）所示。一对圆锥齿轮传动时，在节点具有相同的速度，表示转向的箭头同时指向节点［见图 6-6（c）］或背离节点。

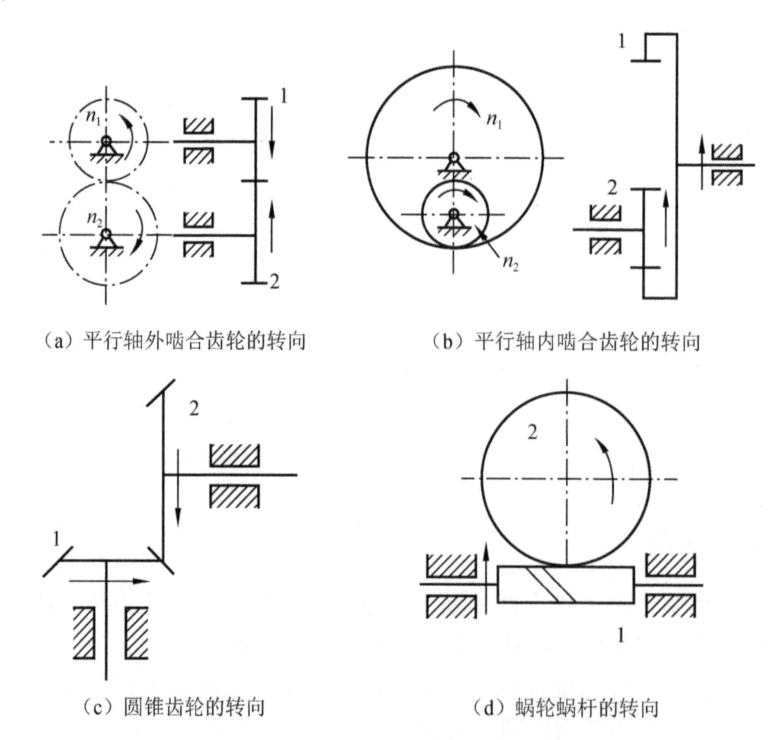

图 6-6　不同类型齿轮的转向关系

蜗轮蜗杆转向的判断比较复杂，因为蜗轮的转向不仅与蜗杆的转向有关，而且与其螺旋线方向有关。对于右旋蜗杆，可借助右手定则判断蜗轮的转向，如图 6-6（d）所示。具体步骤如下：张开右手，大拇指伸直垂直于并拢的其余四指，其余四指握住蜗杆轴线时弯

曲方向与蜗杆转动方向一致。此时大拇指的指向就是蜗杆相对于蜗轮前进的方向。根据相对运动原理，可以判断蜗轮相对于蜗杆的运动方向应与此相反。因此，可以确定蜗轮沿逆时针转动。也可以根据蜗杆蜗轮的受力分析，判断出图 6-6（d）中蜗杆的轴向力方向向左，蜗轮的圆周力方向向右。因此，蜗轮沿逆时针方向转动。同理，对于左旋蜗杆，可以借助左手定则判断蜗轮的转向。

6.2.2 定轴轮系的传动比计算

以图 6-1 所示的定轴轮系为例，以 z_1、z_2、$z_{2'}$、…、z_5 表示各个齿轮的齿数，ω_1、ω_2、$\omega_{2'}$、…、ω_5 表示各个齿轮的角速度。由于 z_2、$z_{2'}$ 及 z_3、$z_{3'}$ 在一个轴上，因此它们的转速相同，即 $\omega_2=\omega_{2'}$、$\omega_3=\omega_{3'}$。下面计算该轮系的传动比 i_{15}。

由第 5 章所述可知，一对相互啮合的定轴齿轮的转速比等于其齿数的反比。在此定轴轮系中，齿轮 1 到齿轮 5 之间的传动通过齿轮 1 和齿轮 2、齿轮 2′ 和齿轮 3、齿轮 3′ 和齿轮 4、齿轮 4 和齿轮 5 这 4 对齿轮依次啮合实现。因此，该轮系的传动比必然和组成该轮系的各对齿轮的传动比有关。同时，如果一对相互啮合的齿轮为内啮合，这对齿轮的转向相同，传动比为正值；如果一对相互啮合的齿轮为外啮合，这对齿轮的转向相反，传动比为负值。因此，计算该轮系的传动比 i_{15} 时，可依次求出轮系中各对齿轮的传动比（含大小和方向），即

$$i_{12}=\frac{\omega_1}{\omega_2}=-\frac{z_2}{z_1}$$

$$i_{2'3}=\frac{\omega_{2'}}{\omega_3}=+\frac{z_3}{z_{2'}}$$

$$i_{3'4}=\frac{\omega_{3'}}{\omega_4}=-\frac{z_4}{z_{3'}}$$

$$i_{45}=\frac{\omega_4}{\omega_5}=-\frac{z_5}{z_4}$$

将以上各式连乘，得到

$$i_{15}=\frac{\omega_1}{\omega_5}=\frac{\omega_1}{\omega_2}\frac{\omega_{2'}}{\omega_3}\frac{\omega_{3'}}{\omega_4}\frac{\omega_4}{\omega_5}=\left(-\frac{z_2}{z_1}\right)\left(+\frac{z_3}{z_{2'}}\right)\left(-\frac{z_4}{z_{3'}}\right)\left(-\frac{z_5}{z_4}\right)=i_{12}i_{2'3}i_{3'4}i_{45}=(-1)^3\frac{z_2z_3z_5}{z_1z_{2'}z_{3'}}$$

其中 $\omega_2=\omega_{2'}$，$\omega_3=\omega_{3'}$。

上式表明，定轴轮系的传动比等于组成该轮系的各对齿轮传动比的连乘积，也等于各对啮合齿轮中所有从动轮齿数的乘积与所有主动轮齿数乘积之比。而 $(-1)^3$ 说明齿轮 1 和齿轮 5 的相对转向，其中负号表示齿轮 1 和齿轮 5 的转向相反，注意：用齿轮传动的外啮合次数判断齿轮的相对转向，这种方法只有在定轴轮系中的各个齿轮轴线都相互平行时才适用。还有一种方法可用于判断齿轮相对转向，即箭头法，见图 6-1，这种方法适用于轮系中齿轮轴线不平行的情况。

将轮系传动比计算公式推广到一般情况，令定轴轮系中齿轮 1 的轴为输入轴，齿轮 k 的轴为输出轴，那么定轴轮系的传动比 i_{1k} 为

$$i_{1k}=\frac{n_1}{n_k}=\frac{\text{齿轮1至齿轮}k\text{之间所有从动轮齿数的乘积}}{\text{齿轮1至齿轮}k\text{之间所有主动轮齿数的乘积}}=\frac{z_2\cdots z_k}{z_1\cdots z_{k-1}} \tag{6-1}$$

上式所求为传动比的大小，两个齿轮的转动方向由箭头表示。

当齿轮 1 和齿轮 k 的轴线平行但轮系中有其他齿轮的轴线不平行时，两个齿轮转向的同异可用传动比的正负号表示。两个齿轮转向相同时，传动比为正值；两个齿轮转向相反时，传动比为负值。因此，两个齿轮轴线平行但轮系中有其他齿轮轴线不平行时，定轴轮系传动比 i_{1k} 为

$$i_{1k}=\frac{n_1}{n_k}=\pm\frac{z_2\cdots z_k}{z_1\cdots z_{k-1}} \tag{6-1a}$$

对于所有齿轮轴线都平行的定轴轮系，也可不标注箭头，直接按轮系中外啮合的次数确定传动比的正负。当外啮合次数为奇数时，始、末两个齿轮的转向反向，传动比为负值；当外啮合次数为偶数时，始、末两轮同向，传动比为正值。因此，所有齿轮轴线都平行的定轴轮系传动比 i_{1k} 为

$$i_{1k}=\frac{n_1}{n_k}=(-1)^m\frac{z_2\cdots z_k}{z_1\cdots z_{k-1}} \tag{6-1b}$$

式中，m 为所有齿轮轴线都平行的定轴轮系中的齿轮 1 至齿轮 k 之间外啮合的次数。

6.2.3 定轴轮系的传动比计算例题分析

【例 6-1】在图 6-1 所示的轮系中，已知各轮齿数：$z_1=18$，$z_2=36$，$z_{2'}=20$，$z_3=60$，$z_{3'}=15$，$z_4=z_5=18$，同时已知齿轮 1 的转速 $n_1=1440$ r/min，齿轮 1 的转向如图 6-1 中箭头所示。求传动比 i_{15}，以及齿轮 5 的转速和转向。

解：该轮系中的所有齿轮轴线均平行，可根据外啮合的次数判断其中任意两个齿轮传动比的正负。该轮系中外啮合次数为齿轮 1 和齿轮 2、齿轮 3′ 和齿轮 4、齿轮 4 和齿轮 5 的 3 次外啮合，即 $m=3$。由式（6-1b）得

$$i_{15}=\frac{n_1}{n_5}=(-1)^3\frac{z_2z_3z_4z_5}{z_1z_{2'}z_{3'}z_4}=-\frac{36\times60\times18\times18}{18\times20\times15\times18}=-7.2$$

该传动比为负值，说明齿轮 1 和齿轮 5 的转向相反。根据图 6-1 中齿轮 1 和齿轮 5 的转向箭头反向，也可以判断上述负值是正确的。

$$n_5=\frac{n_1}{i_{15}}=\frac{1440}{-7.2}=-200\ \text{r/min}$$

对该例题，需要说明两点：

（1）这只是个例题，只用来说明传动比的计算方法。一般来说，应用轮系时，还需要考虑其实际转速的改变，实现传动中的减速或增速作用。

（2）该轮系中齿轮 4 同时和两个齿轮（齿轮 3′ 和齿轮 5）啮合，齿轮 4 既是齿轮 3′ 的从动轮，又是齿轮 5 的主动轮。显然，在计算轮系传动比大小时，齿数 z_4 会在分子与分母中各出现一次。因此，齿轮 4 的齿数不会影响轮系的传动比，但是会改变后一级齿轮的转向。这种不影响传动比数值大小，只改变转向的齿轮称为惰轮。试想一下，汽车手动变速器的倒挡是怎样实现的？

【例 6-2】 在如图 6-7 所示的轮系中，已知各个齿轮的齿数：$z_1=20$，$z_2=40$，$z_{2'}=15$，$z_3=60$，$z_{3'}=18$，$z_4=18$，$z_7=20$，图中序号 8 表示齿条。同时已知齿轮 7 的模数 $m=3$ mm，蜗杆 5 的头数为 1（左旋），蜗轮齿数 $z_6=40$；齿轮 1 为主动轮，其转向如图 6-7 所示，转速 $n_1=100$ r/min。试求齿条 8 的速度和移动方向。

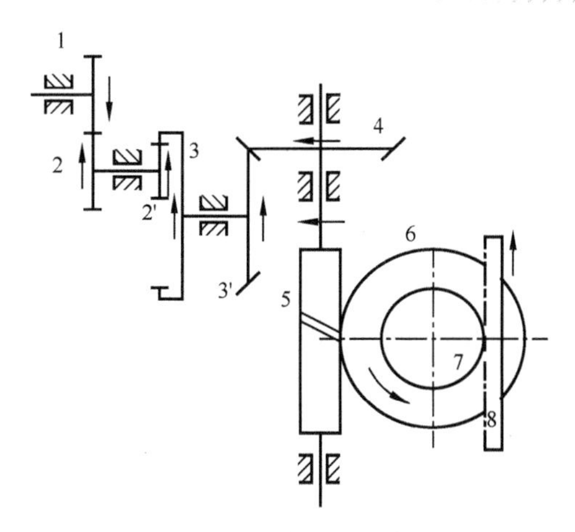

图 6-7　例 6-2 轮系

解：该轮系中，齿轮 4 和蜗杆 5 的轴线在竖直方向，蜗轮 6 和齿轮 7 的轴线垂直于纸面，齿条 8 上下移动，其余齿轮的轴线在水平方向，说明有齿轮轴线不平行，需根据箭头法判断任意两个齿轮传动比的正负号。

若要确定齿条 8 的速度和移动方向，则需要判断与齿条 8 啮合的齿轮 7 的转速。又因为蜗轮 6 和齿轮 7 是同一个构件，所以首先要确定蜗轮 6 的转速，即求解齿轮 1 和蜗轮 6 的传动比。

齿轮 1 和蜗轮 6 的轴线不平行，由式（6-1）得

$$i_{16}=\frac{n_1}{n_6}=\frac{z_2}{z_1}\frac{z_3}{z_{2'}}\frac{z_4}{z_{3'}}\frac{z_6}{z_5}$$

$$n_6=\frac{n_1}{i_{16}}=n_1\times\frac{z_1 z_{2'} z_{3'} z_5}{z_2 z_3 z_4 z_6}=100\times\frac{20\times15\times18\times1}{40\times60\times18\times40}=0.3125\text{（r/min）}$$

由于 $n_7=n_6=0.3125\text{r/min}$，可知齿轮 7 的圆周线速度就是齿条 8 的线速度。

因此
$$v_8=\frac{\pi d_7 n_7}{60\times1000}=\frac{\pi m z_7 n_7}{60\times1000}=\frac{\pi\times3\times20\times0.3125}{60\times1000}=0.00098\text{（m/s）}$$

说明：

（1）由于该轮系中有齿轮轴线不平行，只能用箭头法表示各个齿轮的相对转向。

（2）按照定轴轮系转向关系的确定规则，从齿轮 2 开始，依次在图中标出各对啮合齿轮的转动方向，可以确定蜗杆 5 的转向；该蜗杆是左旋蜗杆，借助左手定则可以确定蜗轮沿逆时针转动，进而确定齿条 8 向上移动。齿条 8 的移动方向及各个齿轮的转向如图 6-7 中的箭头所示。

（3）由于齿轮 1 和蜗轮 6 的轴线不平行，因此要求传动比 i_{16} 不能为负值。

6.3　周转轮系及其传动比

在周转轮系中，行星轮既围绕轴线“自转”，又随着行星架“公转”，运动较复杂。因此，不能直接用定轴轮系传动比的计算公式计算周转轮系的传动比。

6.3.1 周转轮系传动比计算的基本思想

周转轮系传动比不能直接计算，因此应当设法将周转轮系转化为定轴轮系。由周转轮系的结构可以看出，周转轮系与定轴轮系的区别在于周转轮系中有转动的行星架，因此可以利用相对运动原理，将周转轮系转化为假想的定轴轮系（见图 6-8），然后利用定轴轮系传动比的计算公式计算周转轮系传动比，这种方法称为反转法或转化机构法。

如图 6-8（a）所示，给整个周转轮系施加一个公共角速度 $-\omega_{\mathrm{H}}$，使它绕行星架的固定轴线回转，这时行星架的角速度为 $\omega_{\mathrm{H}}-\omega_{\mathrm{H}}=0$，行星架就相对“静止不动”了。于是，周转轮系便转化成“定轴轮系”。这种经过转化得到的假想的定轴轮系称为转化机构或转化轮系，如图 6-8（b）所示。为了与原周转轮系的转速及传动比进行区分，转化轮系中各个构件的转速及传动比均带上标“H”，表示转速是各个齿轮构件相对于行星架 H 的转速，传动比是转化轮系中各个构件的传动比。

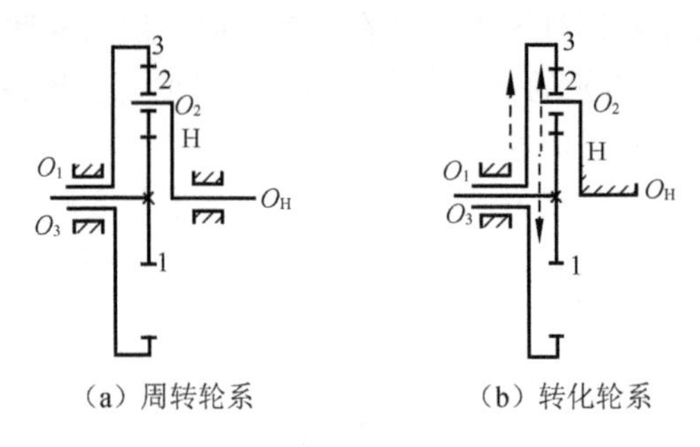

（a）周转轮系　　（b）转化轮系

图 6-8　周转轮系和转化轮系

转化轮系中各个构件的转速（角速度）见表 6-1：

表 6-1　转化轮系中各个构件的转速（角速度）

构件代号	原转速（角速度）	转化轮系中各个构件的转速（角速度）（相对于行星架的角速度）
1	$n_1\,(\omega_1)$	$n_1^{\mathrm{H}}=n_1-n_{\mathrm{H}}(\omega_1^{\mathrm{H}}=\omega_1-\omega_{\mathrm{H}})$
2	$n_2\,(\omega_2)$	$n_2^{\mathrm{H}}=n_2-n_{\mathrm{H}}(\omega_2^{\mathrm{H}}=\omega_2-\omega_{\mathrm{H}})$
3	$n_3\,(\omega_3)$	$n_3^{\mathrm{H}}=n_3-n_{\mathrm{H}}(\omega_3^{\mathrm{H}}=\omega_3-\omega_{\mathrm{H}})$
H	$n_4\,(\omega_4)$	$n_{\mathrm{H}}^{\mathrm{H}}=n_{\mathrm{H}}-n_{\mathrm{H}}=0(\omega_{\mathrm{H}}^{\mathrm{H}}=\omega_{\mathrm{H}}-\omega_{\mathrm{H}}=0)$

在图 6-8（b）所示的转化轮系中，传动比 i_{13}^{H} 可按定轴轮系传动比的计算公式求得，即

$$i_{13}^{\mathrm{H}}=\frac{n_1^{\mathrm{H}}}{n_3^{\mathrm{H}}}=\frac{n_1-n_{\mathrm{H}}}{n_3-n_{\mathrm{H}}}=-\frac{z_2z_3}{z_1z_2}=-\frac{z_3}{z_1}$$

应注意区分 i_{13} 和 i_{13}^{H}，前者是两个齿轮真实的传动比，后者是假想的定轴轮系中两个齿轮的传动比。根据已知条件，可以求周转轮系中任何两个齿轮的传动比。将上式推广到一般情况：若 n_g 和 n_k 为周转轮系中任意两个齿轮 g 和齿轮 k 的转速，n_{H} 为行星架 H 的转速，则周转轮系传动比的一般计算公式为

$$i_{gk}^{\mathrm{H}}=\frac{n_g^{\mathrm{H}}}{n_k^{\mathrm{H}}}=\frac{n_g-n_{\mathrm{H}}}{n_k-n_{\mathrm{H}}}=\frac{\text{转化轮系从齿轮}g\text{至齿轮}k\text{之间所有从动轮齿数的乘积}}{\text{转化轮系从齿轮}g\text{至齿轮}k\text{之间所有主动轮齿数的乘积}} \tag{6-2}$$

对式（6-2），需要特别注意以下两点：

（1）齿轮 g 和齿轮 k 可以是中心轮，也可以是行星轮，并且齿轮 g、齿轮 k 和行星架 H 三者的轴线平行，因为只有两条轴线平行时，才能对两个轴的转速进行代数相加减。若齿轮 g 为起始主动轮，齿轮 k 为末端从动轮，中间各个齿轮的主从地位应按这一假定顺序判断。

（2）式中的 n_g、n_k 和 n_H 为代数值，因为，在齿数比值中，要体现其正负号，这一点与定轴轮系完全相同。在转化轮系中，各个齿轮的转向用箭头法判定。注意，原周转轮系的相对转动方向用实线箭头表示，转化轮系中的箭头要用虚线表示［见图 6-8（b）］。由虚线箭头可以看出

$$i_{12}^{H}=\frac{n_1^{H}}{n_2^{H}}=\frac{n_1-n_H}{n_2-n_H}=-\frac{z_2}{z_1}$$

因此

$$i_{13}^{H}=\frac{n_1^{H}}{n_3^{H}}=\frac{n_1-n_H}{n_3-n_H}=-\frac{z_2z_3}{z_1z_2}=-\frac{z_3}{z_1}$$

（3）如果是差动轮系，那么在 3 个基本构件的角速度 ω_1、ω_k 和 ω_H 中，必须有两个是给定的。因为差动轮系自由度 F=2，必须给定两个确定的独立运动才能确定差动轮系中各个齿轮的相对运动关系。

（4）如果是行星轮系，那么在该轮系的两个中心齿轮中，有一个（设为中心齿轮 k）是固定的。于是，只要再给定另一个中心轮或行星架角速度中的一个数值，运动形式便确定了。

（5）在由圆锥齿轮组成的周转轮系中，一定要注意齿轮 g、齿轮 k 和行星架 H 是否平行。

重要提示

转化轮系并不是真实存在的，而是为求解周转轮系传动比，根据相对运动原理假想出来的一种轮系。转化轮系的提出使得周转轮系传动比的计算更加简洁、容易理解，应当深刻理解并掌握这一思想。

6.3.2 周转轮系的传动比计算例题分析

【例 6-3】 在图 6-9 所示的轮系中，设 $z_1=z_2=30$，$z_3=90$，试求当齿轮 1 和齿轮 3 的转速分别为 $n_1=1$ r/min 和 $n_3=-1$ r/min（设逆时针为正）时的 n_H 及 i_{1H} 值。

解：此轮系的转化轮系的传动比为

$$i_{13}^{H}=\frac{n_1-n_H}{n_3-n_H}=-\frac{z_2z_3}{z_1z_2}=-\frac{z_3}{z_1}$$

从已知条件可知，齿轮 1 和齿轮 3 的绝对速度转向相反，将已知数值代入上式：

$$i_{13}^{H}=\frac{n_1-n_H}{n_3-n_H}=\frac{1-n_H}{-1-n_H}=-\frac{z_3}{z_1}=-\frac{90}{30}=-3$$

解得 $n_H=-\dfrac{1}{2}\text{r/min}$，$i_{1H}=\dfrac{n_1}{n_H}=\dfrac{1}{-\dfrac{1}{2}}=-2$

由此可知，当齿轮 1 沿逆时针转 1 转和齿轮 3 沿顺时针转 1 转时，行星架 H 沿顺时针转 1/2 转。齿轮 1 和行星架 H 之间的传动比为−2，其中的负号表明二者的转向相反。

【例 6-4】 在图 6-10 所示的周转轮系中，已知 $z_1=100$，$z_2=101$，$z_3=99$，$z_{2'}=100$，试求传动比 $i_{\mathrm{H}1}$。

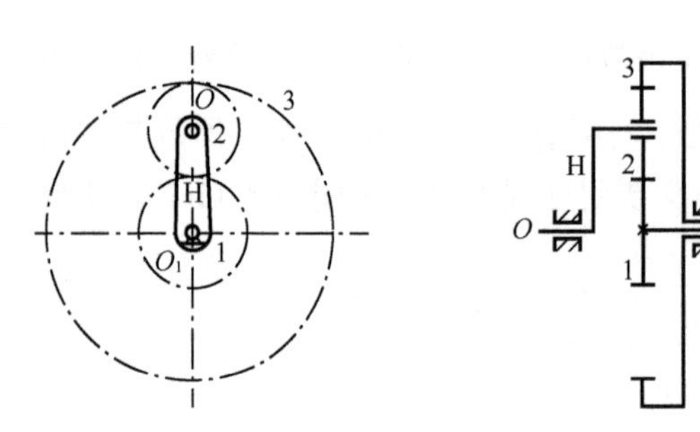

图 6-9　例 6-3 轮系

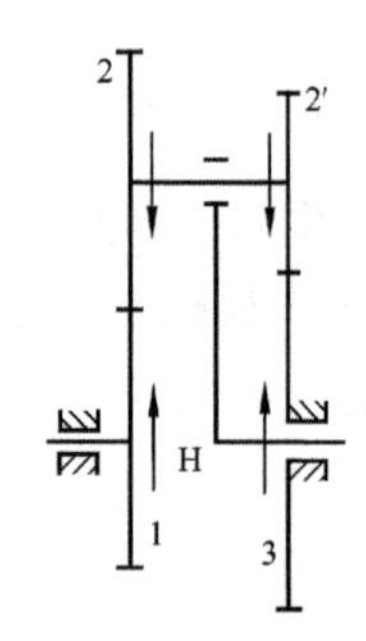

图 6-10　例 6-4 轮系

解：在该轮系中，由于齿轮 3 固定，因此 $n_3=0$，可知该轮系为一个行星轮系，其传动比为

$$i_{13}^{\mathrm{H}}=\frac{n_1^{\mathrm{H}}}{n_3^{\mathrm{H}}}=\frac{n_1-n_{\mathrm{H}}}{n_3-n_{\mathrm{H}}}=+\frac{z_2z_3}{z_1z_{2'}}=\frac{101\times 99}{100\times 100}=\frac{9999}{10000}$$

把 $n_3=0$ 代入上式，得

$$\frac{n_1-n_{\mathrm{H}}}{n_3-n_{\mathrm{H}}}=\frac{n_1-n_{\mathrm{H}}}{-n_{\mathrm{H}}}=\frac{9999}{10000}$$

解得

$$i_{1\mathrm{H}}=1-\frac{9999}{10000}=\frac{1}{10000}$$

或

$$i_{\mathrm{H}1}=10000$$

从以上计算结果可知，当行星架 H 转 10000 转时，齿轮 1 才转 1 转，其转向与行星架 H 的转向相同。可见，其传动比极大。

若将 z_3 值由 99 改为 100，则

$$i_{13}^{\mathrm{H}}=\frac{z_2z_3}{z_1z_{2'}}=\frac{101\times 100}{100\times 100}$$

解得

$$i_{1\mathrm{H}}=1-\frac{101}{100}=-\frac{1}{100}$$

或

$$i_{\mathrm{H}1}=-100$$

从这个计算结果可知，行星架 H 转 100 转时，齿轮 1 反向转 1 转。可见，在行星轮系中从动轮的转向不仅与主动轮的转向有关，而且与轮系中各个齿轮的齿数有关。

6.4 复合轮系及其传动比

6.4.1 复合轮系传动比的计算方法

由前文可知，复合轮系由基本周转轮系与定轴轮系组成，或者由几个周转轮系组成。对于这样复杂的轮系传动比的计算，既不能直接套用定轴轮系传动比的计算公式，也不能用周转轮系传动比的计算方法。因此，复合轮系的传动比计算有其自身的特点，可遵循以下步骤：

（1）分析轮系的结构组成，将轮系中的定轴轮系和基本周转轮系正确划分出来。

（2）分别列出各个基本轮系传动比的方程。

（3）找出各个基本轮系之间的联系。

（4）将各个基本轮系传动比方程联立求解，即可求得复合轮系的传动比。

这里，关键的一步是正确划分各个基本轮系。基本轮系是指单一的定轴轮系或单一的周转轮系。在划分基本轮系时应先找出单一的周转轮系，根据周转轮系具有行星轮的特点，首先找出轴线位置变动的行星轮，支撑行星轮作公转的构件是行星架 H（注意，有时行星架不一定是杆状），轴线与行星架 H 的轴线重合、直接与行星轮啮合的定轴齿轮就是中心轮。这样，行星轮、行星架 H 和中心轮组成一个基本周转轮系。划分出一个基本周转轮系后，还要判断是否还有其他行星轮被另一个行星架支撑，每个行星架对应一个基本周转轮系。所有的基本周转轮系被找出后，剩下的就是由定轴齿轮组成的定轴轮系。

6.4.2 复合轮系的传动比计算例题分析

【例 6-5】 在图 6-11 所示轮系中，各个齿轮的模数和压力角均相同，并且均为标准齿轮。各个轮齿数：$z_1=23$，$z_2=51$，$z_3=92$，$z_{3'}=40$，$z_4=40$，$z_{4'}=17$，$z_5=33$；齿轮 1 的 $n_1=1500$ r/min，其转向如图 6-11 所示。试求齿轮 2′ 的齿数 $z_{2'}$，以及 n_A 的大小和方向。

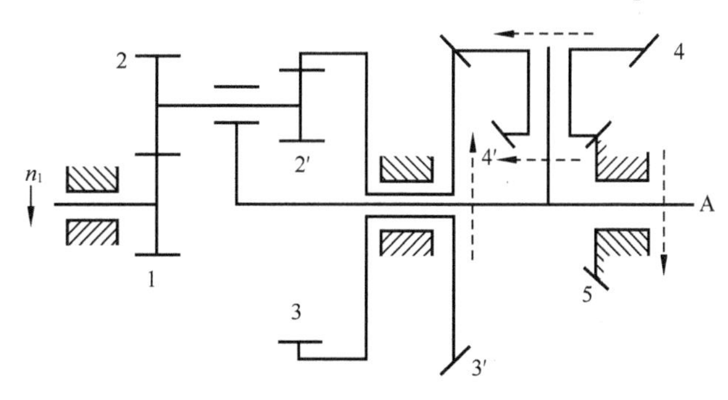

图 6-11 例 6-5 轮系

解：（1）齿轮 1 和齿轮 2 啮合的中心距等于齿轮 2'和齿轮 3 啮合的中心距，因此可得

$$z_1+z_2=z_3-z_{2'}$$

$$z_{2'}=z_3-z_1-z_2=92-23-51=18$$

（2）分解轮系。

齿轮 1、齿轮 2 和齿轮 2'、齿轮 3、A 组成第一个基本周转轮系，该轮系是一个差动轮系。

齿轮 3'、齿轮 4 和齿轮 4'、齿轮 5、A 组成第二个基本周转轮系，该轮系是一个行星轮系，其中 A 就是行星架 H。由此可知，这个复合轮系是由两个基本周转轮系构成的。两个基本周转轮系之间的联系通过齿轮 3 和齿轮 3'，它们组成一个构件，并且共用一个行星架 H 支撑。

在第一个基本周转轮系中，可知

$$i_{13}^{H}=\frac{n_1^{H}}{n_3^{H}}=\frac{n_1-n_H}{n_3-n_H}=-\frac{z_2z_3}{z_1z_{2'}}=-\frac{51\times92}{23\times18}=-\frac{34}{3} \quad (a)$$

在第二个基本周转轮系中，可知

$$i_{3'5}^{H}=\frac{n_{3'}^{H}}{n_5^{H}}=\frac{n_{3'}-n_H}{n_5-n_H}=-\frac{z_4z_5}{z_{3'}z_{4'}}=-\frac{40\times33}{40\times17}=-\frac{33}{17} \quad (b)$$

上式中的负号需要用箭头法判断（因为该轮系中有轴线不平行），见图 6-11 中的虚线箭头所示。因为$n_3=n_{3'}$，$n_5=0$，所以

$$n_{3'}=\frac{50}{17}n_H$$

将上式代入式（a）中，解得

$$n_1=-21n_H$$

则

$$n_A=n_H=-\frac{n_1}{21}=-\frac{1500}{21}=-71.43\ \text{r/min}$$

负号表明，n_A的转向与n_1相反。

6.5 轮系的应用

轮系在各种机械中的应用十分广泛，主要体现在以下几个方面。

6.5.1 实现大传动比或较远距离的传动

一对外啮合圆柱齿轮的传动比一般可达 5～7，行星轮系的传动比可达 10000，而且结构紧凑。当要求传动比较大时，若采用一对齿轮传动，并且两人齿轮的尺寸相差太大，则小齿轮易损坏。可采用定轴轮系实现大传动比，可避免单对齿轮的缺陷。当要求结构紧凑且传动比大时，可采用行星轮系。当两个轴距离较远时，若用一对齿轮传动，则这两个齿轮的尺寸必然很大，既占空间又费料，而且加工和安装都不方便。若采用如图 6-12 所示的 4 个齿轮的轮系传动，则可避免上述缺点。

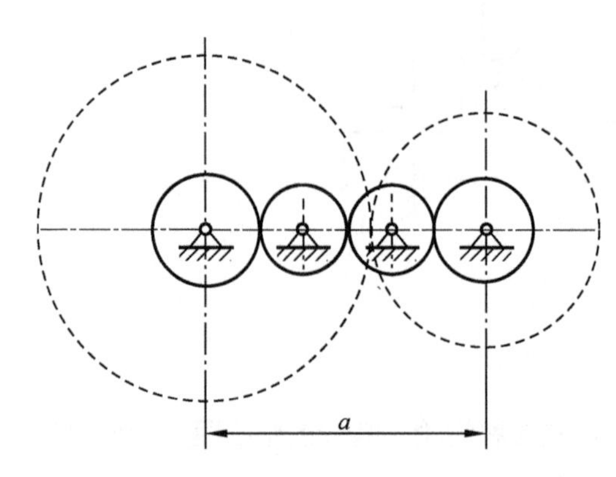

图 6-12 实现大传动比和较远距离传动的轮系

6.5.2 实现变速与换向传动

在主动轴转速不变时，利用轮系可以获得多种转速，如汽车、机床等机械中大量运用的变速传动。在图 6-13 的汽车变速箱轮系中，齿轮 4 和齿轮 6、齿轮 3 和齿轮 5 为两对双联齿轮，齿轮 4 和齿轮 6 可沿轴向滑动。当滑动图 6-13 所示位置时，齿轮 3 和齿轮 4、齿轮 5 和齿轮 6 不啮合，此时得到一个传动比；当这个双联齿轮向右滑动时，使得齿轮 3 与齿轮 4 啮合，此时得到另一个传动比。同理，这个双联齿轮向左滑动时也可得到一个传动比。

第一挡：齿轮 5 和齿轮 6 啮合；第二挡：齿轮 3 和齿轮 4 啮合；第三挡：离合器 A 和离合器 B 嵌合；倒退挡：齿轮 6 惰轮 8 啮合，此时由于惰轮 8 的作用，输出轴Ⅱ反转。

利用轮系实现变速运动的例子很多，图 6-14 所示为定轴轮系与行星轮系变速功能的应用。图 6-15 所示的车床走刀丝杆的三星轮换向机构可在主动轴转向不变的条件下改变从动轴的转向。图 6-15（a）表示主动轮 1 的转动经过中间齿轮 2 和齿轮 3 传到从动轮 4，使从动轮 4 与主动轮 1 的转向相反；若转动手柄处于图 6-15（b）所示的位置，则中间齿轮 2 不参与传动，主动轮 1 的转动经中间齿轮 3 传到从动轮 4，使从动轮 4 与主动轮 1 的转向相同。

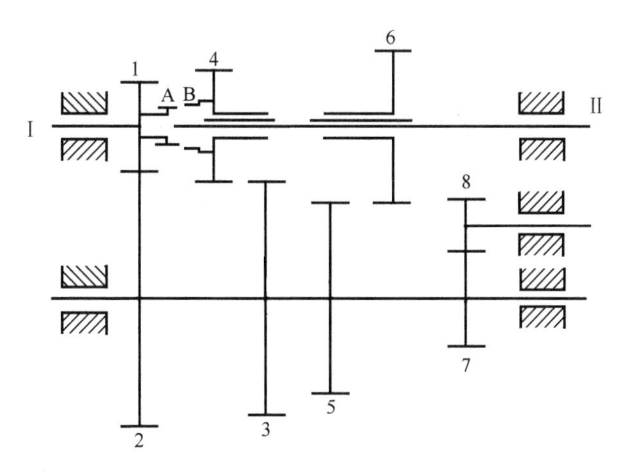

图 6-13 汽车变速箱

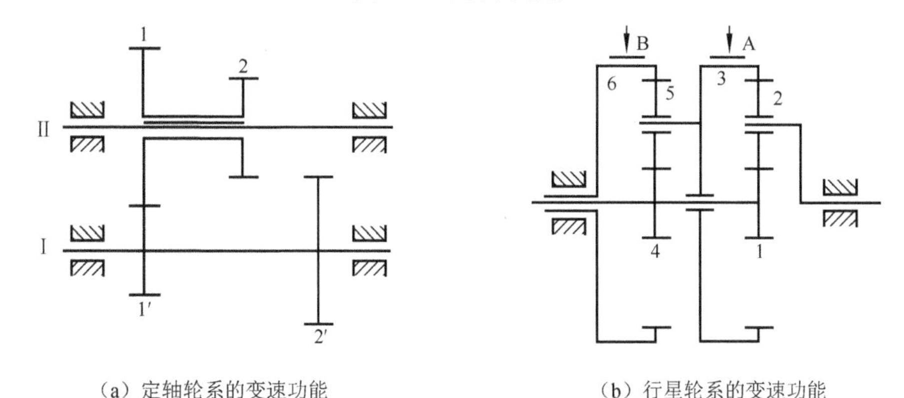

（a）定轴轮系的变速功能

（b）行星轮系的变速功能

图 6-14 定轴轮系与行星轮系变速功能的应用

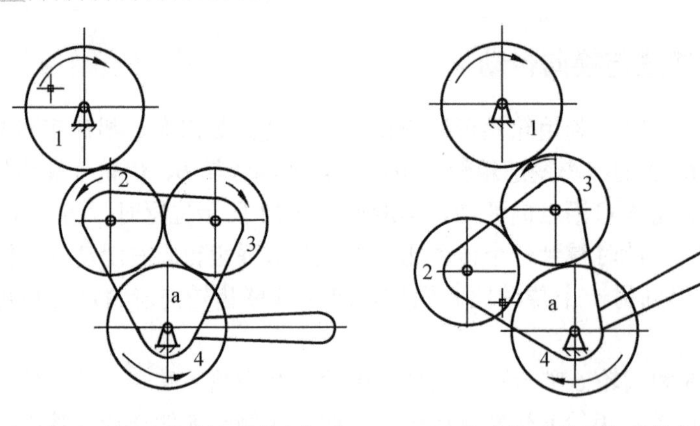

（a）主动轮1和从动轮4的转向相反　　（b）主动轮1和从动轮4的转向相同

图 6-15　车床走刀丝杆的三星轮换向机构

6.5.3　实现结构紧凑条件下的大功率传动

周转轮系用作动力传递时，采用多个行星轮，并且它们均匀分布在中心轮周围，如图 6-16 所示。这样，载荷由多对齿轮承受，可大大提高承载能力；多个行星轮均匀分布，又可大大改善受力情况。

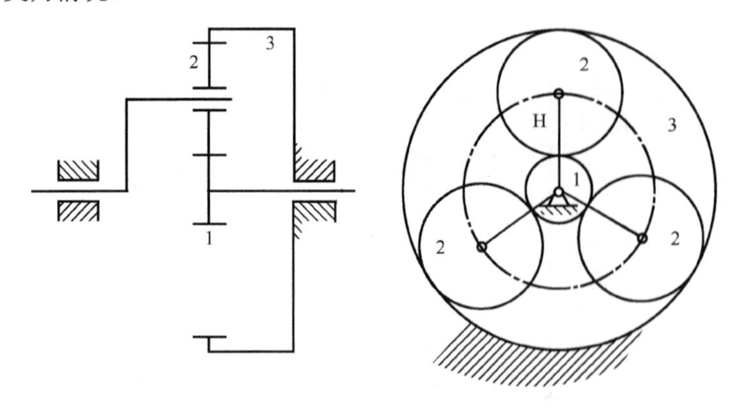

图 6-16　用作动力传递的周转轮系

周转轮系（行星减速器）用作动力传递时一般采用内啮合齿轮，以提高空间的利用率和减小行星减速器的径向尺寸。因此，可在结构紧凑的条件下，实现大功率传动，图 6-17 所示的涡轮发动机减速器就是这方面的典型应用。

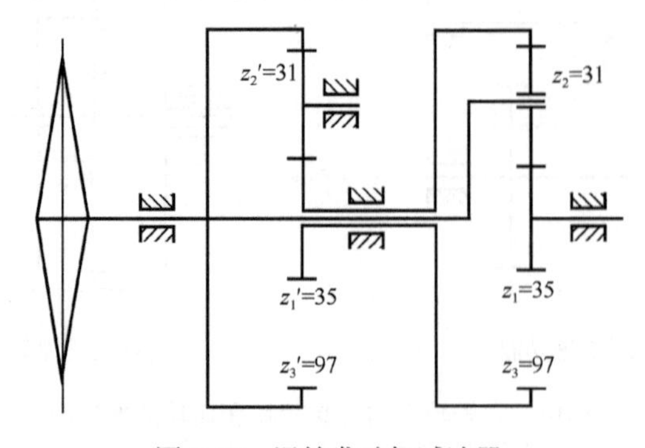

图 6-17　涡轮发动机减速器

6.5.4 实现运动的合成与分解

在图 6-18 所示的汽车差速器中，行星架的转速是齿轮 1 和齿轮 3 转速的合成结果。差动轮系不仅能将两个独立的运动合成一个运动，还可将一个基本构件的主动转动，按所需比例分解成两个基本构件的不同运动。汽车差速器利用了差动轮系的运动分解功能保证汽车在转弯时，内、外车轮的转弯半径不同，实现车轮与地面作纯滚动。

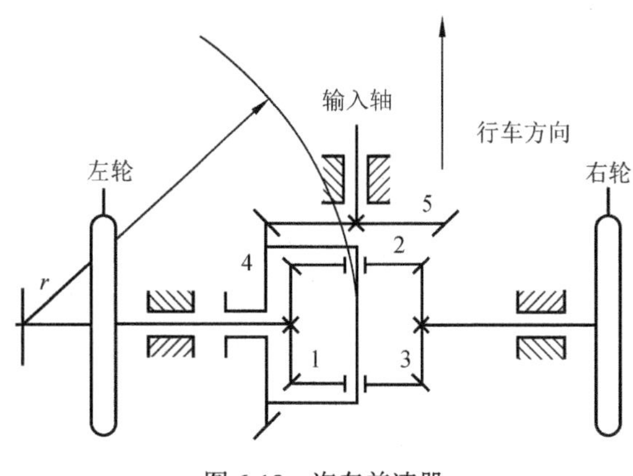

图 6-18　汽车差速器

需要说明的是，只有自由度为 2 的差动轮系才能完成运动的合成与分解工作。

6.5.5 实现多分路传动

利用轮系可以使一个主动轴带动若干从动轴同时旋转，从而实现多分路传动（见图 6-19）。例如，在滚齿机工作台的传动机构中，主轴的转动通过主轴上的齿轮 1 和齿轮 2 传递给加工齿轮的单线滚刀，通过齿轮 1～齿轮 8 传递给待加工的齿轮坯，从而实现单线滚刀与齿轮坯之间的定传动比。

在图 6-20 所示的钟表传动简图中，主动轮 1 由发条盘 N 驱动，轮系中由齿轮 1～齿轮 6 组成的定轴轮系带动秒针 S 转动，由齿轮 1 和齿轮 2 组成的定轴轮系带动分针 M 转动，由齿轮 1、齿轮 2、齿轮 9、齿轮 10、齿轮 11、齿轮 12 组成的定轴轮系带动时针 H 转动。

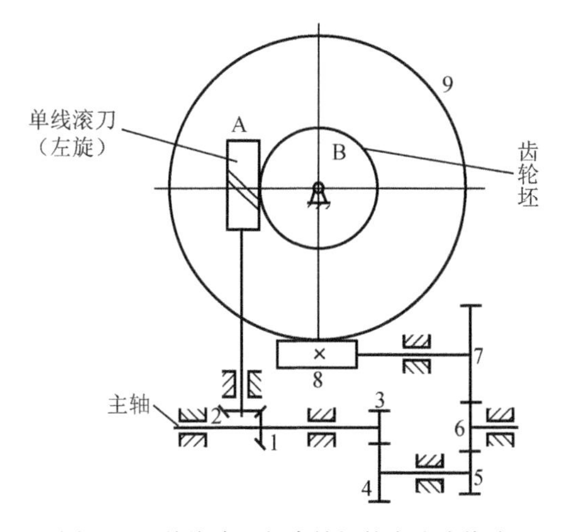

图 6-19　单线滚刀与齿轮坯的多分路传动

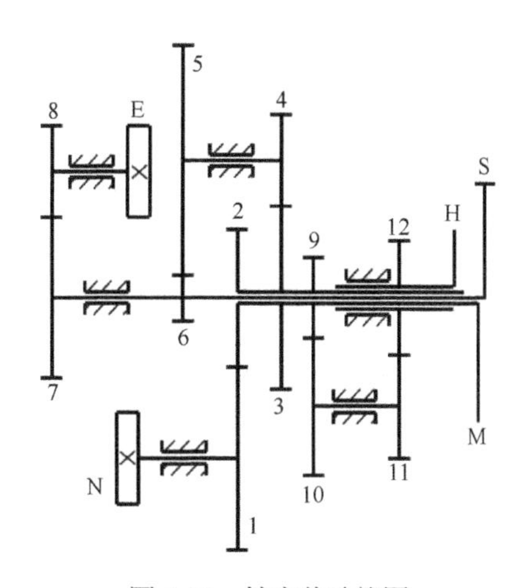

图 6-20　钟表传动简图

6.6 几种特殊的行星轮传动简介

除了一般行星轮系，工程上还用到许多特殊的行星轮传动。下面简单介绍渐开线少齿差行星轮传动、摆线针轮行星传动及谐波齿轮传动的基本原理和主要特点。

6.6.1 渐开线少齿差行星轮传动

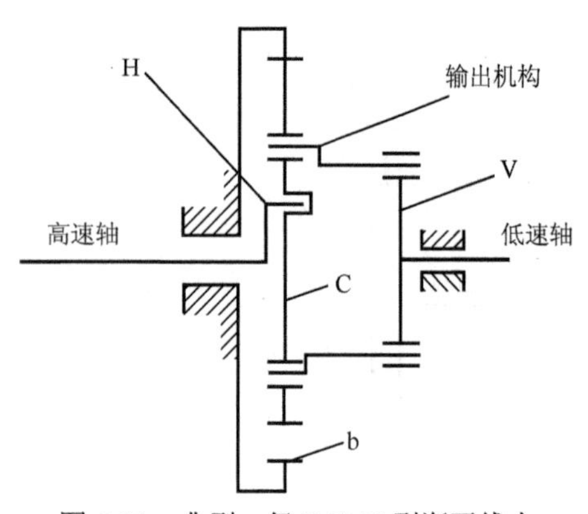

图 6-21 典型一级 K-H-V 型渐开线少齿差行星轮减速器的传动简图

图 6-21 所示为典型的一级 K-H-V 型渐开线少齿差行星轮减速器的传动简图，其传动原理如下：

当电动机带动偏心轴 H 转动时，由于内齿轮 b 与机壳固定为一体，因此行星轮绕内齿轮作行星运动；又因为行星轮与内齿轮齿数都为 1，所以输入轴每转一周，行星轮将沿相反方向转动一个齿，从而达到减速的目的，并通过传动比为 1 的 W 形输出机构 V 输出。

渐开线少齿差行星轮的传动比较大、结构紧凑，但效率较低，行星架轴承的使用寿命较短。因此，目前它只用于小功率传动。

6.6.2 摆线行星轮传动

摆线行星轮传动属于一齿差的 K-H-V 型行星轮传动。其传动原理、运动输出机构等均与渐开线一齿差行星轮传动相同，唯一区别在于齿轮的齿廓不是渐开线，而是摆线（见图 6-22）。

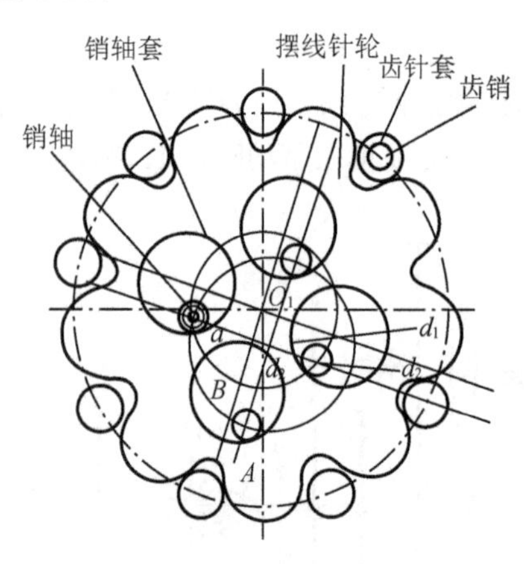

（a）摆线针轮结构横剖面

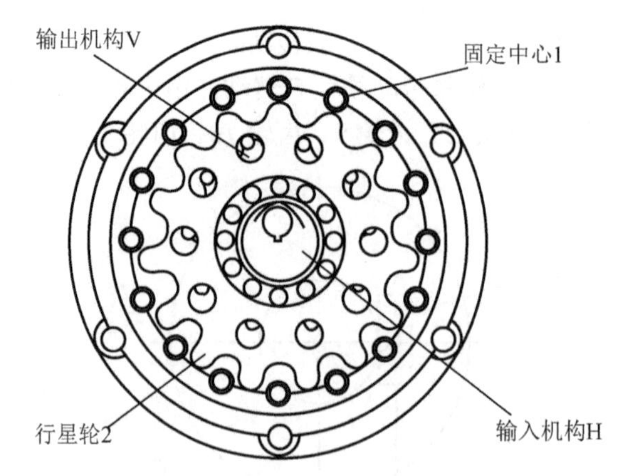

（b）摆线针轮行星减速器

图 6-22 摆线行星轮传动

摆线行星轮传动的主要优点是传动比大、体积小、质量小、传动效率高（一般可达 0.90～0.94）、承载能力大、传动平稳、磨损量小、使用寿命长等。因此，摆线行星轮传动在国防、冶金、矿山、纺织、化工等部门得到广泛应用。

6.6.3 谐波齿轮传动

谐波齿轮传动是利用行星轮传动原理而发展起来的新型传动，它由刚轮 1、柔轮 2 和波发生器 H 组成，如图 6-23 所示。刚轮 1 是一个刚性内齿圈，柔轮 2 为一个易变形的薄壁外齿圈，二者齿距相同但齿数不同。波发生器 H 由一个转臂和几个滚子组成。通常波发生器 H 为主动件，柔轮 2 为输出端，刚轮 1 固定。当波发生器 H 装入柔轮 2 后，由于转臂长度大于柔轮 2 内孔直径，因此柔轮 2 被撑大变为椭圆。在该椭圆长轴两端柔轮 2 外齿与刚轮 1 内齿啮合，在短轴两端两者完全脱开。当波发生器转动时，柔轮 2 轮的齿逐一被推入刚轮 1 的齿槽中进行啮合。由于柔轮 2 的齿数 z_2 比刚轮 1 的齿数 z_1 少，因此波发生器 H 转动一周，柔轮 2 相对刚轮 1 沿相反方向转过(z_1-z_2)个齿的角度，即反转 $\frac{z_1-z_2}{z_2}$ 周。因此，传动比为

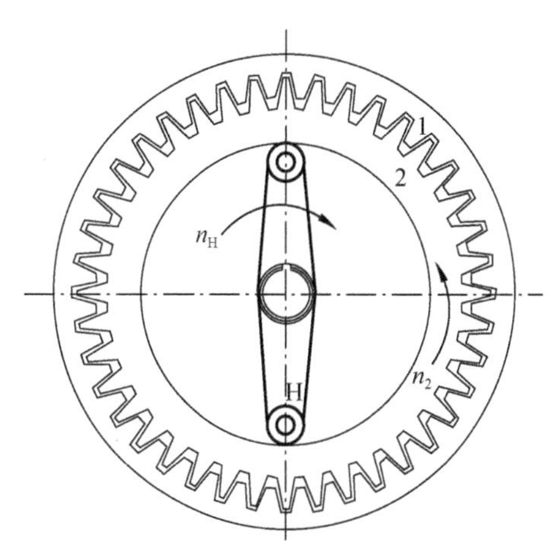

图 6-23 谐波齿轮传动的组成

$$i_{H2}=\frac{n_H}{n_2}=-\frac{z_2}{z_1-z_2}$$

由于在传动过程中，柔轮 2 产生的弹性变形波近似于谐波，因此称之为谐波齿轮传动。谐波齿轮传动的优点如下：传动比大；体积小、质量小；同时啮合的齿数多，传动平稳，承载能力较大；摩擦损失小，传动效率高；结构简单，安装方便。缺点是柔轮 2 易疲劳破损，而且启动力矩较大。谐波传动已广泛用于机床、汽车、船舶、起重运输、纺织、冶金等机械设备。

6.7 轮系的研究现状及其发展

轮系是机器装备的关键部件，绝大部分机器成套设施的重要传动器件均为齿轮传动。它是使用量大、应用面广的一种传动系统，其材料和热处理质量，以及齿轮加工精度有较大的提高。部分轮系采用硬齿面后，体积和质量明显减小，承载能力、使用寿命、传动效率都有了大幅度的提高，对节能和提高轮系的总体水平起到明显的作用。

近年来，由于计算机技术与数控技术的发展，CAD/CAM 的广泛应用，推动了机械传动产品的多样化，以及整机配套的模块化、标准化、造型艺术化，使产品更加精致、美观。一些先进的轮系生产企业已经采用参数化、智能化等高效率设计和敏捷制造、智能制造等先进技术，形成了高精度、高效率的智能化轮系生产线和计算机网络化管理系统。

现在，世界发达国家都要求轮系设计与制造趋于完善，使齿轮传动达到更高的水平，以便更好地满足社会对复合型和傻瓜型产品的需求。目前，轮系正向以下几个方向发展：

（1）高速、大功率及低速大转矩的复合轮系。

（2）高效率、小体积、大功率、大传动比的复合轮系。

（3）无级变速轮系。

（4）复合式行星轮传动。

（5）多自由度多封闭链的复合轮系等。

6.8 轮系的应用示例

以图 6-19 为例，说明轮系的应用。已知其中各个轮齿数：$z_1=15$，$z_2=28$，$z_3=15$，$z_4=35$，$z_4=40$，$z_9=40$，蜗杆 8 和单线滚刀 A 均为单头，设待加工齿轮的齿数为 64，试求传动比i_{75}及z_5、z_7。

解：该轮系为定轴轮系，单线滚刀A和蜗杆8的头数都为1，齿轮1和齿轮3同轴，即$n_1=n_3$。根据齿轮范成原理，单线滚刀A与齿轮坯B的转速关系应满足下式

$$i_{AB}=\frac{n_A}{n_B}=\frac{z_B}{z_A}=\frac{64}{1}=64 \tag{a}$$

这一传动比应该由滚齿机工作台的传动机构加以保证，其传动路线为齿轮 2（A）→齿轮 1（3）→齿轮 4（5）→齿轮 6→齿轮 7（8）→齿轮 9（B）。其中，齿轮 6 为惰轮。因为不需要判断传动的方向，所以该轮系的传动比为

$$i_{AB}=\frac{n_A}{n_B}=\frac{n_2}{n_9}=\frac{z_1z_4z_7z_9}{z_2z_3z_5z_8}=\frac{15\times35\times40}{28\times15\times1}\times\frac{z_7}{z_5}=50\frac{z_7}{z_5} \tag{b}$$

将式（b）代入式（a），得

$$i_{75}=\frac{n_7}{n_5}=\frac{z_5}{z_7}=\frac{50}{64}=\frac{25}{32}$$

解得$z_5=25$，$z_7=32$。

本例的实用价值是，只需要选用齿数为$z_5=25$和$z_7=32$的一对齿轮，按中心距搭配一个合适的齿轮 6 就能保证滚齿机加工出 64 个齿的齿轮。当待加工齿轮z_B的齿数变化时，所需的传动比i_{75}也随之改变。这时，只需要根据i_{75}更换交换相关齿轮的齿数z_5、z_7和z_6，就能保证滚齿机正确加工。若要加工 80 个齿的齿轮，则应选择$z_5=25$和$z_7=40$，再选择z_6就可以了。

习　题

6-1　在图 6-24 所示的由齿轮和丝杆组成的传动系统中，已知各个齿轮的齿数：$z_1=30$，$z_2=60$，$z_3=20$，$z_4=80$，$z_6=50$，$z_7=120$，$z_8=30$；蜗杆 5 旋向为左旋，头数$z_5=3$；丝杆螺距 P=5mm，旋向为左旋。求主动轴转一周时，螺母移动多少距离？并判断螺母的移动方向（用箭头标出）。

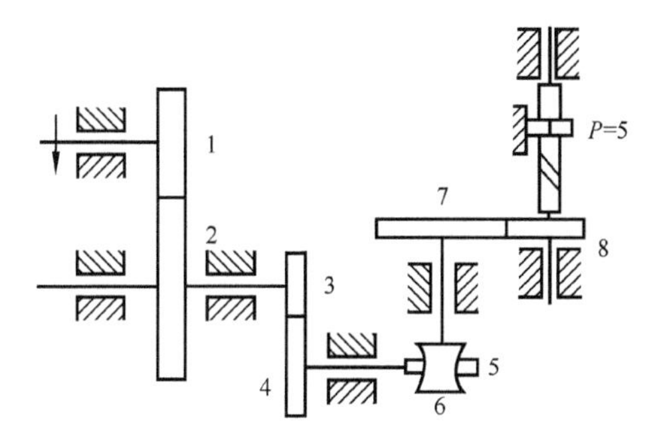

图 6-24　习题 6-1 图例

6-2　某个齿轮传动系统如图 6-25 所示，已知该轮系中各个齿轮的齿数：$z_1=20$，$z_2=24$，$z_3=28$，$z_4=24$，$z_5=64$，$z_6=20$，$z_7=30$，$z_8=28$，$z_9=32$，求传动比i_{19}。

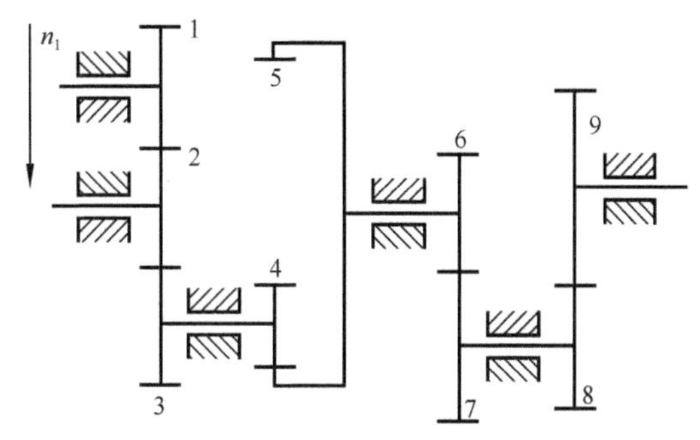

图 6-25　习题 6-2 图例

6-3　在图 6-26 所示的定轴轮系中，已知各个齿轮的齿数：$z_1=15$，$z_2=25$，$z_3=z_5=14$，$z_4=z_6=20$，$z_7=30$，$z_8=40$，$z_9=2$，$z_{10}=60$，求：

（1）传动比i_{110}。

（2）在该图中用箭头标出齿轮 7 的旋转方向。

（3）若$n_1=2000$ r/min，试确定蜗轮 10 的转速和转向。

6-4　在图 6-27 所示的轮系中，已知：蜗杆为双头右旋，转速$n_1=1440$ r/min，其转向如图示；其余各个齿轮的齿数：$z_2=40$，$z_{2'}=20$，$z_3=30$，$z_{3'}=18$，$z_4=54$，试求：

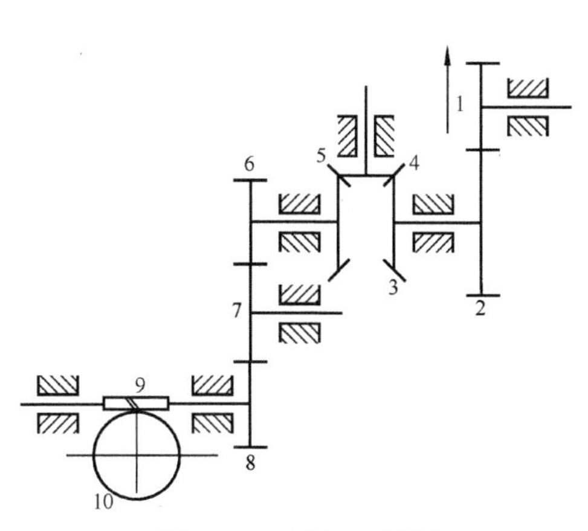

图 6-26　习题 6-3 图例

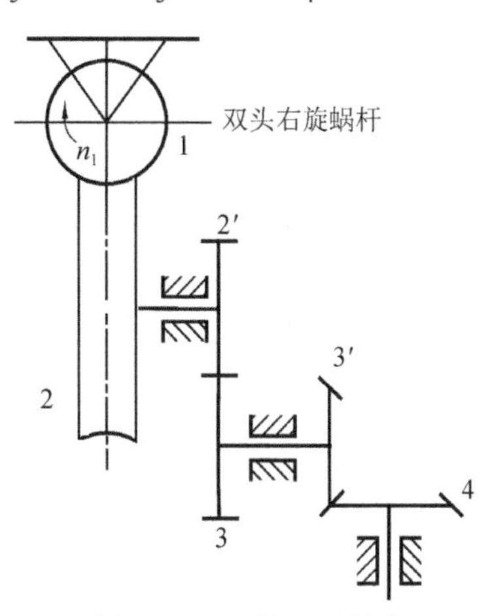

图 6-27　习题 6-4 图例

（1）该轮系是何种类型？

（2）计算齿轮 4 的转速 n_4。

（3）在该图中标出齿轮 4 的转动方向。

6-5　在图 6-28 所示的手摇提升装置中，已知各个齿轮的齿数：$z_1=20$，$z_2=40$，$z_{2'}=15$，$z_3=30$，$z_{3'}=1$，$z_4=20$，$z_{4'}=20$，$z_5=54$，试求：

（1）传动比 i_{15}。

（2）手轮转一周时，鼓轮转多少度？

（3）重物上升时手柄的转向。

6-6　在图 6-29 所示的定轴轮系中，构件 1 为右旋蜗杆，$z_1=1$，$n_1=750$ r/min，其转向如图所示，2 为蜗轮，$z_2=40$，齿轮 $z_3=20$、$z_4=60$、$z_5=25$、$z_6=50$，模数 $m_4=5$ mm。试求：

（1）标准直齿圆柱齿轮 3 的分度圆、齿根圆和齿顶圆的直径。

（2）轮系传动比 i_{16} 及齿轮 6 的转速。

（3）在该图中标出各个齿轮的转向。

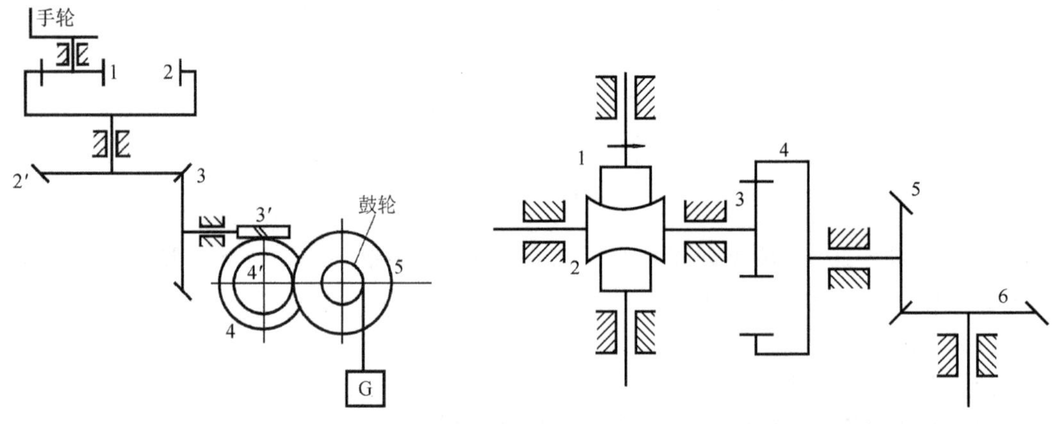

图 6-28　习题 6-5 图例　　　　图 6-29　习题 6-6 图例

6-7　在图 6-30 所示的轮系中，已知各个齿轮的齿数：$z_1=60$，$z_2=40$，$z_{2'}=z_3=20$；同时已知齿轮 1 和齿轮 3 的转速：$n_1=120$ r/min，$n_3=120$ r/min，这两个齿轮的转向见该图中的箭头。求转臂 H 的转速并确定其转向。

6-8　在图 6-31 所示的周转轮系中，已知轮系中各个齿轮的齿数：$z_1=27$，$z_2=17$，$z_3=99$；同时已知 $n_1=6000$ r/min，求 i_{1H} 和 n_H。

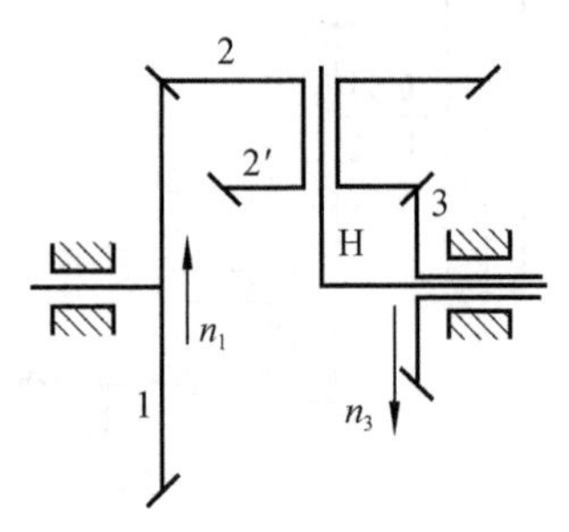

图 6-30　习题 6-7 图例

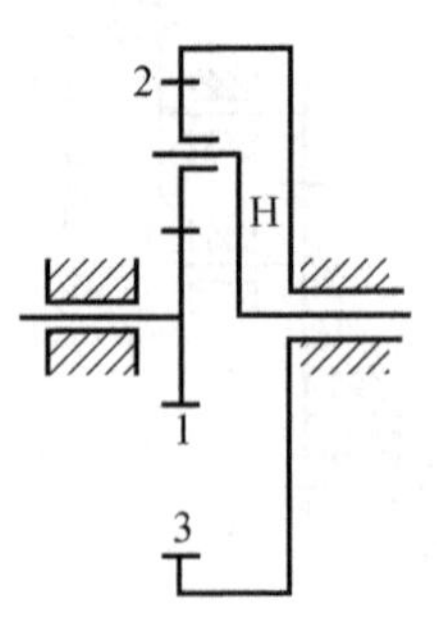

图 6-31　习题 6-8 图例

6-9 在图 6-32 所示的标准圆柱直齿轮传动系统中，已知各个齿轮的齿数：$z_1 = 60$，$z_2 = 20$，$z_{2'} = 25$；各个齿轮的模数相等，求：

（1）z_3。

（2）已知 $n_1 = 50\,\text{r/min}$，$n_3 = 200\,\text{r/min}$，n_1、n_3 转向见图 6-32，求行星架 H 的转速大小和方向。

（3）若 n_1 方向与图 6-32 中所示方向相反时，则行星架 H 的转速大小和方向如何？

6-10 在图 6-33 所示的轮系中，已知各个齿轮的齿数：$z_1 = 30$，$z_2 = 24$，$z_3 = z_6 = 40$，$z_4 = z_5 = 21$，$z_7 = 30$，$z_8 = 90$；同时已知 $n_1 = 960\,\text{r/min}$，方向见图 6-33，求 n_H 的大小和方向。

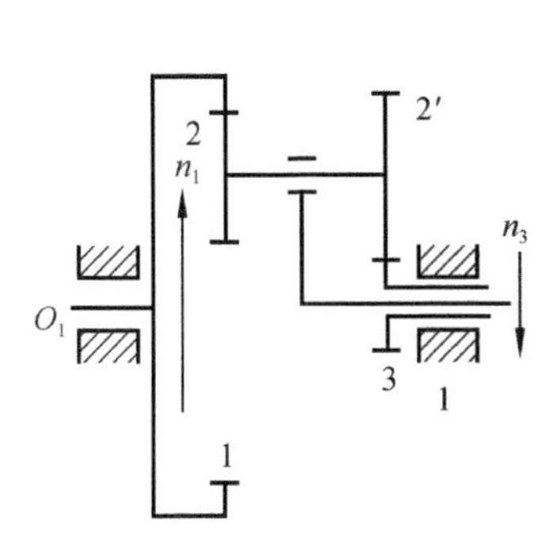

图 6-32 习题 6-9 图例

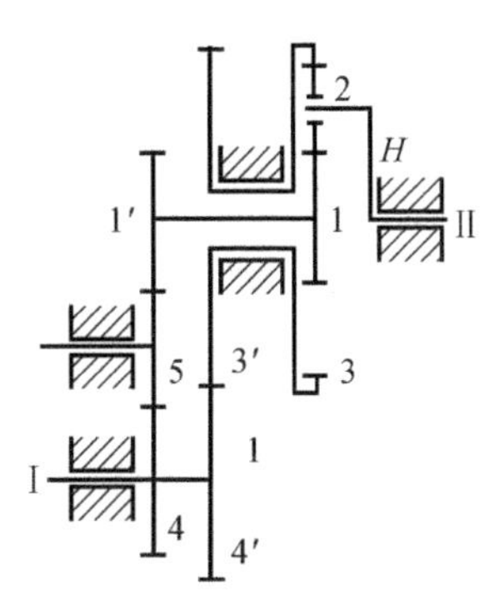

图 6-33 习题 6-10 图例

6-11 在图 6-34 所示的汽车差速器中，已知各个齿轮的齿数：$z_1 = z_3$，$z_4 = 60$，$z_5 = 15$；同时已知轮距 $B = 1200\,\text{mm}$，输入轴的转速 $n_5 = 250\,\text{r/min}$。当左转弯半径 $r' = 2400\,\text{mm}$ 时，左右两轮的转速各为多少？

6-12 在图 6-35 所示的传动机构中，已知各个齿轮的齿数：$z_1 = 17$，$z_2 = 20$，$z_3 = 85$，$z_4 = 18$，$z_5 = 24$，$z_6 = 21$，$z_7 = 63$。求：

（1）当 $n_1 = 10001\,\text{r/min}$ 和 $n_4 = 10000\,\text{r/min}$ 时，n_P 值为多少？

（2）当 $n_1 = n_4$ 时，n_P 值为多少？

（3）当 $n_1 = 10000\,\text{r/min}$ 和 $n_4 = 10001\,\text{r/min}$ 时，n_P 值为多少？

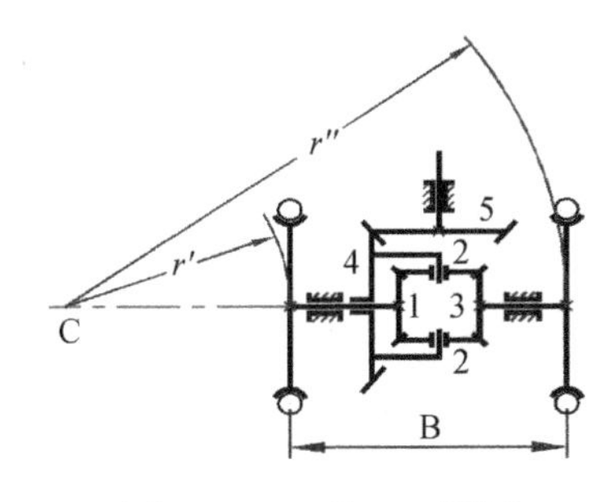

图 6-34 习题 6-11 图例

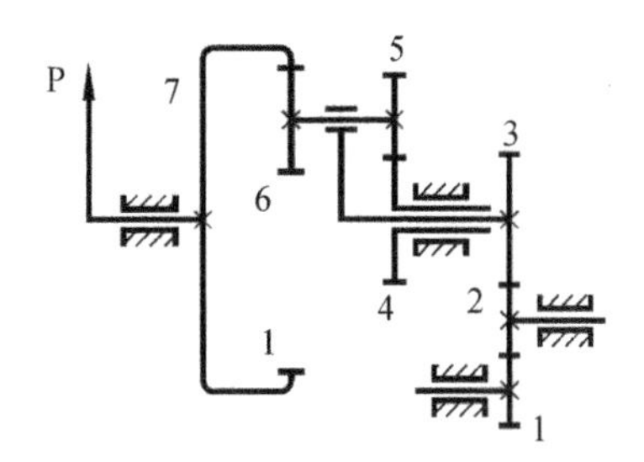

图 6-35 习题 6-12 图例

第 7 章　机械运转速度波动的调节与平衡

主要概念

速度波动、静平衡、动平衡、机械运转速度的不均匀系数、飞轮转动惯量、周期性速度波动、非周期性速度波动、盈亏功、单面平衡向量图解法。

学习引导

本章内容属于动力学的问题，感兴趣的读者可以参考相关资料。本书只介绍相关的概念及基本原理。

引例

在汽车车轮的轮毂边缘上，有一块或多块大小不等的小铅块。与各式各样漂亮的轮毂相比，这些小铅块好像有些不太相衬。但正是这些小小的铅块，对汽车高速行驶的稳定性起着非常重要的作用。你知道这是什么原因吗？学习本章内容后再参考引例图 7-1，你就明白了。

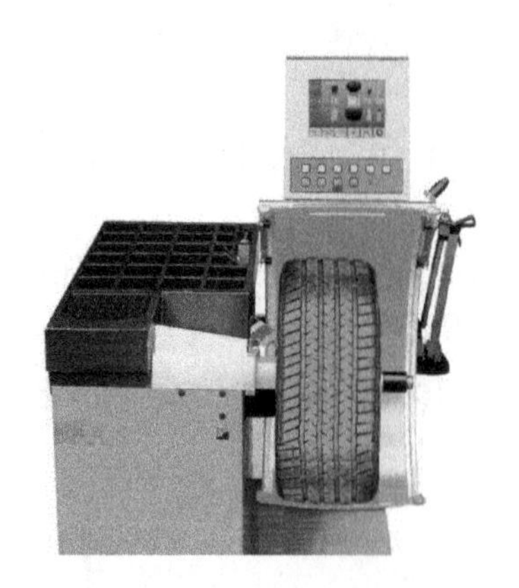

引例图 7-1　轮胎动平衡机

7.1　机械运转速度波动调节的目的与方法

机械的运动规律是由各个构件的质量、转动惯量，以及作用于其上的驱动力与阻力等因素决定的。在一般情况下，驱动力所做的功和克服阻力所消耗的功并不是每一时刻都保持相等的。如果驱动力所做的功在每一时刻都等于阻力所消耗的功（如用电动机驱动离心式鼓风机），那么机械的主轴将保持匀速转动。但是，很多机械在工作时，驱动力所做的功在某一时刻不等于阻力所消耗的功。当驱动力所做的功大于阻力所消耗的功时，出现盈功，促使机械动能增加；当驱动力所做的功小于阻力所消耗的功时，出现亏功，导致机械动能减少。显然，动能的增减会使机械原动件的速度和加速度随时间而变化，使机械在运动过程中会出现速度波动，使运动构件产生惯性力，在运动副中产生附加的动压力，并引起机械的振动，从而降低机械的使用寿命、效率和工作质量。因此，必须设法调节机械速度的波动，使速度波动限制在许可的范围内，以减小上述不良影响，这就是调速的目的。

机械运转速度的波动可分为周期性速度波动和非周期性速度波动两大类。

7.1.1 周期性速度波动及其调节

一般机械运转速度波动多是周期性的。机械在稳定运转时期，驱动力所做的功和克服阻力所消耗的功呈周期性变化，使运动构件的角速度 ω 也呈周期性变化，在平均值 ω_m 上下波动，每经一个周期 T 便重复一次。机械的这种有规律的、周期性的速度变化称为周期性速度波动，如图 7-1 所示。

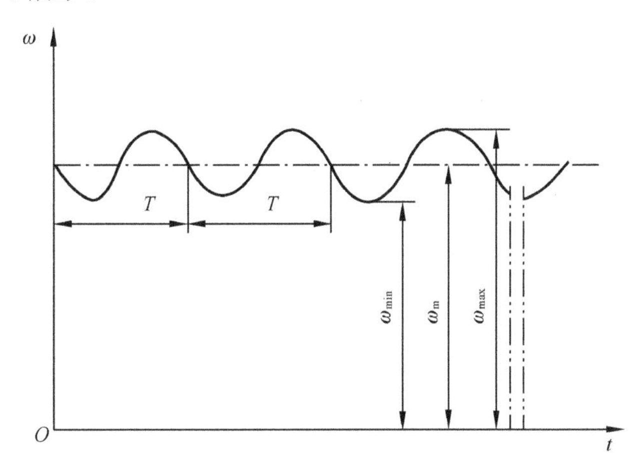

图 7-1 周期性速度波动

对于存在周期性速度波动的机械，其瞬时角速度在其平均角速度 ω_m 上下变化（见图 7-1）。若已知机械主轴的角速度随时间变化的规律 $\omega=f(t)$ 时，则一个周期 T 内的角速度的实际平均值 ω_m 可以由下式求出，即

$$\omega_m=\frac{1}{T}\int_0^T\omega\mathrm{d}t \tag{7-1}$$

由式（7-1）计算得到的实际平均值称为机械的“额定转速”。

由于角速度 ω 的变化规律很复杂，因此在实际工程中一般都以算术平均值近似代替实际平均值，即

$$\omega_m=\frac{\omega_{max}+\omega_{min}}{2} \tag{7-2}$$

为表征速度波动的程度，引入机械运转速度的不均匀系数 δ，其定义为

$$\delta=\frac{\omega_{max}-\omega_{min}}{\omega_m} \tag{7-3}$$

当 ω_m 一定时，由以上式可知，δ 越小，速度波动越小，主轴越接近匀速转动，机器运转越平稳。为了保证机械的工作性能，要求所设计的机械运转速度的不均匀系数不超过允

许值，即

$$\delta \leqslant [\delta] \tag{7-4}$$

部分机械运转速度的不均匀系数的取值范围见表 7-1。

表 7-1　部分机械运转速度的不均匀系数的取值范围

机械名称	δ	机械名称	δ
石料破碎机	1/5～1/20	造纸机、织布机	1/40～1/50
农业机械	1/5～1/50	压缩机	1/50～1/100
冲床、剪床、锻床	1/7～1/10	纺织机	1/60～1/100
轧钢机	1/10～1/25	内燃机	1/80～1/150
金属切削机床	1/20～1/50	直流发电机	1/100～1/200
汽车、拖拉机	1/20～1/60	交流发电机	1/200～1/300
水泵、鼓风机	1/30～1/50	汽轮发电机	≤1/200

调节周期性速度波动最常用的方法是，在机械中安装一个具有较大转动惯量的回转件，即飞轮。飞轮动能的变量为

$$\Delta E = \frac{1}{2} J(\omega^2 - \omega_0^2)$$

式中，J 为飞轮的转动惯量；ω、ω_0 分别为某一时间间隔内末角速度与初角速度。

显然，在动能变化相同的条件下，飞轮转动惯量 J 越大，角速度 ω 的波动越小，从而达到调速的目的。因此，飞轮在机械中相当于一个能量储存器，当机械出现盈功时，飞轮将以动能的形式将多余的能量储存起来，动能增大较多，但角速度只略微增大一点；当机械出现亏功时，飞轮又能将这些能量释放出来，动能减小较多，但角速度略微下降，从而使机械运转速度波动的幅值减小。因此，只要飞轮具有适当的转动惯量，就可把机械运转速度的波动限制在许可范围内，从而起到调速的目的。

此外，飞轮能够利用储存的能量克服短时过载，因此在确定原动机功率时，只须考虑它的平均功率，而无须考虑某一瞬时的最大功率。

7.1.2　非周期性速度波动及其调节

在机械运动过程中，若驱动力所做的功在很长一段时间内总是大于阻力所消耗的功，则机械运转速度将越来越快，可能出现所谓的“飞车”现象，导致机械损坏；若驱动力所做的功总是小于阻力所消耗的功，则机械运转速度将越转越慢，直至“停车”。汽轮发电机组在供气量不变而用电量突然增/减时，就会出现上述情况。这种速度的变化是随机的、不规则的，没有一定的周期，称为非周期性速度波动。

对于非周期性速度波动，不能依靠飞轮达到调速的目的，因为飞轮只能“吸收”或“释放”能量，而不能创造或消耗掉能量，所以必须采用特殊的机构调节机械的驱动力，使其驱动力所做的功与阻力所消耗的功互相适应，从而达到新的稳定运转。这类特殊机构称为调速器。

调速器的种类有很多，常用的调速器有机械式调速器和电子式调速器。图 7-2 所示为机械式离心调速器的工作原理示意。原动机的输入功与供气量大小成正比。当载荷突然减小时，原动机和工作机的主轴转速升高，由圆锥齿轮（图中的 1 和 2）驱动的调速器（图中的 3）主轴转速也随之升高，飞球（图中的 K）因离心力增大而飞向上方，带动圆筒（图中的 N）上升，并通过套环（图中的 M）和连杆、控制杆（图中的 4）将节流阀的阀门关小，使

蒸汽输入量减小，从而减小驱动力；当载荷突然增大时，原动机及调速器主轴转速下降，飞球下落，节流阀的阀门开大，使蒸气输入量增加，从而增加驱动力。用这种方法使输入功和载荷所消耗的功（包括摩擦能的损失）达成平衡，以保持速度稳定。

机械式调速器具有结构简单、成本低廉的优点，但其体积庞大、灵敏度低。现在很多机械已改用电子式调速器实现自动控制。本书对电子式调速器不作进一步论述，感兴趣的读者可参阅有关资料。

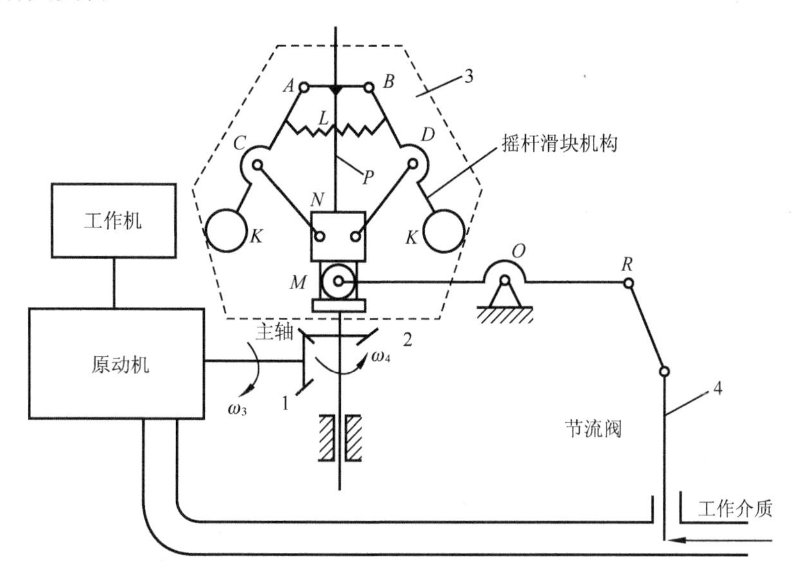

图 7-2　机械式离心调速器的工作原理示意

重要提示

对周期性速度波动，可利用飞轮进行调节；对非周期性速度波动，必须采用专门的调速器进行调节。

7.2　机械的平衡

7.2.1　机械平衡的目的和分类

1. 机械平衡的目的

机械系统中很多构件是绕固定轴线回转的，这类作回转运动的构件称为回转件（也称转子）。每个回转件都可以看作由若干质量组成。由理论力学知识可知，一个偏心距为 e 的质量 m，当它以角速度 ω 转动时，所产生的离心力按下式计算：

$$F=me\omega^2=me\left(\frac{\pi n}{30}\right)^2 \tag{7-5}$$

例如，质量为 12.5kg 的砂轮，工作转速 n=6000r/min，若质心与转子轴线的偏心距 e=1mm，则该砂轮产生的离心力为 F=5000N，F 在转动副中引起的附加反力为砂轮自身重力的 40 倍。转速越高，产生的离心力越大。

回转件的结构不对称，有制造装配误差或材质分布不均匀，这些都会使回转件在回转时产生不平衡的离心力系。离心力系的合力和合力偶矩不等于零，而且它们的方向随着回转件的转动而发生周期性变化，在机构各运动副中产生附加动压力，使整个机械产生周期性振动。这种周期性振动会降低机械的工作精度和可靠性，并引起机械零件的疲劳损坏及令人厌烦的噪声，严重的振动会影响周围设备和厂房的安全使用。此外，附加动压力会增加轴承中的附加摩擦力，对轴承使用寿命和机械效率产生不良影响。随着近代高速重型和精密机械的发展，上述问题显得更加突出。因此，研究机械平衡的目的就是根据离心力的变化规律，调整回转件的质量分布，使其所有的离心力组成一个平衡力系，以消除有害的附加动压力，尽可能减轻有害的机械振动，改善机械工作性能和延长其使用寿命。

2. 机械平衡的类型

机械的平衡可以分为以下两大类：

（1）绕固定轴回转的构件的惯性力平衡简称回转件（转子）的平衡。在实际生产中，根据回转件的转速和变形情况的不同可以分为两种情况。当回转件的工作转速小于其第一阶临界共振转速 n_{c1}［一般低于（0.6～0.75）n_{c1}］时，回转件在转动过程中不会有显著的弹性变形，这类回转件称为刚性回转件，如齿轮、带轮、车轮、风扇叶轮、飞机的螺旋桨、砂轮等；这类平衡问题用刚体力学的方法可得到理想结果，称为刚性回转件的平衡。当回转件的工作转速大于其第一阶临界共振转速时，回转件在转动过程中会产生较大的弯曲变形，这类回转件称为挠性回转件。由于增加了因变形而产生的不平衡，使问题出现了新的因素，因此将这类平衡问题称为挠性回转件的平衡。挠性回转件的平衡问题比较复杂，本书只介绍刚性回转件的平衡问题。

（2）机构中各个构件的惯性力和惯性力偶矩在机架上的平衡简称为机架上的平衡。在一般机构中，存在着作往复运动和平面复合运动的构件，不论其质量如何分布，构件的质心总是随着机械的运转各自沿一条封闭的曲线循环变化，因此不可能在各个构件的内部消除运动副的动压力。但就整个机构而言，由于各个构件产生的惯性力、惯性力矩分别可合成一个作用于机架上的总惯性力及一个总惯性力矩，因此可设法使总惯性力与总惯性力矩在机架上得以完全或部分的平衡。

7.2.2 刚性回转件的平衡

对于绕固定轴线转动的刚性回转件，若已知组成该回转件的各个质量的大小和分布位置，则可用力学方法求出所需平衡质量的大小和位置，以确定回转件达到平衡的条件。下面根据组成回转件的各个质量分布的不同，按两种情况分析。

1. 回转件的静平衡

对于轴向宽度 B 与直径 D 的比值 $B/D<0.2$ 的回转件，即轴向尺寸很小的回转件，如飞轮、叶轮、砂轮等，其质量分布可以近似地认为在同一回转面内。当该回转件等速转动时，这些质量所产生的惯性力表现为离心力，构成同一平面内汇交于回转中心的力系。此力系的合力 $\sum \boldsymbol{F}_i$ 即该汇交力系的主矢量，若 $\sum \boldsymbol{F}_i \neq 0$，则该回转体是不平衡的。由理论力学汇交力系平衡条件可知，若欲使其平衡，则可在同一回转平面内增加（或减去）一个平衡质量，使平衡质量产生的离心力 $\boldsymbol{F}_\mathrm{b}$ 与原各偏心质量产生的离心力主矢量 $\sum \boldsymbol{F}_i$ 相平衡，即

$$\boldsymbol{F}=\boldsymbol{F}_b+\sum \boldsymbol{F}_i=0$$

根据式（7-5），可将上式改写成

$$\begin{aligned} m\boldsymbol{e}\omega^2 &= m_b\boldsymbol{r}_b\omega^2+\sum m_i\boldsymbol{r}_i\omega^2=0 \\ m\boldsymbol{e} &= m_b\boldsymbol{r}_b+\sum m_i\boldsymbol{r}_i=0 \end{aligned} \tag{7-6}$$

式中，m，$\boldsymbol{e}$ 分别为回转件的总质量和总质心的向径；m_b，$\boldsymbol{r}_b$ 分别为平衡质量及其质心的向径；m_i，$\boldsymbol{r}_i$ 分别为原各偏心质量及其质心的向径。

在式（7-6）中，质量与向径的乘积称为质径积，它是一个向量，表示各个质量所产生的离心力的大小和方向。该式表明，回转件平衡的充要条件是 $\boldsymbol{e}=0$，即经过平衡后的回转件，其总质心与回转轴线重合。此时，回转件质量对回转轴线的静力矩 $mge=0$，该回转件可以在任何位置保持静止而不会自行转动，因此这种平衡称为静平衡（在工业上也称单面平衡）。通过以上分析可知，静平衡的条件是，回转件中各个质量的质径积的矢量和等于零，即回转件的质心与回转轴线重合。

图 7-3 所示为单面平衡向量图解法。在图 7-3（a）中，已知在同一回转平面内有 3 个不平衡质量 m_1、m_2、m_3，其质心向径为 $\boldsymbol{r}_1$、$\boldsymbol{r}_2$、$\boldsymbol{r}_3$，求应加的平衡质量 m_b 及其质心向径 $\boldsymbol{r}_b$。

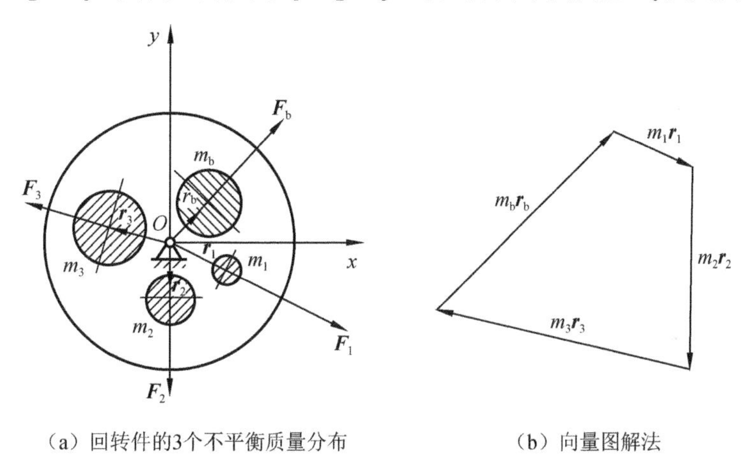

（a）回转件的3个不平衡质量分布　　（b）向量图解法

图 7-3　单面平衡向量图解法

由式（7-6）可得

$$m_b\boldsymbol{r}_b+m_1\boldsymbol{r}_1+m_2\boldsymbol{r}_2+m_3\boldsymbol{r}_3=0$$

式中，仅 $m_b\boldsymbol{r}_b$ 未知，因此可用向量图解法求解。如图 7-3（b）所示，依次作已知向量 $m_1\boldsymbol{r}_1$、$m_2\boldsymbol{r}_2$、$m_3\boldsymbol{r}_3$，最后把 $m_3\boldsymbol{r}_3$ 的矢端和 $m_1\boldsymbol{r}_1$ 的尾部相连，该封闭向量即 $m_b\boldsymbol{r}_b$。当求出 $m_b\boldsymbol{r}_b$ 后，根据回转件的结构特点选定较大的 $\boldsymbol{r}_b$，从而确定所需平衡质量 m_b 的大小。当然，根据回转件的实际结构，也可以在向径 $\boldsymbol{r}_b$ 的相反方向上卸掉一部分质量实现平衡。

2. 回转件的动平衡

对于轴向尺寸较大的回转件（轴向宽度 B 与其直径 D 的比值 $B/D\geqslant0.2$），如电动机的转子、汽轮机的转子、多缸发动机的曲轴及一些机床的主轴等，其质量不能近似地认为分布在同一回转平面内，而是分布于垂直轴线的许多相互平行的回转面内。这时，回转件转动时产生的离心力系是空间力系。因此，即使回转件的总质心落在回转轴线上，惯性力的合力为零，但是由于惯性力偶的存在，回转件仍将处于不平衡状态。这种不平衡状态只有在回转件转动时才能显示出来，因此称为动不平衡。

下面介绍质量分布不在同一回转面内的动不平衡回转件的平衡方法，如图 7-4 所示。

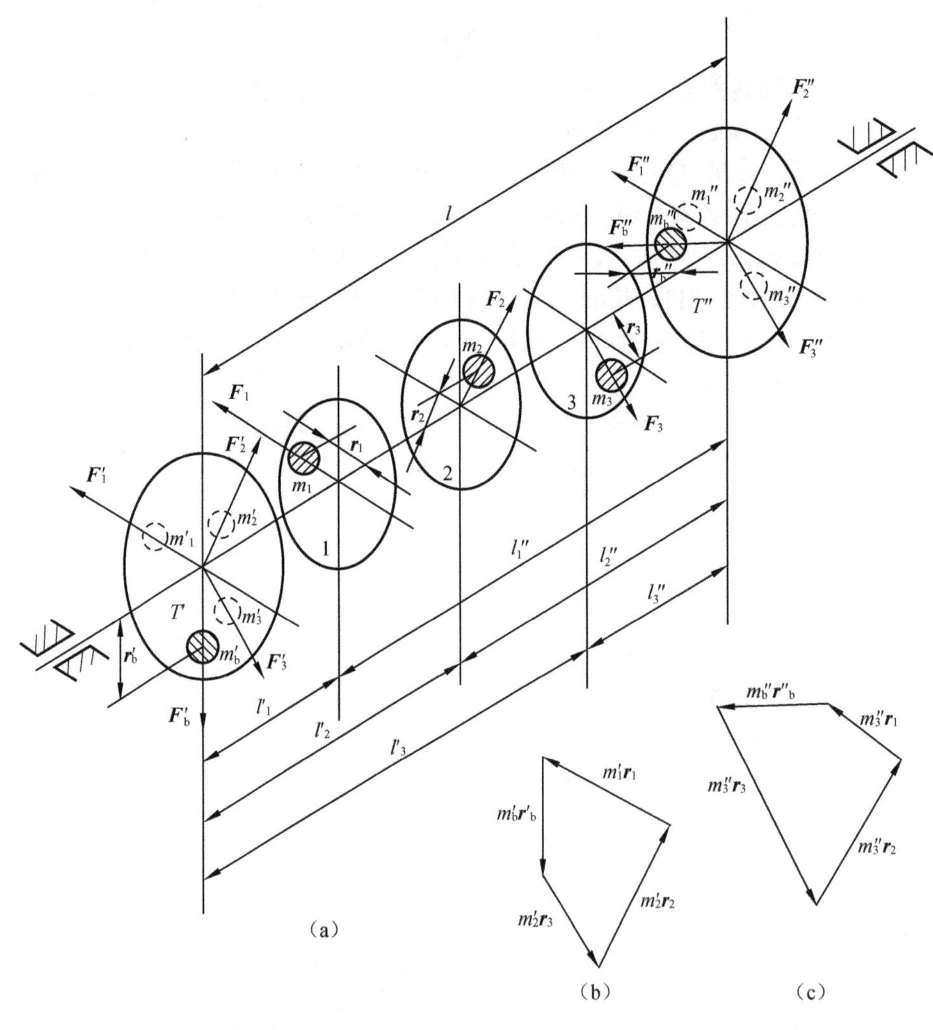

图 7-4　不在同一回转面内的动不平衡回转件的平衡方法

在图 7-4（a）所示的回转件中，设分布于回转面 1、回转面 2、回转面 3 上的不平衡质量分别为 m_1、m_2 和 m_3，它们对应的质心向径分别为 $\boldsymbol{r}_1$、$\boldsymbol{r}_2$ 和 $\boldsymbol{r}_3$，当该回转件以角速度 ω 转动时，产生的离心力分别为 $\boldsymbol{F}_1$、$\boldsymbol{F}_2$ 和 $\boldsymbol{F}_3$。根据理论力学的力系等效原理，在原平衡平面两侧任选两个平行的回转面 T' 和回转面 T''，它们与原平衡平面的距离分别为 l' 和 l''。分别将各个离心力 $\boldsymbol{F}_1$、$\boldsymbol{F}_2$、$\boldsymbol{F}_3$ 等效到这两个平面上。这样，回转面 1、回转面 2、回转面 3 上的动平衡问题就转化为回转面 T' 和回转面 T'' 上的静平衡问题。各离心力在回转面 T' 和回转面 T'' 上等效力的大小分别为

$$\begin{cases} F_1' = \dfrac{l_1''}{l_1} F_1, F_2' = \dfrac{l_2''}{l_2} F_2, F_3' = \dfrac{l_3''}{l_3} F_3 \\ F_1'' = \dfrac{l_1'}{l_1} F_1, F_2'' = \dfrac{l_2'}{l_2} F_2, F_3'' = \dfrac{l_3'}{l_3} F_3 \end{cases} \tag{7-7}$$

以质径积代替上式中的各个等效力，可得

$$\begin{cases} m_1' = \dfrac{l_1''}{l_1} m_1, m_2' = \dfrac{l_2''}{l_2} m_2, m_3' = \dfrac{l_3''}{l_3} m_3 \\ m_1'' = \dfrac{l_1'}{l_1} m_1, m_2'' = \dfrac{l_2'}{l_2} m_2, m_3'' = \dfrac{l_3'}{l_3} m_3 \end{cases} \tag{7-8}$$

由此可知，上述回转件的不平衡质量可以认为完全集中在T'和T''两个回转面内，由平行回转面T'和回转面T''的平衡条件，可得

$$\begin{cases} m_b' \boldsymbol{r}_b' + m_1' \boldsymbol{r}_1 + m_2' \boldsymbol{r}_2 + m_3' \boldsymbol{r}_3 = 0 \\ m_b'' \boldsymbol{r}_b'' + m_1'' \boldsymbol{r}_1 + m_2'' \boldsymbol{r}_2 + m_3'' \boldsymbol{r}_3 = 0 \end{cases} \tag{7-9}$$

分别作质径积矢量图，如图 7-4（b）和图 7-4（c）所示，由此求出质径积$m_b'\boldsymbol{r}_b'$和$m_b''\boldsymbol{r}_b''$。选定$\boldsymbol{r}_b'$和$\boldsymbol{r}_b''$的大小后，便可确定m_b'和m_b''。

由以上分析可知，对于动不平衡的回转件，不管它有多少个偏心质量，只需要在任选的两个平行回转面（平衡校正面）内，分别增加或减少一个适当的平衡质量，就可使回转件获得动平衡。所以动平衡的条件是分布在回转件上的各个质量的离心力的合力及合力偶矩均为零。显然，动平衡包含静平衡的条件，因此经过动平衡设计的回转件一定是静平衡的；反之，静平衡的回转件不一定是动平衡的。

重要提示

静平衡计算适用于薄型转子，只须在转子自身的平面上进行平衡，因此，这种也称为单面平衡。动平衡计算适用于长转子，需用两个平衡校正面进行平衡，因此，这种也称为双面平衡。

7.2.3 刚性回转件的平衡试验

经过上述平衡设计的刚性回转件在理论上是完全平衡的。但是，由于计算误差、制造误差、装配误差及材料质量分布不均匀等原因，实际的回转件往往达不到预期的平衡，因此，在生产过程中还需用试验的方法对回转件进行平衡。根据回转件质量分布的特点，刚性回转件的平衡试验也分为两种。

1. 静平衡试验

由静平衡原理可知，静不平衡回转件的质心偏离回转轴线，产生静力矩。利用静平衡架找出回转件不平衡质径积的大小和方向，并由此确定平衡质量的大小和位置，从而使其质心移到回转轴线上，以达到静平衡，这类试验称为静平衡试验。

对于轴向宽度B与直径D的比值$B/D<0.2$的圆盘形回转件，通常经过静平衡试验校正后，就可不必进行动平衡试验。常用的导轨式静平衡架如图 7-5 所示，它主要组成部分为安装在同一水平面内的两根互相平行的钢制刃口形（也有棱柱形和圆柱形的）导轨。试验时将回转件的轴放在导轨上，若回转件的质心S不在通过回转轴线的垂直面内，则由于重力对回转轴线的力矩作用，回转件将在导轨上发生滚动。待滚动停止时，质心S处在最低位置（受接触处滚动摩擦的影响，会存在一定的偏差，可反向滚动后再确定质心的位置，前后位置因滚动摩擦而不重合，它们与准确位置的偏差方向相反，可取其中间位置），由此便

可确定质心的偏移方向。然后用橡皮泥或其他方法在质心的相反方向增加一个适当的平衡质量，逐步调整其大小或径向位置，直到该回转件在任意位置都能保持静止不动。那么，所加平衡质量与其回转半径的乘积即其达到静平衡所需的质径积的大小。根据实际情况，也可在径向相反位置按同等大小的质径积卸掉质量使回转件达到静平衡。

导轨式静平衡架的优点是结构简单可靠，精度也能满足一般生产需要，缺点是导轨需要互相平行，并且在同一水平面内，因此安装和调试的要求较高。另外，它不能平衡两端轴颈不相等的回转件。

图 7-6 所示为圆盘式静平衡架。待平衡的回转件的轴置于由两个圆盘组成的支承上，圆盘可绕其几何中心转动，因此回转件也可以自由转动。试验程序与导轨式静平衡架相同。这类平衡架可以使一端的支承高度可调，以满足两端轴径不相等的回转件的平衡需要。设备的安装和调试也较简单。但是，由于其摩擦面间的总压力较平行导轨式静平衡架大些，并且圆盘的轴承易弄脏，使其摩擦阻力增加，对精度有一定影响。

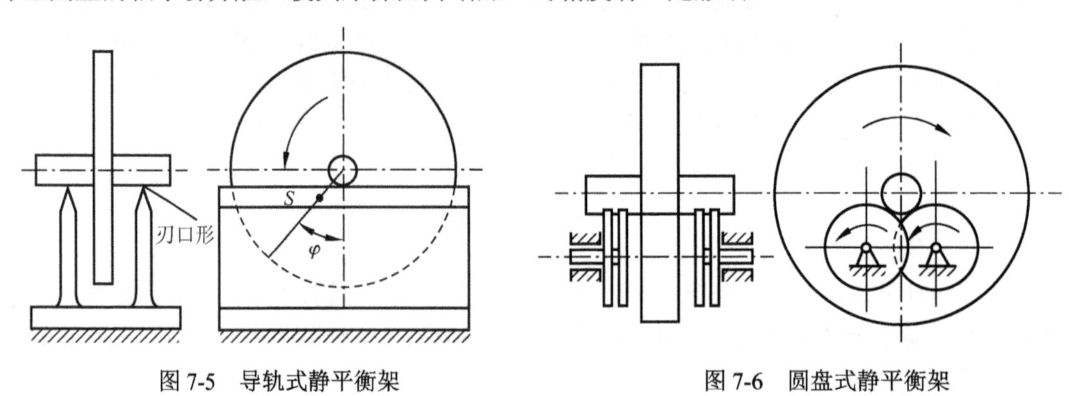

图 7-5　导轨式静平衡架　　图 7-6　圆盘式静平衡架

2. 动平衡试验

由动平衡原理可知，对于轴向宽度较大的回转件，必须分别在其任意两个回转面内各增加一个适当的质量，才能使该回转件达到平衡。将此类回转件装在动平衡试验机上运转，然后在两个选定的平面内确定所需平衡的质径积的大小和方向，从而使回转件达到动平衡。这类试验称为动平衡试验。

对于轴向宽度 B 与直径 D 的比值 $B/D \geqslant 0.2$ 的回转件，以及有特殊要求的重要回转件，都必须进行动平衡试验。目前，应用较多的动平衡试验机是根据振动原理设计的，动平衡试验机的支承是浮动的，当待平衡回转件在试验机上回转时，浮动支承便产生机械振动，依靠传感器检测回转件的振动信号，并用电子的方法放大该信号，以提高试验精度，从而可以在仪表盘上测量出转子的不平衡量的大小和相位，动平衡试验机的工作原理如图 7-7 所示。近年来，新的动平衡试验机包括激光去重自动动平衡试验机、硬支承动平衡机等。另外，在机器本体上进行回转件动平衡试验的整机平衡用的测振传感器也有了较大发展。具体内容可以参考有关专业书籍及各种动平衡机的产品说明书。

转子经平衡试验后，很难完全消除它的不平衡量，总会有剩余的不平衡量存在。生产中，根据工作要求对不同的回转件规定允许的最大剩余不平衡量。试验时，只要转子的剩余不平衡量在允许的范围内，即可判定它处于平衡状态。

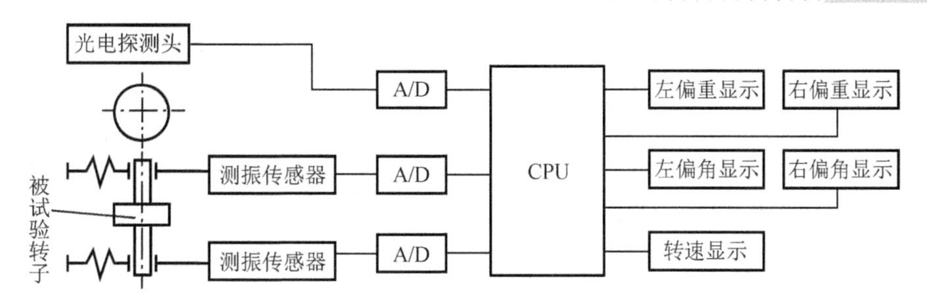

图 7-7 动平衡试验机的工作原理

3. 工程应用

磨床是精密机械加工必不可少的工作母机，为了适应日益精密的工作精度需求及不断追求的高效率和低成本的目标，全球的磨床制造业都在不懈地努力，致力于提高机床的几何精度、刚性和性能稳定性。

众所周知，砂轮是磨床的必要工具。若想用砂轮磨削出准确的尺寸和光洁的表面，则必须防止磨削过程中的振动。砂轮的结构是由分布不匀均的大量颗粒组成的，先天的不平衡无法避免，这必然会引起一定的偏心振动。而砂轮安装的偏心度、砂轮厚度的不均、主轴的不平衡及砂轮对冷却液的吸附等，会使振动更加明显。这些振动不仅影响到磨床的加工质量，还会降低磨床主轴的使用寿命、砂轮的使用寿命，增加砂轮修正次数及修整金刚石的消耗等。

磨床砂轮的在线动平衡校正是现代研磨工艺不可或缺的步骤。当磨床内外环境较好时，经过在线动平衡校正后砂轮的残余振动量会比一般传统手动静平衡效果高一个数量级。以峰到峰值（Peak to Peak）的量测基准评比，当静平衡后峰到峰值为 3μm，动平衡后的峰到峰值可达 0.3μm。综合在线动平衡校正作业的优势，研磨加工业者可获得以下的经济利益：

（1）可大幅度改善被研磨工件的真圆度、圆筒度和表面粗糙度。

（2）可延长被研磨工件的使用寿命、减少研磨烧伤裂损现象，控制其低频工作噪声。

（3）提高研磨加工精密度、稳定性和批量一致性（CP 值）。

（4）可延长传统砂轮和金刚石砂轮修整装置的使用寿命。

（5）可确保磨床主轴与轴承的使用寿命，延长磨床维修间隔时间，降低磨床维修成本。

思 考 题

7-1 机械系统为什么会产生速度波动？它有什么危害？

7-2 机械的周期性速度波动和非周期性速度波动有何不同？可分别用什么方法调节？

7-3 为什么利用飞轮不能调节非周期性速度波动？

7-4 机械平衡的目的是什么？造成机械不平衡的原因有哪些？

7-5 刚性回转件的静平衡和动平衡有何不同？它们的平衡条件分别是什么？

习　　题

7-6　经静平衡试验得知，某盘形回转件的不平衡质径积 mr 的大小等于 1.5 kg·m，方向沿图 7-8 所示的 OA 方向。由于结构限制，不允许在与 OA 反向的 OB 上施加平衡质量，只允许在 OC 和 OD 方向上各施加一个质径积进行平衡。求 $m_C\boldsymbol{r}_C$ 和 $m_D\boldsymbol{r}_D$ 的数值。

7-7　如图 7-9 所示的盘形回转件上存在 4 个偏心质量，已知 $m_1=10\text{kg}$，$m_2=14\text{kg}$，$m_3=16\text{kg}$，$m_4=10\text{kg}$，$r_1=50\text{mm}$，$r_2=100\text{mm}$，$r_3=75\text{mm}$，$r_4=50\text{mm}$，设所有不平衡质量分布在同一回转面内，问应在什么方位上施加多大的平衡质径积才能达到平衡？

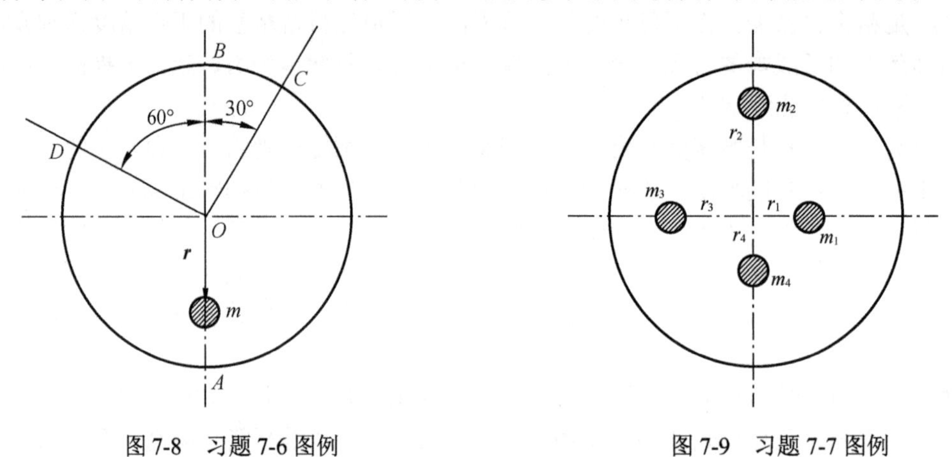

图 7-8　习题 7-6 图例　　　　图 7-9　习题 7-7 图例

7-8　在图 7-10 所示的装有带轮的滚筒轴上，已知带轮上的偏心质量 $m_1=50\text{kg}$，滚筒上的偏心质量 $m_2=m_3=m_4=0.4\text{kg}$，偏心质量分布见右图，并且 $r_1=80\text{mm}$，$r_2=r_3=r_4=100\text{mm}$，试对该滚筒轴进行动平衡设计。

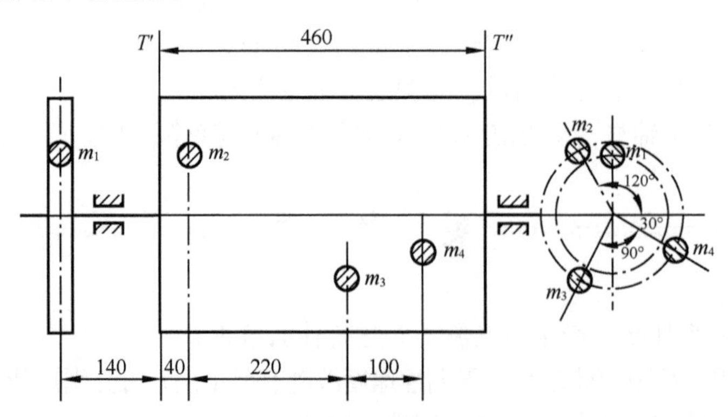

图 7-10　习题 7-8 图例

第8章　零件的连接

主要概念

可拆连接、不可拆连接、螺纹连接、键连接、销连接、三角形螺纹、矩形螺纹、梯形螺纹、锯齿形螺纹、螺纹线数、普通螺纹、粗牙螺纹、公称直径、大径、中径、小径、螺距、导程、螺纹升角、牙型角、牙侧角、连接螺纹、传动螺纹、自锁性能、传动效率、普通螺栓连接、铰制孔用螺栓连接、防松、预紧、设计准则、松螺栓、紧螺栓、螺栓强度条件、横向工作载荷、轴向工作载荷、防滑移条件、螺栓预紧力、螺栓总拉力、螺栓工作载荷、残余预紧力、力学性能等级、平键、半圆键、导向平键、滑键、键的挤压强度。

学习引导

在机械设备中，零件都是按照特定装配顺序通过一定的方法连接在一起的，形成一个运动的单元或刚性的结构件。在机械设计中用到的连接方式很多，又各有特点，在设计时要正确地选择并学会计算，同时要注意结构、布置形式的合理性。

在一般的机械设计中，涉及的连接方式大多是大家熟悉的螺纹连接、键连接、销连接等，这些都属于可以拆卸的连接方式。还有些连接方式属于不可拆卸的，如焊接、铆接、粘接等。本章主要是介绍可拆连接方式。

引例

众所周知，自行车上有很多零件。引例图8-1所示为自行车零件分解示意，这些零件是怎样连接起来的？试说明自行车上常用的零件连接方式。机器机械还有哪些连接方式？通过本章的学习，能否设计出更先进的连接方式？

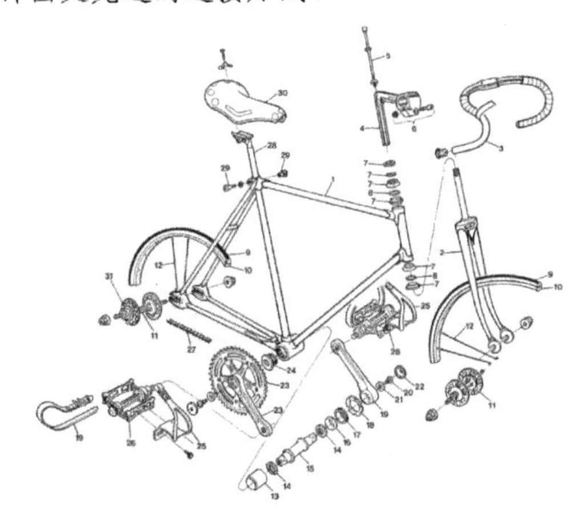

引例图8-1　自行车零件分解示意

8.1 概　　述

在机械设计中，连接是由连接件和被连接件构成的，如图 8-1 所示的汽车车轮与轮胎，车轮的轮毂和轮辐是由螺栓连接一起的。就机械零件而言，被连接件有轴及轴上零件（如齿轮、链轮轮圈与轮芯等各种轮类零件，见图 8-2）、箱体与箱盖、焊接零件中的钢板与型钢等。

图 8-1　汽车车轮与轮胎

连接件又称紧固件，如螺栓、螺钉、双头螺柱、螺母、销钉、铆钉等（见图 8-3）。有些连接件则没有专门的紧固件，主要依靠被连接件自身变形组成的过盈连接、利用分子结合力组成的焊接和粘接等。

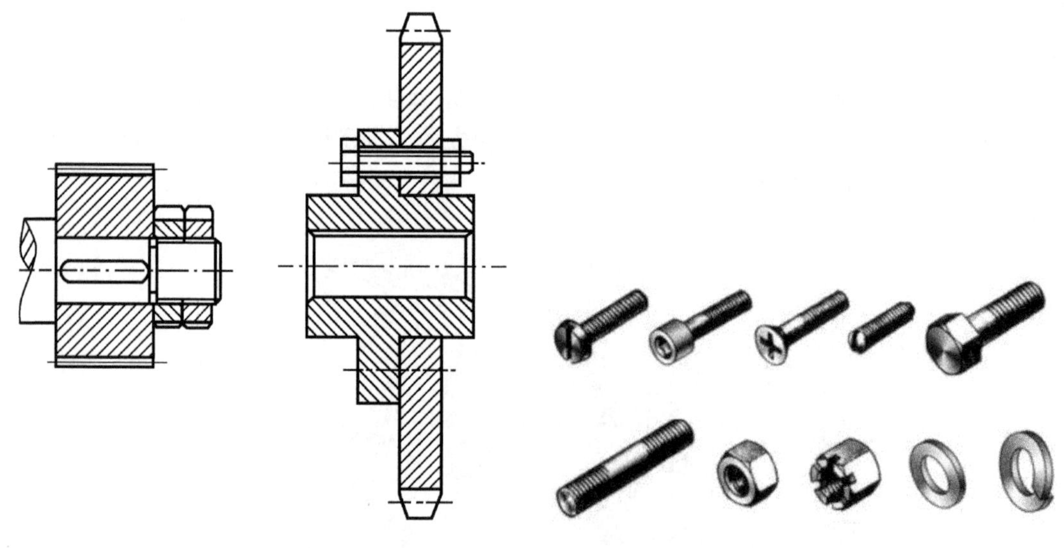

图 8-2　被连接件　　　　图 8-3　连接件

本章的连接和机械原理中的运动副的连接概念有所区别。或者说，连接可分为动连接和静连接。若无特别说明，本章所提及的连接均指静连接。

根据连接的可拆分性，静连接又可分为可拆连接和不可拆连接。允许多次装拆而不会损坏任何零件的连接称为可拆连接，如螺纹连接、键连接和销连接。如果不损坏所组成的零件就不能拆开的连接称为不可拆连接，如焊接、粘接和铆接。

8.1.1 螺纹的形成原理

螺纹的形成原理如图 8-4 所示，将一条与水平面的倾斜角为 ψ 的直线绕在圆柱体上，即可形成一条螺旋线。若用一个平面图形（梯形、三角形或矩形）沿着螺旋线运动，并保持此平面图形始终在通过圆柱体轴线的平面内，则此平面图形的轮廓在空间的轨迹便形成螺纹。各种螺纹都是根据螺旋线的形成原理加工而成的。

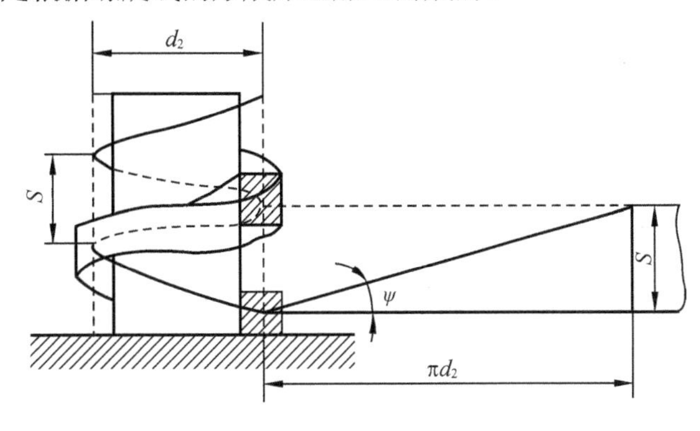

图 8-4 螺纹的形成原理

根据图 8-5 所示的各种平面图形，使其沿着螺旋线上升，在运动过程中保证圆柱体的轴线与该图形处一同一平面，这样就得到不同牙型的螺纹。

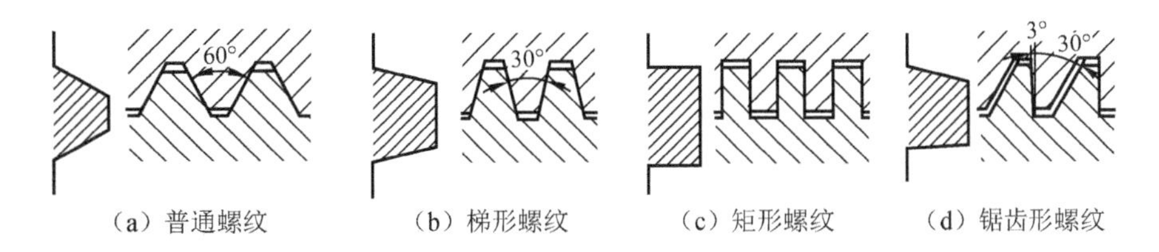

图 8-5 不同平面图形对应的螺纹

8.1.2 螺纹的类型

螺纹的分类形式多种多样。

（1）按螺纹所在的位置，螺纹可分为外螺纹和内螺纹。在外圆柱体表面上或轴圆柱面上形成的螺纹为外螺纹，如螺栓、螺钉和螺柱。在内圆柱体表面上或内孔圆柱面上形成的螺纹为内螺纹，如螺母和内螺纹孔。

（2）按螺旋线的绕行方向，螺纹可分为左旋螺纹和右旋螺纹，右旋螺纹比较常见。

（3）按螺纹的线数，螺纹可分为单线螺纹和多线螺纹。单线螺纹主要用于连接，而多线螺纹主要用于传动。

（4）按螺纹的作用，螺纹可分为连接螺纹和传动螺纹。连接螺纹的自锁性好，传动螺纹的传动效率高。

（5）按螺纹的牙型，螺纹可分为普通螺纹、圆柱管螺纹、梯形螺纹、矩形螺纹和锯齿形螺纹等（见图 8-5）。螺纹的牙型不同，其功能特点和应用场合也各不相同。普通螺纹和圆柱管螺纹用于连接，而后三种螺纹主要用于传动。普通螺纹主要用于紧固性连接，而圆柱管螺纹主要用于紧密性连接（如有压力液体或气体流动的管道连接）。梯形螺纹、矩形螺纹和锯齿形螺纹在用于传动时，由于牙侧角大小不同，它们的传动效率、牙根强度及加工工艺等也不同。

8.1.3 螺纹的参数

圆柱螺纹的主要几何参数如图 8-6 所示。圆柱螺纹的径向参数包括大径 d（D）、小径 d_1（D_1）、中径 d_2（D_2），其中，小写字母表示外螺纹的径向参数，大写字母表示内螺纹的径向参数；轴向参数为螺距 P、导程 S，与螺纹牙型有关的参数为牙型角 α 和牙侧角 β（见图 8-6），与螺纹性能有关的参数为螺纹升角 ψ 。

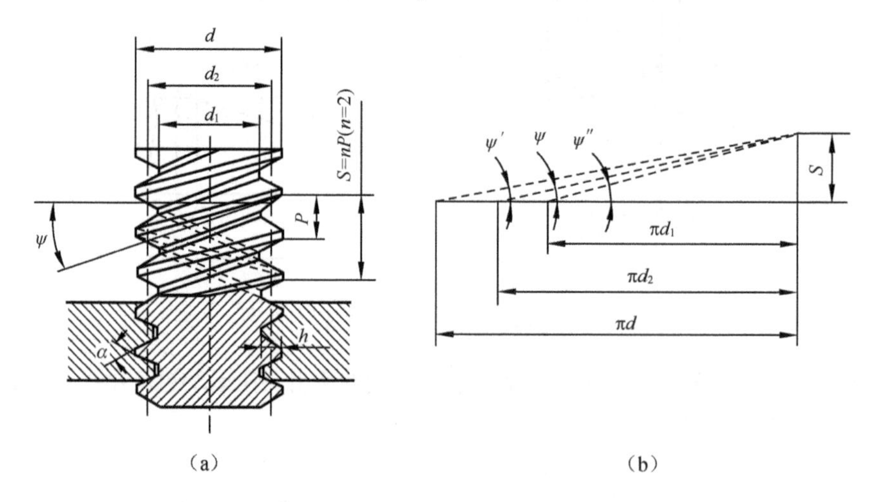

图 8-6　圆柱螺纹的主要几何参数

（1）大径 d（D）。与外螺纹牙顶（内螺纹牙底）相重合的假想圆柱体的直径称为大径，它常作为螺纹的公称直径。例如，M10，就是指普通螺纹的公称直径为 10mm。

（2）小径 d_1（D_1）。与外螺纹牙底（内螺纹牙顶）相重合的假想圆柱体的直径称为小径，它常作为螺杆强度计算危险截面的计算直径。

（3）中径 d_2（D_2）。处于大径和小径之间的一个假想圆柱体的直径称为中径，该圆柱体的母线上螺纹牙齿的厚度与牙槽宽度相等。

（4）螺距 P。相邻两个螺纹牙对应点在中径线上的轴向距离称为螺距。当大径相同时，细牙螺纹的螺距比粗牙螺纹的螺距小，通常对粗牙螺纹不用螺纹标记，而对细牙螺纹，需要标出螺距。例如，公称直径为 20mm、螺距为 2mm 的细牙螺纹标记为 M20×2。

（5）导程 S。在同一条螺旋线上，相邻两个螺纹牙对应点在中径线上的轴向距离称为导程，即螺纹上任一点沿同一条螺旋线转一周所移动的轴向距离。多线螺纹的导程 $S=nP$，n 为螺纹的线数。

（6）螺纹升角 ψ 。螺旋线的切线与垂直于螺纹轴线的平面之间的夹角称为螺纹升角。在螺纹的不同直径处，螺纹升角各不相同。通常以中径处的升角表示该螺纹升角 ψ ，其公式为

$$\tan\psi = \frac{S}{\pi d_2} = \frac{np}{\pi d_2} \quad (8\text{-}1)$$

（7）牙型角 α 和牙侧角 β。在螺纹轴向截面内，螺纹牙两侧边的夹角称为牙型角 α。螺纹牙侧边与螺纹轴线的垂线之间的夹角称为牙侧角 β，也称牙型半角。对称牙型的螺纹的牙型角 $\alpha=2\beta$。

（8）线数 n。螺纹的螺旋线数量称为线数。沿一根螺旋线形成的螺纹称为单线螺纹，沿两根以上等距螺旋线形成的螺纹称为多线螺纹。在螺距相同的情况下，采用多线螺纹时，传动效率高。

以上各个参数对连接和传动的性能有很大的影响。

8.1.4 常用螺纹的特点及应用

表 8-1 列出了常用螺纹的类型、牙型、特点及应用。除了矩形螺纹，其他螺纹都已标准化。例如，GB/T 193—2003 为普通螺纹的直径与螺距标准系列，表 8-2 为标准粗牙普通螺纹的基本尺寸。

表 8-1 常用螺纹的类型、牙型、特点及应用

类型	牙型	特点和应用
普通螺纹	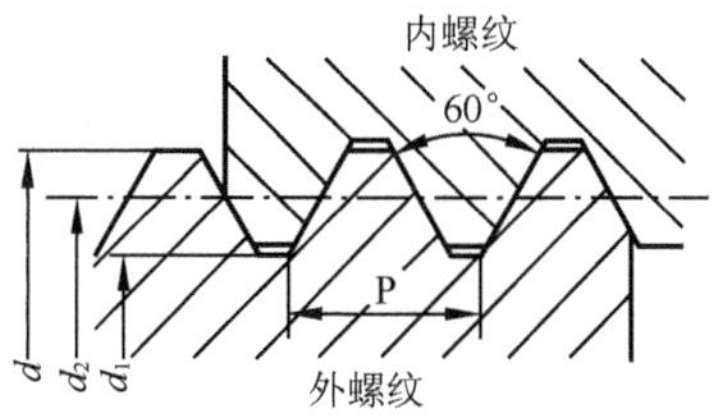 内螺纹 60° P d d_2 d_1 外螺纹	牙型为等边三角形，牙型角 $\alpha=60°$，内外螺纹旋合后留有径向空隙。外螺纹牙根允许有较大的圆角，以减小应力集中，同一公称直径按螺距大小，分为粗牙和细牙。细牙螺纹的螺距小，螺纹升角小，自锁性较好，强度高。但不耐磨，容易滑扣。 一般连接多用粗牙螺纹，细牙螺纹常用于细小零件、薄壁管件或受冲击、振动和变载荷的连接，也可作为微调机构的调整螺纹
圆柱管螺纹	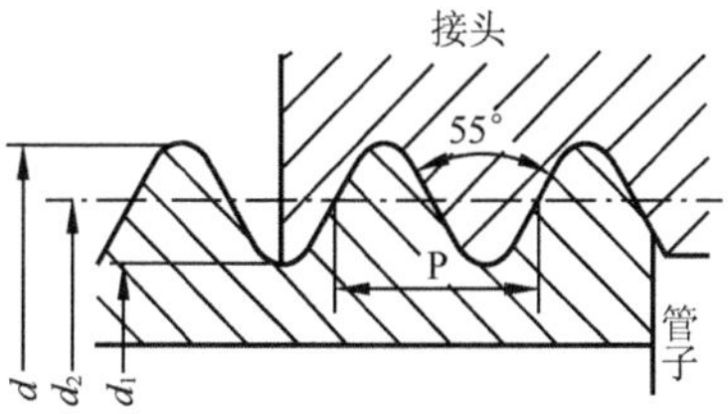 接头 55° P 管子 d d_2 d_1	牙型为等腰三角形，牙型角 $\alpha=55°$，牙顶有较大的圆角，内外螺纹旋合后无径向间隙，以保证配合的紧密性。圆柱管螺纹为英制细牙螺纹，公称直径为管子内径。 适用于压力为 1.6MPa 以下的水/煤气的管路、润滑管路和电缆管路系统
矩形螺纹	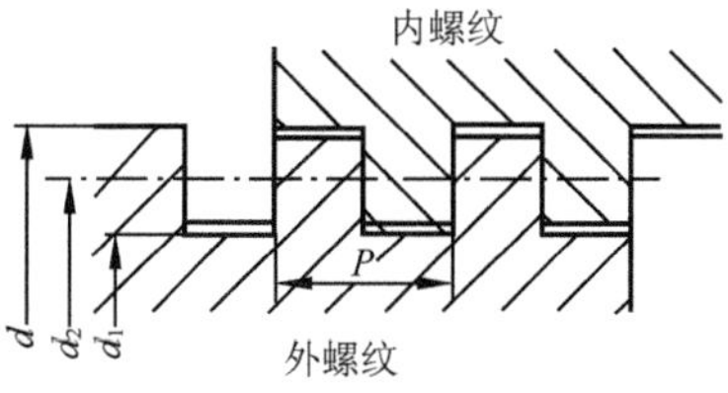 内螺纹 P d d_2 d_1 外螺纹	牙型为正方形，牙型角 $\alpha=0°$，其传动效率较其他螺纹高，但牙根强度弱，螺旋副磨损后，间隙难以修复和补偿，传动精度降低。为了便于铣削和磨削加工，可制成 10°的牙型角。矩形螺纹尚未标准化，目前已逐渐被梯形螺纹所代替
梯形螺纹	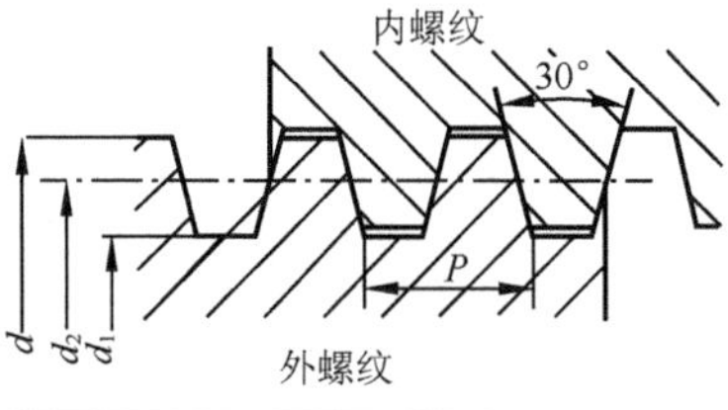 内螺纹 30° P d d_2 d_1 外螺纹	牙型为等腰梯形，牙型角 $\alpha=30°$，内螺纹和外螺纹与锥面贴紧，不易松动。与矩形螺纹相比，梯形螺纹传动效率略低，但工艺性好，牙根强度高，对中性好。如果使用剖分螺母，就可以调整间隙。梯形螺纹是最常用的传动螺纹

续表

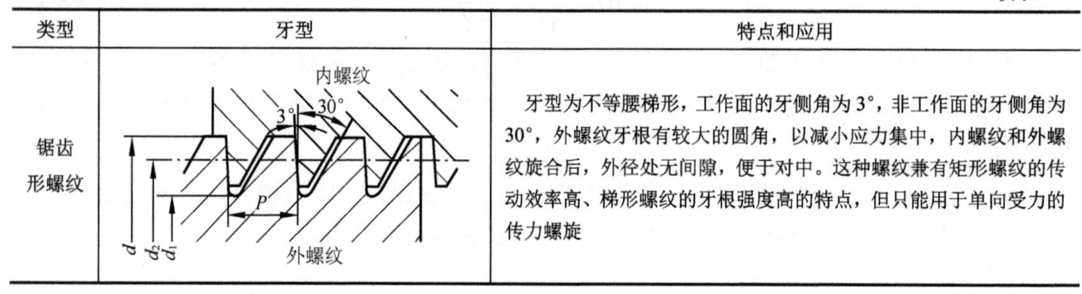

类型	牙型	特点和应用
锯齿形螺纹	（见图）	牙型为不等腰梯形，工作面的牙侧角为3°，非工作面的牙侧角为30°，外螺纹牙根有较大的圆角，以减小应力集中，内螺纹和外螺纹旋合后，外径处无间隙，便于对中。这种螺纹兼有矩形螺纹的传动效率高、梯形螺纹的牙根强度高的特点，但只能用于单向受力的传力螺旋

表 8-2　标准粗牙普通螺纹的基本尺寸

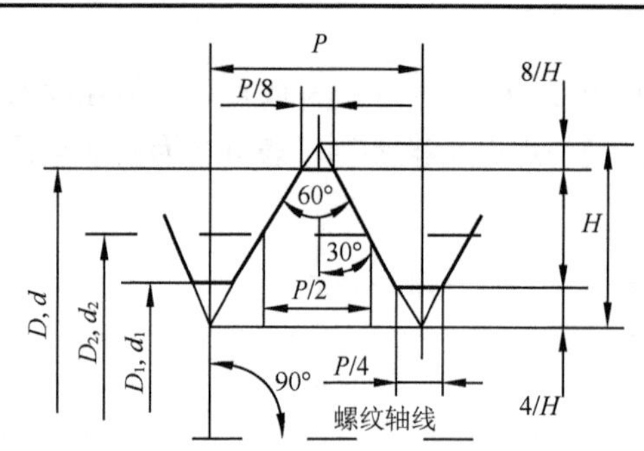

D，d——内螺纹和外螺纹大径；

D_1，d_1——内螺纹和外螺纹小径；

D_2，d_2——内螺纹和外螺纹中径；

P——螺距；

H——原始三角形高度，H=0.866P；

$d_2=d_1-0.6495P$；$d_1=d-1.0825P$；

公称直径（大径）D、d	粗牙			细牙
	螺距 P	中径 D_2，d_2	小径 D_1，d_1	螺距 P
6	1	5.35	4.918	0.75
8	1.25	7.188	6.647	1，0.75
10	1.5	9.026	8.376	1.25，1，0.75
12	1.75	10.863	10.106	1.5，1.25，1
16	2	14.701	13.835	1.5，1
20	2.5	18.376	17.294	2，1.5，1
24	3	22.052	20.752	2，1.5，1
30	3.5	27.727	26.211	2，1.5，1

8.2　螺旋副的受力分析、特性及其应用

螺旋副的受力分析是指，把螺纹副中的受力情况与螺母的拧紧、放松、螺纹副的自锁和传动效率等内容紧密结合起来，剖析螺纹参数与连接性能内在的关联，使设计更加合理。

8.2.1　螺旋副的受力分析

当内螺纹和外螺纹（螺杆和螺母）旋合时，假设外螺纹（螺杆）不动，内螺纹（螺母）在力矩和轴向载荷作用下的相对运动可看成作用在中径的水平力推动滑块（重物）沿螺纹工作面运动。滑块与螺纹的工作面为螺纹的牙侧面。当将螺纹随所在圆柱面展开时，螺纹参与工作的牙侧面成为一个斜面。

这样，可将螺旋副相对运动时的受力分析，转化为滑块沿斜面移动时的受力分析，如图 8-7

所示。其中，ψ 为螺纹升角，即斜面的倾斜角，F_Q 为螺杆轴向载荷，其最小值为滑块的重力，F_t 为作用于中径的水平推力，F_n 为法向反力，f 为摩擦系数，ρ 为摩擦角，即 $f=\tan\rho$。

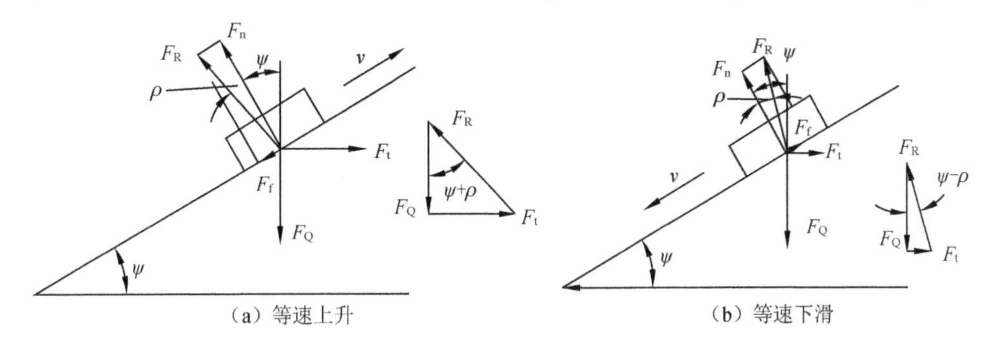

图 8-7 螺旋副相对运动时的受力分析

1. 矩形螺纹

矩形螺纹（牙侧角 $\beta=0$）的受力分析参考图 8-7。

（1）滑块沿斜面等速上升［见图 8-7（a）］。这时相当于拧紧螺母，其中，F_Q 为阻力，F_t 为驱动力，因此总反力 F_R 与 F_Q 的夹角为 $\psi+\rho$。由平衡条件可知，F_R、F_Q、F_t 组成封闭的力多边形。经受力分析可知，作用在螺旋副上的驱动力矩为

$$T=F_t\cdot\frac{d_2}{2}=F_Q\cdot\tan(\psi+\rho)\cdot\frac{d_2}{2} \tag{8-2}$$

螺母旋转一周，输入的驱动功 $W_1=2\pi T$，有效功 $W_2=F_QS$。因此，螺旋副的传动效率为

$$\eta=\frac{W_2}{W_1}=\frac{F_QS}{2\pi T}=\frac{F_Q\pi d_2\tan\psi}{2\pi F_Q\cdot\tan(\psi+\rho)\cdot\frac{d_2}{2}}=\frac{\tan\psi}{\tan(\psi+\rho)} \tag{8-3}$$

（2）滑块沿斜面等速下滑［见图 8-7（b）］。这时相当于松脱螺母，轴向载荷 F_Q 为驱动力，F_t 变为维持滑块等速运动的平衡力，由力三角形可知，

$$F_t=F_Q\cdot\tan(\psi-\rho) \tag{8-4}$$

（3）自锁。在式（8-4）中，当 $\psi\leqslant\rho$ 时，F_t 为负值。这说明要使滑块沿斜面等速下滑，必须施加一个反方向的水平拉力。若不施加拉力 F_t，则不论轴向载荷 F_Q 多大，滑块在斜面上都不会自行下滑，即处于自锁状态。

因此，对于螺纹连接来说，螺纹升角 ψ 较小（斜面较平缓）的螺母被拧紧时，若不施加载荷，无论轴向载荷 F_Q 有多大，螺母都不会自行松脱，此时它处于自锁状态。用于连接的螺纹都需要满足自锁要求。

螺旋副的自锁条件为

$$\psi\leqslant\rho \tag{8-5}$$

2. 非矩形螺纹

非矩形螺纹的牙侧角不为零，参考工作的牙侧面不再与螺纹轴线垂直，而是呈一定夹角。矩形螺纹和非矩形螺纹的受力分析如图 8-8 所示。此时，各个力或载荷的大小发生了变化。矩形螺纹和非矩形螺纹的受力比较见表 8-3。

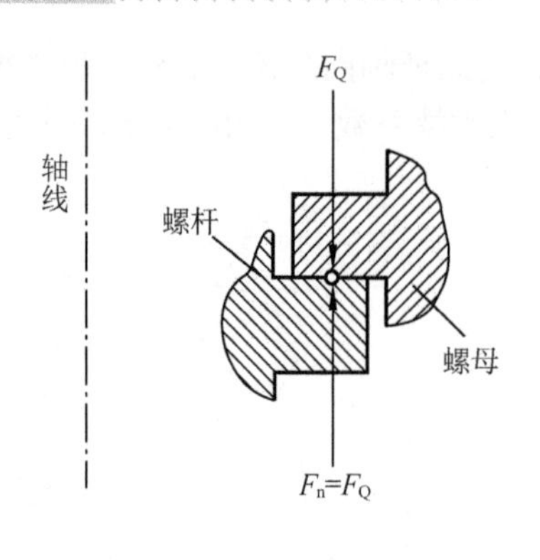

（a）矩形螺纹的受力分析

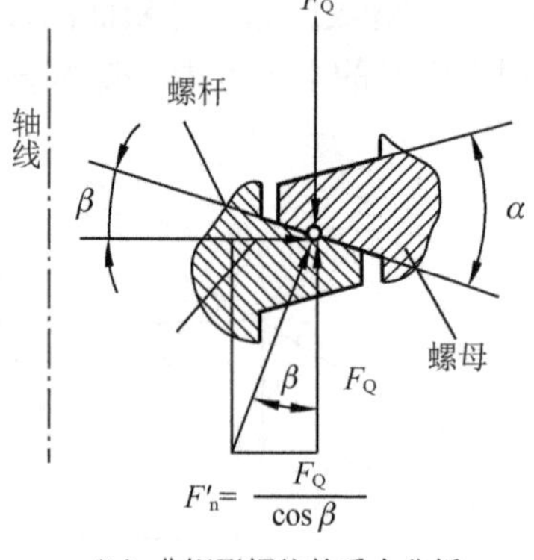

（b）非矩形螺纹的受力分析

图 8-8　矩形螺纹和非矩形螺纹的受力分析

表 8-3　矩形螺纹和非矩形螺纹的受力比较

力的类型	法向反力	摩擦力
矩形螺纹	$F_n=F_Q$	$F_f=fF_n=fF_Q$
非矩形螺纹	$F'_n=F_Q/\cos\beta$	$F_f=fF'_n=fF_Q/\cos\beta=F_Qf'$
对比	两者在受力上的区别，仅表现在非矩形螺纹的摩擦系数由 f 增大为 f'，相应的摩擦角增大，即由 ρ 增大为 ρ'	
结论	只需将 f 改为 f'，ρ 改为 ρ'，就可像矩形螺纹那样对非矩形螺纹进行力的分析	

由表 8-3 可知，非矩形螺纹的当量摩擦系数为 $f'=f/\cos\beta$，当量摩擦角为 $\rho'=\arctan f'$。

因此，非矩形螺纹的传动效率变为

$$\eta=\frac{\tan\psi}{\tan\left(\psi+\rho'\right)} \tag{8-6}$$

而自锁条件为

$$\psi\leqslant\rho'=\arctan f'=\arctan\left(f/\cos\beta\right) \tag{8-7}$$

因为普通螺纹的 β 值最大，所以更容易自锁。而容易自锁的螺纹的传动效率较低，因此 β 值越小，越适合传动。由此可见，矩形螺纹的传动效率最高。

8.2.2　螺旋副特性分析及其应用

1. 自锁性及其应用

自锁性是螺纹必须具有的特性，好的自锁性有助于防止螺母松脱，提高连接件的可靠性。螺纹牙侧角 β 越大的单线螺纹、细牙螺纹等具有较好的自锁性。因此，一般螺纹连接中多用普通螺纹和单线螺纹。细牙螺纹自锁性好，但螺纹容易滑扣，这种螺纹不经常使用。

2. 传动效率与螺旋传动

传动效率高是对螺旋传动的主要要求之一，螺纹升角大对提高传动效率有利，但升角大的螺纹制造困难，一般传动用的螺纹升角不超过 25°，而一般连接用的螺纹的升角只有

1.5°～3.5°。矩形螺纹、梯形螺纹和锯齿形螺纹主要用于传动，其中传动效率最高的是矩形螺纹，但由于加工不便、牙根强度低，因此矩形螺纹逐渐被淘汰，也没有矩形螺纹的标准，设计时可优先选择梯形螺纹。锯齿形螺纹主要用于单向受载的起重螺旋和压力螺旋。

螺旋副的自锁性与传动效率是相互制约的，当螺旋副具有自锁性时，其传动效率恒低于50%，而当传动效率较高时，螺旋副却难以达到自锁。

3. 螺旋传动的类型

用于传动的螺旋副称传动螺旋，它将旋转运动转变为直线运动。螺旋传动按照用途不同，可分为三类。

（1）传力螺旋。以传递动力为主，要求以较小的转矩产生较大的轴向推力，如螺旋起重器和加压装置等。这类螺旋副的工作转速较低，间歇工作，通常要求自锁。

（2）传导螺旋。以传递运动为主，有时也承受较大的轴向载荷，如机床进给机构的螺旋（丝杠）等。这类螺旋副的连续工作时间较长，工作速度较高，要求具有较高的传动精度。

（3）调整螺旋。用于调整、固定零件的相对位置，如机床、仪器及测试装置中的微调机构的螺旋。它不经常转动，一般在空载下调整，要求自锁。

在实际应用中，经常采用差动螺旋实现微动距离的调整或形成快速移动，如差动螺旋式可调镗刀头。

综合来看，对于调整螺旋和部分传力螺旋，为保证其自锁性，一般都采用单线螺纹。而对于传导螺旋，为了提高传动效率，多采用多线螺纹。同时，多线螺纹可以获得较高的直线运动速度。

4. 螺旋副中摩擦力矩（螺纹力矩）的效应

螺旋副摩擦力矩是拧紧螺母时在螺旋副中产生的摩擦力矩，也称螺纹力矩，它会对螺杆产生扭转作用，这对螺纹连接件的安装带来不便，更重要的是会加剧螺杆的破坏，在螺栓强度计算中必须考虑这个影响。

8.3 螺纹连接类型和螺纹连接件

当在内外圆柱面上生成螺纹后，就形成了各种结构和形状的螺纹连接件。

8.3.1 螺纹连接的类型

根据螺纹连接件的类型，可将螺纹连接分为螺栓连接、螺钉连接、双头螺柱连接和紧定螺钉连接四大类（见图8-9）。

1. 螺栓连接

当被连接件不太厚、可以加工出通孔，并且可以从两边进行装配时，可以采用螺栓连接。螺栓连接的孔为光孔，无须切制螺纹，结构简单，装拆方便。根据螺栓的光杆和孔壁之间是否有间隙，螺栓连接分为普通螺栓连接和铰制孔用螺栓连接。

图 8-9（a）所示为普通螺栓连接，被连接件的通孔与螺栓的光杆之间有一定间隙。无论连接承受外来轴向载荷还是横向载荷，螺栓都受到拉伸作用。这种连接的优点是通孔的加工精度要求较低、结构简单、装拆方便。因此，普通螺栓连接的应用最广泛。

图 8-9（b）所示为铰制孔用螺栓连接，螺栓的光杆和被连接件的光孔之间采用基孔制过渡配合（$\frac{H7}{m6}$和$\frac{H7}{n6}$）。这种连接能精确地固定被连接件的相对位置，并且承受较大的横向载荷，但孔的加工精度要求较高。

2. 螺钉连接

螺钉连接如图 8-9（c）所示，将螺钉穿过被连接件的光孔，直接旋入另一个被连接件的螺纹孔内。与普通螺栓相同，螺钉的光杆和被连接件的孔壁有间隙。因此，不论承受何种载荷，螺钉都受拉。螺钉连接主要用于被连接件之一较厚、不易制作出通孔的场合。由于经常装拆，很容易使螺纹孔损坏，因此宜用在不经常装拆的场合。

3. 双头螺柱连接

双头螺柱连接如图 8-9（d）所示，双头螺柱的两端均有螺纹，把它的一端旋入被连接件的螺纹孔内，另一端穿过另一个被连接件的光孔，旋上螺母后才算完成连接。与普通螺栓相同，螺柱的光杆和被连接件的孔壁有间隙。因此，不论承受何种载荷，螺柱也都受拉。这种连接用于需要经常装拆，但被连接件之一太厚不宜制作成通孔或结构上受限制不能采用螺栓连接的场合。

4. 紧定螺钉连接

紧定螺钉连接如图 8-9（e）所示，把紧定螺钉旋入被连接件的螺纹孔，并且用螺钉顶端压紧另一个零件的表面（或相应凹槽中），以固定两个零件之间的相互位置。这种连接可传递不大的力及转矩，多用于轴与轴上零件的连接。

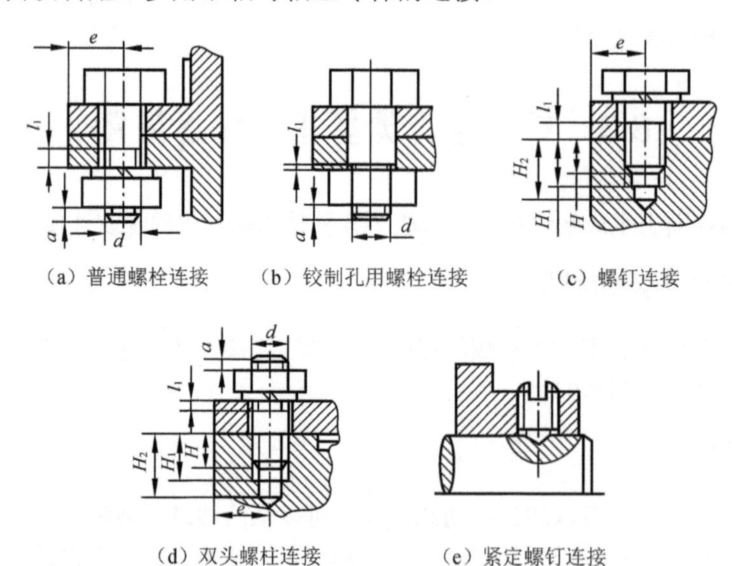

（a）普通螺栓连接　（b）铰制孔用螺栓连接　（c）螺钉连接

（d）双头螺柱连接　（e）紧定螺钉连接

图 8-9　螺纹连接的类型

5. 其他

除了以上 4 种基本连接类型，还有以下两种连接类型：将机器的底座固定在地基上的地脚螺栓连接，如图 8-10（a）所示；装在机器或大型零部件的顶盖上便于起吊用的吊环螺钉连接，如图 8-10（b）所示。

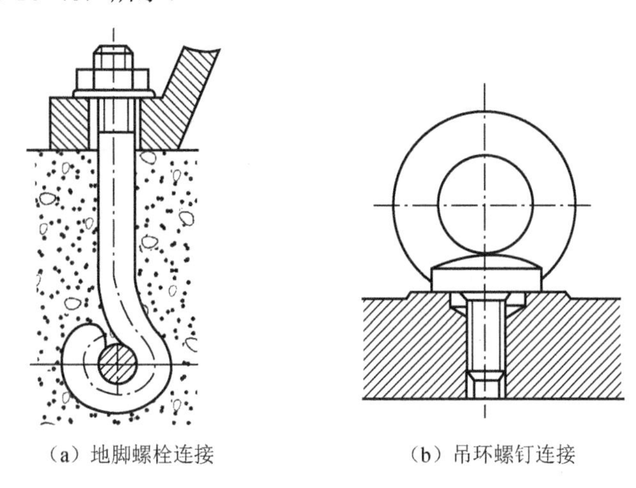

（a）地脚螺栓连接　　（b）吊环螺钉连接

图 8-10　其他螺纹连接

8.3.2　螺纹连接件的类型

螺纹连接件的种类很多，大多已经标准化。对于常见的螺栓、双头螺柱、螺钉、螺母和垫圈，可根据有关标准选用。表 8-4 列出了常用标准螺纹连接件的图例、结构特点和应用。

表 8-4　常用标准螺纹连接件的图例、结构特点和应用

类型	图例	结构特点和应用
六角头螺栓		螺栓头部形状很多，其中以六角头螺栓应用最广。六角头螺栓又分为标准头、小头两种。小六角头螺栓尺寸小，质量小，但不宜用于拆装频繁、被连接件抗压强度较低或易锈蚀的场合。 精度分为 A、B、C 三级，A 级最精确，C 级精度最低，通用机械制造中多用 C 级。螺栓杆部可制出一段螺纹或全螺纹，螺纹可用粗牙或细牙
双头螺柱		双头螺栓两端都制有螺纹，在结构上分为 A 型（有退刀槽）和 B 型（无退刀槽）两种。根据旋入端长度又分为四种规格：$L_1=d$（用于钢或青铜制螺纹孔）；$L_1=1.25d$；$L_1=1.5d$（用于铸铁制螺纹孔）；$L_1=2d$（用于铝合金制螺纹孔）
螺钉		螺钉头部形状有半圆头、平圆头、六角头、圆柱头和沉头等。头部起子槽有一字槽、十字槽和内六角孔三种形式。十字槽螺钉头部强度高，对中性好，便于自动装配。内六角孔螺钉能承受较大的扳手力矩，连接强度高，可代替六角头螺栓，用于要求结构紧凑的场合
紧定螺钉		紧定螺钉的末端形状，常用的有锥端、平端和圆柱端。锥端适用于被紧定零件的表面硬度较低或不经常拆卸的场合，平端接触面积大，不伤零件表面常用于顶紧硬度较大的平面或经常拆卸的场合；圆柱端压入轴上的凹坑中，适用于紧定空心轴上的零件位置

续表

类型	图例	结构特点和应用
六角螺母		六角螺母应用最广。根据螺母厚度不同，分为标准型、扁、厚三种规格。扁螺母常用于受剪力的螺栓上或空间尺寸受限制的场合；厚螺母用于经常拆装易于磨损的场合。 六角螺母的制造精度和螺栓相同，分为粗制六角螺母、精制六角螺母两种，分别与相同精度的螺栓组配用
圆螺母		圆螺母常与止动垫圈配用，装配时将垫圈内翅插入轴上的槽内，而将垫圈的外翅嵌入圆螺母的槽内，螺母即被锁紧。常用于滚动轴承的轴向固定
垫圈		垫圈是螺纹连接中不可缺少的附件，常置于螺母和被连接件之间，起保护和支撑表面等作用。平垫圈按加工精度不同，分为粗制垫圈、精制垫圈两种。精制垫圈又分为A型和B型两种形式。弹簧垫圈有一定的防松作用，其特点和应用可参考表8-5

国家标准规定，螺纹连接件按公差大小分为A、B、C三个精度等级。A级精度等级最高，用于要求配合精确、有冲击振动等重要零件的连接；B级精度多用于承载较大，经常拆装、调整或承受变载荷的连接；C级精度多用于一般的螺栓连接。常用的标准螺纹连接件一般选用C级精度。

8.4 螺纹连接的预紧和防松

8.4.1 螺纹连接的预紧

绝大多数螺纹连接在装配时需要拧紧，使连接件在承受工作载荷之前，预先受到力的作用，这个预加作用力称为预紧力 F_0。预紧的目的是为了增大连接件的紧密性和可靠性，增强连接件的刚性、紧密性，以防止受载后与被连接件之间出现缝隙或发生相对滑移。此外，适当地提高预紧力，还能提高螺栓的疲劳强度。

预紧力也不是越大越好，过大的预紧力会导致连接件在装配或偶然过载时被拉断。因此，为了既能保证螺纹有足够的预紧力，又不使其过载，对一些重要的连接就需要控制预紧力。通常规定，螺纹连接的预紧力一般不超过其材料屈服极限 σ_s 的80%。

对于钢制螺栓连接件的预紧力 F_0，按下列关系确定。

碳素钢螺栓：　　$F_0 \leqslant (0.6 \sim 0.7)\sigma_s A_1$

合金钢螺栓：　　$F_0 \leqslant (0.5 \sim 0.6)\sigma_s A_1$

式中，σ_s 为螺栓材料的屈服极限；A_1 为螺栓危险截面的面积，$A_1 = \pi d_1^2 / 4$。当螺栓局部直径小于其螺杆部分的小径 d_1，如有退刀槽或局部空心时，应取最小截面面积计算。

只要螺栓的结构形式、公称直径和材料确定，即可求出预紧力的最大许用值。预紧时施加的拧紧力矩由两部分组成，即螺旋副之间的摩擦力矩 T_1 和螺母支承面的摩擦力矩 T_2（见图8-11）：

$$T = T_1 + T_2 = F_a \frac{d_2}{2}\tan(\psi + \rho') + f_c F_a r_f \tag{8-8}$$

式中，F_a 为轴向力，对于不承受轴向工作载荷的螺纹，F_a 即预紧力；d_2 为螺纹中径；f_c 为螺母与被连接件支承面之间的摩擦系数，无润滑时可选取 f_c=0.15；r_f 为支承面摩擦半径，$r_f = \dfrac{D_0 + d_0}{4}$，其中 D_0 为螺母支承面的外径，d_0 为螺栓孔直径。

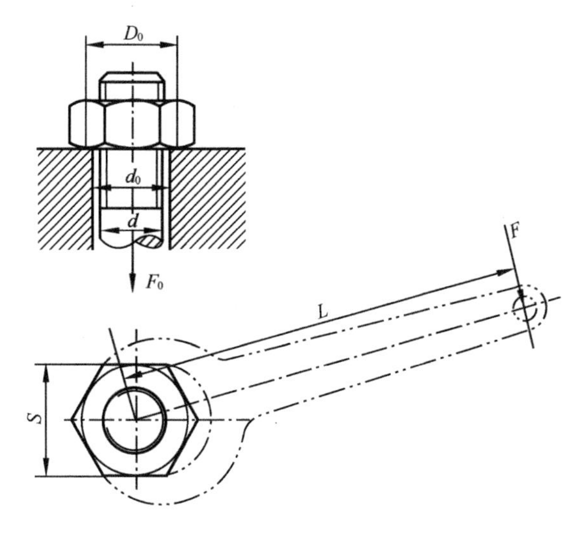

图 8-11　支承面摩擦力矩

将相关参数代入式（8-8），整理后可得 M8～M64 型粗牙普通螺纹的钢制螺栓，预紧力 F_0 和拧紧力矩 T 之间的关系为

$$T \approx 0.2F_0d \tag{8-9}$$

式中，d 为螺栓的公称直径，单位为 mm。

对于一定公称直径 d 的螺栓，当所要求的预紧力 F_0 已知时，可用式（8-9）确定扳手的拧紧力矩 T。

在拧紧螺栓过程中，拧紧力矩 T 可采用测力矩扳手［见图 8-12（a）］、定力矩扳手［见图 8-12（b）］或测定螺栓伸长量等方式加以控制。

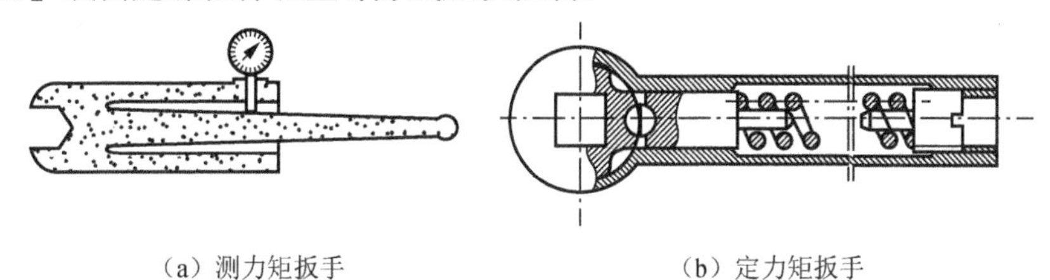

（a）测力矩扳手　（b）定力矩扳手

图 8-12　控制拧紧力矩 T 的方法

8.4.2　螺纹连接的防松

在静载荷作用下，连接用的螺纹升角较小，能满足自锁条件，但在受冲击、振动或变载荷情况下，以及温度变化大时，连接件有可能自动松脱，造成连接失效而发生事故。因此，在设计螺纹连接时，必须考虑防松问题。

防松的根本问题在于防止螺纹副的相对转动。按工作原理，防松方法分为摩擦防松、机械防松和破坏螺纹副的永久防松。螺纹连接常用的防松方法及其应用见表 8-5。

表 8-5　螺纹连接常用的防松方法及其应用

防松方法		结构形式	特点和应用
摩擦防松	对顶螺母	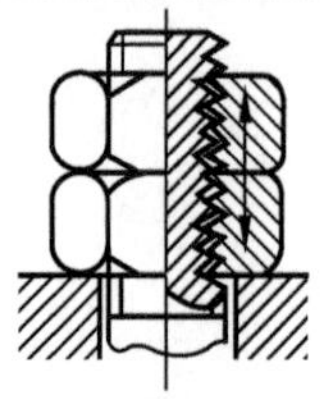	把两个螺母对顶拧紧后，使旋合螺纹之间始终受到附加的压力和摩擦力的作用。工作载荷变动时，该摩擦力仍然存在，旋合螺纹之间的接触情况如左图所示，下螺母的螺纹牙受力较小，其高度可小些，但为了防止装错，两个螺母的高度应设计成相等。 结构简单，适用于平稳、低速和重载条件下的连接
	弹簧垫圈	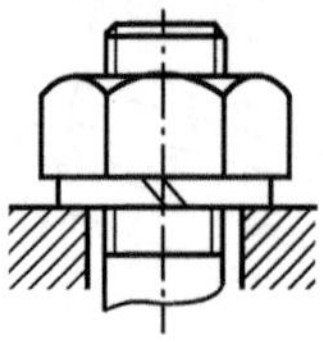	拧紧螺母后，依靠垫圈压平而产生的弹性反力使旋合螺纹之间压紧。同时垫圈斜口的尖端抵住螺母与被连接件的支承面，也起到防松作用。 结构简单，防松方便，但由于垫圈的弹力不均，在受冲击、振动的工作条件下，其防松效果较差，一般用于不甚重要的连接
	尼龙圈锁紧螺母	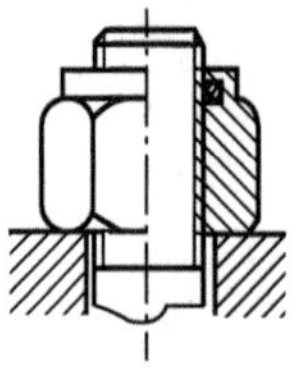	螺母嵌有尼龙圈。嵌有尼龙圈的螺母拧在螺栓上后，尼龙圈的内孔涨大，横向压紧螺栓的螺纹，箍紧螺栓，实现防松
机械防松	开口销与槽形螺母	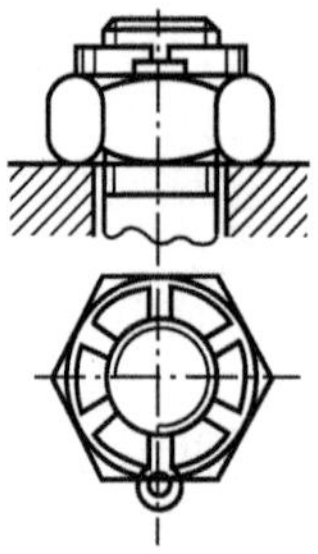	拧紧槽形螺母后，将开口销穿入螺栓尾部小孔和螺母的槽内，并且将开口销尾部掰开与螺母侧面贴紧。也可用普通螺母代替槽形螺母，但需拧紧螺母后再配钻销孔。 适用于较大受冲击、振动的调速机械中的连接
	圆螺母用带翅垫片	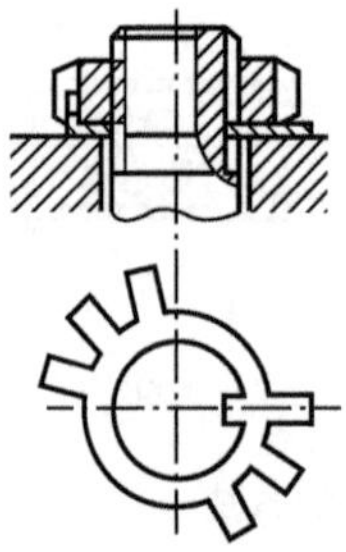	使垫片嵌入螺栓（轴）的槽内，拧紧螺母后将垫片外翅之一折嵌于螺母的一个槽内
	止动垫圈	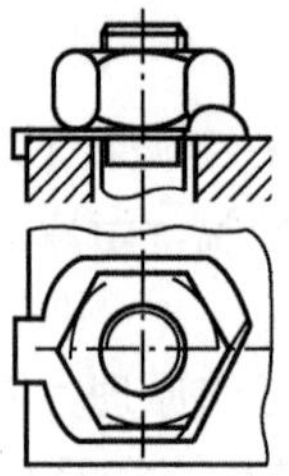	拧紧螺母后，将单耳或双耳止动垫圈分别向螺母和被连接件的侧面折弯贴紧，即可将螺母锁住。若两个螺栓需要双联锁紧时，则可采用双联止动垫圈，使两个螺母相互制动。 结构简单，使用方便，防松可靠

续表

防松方法		结构形式	特点和应用
机械防松	串联钢丝	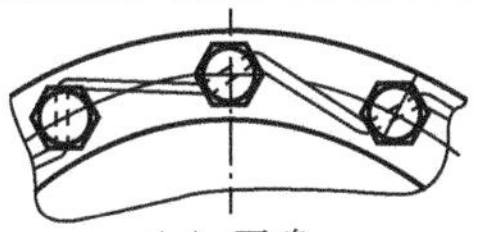 (a) 正确 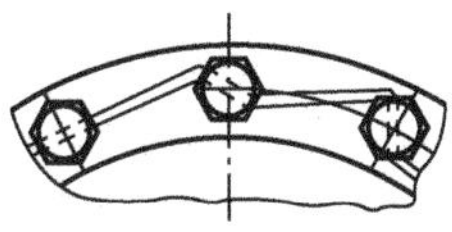 (b) 错误	用低碳钢丝穿入各个螺钉头部的孔内，将各个螺钉串联起来，使其相互制动。使用时，必须注意钢丝的穿入方向（上图正确、下图错误）。 适用于螺钉组连接，防松可靠，但装拆不便
永久防松	端铆	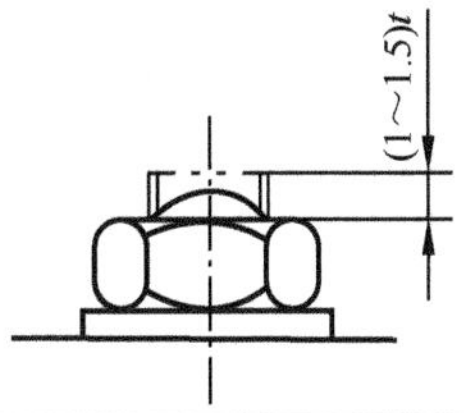 (1～1.5)t	拧紧螺母后，把螺栓末端伸出部分铆死，防松可靠，但拆卸后连接件不能重复使用。 适用于无须拆卸的特殊连接
	冲点	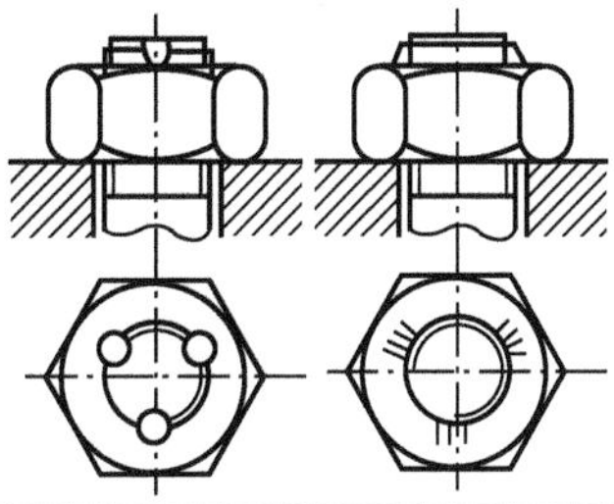	拧紧螺母后，利用冲头（焊枪）在螺栓末端与螺母的旋合缝处打冲（点焊），利用冲（焊）点防松。防松可靠，但拆卸后连接件不能重复使用。 适用于无须拆卸的特殊连接
	涂黏合剂	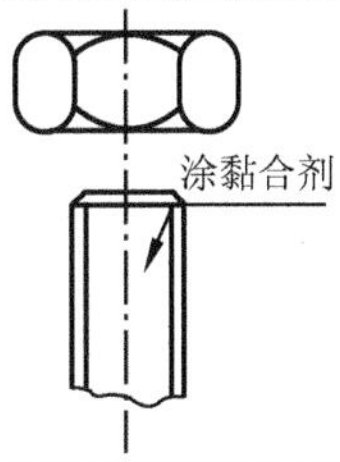 涂黏合剂	把黏合剂涂于螺纹旋合表面，拧紧螺母后黏合剂能自行固化，防松效果良好

8.5 螺纹连接的强度计算

下面以螺栓连接为例，讨论螺纹连接的强度计算方法。普通螺栓的强度计算方法对双头螺柱连接和螺钉连接也同样适用。从连接结构特点看，螺栓的光杆和被连接件的孔壁都有间隙，因此以上三种连接的受载情况和强度计算方法相同。

8.5.1 螺栓的失效形式和设计准则

在实际应用时，螺栓连接常采用多个螺栓形成的螺栓组。螺栓组所承受的载荷通常称为工作载荷，包括轴向载荷、横向载荷、转矩、倾覆力矩和复合载荷等多种类型。

对螺栓组进行受力分析，就是要找到螺栓组中受力最大的螺栓并求出其受力大小，进而将整个螺栓组的强度计算简化为受力最大的单个螺栓的强度计算。

对单个螺栓连接而言，其所承受工作载荷主要是轴向工作载荷和横向工作载荷两大类。被连接件承受横向工作载荷时，可选用普通螺栓连接或铰制孔用螺栓连接。而在承受轴向工作载荷时，仅可选用普通螺栓连接。

连接件承受轴向工作载荷时，螺栓受拉，其主要失效形式是螺栓的光杆和螺纹部分的塑性变形和断裂。在轴向变载荷的作用下，螺栓的失效形式为螺栓杆的疲劳断裂，并且常发生在螺纹根部及应力集中的部位。

连接件承受横向工作载荷时，由于传力原理不同，普通螺栓连接和铰制孔用螺栓连接的受力形式也不同。普通螺栓连接结构中的螺栓的光杆和被连接件的孔壁有间隙，主要依靠接合面上的摩擦力抵抗横向工作载荷；而采用铰制孔用螺栓时，螺栓的光杆和被连接件的孔壁之间没有间隙，主要依靠螺栓的光杆和被连接件孔壁之间的挤压与螺栓光杆的剪切抵抗横向载荷，失效形式主要是接触面的压溃和螺栓的光杆的剪断。

因此，螺栓的设计准则如下：对于普通螺栓，要保证螺栓有足够的拉伸强度；对于铰制孔用螺栓，则需要保证连接件的挤压强度和螺栓的剪切强度，其中连接件的挤压强度对连接可靠性起决定性作用。

当螺栓的材料一定时，螺栓强度计算的实质是确定螺栓的直径或校验其危险截面的强度。螺母和垫圈是根据强度原则和使用经验确定的，一般不必对它们的强度进行计算，可直接按公称尺寸选择合适的标准件。

在实际使用中，各类螺栓连接的工况决定了螺栓的受力、失效形式都不相同，因此计算方法也有所区别。根据工作之前是否受载，将螺栓连接分为松螺栓连接和紧螺栓连接。

8.5.2 松螺栓连接

装配时，螺栓无须拧紧的连接称为松螺栓连接（见图 8-13），如吊钩所用螺栓连接、拉杆装置、起重吊钩、定滑轮连接螺栓等。在这种工况下，螺栓仅在工作时受载。承受轴向载荷 F 的作用，其强度计算条件为

$$\sigma=\frac{F}{\frac{\pi d_1^2}{4}}\leqslant[\sigma] \tag{8-10}$$

式中，σ 为螺栓的拉应力，单位为 MPa；d_1 为螺栓危险截面直径，即螺纹小径，单位为 mm；$[\sigma]$为螺栓材料的许用拉应力，单位为 MPa。

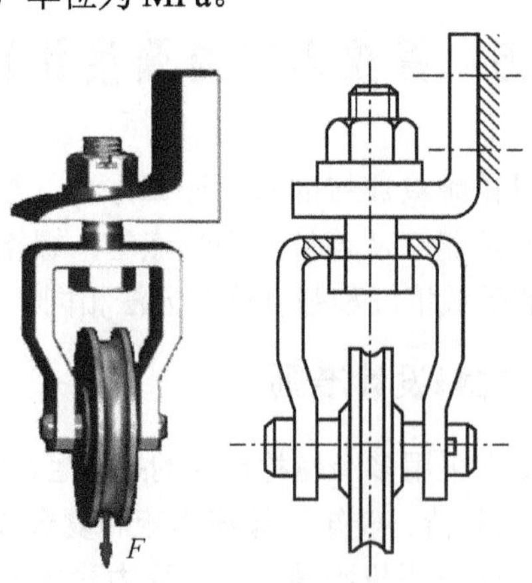

图 8-13　松螺栓连接

8.5.3 紧螺栓连接

在装配时，螺栓必须拧紧的连接称为紧螺栓连接。在大多数螺栓连接中，都需要拧紧螺栓。这种螺栓在安装好之后受工作载荷之前已经受到预紧力 F_0 的作用。在拧紧力矩的作用下，螺栓危险截面，除受到预紧力 F_0 的拉伸而产生拉伸应力外，还受到螺纹之间摩擦力矩的扭转而产生扭应力。此时，螺栓在拉伸应力和扭转应力的复合作用下工作。由于螺栓材料为塑性材料，根据第四强度理论，螺栓的当量应力为

$$\sigma_{ca} = \sqrt{\sigma^2 + 3\tau^2} \approx 1.3\sigma \tag{8-11}$$

由此可见，紧螺栓连接虽然同时承受拉伸和扭转的联合作用，但是根据对拉伸和扭转效果的分析，可采用一种简化的计算方法，即在计算时只按拉伸应力计算，并将所承受的拉伸应力增大 30%考虑扭转的影响。对普通紧螺栓连接，在计算螺栓强度时，所计算的应力或当量应力为纯拉伸应力的 1.3 倍。

在工程设计中，像这种简化的处理方法经常用到，这给工程设计带来极大的方便，更重要的是这种计算方法是可行的或合理的。但是在要求精确计算的场合，应该按照强度理论精确合成计算。

若单个螺栓承受的拉伸力或拉伸载荷为 F_a，则单个螺栓的强度条件为

$$\sigma = \frac{1.3F_a}{\pi d_1^2 / 4} \leqslant [\sigma] \tag{8-12}$$

1. 螺栓组连接承受横向载荷

横向载荷是指载荷作用线所在平面与螺栓轴线垂直的载荷。螺栓在工作时通常是成组受载的，螺栓组承受的载荷包括横向工作载荷［见图 8-14（a)］、转矩［见图 8-14（b)］和横向工作载荷+转矩［见图 8-14（c)］，即复合受载的情况等，实际情况有时更复杂一些。

螺栓承受横向工作载荷如图 8-15 所示，由 4 个螺栓组成的螺栓组承受横向工作载荷。当分别采用普通螺栓和铰制孔用螺栓时，因为传力原理不同，所以普通螺栓和铰制孔用螺栓承受横向工作载荷的原理有本质上的差异。若每个螺栓所分担的横向工作载荷是均匀的，则其大小可表示为

$$F = \frac{F_\Sigma}{4} \tag{8-13}$$

1）普通螺栓连接

当采用普通螺栓连接时，横向工作载荷与螺栓轴线垂直，螺栓的光杆和被连接件的孔壁之间有间隙，它是依靠螺栓预紧后在接合面之间产生的摩擦力抵抗横向工作载荷的。在施加横向工作载荷的前后，螺栓承受的拉力不变，均等于预紧力 F_0。为了保证连接可靠，防止被连接件之间发生相对滑动，接合面之间的最大摩擦力必须大于横向工作载荷 F_Σ，这个条件通常称为防滑移条件，其表达式如下：

$$zmfF_0 \geqslant CF_\Sigma \tag{8-14}$$

式中，m 为被连接件之间的接合面个数；z 为螺栓数量；f 为接合面之间的摩擦系数，对于钢制被连接件和铸铁被连接件，通常选取 f=0.1～0.15；F_0 为预紧力，单位为 N；C 为可靠性系数，通常选取 C=1.1～1.3。

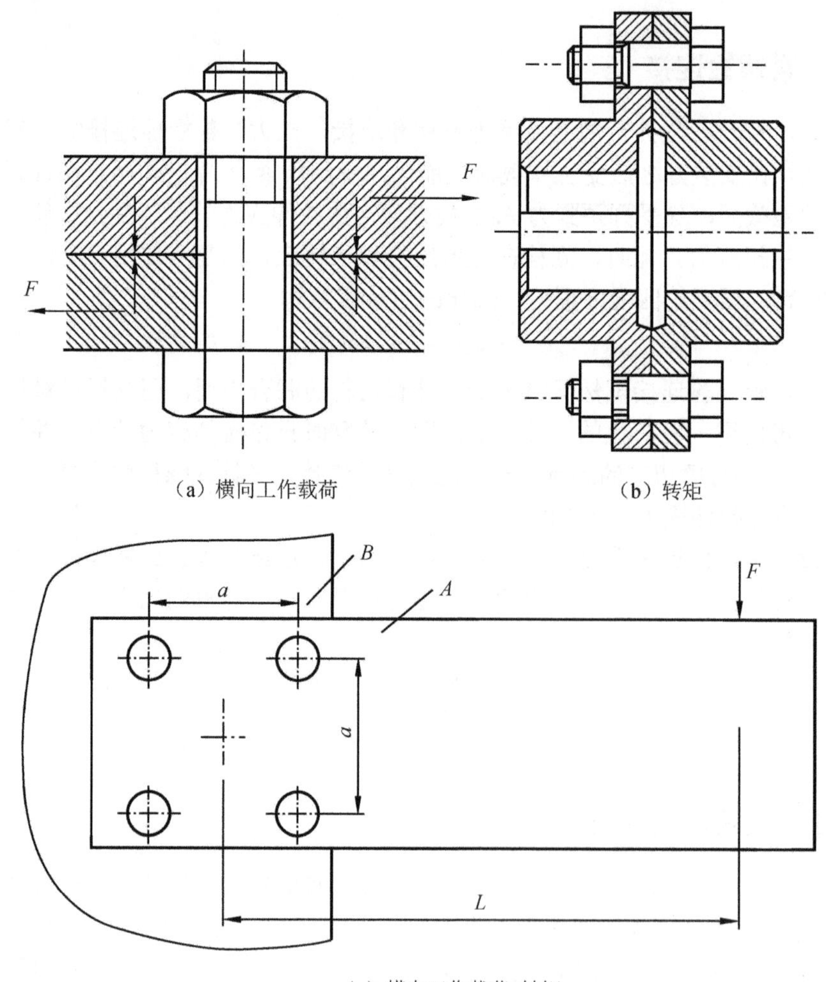

（a）横向工作载荷

（b）转矩

（c）横向工作载荷+转矩

图 8-14　螺栓组承受横向载荷

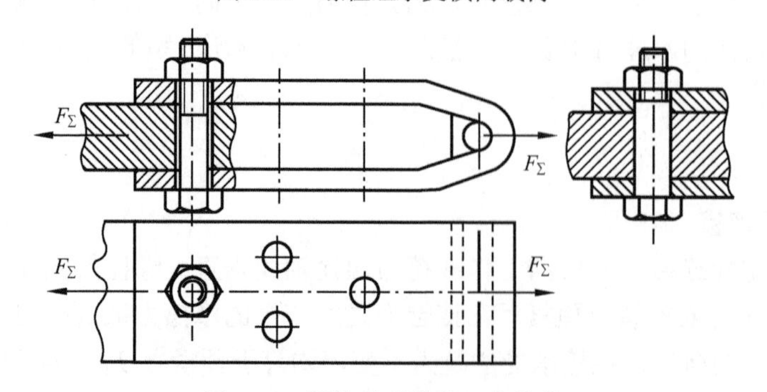

图 8-15　螺栓承受横向工作载荷

F_0 是通过螺栓组的受力分析得到的单个螺栓承受的预紧力，这个力也就是螺栓的轴向拉力，即 $F_a = F_0$ 。因此当螺栓材料已知时，可求出螺栓的小径，即

$$d_1 \geqslant \sqrt{\frac{4 \times 1.3 F_a}{\pi[\sigma]}} \tag{8-15}$$

由式（8-14）可知，当 $m=1$，$f=0.15$，$C=1.2$ 时，$F_0>8F$，即预紧力为横向工作载荷的8倍。因此，当螺栓连接依靠摩擦力承受横向工作载荷时，其尺寸较大。

通常情况下，在用普通螺栓承受较大的横向工作载荷时，可用减载键、减载销或减载套筒承受此载荷，而螺栓仅起连接作用。另外，如果工作载荷有变动或工作温度变化较大时，就会引起摩擦力较大的变化，使这种连接方式的可靠性急剧下降。因此，在选用连接方式时需要加以注意。

2）铰制孔用螺栓连接

当采用铰制孔用螺栓连接时，螺栓的光杆和被连接件之间的孔壁之间没有间隙。这种连接是依靠螺栓的光杆受剪切及螺栓的光杆与被连接件受挤压抵抗横向工作载荷的，此连接仅需要较小的预紧力。计算时一般可忽略接合面之间的摩擦力，其剪切及挤压强度条件分别为

$$\tau=\frac{F}{m\frac{\pi d_0^2}{4}}\leqslant[\tau] \tag{8-16}$$

$$\sigma_{\mathrm{p}}=\frac{F}{d_0 h_{\min}}\leqslant[\sigma_{\mathrm{P}}] \tag{8-17}$$

式中，F 为单个螺栓所受的工作剪力，单位为N；d_0 为铰制孔用螺栓杆的直径，单位为mm；$h_{\min}$ 为螺栓的光杆与被连接件的孔壁挤压面的最小高度，单位为mm；$[\sigma_{\mathrm{P}}]$ 为螺栓的光杆与被连接件中较弱材料的许用挤压应力，单位为MPa；$[\tau]$ 为螺栓材料的许用剪切应力，单位为MPa。

2. 螺栓组连接承受轴向载荷

承受轴向载荷的螺栓连接需采用普通螺栓连接。在装配时螺栓需要预紧，此时，螺栓承受预紧力 F_0。当螺栓工作时，它又要承受轴向工作载荷 F。此时，螺栓承受的总拉伸力或总拉伸载荷为 F_a。然而，螺栓承受的总拉伸力 F_a 并不等于预紧力 F_0 与轴向工作载荷 F 之和，而与受力时螺栓和被连接件的变形等因素有关。

图8-16所示的压力容器上的螺栓连接是一个典型实例。在压力容器内部通入压力流体之前，缸体和缸盖的连接螺栓必须拧紧，以保证密闭性。设压力流体的压强为 p，缸体和缸盖的连接螺栓数量为 z，则单个螺栓承受的轴向工作载荷 F 的方向与螺栓轴线平行，其大小为

$$F=\frac{p\frac{\pi D^2}{4}}{z} \tag{8-18}$$

当缸体中充入压力流体后，缸体和缸盖的结合面之间必须有一定的压紧力 F，以保证连接的紧密性和可靠性。上述各力之间的关系可根据单个螺栓在承受工作载荷前后的受载情况分析获得（见图8-17）。

图8-17（a）所示为螺母刚被拧到和被连接件相接触，但尚未拧紧。螺栓和被连接件均不受力且无变形。

图8-17（b）所示为已拧紧，但尚未施加工作载荷。此时螺栓仅受预紧力 F_0 作用，被连接件受压力 F_0（预紧力的反作用力）的作用。设螺栓的刚度为 k_b，它的拉伸变形量为 δ_1；被连接件的刚度为 k_m，其压缩变形量为 δ_2。

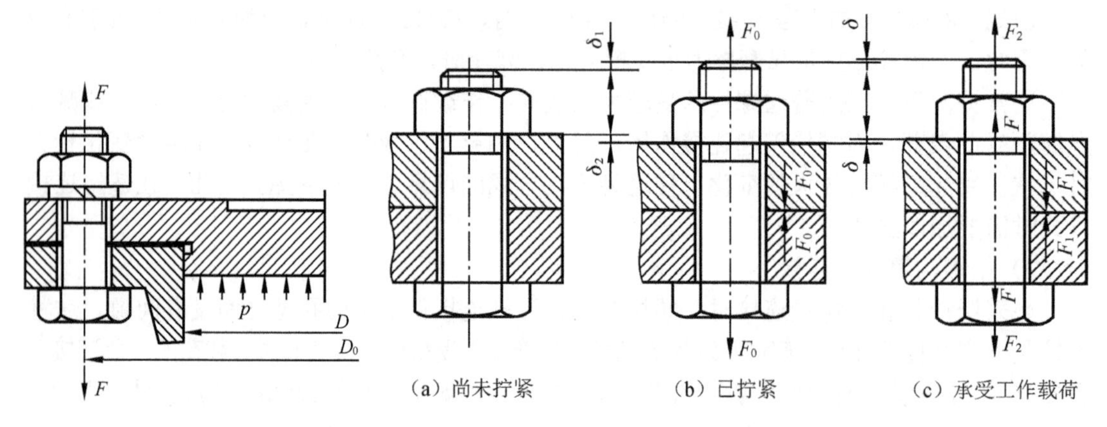

图 8-16　压力容器上的螺栓连接　　　　图 8-17　单个螺栓承受轴向工作载荷

图 8-17（c）所示为承受轴向工作载荷 F 后，单个螺栓承受的拉伸力由 F_0 增大至 F_2，螺栓的拉伸变形量增大 δ。而被连接件之间的变形因螺栓伸长而有所放松，其放松量即压缩变形量减小 δ，其压力由 F_0 减至 F_1，F_1 称为残余预紧力。由此可知，施加工作载荷后螺栓承受的总载荷 F_2 等于轴向工作载荷 F 与残余预紧力 F_1 之和，即

$$F_2 = F_1 + F$$

此时，螺栓承受的总拉伸力为

$$F_a = F_2 = F_1 + F \tag{8-19}$$

为了保证连接的紧密性，防止轴向工作载荷 F 过大而残余预紧力不足，导致被连接件的接合面之间出现缝隙。因此，在设计时对残余预紧力 F_1 是有要求的。根据不同的工作情况，其大小可根据经验选定。对于一般连接，载荷稳定时，可选取 $F_1=(0.2\sim0.6)F$；载荷有变动时，$F_1=(0.6\sim1.0)F$；对于压力容器等要求密闭性的螺纹连接，可选取 $F_1=(1.5\sim1.8)F$。对于地脚螺栓连接，可选取 $F_1=F$。

至此，螺栓危险截面的强度条件为

$$\sigma = \frac{4\times1.3F_a}{\pi d_1^2} \leqslant [\sigma] \tag{8-20}$$

式中的系数为 1.3，是考虑了在工作载荷的作用下补充拧紧时对螺栓的影响。

一般计算过程中，可先根据连接的工作要求确定残余预紧力 F_1，再由式（8-19）求出螺栓的总拉伸力 F_a，然后按式（8-20）计算螺栓强度。

重要提示

若轴向工作载荷在 $0\sim F$ 之间周期性循环变化（如内燃机汽缸盖的螺栓连接），则螺栓承受的总拉伸力应在 $F_0\sim F_a$ 之间变化，螺栓的拉伸应力则为变应力。此时，除了按式（8-20）计算静强度，还应对螺栓的疲劳强度进行校验，其校验计算可参考有关材料。

8.5.4　螺栓组连接的结构设计简介

在实际设计中，在计算螺栓组承受的工作载荷之前，首先要设计螺栓组的结构，即确定螺栓的分布尺寸、布置形式和数量。一般把它设计成轴对称结构，并且螺栓组中所有螺

栓的直径及规格都应相同。结构设计的优劣对承载能力的影响很大，在设计时要综合考虑这些因素，使设计更加合理。

8.6 螺纹连接件的材料和许用应力

8.6.1 螺纹连接件的材料

国家标准规定了螺纹连接件材料的力学性能等级（见表 8-6）。其中，螺栓、螺钉、螺柱的力学性能等级分为 10 级（3.6～12.9 级）。小数点前的数字代表材料的抗拉强度极限的 1/100（σ_B/100），小数点后的数字代表材料的屈服极限与材料的抗拉强度极限之比的 10 倍。例如，力学性能等级 4.6 中的 4 表示材料的抗拉强度极限为 400MPa，6 表示材料的屈服极限与抗拉强度极限之比为 0.6。螺母的力学性能等级分为 7 级（4～12 级）。选用时，必须注意，所用螺母的力学性能等级应不低于与其相配螺栓的力学性能等级。

表 8-6 螺栓、螺柱、螺钉和螺母的力学性能等级

<table>
<tr><td rowspan="4">螺栓、螺钉、螺柱</td><td>力学性能等级</td><td>3.6</td><td>4.6</td><td>4.8</td><td>5.6</td><td>5.8</td><td>6.8</td><td>8.8</td><td>9.8</td><td>10.9</td><td>12.9</td></tr>
<tr><td>抗拉强度极限 σ_B /MPa</td><td>300</td><td>400</td><td>400</td><td>500</td><td>500</td><td>600</td><td>800</td><td>900</td><td>1000</td><td>1200</td></tr>
<tr><td>屈服极限 σ_S /MPa</td><td>180</td><td>240</td><td>320</td><td>300</td><td>400</td><td>480</td><td>640</td><td>720</td><td>900</td><td>1080</td></tr>
<tr><td>推荐材料</td><td>低碳钢</td><td colspan="5">低碳钢或中碳钢</td><td colspan="2">低碳合金钢、中碳钢</td><td>中碳钢、低/中碳合金钢、合金钢</td><td>合金钢</td></tr>
<tr><td rowspan="2">螺母</td><td>力学性能等级</td><td>4</td><td colspan="3">5</td><td>6</td><td>8</td><td colspan="2">9</td><td>10</td><td>12</td></tr>
<tr><td>相配螺栓的力学性能等级</td><td>3.6，4.6，4.8（d>16）</td><td colspan="3">3.6，4.6，4.8（d≥16）；5.6,5.8</td><td>6.8</td><td>8.8</td><td colspan="2">8.8（d>16～39）；9.8（d≤16）</td><td>10.9</td><td>12.9（d≤39）</td></tr>
</table>

适合制造螺纹连接件的材料品种很多，常用材料有低碳钢和中碳钢。对于承受冲击、振动或变载荷的螺纹连接件，可采用低碳合金钢、合金钢。标准规定 8.8 级及其以上的中碳钢、低/中碳合金钢都必须经淬火并回火处理。对于特殊用途（如防锈蚀、防磁、导电或耐高温等）的螺纹连接件，可采用特种钢或铜合金、铝合金等，并经表面处理，如氧化、镀锌钝化、磷化等。对于普通垫圈的材料，推荐采用 Q235 钢、15 钢、35 钢，弹簧垫圈用 65Mn 制造，并经热处理和表面处理。

8.6.2 螺纹连接件的许用应力

螺纹连接件的许用应力与载荷性质、装配情况以及螺纹连接件的材料、结构尺寸等因素有关。螺纹连接件的许用拉应力按下式确定，即

$$[\sigma]=\frac{\sigma_S}{S} \tag{8-21}$$

螺纹连接件的许用切应力和许用挤压应力分别按下式确定

$$[\tau]=\frac{\sigma_S}{S_\tau} \tag{8-22}$$

对于钢 $$\left[\sigma_{\mathrm{p}}\right]=\frac{\sigma_{\mathrm{S}}}{S_{\mathrm{p}}} \tag{8-23}$$

对于铸铁 $$\left[\sigma_{\mathrm{p}}\right]=\frac{\sigma_{\mathrm{B}}}{S_{\mathrm{p}}} \tag{8-24}$$

式中，σ_{S}，σ_{B} 分别为螺纹连接件材料的屈服极限和强度极限；对常用铸铁连接件的 σ_{B}，可选取 200～250MPa；S，S_{τ}，S_{p} 为安全系数，螺纹连接的安全系数见表 8-7。

表 8-7 螺纹连接的安全系数

<table>
<tr><td colspan="3">受载类型</td><td colspan="4">静载荷</td><td colspan="4">动载荷</td></tr>
<tr><td colspan="3">松螺栓连接</td><td colspan="8">1.2～1.7</td></tr>
<tr><td rowspan="5">紧螺栓连接</td><td rowspan="4">承受轴向及横向工作载荷的普通螺栓连接</td><td rowspan="3">不控制预紧力的计算</td><td></td><td>M6～M16</td><td>M16～M30</td><td>M30～M60</td><td></td><td>M6～M16</td><td>M16～M30</td><td>M30～M60</td></tr>
<tr><td>碳钢</td><td>5～4</td><td>4～2.5</td><td>2.5～2</td><td>碳钢</td><td>12.5～8.5</td><td>8.5</td><td>8.5～12.5</td></tr>
<tr><td>合金钢</td><td>5.7～5</td><td>5～3.4</td><td>3.4～3</td><td>合金钢</td><td>10～6.8</td><td>6.8</td><td>6.8～10</td></tr>
<tr><td>控制预紧力的计算</td><td colspan="4">1.2～1.5</td><td colspan="4">2.5～4</td></tr>
<tr><td colspan="2">铰制孔用螺栓连接</td><td colspan="4">钢：$S_{\tau}=2.5$，$S_{\mathrm{p}}=1.25$
铸铁：$S_{\mathrm{p}}=2～2.5$</td><td colspan="4">钢：$S_{\tau}=3.5～5$，$S_{\mathrm{p}}=1.5$
铸铁：$S_{\mathrm{p}}=2.5～3$</td></tr>
</table>

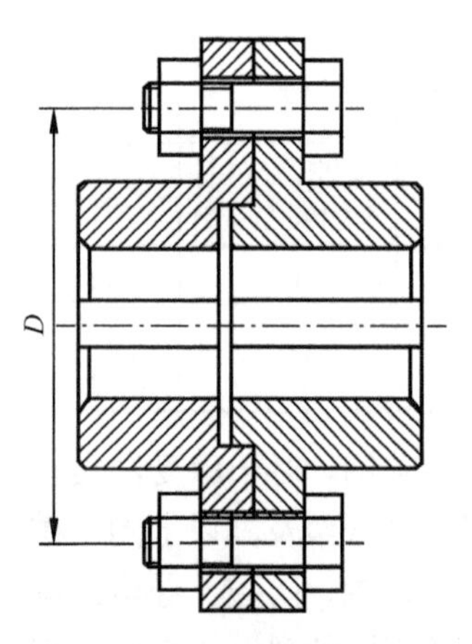

图 8-18 凸缘联轴器

【例 8-1】 图 8-18 所示为凸缘联轴器，它允许传递的最大转矩 T 为 600N·m（静载荷），用 6 个 M16 普通螺栓连接左右两个半联轴器，螺栓分布圆的直径为 120mm，左右两个半联轴器接合面之间的摩擦系数 f=0.2，确定所选用螺栓、螺母的力学性能等级。

解： 由题意可知，普通螺栓组承受的工作载荷类型为转矩，载荷作用平面与螺栓轴线垂直，因此单个螺栓承受横向工作载荷。在该联轴器工作之前，必须拧紧螺栓，依靠预紧后在接合面之间产生的摩擦力抵消转矩的作用。

（1）每个螺栓分担横向工作载荷。

$$F=\frac{2T}{zD}=\frac{2\times 600\times 10^{3}}{6\times 120}1667\ (\mathrm{N})$$

（2）为承担横向工作载荷，应施加给螺栓的预紧力可由防滑移条件计算得到，即

$$F_{0}\geqslant\frac{C}{mf}F$$

由题意可知，m=1，f=0.2，选取可靠性系数 C=1.2，代入上式可得

$$F_{0}\geqslant\frac{C}{mf}F=\frac{1.2\times 1667}{1\times 0.2}=10\times 10^{3}\ (\mathrm{N})$$

螺栓承受的轴向总拉伸力： $$F_{\mathrm{a}}=F_{0}=10\times 10^{3}\,\mathrm{N}$$

（3）确定螺栓材料的屈服强度。

$$\sigma\leqslant[\sigma]=\frac{\sigma_{\mathrm{S}}}{S}$$

假设安装时不要求严格控制预紧力，查表 8-7 选取安全系数 S=4。查表 8-2 得到 M16

的普通螺栓小径 d_1=13.835mm。将螺栓的强度条件 $\sigma=\dfrac{1.3F_0}{\pi d_1^{\ 2}/4}\leqslant[\sigma]$ 代入上式，可得

$$\sigma_S=S\sigma=4\times\frac{4\times1.3\times F_0}{\pi\times d^2}=4\times\frac{4\times1.3\times10^4}{\pi\times13.835^2}=346\ （\text{MPa}）$$

由螺栓的力学性能等级系列可知，5.8 级的普通螺栓的 $\sigma_S=400\text{MPa}$，该值符合要求，相配螺母的力学性能等级为 5 级。

【例 8-2】 汽缸盖螺栓连接结构参考图 8-16，汽缸内径 D=250mm。为保证气密性，要求采用 12 个 M18 的螺栓，螺纹小径为 15.294mm，中径为 16.376mm，许用拉应力 $[\sigma]$=120MPa，残余预紧力为工作拉伸力的 1.5 倍，求汽缸所能承受的最大压强。

解： 本题是典型的受轴向工作载荷作用的螺栓组连接，对连接结构有气密性要求。因此，应按先受预紧拉力再受工作拉伸力的受力状况计算最大载荷或最大压强。

（1）单个螺栓允许的总拉伸力。

$$F_a\leqslant\frac{\pi d_1^2[\sigma]}{4\times1.3}=\frac{\pi\times15.294^2\times120}{4\times1.3}=16958\ （\text{N}）$$

（2）单个螺栓的工作拉伸力。

由题意可知，残余预紧力为 $F_1=1.5F$ 且 $F_a=F_1+F$。

$$F=F_a/2.5=16958/2.5=6783\ （\text{N}）$$

（3）汽缸所能承受的最大压强。

$$p=\frac{4zF}{\pi D^2}=\frac{4\times12\times6783}{\pi\times250^2}1.658\ （\text{MPa}）$$

上述计算只是理论上的计算，只是为了帮助读者了解螺纹连接设计计算的过程和方法。实际上，这种连接用的螺栓间距不应过小，否则，螺栓周围应力集中影响较大，并且对汽缸盖的截面削弱过多，从而降低其承载能力。螺栓间距也不宜过大，否则，被连接件之间的接合面不够紧密，潮气易侵入缝隙而发生锈蚀。此外，还需要考虑安装和拆卸要求，即要保证有一定的空间，便于转动螺栓扳手。在实际设计中，这些问题与前述计算同样重要。

8.7 提高螺纹连接强度的措施

以螺栓连接为例，一般情况下，螺栓连接的强度主要取决于螺栓的强度。因此，研究影响螺栓强度的因素和提高螺栓强度的措施，对提高连接结构的可靠性有着重要的意义。

影响螺栓强度的因素很多，主要涉及应力变化幅度、螺纹牙的载荷分配、应力集中、附加应力、材料的力学性能和制造工艺等几个方面。

8.7.1 降低影响螺栓疲劳强度的应力幅

根据理论与实践可知，受轴向动载荷的紧螺栓连接，在最小应力不变的条件下，应力幅越小，螺栓发生疲劳破坏的可能性越低，连接方式的可靠性越高。当螺栓承受的工作拉伸力在 0～F 之间变化时，则螺栓的总拉伸力将在 F_0～F_a 之间变动。通过分析可知，螺栓和被连接件的刚度直接影响螺栓所承受载荷幅度的变化范围。

在保持预紧力 F_0 不变的条件下，减小螺栓刚度或增大被连接件的刚度，都可以减小总拉

伸力 F_a 的变动范围，达到减小应力幅 σ_a 的目的。然而，上述措施又会引起残余预紧力 F_1 减小，从而降低连接结构的紧密性。如果适当增加预紧力 F_0，就可以使 F_1 不致减小太多或保持不变，这对改善连接结构的可靠性和紧密性是有利的，但预紧力不宜过大，必须把它控制在所规定的范围内，以免过分削弱螺栓的静强度。

在实际使用中，减小螺栓刚度的方法很多。例如，可适当增加螺栓的长度，采用腰状螺栓和空心螺栓（见图 8-19）、在螺母下面安装上弹性元件（见图 8-20）等。

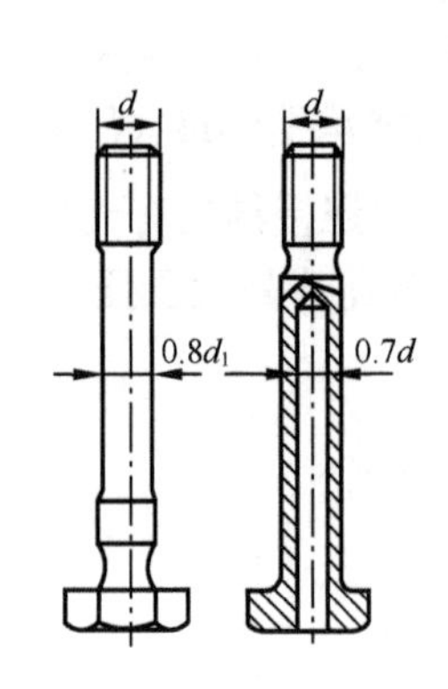

图 8-19　腰状螺栓和空心螺栓

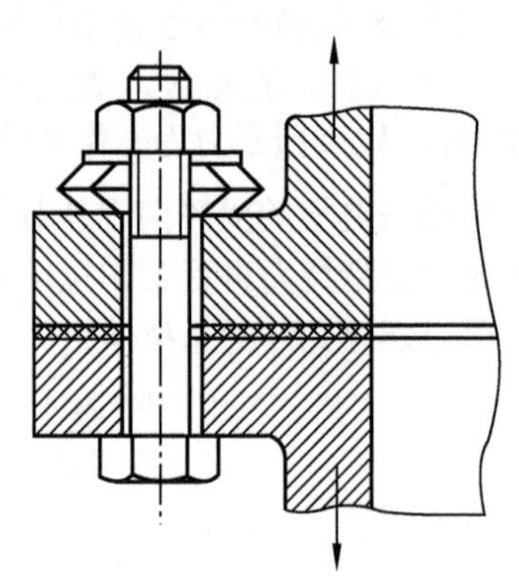

图 8-20　弹性元件

为了增大被连接件的刚度，可以不用垫片或采用刚度较大的垫片。对于需要保持紧密性的连接结构，从增大被连接件刚度的角度看，采用较软密封垫片并不合适，如图 8-21（a）所示。此时，采用刚度较大的金属垫片或密封圈较好，如图 8-21（b）所示。

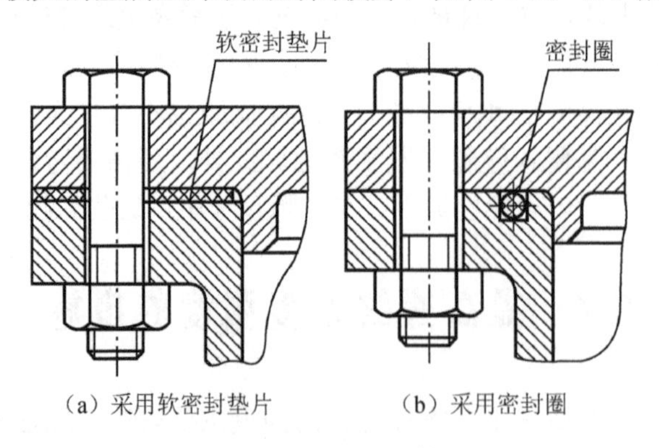

（a）采用软密封垫片　　（b）采用密封圈

图 8-21　密封元件

8.7.2　改善螺纹牙间的载荷分布

不论螺栓连接的具体结构如何，螺栓承受的总拉伸力 F_a 都是通过螺栓和螺母的螺纹牙相接触传递的。螺栓和螺母的刚度及变形性质不同，即使它们的制造精度和装配精度都很精确，各圈螺纹牙上的受力也不同。图 8-22 所示为旋合螺纹的变形图，当连接结构受载时，螺栓受拉伸力作用，外螺纹的螺距增大；而螺母受压缩，内螺纹的螺距减小。螺纹螺距的变化差在旋合的第一圈螺纹处达到最大，之后各圈上的螺距变化差递减。旋合螺纹牙间的载荷分布如图 8-23 所示。实验证明，约有 1/3 的载荷集中在第一圈上，第八圈以后的螺纹牙几乎不承受载荷。因此，采用螺纹牙圈数过多的加厚螺母，并不能提高连接结构的强度。

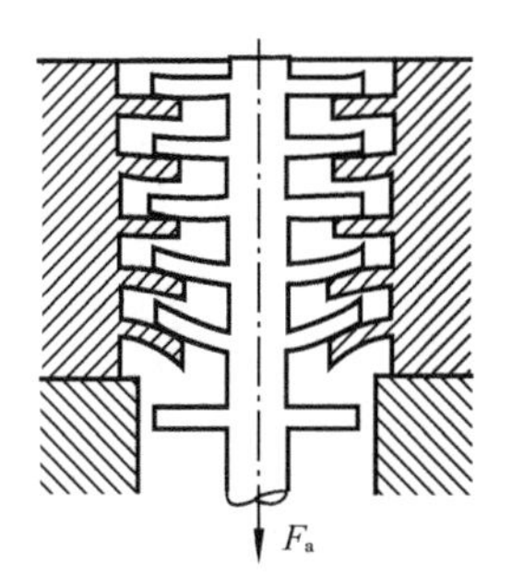

图 8-22 旋合螺纹的变形图

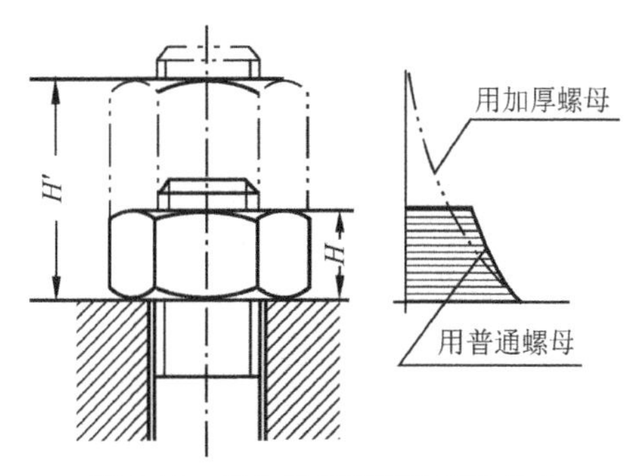

图 8-23 旋合螺纹牙间的载荷分布

为了改善螺纹牙间的载荷分布不均匀程度，常采用悬置螺母或环槽螺母。图 8-24（a）所示为悬置螺母，螺母的旋合部分全部受拉伸力作用，其变形性质与螺栓相同。因此，可以减小两者的螺距变化差，使螺纹牙间的载荷分布趋于均匀。图 8-24（b）、图 8-24（c）和图 8-24（d）所示都是环槽螺母，这种结构可以使螺母内缘下端局部受拉伸力作用，其作用和悬置螺母相似，但其载荷分布效果不如悬置螺母。

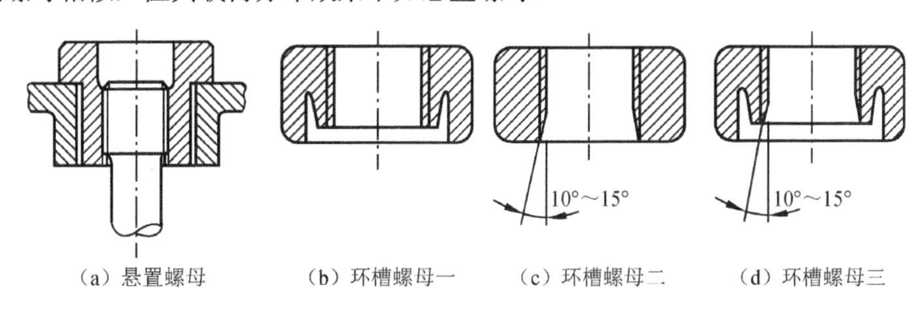

图 8-24 悬置螺母或环槽螺母

8.7.3 减小应力集中的影响

螺栓上的螺纹（特别是螺纹的收尾）、螺栓头和螺栓杆的过渡处，以及螺栓横截面面积发生变化的部位等，都会产生应力集中，都是产生裂纹的危险部位。为了减小应力集中的程度，可以采用较大的圆角和卸载结构，或将螺纹收尾改为退刀槽等。

8.7.4 避免或减小附加应力

由于设计、制造或安装上的疏忽，可能使螺栓受到附加应力，如图 8-25 所示。这种应力对螺栓疲劳强度的影响很大，应设法避免。例如，在铸件或锻件等未加工表面上安装螺栓时，常采用凸台或沉头座等结构（见图 8-26），经切削加工后可获得平整的支承面；或者采用斜面或球面垫圈（见图 8-27）等措施，保证螺栓连接结构的装配精度。

采用冷镦螺栓头和滚压螺纹的加工工艺，可以显著提高螺栓的疲劳强度。这种加工工艺除了可降低应力集中，还不会切断材料纤维。该工艺中的金属流线的合理走向如图 8-28 所示。由于冷作硬化效果使表层留有残余压应力，滚压螺纹的疲劳强度比切削螺纹的疲劳强度提高 30%～40%。如果热处理后再滚压螺纹，那么其疲劳强度可提高 70%～100%。这种冷镦螺栓头和滚压螺纹的加工工艺还具有材料利用率高、生产效率高和制造成本低等优点。

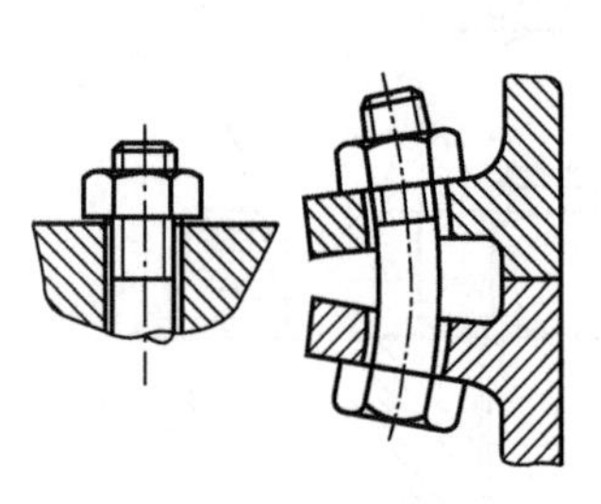

图 8-25　附加应力

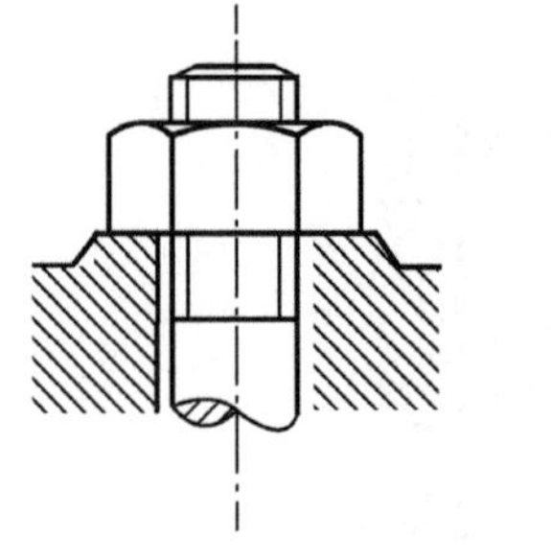

图 8-26　凸台或沉头座

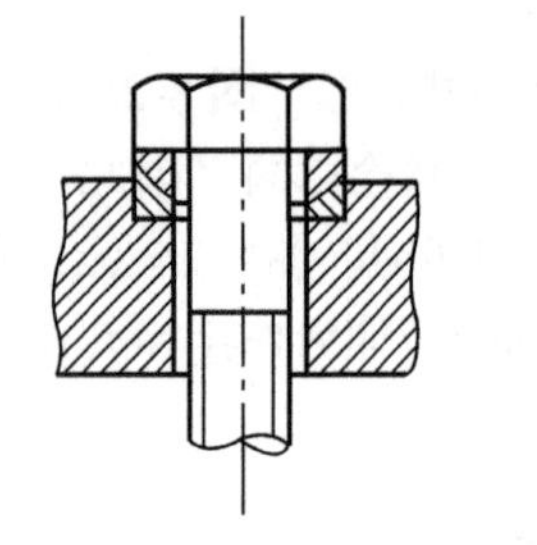

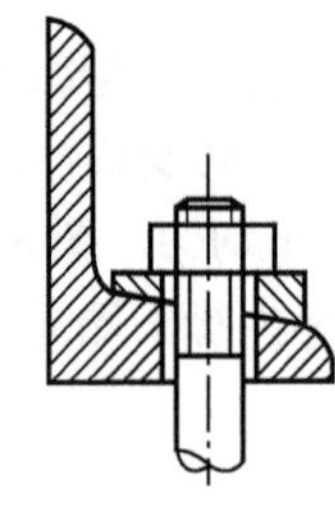

图 8-27　斜面或球面垫圈

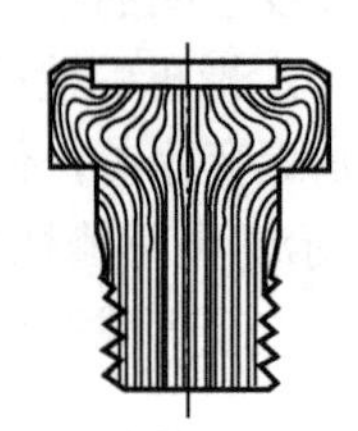

图 8-28　冷镦螺栓头和滚压螺纹加工工艺中的金属流线的合理走向

此外，在实际工程应用中，工艺上常采用氮化、氰化、喷丸等处理方法，这对提高螺纹连接件的疲劳强度很有效。

8.8　键　连　接

键连接可实现轴与轴上零件（如齿轮、带轮等）之间的周向固定，并且传递运动和动力。键连接具有结构简单、装拆方便、工作可靠及标准化等特点，它在机械中的应用极为广泛。

8.8.1　平键连接

平键连接依靠平键的两个侧面传递转矩，即键的两个侧面是工作面，而键的上表面与轮毂上的键槽底面留有间隙。平键的工作原理和连接结构如图 8-29 所示，这种连接的优点是轴和轮毂孔的对中性好。根据工作情况不同，平键分为普通平键、导向平键和滑键等。

1. 普通平键

按键的端部形状的不同普通平键分为圆头普通平键（A 型）、方头普通平键（B 型）和单圆头普通平键（C 型）三种类型，如图 8-30 所示。圆头普通平键在键槽中不会发生轴向移动，因而应用最广。单圆头普通平键多应用在轴的端部。普通平键在工作时，轴和轴上零件沿轴向不能有相对移动。

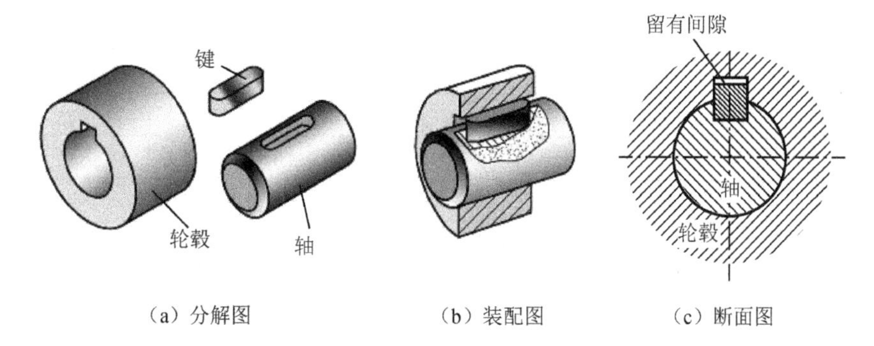

图 8-29 平键的工作原理和连接结构

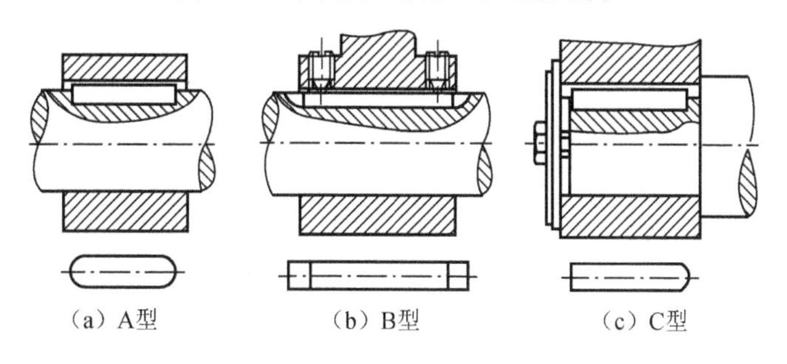

图 8-30 平键的三种类型

键的材料通常采用 45 钢。当轮毂材料是有色金属或非金属时，可用 20 钢或 Q235 钢制造键。平键是标准件，根据应用情况，先选取键的类型，再根据被连接的轴颈，选取键的宽度 b 和高度 h，最后根据被连接件轮毂的宽度确定键的长度 L，其值由轮毂宽度减去 5～10mm 并取标准值。普通平键和键槽的尺寸及见表 8-8。

表 8-8 普通平键和键槽的尺寸（摘自 GB/T 1095—2003） 单位：mm

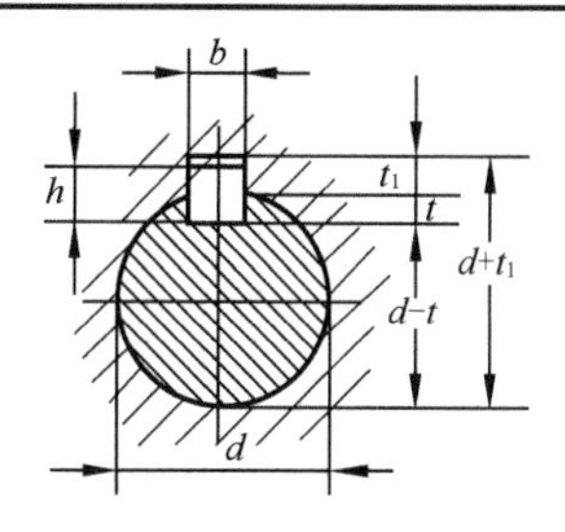

注：在工作图中，轴槽深用 t 或（d−t）标注，轮毂槽深用（d+t_1）标注。

轴的直径 d	键的尺寸		键槽	
	b×h	L	t	t_1
自 6～8	2×2	6～20	1.2	1
＞8～10	3×3	6～36	1.8	1.4
＞10～12	4×4	8～45	2.5	1.8
＞12～17	5×5	10～56	3.0	2.3
＞17～22	6×6	14～70	3.5	2.8

续表

轴的直径 d	键的尺寸		键槽	
	$b \times h$	L	t	t_1
＞22～30	8×7	18～90	4.0	3.3
＞30～38	10×8	22～110	5.0	3.3
＞38～44	12×8	28～140	5.0	3.3
＞44～50	14×9	36～160	5.5	3.8
＞50～58	16×10	45～180	6.0	4.3
＞58～65	18×11	50～200	7.0	4.4
＞65～75	20×12	56～220	7.5	4.9
＞75～85	22×14	63～250	9.0	5.4
键长标准系列	6, 8, 10, 12, 14, 18, 20, 22, 25, 28, 32, 36, 40, 45, 50, 56, 63, 70, 80, 90, 100, 110, 125, 140, 160, 180, …			

国家标准对普通平键的规格型号进行了标记与规定，其标记如下：

键型　键宽×键高×键长+标准号。

例如，键 16×10×100　GB/T 1096—2003，表示国家标准 GB/T 1096—2003 规定的键宽为 16mm，键高为 10mm，键长为 100mm 的 A 型普通平键。如果是 B 型和 C 型，那么在“键”字后加上相应的字符，即“键 B”或“键 C”。

2. 导向平键和滑键

在工作过程中，若要求轮毂在轴上沿轴向移动时，则可采用导向平键或滑键连接。图 8-31 所示的导向平键比普通平键长，为防止松动，通常用紧定螺钉固定在轴上的键槽中。因此，轴上零件能作轴向滑动。为便于拆卸，导向平键上设有起键螺孔。该键太长导致制造困难。导向平键常用于轴上零件移动量不大的场合，如机床变速箱中的滑移齿轮。

图 8-32 所示为滑键，该键固定在轮毂上，由轮毂带动它在轴上的键槽中作轴向滑动。这样，滑键可做得比较短，而键长不受滑动距离的限制，但需要在轴上铣削出较长的键槽。需注意轴上的键槽必须是通槽，这对轴的强度有影响。

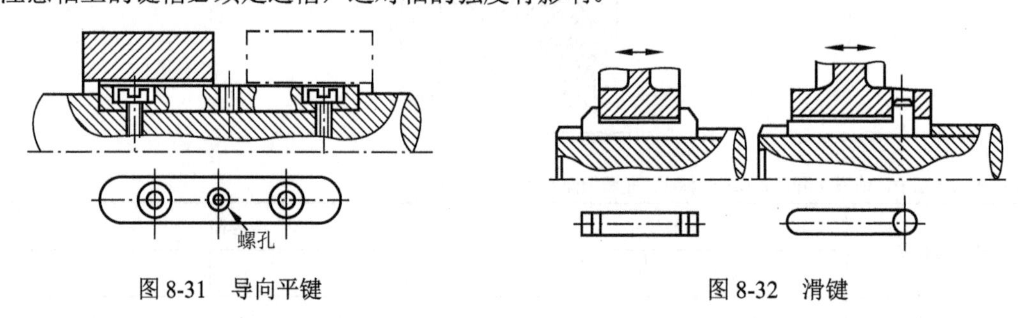

图 8-31　导向平键　　　　图 8-32　滑键

8.8.2　半圆键连接

半圆键的工作面是键的两个侧面，因此与平键一样，它也有较好的对中性。半圆键连接如图 8-33 所示，半圆键可在轴上的键槽中绕槽底圆弧摆动，它适用于锥形轴与轮毂的连接。它的缺点是键槽对轴的强度削弱较大，只适用于轻载场合。

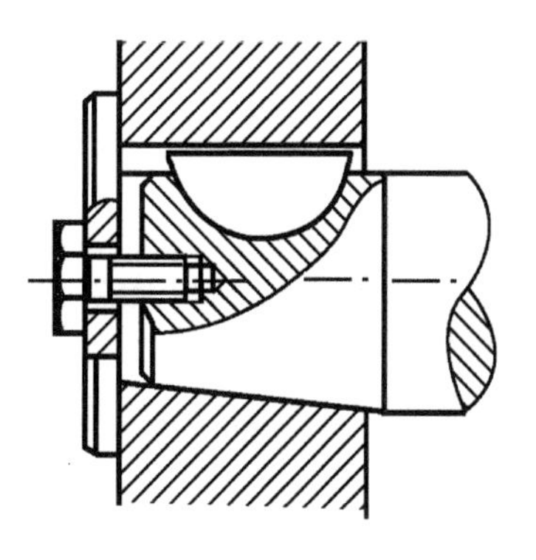

图 8-33 半圆键连接

8.8.3 楔键和切向键连接

1. 楔键

楔键连接如图 8-34 所示，它是依靠有斜度的键上表面和轮毂槽底面的楔紧作用传递扭矩的。楔键在楔紧后，轴和轮毂的配合产生偏心和偏斜，会破坏轴与轮毂的同轴度，因此这种连接主要用于对中精度要求不高和低速的场合。实际上，这种键一般很少使用。

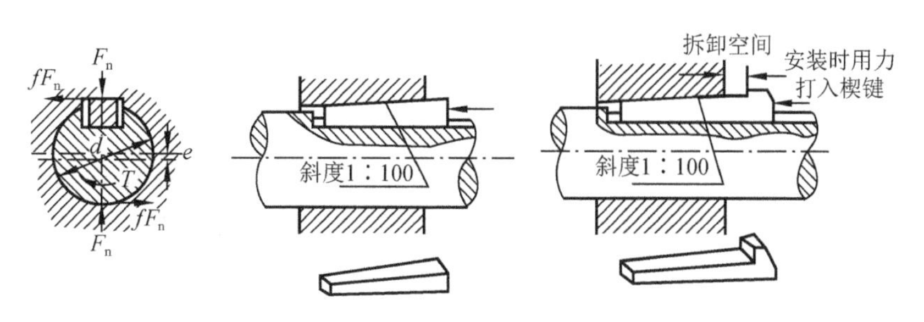

图 8-34 楔键连接

2. 切向键

切向键连接如图 8-35 所示，它由两个普通楔键组成。装配时两个普通楔键分别从轮毂两端楔入，使这两个键以其斜面互相贴合，共同楔紧轴和轮毂。切向键的工作面是上下互相平行的窄面，其中一个窄面在通过轴心线的平面内，使工作面上产生的挤紧力沿轴的切线方向传递转矩，能承载较大的载荷。因此，切向键主要用于重型机械中。

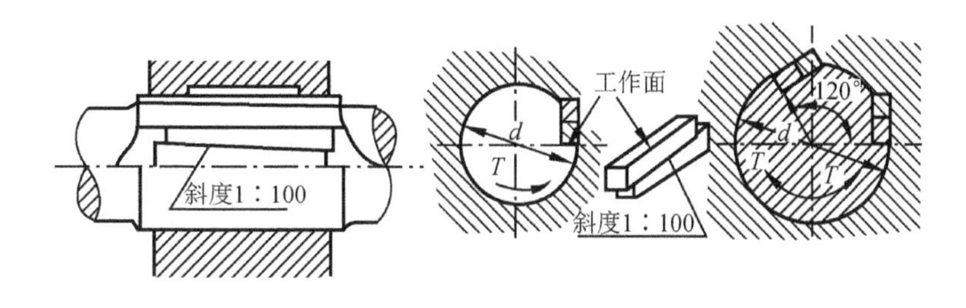

图 8-35 切向键连接

8.8.4 平键连接的设计计算

1. 键类型及尺寸的选择

根据键连接的结构、使用特性及工作条件，考虑需要传递的转矩大小、对中要求、轴向固定及在轴上的位置等因素选择键的类型。

先根据轴径 d，从相关标准中选择键的截面尺寸 $b \times h$，再根据轮毂宽选择键长 L。

2. 键强度的校验计算

对于普通平键连接（静连接），其主要失效形式是工作面的压溃，有时也会出现键的剪断，但一般只对其挤压强度进行校验。

对于导向平键连接和滑键连接，其主要失效形式是工作面的过度磨损，通常按工作面上的压强进行条件性的强度校验计算。

设载荷均匀分布，可得到平键连接的强度条件：

$$\sigma_{\mathrm{p}} = \frac{2T}{kld} \leqslant [\sigma_{\mathrm{p}}] \tag{8-25}$$

对于导向平键连接和滑键连接（动连接），计算依据是限制压强，从而控制键和轮毂工作面上的过度磨损，即

$$p = \frac{2T}{kld} \leqslant [p] \tag{8-26}$$

式中，T 为转矩，单位为 N·mm；d 为轴径，单位为 mm；h 为键的高度，单位为 mm；k=0.5h；l 为键的工作长度，单位为 mm；$[\sigma_{\mathrm{p}}]$为许用挤压应力；$[\sigma_{\mathrm{p}}]$为许用压强，单位为 MPa。

若强度不足时，可采用两个键，相隔 180° 布置。考虑载荷分布的不均匀性，在检验强度时需按 1.5 个键计算。

8.8.5 花键连接

花键连接是平键在数量上的发展和性能上的改善的一种连接，它由轴上的外花键和毂孔的内花键组成，如图 8-36 所示。它工作时依靠键侧面的互相挤压和剪切传递转矩。花键与平键相比，花键连接具有以下特点：

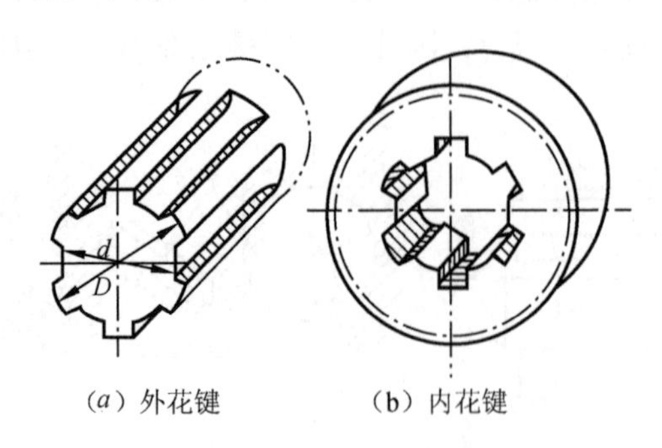

（a）外花键　　（b）内花键

图 8-36　花键连接

（1）在轴和轮毂上直接制造出多个齿、槽，受力较为均匀。

（2）对轴的强度削弱影响小和应力集中小。

（3）由多齿传递载荷，能承载较大的载荷。

（4）轮毂和轴的定心和导向性好。

（5）可采用磨削的方法提高加工精度和连接质量。

（6）有时需要用专用设备（如拉床等），加工成本较高。

因此，花键经常被用于定心精度要求高、载荷大或经常滑移的连接。在飞机、汽车、拖拉机、机床和农业机械中，花键都有广泛的应用。

按齿形的不同，常用的花键可分为矩形花键、渐开线花键和三角形花键，如图 8-37 所示。花键已标准化，花键连接的齿数、尺寸、配合公差等均应按标准选取。

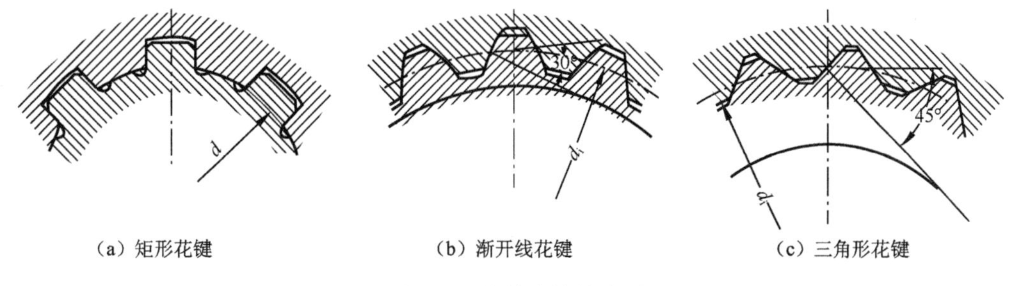

（a）矩形花键　　（b）渐开线花键　　（c）三角形花键

图 8-37　花键连接的类型

花键连接的强度计算与平键连接相似，静连接时的主要失效形式为齿面压溃，动连接时的主要失效形式为工作面磨损。需要时，可参考机械设计手册。

8.8.6　销连接

销连接一般用来传递不大的载荷或作为安全装置使用，它也有定位作用。按形状销分为圆柱销、圆锥销和异形销。下面只介绍前两种销，圆柱销和圆锥销如图 8-38 所示。

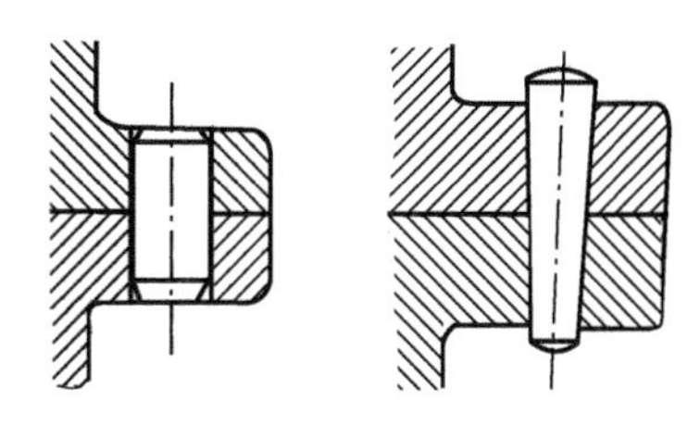

图 8-38　圆柱销和圆锥销

（1）圆柱销。普通圆柱销利用微量的过盈固定在光孔中，多次装拆会损坏连接结构的紧固性和定位精度。

（2）圆锥销。圆锥销具有 1∶50 的锥度，小端直径是标准值，定位精度高，自锁性好，用于需要经常装拆的连接结构。常用圆柱销和圆锥销的类型及应用特点见表 8-9。

表 8-9　常用圆柱销和圆锥销的类型及应用特点

类型		应用图例	特点及说明
圆柱销	普通圆柱销	传递横向力　传递转矩	销与孔的配合过盈量有大小之分，国家标准规定的公差带有 m6、h8、h11、n8 四种，以满足不同的使用要求
	带内螺纹的圆柱销		适用于不通孔的场合，螺纹仅供拆卸用。公差带只有 m6 一种。按结构不同，分为 A 型和 B 型，B 型有通气平面
圆锥销	普通圆锥销		圆锥销有 1∶50 的锥度，装配方便，定位精度高。按加工精度不同，分为 A 型和 B 型，A 型精度较高
	带螺纹的圆锥销	带内螺纹　大端带螺尾　小端带螺尾	带内螺纹和大端带螺尾的圆锥销适用于不通孔的场合，螺纹仅供拆卸用。对小端带螺尾的圆锥销，可用螺母旋紧，适用于受冲击、振动的场合

【例 8-3】 带式运输机在传动系统中采用直齿圆柱齿轮传动进行减速，其中的一对齿轮精度为 7 级。安装齿轮处的轴径 d=70mm，齿轮轮毂宽度为 100mm，需传递的转矩 T=2200N·m，载荷为轻微冲击力，齿轮和轴的材料均为锻钢。试设计这种情况下的键连接。

解：

（1）选择键连接的类型和尺寸。

一般对 8 级精度以上的齿轮有定心精度要求，应选择平键连接。

由于齿轮不在轴端，因此选用 A 型普通平键。根据 d=70mm。从表 8-8 中查得键的截面尺寸：宽度 b=20mm，高度 h=12mm。根据轮毂宽度 100mm 并参考键的长度系列，选取键长 L=90mm。

（2）校验键连接的强度。

由于键、轴和轮毂的材料都是锻钢，由机械设计手册可查得许用挤压应力 σ_p=100～120MPa，取其平均值 110MPa。键的工作长度 $l=L-b$=90−20=70mm。键与轮毂键槽的接触高度 $k=0.5h=0.5\times12$=6mm。

由挤压强度条件可得

$$\sigma_p=\frac{2T}{kld}=\frac{2\times2200\times10^3}{6\times70\times70}=149.7\text{（MPa）}>110\text{（MPa）}$$

可见，键连接的挤压强度不够。考虑到相差较大，因此改用双键，相隔 180° 布置。双键的工作长度 l=1.5×70mm=105mm。

由挤压应力计算公式可得

$$\sigma_{\mathrm{p}}=\frac{2T}{kld}=\frac{2\times 2200\times 10^{3}}{6\times 105\times 70}=99.8\ (\mathrm{MPa})<110\ (\mathrm{MPa})$$

所选键的标记为键 20×12×90 GB/T 1096—2003。

8.9 连接应用示例

小小的螺栓虽不起眼，但它作为机械设备关键零部件的紧固件，一旦发生断裂失效（见图 8-39），轻则发生故障，重则出现人员伤亡。在实际应用中，螺栓设计不仅需要考虑强度计算，有时还需要考虑材料、工况、外部环境等各种因素的影响。

图 8-39 螺栓断裂失效

据外媒报道，2020 年 2 月，特斯拉公司决定在北美地区召回 1.5 万辆 Model X 电动汽车。这些车辆长期曝露于强效除冰盐等高腐蚀的环境中，那些将转向机的电机固定在转向机壳体上的螺栓可能被腐蚀并断裂，导致转向助力减弱或丧失，进而增加车辆发生碰撞的风险，存在安全隐患。

特斯拉公司在召回说明中指出，问题螺栓材料为铝合金，正常情况下它是不易发生腐蚀的，但融雪剂特别是钙盐或镁盐融雪剂会造成铝合金螺栓的严重腐蚀。特斯拉公司将为召回范围内的车辆，以便更换新的钢制螺栓，并且在转向机壳体以及电机固定螺栓上增加防腐蚀涂层。

沃尔沃公司在 2017 年 3 月召回了 3 种车型，原因是那些用于固定侧帘安全气囊的螺栓出现故障。固定安全气囊的螺栓在制造过程质量没有得到有效管控，可能会因内部氢脆而迅速断裂。沃尔沃公司的工程师们认为，整个安全气囊在设计结构上是合理的，但由于紧固件制造过程产生的潜在缺陷导致需要对整个气囊总成进行更换。

思 考 题

8-1 螺纹升角 ψ 的大小对螺纹副的自锁性和传动效率有何影响？

8-2 常用螺纹的主要类型有哪些？其主要用途是什么？

8-3 试以 6.8 级螺栓说明螺栓力学性能等级，其屈服极限 σ_{s} 为多少？

8-4 试简述螺栓刚度、被连接件刚度对受拉紧力作用的螺栓连接中的螺栓疲劳强度的影响，以及所采取的相应措施。

8-5　连接螺纹是具有自锁性的螺纹，为什么还需防松？防松的根本问题是什么？按防松原理的不同，防松的方法可分为几类？

8-6　为什么说螺栓的受力与被连接件承受的载荷既有联系又有区别？被连接件受横向载荷时，螺栓是否一定承受剪切力？

8-7　在键连接中为什么采用两个平键时，宜在周向相隔 180° 布置？为什么采用两个楔键时常相隔 90°～120°？为什么采用两个半圆键时则把它们布置在轴向同一条母线上？提示：对楔键，推导出两键相隔角为θ时的传递力矩 T 的公式，据此公式进行分析。

习　题

8-8　轴径 d=58mm，分别在图 8-40 上标注有关尺寸及其极限偏差。

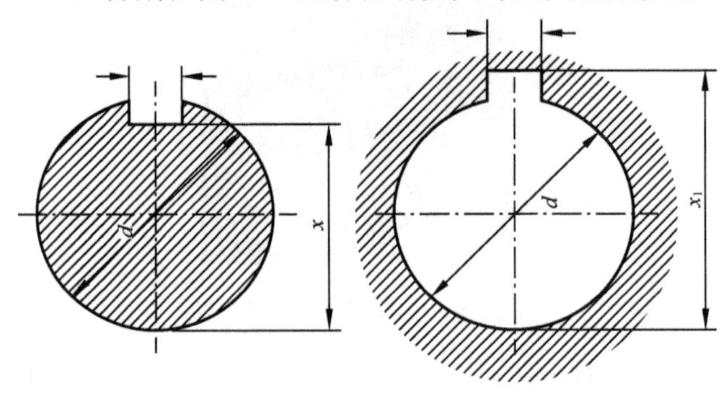

图 8-40　习题 8-8 图例

键槽尺寸及其极限偏差见表 8-10。

表 8-10　键槽尺寸及其极限偏差　　单位：mm

公称直径 d	公称尺寸 $b\times h$	轴上键宽极限偏差	轴上键深 t 及其极限偏差	毂上键宽极限偏差	毂上键深 t_1 及其极限偏差
>50～58	16×10	+0.043 0	$t=6^{+0.2}_{0}$	+0.120 +0.050	$t_1=4.3^{+0.20}_{0}$

直径偏差：毂 H7$^{+0.030}_{0}$，轴 h7$^{0}_{-0.030}$

8-9　试画出承受横向载荷 F 的两块板用普通螺栓连接和铰制孔用螺栓连接的结构，分析其工况、主要失效形式及强度计算准则，列出强度计算公式。

8-10　图 8-41 所示的轴承盖用 4 个螺钉固定于铸铁箱体上，已知作用于轴承盖上的力 F_Q＝10.4kN，螺钉材料为 Q235 钢，屈服极限 σ_S=240MPa。选取的残余预紧力 F_1 为工作拉伸力的 0.4 倍，不控制预紧力，安全系数 S=4，求螺栓所需最小直径。

8-11　在图 8-42 所示的螺栓连接中，采用两个 M16（小径 d_1=13.835mm，中径 d_2=14.701mm）的普通螺栓，螺栓材料为 45 钢，力学性能为 8.8 级，σ_S=640MPa。连接时不严格控制预紧力（选取安全系数 S=4，被连接件接合面之间的摩擦系数 f=0.2。若考虑摩擦传力的可靠性系数 C=1.2，试计算该连接结构允许传递的静载荷 F_R。

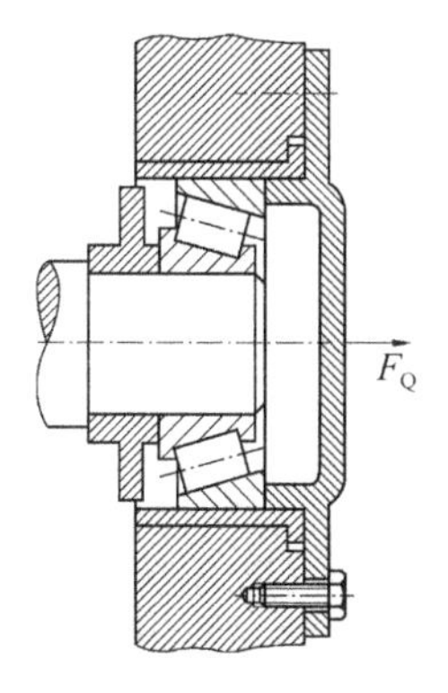

图 8-41 习题 8-10 图例

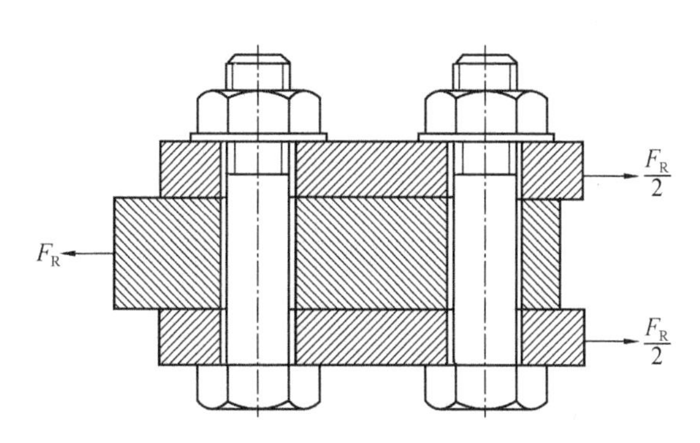

图 8-42 习题 8-11 图例

8-12 设有一个储气罐，罐盖用 12 个 M20 的普通螺栓（小径 d_1=17.294mm，中径 d_2=18.376mm）均布连接。不严格控制预紧力，选取安全系数 S=4，气罐内径 D=400mm，气压 p=1MPa，螺栓采用 45 钢，力学性能为 8.8 级，σ_S =640MPa，试校验该螺栓强度。

8-13 试改正图 8-43 所示的螺钉连接的错误结构，并画出正确的结构。

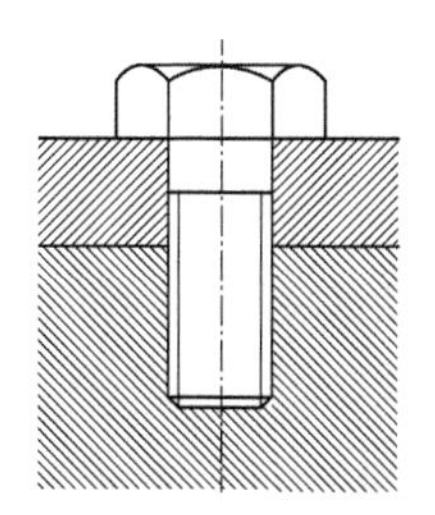

图 8-43 习题 8-13 图例

8-14 对图 8-44 所示的转轴上的直齿圆柱齿轮，采用平键连接。已知传递功率 P=5.5kW，转速 n=200r/min，连接处轴及轮毂的尺寸如图 8-44 所示，工作时有轻微振动，齿轮用锻钢制造并经热处理。试确定平键连接的尺寸，并校验其连接强度。提示：按照钢材料，可知 $[\sigma_p] = 100\,\text{MPa}$。

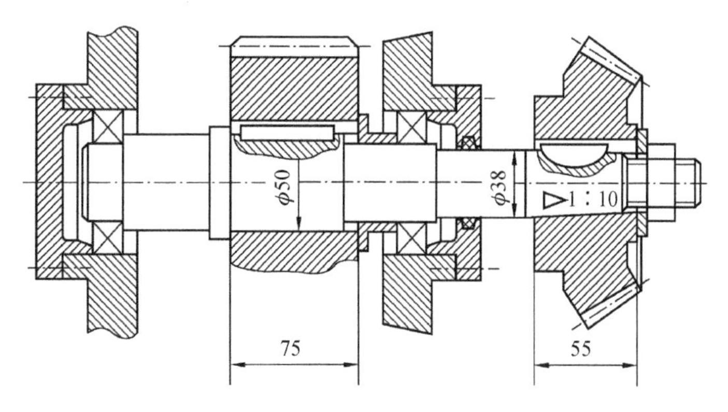

图 8-44 习题 8-14 图例（单位：mm）

第9章　挠性传动

主要概念

带传动、链传动、摩擦传动、啮合传动、紧边拉（应）力、松边拉（应）力、初拉力、有效拉力、离心拉（应）力、欧拉公式、打滑、疲劳破坏、应力分布、弹性滑动、滑动率、带型号、带根数、基准直径、基准长度、中心距、包角、带速、带张紧、链节距、链传动的不均匀性、额定功率曲线、多边形效应。

学习引导

机械传动中常常利用中间挠性元件，如带、链、绳等，依靠摩擦和啮合实现两个或多个传动轮之间运动和动力的传递。通过本章的学习，了解带传动、链传动的基本类型及应用，熟悉它们的性能和特性，理解各个参数对其传动的影响，并能正确地进行分析和设计。

引例

引例图 9-1 所示为发动机配气机构中的带传动，还有我们熟悉的自行车用的是链传动。这些传动机构是最常见的，为什么要使用这些传动机构？若换为其他传动会出现什么问题？通过本章内容的学习，就会了解这些问题，并且能对带传动、链传动进行分析及设计。

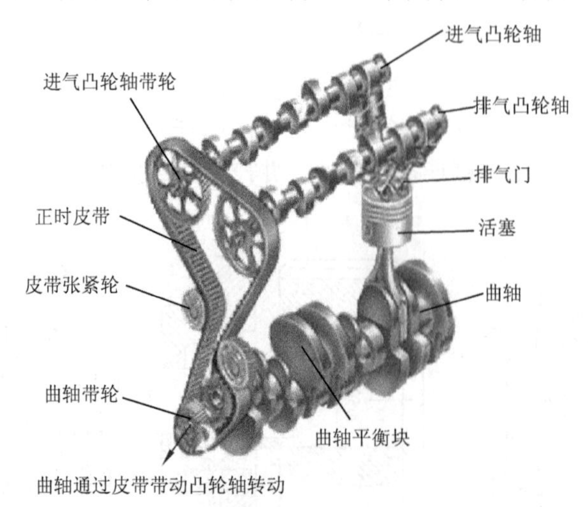

引例图 9-1　发动机配气机构中的带传动

9.1　挠性传动概述

9.1.1　对挠性传动的认识

挠性传动是广泛应用的一种机械传动形式，它是借助于挠性曳引元件（带、链、绳等）

传递运动和动力的。

图 9-1 所示为挠性传动的工作原理示意。主动轮 1 的旋转通过挠性元件 2 间接地传给从动轮 3。

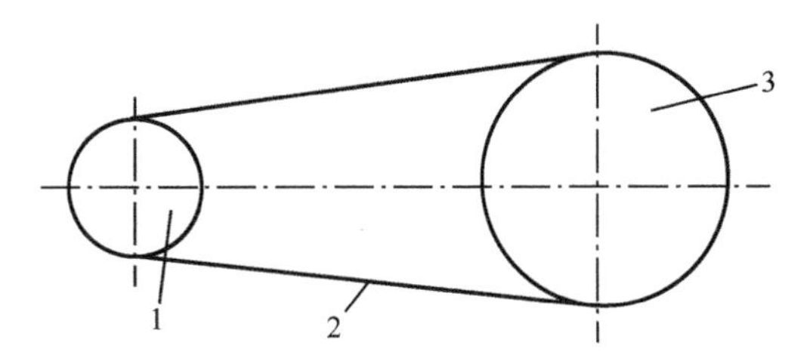

图 9-1 挠性传动的工作原理示意

因为挠性传动具有吸收振动载荷以及阻尼振动影响的作用，所以传动平稳，而且结构简单，易于制造，常用于中心距较大情况下的传动。在情况相同的条件下，与其他传动相比，挠性传动简化了机构，降低了成本。

根据挠性元件与两个轮的接触情况，挠性传动可分为以下两类。

（1）挠性摩擦传动。属于这类传动的有带传动和绳传动，它们依靠挠性元件与传动轮接触表面之间的摩擦力实现运动和动力的传递。这类传动在过载时易打滑，能防止机件损坏，但传动精度不够准确，传动效率较低，轴和轴承受力较大。

（2）挠性啮合传动。属于这类传动的有齿孔带传动、同步带传动、链传动等，如图 9-2 所示。这类传动通过具有轮齿的传动轮与挠性元件上具有的齿或孔相啮合，达到传递运动和动力的目的。因此，能避免打滑，平均传动比准确。

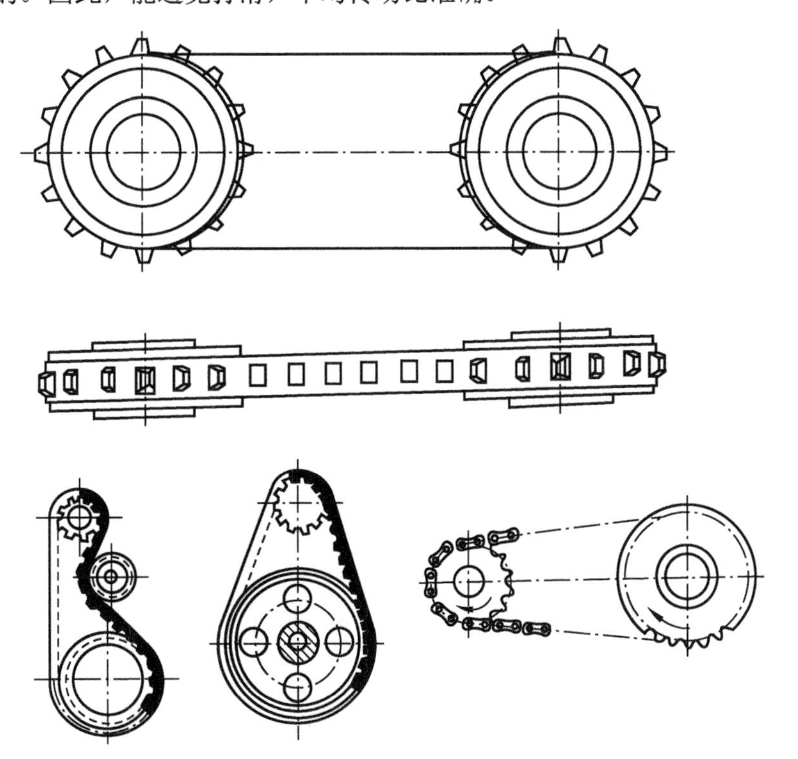

图 9-2 挠性啮合传动

挠性传动应用中最常见的是带传动和链传动，以下主要介绍这两种传动。

9.1.2 带传动的分类及特点

按工作原理的不同，带传动分为摩擦型（普通）带传动和啮合型同步带传动。普通带传动的主要优点：有缓冲和吸振作用；运行平稳，噪声小；结构简单，制造成本低；可通过选择带长以适应不同的中心距要求。普通带传动在过载时，传动带会在带轮上打滑，对其他机件有保护作用。

普通带传动的缺点：传动带的使用寿命较短；传递相同圆周力时，外廓尺寸和作用在轴上的载荷比啮合传动大；传动带与带轮接触面之间有相对滑动，不能保证准确的传动比。因而，普通带传动一般仅用来传递动力。

啮合型同步带传动能克服上述缺点，因此越来越广泛地应用于仪器仪表和办公设备，用来传递运动。但同步带传动对制造精度和安装精度要求较高。

目前，带传动所能传递的最大功率为 700kW，工作速度一般为 5～30m/s。采用特种带的高速带传动速度可达 60m/s，超高速带传动速度可达 100m/s。传动比一般不大于 7，个别情况可达到 10（常用小于或等于 5 的传动比）。

9.1.3 链传动的特点

链传动通过链轮轮齿与链条链节相互啮合实现传动。它具有下列特点：可以得到准确的平均传动比，并可用于较大的中心距；传动效率较高，最高可达 98%；张紧力较小，作用在轴上的载荷较小；容易实现多轴传动；能在恶劣环境（高温、多灰尘等）下工作；瞬时传动比不等于常数，链的瞬时速度是变化的，因此传动平稳性较差，速度高时噪声较大。

链传动主要用于两个轴中心距较大情况下的动力和运动的传递，广泛用于农业、采矿、冶金、起重、运输、石油和化工等行业。通常，链传动的传动功率小于 100kW，链速小于 15m/s，传动比不大于 8。先进的链传动传动功率可达 5000kW，链速达到 35m/s，最大传动比可达到 15。

9.2 带传动概述

普通带传动机构依靠传动带与带轮之间的摩擦力传递运动和动力。根据传动带的截面形状，摩擦型带传动可分为平带传动、V 带传动和圆带传动等。传动带的截面形状如图 9-3 所示。V 带传动又可分为普通 V 带传动、窄 V 带传动、多楔带传动、大楔角 V 带传动和宽 V 带传动。

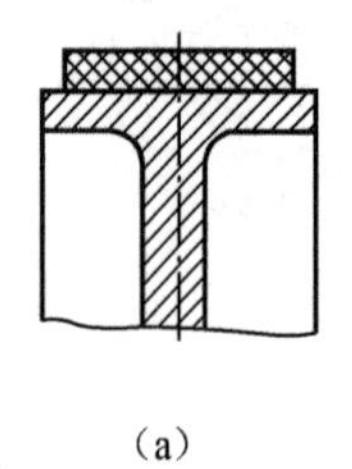
（a）

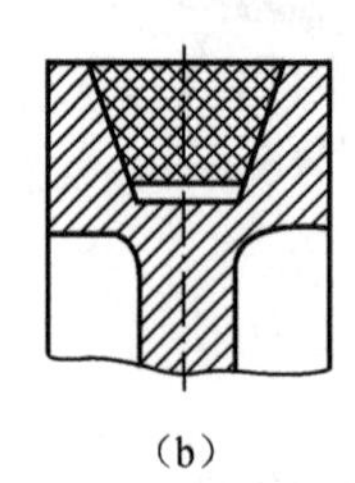
（b）

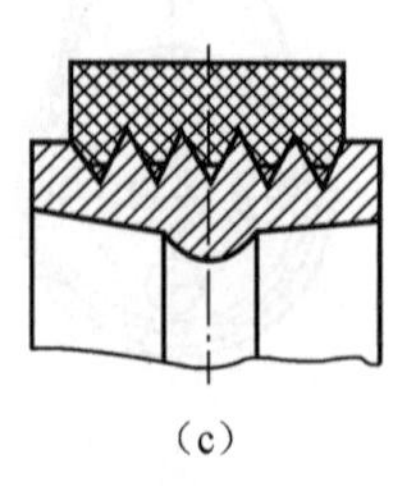
（c）

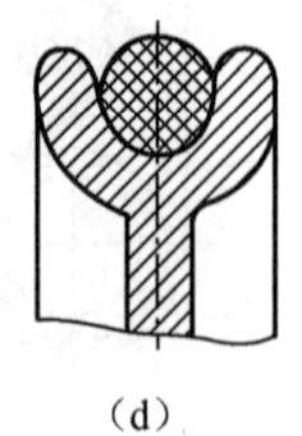
（d）

图 9-3　传动带的截面形状

根据布置形式（见图 9-4），带传动可分为开口传动、交叉传动和半交叉传动，后两种形式仅用于平带传动。

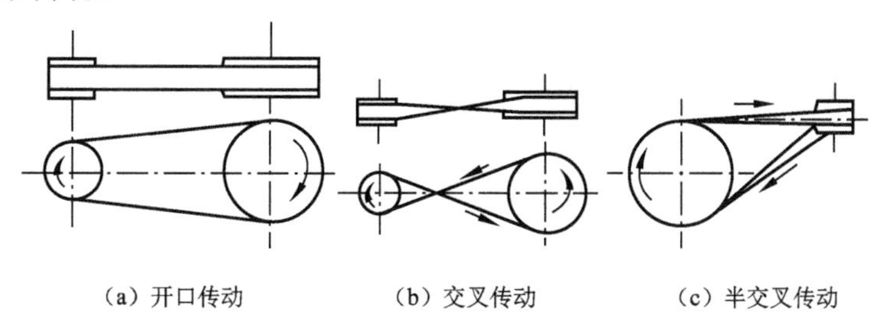

（a）开口传动　（b）交叉传动　（c）半交叉传动

图 9-4　带传动的布置形式

平带传动与 V 带传动的区别在于，平带传动结构简单，平带较薄，挠曲性和扭转性好，因而适用于高速传动、平行轴之间的交叉传动或交错轴之间的半交叉传动。V 带的两个侧面与轮槽接触，平带和 V 带的工作面如图 9-5 所示，由于带轮的轮槽两个侧面楔角的作用，接触面摩擦力大于平面摩擦力。因此，在初拉力相同的条件下，V 带传动产生的摩擦力较平带传动产生的摩擦力大。在其他条件相同的情况下，V 带传动较平带传动可传递更大的载荷。

窄 V 带传动（见图 9-6）是近年来国际普遍应用的一种 V 带传动。传动带的承载层采用合成纤维绳或钢丝绳。普通 V 带的高与节宽比为 0.7，窄 V 带的高与节宽比为 0.9。窄 V 带的强力层上移且顶面微呈鼓形，从而提高了带的强度和承载能力。窄 V 带传动允许最高速度可达 40～50m/s，适用于大功率且结构要求紧凑的传动。

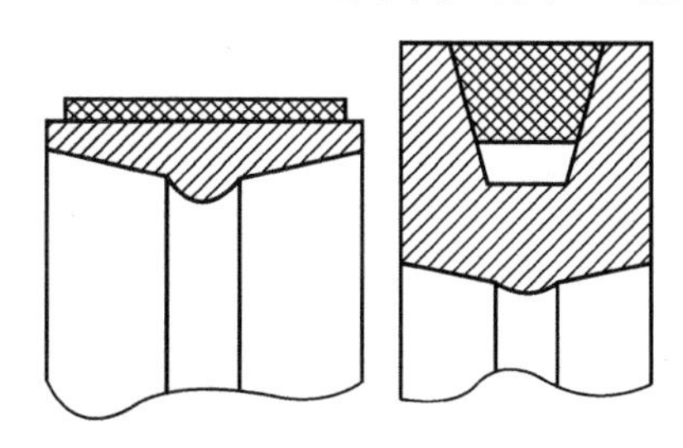

图 9-5　平带和 V 带的工作面

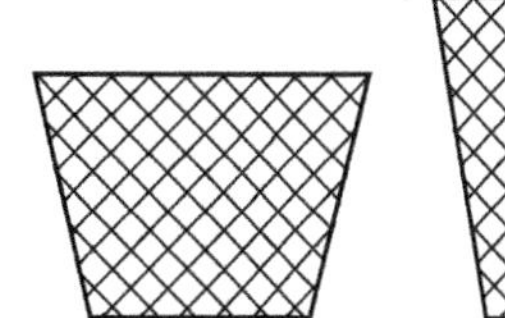

图 9-6　普通 V 带和窄 V 带比较

多楔带传动的特点是在平带的基体下做出很多纵向楔，在带轮上也做出相应的环形轮槽。多楔带可传递较大的功率，但多楔带轻而薄，工作时弯曲应力和离心应力都小，可使用较小的带轮，减小了传动机构的尺寸。多楔带有较大的横向刚度，可用于有冲击载荷的传动，其缺点是制造精度和安装精度要求较高。

近年来，平带传动的应用已大为减少，但在多轴传动或高速情况下它仍然具有很好的效果。

9.3　普通带传动的工作性能分析

9.3.1　带传动中的力分析

1. 初拉力、紧边拉力和松边拉力

在安装带传动机构时，应给传动带施加一定的张紧力，使其紧套在带轮表面上，其两

边拉力为初拉力 F_0。工作时，由于要克服工作阻力，当传动带被绕上主动轮时，一边被进一步拉紧，其拉力称为紧边拉力 F_1；传动带的另一边被放松，其拉力称为松边拉力 F_2。带传动中的力关系如图 9-7 所示。

传动带工作时松边拉力和紧边拉力不等，但总长度不变，紧边拉力的增量与松边拉力的减量相等，即

$$F_1 - F_0 = F_0 - F_2$$
$$F_1 + F_2 = 2F_0 \tag{9-1}$$

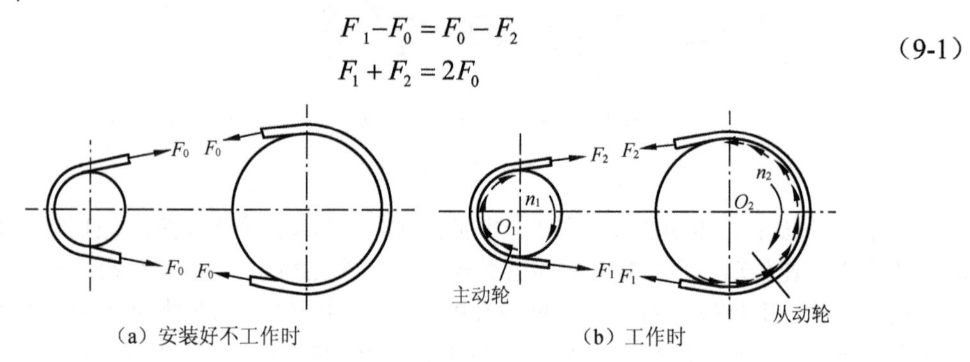

图 9-7　带传动中的力关系

在正常工作条件下，上式中的三个力之间的关系保持不变。

2. 摩擦力、有效拉力、紧边拉力与松边拉力的关系

带传动机构依靠摩擦力工作，摩擦力就是带传动机构传递的有效拉力。对小带轮上的传动带，选取分离体并进行力分析可知，带传动的有效拉力 F 为传动带的两边拉力之差，即

$$F = F_1 - F_2 \tag{9-2}$$

而有效拉力 F 与带传动机构传递的功率 P 及传动带的圆周速度 v 之间的关系为

$$p = Fv/1000\ \mathrm{kW}$$

由此可以看出，带速一定时，有效拉力越大，带传动机构传递的功率也越大，即带传动的工作能力越高。

传动带的有效拉力等于带轮接触弧上摩擦力的总和。在一定条件下，摩擦力有极限值，当需要传递的有效拉力超过极限摩擦力时，传动带就会在带轮面上发生全面的相对滑动，带的磨损加剧，传动效率降低，我们把这个现象称为打滑。因此，在其他条件一定的情况下，决定带传动能力的是极限摩擦力的大小。

打滑是带传动的失效形式之一，它是由过载引起的。但这个现象可以保护传动链中的其他零件不会遭到破坏。

3. 离心拉力的产生及对带传动的影响

传动带在运动过程中，当它绕过带轮时，会产生离心惯性力。设传动带的每米质量为 q，单位为 kg/m。当传动带随带轮作圆周运动时，由自身质量产生的离心力的大小为

$$F_c = qv^2\ \text{（N）} \tag{9-3}$$

由上式可知，带速 v 是影响离心力的主要因素。其实，当 $v \leqslant 10$m/s 时，离心力很小，可忽略不计。当速度比较大时，离心力的产生会使带压紧带轮的力减小，相应地，摩擦力也减小，这种情况下传动带容易打滑而失效。

在高速带传动中，速度是带传动机构设计中必须考虑的重要问题之一，其设计速度与普通带传动速度有较大的差异。

工作时离心力的存在，会引起传动带的紧边拉力和松边拉力增加。因此，在确定传动带的初拉力时要考虑离心力的影响。紧边总拉力=F_1+F_c，松边总拉力=F_2+F_c。

4. 传动带的最大有效拉力及其影响因素

极限摩擦力是指传动带即将打滑的工作状态时的摩擦力，此时，带传动机构能传递的有效拉力达到最大值，当带速一定时，带传动机构传递的功率达到最大。根据理论推导，此时紧边拉力和松边拉力之间的关系是

$$\frac{F_1}{F_2}=\mathrm{e}^{f\alpha} \tag{9-4}$$

式中，f为摩擦系数，α为小带轮的包角，e为自然对数的底数。

式（9-4）是弹性体摩擦的基本公式，它反映了传动带即将打滑时松边拉力与紧边拉力的关系。最初研究探索其工作原理的是彼得堡科学院士欧拉，因此这个公式称为欧拉公式，它一直被公认为带传动的理论基础。因此这个公式的研究给带传动机构的设计建立了最重要的条件。联立式（9-1）、式（9-2）和式（9-4），可得

$$\begin{aligned}F_1&=F\frac{\mathrm{e}^{f\alpha}}{\mathrm{e}^{f\alpha}-1}\\F_2&=F\frac{1}{\mathrm{e}^{f\alpha}-1}\\F=F_1-F_2&=F_1\left(1-\frac{1}{\mathrm{e}^{f\alpha}}\right)=2F_0\frac{\mathrm{e}^{f\alpha}-1}{\mathrm{e}^{f\alpha}+1}\end{aligned} \tag{9-5}$$

传动带的最大有效拉力即极限摩擦力，它与传动带的初拉力、包角和摩擦系数有关。

（1）最大有效拉力随初拉力F_0的增大而增大。控制初拉力对带传动机构的设计和使用有重要意义。若F_0过小，则摩擦力小，传动带容易打滑；若F_0过大，则传动带的使用寿命短，轴和轴承受力大。一般情况下，带传动机构运转一段时间后，会因为传动带的塑性变形和磨损而松弛。为了保证带传动机构的正常工作，设计时必须采取一定的措施。

（2）最大有效拉力随包角α的增大而增大。通常，设计时要求包角$\alpha\geqslant120°$，因为大小带轮上的包角有不同，所以设计时用小带轮上的包角计算最大有效拉力，这也就是为什么传动带打滑现象总是发生在小带轮上。

（3）带轮与传动带之间摩擦系数的影响，凡是影响摩擦系数的因素都会影响带传动机构的传动能力。另外，上述各公式是按平带传动推导的，由于平带传动和V带传动的工作面不同，因此两者在传动能力上有差异。为计算方便，把这个差异放在摩擦系数中考虑，这也是工程设计中常用的处理方法。V带楔槽的影响因素分析如图9-8所示。

从图9-8中可以看出，当带压向带轮的压力Q相同时，法向力F_N不同，平带的极限摩擦力是$F_N\cdot f=Q\cdot f$，而V带的极限摩擦力为

$$F_N\cdot f=\frac{Q}{\sin\frac{\varphi}{2}}\cdot f=Q\cdot f'$$

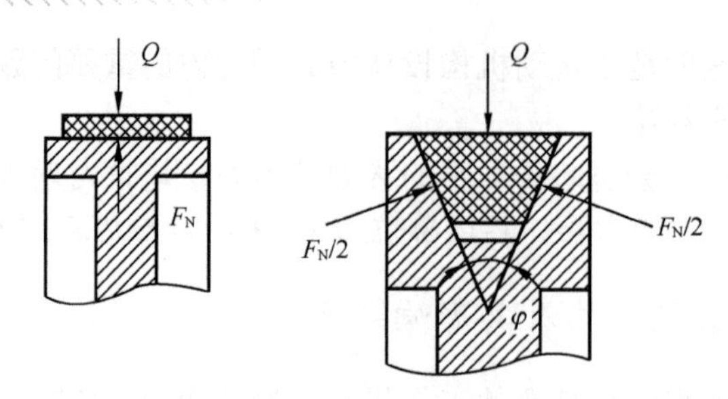

图 9-8　V 带楔槽的影响因素

角度 φ 的影响会使极限摩擦力增大，可用 $f'=\dfrac{f}{\sin\dfrac{\varphi}{2}}$ 代替平带传动公式中的摩擦系数。

因此，式（9-5）变为

$$F_1=F\frac{e^{f'\alpha}}{e^{f'\alpha}-1}$$

$$F_2=F\frac{1}{e^{f'\alpha}-1} \tag{9-6}$$

$$F=F_1-F_2=F_1\left(1-\frac{1}{e^{f'\alpha}}\right)=2F_0\frac{e^{f'\alpha}-1}{e^{f'\alpha}+1}$$

（4）离心力使传动带的最大有效拉力减小，降低带传动机构的工作能力。

9.3.2　传动带的应力分析

在带传动机构工作时，传动带受三方面的应力作用。

（1）紧边拉力和松边拉力引起的拉应力。

紧边拉应力和松边拉应力分别是

$$\sigma_1=\frac{F_1}{A}\quad \sigma_2=\frac{F_2}{A}$$

上式中的 A 为传动带的横截面积。

（2）离心力产生的离心拉应力。

$$\sigma_c=\frac{F_c}{A}=\frac{qv^2}{A}$$

（3）弯曲应力。传动带绕过带轮时会因发生弯曲变形而产生弯曲应力。由力学公式可知，紧边和松边的弯曲应力大小分别为

$$\sigma_{b1}=\frac{2yE}{d_{d1}}\quad \sigma_{b2}=\frac{2yE}{d_{d2}} \tag{9-7}$$

上式中的 E 为传动带的弹性模量；y 为传动带的中性层到最外层的垂直距离；d_d 为带轮的基准直径。由上式可知，小带轮上的传动带的弯曲应力大于大带轮上带的弯曲应力。

在传动带的高度一定的情况下，直径越小，传动带的弯曲应力就越大。为防止过大的弯曲应力，对各种型号的 V 带都规定了 V 带轮的最小基准直径 $d_{d\min}$，见表 9-1。

表 9-1　V 带轮的最小基准直径

型　号	Y	Z（SPZ）	A（SPA）	B（SPB）	C（SPC）	D	E
$d_{d\min}$ /mm	20	50（63）	75（90）	125（140）	200（224）	355	500

图 9-9 给出了传动带的应力分布情况，各截面应力的相对大小用径向线段表示。

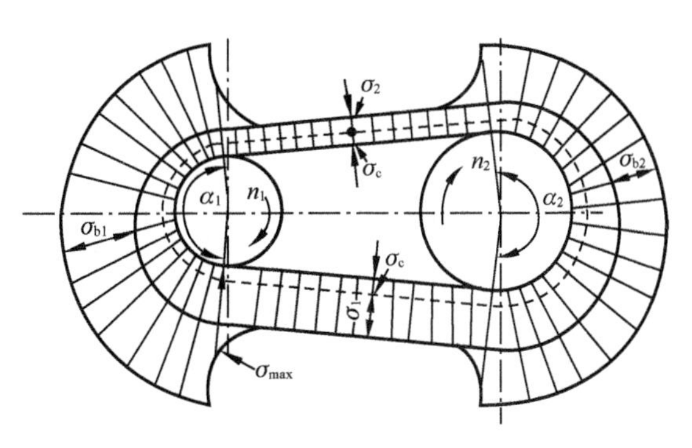

图 9-9 传动带的应力分布情况

由图 9-9 可知，传动带在工作过程中，其应力是不断变化的，最大应力发生在紧边与小带轮的接触处，其值为$\sigma_{max}=\sigma_1+\sigma_{b1}+\sigma_c$。应力发生突变是由传动带的弯曲应力引起的，因此，传动带绕转一周时承受两个循环变应力。循环变应力是传动带可能发生疲劳破坏（带发生拉断、撕裂、脱层）的根本原因。这是带传动的又一个主要失效形式。设计时，保证其不发生疲劳的条件是

$$\sigma_{max}=\sigma_1+\sigma_{b1}+\sigma_c\leqslant[\sigma]$$

9.3.3 带传动的弹性滑动现象及其影响

1. 弹性滑动现象

由于传动带是弹性体，因此松边和紧边受力不同时伸长量不等。在主动轮上，传动带在紧边时被弹性拉长，在松边时又产生一定的收缩，导致传动带在带轮上发生微小局部滑动，这种现象称为弹性滑动。弹性滑动造成脱出主动轮的带速略低于主动轮的圆周速度，导致从动轮的圆周速度 v_2 低于主动轮的圆周速度 v_1。同理，在从动轮上也会发生因传动带相对带轮表面伸长的弹性滑动。带传动的弹性滑动如图 9-10 所示。

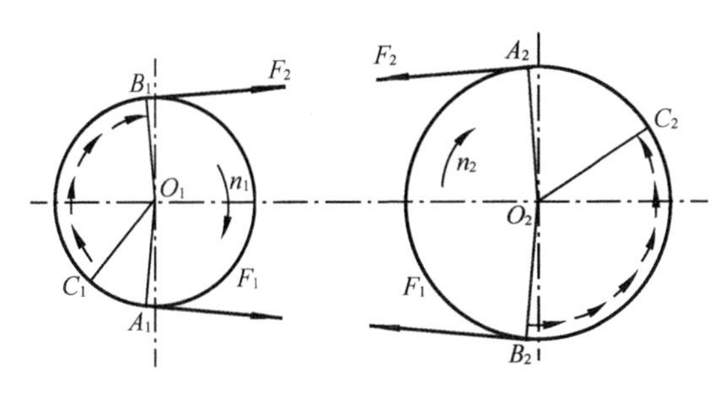

图 9-10 带传动的弹性滑动

带传动速度的降低率可表示为相对滑动率ε，即

$$\varepsilon=\frac{v_1-v_2}{v_1}=\frac{\dfrac{\pi d_{d1}n_1}{60\times1000}-\dfrac{\pi d_{d2}n_2}{60\times1000}}{\dfrac{\pi d_{d1}n_1}{60\times1000}}=\frac{d_{d1}n_1-d_{d2}n_2}{d_{d1}n_1}$$

$$i=\frac{n_1}{n_2}=\frac{d_{d2}}{d_{d1}(1-\varepsilon)}\qquad n_2=\frac{n_1d_{d1}(1-\varepsilon)}{d_{d2}}\tag{9-8}$$

相对滑动率$\varepsilon=0.01\sim0.02$，其值很小，因此在一般计算中可不考虑。

弹性滑动程度随外载荷的变化而变化，传动比也会随之变化，这对带传动机构的应用带来重要的影响。

2. 弹性滑动与打滑

当外载较小时，弹性滑动只发生在带即将从主动轮和从动轮离开的一段弧上。传递外载增大时，有效拉力随之加大，弹性滑动区域也随之扩大。当有效拉力达到或超过某一极限值时，传动带与小带轮在整个接触弧上的摩擦力达到极限，若外载荷继续增大，传动带

将沿整个接触弧滑动，传动带在带轮上打滑。

打滑与弹性滑动是完全不同的两个概念，弹性滑动现象是不可避免的，而打滑却是一种失效形式，设计时应当避免。

9.4 V带传动机构设计

9.4.1 带传动中的几何尺寸关系

对于开口带传动，其参数有大小带轮基准直径d_{d1}和d_{d2}、传动带的长度（简称带长）L、带传动机构的中心距a、包角α等。其几何尺寸关系是

$$\alpha = \pi \pm \frac{d_{d2} - d_{d1}}{a} \text{rad}$$

或

$$\alpha = 180^\circ \pm \frac{d_{d2} - d_{d1}}{a} \times 57.3^\circ \tag{9-9}$$

式中的“-”号用于小带轮，“+”号用于大带轮。在带传动机构的设计中，一般只用小带轮上的包角α_1，通常写为α。

带长计算公式：

$$L \approx 2a + \frac{\pi}{2}(d_{d1} + d_{d2}) + \frac{(d_{d2} - d_{d1})^2}{4a} \tag{9-10}$$

V带长是标准值，设计时需要根据要求和标准选择合适的带长，即传动带的基准长度。传动带节面如图9-11所示，V带在规定张紧力下弯绕在带轮上时，外层受拉伸变长，内层受压缩变短，两层之间存在一个长度不变的中性层，沿中性层形成的面称为节面，节面的宽度称为节宽b_p。节面的周长为传动带的基准长度L_d。

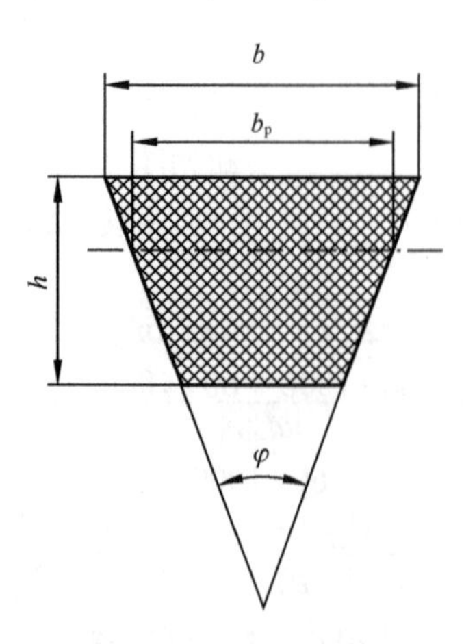

图9-11 传动带节面

带传动机构的中心距计算公式如下：

$$a = \frac{1}{8}\left[2L_d - \pi(d_{d1} + d_{d2}) + \sqrt{\left[2L_d - \pi(d_{d1} + d_{d2})\right]^2 - 8(d_{d2} - d_{d1})^2}\right] \tag{9-11}$$

在设计带传动机构的中心距时，如果通过调整中心距调整传动带的初拉力，那么中心距的值要在设计范围内。

9.4.2 V带的构造、规格及标准

标准V带都制成无接头的环形，其横截面由强力层1、伸张层2、压缩层3和包布层4构成（见图9-12）。伸张层2和压缩层3均由胶料组成，包布层4由胶帆布组成，强力层1是承受载荷的主体，分为帘布结构（由胶帘布组成）和线绳结构（由胶线绳组成）两种。帘布结构抗拉强度高，一般用途的V带大多采用这种结构。线绳结构比较柔软，弯曲疲劳强度较好，但拉伸强度低，常用于载荷不大、直径较小的带轮和转速较高的场合。

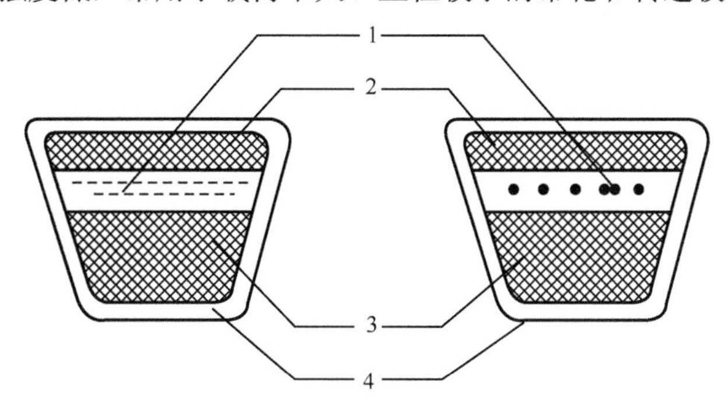

图9-12 带的构造

V带和带轮有两种尺寸制，即有效宽度制和基准宽度制。基准宽度制是以V带的节宽为特征参数的传动体系。普通V带和SP型窄V带为基准宽度制传动用带。

按照GB/T 11544—2012的规定，普通V带分为Y、Z、A、B、C、D、E七种；SP型窄V带分为SPZ、SPA、SPB、SPC四种。SP型窄V带的强力层采用高强度绳芯，能承受较大的预紧力，并且可挠曲次数增加，当带高与普通V带相同时，其带宽较普通V带约小1/3，而承载能力可提高1.5～2.5倍。在传递相同功率时，带轮宽度和直径可减小，费用比普通V带降低20%～40%，因此它的应用日趋广泛。V带的型号和标准长度都压印在胶带的外表面上，以供用户识别和选用。V带的截面尺寸见表9-2（摘自GB/T 11544—2012）。

表9-2 V带的截面尺寸 单位：mm

带型		节宽 b_p	顶宽 b	高度 h	质量 q /（kg / m）	楔角 φ
普通V带	窄V带					
Y		5.3	6	4	0.03	40°
Z	SPZ	8.5	10	6　8	0.06　0.07	
A	SPA	11.0	13	8　10	0.11　0.12	
B	SPB	14.0	17	11　14	0.19　0.20	
C	SPC	19.0	22	14　18	0.33　0.37	
D		27.0	32	19	0.66	
E		32.0	38	23	1.02	

注：在一列中有两个数据的，左边一个数据对应普通V带，右边一个数据对应窄V带，下同。

例如，B2240 GB/T 11544—2012，表示B型V带，带的基准长度为2240mm。

V带的基准长度系列及长度系数 K_L 见表9-3（摘自GB/T 13575.1—2008）。

表 9-3　V 带的基准长度系列及长度系数 K_L

基准长度 L_d/mm	K_L										
	普　通　V　带							SP 型窄 V 带			
	Y	Z	A	B	C	D	E	SPZ	SPA	SPB	SPC
200	0.81										
224	0.82										
250	0.84										
280	0.87										
315	0.89										
355	0.92										
400	0.96	0.87									
450	1.00	0.89									
500	1.02	0.91									
560		0.94									
630		0.96	0.81					0. 82			
710		0.99	0.83					0. 84			
800		1.00	0.85					0. 86	0. 81		
900		1.03	0.87	0.82				0. 88	0. 83		
1000		1.06	0.89	0.84				0. 90	0. 85		
1120		1.08	0.91	0.86				0. 93	0. 87		
1250		1.11	0.93	0.88				0. 94	0. 89	0.82	
1400		1.14	0.96	0.90				0. 96	0. 91	0.84	
1600		1.16	0.99	0.92	0.83			1. 00	0. 93	0.86	
1800		1.18	1.01	0.95	0.86			1. 01	0. 95	0.88	
2000			1.03	0.98	0.88			1. 02	0. 96	0.90	0.81
2240			1.06	1.00	0.91			1. 05	0. 98	0.92	0.83
2500			1.09	1.03	0.93			1. 07	1. 00	0.94	0.86
2800			1.11	1.05	0.95	0.83		1. 09	1. 02	0. 96	0.88
3150			1.13	1.07	0.97	0.86		1. 11	1. 04	0.98	0.90
3550			1.17	1.09	0.99	0.89		1. 13	1. 06	1.00	0.92
4000			1.19	1.13	1.02	0.91			1. 08	1.02	0.94
4500				1.15	1.04	0.93	0.90		1. 09	1.04	0.96
5000				1.18	1.07	0.96	0.92			1.06	0.98
5600					1.09	0.98	0.95			1.08	1.00
6300					1.12	1.00	0.97			1.10	1.02

注：K_L 是在计算过程中用到的系数，表示带的长度对带传动能力的影响。

9.4.3　V 带轮的材料和结构

用于制造 V 带轮的材料包括灰铸铁、钢、铝合金或工程塑料，大多数情况下，应用灰铸铁制造 V 带轮。当带速 v 不大于 25m/s 时，采用 HT150；当 v> 25～30m/s 时，采用 HT200。对速度更高的带轮，可采用球墨铸铁或铸钢，也可把钢板冲压后焊接带轮。对小功率传动，可采用铸铝或工程塑料制造 V 带轮。

带轮由轮缘、轮辐、轮毂三部分组成。V 带轮按轮辐结构分为四种形式，如图 9-13 所示。

当带轮基准直径 $d_d \leqslant (2.5\sim3)\, d_0$（$d_0$为带轮轴直径）时，可采用实心式带轮，如图 9-13（a）所示；当 $d_d \leqslant 300$mm 时，可采用腹板式带轮，如图 9-13（b）所示；当 $d_d - d_1 \geqslant 100$mm 时，可采用孔板式带轮，如图 9-13（c）所示；当 $d_d > 300$mm 时，可采用轮辐式带轮，如图 9-13（d）所示。

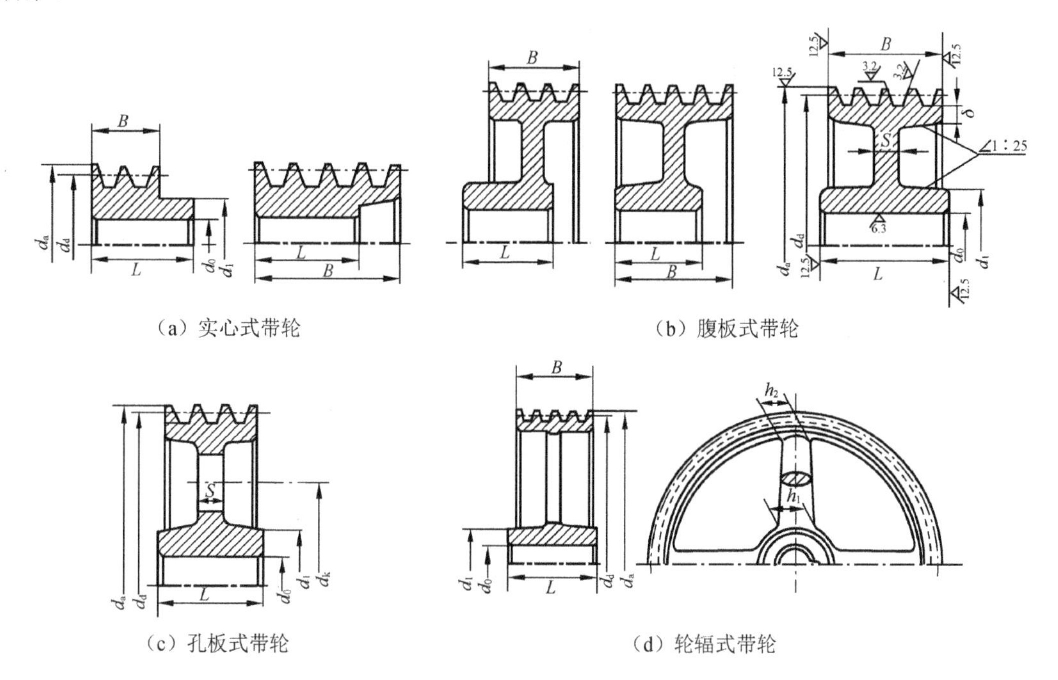

（a）实心式带轮 （b）腹板式带轮

（c）孔板式带轮 （d）轮辐式带轮

图 9-13 带轮的结构形式

V 带轮的轮缘尺寸见表 9-4。该表中，b_d 表示带轮轮槽的基准宽度，通常与 V 带的节面宽度 b_p 相等，即 $b_p = b_d$。

表 9-4 V 带轮的轮缘尺寸（摘自 GB/ T13575.1—2022） 单位：mm

项目	符号	槽型						
		Y	Z SPZ	A SPA	B SPB	C SPC	D	E
基准宽度	b_d	5.3	8.5	11.0	14.0	19.0	27.0	32.0
基准线上槽深	$h_{a\min}$	1.6	2.0	2.75	3.5	4.8	8.1	9.6
基准线下槽深	$h_{f\min}$	4.7	7.0 9.0	8.7 11.0	10.8 14.0	14.3 19.0	19.9	23.4

续表

项目		符号	槽型						
			Y	Z SPZ	A SPA	B SPB	C SPC	D	E
槽间距		e	8±0.3	12±0.3	15±0.3	19±0.4	25.5±0.5	37±0.6	44.5±0.7
槽边距		f_{min}	6	7	9	11.5	16	23	28
最小轮缘厚		δ	5	5.5	6	7.5	10	12	15
带轮宽		B	$B=(z-1)e+2f$ 式中，z 为轮槽数						
外径		d_a	$d_a = d_d+2h_a$						
轮槽角 φ	32°	相应的基准直径 d_d	≤60	—	—	—	—	—	—
	34°		—	≤80	≤118	≤190	≤315	—	—
	36°		>60	—	—	—	—	≤475	≤600
	38°		—	>80	>118	>190	>315	>475	>600
	偏差		±30′						

基准宽度处带轮的直径称为基准直径 d_d，V 带轮的基准直径系列见表 9-5。

表 9-5 V 带轮的基准直径系列（摘自 GB/T 13575.1—2022） 单位：mm

基准直径 d_d	带型						
	Y	Z SPZ	A SPA	B SPB	C SPC	D	E
	外径 d_a						
20	23.2						
22.4	25.6						
25	28.2						
28	31.2						
31.5	34.7						
35.5	38.7						
40	43.2						
45	48.2						
50	53.2	*54					
56	59.2	*60					
63	66.2	67					
71	74.2	75					
75		79	*80.5				
80	83.2	84	*85.5				
85			*90.5				
90	93.2	94	95.5				
95			100.5				
100	103.2	104	105.5				
106			111.5				
112	115.2	116	117.5				
118			123.5				
125	128.2	129	130.5	*132			
132		136	137.5	*139			
140		144	145.5	147			
150		154	155.5	157			

基准直径 d_d	带型						
	Y	Z SPZ	A SPA	B SPB	C SPC	D	E
	外径 d_a						
160		164	165.5	167			
170				177			
180		184	185.5	187			
200		204	205.5	207	*209.6		
212					*221.6		
224		228	229.5	231	233.6		
236					245.6		
250		254	255.5	257	259.6		
265							
280		284	285.5	287	289.6		
300					309.6		
315		319	320.5	322	324.6		
335					344.6		
355		359	360.5	362	364.6	371.2	
375						391.2	
400		404	405.5	407	409.6	416.2	
425						441.2	
450			455.5	457	459.6	466.2	
475						491.2	
500		504	505.5	507	509.6	516.2	519.2
530							549.2
560			565.5	567	569.6	572.2	579.2
600				607	609.6	616.2	619.2
630		634	635.5	637	639.6	646.2	649.2
670							689.2

注：*只用于普通 V 带

9.4.4 V带传动机构设计准则与设计公式的推导

1. 设计准则

根据带传动机构的工作能力分析结果可知，带传动的主要失效形式是传动带在带轮上打滑和传动带发生疲劳破坏。因此，带传动机构的设计准则是，在保证不打滑的条件下，使传动带具有一定的疲劳强度和使用寿命。

2. 设计公式的推导

由前述已知，V带的疲劳强度条件是$\sigma_{max}=\sigma_1+\sigma_{b1}+\sigma_c\leqslant[\sigma]$，这个公式可以改写成

$$\sigma_1\leqslant[\sigma]-\sigma_{b1}-\sigma_c$$

式中，$[\sigma]$是在一定条件下由传动带的疲劳强度决定的许用应力。

在保证传动带不打滑的条件下，要求传递的有效拉力或有效圆周力F不能大于存在极限摩擦力时的传动带能够传递的最大有效圆周力F_{ec}，即式（9-6）。

因此，可得下列公式：

$$F_{ec}\leqslant F_1\left(1-\frac{1}{e^{f'\alpha}}\right)=\sigma_1 A\left(1-\frac{1}{e^{f'\alpha}}\right)=([\sigma]-\sigma_{b1}-\sigma_c)\left(1-\frac{1}{e^{f'\alpha}}\right)A$$

单根V带所能传递的额定功率：

$$P_0=F_{ec}v/1000=([\sigma]-\sigma_{b1}-\sigma_c)\left(1-\frac{1}{e^{f'\alpha}}\right)Av/1000\ \text{（kW）} \tag{9-12}$$

3. 设计公式的处理及应用

式（9-12）中的$[\sigma]$要通过试验获得。试验条件如下：包角$\alpha_1=\alpha_2=180°(i=1)$，特定带长$L_d$，传动平稳。由此可以得到，单根V带传递的功率即单根普通V带的基本额定功率P_0（见表9-6）。

表9-6 在包角α=180°、特定带长、传动平稳的情况下，单根V带的基本额定功率P_0

单位：kW

型号	小带轮直径 d_{d1}/mm	小带轮转速 n_1/（r/min）												
		200	400	730	800	980	1200	1460	1600	2000	2400	2800	3200	3600
Z	56	—	0.06	0.11	0.12	0.14	0.17	0.19	0.20	0.25	0.30	0.33	0.35	0.37
	63	—	0.08	0.13	0.15	0.18	0.22	0.25	0.27	0.32	0.37	0.41	0.45	0.47
	71	—	0.09	0.17	0.20	0.23	0.27	0.31	0.33	0.39	0.46	0.50	0.54	0.58
	80	—	0.14	0.20	0.22	0.26	0.30	0.36	0.39	0.44	0.50	0.56	0.61	0.64
	90	—	0.14	0.22	0.24	0.28	0.33	0.37	0.40	0.48	0.54	0.60	0.64	0.68
A	75	0.16	0.27	0.42	0.45	0.52	0.60	0.68	0.73	0.84	0.92	1.00	1.04	1.08
	90	0.22	0.39	0.63	0.68	0.79	0.93	1.07	1.15	1.34	1.50	1.64	1.75	1.83
	100	0.26	0.47	0.77	0.83	0.97	1.14	1.32	1.42	1.66	1.87	2.05	2.19	2.28
	112	0.31	0.56	0.93	1.00	1.18	1.39	1.62	1.74	2.04	2.30	2.51	2.68	2.78
	125	0.37	0.67	1.11	1.19	1.40	1.66	1.93	2.07	2.44	2.74	2.98	3.16	3.26
	140	0.43	0.78	1.31	1.41	1.66	1.96	2.29	2.45	2.87	3.22	3.48	3.65	3.72
	160	0.51	0.94	1.56	1.69	2.00	2.36	2.74	2.94	3.42	3.80	4.06	4.19	4.17

续表

型号	小带轮直径 d_{d1}/mm	小带轮转速 n_1/（r/min）												
		200	400	730	800	980	1200	1460	1600	2000	2400	2800	3200	3600
B	125	0.48	0.84	1.34	1.44	1.67	1.93	2.20	2.33	2.64	2.85	2.96	2.94	2.80
	140	0.59	1.05	1.69	1.82	2.13	2.47	2.83	3.00	3.42	3.70	3.85	3.83	3.63
	160	0.74	1.32	2.16	2.32	2.72	3.17	3.64	3.86	4.40	4.75	4.89	4.80	4.46
	180	0.88	1.59	2.61	2.81	3.30	3.85	4.41	4.68	5.30	5.67	5.76	5.52	4.92
	200	1.02	1.85	3.06	3.30	3.86	4.50	5.15	5.46	6.13	6.47	6.43	5.95	4.98
	224	1.19	2.17	3.59	3.86	4.50	5.26	5.99	6.33	7.02	7.25	6.95	6.05	4.47
C	200	—	1.39	1.92	2.41	2.87	3.30	3.80	4.66	5.29	5.86	6.07	6.28	6.34
	224	—	1.70	2.37	2.99	3.58	4.12	4.78	5.89	6.71	7.47	7.75	8.00	8.05
	250	—	2.03	2.85	3.62	4.33	5.00	5.82	7.18	8.21	9.06	9.38	9.63	9.62
	280	—	2.42	3.40	4.32	5.19	6.00	6.99	8.65	9.81	10.74	11.06	11.22	11.04
	315	—	2.86	4.04	5.14	6.17	7.14	9.34	10.23	11.53	12.48	12.72	12.67	12.14
	400	—	3.91	5.54	7.06	8.52	9.82	11.52	13.67	15.04	15.51	15.24	14.08	11.95
D	355	3.01	5.31	7.35	9.24	10.90	12.39	14.04	16.30	17.25	16.70	15.63	12.97	—
	400	3.66	6.52	9.13	11.45	13.55	15.42	17.58	20.25	21.20	20.03	18.31	14.28	—
	450	4.37	7.90	11.02	13.85	16.40	18.67	21.12	24.16	24.84	22.42	19.59	13.34	—
	500	5.08	9.21	12.88	16.20	19.17	21.78	24.52	27.60	27.61	23.28	18.88	9.59	—
	560	5.91	10.76	15.07	18.95	22.38	25.32	28.28	31.00	29.67	22.08	15.13	—	—
E	500	6.21	10.86	14.96	18.55	21.65	24.21	26.62	28.52	25.53	16.25	—	—	—
	560	7.32	13.09	18.10	22.49	26.25	29.30	32.02	33.00	28.49	14.52	—	—	—
	630	8.75	15.65	21.69	26.95	31.36	34.83	37.64	37.14	29.17	—	—	—	—
	710	10.31	18.52	25.69	31.83	36.85	40.58	43.07	39.56	25.91	—	—	—	—
	800	12.05	21.70	30.05	37.05	42.53	46.26	47.79	39.08	16.46	—	—	—	—

在实际工作条件下应用计算公式时，必须考虑试验条件与实际条件的区别。工程中常采用的办法是系数修正法，即利用不同的系数对相应条件进行修正。在实际条件下，单根 V 带传递的额定功率为

$$P_r = (P_0 + \Delta P_0) \cdot K_\alpha \cdot K_L \tag{9-13}$$

式中，ΔP_0 为考虑传动比不等于 1 时，单根 V 带的额定功率增量，见表 9-7；K_α 为考虑实际包角不等于180°时的修正系数，见表 9-8；K_L 为当带长不等于试验中规定的特定带长时的修正系数，见表 9-3。

表 9-7　考虑 $i \neq 1$ 时，单根 V 带的额定功率增量 ΔP_0

单位：kW

型号	传动比 i	小带轮转速 n_1/（r/min）												
		200	400	730	800	980	1200	1460	1600	2000	2400	2800	3200	3600
Z	1.00～1.01	—												
	1.02～1.04	—												0.02
	1.05～1.08	—		0.00										
	1.09～1.12	—												
	1.13～1.18	—					0.01							
	1.19～1.24	—												
	1.25～1.34	—						0.02				0.03		
	1.35～1.51	—												
	1.52～1.99	—										0.04		0.05
	≥2.0	—												
	带速 v/（m/s）					5		10			15			

续表

型号	传动比 i	小带轮转速 n_1/（r/min）												
		200	400	730	800	980	1200	1460	1600	2000	2400	2800	3200	3600
A	1.00～1.01	0.00												
	1.02～1.04						0.02	0.02	0.02	0.03	0.03	0.04	0.04	0.05
	1.05～1.08		0.01	0.02	0.02	0.03	0.03	0.04	0.04	0.06	0.07	0.08	0.09	0.10
	1.09～1.12		0.02	0.03	0.03	0.04	0.05	0.06	0.06	0.08	0.10	0.11	0.13	0.15
	1.13～1.18		0.02	0.04	0.04	0.05	0.07	0.08	0.09	0.11	0.13	0.15	0.17	0.19
	1.19～1.24		0.03	0.05	0.05	0.06	0.08	0.09	0.11	0.13	0.16	0.19	0.22	0.24
	1.25～1.34	0.02	0.03	0.06	0.06	0.07	0.10	0.11	0.13	0.16	0.19	0.23	0.26	0.29
	1.35～1.51	0.02	0.04	0.07	0.08	0.08	0.11	0.13	0.15	0.19	0.23	0.26	0.30	0.34
	1.52～1.99	0.02	0.04	0.08	0.09	0.10	0.13	0.15	0.17	0.22	0.26	0.30	0.34	0.39
	≥2.0	0.03	0.05	0.09	0.10	0.11	0.15	0.17	0.19	0.24	0.29	0.34	0.39	0.44
	带速 v/（m/s）			5		10			15	20	25	30		
B	1.00～1.01	0.00	0.00	0.00	0.00	0.00	0.00	0.00	0.00	0.00	0.00	0.00	0.00	0.00
	1.02～1.04	0.01	0.01	0.02	0.03	0.03	0.04	0.05	0.06	0.07	0.08	0.10	0.11	0.13
	1.05～1.08	0.01	0.03	0.05	0.06	0.07	0.08	0.10	0.11	0.14	0.17	0.20	0.23	0.25
	1.09～1.12	0.02	0.04	0.07	0.08	0.10	0.13	0.15	0.17	0.21	0.25	0.29	0.34	0.38
	1.13～1.18	0.03	0.06	0.10	0.11	0.13	0.17	0.20	0.23	0.28	0.34	0.39	0.45	0.51
	1.19～1.24	0.04	0.07	0.12	0.14	0.17	0.21	0.25	0.28	0.35	0.42	0.49	0.56	0.63
	1.25～1.34	0.04	0.08	0.15	0.17	0.20	0.25	0.31	0.34	0.42	0.51	0.59	0.68	0.76
	1.35～1.51	0.05	0.10	0.17	0.20	0.23	0.30	0.36	0.39	0.49	0.59	0.69	0.79	0.89
	1.52～1.99	0.06	0.11	0.20	0.23	0.26	0.34	0.40	0.45	0.56	0.68	0.79	0.90	1.01
	≥2.0	0.06	0.13	0.22	0.25	0.30	0.38	0.46	0.51	0.63	0.76	0.89	1.01	1.14
	带速 v/（m/s）			5	10		15	20		25 30	35	40		
C	1.00～1.01	—	0.00	0.00	0.00	0.00	0.00	0.00	0.00	0.00	0.00	0.00	0.00	0.00
	1.02～1.04	—	0.02	0.03	0.04	0.05	0.06	0.07	0.09	0.12	0.14	0.16	0.18	0.20
	1.05～1.08	—	0.04	0.06	0.08	0.10	0.12	0.14	0.19	0.24	0.28	0.31	0.35	0.39
	1.09～1.12	—	0.06	0.09	0.12	0.15	0.18	0.21	0.27	0.35	0.42	0.47	0.53	0.59
	1.13～1.18	—	0.08	0.12	0.16	0.20	0.24	0.27	0.37	0.47	0.58	0.63	0.71	0.78
	1.19～1.24	—	0.10	0.15	0.20	0.24	0.29	0.34	0.47	0.59	0.71	0.78	0.88	0.98
	1.25～1.34	—	0.12	0.18	0.23	0.29	0.35	0.41	0.56	0.70	0.85	0.94	1.06	1.17
	1.35～1.51	—	0.14	0.21	0.27	0.34	0.41	0.48	0.65	0.82	0.99	1.10	1.23	1.37
	1.52～1.99	—	0.16	0.24	0.31	0.39	0.47	0.55	0.74	0.94	1.14	1.25	1.41	1.57
	≥2.0	—	0.18	0.26	0.35	0.44	0.53	0.62	0.83	1.06	1.27	1.41	1.59	1.76
	带速 v/（m/s）			5		10	15	20	25	30	35	40		
D	1.00～1.01	0.00	0.00	0.00	0.00	0.00	0.00	0.00	0.00	0.00	0.00	0.00	0.00	—
	1.02～1.04	0.03	0.07	0.10	0.14	0.17	0.21	0.24	0.33	0.42	0.51	0.56	0.63	—
	1.05～1.08	0.07	0.14	0.21	0.28	0.35	0.42	0.49	0.66	0.84	1.01	1.11	1.24	—
	1.09～1.12	0.10	0.21	0.31	0.42	0.52	0.62	0.73	0.99	1.25	1.51	1.67	1.88	—
	1.13～1.18	0.14	0.28	0.42	0.56	0.70	0.83	0.97	1.32	1.67	2.02	2.23	2.51	—
	1.19～1.24	0.17	0.35	0.52	0.70	0.87	1.04	1.22	1.60	2.09	2.52	2.78	3.13	—
	1.25～1.34	0.21	0.42	0.62	0.83	1.04	1.25	1.46	1.92	2.50	3.02	3.33	3.74	—
	1.35～1.51	0.24	0.49	0.73	0.97	1.22	1.46	1.70	2.31	2.92	3.52	3.89	4.98	—
	1.52～1.99	0.28	0.56	0.83	1.11	1.39	1.67	1.95	2.64	3.34	4.03	4.45	5.01	—
	≥2.0	0.31	0.63	0.94	1.25	1.56	1.88	2.19	2.97	3.75	4.53	5.00	5.62	—
	带速 v/（m/s）				5	10	15	20 25	30	35	40			

续表

型号	传动比 i	小带轮转速 n_1/（r/min）												
		200	400	730	800	980	1200	1460	1600	2000	2400	2800	3200	3600
E	1.00～1.01	0.00	0.00	0.00	0.00	0.00	0.00	0.00	0.00	0.00	0.00	—	—	—
	1.02～1.04	0.07	0.14	0.21	0.28	0.34	0.41	0.48	0.65	0.80	0.98	—	—	—
	1.05～1.08	0.14	0.28	0.41	0.55	0.64	0.83	0.97	1.29	1.61	1.95	—	—	—
	1.09～1.12	0.21	0.41	0.62	0.83	1.03	1.24	1.45	1.95	2.40	2.92	—	—	—
	1.13～1.18	0.28	0.55	0.83	1.00	1.38	1.65	1.93	2.62	3.21	3.90	—	—	—
	1.19～1.24	0.34	0.69	1.03	1.38	1.72	2.07	2.41	3.27	4.01	4.88	—	—	—
	1.25～1.34	0.41	0.83	1.24	1.65	2.07	2.48	2.89	3.92	4.81	5.85	—	—	—
	1.35～1.51	0.48	0.96	1.45	1.93	2.41	2.89	3.38	4.58	5.61	6.83	—	—	—
	1.52～1.99	0.55	1.10	1.65	2.20	2.76	3.31	3.86	5.23	6.41	7.80	—	—	—
	≥2.0	0.62	1.24	1.86	2.48	3.10	3.72	4.34	5.89	7.21	8.78	—	—	—
	带速 v/（m/s）	5　10　15　20　25　30　35　40												

表 9-8　小带轮的包角修正系数 K_α

包角 α_1	180°	175°	170°	165°	160°	155°	150°	145°	140°	135°	130°	125°	120°	110°	100°	90°
K_α	1	0.99	0.98	0.96	0.95	0.93	0.92	0.91	0.89	0.88	0.86	0.84	0.82	0.78	0.74	0.69

9.4.5　带传动机构设计步骤及参数选择

设计 V 带传动的已知条件：带传递的功率 P，大小带轮转速 n_1 和 n_2（或传动比），外廓尺寸等。设计内容包括确定带的型号、长度、根数、中心距、带轮直径及带轮结构尺寸等。带传动机构的一般设计步骤如下。

1. 确定计算功率 P_c

$$P_c = K_A P \tag{9-14}$$

式中，P 为带传递的额定功率，单位为 kW；K_A 为工况系数，见表 9-9。

表 9-9　工况系数 K_A

载荷性质	工作机	原动机					
		空载或轻载启动			重载启动		
		每天工作小时/h					
		<10	10～16	>16	<10	10～16	>16
载荷变动微小	液体搅拌机、通风机和鼓风机（额定功率≤7.5kW）、离心式水泵和压缩机、轻型输送机	1.0	1.1	1.2	1.1	1.2	1.3
载荷变动小	带式输送机（不均匀负荷）、通风机（额定功率>7.5kW）、旋转式水泵和压缩机（非离心式）、发电机、金属切削机床、旋转筛、锯木机和木工机械	1.1	1.2	1.3	1.2	1.3	1.4
载荷变动较大	制砖机、斗式提升机、往复式水泵和压缩机、起重机、磨粉机、冲剪机床、旋转筛、纺织机械、重载输送机	1.2	1.3	1.4	1.4	1.5	1.6
载荷变动很大	破碎机（旋转式、颚式等）、磨碎机（球磨、棒磨磨、管磨）	1.3	1.4	1.5	1.5	1.6	1.8

注：① 空载或轻载启动——电动机（交流启动、三角启动、直流并励）、四缸以上的内燃机、装有离心式离合器、液力联轴器的动力机；

② 重载启动——电动机（联机交流启动、直流复励或串励）、四缸以下的内燃机；

③ 在反复启动、正反转频繁、工作条件恶劣等场合，K_A 应乘以系数 1.2。

2. 选择V带的型号

根据计算功率P_c和主动轮转速n_1，从图9-14所示的普通V带选型图和图9-15所示的窄V带选型图中选择带的型号。型号选择合理与否，直接影响带根数的多少，也影响带轮对轴的作用力的大小，直接影响轴的强度。

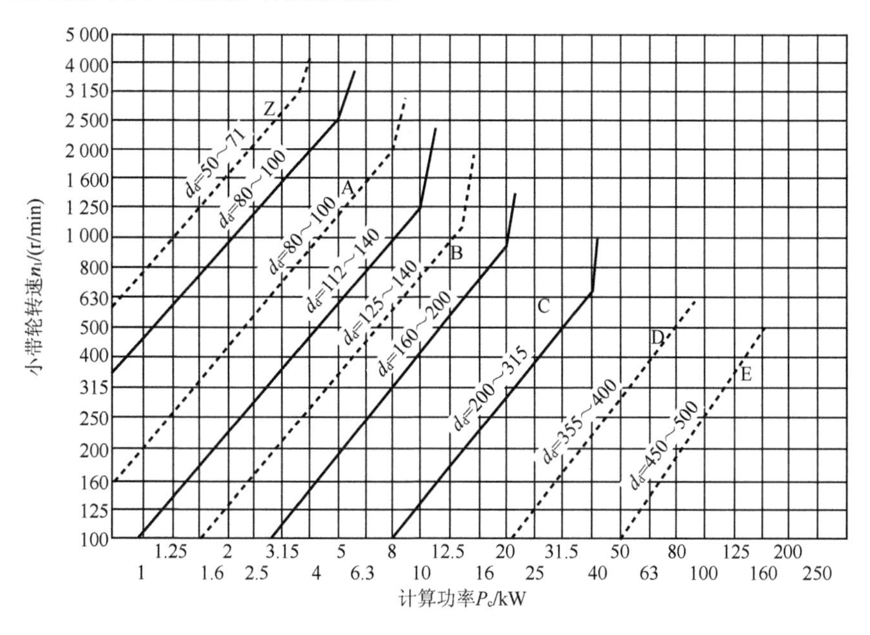

图9-14　普通V带选型图

3. 确定大小带轮的基准直径d_{d1}和d_{d2}

小带轮直径d_{d1}应大于或等于表9-1所列的最小直径d_{min}。若d_{d1}过小，则带的弯曲应力较大；反之，又使外廓尺寸增大。一般在工作位置允许的情况下，小带轮直径大，可减小弯曲应力，提高承载能力和延长传动带的使用寿命。

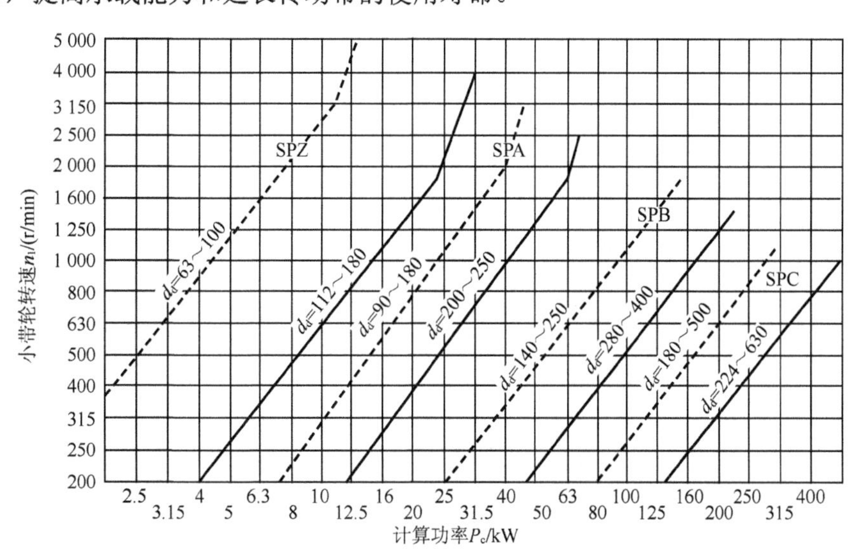

图9-15　窄V带选型图

大带轮基准直径可以根据以下公式求得

$$d_{d2}=\frac{n_1}{n_2}d_{d1}$$

d_{d1}和d_{d2}均应符合带轮直径系列尺寸，见表 9-5。

4. 验算带速 v

根据以下公式验算带速，即

$$v=\frac{\pi d_{d1}n_1}{60\times 1000}$$

带速太高离心力增大，使传动带与带轮之间的摩擦力减小，传动带在带轮上容易打滑；带速太低，传递功率一定时所需的有效拉力过大，传动带在带轮上也会打滑。一般应使带速满足以下条件。

普通 V 带： $5\text{m/s}<v<25\text{m/s}$

窄 V 带： $5\text{m/s}<v<35\text{m/s}$

否则，重新选取d_{d1}。

5. 确定中心距 a 和传动带的基准长度 L_d

在无特殊要求时，可按下式初选中心距a_0：

$$0.7(d_{d1}+d_{d2})\leqslant a_0\leqslant 2(d_{d1}+d_{d2})\,\text{mm}$$

由带传动机构的几何关系公式计算得到传动带的基准长度：

$$L_0=2a_0+\frac{\pi}{2}(d_{d1}+d_{d2})+\frac{(d_{d2}-d_{d1})^2}{4a_0}\,\text{mm}$$

根据L_0值，先查表 9-3 得到相近的 V 带的基准长度L_d，再按下式近似计算实际中心距：

$$a\approx a_0+\frac{L_d-L_0}{2}$$

当采用改变中心距方法进行安装调整和补偿初拉力时，其中心距的变化范围为

$$\begin{cases}a_{max}=a+0.030L_d\\a_{min}=a-0.015L_d\end{cases}$$

中心距小，传动带的长度小，可以使传动结构紧凑，但也会因传动带的长度小，使传动带在单位时间内绕过带轮的次数多，降低传动带的使用寿命。同时，在传动比和小带轮直径一定的情况下，小带轮的包角减小，传动能力降低。若中心距大，则会使带传动机构出现颤振。设计时，应视具体情况综合考虑这些因素。

6. 验算小带轮的包角 α_1

根据以下公式验算小带轮的包角：

$$\alpha_1\approx 180^\circ-\frac{d_{d2}-d_{d1}}{a}\times 57.3^\circ\geqslant 120^\circ$$

α_1与传动比i有关，i越大，（$d_{d2}-d_{d1}$）的差值越大，α_1越小。因此，V 带传动机构的传动比一般小于 7，推荐值为 2～5。传动比不变时，可用增大中心距a的方法增大α_1。

7. 确定 V 带的根数 z

根据以下公式验算 V 带的根数：

$$z \geqslant \frac{P_c}{[P_0]} = \frac{P_c}{(P_0 + \Delta P_0)K_\alpha K_L} \qquad (9\text{-}15)$$

式中，P_c 为计算功率。其他参数可以根据前面提供的表中的数据确定。

V 带的根数 z 越多，其受力越不均匀。因此，设计时，应限制 V 带的根数，一般不多于 10 根。否则。应改选型号，重新设计。

8. 确定单根 V 带的初拉力 F_0

根据以下公式确定单根 V 带的初拉力：

$$F_0 = \frac{500P_c}{zv}\left(\frac{2.5}{K_\alpha} - 1\right) + qv^2 \qquad (9\text{-}16)$$

初拉力是安装传动带时的必要条件，安装时要控制其大小，即保证传动带的传动能力。具体方法是，在传动带上边的中点施加一个与传动带垂直且规定了大小的力，使传动带在 100mm 上产生的挠度为 1.6mm。注意，在安装时新带和使用过的旧带对所施加力的大小有不同的要求。

9. 计算传动带的压轴力 F_Q

根据以下公式计算传动带的压轴力：

$$F_Q = 2zF_0 \sin(\alpha_1 / 2)$$

传动带的压轴力主要影响支撑带轮的轴的强度和轴承的使用寿命。一般可以近似地按照传动带两边初拉力的合力计算，传动带的压轴力计算示意如图 9-16 所示，这种计算方法简单、方便、实用。

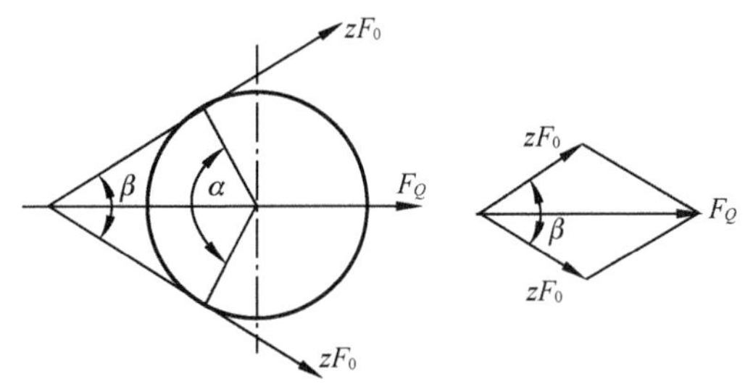

图 9-16 传动带的压轴力计算示意

10. 带轮设计与绘制带轮的工作图

根据上述计算结果，结合带轮的设计要求设计带轮。关于带轮的材料和结构，可参考经验材料和相应的标准。带轮的工作图要体现对带轮的各种要求。

【例 9-1】 设计某机床上电动机与主轴箱的 V 带传动。已知：电动机额定功率 P =7.5kW，转速 n_1=1440r/min，传动比 i=2，中心距 a 为 800mm 左右，三班制工作。

解：（1）确定计算功率 P_c。

查表 9-9，选取 $K_A = 1.3$，得

$$P_c = 1.3 \times 7.5 = 9.75 \text{（kW）}$$

（2）选择带型号。

根据 P_c=9.75kW，n_1=1440r/min，对照图 9-14 选择 A 型普通 V 带。

（3）确定小带轮基准直径 d_{d1}。

查表 9-1，选取 d_{d1}=140mm。

（4）确定大带轮基准直径 d_{d2}。

$$d_{d2} = id_{d1} = 2 \times 140 = 280 \text{（mm）}$$

查表 9-5，选取 d_{d2}=280mm。

（5）验算带速 v。

$$v = \pi d_{d1} n_1 / (60 \times 1000) = \pi \times 140 \times 1440 / (60 \times 1000) = 10.55 \text{（m/s）}$$

$5\text{m/s} < v < 25\text{m/s}$，符合要求。

（6）初定中心距 a_0。

按初选中心矩要求，选取 a_0=800mm。

（7）确定传动带的基准长度 L_d。

$$L_0 = 2a_0 + \pi \frac{d_{d1} + d_{d2}}{2} + \frac{(d_{d2} - d_{d1})^2}{4a_0} = 2 \times 800 + \pi \frac{140 + 280}{2} + \frac{(280 - 140)^2}{4 \times 800} = 2265.53 \text{（mm）}$$

查表 9-3，选取 L_d=2240mm。

（8）确定实际中心距 a。

$$a \approx a_0 + (L_d - L_0)/2 = 800 + (2240 - 2265.53)/2 = 787.24 \text{（mm）}$$

中心距变动调整范围：

$$a_{max} = a + 0.03L_d = 787.24 + 0.03 \times 2240 = 854.44 \text{（mm）}$$

$$a_{min} = a - 0.015L_d = 787.24 - 0.015 \times 2240 = 753.64 \text{（mm）}$$

（9）验算小带轮的包角。

$$\alpha_1 = 180° - \frac{d_{d2} - d_{d1}}{a} \times 57.3° = 180° - \frac{280 - 140}{787.24} \times 57.3° = 169.81°$$

α_1>120°，合适。

（10）确定单根 V 带的额定功率 P_0。

根据 d_{d1}=140mm，n_1=1440r/min，查表 9-6 可知，A 型普通 V 带的 P_0=2.27 kW。

（11）确定额定功率的增量 ΔP_0。

查表 9-7，可知，ΔP_0=0.17 kW。

（12）确定 V 带的根数 z。

$$z \geqslant \frac{P_c}{(P_0 + \Delta P_0)} K_\alpha K_L$$

查表 9-8 可知，$K_\alpha \approx 0.98$，查表 9-3 可知，$K_L = 1.06$。

$$z \geqslant \frac{9.75}{(2.27 + 0.17) \times 0.98 \times 1.06} = 3.85$$

四舍五入后选取 z=4。

（13）确定单根 V 带的初拉力 F_0。

$$F_0 = 500 \frac{P_c}{zv} \left(\frac{2.5}{K_\alpha} - 1 \right) + qv^2 = 500 \frac{9.75}{4 \times 10.55} \left(\frac{2.5}{0.98} - 1 \right) + 0.11 \times 10.55^2 \approx 191.42 \text{（N）}$$

式中的 q 通过机械设计手册中的带的标准查得。

（14）计算传动带对轴的压力 F_Q。

$$F_Q = 2zF_0\sin\left(\frac{\alpha_1}{2}\right) = 2\times4\times191.42\times\sin\left(\frac{169.81}{2}\right) = 1525.31\ \text{（N）}$$

（15）确定带轮结构，绘制工作图（略）。

这个例题只说明带传动机构的设计步骤。在实际设计时，还是要完整地设计出结果。同时要综合考虑情况。

9.5 传动带的张紧、安装与维护

9.5.1 传动带的张紧

传动带的张紧程度对其传动能力、使用寿命和轴压力都有很大的影响。安装时要按照前文所述要求加以控制。传动带工作一段时间后会因塑性变形而松弛，使初拉力减小、传动能力下降，这就需要重新张紧传动带。常用的张紧方法有以下 2 种：

1. 调节中心距的方式

1）使用定期张紧装置

采用定期改变中心距的方法调节带的初拉力，使传动带重新张紧。 水平传动带的定期张紧装置如图 9-17 所示，将配有带轮的电动机 1 安装在滑道 2 上，旋转调节螺钉 3，以增大或减小中心距，从而达到张紧或松弛的目的。垂直传动带的定期张紧装置如图 9-18 所示。其中电动机安装在摆动底座 2 上，通过调节螺钉 3 调节中心距，以达到张紧的目的。

2）自动张紧装置

自动张紧装置如图 9-19 所示。其中，电动机 1 安装在摇摆架 2 上，利用电动机的自重，使电动机轴心绕铰点 A 摆动，拉大中心距达到自动张紧的目的。

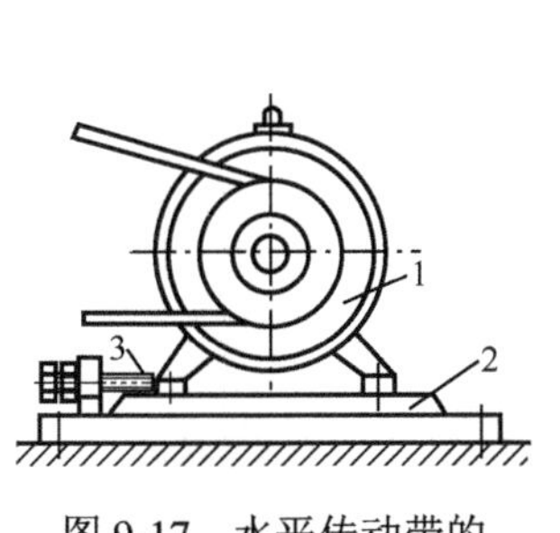

图 9-17 水平传动带的定期张紧装置

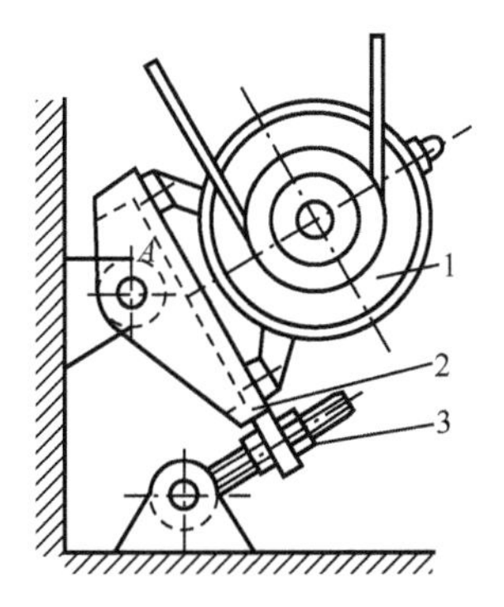

图 9-18 垂直传动带的定期张紧装置

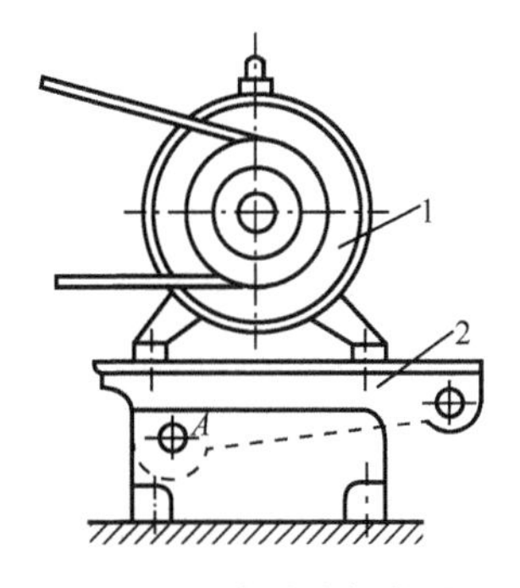

图 9-19 自动张紧装置

2. 使用张紧轮张紧的方式

当带传动机构的中心距不能调整时，可采用张紧轮。张紧轮的布置如图 9-20 所示。其中图 9-20（a）所示为定期张紧装置中的张紧轮布置，定期调整张紧轮的位置可达到张紧的目的。图 9-20（b）所示为摆锤式自动张紧装置中的张紧轮布置，依靠摆锤重力可使张紧轮自动张紧。

重要提示

张紧 V 带时，张紧轮一般放在 V 带的松边内侧并应尽量靠近大带轮一边。这样，可使 V 带只受单向弯曲应力，并且小带轮的包角不至于过分减小。在图 9-20（a）中，平带传动时，张紧轮一般应放在松边外侧，并且要靠近小带轮。这样，小带轮的包角可以增大，提高平带的传动能力。

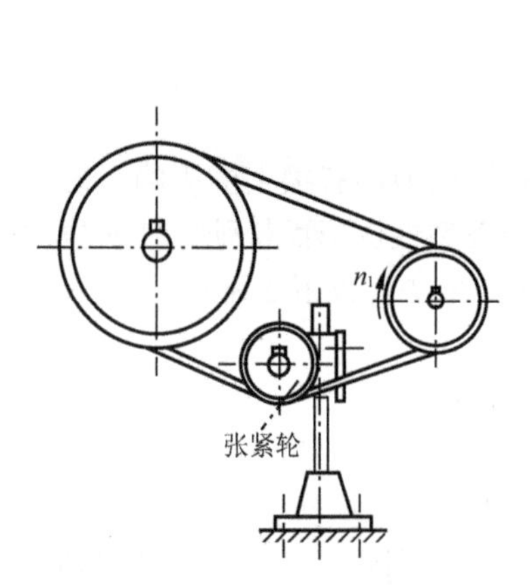

（a）定期装紧装置中的张紧轮布置

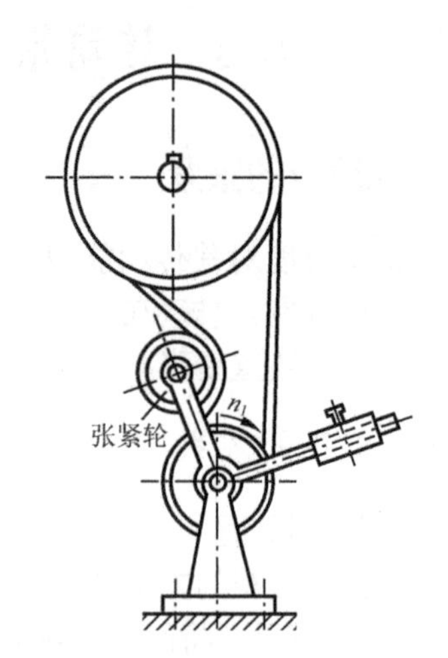

（b）摆锤式自动张紧装置中的张紧轮布置

图 9-20　张紧轮的布置

9.5.2　传动带的安装与维护

正确的安装和维护是保证传动带正常工作、延长其使用寿命的有效措施，一般应注意以下几点：

（1）采用平行轴传动时，各个带轮的轴线必须保持规定的平行度。V 带传动中的主动轮和从动轮的轮槽必须调整在同一平面内，误差不得超过 20′，否则，会引起 V 带扭曲，使它的两侧面过早磨损。

（2）套装传动带时不得强行撬入。应先将中心距缩小，将传动带套在带轮上，再逐渐调大中心距，以拉紧传动带，直到满足规定的要求为止。

（3）采用多根 V 带传动时，为避免各根 V 带的载荷分布不均，V 带的配组公差（请参阅有关手册）应在规定的范围内。

（4）对传动带应定期检查，发现问题后及时调整，应及时更换损坏的 V 带，新带和旧带、普通 V 带和窄 V 带、不同规格的 V 带均不能混合使用。

（5）必须给带传动机构安装安全防护罩。这样，既可防止它工作时绞伤操作人员，又可以防止灰尘、润滑油及其他杂物飞溅到 V 带上而影响传动。

9.6 同步齿形带和高速带传动简介

9.6.1 同步齿形带传动简介

同步齿形带是以细钢丝绳或玻璃纤维为强力层，外层涂覆聚氨酯或氯丁橡胶的环形带。这种带的强力层承载后变形小，并且内周制成齿形，使其与齿形带轮相啮合。因此，带与带轮之间无相对滑动，构成同步传动，如图9-21所示。

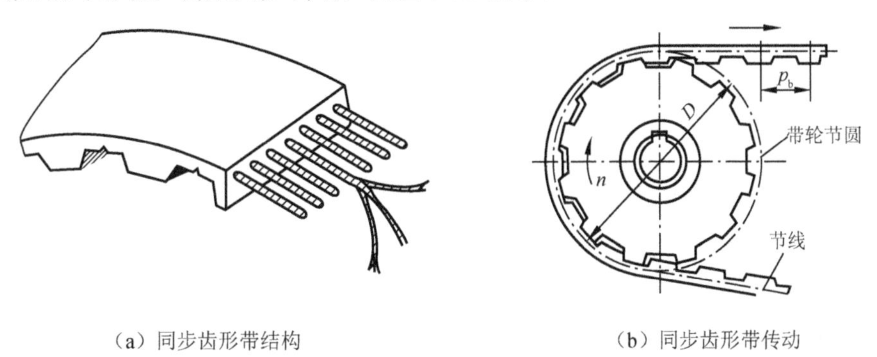

（a）同步齿形带结构　　（b）同步齿形带传动

图9-21　同步齿形带结构及其传动

同步齿形带传动具有传动比恒定、不打滑、效率高、初拉力小、对轴及轴承的压力小、速度及功率范围广、无须润滑、耐油、耐磨损等特点，允许采用较小的带轮直径、较短的轴间距、较大的传动比，使结构紧凑。它的一般参数如下：

带速 $v \leqslant 50\text{m/s}$，功率 $P \leqslant 100\text{kW}$，传动比 $i \leqslant 10$，传动效率 $\eta = 0.92 \sim 0.98$，工作温度为-20～80℃。

目前，同步齿形带传动主要用于中小功率、传动比准确的传动机构中，如数控机床、纺织机械、烟草机械等。

9.6.2 高速带传动简介

通常，高速带传动是指带速 $v > 30\,\text{m/s}$ 或高速轴转速 $n_1 = 10000 \sim 5000\text{r/min}$ 的带传动，这种传动主要用于增速传动，其增速比为2～4，有时可达8。高速带传动常用于驱动高速机床、粉碎机、离心机等。

高速带采用质量小、厚度薄且均匀、挠曲性好的环形平带，如锦纶编织带、薄型强力锦纶带、高速环形胶带等。高速带轮要求质量小且分布对称均匀、运转时空气阻力小，常采用钢或铝合金制造，各个表面均需要精加工，轮缘工作表面粗糙度不大于 $3.2\,\mu\text{m}$，并且要求进行动平衡试验，以保证高速带传动机构运转平稳，传动可靠，并且具有一定的使用寿命。

9.7 链　传　动

链传动由与两个轴平行的大小链轮和链条组成，如图9-22所示。它是依靠链轮的轮齿和链条之间的啮合传动的。因此，链传动又是啮合传动。

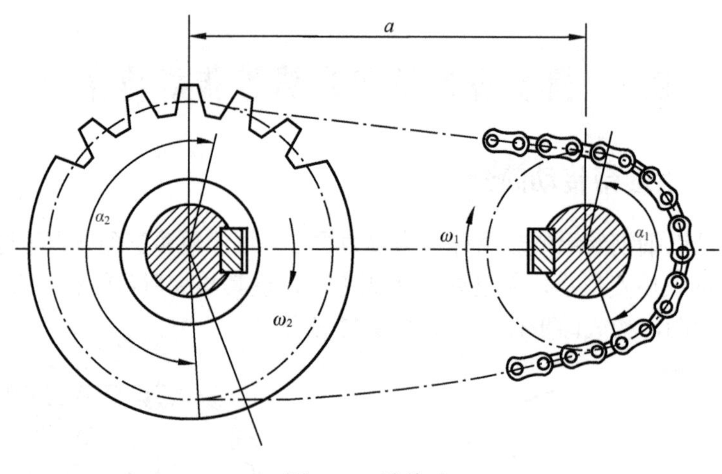

图 9-22　链传动

9.7.1　链与链轮的结构与规格

通常用于传动的链条称为传动链，传动链分为滚子链（短节距精密滚子链）和齿形链等。在链条的生产和应用中，传动用短节距精密滚子链占有支配地位。

滚子链如图 9-23 所示，它由滚子 5、销轴 4、套筒 3、外链板 2 和内链板 1 组成。套筒 3 与内链板 1、销轴 4 与外链板 2 分别用过盈配合（压配）固联，使内外链板相对回转，滚子 5 与套筒 3 之间是间隙配合。当链节进入/退出啮合时，滚子 5 沿链轮的轮齿滚动，实现滚动摩擦，减小磨损量。为减小质量，制成“8”字形。这样，质量小、惯性小并具有等强度。

双排链如图 9-24 所示，排数越多，承载能力越高，但是排数太多会导致各排链条受力不均性变严重，一般链条的排数不超过 4 排，能够达到精度要求时不超过 6 排。

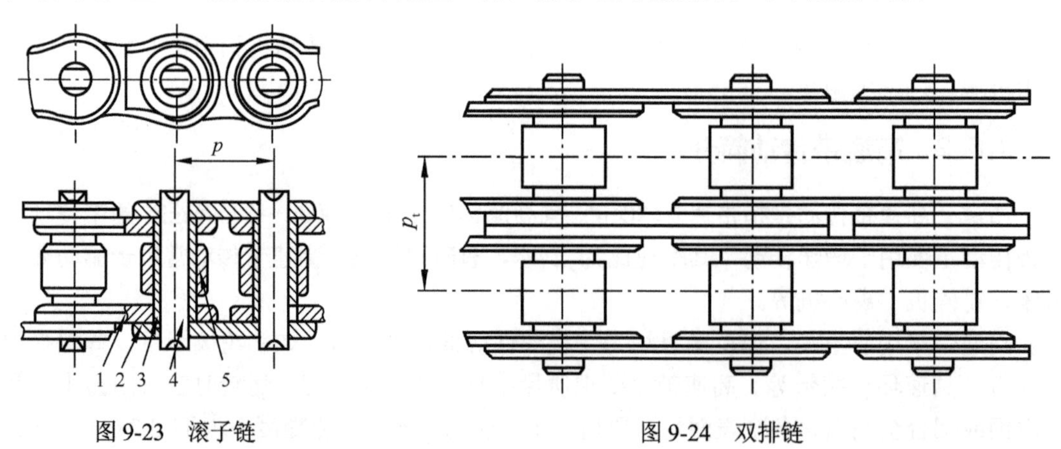

图 9-23　滚子链　　　　图 9-24　双排链

链条两个销轴之间的中心距称为节距，用 p 表示。链条的节距越大，销轴的直径也可以做得越大，链条的强度就越大，传动能力越强。节距 p 是链传动的一个重要参数。

链节数 L_P 常用偶数表示。各个链节的接头用开口销或弹簧卡固定。一般开口销用于大节距，弹簧卡用于小节距。当采用奇数链节时，需采用过渡链节。过渡链节的链板兼作内外链板，形成弯链板。它受力时产生附加弯曲应力，易变形，导致滚子链的承载能力大约降低 20%。因此，链节数应尽量为偶数。滚子链的接头形式和过渡链节如图 9-25 所示。

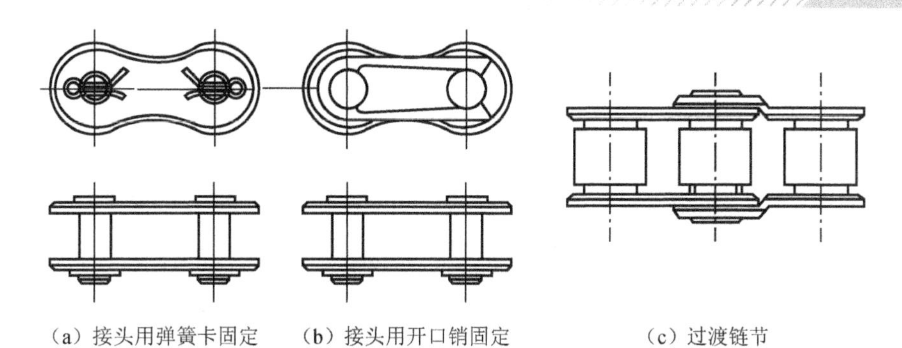

（a）接头用弹簧卡固定　（b）接头用开口销固定　（c）过渡链节

图 9-25　滚子链的接头形式和过渡链节

滚子链已经标准化，分 A、B 两个系列，我国主要以 A 系列为主体。A 系列滚子链主要尺寸和抗拉强度见表 9-10。

滚子链标记：链号—排数×链节数 标准号

例如，节距为 15.875mm、单排、86 节的 A 系列滚子链标记为

10A—1×86 GB 1243.1—2006

表 9-10　A 系列滚子链主要尺寸和抗拉强度（摘自 GB/T 1243—2006）

链号	节距 p	排距 p_t	滚子外径 d_{1max}	内链节内宽 b_{1min}	销轴直径 d_{2max}	内链板高度 h_{2max}	极限拉伸载荷（单排）Q_{min}	每米质量（单排）q
单位	mm	mm	mm	mm	mm	mm	kN	kg/m
08A	12.70	14.38	7.95	7.85	3.98	12.07	13.9	0.60
10A	15.875	18.11	10.16	9.40	5.09	15.09	21.8	1.00
12A	19.05	22.78	11.91	12.57	5.96	18.08	31.3	1.50
16A	25.40	29.29	15.88	15.75	7.94	24.13	55.6	2.60
20A	31.75	35.76	19.05	18.90	9.54	30.18	87.0	3.80
24A	38.10	45.44	22.23	25.22	11.11	36.20	125.0	5.60
28A	44.45	48.87	25.40	25.22	12.71	42.24	170.0	7.50
32A	50.80	58.55	28.53	31.55	14.29	48.26	223.0	10.10
40A	63.50	71.55	39.68	37.85	19.85	60.33	347.0	16.10
48A	76.20	87.83	47.63	47.35	23.81	72.39	500.0	22.60

注：使用过渡链节时，其极限拉伸载荷按该表所列数值的 80%计算。

9.7.2 链轮

为了保证传动链与链轮轮齿的良好啮合并提高传动的性能和使用寿命，应该合理设计链轮的齿形和结构，适当地选取链轮材料。

1. 链轮的尺寸参数

已知节距 p、滚子直径 d_1 和链轮齿数 z，链轮的主要尺寸计算公式如下：

分度圆直径

$$d = \frac{p}{\sin\dfrac{180^\circ}{z}}$$

齿顶圆直径：

$$d_{a\max} = d + 1.25p - d_1$$

$$d_{a\min} = d + p\left(1 - \frac{1.6}{z}\right) - d_1$$

齿根圆直径：

$$d_f = d - d_1$$

若选择三圆弧一直线的齿形，则

$$d_a = p\left(0.54 + \cot\frac{180^\circ}{z}\right)$$

2. 链轮齿形

为了便于链节平稳进入和退出啮合，链轮应有正确的齿形。滚子链与链轮的啮合属于非共轭啮合，链轮齿形的设计有较大的灵活性，因此 GB 1243—2006 中没有规定具体的链轮齿形，仅规定了滚子链和链轮齿槽的齿面圆弧半径、齿沟圆弧半径与齿沟角的最大值和最小值，各种链轮的实际端面齿形均应在最大和最小齿槽形状之间。在此推荐使用目前较流行的三圆弧一直线齿形，如图 9-26 所示。当采用这种齿形并用相应的标准刀具加工时，在工作图上可不画出链轮齿形，只需在工作图上标注“齿形按 3R，GB 1244—1985 规定制造”即可。链轮轴面齿形如图 9-27 所示，轴面齿形有圆弧齿形和直线齿形两种。圆弧齿形有利于链节进入和退出啮合。

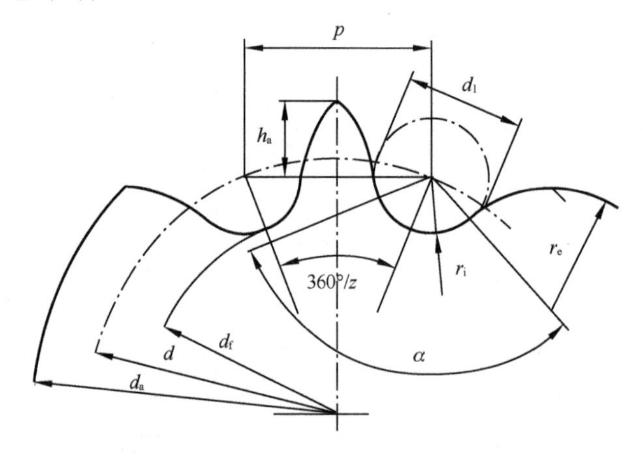

图 9-26　三圆弧一直线齿形

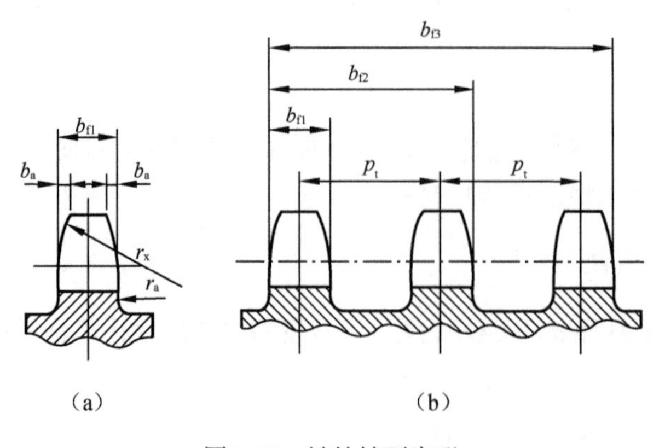

图 9-27　链轮轴面齿形

3. 链轮结构

链轮结构形式有实心式、孔板式、组合式（见图 9-28），以及齿圈和轮心螺栓连接式。对小直径链轮，可采用实心式结构，如图 9-28（a）所示；对中等尺寸链轮，可采用孔板式结构，如图 9-28（b）所示；对大直径链轮，可采用组合式结构，如图 9-28（c）所示。

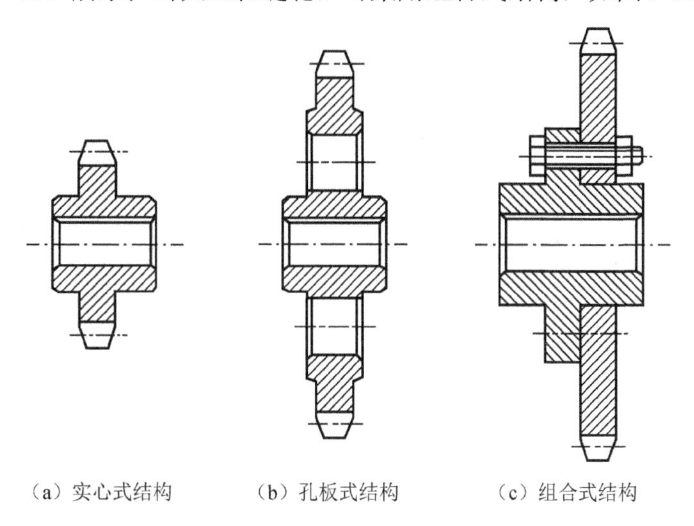

（a）实心式结构　（b）孔板式结构　（c）组合式结构

图 9-28　链轮结构形式

4. 链轮材料

对一般链轮，用碳钢、灰铸铁制造；对重要的链轮用合金钢制造，并且齿面要经过热处理，使之达到一定的硬度要求。小链轮的啮合次数多于大链轮的啮合次数，因此小链轮的材料应优于大链轮的材料。

9.7.3　链传动的运动特性分析与受力分析

1. 链传动的不均匀性分析

链轮每转一周，传动链移动的距离为 zp。设主动轮和从动轮的转速分别为 n_1 与 n_2，则传动链的平均速度为

$$v = \frac{z_1 n_1 p_1}{60 \times 1000} = \frac{z_2 n_2 p_2}{60 \times 1000} \tag{9-17}$$

链传动的平均传动比为 $i = \dfrac{n_1}{n_2} = \dfrac{z_2}{z_1} =$ 常数。

链传动的速度分析如图 9-29 所示，假设传动链的紧边在传动时始终处于水平位置。当主动链轮以等角速度 ω_1 回转时，链节铰链销轴 A 的轴心作等速圆周运动，其圆周速度为 $v_1 = \omega_1 d_1 / 2$。v_1 可以分解为使传动链沿水平方向前进的分速度 v_{x1}（链速）和使传动链上下运动的垂直分速度 v_{y1}，即

$$v_{x1} = v_1 \cos\beta = \frac{d_1 \omega_1}{2} \cos\beta$$

$$v_{y1} = v_1 \sin\beta = \frac{d_1 \omega_1}{2} \sin\beta$$

式中，β 为 A 点圆周速度方向与水平速度方向之间的夹角，β 的变化范围为

$$\left(-\frac{180^\circ}{z_1}\right) \sim \left(+\frac{180^\circ}{z_1}\right)$$

同理，每一链节在与从动链轮的轮齿啮合的过程中，链节铰链中心在从动链轮上以 γ 角在 $\left(-\frac{180^\circ}{z_2}\right) \sim \left(+\frac{180^\circ}{z_2}\right)$ 范围内不断变化，紧边链条沿 x 方向的分速度为

$$v_{x2} = \frac{\omega_2 d_2}{2}\cos\gamma$$

式中，ω_2 为从动链轮的角速度。

在不计链条变形时，$v_{x1} = v_{x2}$，于是，可得瞬时传动比：

$$i = \frac{\omega_1}{\omega_2} = \frac{d_2\cos\gamma}{d_1\cos\beta} \tag{9-18}$$

由于主从两个链轮的齿数一般不相等，因此，$\beta \neq \gamma$。显然，即使主动链轮以等角速度回转，瞬时链速、从动链轮的角速度和瞬时传动比等都是随 β、γ 作周期性变化。由此可知，绕在链轮上的传动链形成正多边形，造成链传动的不均匀性，这就是链传动的固有特性。

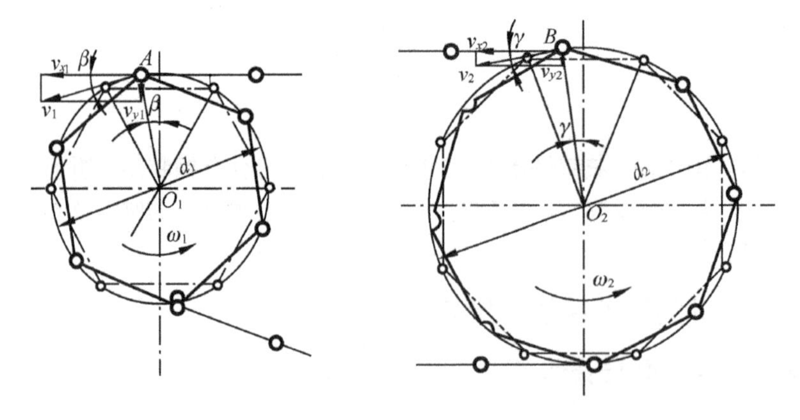

图 9-29　链传动的速度分析

从以上公式可知，只有两个链轮的齿数相等，并且传动链的紧边长度恰好是节距的整倍数时，瞬时传动比才是恒定的。适当选择齿数 z，可以减小链传动的不均匀性。

2. 链传动的动载荷分析

由于链速和从动链轮角速度作周期性变化，因此产生加速度 a，从而引起动载荷。链条垂直方向的分速度 v_y 也作周期性变化，使传动链产生上下抖动，这是产生动载荷的重要原因之一。在链条链节与链轮的轮齿啮合的瞬间，两者具有相对速度，造成啮合冲击和动载荷。传动链和链轮的制造误差、安装误差也会引起动载荷。由于链条松弛，在启动、制动、反转、载荷突变等情况下，产生惯性冲击，引起较大的动载荷。这些动载荷的效应产生振动和噪声，并随着链轮转速的增加和节距的增大而加剧。因此，链传动不宜用于高速场合。

3. 链传动的受力分析

安装传动链时，只需不大的张紧力，主要是使传动链松边的垂度不至于过大，否则，会产生显著的振动、跳齿和脱链。若不考虑传动中的动载荷，作用在传动链上的力有传递功率时的圆周力（有效拉力）F、离心力 F_c 和悬垂拉力 F_f，传动链的紧边拉力和松边拉力分别为

$$
\begin{aligned}
F_1 &= F + F_c + F_y \\
F_2 &= F_c + F_y
\end{aligned} \tag{9-19}
$$

式中，有效拉力 $F=P/v$；按照带传动离心力计算公式求得离心力的大小；利用求悬索拉力的方法近似求得悬垂拉力。

链传动的压轴力不大，可以按下式近似计算：$F_Q = 1.2K_A F$。其中，K_A 为工况系数。

由此可知，传动链在工作时受变化的拉力作用，即受交变拉应力作用，对传动链的疲劳破坏产生重要的影响。

9.7.4 滚子链传动机构的设计计算

1. 滚子链传动的主要失效形式

链传动的失效主要表现为链条的失效。链条的失效形式如下。

（1）链条的疲劳破坏。链条工作时受循环的拉应力作用，经过一定的应力循环次数后，链板将发生疲劳断裂。在正常润滑条件下，链条的疲劳强度是限定链传动承载能力的主要因素。

（2）链节铰链磨损。链条的链节进入或退出啮合时，销轴和套筒之间发生现对滑动。由于不具备液体润滑条件，因此铰链接触面极易产生磨损，导致实际节距逐渐增大，从而引起脱链。开式传动、润滑不良或恶劣的环境条件极易引起链节铰链磨损。

（3）滚子套筒冲击疲劳。套筒与滚子承受冲击载荷，经过一定次数的冲击会产生冲击疲劳。这种失效多发于中高速闭式链传动中。

（4）销轴与套筒胶合。高速或润滑不良的链传动，销轴和套筒的工作表面会因为温度过高而胶合。胶合限制了链传动的极限转速。

（5）过载拉断。在低速重载或有较大瞬时过载的链传动中，链条可能被拉断。

2. 链传动的额定功率曲线

链传动的各种失效形式都与链速有关。图 9-30 所示为实验条件下单排链的极限功率曲线。曲线 1 是链板疲劳强度极限功率曲线，由该曲线可知，在润滑良好、中等速度下，承载能力取决于链板的疲劳强度。随着转速的增高，链传动的动载荷增大，传动能力取决于滚子、套筒的冲击疲劳强度，即曲线 2；转速继续增加，销轴和套筒出现胶合失效，链条的传动能力明显降低，因此，曲线 3 为胶合极限功率曲线。

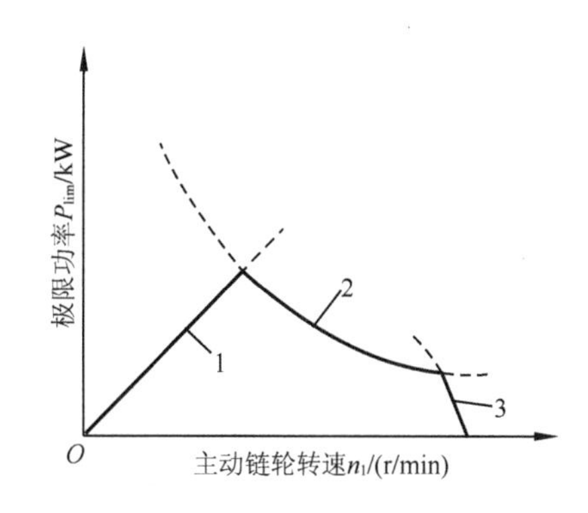

图 9-30 实验条件下单排链的极限功率曲线

依据极限功率曲线原理，在实验条件下，可以获得不同链号在各种失效形式下所限定的额定功

率曲线。图 9-31 所示为 A 系列滚子链额定功率曲线，这为链传动的计算提供了方便性。

实验条件：$z_1=19$，链节数 $L_P=120$，单排链，水平布置，载荷平稳，润滑充分及工作环境正常，并且按照图 9-32 选择润滑方式，使用寿命约为 15000h。

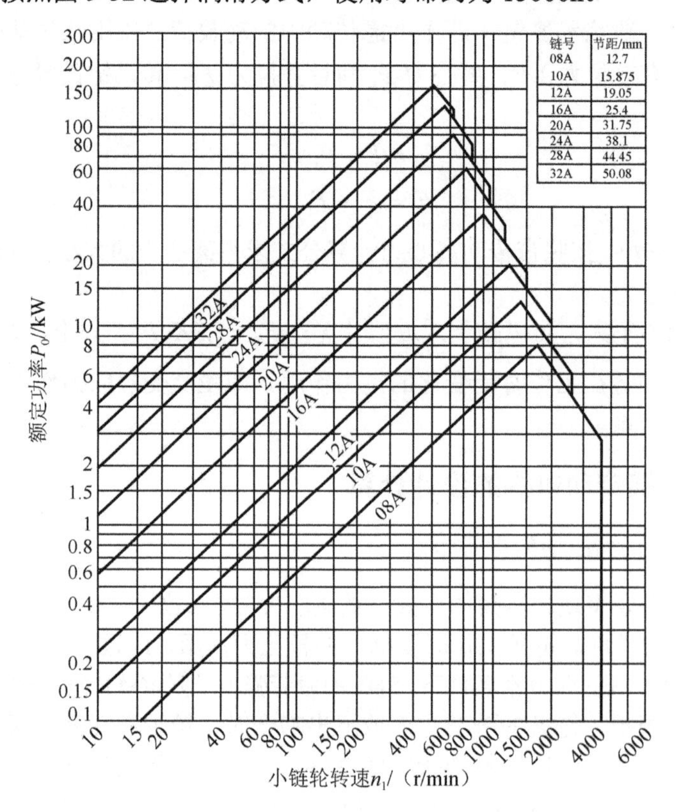

图 9-31　A 系列滚子链额定功率曲线

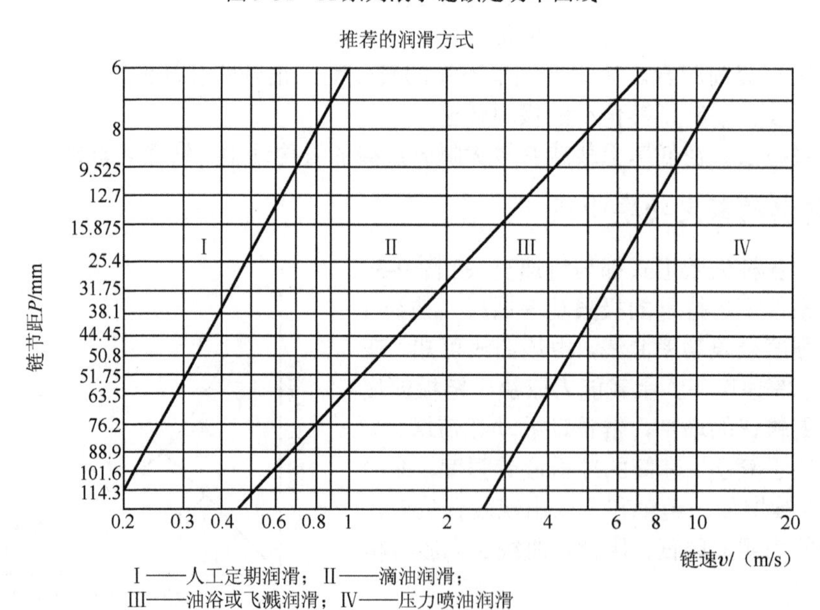

图 9-32　推荐的润滑方式

3. 设计公式处理及应用

一般实际条件与实验条件不相符合，设计时要对额定功率曲线中的值加以修正，即可得到满足实际工作条件的 P_0 值（若润滑不良或不能采取所推荐的润滑方式时，则要按链速的高低加以修正）：

$$P_0 = \frac{K_A P}{K_z K_p} \tag{9-20}$$

式中，P 为传递的功率，单位为 kW；K_z 为小链轮齿数系数，见表 9-11；K_p 为多排链系数，见表 9-12；K_A 为工况系数，见表 9-13。

表 9-11　小链轮齿数系数

z_1	12	13	14	15	16	17	19	21	23	25	27	29	31	33	35
K_z	0.61	0.67	0.72	0.78	0.83	0.89	1.00	1.12	1.23	1.35	1.46	1.58	1.70	1.81	1.94

表 9-12　多排链系数

排数	1	2	3	4	5	6
K_p	1.0	1.7	2.5	3.3	4.1	5.0

表 9-13　链传动的工作情况系数 K_A

工作机工作特性		原动机工作特性			
		均匀平稳	轻微冲击	中等冲击	严重冲击
		电动机，平稳运行的蒸汽或燃气轮机（启动转矩小，启动次数很少）	蒸汽或燃气轮机、电动机和液压马达（启动频繁，启动转矩大）	多缸内燃机	单杆内燃机
均匀平稳	载荷平稳的发动、带式或板式运输机、机床进给机构、轻型离心机、螺旋输送机、搅拌机、包装机等	1.00	1.10	1.25	1.50
轻微冲击	载荷不平稳的带式或板式运输机、机床主传动机构、通风机、重型离心机、起重机回转装置等	1.25	1.35	1.50	1.75
中等冲击	橡胶挤压机、轻型球磨机、木工机械、钢坯轧机、起重装置、单缸活塞泵等	1.50	1.60	1.75	2.00
严重冲击	挖掘机、重型球磨机、冷轧机、钻机、压坯机、破碎机、橡胶挤压机等	1.75	1.85	2.00	≥2.25

4. 链传动设计中主要参数的选择

（1）链轮齿数 z_1 和 z_2。

小链轮齿数少，动载荷增大，传动平稳性差，链条承受变化的工作拉力作用，同时也加剧了铰链的磨损。建议按照表 9-14 推荐的齿数选用。

表 9-14　小链轮齿数 z_1

链速 v/（m/s）	<0.6	0.6～3	3～8	>8
z_1	≥13	≥17	≥21	≥25

链轮齿数过多时，链传动机构尺寸增大，并且传动链的使用寿命将缩短，传动链稍有磨损即从链轮上脱落，这主要是由于传动链磨损后，啮合链节在节圆上的外移量随着齿数的增多而增大（见图 9-33）。

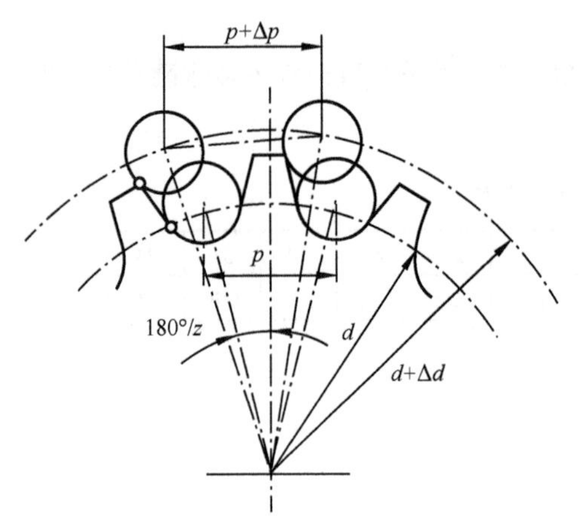

图 9-33　节距增长量与节圆外移量

链节距增量 Δp 不变时，链轮齿数越多，链轮的分度圆直径增量 Δd 越大，传动链越容易移向齿顶而脱落。大链轮齿数一般不大于 120。

另外，为避免使用过渡链节，链节数 L_p 一般为偶数。考虑到均匀磨损，对两个链轮齿数 z_1、z_2，最好选用与链节数互为质数的奇数，并优先选用数列 17, 19, 21, 23, 25, 38, 57, 76, 85, 114。

（2）通常，链传动机构的传动比 i≤6。推荐的 $i=2\sim3.5$。载荷平稳时，传动比可以达到 10。传动比过大，传动链在小链轮上的包角过小，同时传力的链齿数少，传动链进入和退出啮合时链节之间的相对转角变大，相对冲击严重。

（3）通常链速不应超过 12m/s，否则，动载荷会过大。对于制造精度和安装精度高、节距小并用合金钢制造的传动链，链速允许达到 20~30m/s。

（4）链节距 p 越大，承载能力越大，但引起的冲击、振动和噪声也越大。为使传动平稳和结构紧凑，应尽量选用节距较小的单排链。高速重载时，可选用小节距的多排链。

（5）中心距 a 和链节数 L_p：

选取大的中心距 a，链长度增加，传动链应力循环次数减少，疲劳寿命增加，同时传动链的磨损较慢，有利于提高传动链的寿命；选取大的中心距 a，还会使小链轮上的包角增大，同时啮合的轮齿增多，对传动有利。但中心距 a 过大时，松边也易于上、下颤动，使传动平稳性下降。因此，一般选取初定中心距 a_0=（30～50）p，最大中心距 a_{max}=80p，并且保证小链轮的包角 α_1≥120°。链长度常以链节数 L_p 表示，即 $L=pL_p$。

$$L_p=\frac{L}{P}=\frac{z_1+z_2}{2}+\frac{2a_0}{P}+\left(\frac{z_2-z_1}{2\pi}\right)^2\frac{P}{a_0}$$

对 L_p 的计算值最好圆整为偶数，然后根据 L_p 计算理论中心距 a，即

$$a=\frac{P}{4}\left[\left(L_p-\frac{z_2+z_1}{2}\right)+\sqrt{\left(L_p-\frac{z_2+z_1}{2}\right)^2-8\left(\frac{z_2-z_1}{2\pi}\right)^2}\right]$$

（6）链传动的压轴力。

$$F_Q=(1.2\sim1.3)F$$

【例 9-2】 设计一个平稳的螺旋输送机用链传动机构，已知：电动机功率 P=4kW，转速 n_1=720r/min，n_2=240r/min，该机构水平布置，中心距可以调节。

解：

（1）估计链速 $v=3\sim8\text{m/s}$，选取 $z_1=21$，

传动比：
$$i=\frac{n_1}{n_2}=\frac{720}{240}=3$$
$$z_2=iz_1=3\times21=63$$

（2）初定中心距 a_0。
$$a_0=40P$$

（3）确定链节数 L_p。

根据公式：
$$L_\text{p}=\frac{L}{P}=\frac{z_1+z_2}{2}+\frac{2a_0}{P}+\left(\frac{z_2-z_1}{2\pi}\right)^2\frac{P}{a_0}=\frac{21+63}{2}+2\times\frac{40P}{P}+\left(\frac{63-21}{2\pi}\right)^2\frac{P}{40P}$$
$$=123.12$$

选取 L_p=124 节。

（4）计算额定功率 P_0。

载荷平稳，查表 9-13 得 $K_\text{A}=1$，查表 9-2 得 $K_\text{z}=1.12$，查表 9-11 得单排链的 $K_\text{p}=1$。

由额定功率计算公式知
$$P_0=\frac{K_\text{A}P}{K_\text{z}K_\text{p}}=\frac{4\times1}{1.12\times1}=3.57\ (\text{kW})$$

（5）链节距 p。

根据 $P_0=3.57\text{kW}$ 和已知转速 n_1，参考图 9-31 中的额定功率曲线，选用 08A 滚子链。查表 9-11 得节距 P=12.70mm。

（6）实际中心距 a。

由中心距计算公式得
$$a=\frac{P}{4}\left[\left(L_\text{p}-\frac{z_2+z_1}{2}\right)+\sqrt{\left(L_P-\frac{z_2+z_1}{2}\right)^2-8\left(\frac{z_2-z_1}{2\pi}\right)^2}\right]$$
$$=\frac{12.07}{4}+\left[\left(124-\frac{21+63}{2}\right)+\sqrt{\left(124-\frac{21+63}{2}\right)^2-8\left(\frac{63-21}{2\pi}\right)^2}\right]$$
$$=513.68$$

（7）验算链速 v。
$$v=\frac{z_1pn_1}{60\times1000}=\frac{21\times12.7\times720}{60\times1000}=3.2\ (\text{m/s})$$

经计算可知 v 与原假设相符。

（8）有效拉力 F。
$$F=\frac{P}{v}=\frac{1000\times4}{3.2}=1250\ (\text{N})$$

（9）作用在轴上的力 F_Q。
$$F_\text{Q}=1.2K_\text{A}F=1.2\times1\times1250=1500\ (\text{N})$$

（10）润滑方式。

根据链号 08A 和链速 v=3.2m/s，由荐用润滑方式可知，宜用油浴或飞溅润滑。

9.7.5 链传动机构的布置、张紧、润滑和防护

1. 链传动机构的合理布置

合理布置链传动时，一般应该考虑以下几方面的问题，如图 9-34 所示。

（1）两个链轮的回转平面应该在同一平面内，否则，传动链容易脱落，并且会发生不正常的磨损。

（2）传动机构最好水平布置。当必须倾斜布置时，两个链轮的中心连线与水平面夹角应小于 45°。尽量避免垂直布置，因为传动链下垂量会使传动能力降低。否则，要考虑采取相应的措施。

（3）链传动时，最好松边在下、紧边在上，这样可以顺利地啮合。若松边在上，会由于下垂量增大，传动链与链轮轮齿相干扰，破坏正常啮合，或者引起松边与紧边相碰。

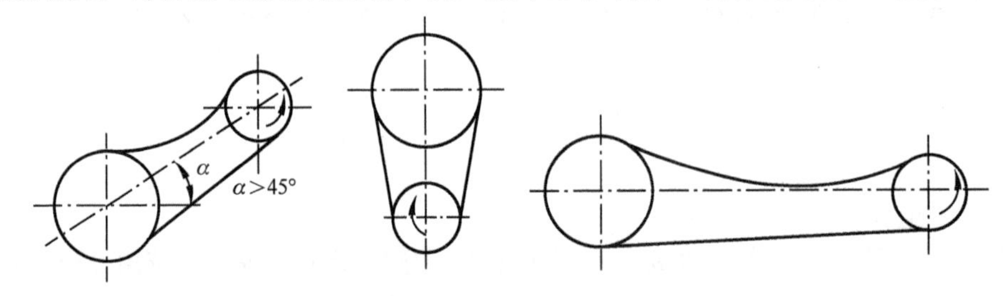

图 9-34 合理布置链传动应注意的问题

2. 传动链的张紧装置

传动链正常工作时，应保持一定张紧程度，主要是为了使传动链的松边不至于太松而引起传动啮合不良或振动强烈。

传动链的张紧方法如图 9-35 所示，具体如下：

（1）调整中心距。增大中心距可使传动链张紧，对于滚子链传动，其中心距调整量为 $2p$，p 为链节距。

（2）拆去链节。当链传动没有张紧装置而中心距又不可调整时，可采用缩短链长（即拆去链节）的方法，把因磨损而伸长的传动链重新张紧。

（3）用张紧轮张紧。下述情况应考虑增设张紧装置：两个轴的中心距较大或较小；松边在上面；两个轴近似垂直布置，需要严格控制张紧力；多链轮传动或反向传动，要求减小冲击力，避免共振；需要增大链轮的包角等。

3. 传动链的润滑

良好的润滑可以减少传动链的磨损，提高其工作能力，延长使用寿命。

传动链采用的润滑方式有以下几种：

（1）人工定期润滑。用油壶或油刷，每班注油一次。这种润滑方式适用于低链速，即链速 $v \leqslant 4$m/s 的链传动。

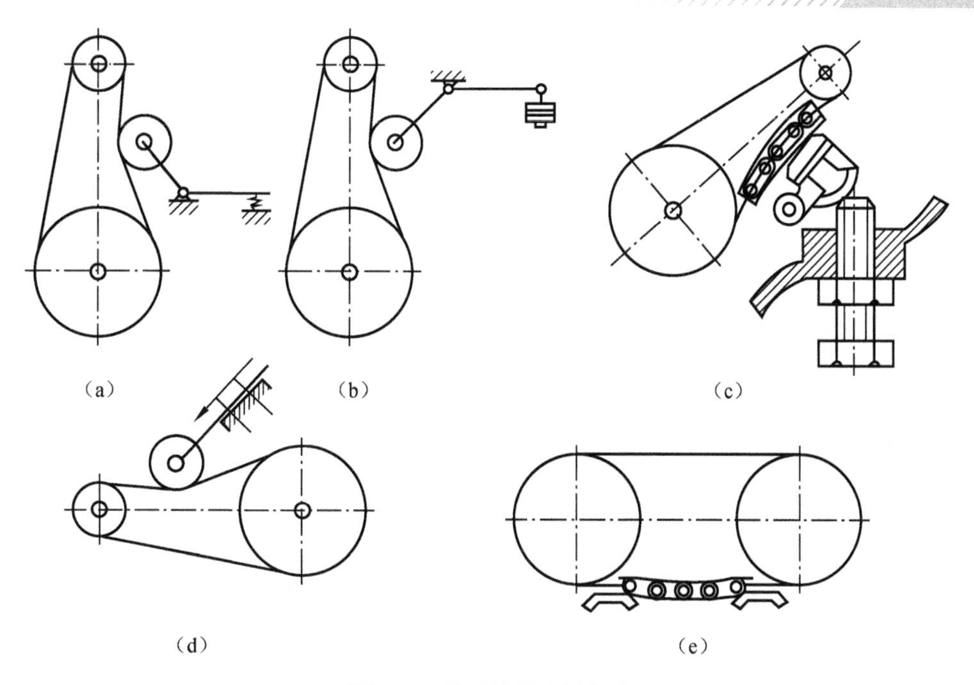

图 9-35 传动链的张紧方法

(2) 滴油润滑。通过油管把润滑油滴入松边的内外链板间隙，每分钟约 5～20 滴。这种润滑方式适用于链速 $v \leqslant 10$m/s 的链传动。

(3) 油浴润滑。将松边浸入油盘中，浸油深度为 6～12mm。这种润滑方式适用于链速 $v \leqslant 12$m/s 的链传动。

(4) 飞溅润滑。在密封容器中，使用甩油盘将润滑油甩起，使油滴沿壳体流入集油处，然后把润滑油引导至传动链上。要求甩油盘的线速度应大于 3m/s。

(5) 压力润滑。当采用链速 $v \geqslant 8$m/s 的大功率传动时，应采用特设的油泵将润滑油喷射至链轮链条啮合处。

关于润滑油，推荐使用全损耗系统用油，其牌号为 L-AN32、L-AN46、L-AN68 等。在某些工作情况下，还可以使用添加剂或润滑脂，但要定期更换和清洗。

4. 传动链的防护

为了防止操作人员无意中碰到传动链而受伤，应该用防护罩将其封闭。防护罩还可以隔离外界灰尘，维持传动链正常的润滑状态。

9.8 挠性传动的历史、现状及发展趋势简介

9.8.1 带传动历史、现状及发展趋势简介

用绳索做中间挠性件的摩擦传动在我国至少有两千年的历史，这种传动主要用在纺车上和凿井的装置中。带传动广泛地用于工业领域，除了齿轮传动，它是使用最多的一种传动。

带传动的发展趋势是由整个机械制造业的发展趋势决定的。近代机器的特点是功率大、速度高、结构紧凑，因此，对其组成部分，也提出了同样的要求。

同步带传动的开发与应用至今已 70 多年，在各方面已取得迅速进展，因其独特的优点和材质的改进，故应用范围日益广泛。同步带技术在材质上、尺寸参数上及理论研究上向着高性能高强度的方向发展，日臻完善。

（1）同步带传动的发展趋势如下：提高同步带质量和使用寿命，即从强度、使用寿命、精度和传动噪声等多方面改善同步带的传动质量，使同步带的易损件变为具有强度高、使用寿命长的耐用零件。

（2）综合性能同步带的开发。随着同步带传动应用的日益广泛，具有多种高性能的同步带将被开发使用。

（3）改进同步带的制造工艺，降低生产成本。同步带的一种带长就需要一套相配的模具，这造成其制造成本比 V 带高 1/3。因此，必须解决制造上的困难。一些国家正在研究同步带的带端连接方法。

9.8.2 链传动历史、现状及发展趋势简介

链传动是人类应用最早的传动之一，古罗马和古希腊在公元前 300 年就记载了链传动的应用记载。我国是应用链传动最早的国家之一，我国明代的巨著《天工开物》中记录的高转筒车，实际上就是一种链传动。当前，链传动技术比较成熟。国内外学者在理论与实验研究方面做了大量卓有成效的工作，我国也推出了相关国家标准。需要注意并要认真解决的问题是，链传动的噪声控制、关于链条标准的应用和非标准链条的设计，最重要的是要勇于创造设计。要深刻理解链条设计的结构与力学原理，借鉴国内外有关技术资料，进行功能、结构、强度、尺寸公差、材料工艺等方面的分析，研制出新特优链条产品。

9.9 挠性传动应用示例

随着人们生活水平的不断提高，城市日益增多的车辆与有限的停车位之间的矛盾越发的尖锐。在这个大背景下，发展新的停车系统，提高空间利用率成为新的发展方向。其中，立体停车库便是一个新兴的停车系统。

目前，市面上常见的机械式立体停车库类型有升降横移类、垂直循环类、多层循环类、水平循环类、平面移动类、巷道堆垛类、垂直升降类和简易升降类 8 种。其中，升降横移类立体停车库以其结构简单、操作方便、安全可靠、造价低等优点，在国内车库市场占有绝对优势的市场份额。

机械式立体停车库用载车板升降或横移存取车辆，适用于地面及地下停车场，配置灵活，造价较低。这种类型的立体停车库的特点是结构简单，形式较多，规模可大可小，采用模块化设计，每单元可设计成 2～5 层、半地下室等多种形式，车位数从几个到上百个。对场地的适应性强，约占国内停车市场份额的 70%以上。

目前，国内机械式立体停车库以升降横移类为主，约占总量的 84%。此外，还有垂直升降类立体停车库和平面移动类立体停车库。在技术方面，由最初的机械式传动发展为液压式传动、机械液压式传动、电气式传动式。控制方式也由单纯的手动控制发展到电气控制、PLC 控制和现场总线控制。

虽然我国停车设备行业和技术得到了快速发展，但是与停车设备的市场需求还相差甚

远。停车设备需要进一步降低制造成本，提高技术含量以及设备使用的安全性和可靠性。

升降横移类立体停车库通过载车板的升降或横移存取车辆，图 9-36 所示为双层三列升降横移类立体停车库的移动原理，双层三列升降横移式立体停车库共有五个停车位（图中1～5 号），6 号车位为空，为车位的升降腾出空间。下层的两个车位只负责横移，上层的三个车位只负责升降。为了保证下层平移的畅通，必须有一个车位空出。因此升降车位必须复位，而横移车位没有必要复位。这样，通过简单的升降与横移便能够实现车辆的存取。

升降系统中的链传动原理示意（部分）如图 9-37 所示。这是一个升降系统中的一部分内容，主要是感知链传动。其中，电动机通过减速器连接链轮 1，链轮 1 通过链条 1 与链轮 2 相连；链轮 2 为双联链轮，同时它也通过链条 2 与链轮 3 相连，最终实现动力的传递。载车板需要实现左右移动，为此，链条 1 应该垂直布置。此外，还要求所有链轮齿数相同，不改变转速。

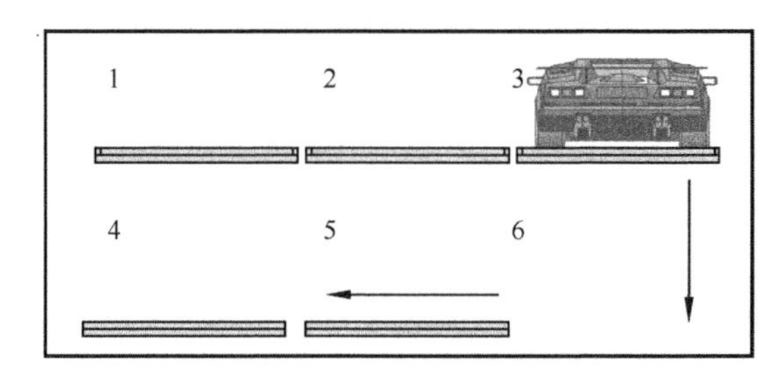

图 9-36　双层三列升降横移类立体停车库的移动原理

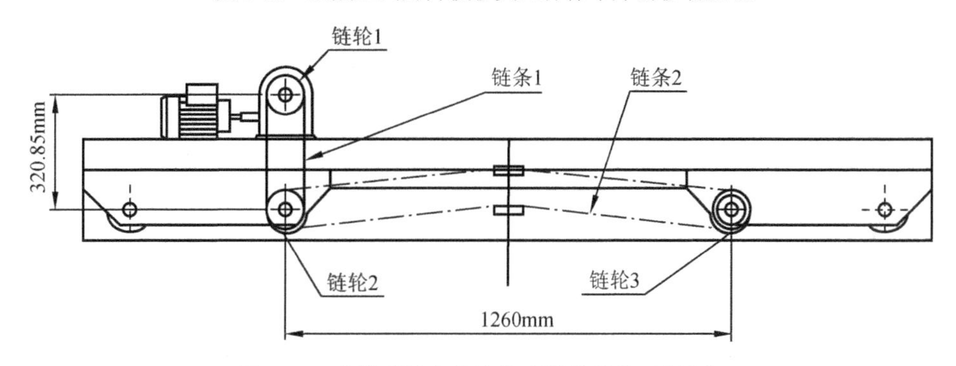

图 9-37　升降系统中的链传动原理示意（部分）

链传动的优点是，外廓尺寸小、轴与轴承受力较小、传动效率高、平均传动比准确，要求的精度不高，维护方便，适应环境的能力较强。缺点是容易产生振动与噪声，容易磨损，使用寿命短，需要配置张紧轮。正因为链传动具有以上优点，所以在小型的立体停车场中得到应用。

思　考　题

9-1　摩擦带传动按带的截面形状分为哪几种？各有什么特点？为什么传递动力时多采用 V 带传动？按国家标准规定，普通 V 带的横截面尺寸有哪几种？

9-2　什么是 V 带的基准长度和 V 带轮的基准直径？

9-3　小带轮的包角 α_1 对 V 带传动有什么影响？为什么要求 $\alpha_1 \geqslant 120^\circ$？

9-4 带传动的主要失效形式有哪些？其设计计算准则是什么？

9-5 什么是有效拉力？什么是极限有效拉力？传动带不打滑的条件是什么？

9-6 V带传动选择小带轮直径较好的方法是什么？

9-7 单根V带所能传递的功率与哪些因素有关？

9-8 传动带为什么要张紧？V带传动张紧轮和平带传动张紧轮的布置有什么不同？为什么？

9-9 与带传动和齿轮传动相比较，链传动有哪些优点？说明自行车、摩托车为什么使用链传动。你在哪里还见过链传动的应用？说明其应用原理。

9-10 为什么在一般情况下链传动的瞬时传动比不是恒定的？影响链传动速度不均匀性的主要因素是什么？

9-11 链传动的动载荷是怎么产生的？如何减小动载荷？

9-12 对本章工程应用分析中例题的链传动方案你有何想法？

习 题

9-13 某V带传动能够传递的功率 P=5.5kW，带速 v=10m/s，紧边拉力 F_1 是松边拉力 F_2 的2倍，求该带传动的有效拉力及紧边拉力 F_1。

9-14 某普通V带传动机构由电动机直接驱动，已知电动机转速 n_1=1450r/min，主动带轮基准直径 d_{d1}=160mm，从动带轮直径 d_{d2}=400mm，中心距 a=1120mm，用两根B型V带传动，载荷平稳，两班制工作。试求该传动机构可传递的最大功率。

9-15 某带式运输机的传动机构由异步电动机驱动，用普通V带传动，通过减速器将运动和动力传递给工作机。上述异步电动机的额定功率 P_0＝5.5kW，转速 n_1=960r/min，V带传动比 i_{12}=2.5，该运输机单向运转，载荷平稳，一班制工作。试设计此V带传动（允许传动比误差$\Delta i \leqslant \pm 5\%$）。

9-16 设计一个带式输送机用的链传动。已知其传递的功率 P=7.5kW，小链轮的转速 n_1=730r/min，大链轮（从动轮）的转速 n_2=330r/min，由电动机驱动，载荷平稳，按照规定条件润滑，水平布置。

第 10 章　轴和联轴器

主要概念

转轴、心轴、传动轴、结构设计、轴肩、轴环、轴颈、套筒、轴端挡圈、圆螺母、轴向定位、周向定位、弯曲强度、扭转强度、弯扭合成、轴向位移、径向位移、角偏移。

学习引导

轴是支撑转动零件并与之一起回转以传递运动、扭矩或弯矩的机械零件。从理论上说，轴只是一个零件，但轴的设计受到轴系上所有零件的制约。这就意味着轴的结构与轴上的零件相关，如引例图 10-1 所示的轴与轴系的关系。

轴结构设计是本章的重要内容之一。在进行轴结构设计时，要考虑轴上各个零件与轴之间的关系，强化轴系设计概念，并按照轴的设计要求将结构细化。

轴的强度计算是本章的重要内容之二。其中的基本公式是力学中学习过的强度计算公式，但需要根据轴的具体工作情况对该公式加以修正。这一点希望读者注意。

另外，将一根轴的运动和动力传给另一根轴时要用联轴器，联轴器也是与轴结构紧密相连的部件。联轴器也有很多种，每种都具有不同的特点。读者要了解这些，在设计时，应做到合理进行选择和计算。

引例

读者应该很熟悉引例图 10-1 中所标出的各个零件，但不一定熟悉轴上各个部位的名称及其作用。为什么需要这样的结构？对轴的设计考虑什么要求？这根轴在设计计算时的力学模型该怎么建立？强度条件是什么？这些问题待读者学完本章内容后就能找到答案了。

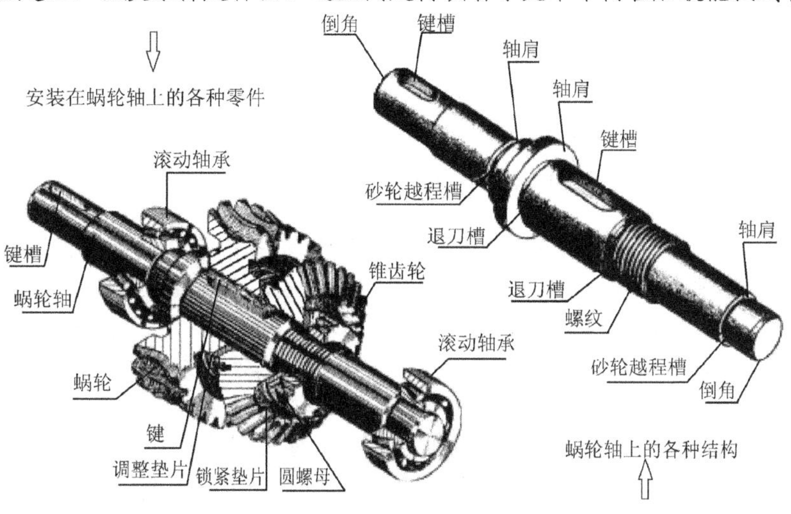

引例图 10-1　轴与轴系的关系

10.1 轴 概 述

10.1.1 轴的功用及类型

轴主要用来支撑旋转零件，如齿轮和带轮等。根据承受载荷的不同，轴可分为转轴、心轴和传动轴三种。转轴既承受转矩又承受弯矩，如图 10-1 所示的减速箱转轴。心轴只承受弯矩而不传递转矩，心轴可分为转动心轴［见图 10-2（a)］和固定心轴［见图 10-2（b)］。传动轴主要承受转矩，不承受或承受很小的弯矩。例如，汽车的传动轴［见图 10-3］通过两个万向联轴器与发动机转轴和汽车后桥连接，传递转矩。另外，为减小轴的质量，还可以将轴制成空心的，空心轴如图 10-4 所示。

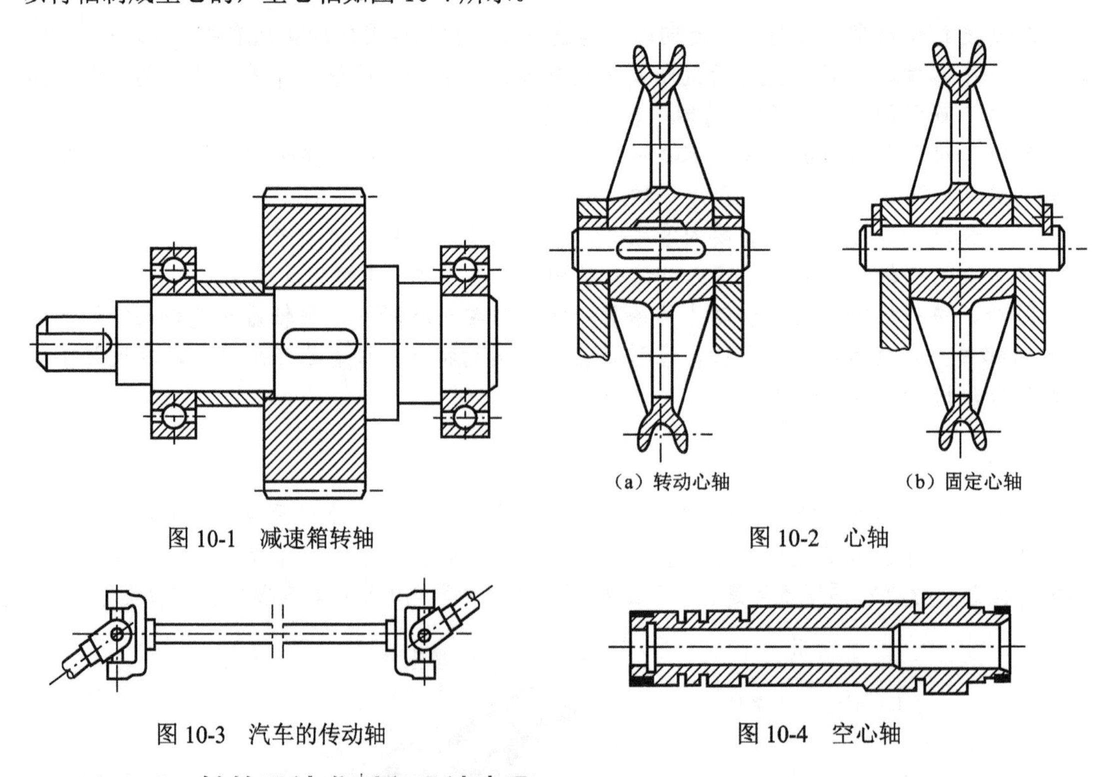

图 10-1 减速箱转轴

(a) 转动心轴 (b) 固定心轴

图 10-2 心轴

图 10-3 汽车的传动轴

图 10-4 空心轴

10.1.2 轴的设计准则和设计步骤

轴的设计，主要是根据工作要求并考虑制造工艺等因素，选用合适的材料，进行结构设计，经过强度和刚度计算，确定轴的结构形状和尺寸，高速时还要考虑振动稳定性，轴的设计一般按以下步骤进行。

（1）材料选择。根据载荷、工况等选择轴的材料及热处理方法。

（2）结构设计。针对具体应用场合拟定轴上零件的装配方案，确定零件的定位以及各轴段的直径和长度，确保零件便于装拆和调整，并且使轴具有较好的制造工艺性。

（3）轴的工作能力校验。根据轴的受力情况进行相应的强度校验；对短期过载较大的轴，还要进行最大瞬时载荷的静强度计算；轴的弹性变形较大，会影响轴的正常工作（如机床主轴、跨度较大的蜗杆轴等），需要验算其刚度，一般在重载荷时要考虑刚度。

10.1.3 轴的材料

设计轴时，首先要选择合适的材料。通常轴的材料为碳素钢和合金钢。

（1）碳素钢。35 钢、45 钢、50 钢等优质碳素钢因具有较高的综合力学性能而应用广泛，特别是 45 钢应用最广泛。为了改善碳素钢的力学性能，应对其进行正火或调质处理。对不重要或受力较小的轴，可采用 Q235 钢等普通碳素钢。

（2）合金钢。合金钢具有较高的力学性能和较好的热处理性能，但价格较高，一般用于制造有特殊要求的轴。例如，采用滑动轴承的高速轴的材料一般为 20Cr 等低碳合金钢；高温、高速和重载条件下的汽轮机转轴必须具有较好的高温力学性能。因此，常采用 40CrNi 等结构钢制造轴。

轴的毛坯材料一般为圆钢或锻件，有时为铸钢或球墨铸铁。例如，用球墨铸铁制造的曲轴和凸轮轴，具有成本低廉、吸振性好、对应力集中的敏感性较低、强度较高等优点，适合作为结构形状复杂的轴。此外，钢材的种类和热处理对其弹性模量的影响很小，因此不能采用合金钢或热处理提高轴的刚度。合金钢对应力集中敏感，因此设计合金钢轴时，需要从结构上避免或减小应力集中，并且减小其表面粗糙度。

表 10-1 列出了轴的常用材料及其主要力学性能。

表 10-1 轴的常用材料及其主要力学性能

材料牌号	热处理	毛坯直径/mm	硬度/HBS	抗拉强度极限 σ_B	屈服强度极限 σ_s	弯曲疲劳极限 σ_{-1}	剪切疲劳极限 τ_{-1}	许用弯曲应力 $[\sigma_{-1}]$	备注
				单位 MPa					
Q235A		≤100		400～420	225	170	105	40	不重要或载荷不大的轴
45	正火	≤100	170～217	590	295	255	140	55	较重要的轴，应用最广泛
	调质	≤200	217～255	640	355	275	155	60	
40Cr	调质	≤100	241～266	735	540	355	200	70	载荷较大，但不承受很大冲击力的重要轴
		>100～300		685	490	335	185		
40CrNi	调质	≤100	270～300	900	735	430	260	75	承受重载荷的轴
20Cr	渗碳淬火回火	≤60	渗碳 56～62 HRC	640	390	305	160	60	强度、韧性及耐磨性较高的轴

10.2 轴的结构设计

轴的结构设计目的是为了使轴的各部分具有合理的形状和尺寸。轴的结构主要取决于以下因素：轴在机器中的安装位置及形式，轴上所安装的零件类型、尺寸、数量及与轴连接的方法，载荷的性质、大小、方向及分布情况，轴的加工工艺等。

由于影响轴结构的因素较多，并且其具体形式又随实际工况的不同而不同，因此轴没有标准的结构形式。设计时必须针对具体情况进行具体分析。但是，不论何种具体情况，轴的结构都应满足以下要求：轴应便于加工，轴上零件要方便装拆（制造和安装要求）；轴和轴上零件有准确的工作位置（定位要求），并且零件要可靠地相对固定（固定要求）；满足强度要求，尽量减少应力集中等。

10.2.1 拟定轴上零件的装配方案

拟定轴上零件的装配方案是进行轴的结构设计的前提，它决定轴的基本形式。所谓装配方案，就是确定轴上主要零件的装配方向、顺序和相互关系。为了便于轴上零件的拆装，常将轴做成阶梯轴，其直径从轴端向中间逐渐增大。图 10-5 所示为轴上零件的装配方案与轴的结构，其中键、齿轮、套筒、滚动轴承、轴承端盖、联轴器、轴端挡圈依次从左向右被安装到轴上，轴的右端装有轴承及其端盖。为使轴上零件易于安装，轴端应有倒角。

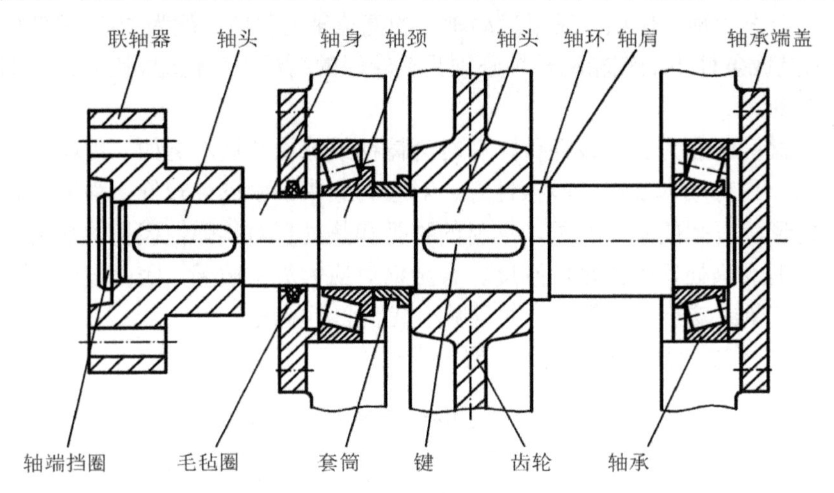

图 10-5　轴上零件的装配方案与轴的结构

10.2.2 轴上零件的定位和固定

为防止轴上零件受力时发生沿轴向或周向的相对运动，除了对其有游动或空转的要求，轴上零件都必须进行轴向和周向定位，以保证工作位置准确。所谓轴上零件的定位，就是给轴上零件确定一个准确的位置，而固定则是使零件在工作过程中始终保持该位置。从结构作用上（往往同一个结构），既起定位作用，又起固定作用。

1. 轴上零件的轴向定位和固定

轴上零件的轴向定位和固定可通过轴肩、轴环、套筒、弹性挡圈、紧定螺钉、圆螺母、轴端挡圈等实现，具体见表 10-2。

表 10-2　轴上零件的轴向定位和固定方式

定位和固定方式	结构简图	特点和应用
轴肩和轴环		结构简单，工作可靠，可承受较大载荷。为保证工作可靠和使零件能依靠紧轴肩而得到准确可靠的定位，轴肩处的过渡圆角半径 r 必须小于与之相配的零件毂孔端部的圆角半径 R 或倒角尺寸 C。同时定位必须保证轴肩高度 $h>R$（或 C）。一般 $h\approx(0.07d+3)\sim(0.1d+5)$ mm，d 为轴的直径，$b\geqslant1.4h$

续表

定位和固定方式	结构简图	特点和应用
套筒	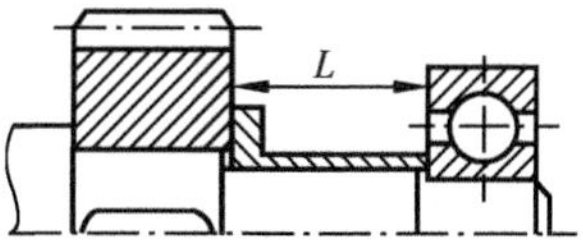	当轴上两个零件的间隔距离不大时，可用套筒作为轴向定位和固定零件，其结构简单，定位可靠，但不宜用于转速较高的轴。应注意，安装零件的轴段长度要比轮毂的宽度短2～3mm，保证套筒压紧零件端面
圆螺母	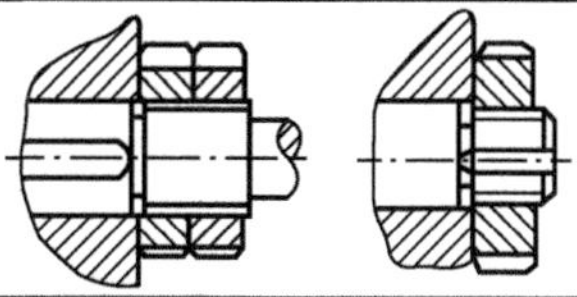	固定可靠，可承受较大的轴向力，用于固定轴中部的零件时，可避免采用长套筒，以减小质量。但要在轴上切制螺纹和退刀槽，而造成应力集中较大。它一般用于轴端零件的固定，并且螺纹采用细牙螺纹
轴端挡圈	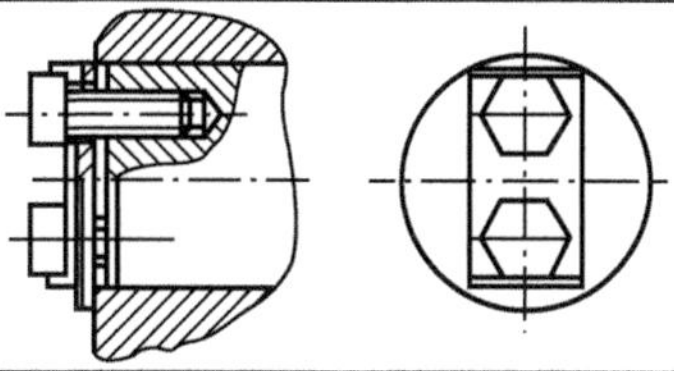	用于轴端零件的固定，可承受较大的轴向力。应注意，安装零件的轴段长度要比轮毂的宽度短2～3mm，保证轴端挡圈能压紧零件端面
弹性挡圈	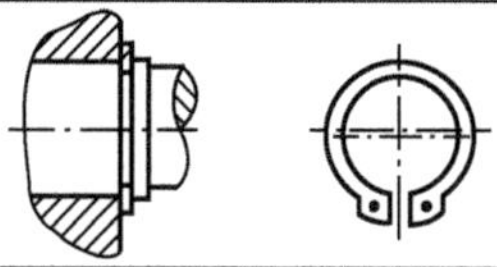	结构简单且紧凑，装拆方便，但只能承受较小的轴向力，可靠性较差，较大程度上削弱轴的强度
挡环与紧定螺钉	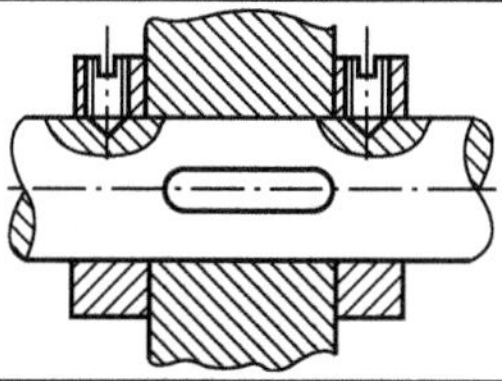	用紧定螺钉将挡环与轴固定，结构简单、定位方便，但它只适用于轴向力不大或转速较低的场合
销连接	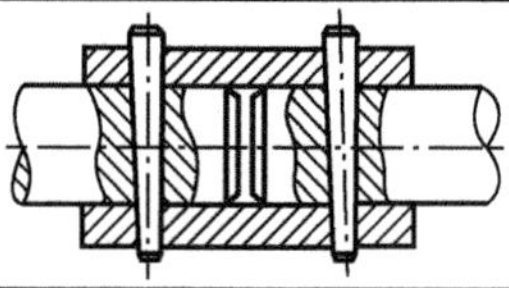	结构简单，可同时起周向固定作用，但轴上的应力集中较大，较大程度上削弱轴的强度

2. 轴上零件的周向定位和固定

轴上零件的周向定位和固定可通过键连接、销连接、过盈配合连接、成型面连接等轴毂连接实现，具体情况见表10-3。

表10-3 轴上零件的周向定位和固定方式

定位和固定方式	结构简图	特点和应用
键连接	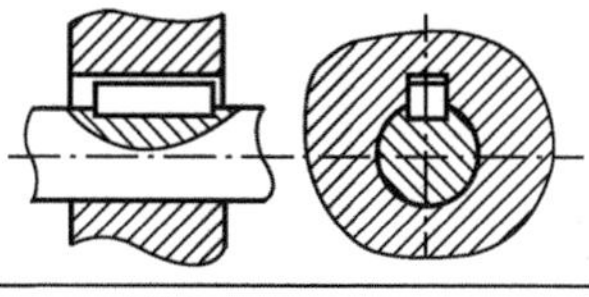	键是一种标准件，通常用于连接轴与轴上作旋转或摆动的零件。为加工方便，各轴段的键槽应设计在同一加工直线上，并且应尽可能采用统一规格的键槽截面尺寸
花键连接	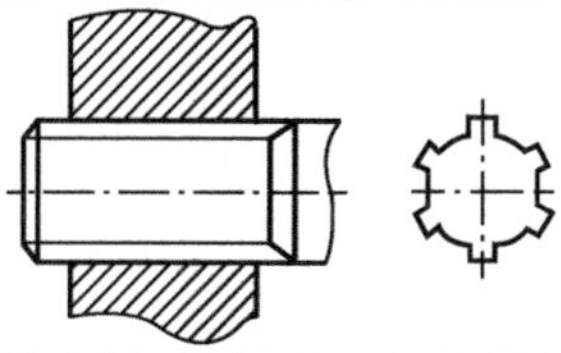	齿较多、工作面积大、能承载较大的载荷；键齿均匀分布，各键齿受力较均匀

续表

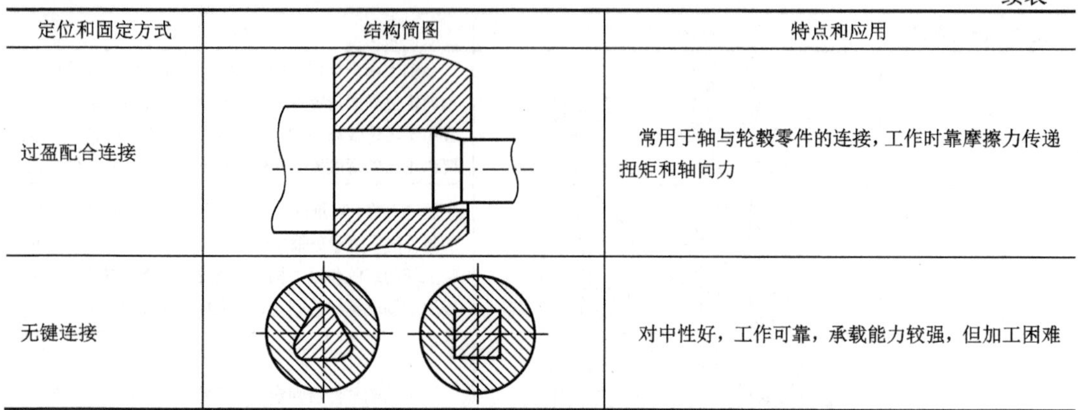

定位和固定方式	结构简图	特点和应用
过盈配合连接		常用于轴与轮毂零件的连接，工作时靠摩擦力传递扭矩和轴向力
无键连接		对中性好，工作可靠，承载能力较强，但加工困难

轴上零件的倒角尺寸和圆角半径的常用范围或推荐值见表 10-4。

表 10-4　零件倒角尺寸 C 与圆角半径 R 的常用范围或推荐值

单位：mm

直径 d	>6～10	>10～18	>18～30	>30～50		>50～80	>80～120	>120～180
C 或 R	0.5	0.6	1.0	1.2	1.6	2.0	2.5	3.0

10.2.3　各轴段直径和长度的确定

确定零件在轴上的定位和装拆方案后，就初步确定了轴的形状。各轴段所需的直径与轴上的载荷大小有关。初步确定轴的直径时，通常还不知道支反力的作用点，不能决定弯矩的大小与分布情况，因而还不能按轴所承受的具体载荷及其引起的应力确定轴的直径。但在设计轴的结构前，通常已求得轴所承受的扭矩。因此，可按轴所承受的扭矩初步估算轴所需的直径。将初步求出的直径作为承受扭矩的轴段的最小直径 d_{min}，然后按轴上零件的装配方案和定位要求，从 d_{min} 处开始逐一确定各轴段的直径。在实际设计中，也可凭设计者的经验设定各轴段的直径，或者参考同类机器用类比的方法确定各轴段的直径。各段轴的直径可根据轴上安装的零件确定。

（1）与滚动轴承配合的轴颈直径必须符合滚动轴承内径的标准系列。

（2）轴上车制螺纹部分的直径必须符合外螺纹大径的标准系列。

（3）安装联轴器的轴头直径应与联轴器的孔径范围相适应。

（4）对与零件（如齿轮和带轮等）相配合的轴头直径，应优先采用标准直径尺寸。轴的标准直径见表 10-5。

表 10-5　轴的标准直径（摘自 GB/T 2822—2005）

单位：mm

10	11	12	14	16	18	20	22	25	28	30	32	36
40	45	50	56	60	63	71	75	80	85	90	95	100

确定各轴段长度时，应尽可能使结构紧凑，同时还要保证零件所需的装配空间或调整空间。各轴段长度主要根据各零件与轴配合部分的轴向尺寸和相邻零件之间必要的空隙确定。为了保证轴向定位可靠，与齿轮和联轴器等零件相配合部分的轴段长度一般应比轮毂宽度短 2～3mm。

10.2.4 提高轴强度和刚度的措施

轴和轴上零件的结构、工艺及轴上零件的安装布置等对轴的强度有很大的影响，因此应充分考虑这些因素，以提高轴的承载能力，减小轴的尺寸和机器的质量，降低制造成本。

1. 结构设计方面的措施

轴截面尺寸突变会造成应力集中，因此阶梯轴的相邻轴段直径不宜相差太大，在轴径变化处的过渡圆角半径不宜过小；尽量避免在轴上开横孔、凹槽和加工螺纹。在重要结构中可采用中间环［见图 10-6（a）］或凹切圆角［见图 10-6（b）］，增加轴肩处过渡圆角半径以减小应力集中。

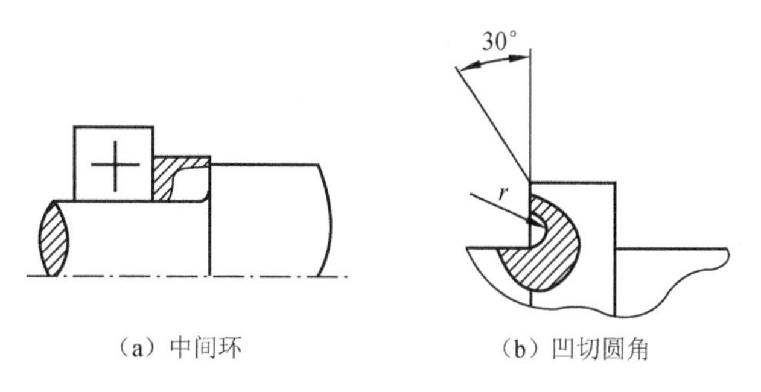

（a）中间环　　（b）凹切圆角

图 10-6　减小轴圆角处应力集中的结构

2. 制造工艺方面的措施

提高轴的表面质量，降低表面粗糙度；对轴表面采用碾压、喷丸和表面热处理等强化方法，均可显著提高轴的强度。

3. 轴上零件的合理布局

在设计轴的结构时，可采取改变受力情况和改变零件在轴上的位置等措施，达到减轻轴载荷、减小轴尺寸、提高轴强度的目的。图 10-7（a）所示的滑轮轴的中间位置承受的弯矩最大（M_{max}），如果把轴-毂配合分为两段［见图 10-7（b）］，就可减小弯矩，使载荷分布更合理。图 10-8（a）所示的轴上装有三个传动轮，最大转矩为 T_1+T_2，若把输入轮布置在两个输出轮之间［见图 10-8（b）］，则该轴所承受的最大转矩为 T_1。

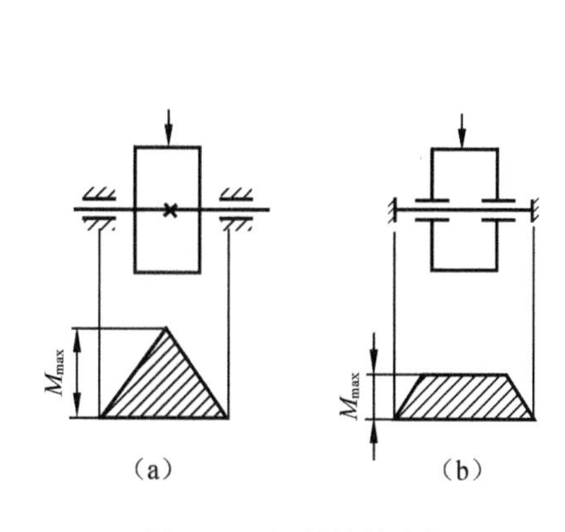

图 10-7　滑轮轴的结构设计

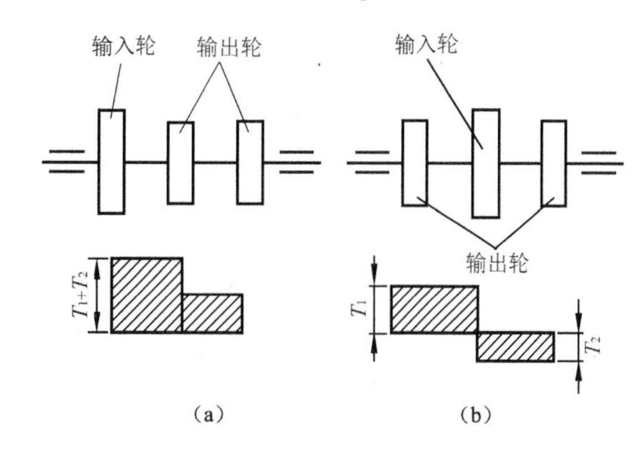

图 10-8　轴上零件的合理布置

10.3 轴的计算

轴的计算通常是指在初步完成结构设计后进行的校验计算，计算准则是满足轴的强度或刚度要求。必要时，还应校验轴的稳定性。

10.3.1 轴的强度校验计算

校验计算轴的强度时，应根据轴的具体受载及应力情况，采取相应的计算方法，恰当地选取其许用应力。对只（或主要）承受扭矩的轴（传动轴），应按扭转强度条件计算；对只承受弯矩的轴（心轴），应按弯曲强度条件计算；对既承受弯矩又承受扭矩的轴（转轴），应按弯扭合成强度条件进行计算。必要时，还应按疲劳强度条件进行精确校验。此外，对瞬时过载很大或应力循环不对称性较为严重的轴，还应按最大瞬时载荷校验其静强度，以免产生过量的塑性变形。

下面介绍两种常用的轴强度计算方法。

1. 按扭转强度计算

采用这种计算方法时，只按轴所承受的扭矩计算轴的强度；若轴还承受不大的弯矩时，则用降低许用扭转切应力的办法予以考虑。在设计轴的结构时，通常用这种计算方法初步估算轴径。轴的扭转强度条件为

$$\tau_{\mathrm{T}}=\frac{T}{W_{\mathrm{T}}}\approx\frac{9.55\times10^{6}\dfrac{P}{n}}{0.2d^{3}}\leqslant[\tau_{\mathrm{T}}] \tag{10-1}$$

式中，τ_{T}为扭转切应力，单位为MPa；T为轴所承受的扭矩，单位为N·mm；W_{T}为轴的抗扭截面系数，单位为mm^3；n为转速，单位为r/min；P为轴传递的功率，单位为kW；d为所计算截面处轴的直径，单位为mm；$[\tau_{\mathrm{T}}]$为许用扭转切应力，单位为MPa。

由式（10-1）可得轴的直径：

$$d\geqslant\sqrt[3]{\frac{9.55\times10^{6}}{0.2[\tau_{\mathrm{T}}]}}\sqrt[3]{\frac{P}{n}}=A_{0}\sqrt[3]{\frac{P}{n}} \tag{10-2}$$

式中，$A_{0}=\sqrt[3]{\dfrac{9550000}{0.2[\tau_{\mathrm{T}}]}}$。

常用轴材料的$[\tau_{\mathrm{T}}]$值及A_0值如表10-6所示。

表10-6　常用轴材料的$[\tau_{\mathrm{T}}]$值及A_0值

轴的材料	Q235	Q275	45	40Gr
$[\tau_{\mathrm{T}}]$/MPa	15～25	25～35	25～45	35～55
A_0	149～126	135～112	126～103	112～97

注：（1）表中$[\tau_{\mathrm{T}}]$值是考虑了弯矩影响的许用扭转切应力。

（2）当弯矩较小或轴只承受转矩作用、载荷平稳、轴向载荷较小时，对$[\tau_{\mathrm{T}}]$选取较大值，对A_0选取较小值；反之，对$[\tau_{\mathrm{T}}]$选取较小值，对A_0选取较大值。

对于空心轴，

$$d \geqslant A_0 \sqrt[3]{\frac{p}{n(1-\beta^4)}} \tag{10-3}$$

式中，$\beta = \frac{d_1}{d}$，即空心轴的内径与外径之比，通常选取$\beta = 0.5 \sim 0.6$。

需要指出的是，当轴的截面上开有键槽时，应增大轴径，以补偿键槽对轴强度的削弱。当直径 d>100mm 的轴有一个键槽时，轴径应增大 3%；有两个键槽时，轴径应增大 7%。当直径 d≤100mm 的轴有一个键槽时，轴径应增大 5%～7%；有两个键槽时，轴径应增大 10%～15%。然后将轴径值圆整为标准直径值。这样求出的直径只能作为承受扭矩作用的轴段的最小直径 $d_{\min}$。

2. 按弯扭合成强度计算

通过轴的结构设计，轴的主要结构尺寸、轴上零件的位置以及外载荷和支反力的作用位置均已确定，轴上的载荷（弯矩和扭矩）也已知，因而可按弯扭合成强度条件，校验计算轴强度。对一般的轴，用这种计算方法即可。具体计算步骤如下。

（1）轴的计算简图。轴的计算简图有时也称为计算的力学模型，它是进行轴计算的基础，简化是否合理直接影响计算结果和轴强度计算的可靠性。

轴承受的外载荷来自轴上传动件，如齿轮和带轮等。计算时，常将轴上的分布载荷简化为集中力，其作用点一般为载荷分布段的中点。对作用在轴上的扭矩，一般从传动件轮毂宽度的中点算起。通常把轴当作置于铰链支座上的梁，轴的支反力作用点与轴承的类型和布置方式有关，可按图 10-9 确定。关于图 10-9（b）中的 a 值，可查滚动轴承样本或机械设计手册，图 10-9（d）中的 e 值与滑动轴承的宽径比 B/d 有关。当 B/d≤1 时，选取 e=0.5B。当 B/d>1 时，选取 e=0.5d，但不小于（0.25～0.35）B，对于调心轴承，e=0.5B。

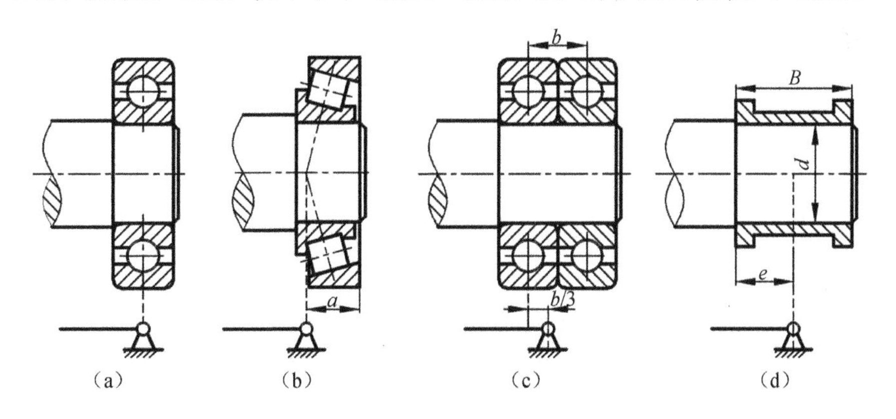

图 10-9 轴的支反力作用点

在绘制轴的计算简图时，应先求出轴上传动件的载荷（若为空间力系，应把空间力分解为圆周力、径向力和轴向力，然后把它们全部转化到轴上），并且将其分解为水平分力和垂直分力，然后求出各支承处的水平反力 F_{NH} 和垂直反力 F_{NV}。

（2）绘制弯矩图。根据上述简图，分别按水平面和垂直面计算各力产生的弯矩，并且按计算结果分别绘制水平面上的弯矩 M_H 图和垂直面上的弯矩 M_V 图，然后按下式计算总弯矩并作 M 图。

$$M=\sqrt{M_{\mathrm{H}}^2+M_{\mathrm{V}}^2} \tag{10-4}$$

（3）绘制扭矩图。根据轴受扭矩作用的情况画出扭矩图。

（4）校验计算轴的强度。已知轴的弯矩和扭矩后，可针对某些危险截面（弯矩和扭矩大而轴径可能不够大的截面）进行弯扭合成强度校验计算。按第三强度理论，其计算应力为

$$\sigma_{\mathrm{ca}}=\frac{\sqrt{M^2+(\alpha T)^2}}{W}\leqslant[\sigma_{-1}] \tag{10-5}$$

式中，α 为考虑弯矩和扭矩循环特性的不同而引入的折合系数；式中的弯曲应力为对称循环变应力，当扭转切应力为静应力时，$\alpha\approx0.3$；当扭转切应力为脉动循环变应力时，$\alpha\approx0.6$；若扭转切应力为对称循环变应力时，则 $\alpha=1$。

10.3.2 轴的刚度校验计算

轴在载荷作用下，将产生弯曲或扭转变形。若变形量超过允许的限度，就会影响轴上零件的正常工作，甚至会使机器丧失应有的工作性能。例如，对于安装齿轮的轴，若其弯曲刚度（或扭转刚度）不足而导致挠度（或扭转角）过大时，将影响齿轮的正确啮合，使齿轮沿齿宽和齿高方向接触不良，造成载荷在齿面上严重分布不均匀。又如，对采用滑动轴承的轴，若挠度过大而导致轴颈偏斜过大时，将使轴颈和滑动轴承发生边缘接触，造成不均匀磨损和过度发热。因此，在设计有刚度要求的轴时，必须进行刚度的校验计算，这往往是重载荷工作情况下要做的工作，需要时可以参考机械设计手册。

10.3.3 轴的设计实例

通常，轴的设计过程如下：首先根据轴的具体工作条件和要求，选择轴的材料，其次设计轴结构；最后进行必要的校验计算。但有些校验计算（如按弯扭合成强度校验计算）和轴的结构设计是交替进行的，即当轴的结构设计进行到一定程度时，必须进行校验计算，如果计算结果不满足要求，就需要对轴的结构尺寸进行修改，直到满足要求后，才能进行下一步的结构设计。下面，通过一个实例介绍轴的设计的一般步骤。

【例 10-1】 图 10-10 所示为一个圆锥-圆柱齿轮减速器简图，其输入轴通过联轴器与电动机相连，输出轴通过联轴器与带式输送机相连，单向转动，运转平稳。已知电动机功率 P=11kW，转速 n=1460r/min，减速齿轮机构的有关参数见表 10-7。试设计该减速器的输出轴。

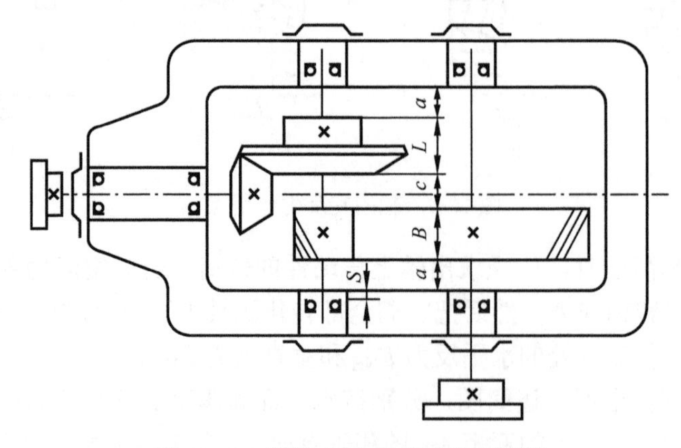

图 10-10　圆锥-圆柱齿轮减速器简图

表 10-7 减速齿轮机构的有关参数

级别	z	z	m	β	齿宽	S（3～5）	a（8～12）	c（8～12）
高速轴	z_1=55	z_2=75	m=3.5		b=45 L=50	4	10	12
低速轴	z_3=23	z_4=95	m_n=4	8°6′34″	b_3=85 b_4=80			

解：（1）基本计算。

$$齿轮的传动效率=\frac{输出功率}{输入功率}\times100\%$$

设输出轴扭矩为 T_3，每级齿轮的传动（包括轴承）效率为η=0.97，联轴器传动效率η_1=0.98。则

$$P_3 = P\eta_1\eta^2 = 11\times0.98\times0.97^2 = 10.143（kW）$$

$$n_3 = \frac{n_1}{i_{12}i_{23}} = 1460\times\frac{22\times23}{75\times79} = 103.69（r/min）$$

$$T_3 = 9.55\times10^6\frac{P_3}{n_3} = 9.55\times10^6\times\frac{10.143}{103.69} = 934185.07（N\cdot mm）$$

齿轮分度圆直径：$d_4 = \frac{m_n z_4}{\cos\beta} = \frac{4\times95}{\cos8^\circ6'34''} = 383.84（mm）$

$$F_t = \frac{2T_3}{d_4} = \frac{2\times934185.07}{383.84} = 4867.6（N）$$

$$F_r = F_t\frac{\tan\alpha_n}{\cos\beta} = 4867.6\times\frac{\tan20^\circ}{\cos8^\circ6'34''} = 1789.56（N）$$

$$F_a = F_t\tan\beta = 4867.6\times\tan8^\circ6'34'' = 693.63（N）$$

（2）选择轴的材料。

轴材料为 45 钢，经调质处理，其力学性能由表 10-1 查得：$\sigma_B = 640MPa$，$\sigma_{-1} = 275MPa$，$\tau_{-1} = 155MPa$，$[\sigma_{-1}] = 60MPa$。

（3）轴的结构设计。

① 初步确定轴的最小直径。安装联轴器的轴段只承受扭矩，其直径最小，按式（10-2）初步估计该轴段直径。根据轴的材料为 45 钢，查表 10-6，选取 A_0=112，得

$$d_{min} \geqslant A_0\sqrt[3]{\frac{P_3}{n_3}} = 112\times\sqrt[3]{\frac{10.143}{103.69}} = 51.65（mm）$$

考虑到轴上有键槽，而且可能是双键，并且该轴段的直径应与联轴器的孔径相适应，因此需同时选取联轴器。

联轴器的计算转矩 $T_{ca} = K_A T_3$，考虑到转矩变化小，选取 K_A=1.3，则

$$T_{ca} = K_A T_3 = 1.3\times934185.07 = 1214440.59（N\cdot mm）$$

根据计算转矩 T_{ca} 应小于联轴器的公称转矩的条件，查机械设计手册，选用 LX4 型弹性柱销联轴器，其主动端为 J 型轴孔，A 型键槽，半联轴器的孔径 d_1=55mm，半联轴器与轴配合的长度 L_1=84mm；从动端为 Y 型轴孔，A 型键槽，轴孔径 d_2=55mm，半联轴器长度

L=112mm，标记为 LX4 联轴器 $\dfrac{\text{JA}55\times84}{\text{YA}55\times112}$ GB/T 5014—2017。因此，实际选取最小直径 $d_{\min}$=55mm。

② 根据轴向定位的要求确定各轴段的直径和长度（见图 10-11），轴上大部分零件从轴左端装入，仅右端轴承从轴右端装入。

a. I-II轴段。选取 $d_{\text{I-II}}=d_{\min}=55\text{mm}$ 。联轴器的左端用轴端挡圈固定，J 型轴孔长 $L_1=84\text{mm}$ 。为使轴端挡圈固定可靠，I-II轴段的长度 $l_{\text{I-II}}$ 应比 L_1 小 2～3mm，因此选取 $l_{\text{I-II}}=82\text{mm}$ 。

b. II-III轴段。半联轴器的右肩用轴肩定位，因此选取 $d_{\text{II-III}}=62\text{mm}$ 。轴衬端盖的总宽度为 20mm。考虑到轴承端盖的装拆及便于对轴承添加润滑脂的要求，设定端盖的外端面与半联轴器右端面的间距 $l=30\text{mm}$，因此选取 $l_{\text{II-III}}=50\text{mm}$ 。

c. III-IV轴段。这个轴段上要安装轴承，轴承同时承受径向力和轴向力作用，根据 $d_{\text{III-IV}}=62\text{mm}$ 并考虑轴承装拆方便，初步选取单列圆锥滚子轴承 30313，其尺寸为 $d\times D\times T$=65mm×140mm×36mm，因此 $d_{\text{III-IV}}=65\text{mm}$ 。这个轴段长度待定。

d. IV-V轴段。这个轴段要安装齿轮。考虑齿轮装拆的方便，选取 $d_{\text{IV-V}}=70\text{mm}$ 。齿轮的左端用套筒定位，为使套筒端面可靠地压紧齿轮，该轴段的长度应略短于齿轮的宽度，因此选取 $l_{\text{IV-V}}=76\text{mm}$ 。

e. V-VI轴段。该轴段为轴环，齿轮的右端用轴肩定位，轴肩高度 $h>0.07d_{\text{IV-V}}$ 。选取 h=6mm，则轴环直径 $d_{\text{V-VI}}=82\text{mm}$ ；轴环宽度 $b\geqslant1.4h$，选取 $l_{\text{V-VI}}=12\text{mm}$ 。

f. VII-VIII轴段。这个轴段要安装与III-IV轴段同一型号的轴承，因此 $d_{\text{VII-VIII}}=65\text{mm}$ ，$l_{\text{VII-VIII}}=36\text{mm}$ 。

g. VI-VII轴段和III-IV轴段的长度。由机械设计手册查得 3013 型轴承定位轴肩高度 h=6mm，因此选取 $d_{\text{VI-VII}}=77\text{mm}$ ；设定齿轮距箱体内壁的距离 a=16mm，大圆锥齿轮与圆柱齿轮之间的距离 c=20mm。考虑到箱体的铸造误差，轴承的内侧端面应与箱体内壁有一段距离 S，设定 S=8mm，已知滚动轴承的宽度 T=36mm，大齿轮轮毂宽度 l=50mm，则

$$l_{\text{III-IV}}=T+S+a+(80-76)=36+8+16+4=64\ (\text{mm})$$

$$l_{\text{VI-VII}}=S+a+l+c-l_{\text{V-VI}}=8+16+50+20-12=82\ (\text{mm})$$

至此，已初步确定了各轴段的直径和长度（见图 10-11）。

③ 确定轴上零件的周向定位。齿轮、半联轴器与轴的周向定位均通过圆头普通平键连接实现，这两个平键的尺寸分别为 20mm×12mm×63mm 和 16mm×10mm×70mm。为了保证齿轮与轴有良好的对中性，半联轴器与轴的公差等级为 H7/k6。滚动轴承与轴的周向定位是依靠过渡配合保证的，轴的直径尺寸公差等级为 m6。

④ 确定轴上的圆角半径与倒角尺寸。轴端倒角尺寸为 $C2$，各轴肩处的圆角半径［图 10-12（a）］。该图中的尺寸单位为 mm，下同。

（4）按弯扭合成强度校验计算轴的强度

① 作轴的计算简图。轴的计算简图如图 10-11（b）所示。将作用力分解为水平面分力［见图 10-11（c）］和垂直面分力［见图 10-11（e）］，然后求出水平面和垂直面的支反力，分别如下。

水平面：　　　　　　　　$F_{NH1}=3304N$,　　　　$F_{NH2}=1663N$

垂直面：　　　　　　　　$F_{NV1}=1855N$,　　　　$F_{NV2}=-29N$

② 绘制轴水平面上的弯矩 M_H 图和垂直面上的弯矩 M_V 图。分别计算水平面和垂直面各力产生的弯矩，并绘制水平面上的弯矩 M_H［见图 10-11（d）］和垂直面上的弯矩 M_V［见图 10-11（f）］。

③ 绘制轴的合成弯矩 M 图。按下式计算合成弯矩 M 并绘制该弯矩图[见图 10-11(g)]。

$$M=\sqrt{M_H^2+M_V^2}$$

④ 绘制扭矩 T 图，如图 10-11（h）所示。

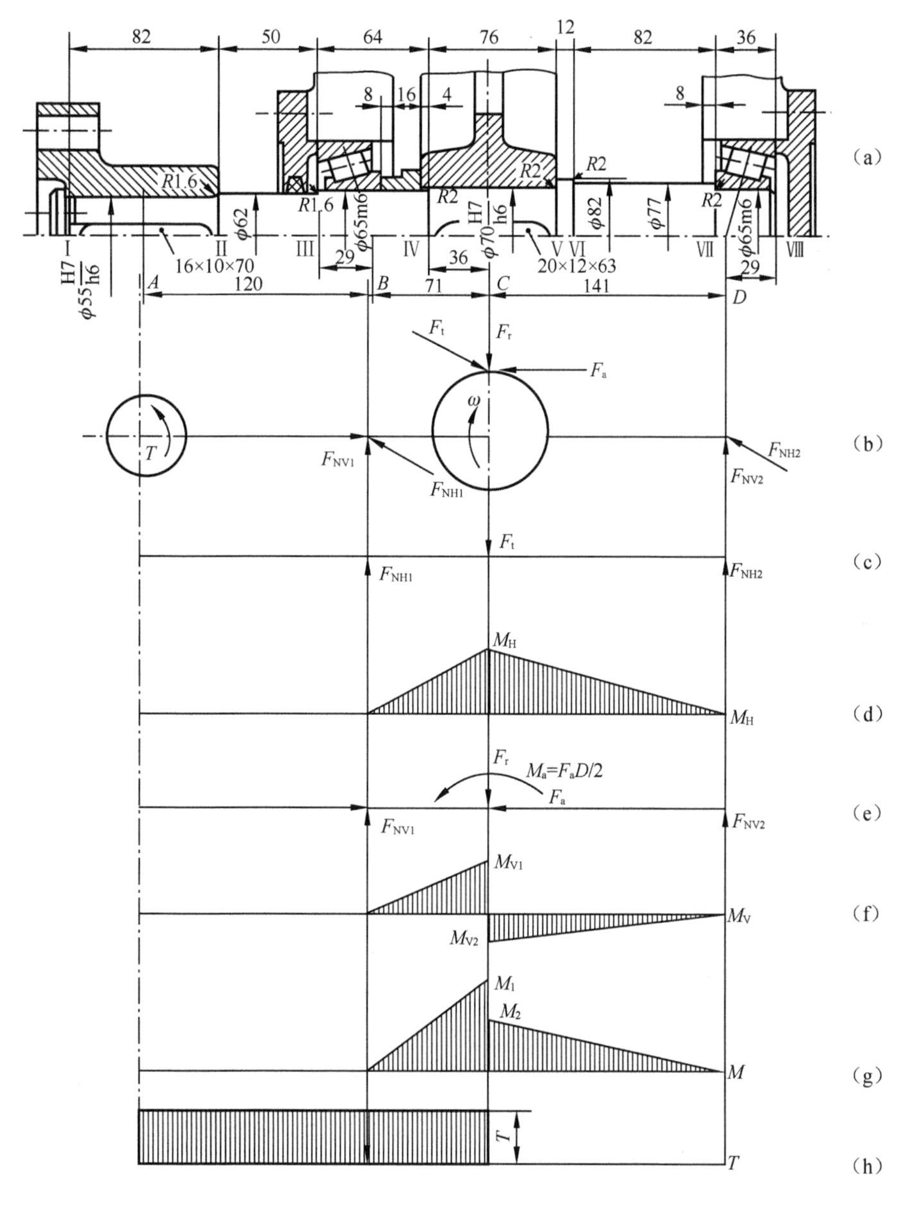

图 10-11　轴的载荷分布计算

⑤ 校验轴的强度。由轴的结构图、合成弯矩 M 图和扭矩 T 图可以看出，截面 C 处受载最大，是危险截面，其上的弯矩和扭矩分别如下。

水平面上的弯矩：　　　　　　　M_H=234584（N·mm）

垂直面上的弯矩：　　　　　M_{V1}=131705（N·mm）　　M_{V2}=4174（N·mm）

合成弯矩：

$$M_1=\sqrt{M_H^2+M_{V1}^2}=\sqrt{234584^2+131705^2}=269028\text{（N·mm）}$$

$$M_2=\sqrt{M_H^2+M_{V2}^2}=\sqrt{234584^2+4174^2}=234621\text{（N·mm）}$$

转矩：　　　　　　　　　　T_3=934185（N·mm）

危险截面 C 处的最大计算应力为

$$\sigma_{ca}=\frac{\sqrt{M_1^2+(\alpha T_3)^2}}{W}=\frac{\sqrt{269028^2+(0.6\times 934185)^2}}{0.1\times 70^3}=18.13\text{（MPa）}\leqslant[\sigma_{-1}]=60\text{（MPa）}$$

由计算结果，可知截面 C 安全。

（5）绘制轴的工作图。

轴的工作图是指根据轴的结构形状、大小以及与其他零件的装配关系，灵活采用视图、剖视图、断面图以及其他表达方法，将轴的结构形状完整、清晰地表达出来。绘制轴的工作图一般应包含以下步骤。

① 选择轴的视图。轴类零件的特点是各组成部分为同轴线的回转体，通常将轴线水平横放在主视图表达零件的主体结构。必要时，用局部剖视图或其他辅助视图表达局部结构形状。如图 10-12 所示为轴的工作图。

② 标注轴的尺寸。轴线为径向尺寸的设计基准，轴肩处的端面是设计基准，又是轴向尺寸的主要基准。以端面为辅助基准标注长度方向的尺寸，如图 10-12 中的 402 等。按尺寸标注的规定，标注键槽的断面尺寸及倒角的尺寸。

③ 标注表面粗糙度、极限与配合以及形位公差等。确定表面粗糙度值，对重要的配合面，选择较小的表面粗糙度值，如 Ra=1.6；对其他配合面，可以选择较大的表面粗糙度值，如 Ra=12.5。确定各轴段的极限和配合关系，查 GB/T 1800.1—2009、GB/T 1800.2—2009 确定对应的偏差值，并且在轴的基本尺寸后边注出偏差值，如 $\phi 55^{+0.021}_{-0.002}$。根据设计要求，需要在零件上标出有关的形状和位置公差。例如，ϕ65 的圆柱度公差为 0.005。

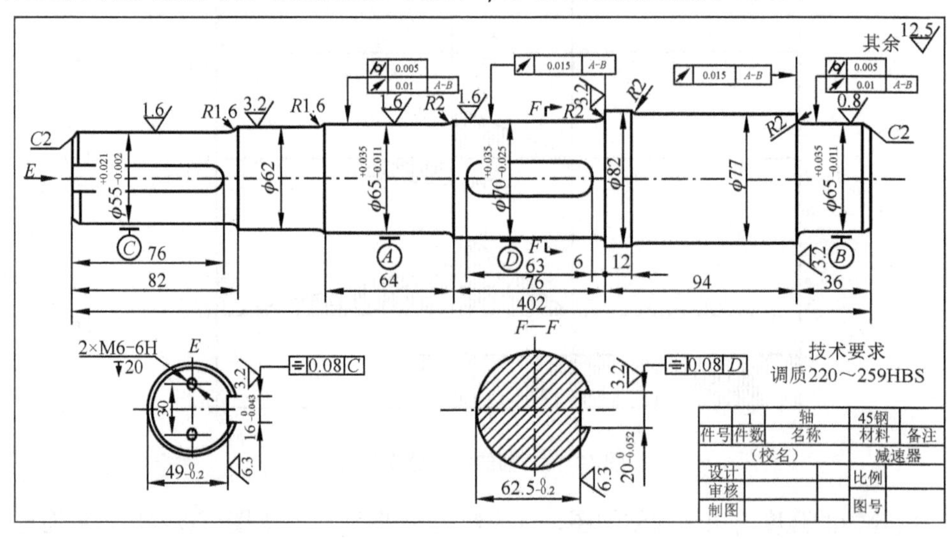

图 10-12　轴的工作图

【扩展阅读-轴的临界转速】

根据机械的平衡条件可知，回转件的结构不对称、材质不均匀、存在加工误差等因素会使回转件的重心很难精确地位于几何轴线上。实际上，重心与几何轴线之间一般有一个微小的偏心距，因而回转件在回转时产生离心力，使轴受到周期性载荷干扰。

当轴所受的外力频率与轴的自振频率一致时，回转件因运转不稳定而发生较大的振动，这种现象称为轴的共振。产生共振时，轴的转速称为临界转速。如果轴的转速停滞在临界转速附近，那么轴的变形将迅速增大，以至于达到使轴甚至整个机器破坏的程度。因此，对重要的轴，尤其是高转速的轴必须计算其临界转速，使轴的工作转速避开临界转速。

轴的临界转速可以有多个，最低的一个称为一阶临界转速，其余为二阶、三阶……依此类推。工作转速低于一阶临界转速的轴称为刚性轴，工作转速超过一阶临界转速的轴称为挠性轴。

10.4 联 轴 器

联轴器主要用于轴与轴之间的连接，使两个被连接的轴一起回转并传递转矩；有时也可作为一种安全装置，用来防止被连接件承受过大的载荷，起到过载保护的作用。用联轴器连接两个轴时，只有在机器停止运转后，经过拆卸才能使两个轴分离。

由于制造误差、安装误差、承载后的变形及温度变化的影响，联轴器所连接的两个轴往往存在某种程度的相对位移与偏斜（见图 10-13）。因此，设计联轴器时，要从结构上采用各种不同的措施，使联轴器具有补偿偏移量的性能，否则，就会在轴、联轴器、轴承中引起附加载荷，导致工作情况恶化。

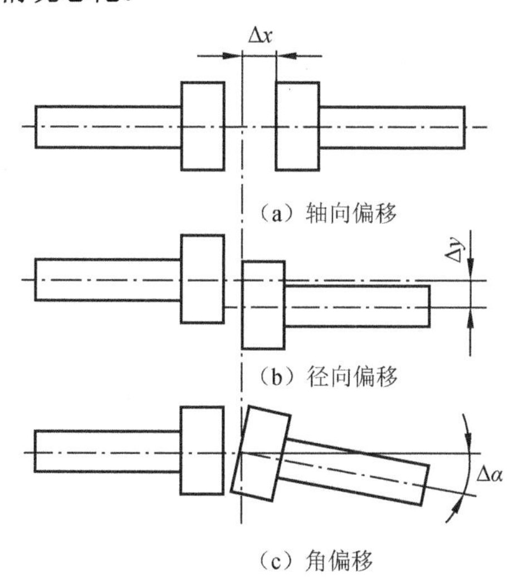

图 10-13 两个轴之间的偏移形式

联轴器分为刚性联轴器和弹性联轴器两大类型。刚性联轴器由刚性传力件组成，可分为固定式刚性联轴器和移动式刚性联轴器两类。其中，固定式刚性联轴器不能补偿两个轴的相对位移，而移动式刚性联轴器能补偿两个轴的相对位移。弹性联轴器包含弹性元件，能补偿两个轴的相对位移，并具有吸收振动及缓和冲击的能力。

本节介绍几种有代表性结构的联轴器，其余联轴器种类可查阅机械设计手册。

10.4.1　固定式刚性联轴器

在固定式刚性联轴器中应用最广的是凸缘联轴器，如图10-14所示。它是利用两个半联轴器实现两个轴的连接。两个半联轴器的端面有对中止口，以保证两个轴对中。

固定式刚性联轴器的全部零件都是刚性的，因此在传递载荷时，不能缓冲和吸收振动，但它具有结构简单、价格低廉、使用方便等优点，并且可传递较大的转矩。它常用于载荷平稳、两个轴严格对中的连接。

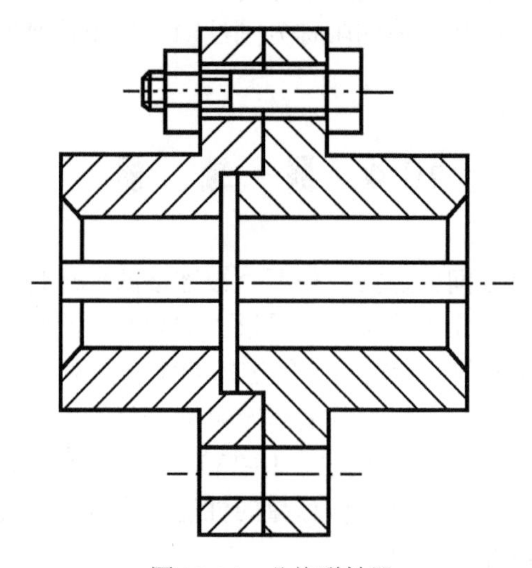

图10-14　凸缘联轴器

10.4.2　移动式刚性联轴器

由于制造误差、安装误差和工作时零件变形等原因而不易保证两个轴对中时，宜采用具有补偿两个轴相对偏移能力的移动式刚性联轴器。

移动式刚性联轴器包括齿式联轴器、滑块联轴器和万向联轴器等。

1）齿式联轴器

齿式联轴器如图10-15所示，它是利用内外齿啮合实现两个轴的连接，同时能实现两个轴相对偏移量的补偿。内外齿啮合后具有一定的顶隙和侧隙，因此可补偿两个轴之间的径向偏移量；外齿顶部被制成球面，球心在轴线上，可补偿两个轴之间的角偏移量，两个内齿的凸缘利用螺栓连接。由于齿式联轴器能传递很大的转矩，又有较大的补偿偏移量的能力，因此，它常用于重型机械。其缺点是结构笨重，造价较高。

2）滑块联轴器

滑块联轴器如图10-16所示，它是利用中间滑块与两个半联轴器端面的径向槽配合，以实现两个轴的连接。中间滑块沿径向滑动可补偿径向偏移量Δy，还能补偿角偏移量$\Delta \alpha$。滑块联轴器具有结构简单、制造方便的特点，但由于中间滑块偏心，工作时会产生较大的离心力，因此只用于低速场合。

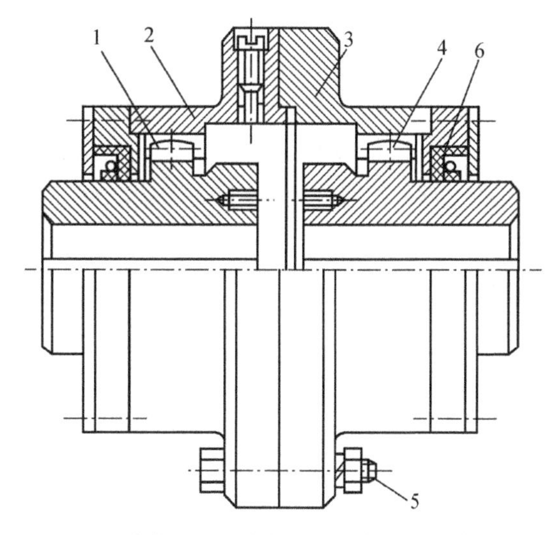

1, 4—套筒；2, 3—外壳；5—螺栓；6—密封圈

图 10-15　齿式联轴器

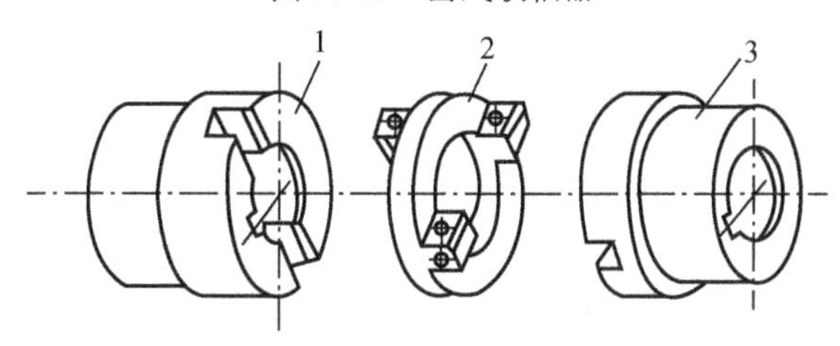

1, 3—半联轴器；2—中间滑块

图 10-16　滑块联轴器

3）万向联轴器

万向联轴器常见形式为十字轴式万向联轴器，如图 10-17 所示。它是利用中间连接件十字轴 3 连接两边的半联轴器，两个轴线之间夹角可达 40°～50°。当采用单个十字轴式万向联轴器时，其主动轴 1 作等角速转动，从动轴 2 作变角速转动。为避免这种现象，可采用两个万向联轴器，使两次角速度变动的影响相互抵消，从而使主动轴 1 与从动轴 2 同步转动。

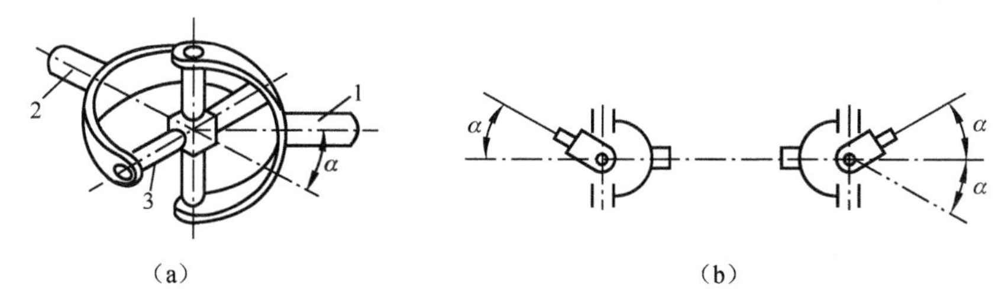

图 10-17　十字轴式万向联轴器示意

10.4.3　联轴器的选择

常用联轴器已标准化，一般先依据机器的工作条件选择合适的类型；再根据计算得到的转矩、轴的直径和转速，从标准中选择所需型号及尺寸。必要时，对某些薄弱、重要的零件进行检验。

1. 类型的选择

选择联轴器类型的原则是使用要求和类型特性一致。例如，当两个轴能精确地对中及轴的刚性较好时，可选择固定式刚性凸缘联轴器。否则，应选用具有补偿能力的移动式刚性联轴器。当要求两条轴线有一定夹角时，可选十字轴式万向联轴器。

由于类型的选择涉及较多因素，一般按类比法进行选择。

2. 型号和尺寸的选择

类型选择好后，根据计算得到的转矩、轴径和转速，从机械设计手册或相关国家标准中选择型号和尺寸，但必须满足以下条件：

（1）计算转矩不超过联轴器的最大许用转矩。转矩的计算公式为

$$T_{ca}=K_{A}T=K_{A}\times 9550\frac{P}{n}\leqslant [T_{n}] \tag{10-6}$$

式中，K_A为联轴器的工作情况系数，见表10-8；T为理论转矩，单位为N·m；P为原动机功率，单位为kW；n为转速，单位为r/min；$[T_n]$为联轴器的许用转矩，单位为N·m。

（2）轴径不超过联轴器的孔径范围，即

$$d_{min}\leqslant d\leqslant d_{max} \tag{10-7}$$

（3）转速不超过联轴器的许用最高转速，即

$$n\leqslant [n_{max}] \tag{10-8}$$

表10-8　联轴器的工作情况系数 K_A

工作机	原动机为电动机时 K_A
转矩变化很小的机械，如发电机、小型通风机、小型离心泵	1.3
转矩变化较小的机械，如透平压缩机、木工机械、运输机	1.5
转矩变化中等的机械，如搅拌机、增压机、有飞轮的压缩机	1.7
转矩和有中等冲击载荷的机械，如织布机、水泥搅拌机、拖拉机	1.9
转矩和冲击载荷较大的机械，如挖掘机、碎石机、造纸机、起重机	2.3
转矩变化大和冲击载荷大的机械，如压延机、重型初轧机	3.1

与联轴器相同，离合器也是机械传动中的通用部件，它的作用与联轴器的作用相同，只不过在机械运转时，用离合器连接的两个轴能方便地分开和连接。离合器大部分也已标准化，需要时可参考机械设计手册。

【工程应用实例】

图10-18所示的卷扬机使用了凸缘联轴器，已知电动机功率P=10kW，转速n=960r/min，电动机轴的直径和减速器输入轴的直径均为42mm，试选择电动机与减速器之间联轴器。

解：为了缓和冲击和减轻振动，选用弹性套柱销联轴器。

由表10-8查得工作情况系数$K_A=2.3$。因此，计算转矩为

$$T_{ca}=K_{A}T=2.3\times 9550\times\frac{P}{n}=2.3\times 9550\times\frac{10}{960}=228.8\text{（N·m）}$$

参阅机械设计手册，选取弹性套柱销联轴器TL6，它的额定转矩（许用转矩）为250N·m，

当半联轴器的材料为钢时，许用转速为 3800r/min，允许的轴孔直径为 32～42mm。以上数据均符合本题要求，因此所选用的联轴器合适。

图 10-18　卷扬机

思　考　题

10-1　根据受载情况，轴有哪几种类型？各类型的区别是什么？试分析自行车的前轮轴、中轴和后轴的类型。

10-2　轴的常用材料有哪些？若由优质碳素钢制造的轴的刚度不足，改用合金钢，能否解决问题？为什么？

10-3　在设计阶梯轴结构时，应满足哪些基本要求？

10-4　列举 4 种轴上零件的轴向定位方法。

10-5　轴的强度计算方法有哪几种？分别适用于什么场合？

10-6　提高轴的强度措施有哪些？

10-7　简述联轴器与离合器的功用和区别。

习　　题

10-8　已知一个传动轴的功率为 37kW，转速 n=900r/min，如果轴上的扭/切应力不超过 40MPa，试求该轴的直径。

10-9　已知一个传动轴的直径为 32mm，转速 n=1 725r/min，如果轴上的扭/切应力不超过 50MPa，试求该轴能传递的功率。

10-10　已知一个单级直齿圆柱齿轮减速器，用电动机直接拖动。该电动机功率为 P=22kW，转速 n_1=1479r/min，齿轮模数 m=4mm，齿数 z_1=18，z_2=82。若支承之间的跨距 l=180mm（齿轮位于跨距中央），轴的材料为 45 号钢，经调质处理，试计算输出轴危险截面处的直径 d。

10-11　试指出图 10-19 中存在的错误并说明原因。

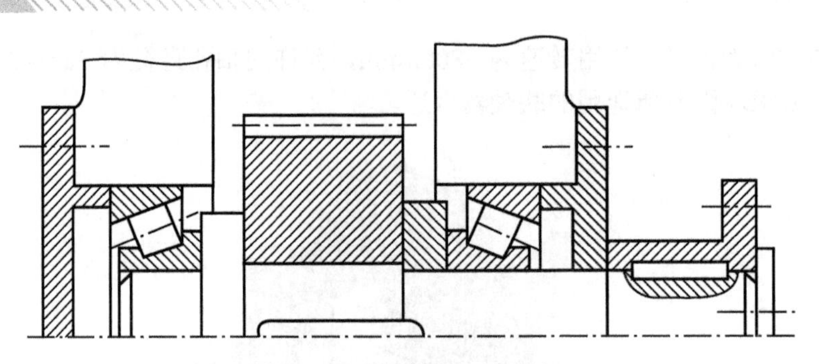

图 10-19　习题 10-11 图例

10-12　计算图 10-20 所示的某减速器输出轴危险截面的直径。已知作用在齿轮上的圆周力 F_t=17400N，径向力 F_r=6140N，轴向力 F_a=2860N，齿轮分度圆直径 d_2=146mm，作用在该轴右端带轮上的外力 F=4500N（方向未定），已知图中的 L=206mm，K=115mm，S=70mm。

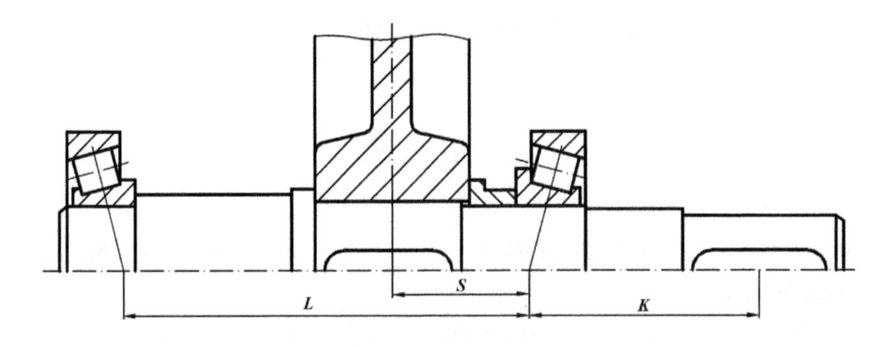

图 10-20　习题 10-12 图例

第11章 轴　　承

主要概念

滚动轴承、滑动轴承、内圈、外圈、保持架、接触角、向心轴承、推力轴承、向心推力轴承、角偏位、调心性能、轴承游隙、代号、内径、基本额定寿命、基本额定动载荷、当量动载荷、正装、反装、派生轴向力、基本额定静载荷、组合设计、单向固定、双向固定、游动、两端游动、轴承间隙调整、整体式径向滑动轴承、剖分式径向滑动轴承、非液体滑动轴承、磨损、胶合。

学习引导

轴承是运转机械中不可缺少的基础部件，滚动轴承和滑动轴承各有特点，又各自适应不同的工作要求。对设计者而言，首要的任务是在机械设计过程中合理选择、正确计算并设计恰当的结构装置。这就需要了解各类轴承的基本类型、性能及特点，除了掌握轴承承载大小的分析计算方法，还要理解轴承装置、润滑及密封对轴承失效的影响。本章内容会帮助你完成轴承的设计工作。

希望读者注意的是，轴承设计的综合性很强，它关联整个轴系的情况，在学习中要加强理解和体会。引例图 11-1 是配置圆锥滚子轴的行星减速机的轴系结构，采用圆锥滚子轴承配置。

另外，随着科学技术的迅速发展，有很多新型的轴承被开发出来，读者可以自行了解这方面资料。

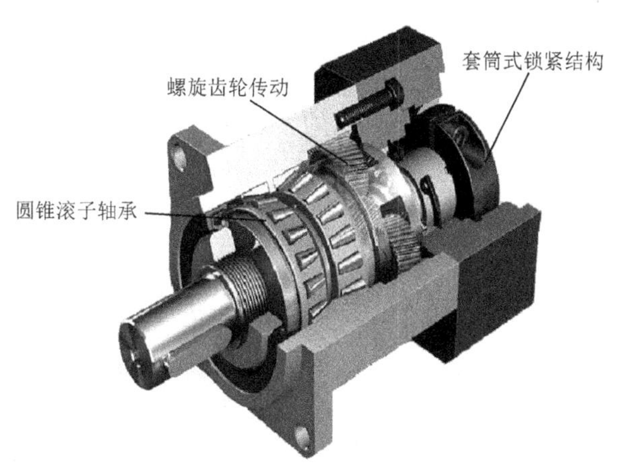

引例图 11-1　配置圆锥滚子轴承的行星减速机的轴系结构

引例

在一般机械设备中，轴承通常是可更换的易损基础件。早些时候，人们通常认为，轴承失效后就换个新的，从不探究它失效的原因。后来，在汽车、火车、飞机等交通运输业和发动机制造业等行业中，人们发现轴承的使用寿命很重要。此后，轴承的失效分析才受到一定程度的重视。轴承既然是易损基础件，它的使用寿命总有一定限度，工作时间超过设计使用寿命的失效属正常失效；工作时间小于设计使用寿命的失效属非正常失效（或称早期失效）。轴承失效的预防主要是针对早期失效。引例图 11-2 是 4 种轴承失效的表现形式。

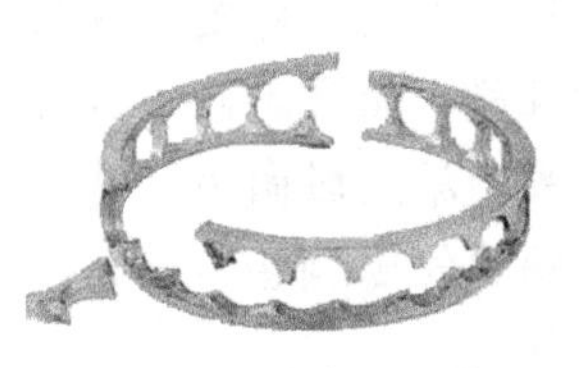

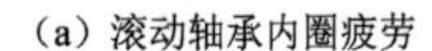

(a) 滚动轴承内圈疲劳　(b) 滚道塑性变形　(c) 保持架断裂　(d) 轴瓦磨损

引例图 11-2　4 种轴承失效的表现形式

轴承的早期失效的原因主要包括配合部位的制造精度、安装精度、使用条件、润滑效果、外部异物的侵入、热影响及突发故障等。因此，正确合理地使用轴承是一项系统工程，在轴承结构设计、制造和装机过程中，针对产生早期失效的环节，采取相应的措施，可有效地提高轴承及主机的使用寿命，这是制造厂、设计者和使用者应共同承担的责任。

认真学习轴承的知识，为机械设计打下坚实的基础，期待你成为一名有责任心的技术人员！

轴承是当代机械中的一种举足轻重的部件，它的主要功能是支撑轴和轴上的零件。按运动元件摩擦性质的不同，轴承可分为滚动轴承和滑动轴承两类。每类轴承，按其所能承受的载荷方向的不同，又可分为主要承受径向载荷的向心轴承、主要承受轴向载荷的推力轴承，以及同时承受径向载荷和轴向载荷的向心推力轴承。

滚动轴承具有摩擦阻力小、启动力矩小、维护方便、大多已标准化并由专业厂家大量生产等特点，在各种机械中应用广泛。但是，滚动轴承抗冲击能力较差，作旋转运动的滚动轴承径向尺寸较大，在高速、重载条件下的使用寿命较短，并且存在振动和噪声。滑动轴承具有承载能力大、抗振性能好、工作平稳、噪声小、使用寿命长等特点，广泛应用于高速、高精度、重载和结构上要求剖分的场合。

11.1　滚动轴承的基本结构和特点

滚动轴承是用于支撑轴颈的部件，有时也用来支撑轴上的回转零件。大多数滚动轴承已经标准化，因此，只须根据工作条件选用合适的轴承类型和尺寸，进行组合结构设计即可。

11.1.1 滚动轴承的基本结构和特点分析

1. 滚动轴承的基本结构

典型滚动轴承的基本结构如图 11-1 所示，它由外圈、内圈、滚动体和保持架等零件组成。滚动轴承的内圈安装在轴颈上，外圈与轴承座孔装配在一起。在大多数情况下，内圈随轴回转，外圈不动；在有些情况下，外圈回转、内圈不转，如汽车前轮上的轴。此外，还有一种情况是内圈和外圈分别按不同转速回转，如行星轮上的轴承。

内圈和外圈之间的滚动体是轴承的重要元件，滚动体使相对运动的内圈和外圈表面之间的滑动摩擦变为滚动摩擦。有时为了简化结构，降低成本，可根据需要而省去内圈和外圈，甚至省去保持架等。这时滚动体直接与轴颈和轴承座孔接触，如自行车上的滚动轴承。根据不同轴承结构的要求，滚动体形状分为球形滚子、圆柱滚子、圆锥滚子、球面滚子和滚针，如图 11-2 所示。

轴承内圈和外圈上的凹槽滚道可以降低接触压力和限制滚动体轴向移动，保持架的作用是将滚动体均匀地分开，避免滚动体之间的摩擦、磨损和碰撞。

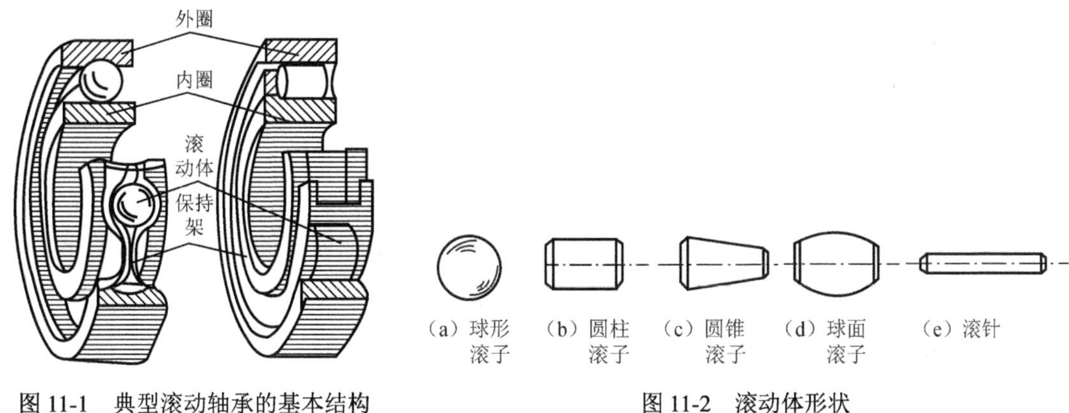

图 11-1 典型滚动轴承的基本结构

图 11-2 滚动体形状

2. 滚动轴承的承载性能

滚动轴承的结构特点对轴承的承载性能起关键作用。不同大小和不同形状的滚动体对滚动轴承的承载能力大小有直接的影响，滚动轴承的结构对轴承能够承受的载荷方向起决定性作用。

按照轴承所承受外载荷的方向，它可分为向心轴承、推力轴承和向心推力轴承三类。

接触角的概念：轴承外圈与滚动体接触处的公法线与垂直于轴承轴线的平面之间的夹角 α 称为滚动轴承的公称接触角，简称接触角（见图 11-3）。

接触角 α 的大小决定轴承承受轴向载荷和径向载荷能力的相对大小。接触角 $\alpha=0^\circ$ 的轴承主要承受径向载荷 F_r，称为向心轴承，如图 11-3（b）所示。接触角 $\alpha=90^\circ$ 的轴承只能承受轴向载荷 F_a，被称为推力轴承，如图 11-3（c）所示。当 $0^\circ<\alpha<90^\circ$ 时，轴承既能够承受径向载荷，又能承受轴向载荷，这类轴承通常称为向心推力轴承；当 $0^\circ<\alpha\leqslant 45^\circ$ 时，轴承主要以承受径向载荷为主；当 $45^\circ<\alpha<90^\circ$ 时，轴承以承受轴向载荷为主。

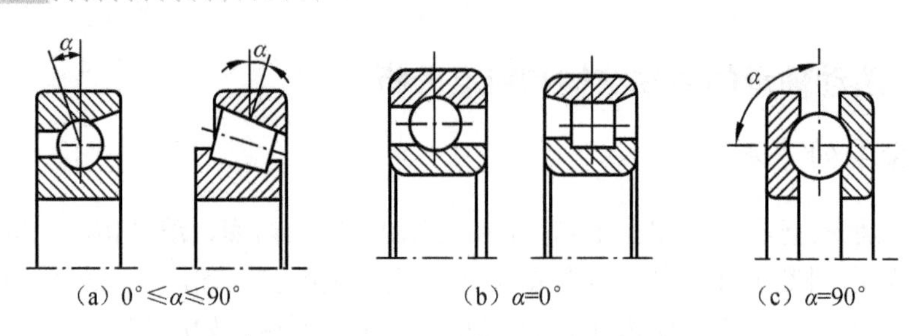

图 11-3　滚动轴承的接触角及其承载类型

3. 滚动轴承的调心性能

在一般情况下，滚动轴承的内圈通常与轴安装在一起，而外圈则固定在轴承座中。如果轴的中心线与轴承座孔的中心线不重合而有角度误差（轴和轴承座孔的加工误差、安装误差及轴受载后的变形等引起的误差）时，会直接影响机器的工作性能。因此，调心轴承对此类误差具有一定的适应能力。

角偏位的概念：轴承内圈和外圈轴心线的相对倾斜称为角偏位，该倾斜角称为偏位角 θ，如图 11-4 所示。一般的滚动轴承对角偏位很敏感，尽管调心轴承具有一定的调心性能，但适应的角度不大。使用时要注意调心轴承的角度限制范围，同时，在这样的场合使用，会导致滚动轴承的承载能力下降。

4. 滚动轴承的游隙与工作性能

轴承中的滚动体与内圈和外圈滚道之间的间隙称为轴承游隙，如图 11-5 所示，它分为径向游隙和轴向游隙。轴承代号中的游隙代号表示轴承的径向游隙的大小，轴向游隙可根据径向游隙的大小按照一定的关系换算获得。

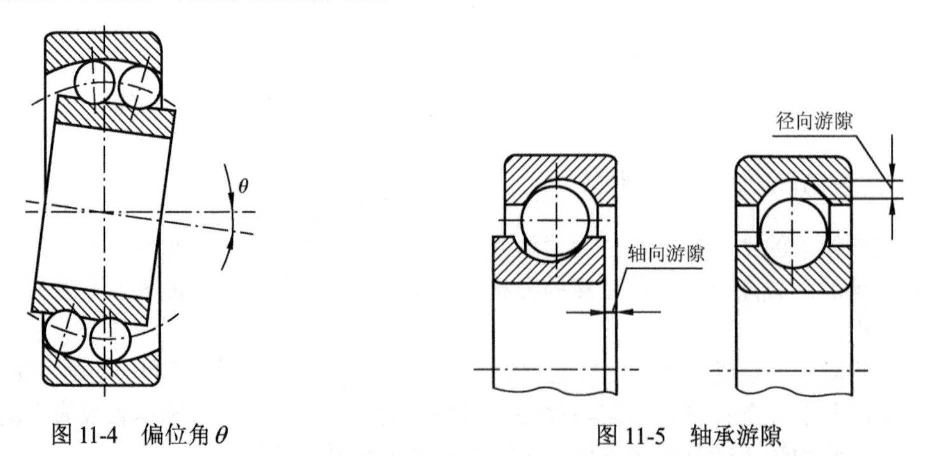

图 11-4　偏位角 θ

图 11-5　轴承游隙

游隙是滚动轴承能否正常工作的一个重要因素。适当的游隙可使载荷在轴承滚动体之间合理的分布；可限制轴的径向和轴向位移，保证旋转精度；能使轴承在规定的温度下正常工作；能减少噪声和振动，有利于提高轴承使用寿命。因此，必须选择合适的游隙，在确定游隙大小时需要考虑实际的安装和使用条件，防止游隙过小，温度升高，使轴承过热运转。

5. 轴承的结构与装拆性能

多数滚动轴承的内圈和外圈不可分离，有的轴承内圈和外圈可分离，这样的轴承便于装拆。在设计机械结构时，一定注意这个问题。

11.1.2 滚动轴承的材料

随着近代科学技术的发展，滚动轴承使用量日益增加，而且对轴承提出了更高的要求，如高精度、长寿命及高可靠性等。对某些特殊用途的轴承，还要求它具有耐高温、抗腐蚀、无磁性、超低温、抗辐射等性能。而滚动轴承中的各个元件在实际使用过程中，往往需要在复杂应力状态和高应力值条件下高速且长时间工作。因此，所选择的滚动轴承的材料是否合适，对其使用性能和使用寿命有很大影响。目前，机械设计人员在设计轴承时主要关心轴承的结构和尺寸，而对轴承材料及其性能不够熟悉，这种现象应该引起注意。

滚动轴承用钢通常是高碳铬钢及渗碳钢，包括耐腐蚀轴承钢、耐高温轴承钢、防磁轴承钢。除此之外，轴承材料还包括轴承合金、有色金属材料、非金属材料等。在一般情况下，滚动轴承的内圈、外圈和滚动体用强度高且耐磨性好的铬锰高碳钢制造，如 GCr15、GCr15SiMn 等，淬火后硬度达到 61～65 HRC。一般轴承的元件都经过 150℃的回火处理，当轴承工作温度不超过 120℃时，轴承硬度不会下降。对保持架，通常选用较软材料，如低碳钢板、铜合金、铝合金、工程塑料等材料。

11.1.3 滚动轴承的主要类型、性能和特点

滚动轴承的种类很多，特别是近些年出现了很多与行业紧密相关的新型轴承。在一般的机械工业中，我国常用滚动轴承的类型、性能和特点列于表 11-1 中，为机械设计者选择和使用滚动轴承提供参考。

表 11-1　常用滚动轴承的类型、性能和特点

类型		简图	结构代号	极限转速	性能和特点
代号	名称				
1	调心球轴承		10000	中	主要承受径向载荷，也可承受少量轴向载荷。外圈内表面是以轴承中点为圆心的球面，可自动调心
2	调心滚子轴承		20000	低	与调心球轴承相似，可自动调心。主要承受径向载荷。承载能力高，允许的偏位角略小于调心球轴承

续表

类型		简图	结构代号	极限转速	性能和特点
代号	名称				
3	圆锥滚子轴承		30000： α =10°～18° 30000B： α =27°～30°	中	能同时承受较大的径向载荷和单向轴向载荷。内圈和外圈可分离，便于装拆和调整间隙。一般成对使用
5	单向推力球轴承		51000	低	只能承受轴向载荷，并且载荷方向必须与轴线重合。套圈可分离，高速时离心力大，钢球与保持架摩擦，发热量大，因此它的极限转速很低
	双向推力球轴承		52000	低	
6	深沟球轴承		60000	高	主要承受径向载荷，也可同时承受不大的轴向载荷。使用于刚性较大和转速较高的轴。价格最低，应用最广
7	角接触球轴承		70000C α =15° 70000AC α =25° 70000B α =40°	高	能同时承受径向载荷和轴向载荷，也可单独承受轴向载荷。由于一个轴承只能承受单向轴向力，因此通常这类轴承成对使用，对称安装
N	圆柱滚子轴承		N0000 外圈无挡边 NU0000 内圈无挡边 NJ0000 内圈有单挡边	高	能承受较大的径向载荷，不能承受轴向载荷。承受载荷的能力比同尺寸的球轴承的承受载荷能力大，尤其是承受冲击载荷能力大
NA	滚针轴承		NA0000	低	能承受较大的径向载荷，结构紧凑，在内径相同的条件下，外径最小。适用于径向尺寸受限制的部件

11.1.4　滚动轴承的代号

滚动轴承类型较多，每种类型都有各自的结构、尺寸、精度等特点。为了便于组织生产和选用，国家标准采用字母和数字的组合表示各种型号的轴承，轴承的代号被印在轴承的外圈端面上。按照国标 GB/T 272—2017 的规定，滚动轴承的代号由基本代号、前置代号和后置代号构成。滚动轴承代号的构成见表 11-2。

表 11-2　滚动轴承代号的构成

<table>
<tr><th>前置代号</th><th colspan="5">基本代号</th><th colspan="8">后置代号</th></tr>
<tr><td rowspan="3">轴承分部件代号</td><td>五</td><td>四</td><td>三</td><td>二</td><td>一</td><td rowspan="3">内部结构代号</td><td rowspan="3">密封与防尘结构代号</td><td rowspan="3">保持架及其材料代号</td><td rowspan="3">特殊轴承材料代号</td><td rowspan="3">公差等级代号</td><td rowspan="3">游隙代号</td><td rowspan="3">多轴承配置代号</td><td rowspan="3">其他代号</td></tr>
<tr><td rowspan="2">类型代号</td><td colspan="2">尺寸系列代号</td><td colspan="2" rowspan="2">内径代号</td></tr>
<tr><td>宽度系列代号</td><td>直径系列代号</td></tr>
</table>

注：基本代号所在列的数字表示代号自右向左的位置序数

1. 基本代号

轴承的基本代号包括三项内容，即内径代号、尺寸系列代号和类型代号。

（1）内径代号：轴承内径是指轴承内圈的内径，常用字母 d 表示。基本代号中右起第一、二位数字为轴承内径代号，见表 11-3。对内径 $d<10$ mm 和 $d\geqslant 500$ mm 的轴承，另有标准规定它们的代号。

表 11-3　轴承内径代号

<table>
<tr><th>内径代号</th><th>内径 d/mm</th><th>内径示例</th></tr>
<tr><td>00</td><td>10</td><td rowspan="4">深沟球轴承 6203
d=17mm</td></tr>
<tr><td>01</td><td>12</td></tr>
<tr><td>02</td><td>15</td></tr>
<tr><td>03</td><td>17</td></tr>
<tr><td>04～96
轴承内径 d（mm）=内径代号×5</td><td>20～480
（22，28，32 除外）</td><td>圆锥滚子轴承 32207
d=7×5=35mm</td></tr>
</table>

（2）尺寸系列代号。尺寸系列代号是直径系列代号和宽度系列代号的统称。由基本代号的右起第三位和第四位数字表示。第三位为直径系列代号，即表示结构相同、内径相同的轴承在外径和宽度方面的变化系列。直径系列代号有 7、8、9、0、1、2、3、4 和 5，对应相同内径轴承的外径尺寸，它们外径尺寸依次递增。图 11-6 所示为球轴承直径系列的尺寸对比。第四位数字为宽度系列代号（宽度系列代号是对向心轴承而言，对推力轴承而言，第四位数字为高度系列代号），表示结构、内径和直径系列都相同的轴承，在宽（高）度方面的变化系列。宽度系列代号有 8、0、1、2、3、4、5 和 6，对应同一直径系列的轴承宽度，它们的宽度依次递增。当宽度系列为 0 系列（正常系列）时，对多数轴承而言，在代号中可以不标出宽度系列代号 0，但对调心滚子轴承和圆锥滚子轴承，宽度系列代号 0 应标出。常用向心轴承和推力轴承的尺寸系列代号见表 11-4。

表 11-4 常用向心轴承和推力轴承的尺寸系列代号

直径系列代号	向心轴承								推力轴承			
	宽度系列代号								高度系列代号			
	8	0	1	2	3	4	5	6	7	9	1	2
	特窄	窄	正常	宽	特宽				特低	低	正常	正常
	尺寸系列代号											
7（超特轻）	—	—	17	—	37	—	—	—	—	—	—	—
8（超轻）	—	08	18	28	38	48	58	68	—	—	—	—
9（超轻）	—	09	19	29	39	49	59	69	—	—	—	—
0（特轻）	—	00	10	20	30	40	50	60	70	90	10	—
1（特轻）	—	01	11	21	31	41	51	61	71	91	11	—
2（轻）	82	02	12	22	32	42	52	62	72	92	12	22
3（中）	83	03	13	23	33	—	—	63	73	93	13	23
4（重）		04	—	24	—	—	—	—	74	94	14	24

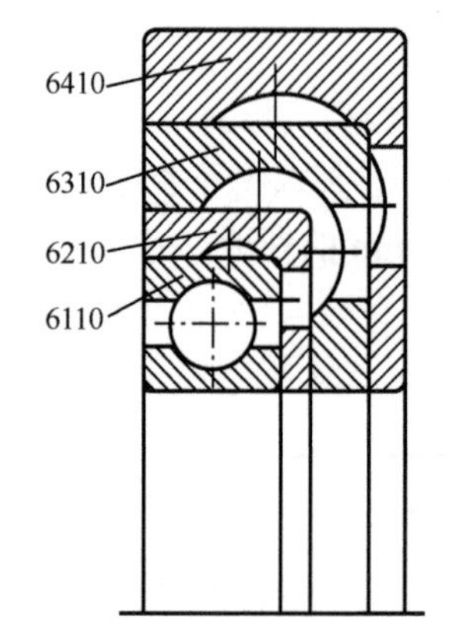

图 11-6 球轴承直径系列的尺寸对比

（3）类型代号。用基本代号右起第五位数字表示，如表 11-2 第 1 列数字。

2. 后置代号

轴承的后置代号为字母或数字等，用来表示轴承的结构、公差及材料的特殊要求等。轴承的后置代号种类很多，下面主要介绍几个常见的代号。

（1）内部结构代号。该代号表示同一类型轴承的不同内部结构，用字母 A、B、C、D、E、AC、ZW 加基本代号表示。例如，对接触角 α 分别等于 15°、25° 和 40° 的角接触球轴承，分别用 C、AC 和 B 表示。其中的 E 代表承载能力增大且结构得到改进的加强型；D 为剖分式轴承；ZW 为滚针保持架组件，双列。代号示例：7210 B，7210 AC，NU 207 E。

（2）公差等级代号。该代号表示轴承的公差等级。轴承的公差等级由高到低分为 2 级、4 级、5 级、6 级（或 6X 级）和 N 级，共 5 个级别。N 级为普通级（在轴承代号中不标出），其余公差等级分别用/P2、/ P4、/ P5、/ P6（或 / P6X）表示。公差等级中的 / P6X 仅适用于圆锥滚子轴承。代号示例：6203，6203 / P6。

轴承精度等级的提高会大幅度增加轴承的制造成本，因此选择精度等级时要注意，在满足工作要求的情况下，精度等级不宜过高。

（3）游隙代号。该代号表示轴承径向游隙的大小。常用的轴承径向游隙系列由小到大依次分为 2 组、N 组、3 组、4 组和 5 组等组别。其中，N 组游隙是常用的游隙组别，在轴承代号中不标出，其余的游隙组别在轴承代号中分别用 / C1、 / C2、 / C3、 / C4、 / C5 表示。代号示例：6210，6210 / C4。

3. 前置代号

轴承的前置代号表示轴承的分部件。例如，L 表示可分离轴承的可分离内圈或外圈；K 表示滚子和保持架组件，代号示例：K 83207。WS、GS 分别表示推力圆柱滚子轴承的轴圈和座圈，代号示例：WS83207，GS 83207 等。

代号示例：6312——轴承分部件无特殊要求，公称内径为 60mm，尺寸系列为 03（宽度系列代号为 0，可省略不写；直径系列代号为 3），深沟球轴承；公差等级为普通级，游隙组别为 N 组；内部结构、材料等各项均无变化。

7310AC/P5——内径为 50mm，角接触球轴承，尺寸系列为 03，接触角 $\alpha = 25°$，公差等级为 5 级公差，游隙组别为 N 组。

11.1.5 滚动轴承类型的选择

滚动轴承已标准化，因此，在设计轴承部件时，只须根据轴承的工作条件选择合适的类型。选择滚动轴承类型时，一般应考虑轴承的工作载荷（大小、方向和性质）、转速及其他使用要求。

（1）轴承承受的载荷。轴承所承受载荷的大小、方向和性质是选择轴承类型的主要依据。当载荷较小时，宜选用球轴承；当载荷较大时，宜选用滚子轴承；当轴承只承受径向载荷时，宜选用深沟球轴承、圆柱滚子轴承等；当轴承只承受轴向载荷时，宜选用推力球轴承和推力滚子轴承；当轴承同时承受径向载荷和轴向载荷时，宜选用角接触球轴承和圆锥滚子轴承。当轴承受到载荷冲击时，宜选用滚子轴承。

轴承承受载荷的情况是依据实际的轴系结构简化力学模型，利用力学分析计算得到的。因此，力学模型简化是否合理，轴上传动件的受力分析方法正确与否、轴上各零件位置的尺寸关系的确定都影响轴承载荷的计算。

（2）轴承的转速。每种类型的轴承都对应着一个极限转速 $n_{\lim}$，这个极限转速是指在一定条件下轴承最大允许转速。在一般情况下，要求轴承在极限转速以下工作。关于各种轴承的极限转速，可以查轴承标准。

当转速较高、载荷较小、要求旋转精度高时，宜选用球轴承；当转速较低、载荷较大或有冲击载荷时，则选用滚子轴承。推力轴承的极限速度比较低，因此当轴向载荷不大，而工作转速又高的情况下，可选用深沟球轴承代替推力轴承。每种类型的轴承适合的极限转速要求见表 11-1。

（3）轴承的调心性能。轴的加工误差、安装误差或因跨度大、受力变形等，可能会使轴承的内圈和外圈的轴线有较大的偏转角。这时，应选择具有调心性能的调心轴承，使轴承在这种情况下仍能正常工作。

（4）轴承安装和拆卸的方便性。轴承要便于安装和拆卸，这也是选择轴承类型时必须考虑的因素。对于经常需要安装和拆卸的轴承，宜选用内圈和外圈可分离的圆柱滚子轴承和圆锥滚子轴承。

（5）轴承的经济性。在主要尺寸和精度相同的各类轴承中，球轴承的价格普遍低于滚子轴承，其中深沟球轴承的价格最低。因此，在满足使用要求的前提下，尽量选用球轴承。对同一类型的轴承，选择的精度级别由低到高，价格也由低到高。因此，不要随意提高所选轴承的精度等级。

以上是在选择轴承时要考虑的基本因素，在实际选择时也要考虑一些针对性的要求，在实际情况下选择轴承时，也有很多的经验值得参考。

11.2　滚动轴承的工作情况

11.2.1　滚动轴承的工作情况分析

1. 工作中的轴承上的载荷分布

（1）向心轴承上的径向载荷分布。在纯径向载荷作用下，向心轴承上的载荷的分布如图 11-7 所示。当径向载荷通过轴颈作用到轴承圈上时，假定内圈和外圈的几何形状不变，滚动体与滚道的变形在弹性范围内，内圈沿径向载荷的方向向下移动位移δ。此时，载荷完全由轴承内的下半圈滚动体承担（承载区），上半圈滚动体几乎不受力（非承载区）。根据变形协调关系，滚动体与套圈接触处产生的变形量在中间位置达到最大，沿两边逐渐减小，即接触载荷在F_r作用线上的接触点达到最大（F_{max}），并沿两边逐渐减小。由理论分析可知，此时，F_r与F_{max}的关系为

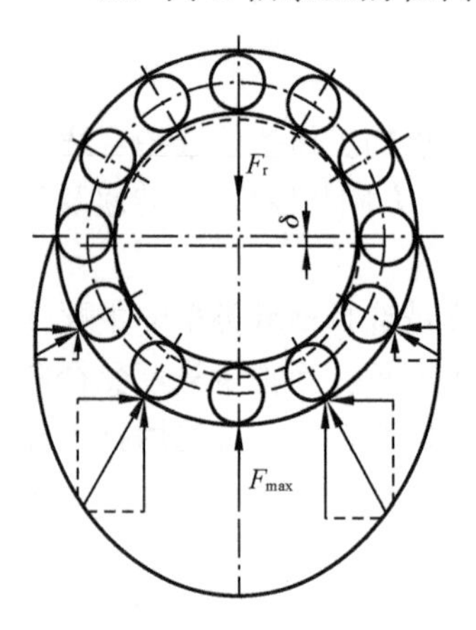

图 11-7　向心轴承上的载荷分布

$$F_{max}=\frac{5F_r}{z} \tag{11-1}$$

式中，z为滚动体的总数。

注意：如果是滚子轴承，上式中的“5”改为 4.6。

（2）推力轴承上的载荷分布。当接触角α=90°的单向推力轴承承受轴向载荷时，制造误差和安装误差会使工作中的轴承滚动体所承受的载荷不完全相等，有些滚动体承受的载荷可能大于平均值。

（3）向心推力轴承上的载荷分布。角接触球轴承和圆锥滚子轴承可以同时承受径向载荷和轴向载荷的联合作用，轴承内部的载荷分布比较复杂，受载滚动体的数量与轴承承受的径向力和轴向力的相对大小有关，即与径向载荷与轴向载荷的比值有关。而轴承中的承载滚动体数量的多少直接影响滚动轴承的工作状态和性能。在轴承载荷计算中，以轴承中至少半圈滚动体受载为基础，此时，轴承承受的径向载荷F_r、轴向载荷F_a和接触角α的关系为

$$F_a/F_r\approx 1.25\tan\alpha \tag{11-2}$$

2. 工作中的轴承上的载荷和应力的变化

轴承工作时，它的各个元件承受的载荷以及所产生的应力随时间而变化。当轴承内圈和外圈发生相对转动时，滚动体也随之运动，轴承内各滚动体及滚道承受的载荷及应力都经历由 0→小→最大→小→0 的过程。对滚动体及转动套圈上每个接触点而言，在承载区，其承受的载荷和应力变化如图 11-8（a）所示，即按周期不稳定变化。固定套圈上的每个接触点只在与滚动体接触的情况下才承受载荷，其上的应力是周期性脉动循环变应力，如图 11-8（b）所示。

滚动轴承的各个元件的这种应力情况将会对各个元件产生疲劳破坏，即产生疲劳点蚀，造成轴承的失效，缩短轴承的使用寿命。

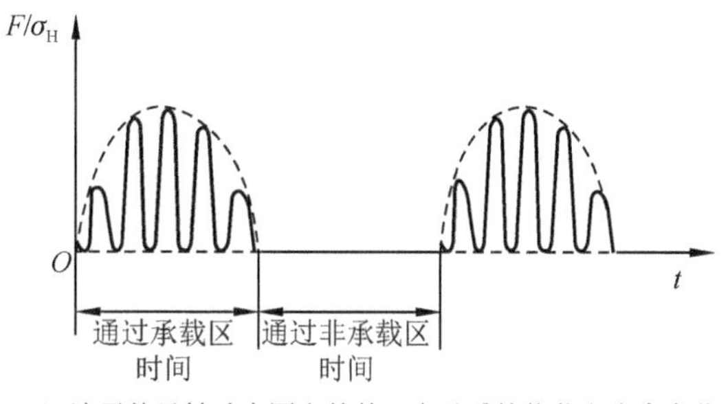

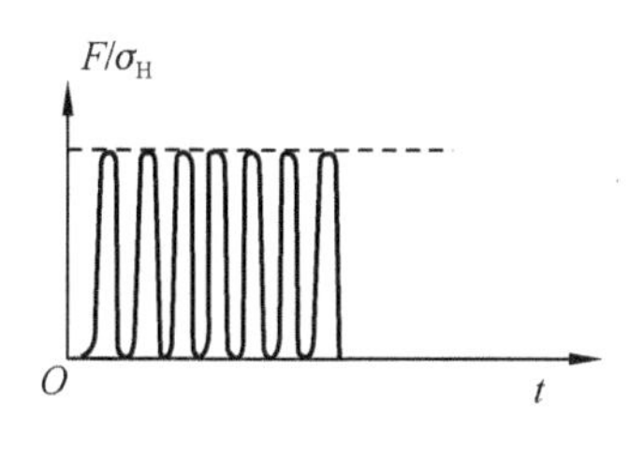

（a）滚子体及转动套圈上的某一点承受的载荷和应力变化 （b）固定套圈上的某个接触承受的周期性脉动循环变应力

图 11-8　轴承各个滚动元件的载荷和应力分布

11.2.2　滚动轴承的失效形式

一般比较常见的滚动轴承失效形式为疲劳点蚀、塑性变形、磨损与胶合，还可能是断裂和元件锈蚀等。在正常工作条件下，滚动轴承的失效形式主要有以下两种。

（1）疲劳点蚀。滚动轴承在安装、润滑、维护良好的条件下工作时，轴承内外圈滚道和滚动体受到周期性脉动循环接触应力的作用，在应力循环一定次数后，各个接触表面就会产生疲劳裂纹。随着应力循环次数的增加，裂纹进一步扩展，使表面金属材料发生局部剥落，从而产生疲劳点蚀。滚动轴承发生疲劳点蚀时，它在工作中会出现较强烈的振动、噪声和发热现象。在大多数情况下，滚动轴承主要因疲劳点蚀而失效。

（2）塑性变形。当轴承转速较低或摆动运动、载荷很大时，通常不会发生疲劳点蚀，但在过大的静载荷或冲击载荷作用下，滚动体或套圈滚道表面会产生永久性的凹坑（塑性变形），使轴承在工作中产生强烈的振动和噪声，降低运动精度，造成轴承失效。

不同行业所使用的滚动轴承的失效形式也不一样。例如，有资料说明，在轨道交通车辆中轴承的失效形式首先表现为疲劳点蚀，其次是保持架断裂，磨损和塑性变形则排在第三位。失效分析为轴承的设计和使用提供了依据。

11.2.3　滚动轴承的设计准则

根据滚动轴承的失效形式，可以建立其设计准则，主要是以防止轴承的疲劳点蚀和过大的塑性变形为主。对一般转速的轴承，为防止其疲劳失效，要计算其疲劳寿命；对转速较低的轴承或作摆动的轴承，则要控制其塑性变形的大小，计算静强度。除此之外，需要时还可以进行极限转速的校验，以控制轴承的磨损、胶合和烧伤等。

11.3　滚动轴承的相关概念及其预期寿命计算

11.3.1　滚动轴承的基本额定寿命

在安装、润滑、维护良好的工况下，轴承的主要失效形式是滚动体或套圈滚道上的点蚀破坏。轴承上的任一元件在发生点蚀破坏前，轴承的总转数或在一定转速下的工作小时数称为轴承的寿命。即使制造材料、热处理方法、结构尺寸及制造方法等完全一样的同一批轴承，在相同的工作条件下工作，其最短寿命和最长寿命之差也非常大。因此同批轴承中的最短寿命或最长寿命都不能代表这一批轴承的寿命。通过数理统计的方法规定同一批轴承中的10%发生疲劳点蚀（90%的轴承没发生点蚀破坏）时轴承的转数称为轴承的基本额定寿命，用 L_{10} 表示，单位为10^6 r（转），或者以工作小时数 L_{10h}（h 为小时单位）表示。用 n 表示轴承的转速，单位为r/min，此时，不同单位之间的换算关系为

$$L_{10h}=\frac{10^6 L_{10}}{60n} \tag{11-3}$$

对轴承的基本额定寿命这个概念，读者应充分理解以下两点：

首先，轴承的基本额定寿命是和它受到的载荷相关的。载荷越大，它引起的接触应力就越大，轴承的基本额定寿命就越短；反之，载荷越小，轴承的寿命就越长。轴承的基本额定寿命是在特定的载荷条件下通过实验测得的，如果实验时施加的载荷不同，那么轴承的基本额定寿命也会不同。

其次，轴承的基本额定寿命的统计学意义。对单个轴承来说，其基本额定寿命表示该轴承能顺利地在基本额定寿命内正常工作的概率为 90%，而实际使用寿命低于基本额定寿命的概率，仅为 10%。对一组完全相同的轴承来说，其中约有 10%的轴承的实际使用寿命会低于基本额定寿命，而约 90%的轴承的实际使用寿命能达到基本额定寿命，甚至远远超出基本额定寿命。

11.3.2 滚动轴承的基本额定动载荷

当滚动轴承的基本额定寿命为 10^6 转时，轴承所能承受的载荷称为轴承的基本额定动载荷，用 C 表示。各类滚动轴承的基本额定动载荷 C 不同。基本额定动载荷 C 越大，说明滚动轴承的承载能力越强。对于向心轴承，基本额定动载荷指的是纯径向动载荷，用 C_r 表示；对于推力轴承，基本额定动载荷指的是纯轴向动载荷，用 C_a 表示；对于角接触球轴承和圆锥滚子轴承，基本额定动载荷指的是套圈之间产生纯径向位移的载荷的径向分量。

每个型号的滚动轴承的基本额定动载荷已经通过大量的试验和理论分析得到，在使用时可以直接查相关标准获得，把它作为选择轴承的依据。

11.3.3 滚动轴承的当量动载荷

滚动轴承的基本额定动载荷是在一定实验条件下获得的，但在实际工程中，滚动轴承既承受径向载荷又承受轴向载荷，即滚动轴承所承受的载荷条件与确定轴承基本额定动载荷的条件不同。因此，在计算基本额定寿命时，必须把实际载荷折算成相当于实验条件下的纯径向载荷或纯轴向载荷，才能与基本额定动载荷进行比较。这样折算后的载荷是一种假想的载荷，称为当量动载荷，用字母 P 表示。在当量动载荷作用下，滚动轴承具有与在实际载荷作用下相等的基本额定寿命。它的计算公式为

$$P = XF_r + YF_a \tag{11-4}$$

式中，F_r，F_a 分别为轴承所承受的径向载荷和轴向载荷，单位为N；X，Y 分别为径向动载荷系数和轴向动载荷系数，见表 11-5。

对于承受纯径向载荷的轴承：

$$P = F_r \tag{11-5}$$

对于承受纯轴向载荷的轴承：

$$P = F_a \tag{11-6}$$

表 11-5　径向动载荷系数和轴向动载荷系数

轴承类型		相对轴向载荷	判断系数	$F_a/F_r \leqslant e$		$F_a/F_r > e$	
名称	代号	F_a/C_{0r}	e	X	Y	X	Y
调心球轴承	10000		（e）	1	（Y_1）	0.65	（Y_2）
调心滚子轴承	20000		（e）	1	（Y_1）	0.67	（Y_2）
圆锥滚子轴承	30000		0.36	1	0	0.4	1.6
		0.014	0.19				2.3
		0.028	0.22				1.99
		0.056	0.26				1.71
		0.084	0.28				1.55
深沟球轴承	60000	0.11	0.3	1	0	0.56	1.45
		0.17	0.34				1.31
		0.28	0.38				1.15
		0.42	0.42				1.04
		0.56	0.44				1.00
		0.015	0.38				1.47
		0.029	0.4				1.4
		0.058	0.43				1.3
		0.087	0.46				1.23
角接触球轴承	70000C α =15°	0.12	0.47	1	0	0.44	1.19
		0.17	0.5				1.12
		0.29	0.55				1.02
		0.44	0.56				1
		0.58	0.56				1
角接触球轴承	70000AC α =25°		0.68	1	0	0.41	0.87
	70000B α =40°		1.14	1	0	0.35	0.57

注：（1）C_{0r} 为轴承基本额定径向静载荷；

（2）α 是接触角。关于系数 X、Y 和 e 的详值，应查轴承手册，不同型号的轴承对应不同的值。

由式（11-4）～式（11-6）计算的当量动载荷是理论值。在实际工程中，由于机器中的振动、冲击、零件误差、轴的挠度变形等因素的影响，因此轴承还会承受由此产生的附加力。此时，需要引入载荷系数 f_P 对当量动载荷进行修正，f_P 值见表 11-6 所示。修正后的当量动载荷计算公式为

$$P = f_P(XF_r + YF_a) \tag{11-7}$$

$$P = f_P F_r \tag{11-8}$$

$$P = f_P F_a \tag{11-9}$$

表 11-5 中的 e 值为一个判断系数，它是考虑轴承的轴向载荷对轴承的基本额定寿命的影响程度的依据。

表 11-6　载荷系数 f_P 的值

载荷性质	f_P	举例
平稳运转或轻微冲击	1.0～1.2	电动机、汽轮机、通风机等
中等冲击或中等惯性力	1.2～1.8	车辆、动力机械、水力机械、卷扬机、木材加工机械、机床、减速器等
强大冲击	1.8～3.0	破碎机、轧钢机、钻探机等

11.3.4　滚动轴承的预期寿命计算

滚动轴承的基本额定寿命与其承受的载荷有关，每种型号的滚动轴承都有其基本额定寿命与载荷的关系曲线，即 L_{10}-P 曲线。它与一般的疲劳强度曲线（σ-N 曲线）相似，也可称为轴承的疲劳曲线。图 11-9 为 6210 轴承的 L_{10}-P 曲线。试验表明，其他型号的滚动轴承也有与上述曲线函数规律相同的 L_{10}-P 曲线。此曲线可用公式表示为

$$L_{10}=\left(\frac{C}{P}\right)^{\varepsilon} \tag{11-10}$$

式中，ε 为寿命指数。球轴承的寿命指数 ε=3，滚子轴承的寿命指数 ε=10/3。

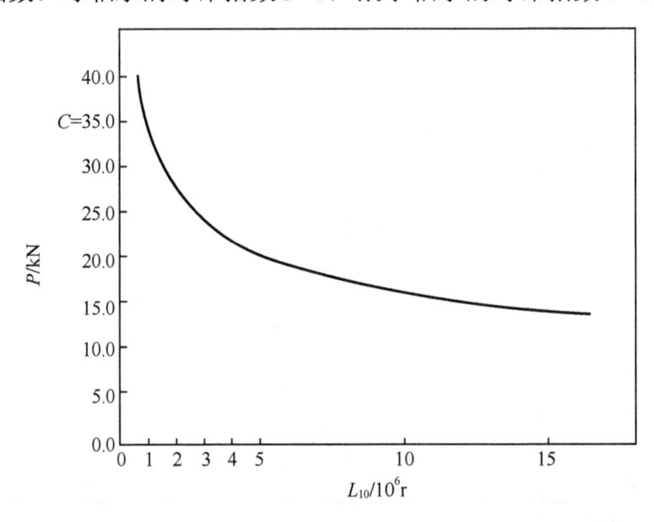

图 11-9　6210 轴承的 L_{10}-P 曲线

若滚动轴承的转速用 n 表示，则以小时表示的轴承寿命 $L_{10\text{h}}$ 为

$$L_{10\text{h}}=\frac{10^6}{60n}\left(\frac{C}{P}\right)^{\varepsilon} \tag{11-11}$$

以上所述的滚动轴承的基本额定动载荷 C 是在 120℃以下时获得的，当温度超过此值时，会引起滚动轴承元件材料组织的变化及硬度的降低，会使滚动轴承的基定额定寿命降低一定的幅度。此时，需要引入温度系数 f_t，以修正 C 值，f_t 值见表 11-7，修正后的公式表示为

$$L_{10}=\left(\frac{f_t C}{P}\right)^{\varepsilon} \tag{11-12}$$

$$L_{10\text{h}}=\frac{10^6}{60n}\left(\frac{f_t C}{P}\right)^{\varepsilon} \tag{11-13}$$

表 11-7 温度系数 f_t

滚动轴承工作温度/℃	≤120	125	150	175	200	225	250	300	350
温度系数 f_t	1.00	0.95	0.9	0.85	0.8	0.75	0.7	0.6	0.5

根据式（11-12）或式（11-13）可以进行两方面的计算。一是解决在轴承型号和载荷大小已知的情况下滚动轴承的基定额定寿命有多长，也为在工作中更换滚动轴承提供依据；二是在已知一定工作寿命和滚动轴承承受的载荷情况下，确定滚动轴承的尺寸（型号）。

通常，在不同的行业中所使用的滚动轴承都有一个预期寿命的要求，这为我们进行滚动轴承的选择与计算提供了参考。荐用的轴承预期寿命见表 11-8。

表 11-8 荐用的轴承预期寿命

机器类型		示例	预期寿命 L'_{10h} /h
不经常使用的仪器和设备		闸门开闭装置、门窗开闭装置等	300～3000
间断使用的机械	中断使用时不引起严重后果	手动机械、农业机械等	3000～8000
	中断使用时引起严重后果	升降机、发电站辅助设备、吊车等	8000～12000
每日工作 8h 的机械	利用率不高、不满载使用	起重机、电动机、齿轮传动等	12000～20000
	满载使用	机床、印刷机械、木材加工机械等	20000～30000
24h 连续使用的机械	正常使用	水泵、防止机械、空气压缩机等	40000～60000
	中断使用时将引起严重后果	发电站主电机、给排水装置、船舶螺旋桨轴等	＞1000000

【例 11-1】 已知安装该轴承的轴颈的直径为 30mm，它承受的径向载荷 F_r=4000N，载荷平稳，转速 n=600r/min，预期寿命 L'_{10h}=1200h，该轴承的工作环境正常。试确定深沟球轴承的型号。

解： 由于载荷平稳，因此 $f_P=1$。

则轴承的当量动载荷为 $P=f_P F_r=F_r=4000\text{ N}$。

又因为工作环境正常，所以 f_t=1。

根据 $L_{10h}=\dfrac{10^6}{60n}\left(\dfrac{f_t C}{P}\right)^{\varepsilon}$，可知球轴承的寿命指数 ε=3，则该轴承的基本额定动载荷 C' 为

$$C'=\frac{1}{f_t}\sqrt[3]{\frac{60nL'_{10h}}{10^6}}\cdot P=1\times\sqrt[3]{\frac{60\times600\times1200}{10^6}}\times4000=14035\text{（N）}$$

已知该轴承类型代号为 6，再由轴颈尺寸可知，轴承内径代号为 06，根据机械设计手册中轴承的标准选用 6206 轴承，其额定动载荷 C=15200N＞14035N，满足要求。

这个例题只说明滚动轴承预期寿命计算的基本情况。

11.3.5 向心推力轴承的受力分析及轴向载荷 F_a 的计算

1. 轴承派生轴向力的产生及作用

由于角接触球轴承与圆锥滚子轴承的接触角大于0°，即使只受到纯径向载荷 F_r 的作用，在承载区外圈与滚动体接触点也会产生沿法线方向的约束反力 F_{Ni}，这个约束反力分解为沿轴承径向的分力 F_{ri} 和沿轴向的分力 F_{di}。所有滚动体上径向分力 F_{ri} 的合力与径向载荷 F_r 平衡，各个滚动体上的轴向分力的合力为轴承的内部轴向力 F_d，也称为派生轴向力，如图 11-10

所示。其值可通过表 11-9 中的公式计算，派生轴向力 F_d 的存在使得向心推力轴承所承受轴向载荷的计算比较复杂。

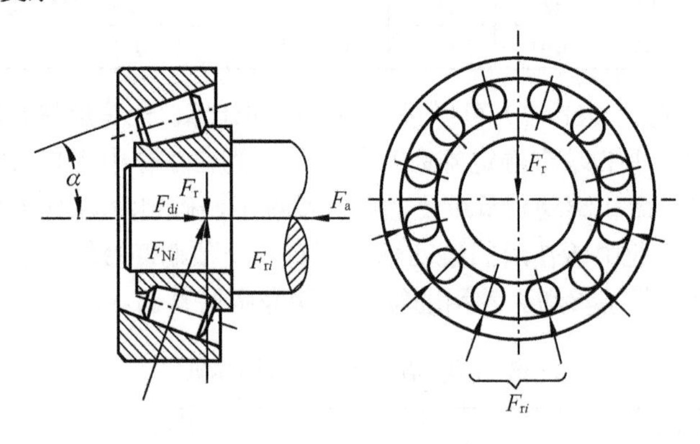

图 11-10　派生轴向力的产生

表 11-9　滚动体接触时派生轴向力 F_d 的计算公式

圆锥滚子轴承	角接触球轴承		
	7000C	7000AC	7000B
$F_d = F_r/(2Y)$	$F_d = eF_r$	$F_d = 0.68F_r$	$F_d = 1.14F_r$

注：Y 和 e 为表 11-5 中的值。

派生轴向力 F_d 的方向由外圈的宽边指向窄边，其作用效果是迫使轴承内圈外圈发生分离。在粗略计算时，其作用点选在轴承宽度中间的轴线上，在精确计算时，需要查阅机械设计手册。因此，为保证轴承正常工作，此类轴承通常是成对使用的。

2. 轴承的成对安装与力学模型的建立

（1）轴承的成对安装方式。角接触球轴承和圆锥滚子轴承是成对使用的，它们的安装方式通常有正装或称面对面安装［见图 11-11（a）］和反装或称为背对背安装［见图 11-12（a）］两种。

不同的安装方式不仅对轴承的受力和轴的强度等产生的影响不同，还对设备实际应用的方便性带来较大的差异。

（2）计算轴承寿命时的简单力学模型的概念与建立。遵循认识论的规律，从生活、工程或实验中观察各种现象，从复杂的现象中抓住共性，找出反映事物本质的主要因素，略去次要因素，经过简化，把作机械运动的实际物体抽象为力学模型（Mechanical Model）。建立力学模型是工程力学研究方法中很重要的一个步骤，因为实际中的力学问题往往是很复杂的，这就需要对同一个研究对象，为了不同的研究目的，进行多次实验，反复观察，仔细分析，抓住问题的本质，做出正确的假设，使问题理想化或简化，从而达到在满足一定精确度的要求下用简单的力学模型解决问题的目的。

如前所述，轴承是轴系结构设计中重要的支承件，轴承的受力与轴系结构的设计密切相关，从具体的轴系结构简化出合理的轴承的力学模型。下面以图 11-11（a）和图 11-12（a）为例，说明计算轴承寿命时力学模型的建立。需要说明的是，在图 11-11 和图 11-12 中，施加在轴上的外载荷 F_A、F_R 来自轴上的传动件，如齿轮和带轮等，在此忽略该情况。设轴上的轴向外载荷为 F_A、径向外载荷为 F_R，其方向和位置见图 11-11 与图 11-12。

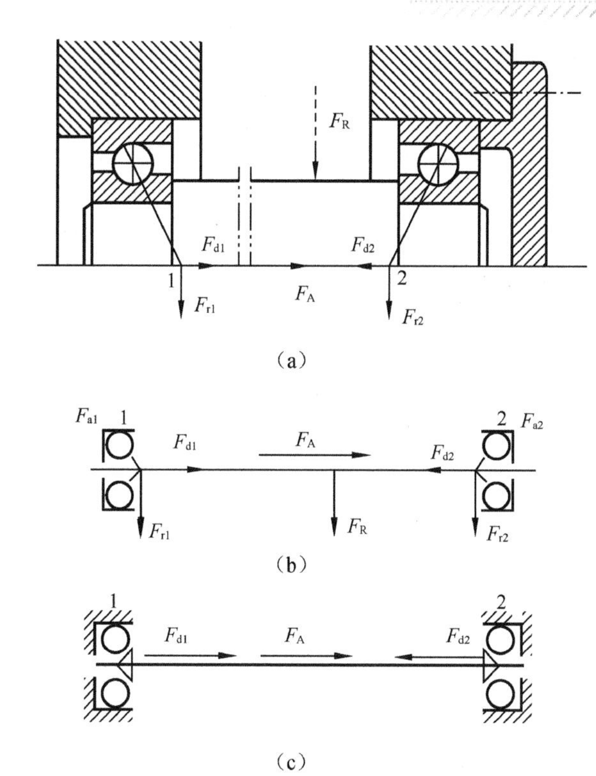

图 11-11　角接触球轴承正装轴向载荷分析

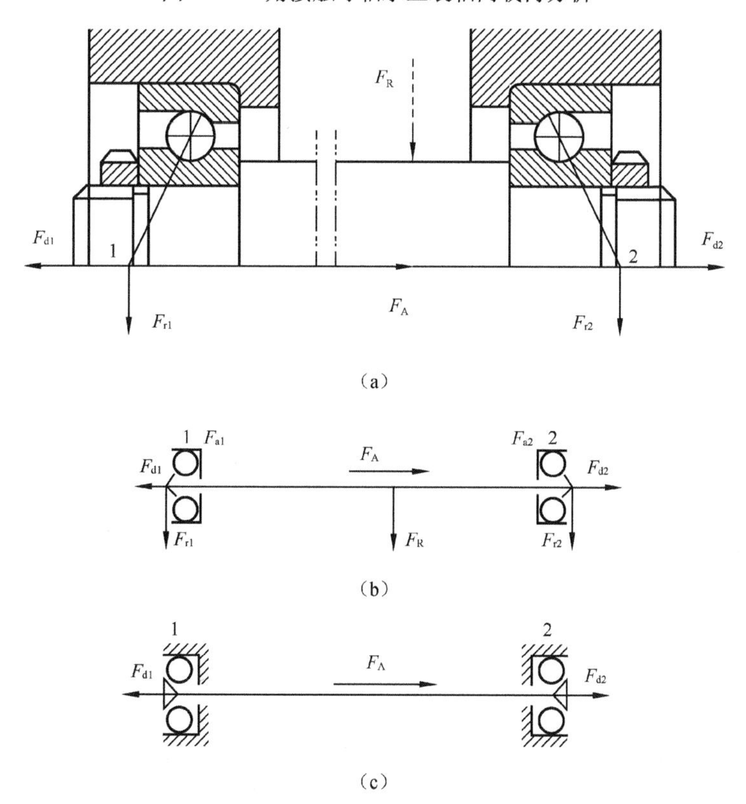

图 11-12　角接触球轴承反装轴向载荷分析

在图 11-11 和 11-12 中设左端轴承为轴承 1，右端轴承为轴承 2。其中，F_{r1} 和 F_{r2} 是轴承所承受的径向力，其大小根据轴上外载荷按照力学的方法获得；F_{d1} 和 F_{d2} 是轴承在径向力的作用下产生的派生轴向力，其大小根据轴承所承受的径向力大小并按照相关的公式计算得到。这几个力的作用点是轴承在轴上的压力中心，压力中心之间的距离是轴的跨距 L。

将轴简化为一条直线，用机构运动简图中简单的符号表示轴承。简化后的力学模型见图 11-11（b）、图 11-11（c）、图 11-12（b）和图 11-12（c）。

3. 轴承所承受轴向力 F_a 的计算

以轴承正装（见图 11-11）为例，说明轴承所承受的轴向力 F_a 的计算方法。依据图 11-11（c）所示的力学模型，选取轴和与其配合的轴承内圈作为分离体。若要达到轴向平衡，则应满足

$$F_A + F_{d1} = F_{d2} \tag{11-14}$$

如果不满足上述关系式（一般情况下不满足），就会出现以下两种情况：

（1）当 $F_A + F_{d1} < F_{d2}$ 时，轴呈现“向左移”的趋势，轴承 1 被压紧，轴承 2 被放松。因此，轴承 1 所承受的轴向力 F_{a1} 为

$$F_{a1} = F_{d2} - F_A \tag{11-15}$$

而被放松的轴承 2 所承受的轴向力就是其派生轴向力 F_{d2}，即

$$F_{a2} = F_{d2} \tag{11-16}$$

（2）当 $F_A + F_{d1} > F_{d2}$ 时，轴呈现“向右移”的趋势，轴承 2 被压紧，轴承 1 被放松。因此，轴承 2 所承受的轴向力 F_{a2} 为

$$F_{a2} = F_{d1} + F_A \tag{11-17}$$

而被放松的轴承 1 所承受的轴向力就是其派生轴向力 F_{d1}，即

$$F_{a1} = F_{d1} \tag{11-18}$$

综上所述，求解角接触轴承的轴向载荷 F_a 的步骤如下。

（1）根据轴承受到的径向力 F_r，按表 11-9 求出两端轴承的派生轴向力或内部轴向力 F_{d1} 和 F_{d2} 的大小，并画出力的作用点和方向。

（2）按照轴上的全部轴向力 F_{d1}、F_{d2} 的合力和 F_A 平衡条件，判断哪一端轴承被“压紧”，哪一端轴承被“放松”。

（3）确定两端轴承的轴向载荷 F_a。“放松”端轴承的轴向力等于其派生轴向力；而“压紧”端轴承的轴向力等于除了其派生轴向力的其他所有轴向力的代数和；当两端轴承若均不被“压紧”或“放松”时，两端轴承上的轴向载荷等于各自的派生轴向力。

反装时的情况见图 11-12，其分析方法和步骤与上述相同。不过，要注意压紧端和放松端的判断。

11.3.6 轴承寿命计算综合例题

【例 11-2】 在图 11-13（a）中，轴上斜齿轮承受的圆周力 $F_t = 4000\text{ N}$，径向力 $F_r = 1500\text{ N}$，轴向力 $F_a = 950\text{ N}$，轴转速 n=360r/min，安装轴承的轴颈直径 d=40mm，轴承预期寿命 $L'_{10h} = 2\times10^5\text{h}$，选取 $f_P = 1.1$，工作温度不高。试确定轴承型号。

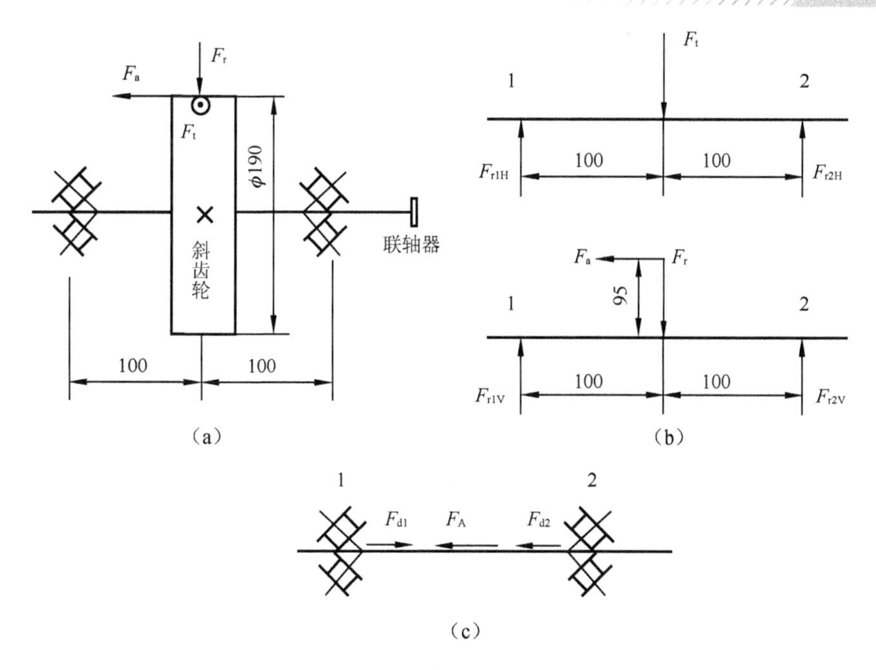

图 11-13 例 11-2 图例

解：（1）初步选定轴承类型。由题意可知，轴承同时承受径向载荷和轴向载荷作用，轴的转速不高，因此初步选定的轴承类型是圆锥滚子轴承。轴承按正装方式安装，则左端轴承为轴承 1，右端轴承为轴承 2。

（2）计算轴承的径向力 F_{r1} 和 F_{r2}。由于作用于齿轮上的圆周力 F_t、径向力 F_r 和轴向力 F_a 所产生的弯矩不在同一平面上，因此轴承的径向力分为两个分量，即水平径向分力和垂直径向分力［见图 11-13（b）］。

① 水平径向分力的计算。

$$F_{r1H}=F_{r2H}=F_t/2=4000\text{N}/2=2000\text{N}$$

② 垂直径向分力的计算。根据力矩平衡条件，可得

$$F_{r1V}\times200-F_a\times190/2-F_r\times100=0$$

$$F_{r2V}\times200+F_a\times190/2-F_r\times100=0$$

解得

$$F_{r1V}=[950\times190/2+1500\times100]/200=1201.25\ (\text{N})$$

$$F_{r2V}=[1500\times100-950\times190/2]/200=298.75\ (\text{N})$$

③ 轴承径向力计算。

$$F_{r1}=\sqrt{F_{r1H}^2+F_{r1v}^2}=\sqrt{2000^2+1201.25^2}=2333\ (\text{N})$$

$$F_{r2}=\sqrt{F_{r2H}^2+F_{r2v}^2}=\sqrt{2000^2+298.75^2}=2022\ (\text{N})$$

（3）计算左右两端轴承的轴向力 F_{a1} 和 F_{a2}。

① 初选轴承型号。根据轴颈尺寸，初步选定的轴承型号为 30208。由机械设计手册查得 $e=0.37$，$Y=1.6$，$C_r=63.0\text{ kN}$，$C_{0r}=74.0\text{ kN}$。对该型号轴承的寿命进行验算。

② 计算轴承派生轴向力。

由表 11-9 得

$$F_{d1}=\frac{F_{r1}}{2Y}=\frac{2333}{2\times1.6}=729(\mathrm{N})$$

$$F_{d2}=\frac{F_{r2}}{2Y}=\frac{2022}{2\times1.6}=632(\mathrm{N})$$

③ 计算左右两端轴承的轴向力。

计算所用的力学模型如图 11-13（c）所示，可知 $F_A=F_a$。

因为 $$F_{d2}+F_A=632+950=1582\mathrm{N}>F_{d1}$$

可知轴承 1 被压紧，轴承 2 被放松，所以轴承 1 和轴承 2 承受的轴向力分别为

$$F_{a1}=F_{d2}+F_A=632+950=1582\ (\mathrm{N})$$

$$F_{a2}=F_{d2}=632\ (\mathrm{N})$$

（4）求左右两端轴承的当量动载荷 P_1 和 P_2。

① 确定左右两端轴承的径向动载荷系数和轴向动载荷系数

$$\frac{F_{a1}}{F_{r1}}=\frac{1582}{2333}=0.678>e=0.36$$

$$\frac{F_{a2}}{F_{r2}}=\frac{632}{2022}=0.3125<e=0.36$$

由表 11-5 可知

轴承 1: $X_1=0.4$，$Y_1=1.6$

轴承 2: $X_2=1$，$Y_2=0$

② 计算左右两端轴承的当量动载荷。

$$P_1=f_P(X_1F_{r1}+Y_1F_{a1})=1.1\times(0.4\times2333+1.6\times1582)=3810.84\ (\mathrm{N})$$

$$P_2=f_P(X_2F_{r2}+Y_2F_{a2})=1.1\times(1\times2022+0\times632)=2224\ (\mathrm{N})$$

（5）验算轴承寿命。

因为 $P_1>P_2$，所以只需按轴承 1 验算寿命。又因为工作温度不高，所以温度系数 $f_t=1$，则该圆锥滚子轴承的寿命指数 $\varepsilon=\frac{10}{3}$。

$$L_{10h}=\frac{10^6}{60n}\left(\frac{f_tC_r}{P_1}\right)^{\varepsilon}=\left[\frac{10^6}{60\times360}\left(\frac{1\times63000}{3810.84}\right)^{10/3}\right]=5.28\times10^5(\mathrm{h})>L'_{10h}=2\times10^5(\mathrm{h})$$

通过计算表明，30208 轴承满足使用要求。

11.4 滚动轴承的静载荷计算

为防止轴承在一定的工作条件下产生塑性变形，需要对轴承进行静载荷计算，按静强度选择轴承尺寸。

根据标准规定，以使受载最大的滚动体与滚道接触中心的接触应力达到一定值时的载荷，作为轴承静强度的界限，把它称为基本额定静载荷，用 C_0 表示。

与当量动载荷的计算方法相似，当滚动轴承上同时承受径向载荷 F_r 和轴向载荷 F_a 时，实际载荷应转化为当量静载荷 P_0，即

$$P_0 = X_0 F_r + Y_0 F_a \tag{11-19}$$

式中，X_0，Y_0 分别为当量静载荷的径向载荷系数和轴向载荷系数，见表 11-10。

按轴承静载荷能力选择轴承的强度条件，即

$$C_0 \geqslant S_0 P_0 \tag{11-20}$$

式中，S_0 为轴承静强度安全系数，使用时可按表 11-11 查取。

表 11-10　当量静载荷的径向载荷系数和轴向载荷系数

轴承类型	代号	单列轴承	
		X_0	Y_0
深沟球轴承	60000	0.6	0.5
角接触球轴承	7000C	0.5	0.46
	7000AC		0.38
	7000B		0.26
圆锥滚子轴承	30000	0.5	Y_0

表 11-11　轴承静强度安全系数 S_0

旋转条件	载荷条件	S_0	使用条件	S_0
连续旋转轴承	普通载荷	1.0～2.0	高精度旋转场合	1.5～2.5
	冲击载荷	2.0～3.0	振动冲击场合	1.2～2.5
不常旋转或摆动的轴承	普通载荷	0.5	普通旋转精度场合	1.0～1.2
	冲击及不均匀载荷	1.0～1.5	允许有变形量	0.3～1.0

11.5　滚动轴承的组合设计

为了保证滚动轴承正常工作，除了合理选择轴承类型、尺寸，还应正确地进行滚动轴承的组合设计。滚动轴承的组合设计包括滚动轴承的轴向位置固定、滚动轴承与其他零件的配合、间隙调整、拆装、润滑和密封等。

11.5.1　滚动轴承的结构

为了防止轴工作时发生轴向窜动，保证轴及轴上零件相对机架有确定的工作位置，同时要考虑在轴受热膨胀时滚动轴承不被卡死，必须正确地设计轴承的组合结构。常用的滚动轴承结构有三种。

1. 两端单向固定

对普通工作温度（工作中温升小于 70℃的轴）下的短轴（跨距 L<400mm），其支点常采用两端单向固定方式，每个轴承分别承受一个方向的轴向力，从而实现轴的双向固定。图 11-14 中的两端轴承可以把齿轮上受到的向左或向右的轴向力，通过轴承盖传给机架。为允许轴工作时有少量热膨胀，安装轴承时应留有轴向间隙，一般为 0.25～0.4mm（间隙很小时，在结构图上不必画出间隙），间隙量常用垫片或调整螺钉调节。

这种支承结构的特点是，限制轴的双向移动，适用于工作温度变化不大的短轴。

2. 一端双向固定，另一端游动

当轴较长或工作温度较高时，轴的热膨胀及收缩量较大，宜采用一端双向固定而另一端游动的支点结构。图 11-15 中的深沟球轴承支承固定端（左端）由单个轴承或轴承组承受双向轴向力，而游动端则保证轴伸缩时能自由游动。为避免松脱，游动端轴承内圈应与轴在轴向固定（图 11-15 中使用圆螺母固定，也常采用弹性挡圈固定）。当用圆柱滚子轴承作为游动支点时，轴承外圈要与机座在轴向固定，依靠滚子与套圈之间的游动保证轴的自由伸缩。这种支承结构适用于温度变化较大的长轴。

3. 两端游动

在一对人字齿轮轴或双斜齿轮轴系中，对其中的一个轴应采用两端游动的支承，如图 11-16 所示。这种支承结构可以防止齿轮卡死，或者人字齿的两侧受力不均匀。但只在特殊情况下使用。

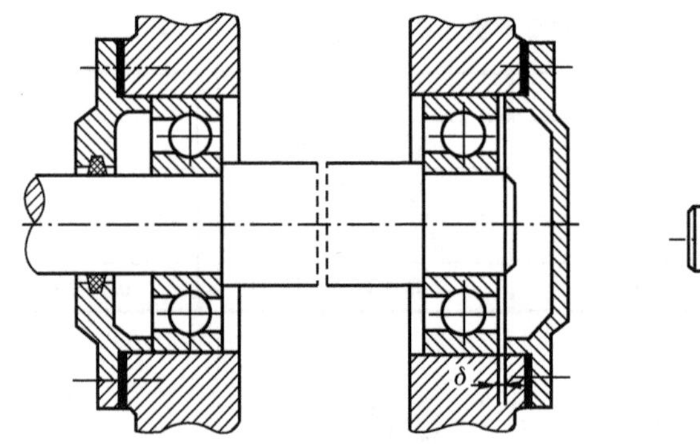

图 11-14　两端单向固定

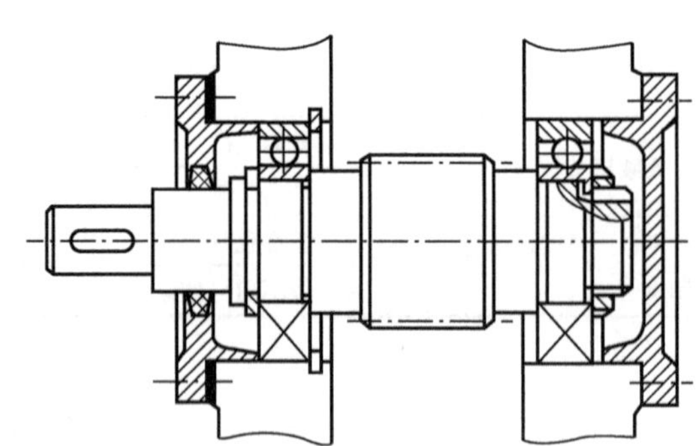

图 11-15　一端双向固定，另一端游动

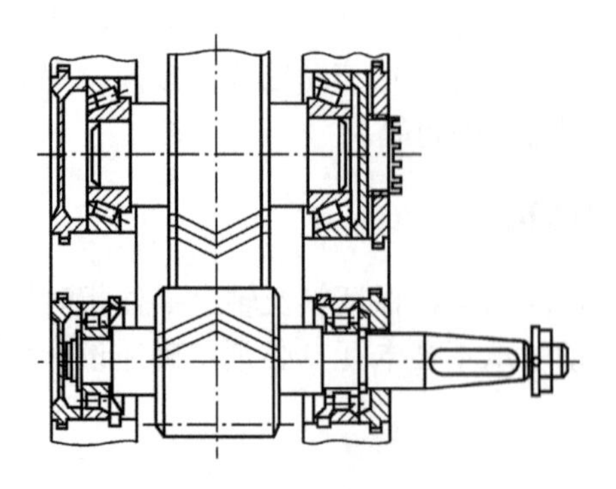

图 11-16　两端游动

11.5.2　滚动轴承的轴向固定

滚动轴承的轴向固定包括内圈轴向固定和外圈轴向固定。

1. 内圈轴向固定

滚动轴承的内圈轴向固定方法如图 11-17 所示。

（1）用轴肩单向固定，这种结构只能承受单向轴向力，如图 11-17（a）所示。其特点是结构简单、定位可靠，是最常见的固定形式。

（2）用弹簧挡圈固定，如图 11-17（b）所示。其特点是结构简单、拆装方便、占用空间小，用于轴向力较小的场合，即转速不高的场合。

（3）用圆螺母和止动垫圈固定，如图 11-17（c）所示。其特点是结构简单、拆装方便、固定可靠、适用于高速、重载场合。

（4）用螺钉和轴端挡圈固定，如图 11-17（d）所示。其特点是不能调整轴承游隙，多用于高转速下承受大轴向力的场合。

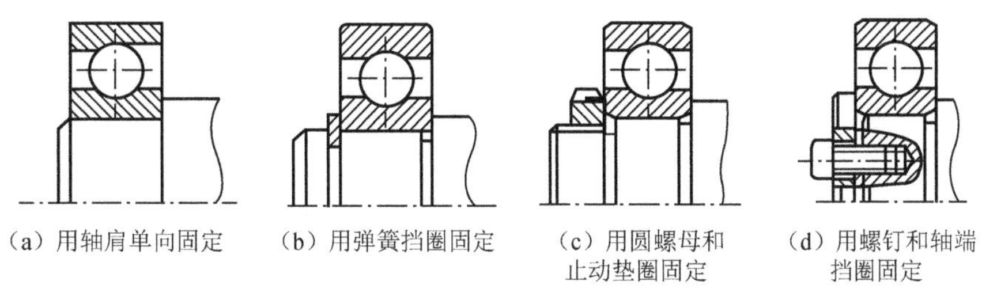

图 11-17　滚动轴承的内圈轴向固定方法

2. 外圈轴向固定

滚动轴承外圈轴向固定方法如图 11-18 所示。

（1）用端盖固定，如图 11-18（a）所示。其特点是结构简单、固定可靠、调整方便，用于高速及轴向力较大的轴承。

（2）用弹簧挡圈固定，如图 11-18（b）所示。其特点是结构简单、拆装方便、占用空间小，多用于向心类轴承。

（3）用止动卡环固定，如图 11-18（c）所示。适用于带有止动槽的深沟球轴承和外壳不便设凸肩且外壳为剖分式结构的场合。

（4）用螺纹环的凸肩固定，如图 11-18（d）所示。在使用过程中，可以通过螺纹环调节间隙，进行轴向固定，通过螺钉实现轴承放松。适用于不便采用轴承盖固定且轴承转速高和轴向力大的情况。

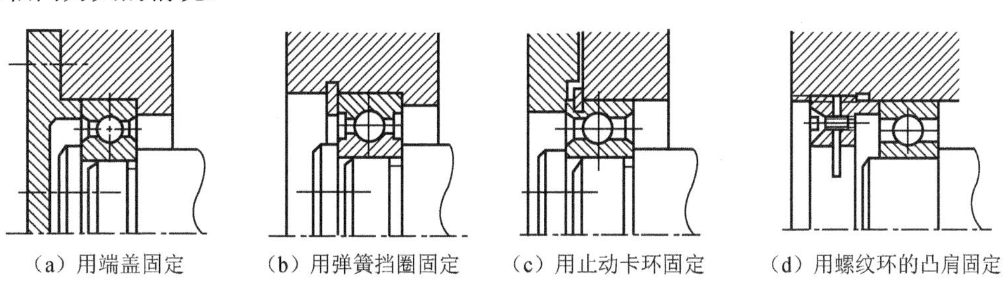

图 11-18　滚动轴承外圈轴向固定方法

11.5.3　滚动轴承间隙和轴上零件位置的调整

为了保证滚动轴承的正常运转，在滚动轴承内要预留适当的间隙。一般情况下，滚动轴承间隙的调整方法有两种：

① 通过增减轴承盖与机座之间的垫片厚度进行调整，如图 11-19（a）所示。

② 利用轴承盖上的调整螺钉和外圈压盖实现轴承间隙的调整，如图 11-19（b）所示。

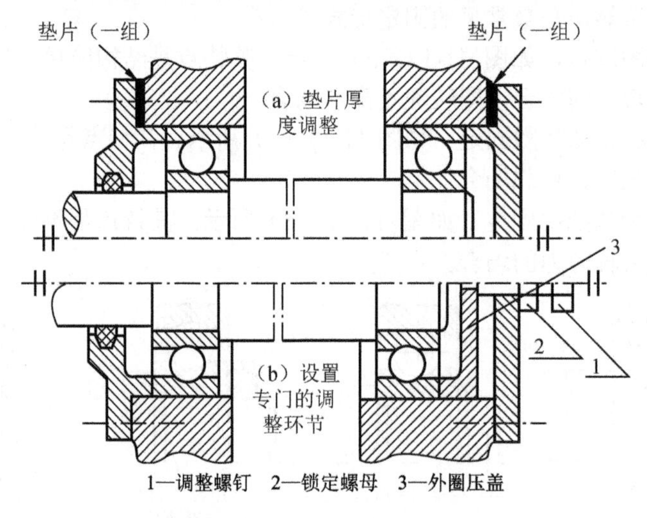

1—调整螺钉　2—锁定螺母　3—外圈压盖

图 11-19　滚动轴承间隙的调整

一些传动零件在装配时需要进行轴向位置调整（见图 11-20），以使零件工作时具有正确的轴向工作位置。例如，锥齿轮传动时，要求两个节锥顶点重合，这样才能保证正确齿轮啮合。一般情况下，通过调整套杯与机座之间的垫片厚度，调整锥齿轮轴的轴向位置。

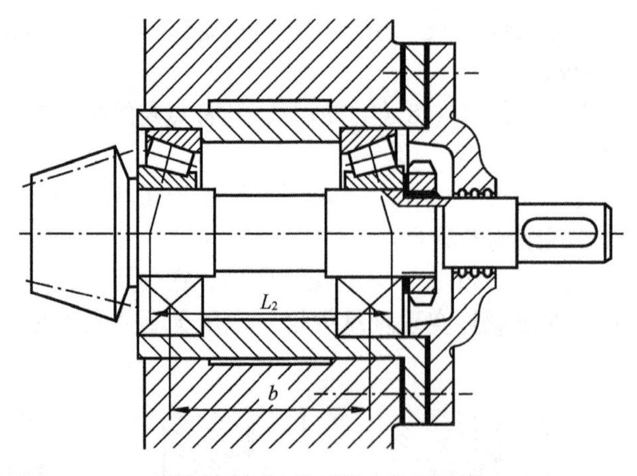

图 11-20　轴承的轴向位置调整

11.5.4　滚动轴承的配合

滚动轴承的配合是指轴承内圈与轴的配合，以及外圈与轴承座孔的配合。轴承是标准件，配合时要以轴承为基准。轴承内圈与轴颈配合时采用基孔制，轴承外圈与轴承座孔配合时采用基轴制。在多数情况下，轴承内圈随着轴一起转动，因此轴承内圈与轴颈配合时要有适当的过盈量，但过盈量不宜过大，以保证拆卸方便。轴承外圈与轴承座孔固定在一起时，对轴颈公差带，常选取 n6，m6，k6，js6 等；对座孔的公差常，采用 K7，J7，H7，G7 等，具体选择可参考有关的设计手册。

下面以深沟球轴承为例，说明其配合及公差的标注。在装配图中，滚动轴承与轴颈和座孔的配合标注如图 11-21 所示。在轴承与轴颈的配合处，只需标注轴颈的公差要求；在轴承与座孔的配合处只需标注座孔的公差要求。轴颈与座孔的尺寸精度、表面粗糙度和形位公差的标注如图 11-22 所示。

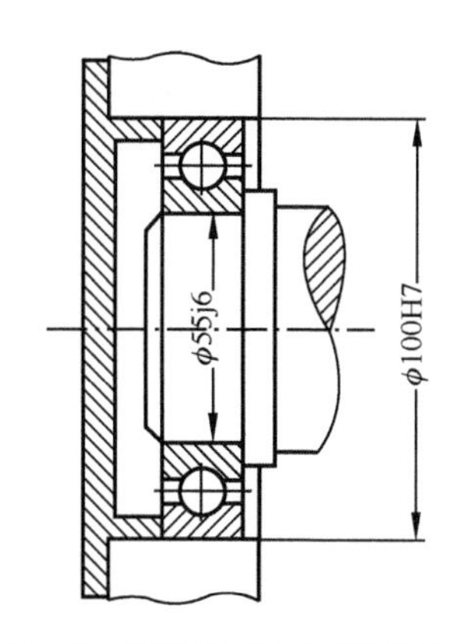

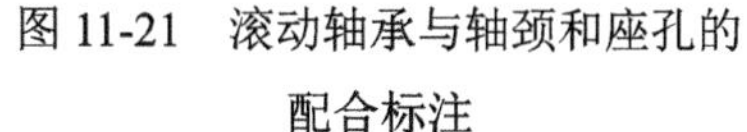

图 11-21　滚动轴承与轴颈和座孔的配合标注

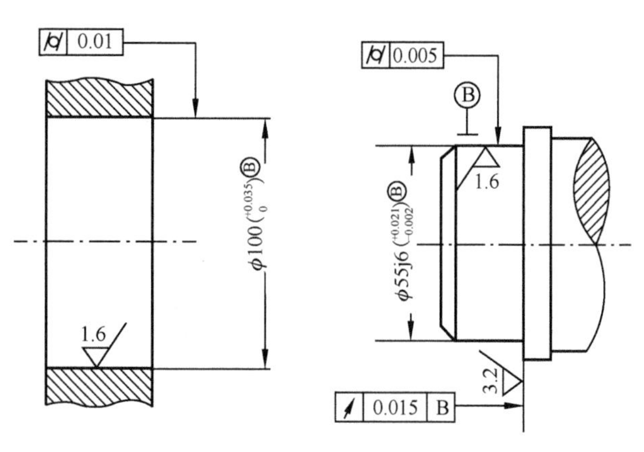

图 11-22　轴颈与座孔的尺寸精度、表面粗糙度和形位公差的标注

需要说明的是，轴承与轴和孔的配合松紧，不仅影响轴系的工作性能，而且对轴承的装拆也会带来一定的影响，设计时必须注意这个问题。安装和拆卸滚动轴承时通常需要使用专门的工具，设计轴系结构时，应为工具的使用留有足够的空间，这些数据可以在滚动轴承手册中找到。

11.5.5　滚动轴承的润滑

润滑滚动轴承的目的是减小滚动体与内外圈滚道、保持架之间的摩擦力和磨损量，延长轴承的使用寿命。一般滚动轴承使用的润滑剂主要有两种：润滑脂和润滑油。具体选择哪一种，根据速度因素 dn（轴颈的圆周速度）值确定，其中，d 代表轴承内径，n 代表轴承的转速（r/min）。当 $dn<(1.5\sim2)\times10^5$ mm（r/min）时，选用润滑脂润滑；当 $dn\geqslant(1.5\sim2)\times10^5$ mm（r/min）时，采用润滑油润滑。

润滑脂润滑和润滑油润滑对应的 dn 值界限列于表 11-12 中。

表 11-12　润滑脂润滑和润滑油润滑对应的 dn 值界限（表值 $\times10^4$）

单位：mm（r/min）

轴承类型	润滑脂润滑	润滑油润滑			
		滴油润滑	油浴润滑	喷油润滑	油雾润滑
深沟球轴承	16	25	40	60	>60
调心球轴承	16	25	40	—	—
角接触球轴承	16	25	40	60	>60
圆柱滚子轴承	12	25	40	60	>60
圆锥滚子轴承	10	16	23	30	—
调心滚子轴承	8	12	—	25	—
推力球轴承	4	6	12	15	—

润滑对于滚动轴承具有重要意义。轴承中的润滑剂不仅可以减小摩擦力，还可以起散热、减小接触应力、吸收振动、防止锈蚀等作用，更是滚动轴承稳定工作的必备条件。

11.5.6 滚动轴承的密封

在现代工业企业中，转动设备和滚动轴承的密封很重要，因为密封的好坏直接关系到生产的连续、财产的安全及操作人员的身心健康。根据国外对转动设备和滚动轴承失效原因的统计资料，约 57%的转动设备是因密封问题而失效的，14%的滚动轴承是因润滑油的流失而失效的。因此，密封技术的应用越来越受到人们的重视。

轴承密封的目的是防止润滑剂外泄及外部杂质侵入润滑部位，保证机械能正常工作，提高机械使用寿命，而且对防止污染、改善环境也起很大作用。为了达到目的，必须采用不同的密封形式，而在实际运行中，不同的运行工况（润滑的种类、工作环境、温度、转速等）决定了其不同的密封方法。滚动轴承的密封形式大致可分为三类：接触式密封、非接触式密封和组合式密封，前两者为常用密封形式。常用密封装置见表 11-13。

表 11-13 常用密封装置

密封类型	密封装置	图例	特点	应用
接触式密封	毛毡密封		把羊毛毡填充在凹槽中，使毡圈与轴颈表面接触实现密封。特点是结构简单、成本低廉，但摩擦力及磨损量较大	用于干净环境中的润滑脂润滑，一般速度较低
	橡胶密封		特点是结构简单、摩擦力小、安装方便、密封可靠	常用于静密封和往复密封中，也可用于速度不高的旋转密封的场合
非接触式密封	油沟密封		在端盖配合面上开 3 个以上的沟槽，在沟槽内填充润滑脂，增加密封效果	适用于脂润滑
	曲路密封		利用曲折狭缝密封，在间隙中填充润滑脂	适用于工作环境比较脏的场合、轴径圆周速度小于 30m/s 的场合

所谓的组合式密封是由多种密封形式组合而成的，充分发挥各自优点，密封效果最可靠，常用在重载及密封要求高的场合。密封组合的方式很多，如毛毡加曲路密封、间隙加

曲路密封等，可以根据现场实际情况采取不同的密封组合方式。

多年来，根据生产实际，密封装置的安装形式也得到进一步的改善。例如，对减速器高速轴的轴承，多采用骨架油封，但在检修过程中，如果密封装置损坏需要更换时，必须将轴上的联轴器全部拆除，这给检修造成很大的不便。如果将密封装置设计在轴承透盖内，对动静部分，采用回油孔、毛毡等组合；对固定部分，采用 O 形密封圈，并将透盖设计为对开式，对开部分的结合面采用 O 形密封圈。这样，不但密封效果良好，而且大大简化检修过程，提高了工作效率。

随着生产的发展和科技的进步，滚动轴承的密封技术越来越趋于合理化，一些新的更为先进的密封形式也被应用到生产实际中。同时，随着一批先进的密封元件的研发，一大批标准化、规范化及国际化的密封元件应用于现场实际中。例如，美国生产的磁力机械油封，使用了先进的磁力技术，使密封性更可靠。综合利用合理的密封形式和先进的密封元件是密封技术发展的必然趋势。

11.6 滑动轴承简介

滑动轴承也是支撑轴的零件或部件，轴颈与轴瓦为面接触，属于滑动摩擦。滑动轴承在精密、高速、重载及承受冲击或振动的机器中广泛应用。特别是剖分式结构便于安装和检修调试，成为大型设备选择支撑方式的唯一可行途径。

按照工作表面的摩擦状态，滑动轴承分为液体摩擦滑动轴承和非液体摩擦滑动轴承。在液体摩擦滑动轴承中，轴颈和轴承的工作表面被一层润滑油膜隔开，这两个零件表面没有直接接触，摩擦系数小，一般为0.001～0.008。这种轴承的使用寿命长，效率高，但要求它的制造精度高。非液体摩擦滑动轴承的轴颈和轴承工作表面之间虽有润滑油存在，但部分工作表面上的凸起仍能发生直接接触，摩擦系数较大，一般为0.1～0.3，容易磨损；结构简单，在制造精度和工作条件要求不高的机器中应用广泛。按照承受载荷的方向滑动轴承又分为径向滑动轴承和推力滑动轴承。

滑动轴承具有承载能力大、抗振性好、工作平稳、噪声小、使用寿命长、径向尺寸小等优点。但其缺点也制约着它的实际应用。例如，非液体摩擦滑动轴承的摩擦力较大，磨损严重；液体摩擦滑动轴承在启动、停止等情况下较难实现液体摩擦，设计费用、制造费用和维护费用较高等。

11.6.1 滑动轴承的结构形式

1. 径向滑动轴承

根据轴承能否拆分，径向滑动轴承分为整体式径向滑动轴承（见图 11-23）和剖分式径向滑动轴承（见图 11-24）。

整体式径向滑动轴承由轴承座 3 和轴承套 4 组成，用螺栓把轴承座与机座连接在一起，轴承座上部有用于安装润滑油杯的油杯螺纹孔 1，在轴承套 4 上有油孔 2，其内表面以油孔为中心，沿轴向、斜向或横向有油槽。油槽的形式很多，常用油槽形式如图 11-25 所示。整体式径向滑动轴承结构简单、成本低，但磨损后轴承间隙无法调整，拆装时因轴或轴承必须作轴向移动而拆装不便，多用于低速、轻载荷、间歇性工作的场合。

剖分式径向滑动轴承由轴承座 1、轴承盖 2、轴瓦 3 和双头螺柱等组成，与整体式径向滑动轴承一样，它在轴承盖上有油杯螺纹孔，在轴瓦上有油孔，其内表面有油槽。轴承盖和轴承座的剖分面常做成阶梯形，以便定位和防止横向错位。剖分式径向滑动轴承轴瓦由上下两部分组成，当载荷 F 垂直向下作用在轴瓦上时，上部轴瓦不受力，载荷 F 全部由下部轴瓦承受。当载荷 F 的方向与垂直线的夹角超过 35° 时，应采用倾斜型剖分式径向滑动轴承，如图 11-26 所示。

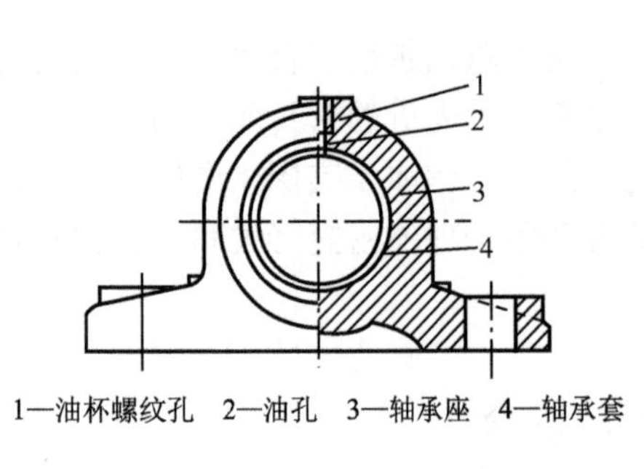

1—油杯螺纹孔　2—油孔　3—轴承座　4—轴承套

图 11-23　整体式径向滑动轴承

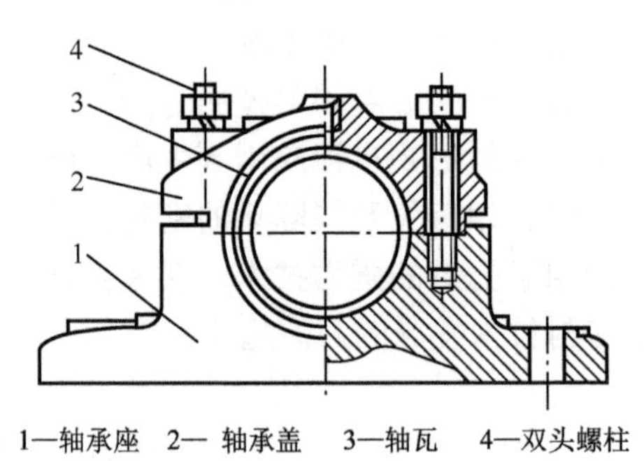

1—轴承座　2— 轴承盖　3—轴瓦　4—双头螺柱

图 11-24　剖分式径向滑动轴承

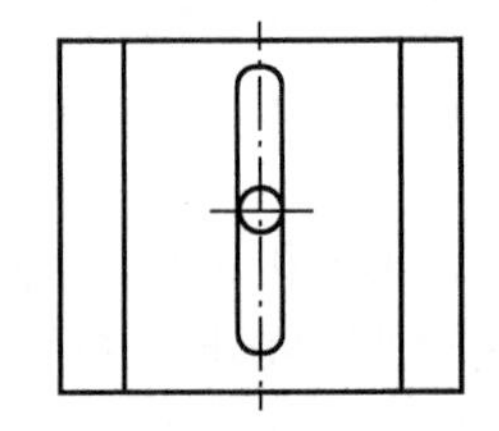
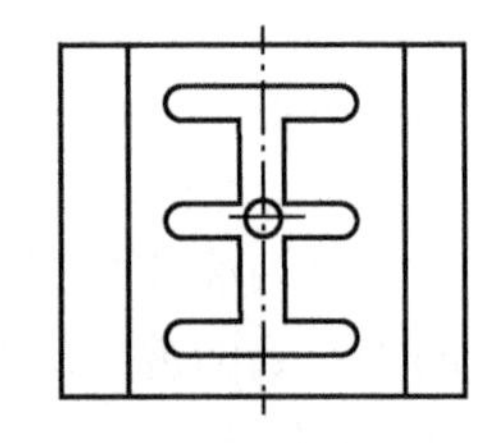
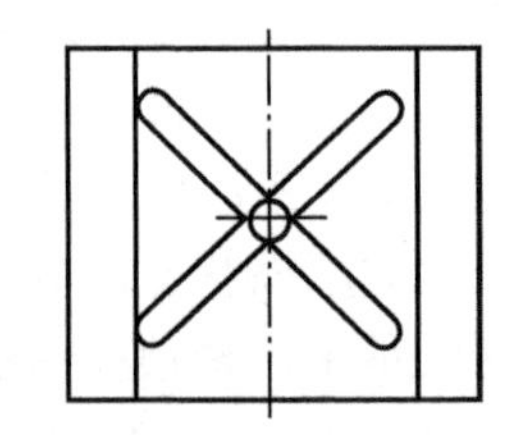

图 11-25　常用油槽形式

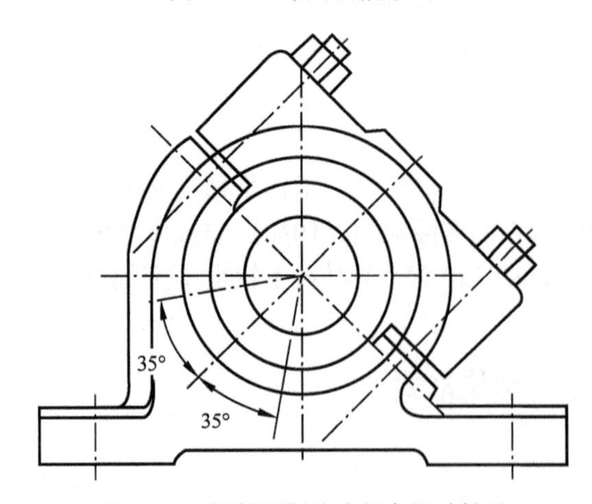

图 11-26　倾斜型剖分式径向滑动轴承

2. 推力滑动轴承

只能承受轴向力的滑动轴承称为推力滑动轴承。图 11-27 所示为常见的推力滑动轴承形式。图 11-27（a）所示为轴端实心式，其结构最简单，但当轴转动时，因轴心和边缘的圆周速度不同而导致轴端面的磨损量不均匀，轴中心的压强最大，线速度为 0，对润滑很不利，因此使用较少。为了避免以上缺点，通常把轴端做成环形，即轴端空心式，如图 11-27（b）

所示。相对于轴端实心式推力滑动轴承，轴端空心式推动滑动轴承上的压力分布较均匀，润滑条件有所改善。但轴端空心式推力滑动轴承的承载面积减小，承载能力降低。为了满足承载能力的要求，可改用单环式，如图 11-27（c）所示，或者使用多环式，如图 11-27（d）所示。单环式推力滑动轴承利用轴径的环形端面止推，结构简单，润滑方便，广泛应用于低速、轻载的场合，多环式推力滑动轴承可承受更大的载荷，也可承受双向轴向载荷。

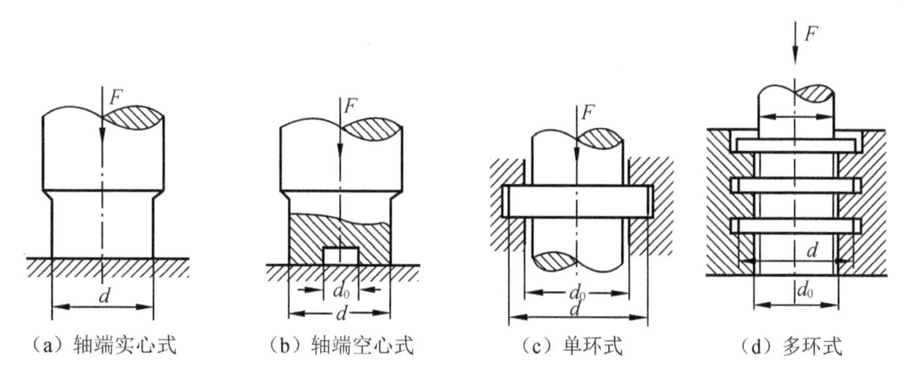

图 11-27　常见的推力滑动轴承形式

11.6.2　滑动轴承的材料

轴承盖和轴承座的主要作用是支撑轴瓦，它们通常不与轴颈接触，常用灰铸铁制造。

轴瓦或轴承衬直接和轴颈接触并产生较大的滑动摩擦，轴瓦或轴承衬往往会发生磨损和胶合破坏。因此，轴瓦或轴承衬材料应具备下述主要性能：良好的减摩性、耐磨性和抗胶合性；良好的顺应性、嵌入性和磨合性；较好的导热性和热膨胀系数小；具有足够的机械强度、可塑性、抗腐蚀性等。

轴瓦或轴承衬常用的材料有下列几种。

（1）轴承合金（又称巴氏合金）。该材料基体较软，塑性好，抗磨性好。因此轴承合金减磨性好、抗胶合能力强，适用于高速和重载轴承。但机械强度较低，一般只用作轴承衬材料。

（2）铜合金。常用的铜合金有锡青铜、铝青铜和铅青铜。铜合金具有较高的机械强度、较好的减磨性、耐磨性和抗胶合能力等，其价格便宜，在工程中应用广泛。

（3）多孔质金属材料。它是用金属粉末经过压制、烧结而成的轴承材料。这种材料组织疏松，可存储润滑油，因此被称作含油轴承材料。含油轴承材料韧性较小，适用于平稳、低速和加油不方便的场合。

（4）非金属材料。非金属材料主要有工程塑料和橡胶等。工程材料有酚醛树脂、尼龙等，它们具有抗腐蚀能力强、嵌藏性能好的特点，但其导热性能差，线膨胀系数较大。一般用于温度不高、载荷不大的场合。对橡胶，可以用水作为润滑剂，常用于水泵、水轮机等设备中。

关于滑动轴承材料的性能及用途，可查阅机械设计手册。

11.6.3　滑动轴承润滑剂的选择

滑动轴承工作时需要有良好的润滑性，对减小摩擦力、提高效率、减少磨损量、延长使用寿命、冷却/散热及保证轴承正常工作十分重要。

滑动轴承常用的润滑剂主要是润滑油和半固体状的润滑脂。润滑油的润滑性较好，摩擦力小、流动性好，并且能通过流动带走摩擦产生的热量，降低摩擦表面温度，但易流失和泄漏。滑动轴承润滑油的选择可根据工作情况按表 11-14 选取。润滑脂不易流失，易于密封，不用经常添加，对载荷和速度变化的适应性较大，温度影响小；缺点是摩擦力大，效率低，不宜用于高速。对润滑脂，可参考表 11-15 选择。

表 11-14　滑动轴承润滑油的选择

轴颈圆周速度 v/（$m \cdot s^{-1}$）	平均压力 P<3MPa	轴颈圆周速度 v/（$m \cdot s^{-1}$）	平均压力 P<（3～7.5）MPa
<0.1	L-AN68、100、150	<0.1	L-AN150
1.0～0.3	L-AN68、100	1.0～0.3	L-AN100、150
0.3～2.5	L-AN46、68	0.3～0.6	L-AN100
2.5～5.0	L-AN32、46	0.6～1.2	L-AN68、100
5.0～9.0	L-AN15、22、32	1.2～2.0	L-AN68
>9.0	L-AN7、10、15		

表 11-15　滑动轴承润滑脂的选择

压力 P/MPa	轴颈圆周速度 v/（$m \cdot s^{-1}$）	最高工作温度/℃	选用的牌号
≤1.0	≤1	75	钙基脂 ZG-3
1.0～6.5	0.5～5	55	钙基脂 ZG-2
≥6.5	≤0.5	75	钙基脂 ZG-1
≤6.5	0.5～5	120	钠基脂 ZN-2
> 6.5	≤0.5	110	钙钠基脂 ZGN-1
1.0～6.5	≤1	-50～100	锂基脂 ZL-2
> 6.5	0.5	60	压延机脂 ZJ-2

11.6.4　滑动轴承的设计计算简介

大多数滑动轴承实际上在非液体摩擦（润滑）状态下工作，主要失效形式是磨损和胶合。由于影响因素很复杂，因此设计时采用简化的条件性计算方法。目前，主要对轴承压强 p、轴承压强与速度的乘积 pv 值和滑动速度 v 进行验算，使它们不超过轴承材料的许用值$[p]$、$[pv]$和$[v]$。这些参数值可参考相关的材料性能表。

1. 非液体滑动轴承

下面主要介绍径向滑动轴承的设计计算，推力滑动轴承的设计计算与径向滑动轴承的设计原理相同，需要时参考机械设计手册。

在进行径向滑动轴承的设计计算时，通常已知条件是轴颈直径 d、转速 n 和径向载荷 F_r。根据这些条件，先选择轴承的结构形式、确定轴承的宽度 B，再进行校验计算。对于不完全液体润滑轴承，常选取宽度 B=（0.8～1.5）d。

（1）限制平均压强 p。目的是避免在载荷作用下润滑油被完全挤出，而导致轴承过度磨损。

$$p = \frac{F_r}{Bd} \leqslant [p]$$

（2）限制轴承的 pv 值。为了反映单位面积上的摩擦功耗与发热，pv 值越高，轴承温度越高，越容易引起润滑油失效。因此，限制 pv 值，可控制轴承温度，避免润滑油膜的破裂。

$$pv=\frac{F_r}{Bd}\cdot\frac{\pi dn}{60\times1000}=\frac{F_r n}{19100B}\leqslant[pv]$$

（3）限制滑动速度 v。当轴承压强 p 较小，并且 p 和 pv 值都满足要求时，为了避免因滑动速度过高而加速轴承磨损，按下式验算滑动速度：

$$v=\frac{\pi dn}{60\times1000}\leqslant[v]$$

2. 液体摩擦（润滑）滑动轴承的基本原理与设计要点

（1）液体摩擦（润滑）滑动轴承的基本原理。采用液体摩擦（润滑）滑动轴承时，轴和轴瓦之间有一层润滑油膜，将两者完全隔开，两者表面没有直接接触。当轴相对于轴瓦有相对转动时，摩擦只发生在润滑油膜中。这样，避免了轴和轴瓦之间的直接摩擦和磨损。液体润滑油膜的形成需要通过一定的方法实现，一般通过液体静压和液体动压原理实现。

液体静压原理是指利用外部供油装置将高压油输送到轴承间隙，强制形成承载油膜，达到承受外载荷的目的。

液体动压原理是指利用轴承的结构特点和工作条件（速度、压强、润滑油黏度等）而产生的油膜实现润滑。这需要满足以下几个方面的要求：两个相对运动的表面之间必须形成楔形间隙，进油口大，出油口小；两个相对运动的表面之间必须具有一定的相对滑动速度；润滑油有一定的黏度，并且供油充分等。

（2）液体动压滑动轴承的设计要点。由上述分析可知，轴承油膜的形成和油膜压强的大小受轴的转速、润滑油黏度、轴承间隙以及轴承负荷和轴承结构等因素的影响。一般情况下，转速越高，润滑油黏度越大，被带进的油越多，油膜压强越大，承受的载荷越大。但是，润滑油黏度过大，会使润滑油分布不均匀，增加摩擦损失，不能保持良好的润滑效果。轴承间隙过大，对油膜的形成不利，并且增大润滑油的消耗量；轴承间隙过小，会使润滑油量不足，不能满足轴承冷却的要求。轴承负荷过大，很难形成油膜，当超过轴承的承载能力时，轴瓦就会烧坏。因此，液体动压滑动轴承的设计要求比较严格。以下是设计方面的几个要点，供读者参考。

① 保证润滑油的油膜不破裂，就可以保证轴和轴瓦之间不直接接触，这是液体滑动轴承的设计要求，也是其设计准则。

② 轴和轴瓦之间楔形之间隙的建立，这是结构设计要保证的条件，这涉及轴和轴瓦表面精度与尺寸精度的确定等因素。

③ 轴承工作条件，如速度、载荷、润滑油黏度和上述的间隙条件等，必须相互协调和稳定，才能保持轴承工作稳定。

④ 液体滑动轴承设计时的热平衡计算是该轴承设计的重要内容，这个条件必须满足，否则，轴承会很快失效。

⑤ 关于液体滑动轴承的设计内容和步骤，在机械设计手册中都有说明，需要时可以参考机械设计手册。

11.7 轴承产业的发展及新型轴承

轴承是装备制造业中重要的、关键的基础部件，直接决定着重大装备和主机产品的性能、质量和可靠性，被誉为装备制造的“心脏”部件，更是一个代表国家科技实力的高精度产品。

目前，我国轴承产业已经形成规模，但与世界轴承工业强国相比，我国轴承产业还存在一定差距。例如，轴承产品仍以中低端产品为主，产品性能与国际名牌产品相比存在差距；轴承产业生产集中度低、产品研发和创新能力弱，轴承制造技术水平低等。这是我国轴承产业亟待解决的问题。

随着机械工业的进步和科学技术的发展，出现了很多新型轴承。这些轴承与行业紧密相关，如带座的轴承、组合轴承、剖分式滚动轴承、关节轴承、空气悬浮轴承、绝缘轴承、陶瓷轴承等、转盘轴承、轧机轴承、风力发电机轴承、精密机床轴承、医疗器械轴承、汽车轴承、铁路轴承、机器人用轴承等。不同行业使用的轴承有其不同的特点，我国明确提出未来本国轴承行业以提高性能、可靠性和寿命为主攻方向。

思 考 题

11-1 滚动轴承中的保持架的作用是什么？常用什么材料制造保持架？

11-2 角接触球轴承为什么要成对使用、反向安装？

11-3 为什么深沟球轴承能够承受较小的轴向力，而圆柱滚子轴承不能承受轴向力？

11-4 试说明轴承代号 6210 的主要含义。

11-5 试述滚动轴承的基本额定寿命、基本额定动载荷、当量动载荷的含义。

11-6 滚动轴承有哪些失效形式？计算准则是什么？

11-7 什么是角接触轴承的“正装”和“反装”？这两种安装方式对轴系刚度有何影响？

11-8 滚动轴承的组合设计要考虑哪些问题？

习 题

11-9 对图 11-28 所示的二级圆柱齿轮减速器的低速轴，用一对 6308 轴承（轴承 1 和轴承 2）支撑，已知：齿轮分度圆直径 d=400mm，齿轮上的圆周力 F_t=8000N，径向力 F_r=3000N，轴向力 F_a=2000N，载荷平稳。已知 6308 轴承的基本额定径向静载荷 C_{0r}=24kN，试求：

（1）轴承 1 和轴承 2 的当量动载荷 P_1 与 P_2。

（2）轴承 1 和轴承 2 的寿命之比 L_{10h1}/L_{10h2}。

11-10 一个齿轮减速器的中间轴由代号为 6212 的滚动轴承支撑，已知该轴承的径向载荷 F_r =6000N，轴的转速为 n=400r/min，载荷平稳；该轴承在常温下工作，已工作了 5000h，6212 轴承的基本额定动载荷 C_r=36.8kN，问：

（1）该轴承还能继续使用多长时间？

（2）若从此后将载荷改为原载荷的 50%，该轴承还能继续使用多长时间？

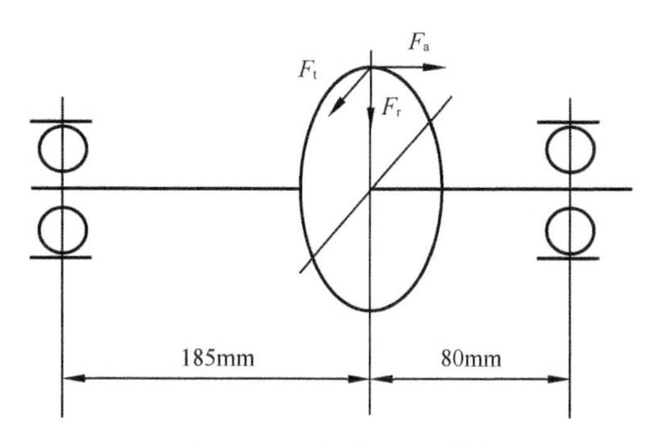

图 11-28　习题 11-9 图例

11-11　一个深沟球轴承（6304 轴承）承受的径向力 F_r=4kN，载荷平稳，转速 n=960r/min，在室温下工作。已知 6304 轴承的基本额定动载荷 C_r=15.8kN，试求该轴承的基本额定寿命，并说明能达到或超过此寿命的概率。若载荷改为 F_r=2kN，该轴承的基本额定寿命是多少？

11-12　已知图 11-29 中两个角接触球轴承的载荷分别为 F_{r1}=1470N，F_{r2}=2650N，外加的轴向力 F_A=1000N，轴颈直径 d=40mm，转速 n=5000r/min；该轴承在常温下工作，承受中等冲击，预期寿命 L_h=2000h。试选择该轴承型号。

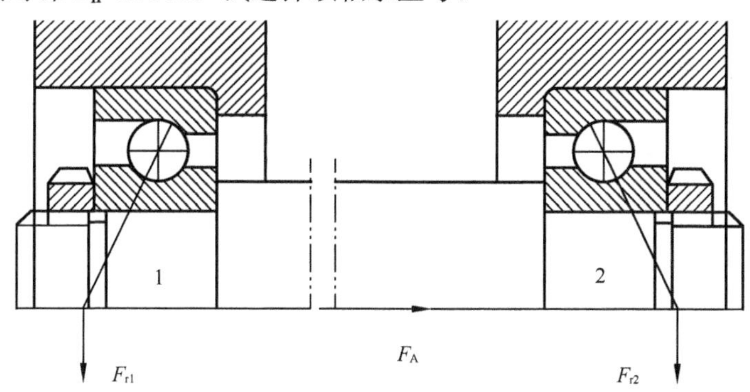

图 11-29　习题 11-12 图例

11-13　试查找相关密封资料，找到一种组合式密封形式，画出该密封结构，并说明这种组合式密封的应用。

第 12 章　其他零部件

主要概念

圆柱螺旋压缩弹簧、圆柱螺旋拉伸弹簧、弹性极限、疲劳极限、外径、中径、内径、节距、螺旋升角、弹簧丝直径、特性曲线、旋绕比（弹簧指数）、机座、箱体。

学习引导

本章主要介绍弹簧、机座和箱体的基本情况，这些内容都是机械设计不可缺少的组成部分。

12.1　弹 簧 概 述

弹簧是机械和电子行业中广泛使用的一种弹性元件，弹簧在受载时能产生较大的弹性变形，把机械功或动能转化为变形能，而卸载后弹簧的变形消失并恢复原状，将变形能转化为机械功或动能。

弹簧的主要功用如下：

① 缓和冲击、吸收振动，如车辆中的缓冲弹簧。

② 控制运动，如内燃机的阀门弹簧。

③ 储存能量作为动力源，如钟表弹簧和仪器发条等。

④ 测量力或力矩，如测力器和弹簧秤中的弹簧等。

按形状分类，弹簧可分为螺旋弹簧、蝶形弹簧、环形弹簧、涡卷弹簧和板簧等，如图 12-1 所示。螺旋弹簧的制造简便，得到广泛应用。蝶形弹簧和环形弹簧都是压缩弹簧，刚性很大，能承受很大的冲击载荷，并且具有良好的吸振能力，因此，这类弹簧常用作缓冲弹簧。在扭矩不大且要求弹簧的轴向尺寸很小的场合常使用盘簧，主要把它作为各种仪表中的储能零件。板簧主要承受弯矩，有较好的消振能力，多应用于车辆。

本节主要介绍圆柱螺旋弹簧及其设计方法。按受力情况分类，圆柱螺旋弹簧可分为圆柱螺旋压缩弹簧、圆柱螺旋拉伸弹簧和圆柱螺旋扭转弹簧等。

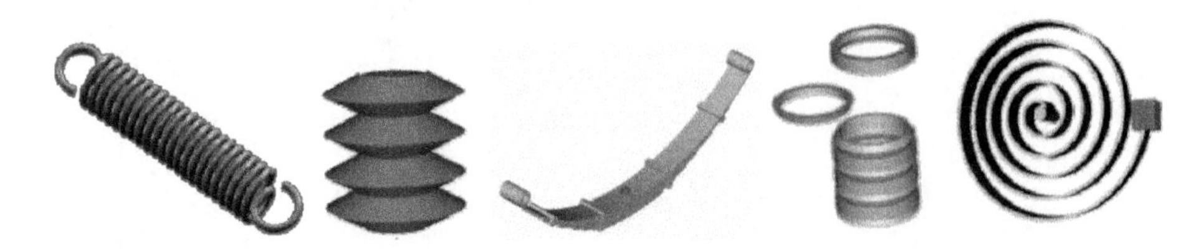

图 12-1　弹簧的分类

12.1.1 圆柱螺旋压缩弹簧

图 12-2 所示为圆柱螺旋压缩弹簧的结构。弹簧的节距为 p，在自由状态下，弹簧各圈之间应有适当的间距 δ，以便弹簧在受压时，产生相应变形的空间。为使弹簧在压缩后仍能保持一定的弹性，设计时还应考虑在最大载荷作用下，弹簧各圈之间仍需保留一定的间距 δ_1。一般情况下，δ_1 的推荐值的计算公式为

$$\delta_1 = 0.1d \geqslant 0.2 \tag{12-1}$$

式中，d 为弹簧丝的直径，单位为 mm。

弹簧的两个端面圈应与邻圈压紧（无间隙），两个端面圈只起支撑作用，不参与变形。因此，这两个圈称为死圈。弹簧的工作圈数和弹簧丝直径对死圈有相应的要求，重要的压缩弹簧端部需要磨平。

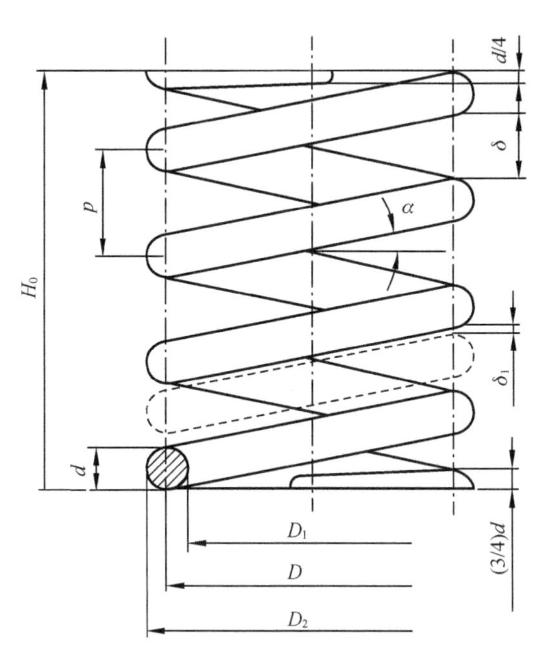

图 12-2 圆柱螺旋压缩弹簧的结构

12.1.2 圆柱螺旋拉伸弹簧

圆柱螺旋拉伸弹簧的结构如图 12-3 所示，圆柱螺旋拉伸弹簧在空载时，各圈应相互并拢。另外，为了节省轴向工作空间并保证弹簧在空载时各圈相互压紧，常在卷绕弹簧丝的过程中，使弹簧丝绕自身的轴线扭转。这样制成的弹簧的各圈相互之间具有一定的压紧力，弹簧丝中也产生了一定的预应力，称为有预应力的拉伸弹簧。这种弹簧在外加的拉力大于初拉力 F_0 时，各圈才开始分离，因此较无预应力的拉伸弹簧，它可节省轴向工作空间。圆柱螺旋拉伸弹簧的端部有挂钩，以便安装和加载。其挂钩的形式如图 12-4 所示。

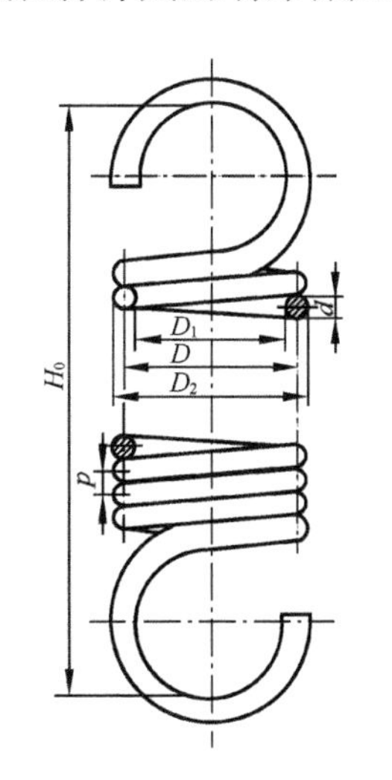

图 12-3 圆柱螺旋拉伸弹簧的结构

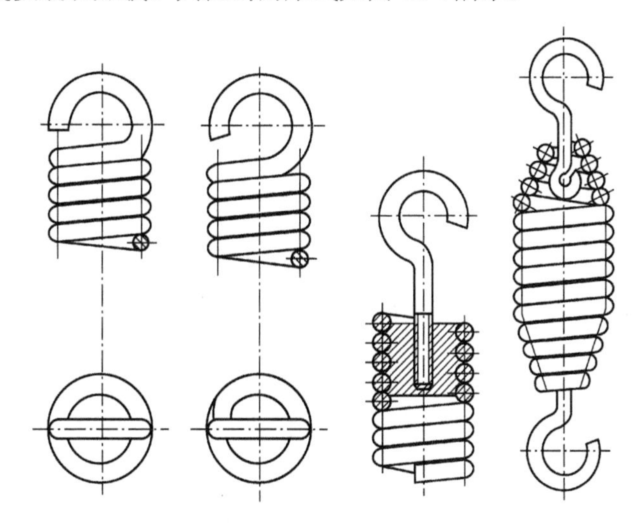

图 12-4 圆柱螺旋拉伸弹簧挂钩的形式

螺旋弹簧的制造工艺包括卷制、挂钩的制作或端面圈的精加工、热处理、工艺试验及强压处理。卷制分冷卷及热卷两种，冷卷用于经预先热处理后被拉成直径 d<（8～10）mm 的弹簧丝。冷卷弹簧需经低温回火处理，消除卷制时产生的内应力。用直径较大的弹簧丝

制作的强力弹簧需要在800～1000℃的温度下卷制，称为热卷。热卷的弹簧需经淬火及中温回火处理，热处理后的弹簧表面不应出现显著的脱碳层。为了提高承载能力，可以对弹簧进行强压处理或喷丸处理。

12.1.3 弹簧的材料

工业界对弹簧材料有特殊要求，最重要的要求是高弹性极限和高疲劳极限，同时具有足够的韧性和塑性、良好的热处理性能。常用弹簧钢主要有以下4种。

（1）碳素弹簧钢。这种弹簧钢（如65钢、70钢）的优点是价格便宜，原材料来源方便；缺点是弹性极限低，多次重复变形后易失去弹性，并且不能在高于130℃的温度下正常工作。

（2）低锰弹簧钢。这种弹簧钢（如65Mn）与碳素弹簧钢相比，优点是淬透性较好和强度较高；缺点是淬火后容易产生裂纹并呈热脆性。但由于价格低廉，因此一般常用于制造尺寸不大的弹簧，如离合器弹簧等。

（3）硅锰弹簧钢。这种钢（如60Si2MnA）中含有硅，故其弹性极限显著提高，回火稳定性也得到提高，因而可在更高的温度下回火，从而得到良好的力学性能。硅锰弹簧钢在工业中得到了广泛的应用，一般用于制造汽车和拖拉机的螺旋弹簧。

（4）铬钒钢。这种钢（如50CrVA）中被加入了钒，目的是细化组织，提高钢的强度和韧性。这种材料的耐疲劳和抗冲击性能良好，并且能在-40℃～210℃的温度下可靠工作，但价格较贵，多用于要求较高的场合。例如，用于制造航空发动机调节系统中的弹簧。

机械设计手册中的常用弹簧材料及其性能供设计时参考，选择时要充分考虑弹簧的工作条件（载荷的大小及性质、工作温度和周围介质的情况）、功用及经济性等因素。

12.2 圆柱螺旋弹簧的设计计算

12.2.1 几何参数计算

普通圆柱螺旋弹簧的主要几何尺寸有外径 D_2、中径 D、内径 D_1、节距 p、螺旋升角 α 及弹簧丝直径 d（见图12-5）。由图12-5可知，它们的关系为

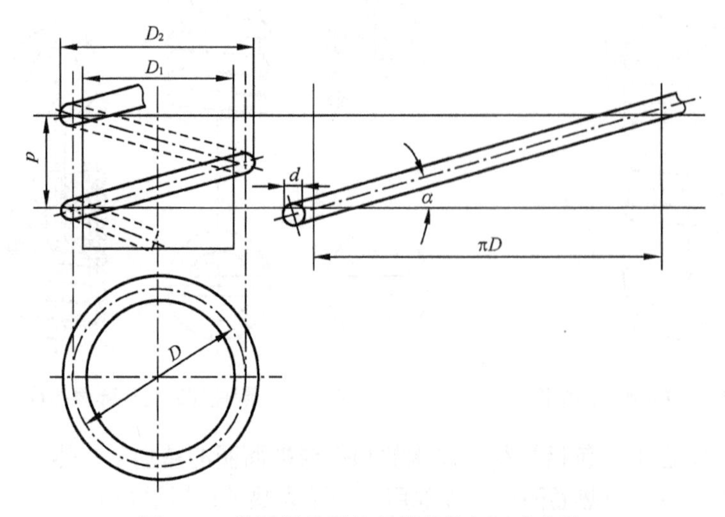

图12-5 普通圆柱螺旋弹簧的几何尺寸参数

$$\alpha = \arctan\frac{p}{\pi D} \tag{12-2}$$

式中，α 为弹簧的螺旋升角。圆柱螺旋压缩弹簧的螺旋升角 α 一般为 5°～9°。弹簧的旋向可以是右旋或左旋，但无特殊要求时，一般都为右旋。

12.2.2 弹簧的特性曲线

弹簧应具有经久不变的弹性，并且不允许产生永久变形。因此，在设计弹簧时，务必使其工作应力在弹性极限范围内。在这个范围内工作的压缩弹簧承受轴向载荷 F 时，将产生相应的弹性变形，如图 12-6（a）所示。为了表示弹簧的载荷与变形的关系，以纵坐标表示弹簧承受的载荷，以横坐标表示弹簧的变形，通常载荷和变形呈直线关系，如图 12-6（b）所示。这种表示载荷与变形关系的曲线称为弹簧的特性曲线。圆柱螺旋拉伸弹簧的特性曲线如图 12-7 所示，其中，图 12-7（b）为无预应力的圆柱螺旋拉伸弹簧的特性曲线；图 12-7（c）为有预应力的圆柱螺旋拉伸弹簧的特性曲线。

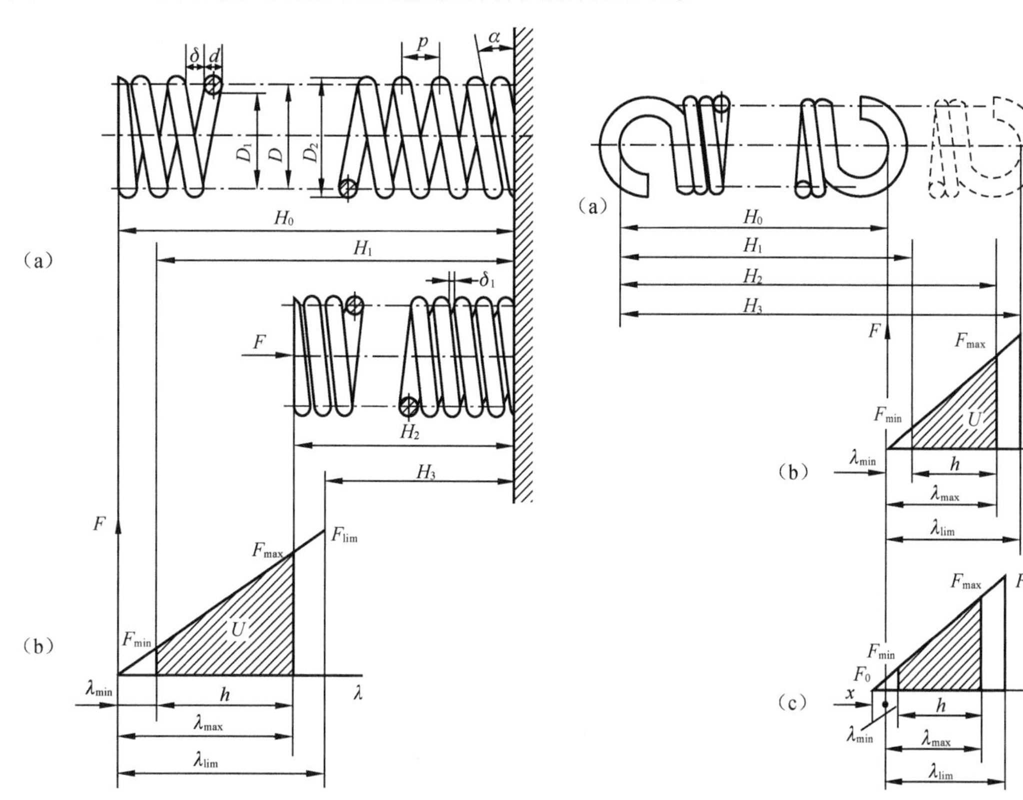

图 12-6 圆柱螺旋压缩弹簧的特性曲线

图 12-7 圆柱螺旋拉伸弹簧的特性曲线

应把弹簧的特性曲线绘制在弹簧工作图上，把它作为检验和试验时的依据之一。此外，在设计弹簧时，利用其特性曲线分析载荷与变形的关系也较方便。

12.2.3 圆柱螺旋弹簧受载时的应力及变形

圆柱螺旋弹簧丝的截面多为圆截面，下面的分析主要针对圆截面弹簧丝的圆柱螺旋弹簧。圆柱螺旋弹簧受压或受拉时，弹簧丝的受力情况相同。图 12-8 为圆柱螺旋压缩弹簧的受力及应力分析，由图 12-8（a）可知，由于弹簧丝具有螺旋升角α，在通过弹簧轴线的截面上，弹簧丝的截面 $A—A$ 呈椭圆形，该载面承受剪力 F 及扭矩 $T=FD/2$。

弹簧丝的法向截面 $B—B$ 承受横向力$F\cos\alpha$、轴向力$F\sin\alpha$、弯矩$M=T\sin\alpha$及扭矩$T'=T\cos\alpha$。由于弹簧的螺旋升角α一般为 5°～9°，故$\sin\alpha\approx 0$，$\cos\alpha\approx 1$，如图 12-8（b）所示，截面 $B—B$ 上的应力可近似为

$$\tau_{\Sigma}=\frac{4F}{\pi d^{2}}(1+2C) \tag{12-3}$$

式中，$C=\dfrac{D}{d}$称为旋绕比（或弹簧指数）。为了使弹簧本身较为稳定，不至于颤动和过软，C 值不能太大。为避免卷绕时弹簧丝受到强烈弯曲，C 值又不应太小。因此，C 值的范围为 4～16，常用值为 5～8。

为了简化计算，通常把式（12-3）中的 $1+2C$ 近似为 $2C$（因为当 C=4～16 时，$2C>>1$）。由于弹簧的螺旋升角和曲率的影响，弹簧丝截面中的应力分布将如图 12-8（c）中的粗实线所示。由图 12-8（c）可知，最大应力发生在弹簧丝截面内侧的 m 点。实践证明，弹簧的破坏也大多由这点开始。为了体现弹簧的螺旋升角和曲率对弹簧丝中应力的影响，引进一个弹簧曲度系数 K，那么弹簧丝内侧的最大应力及强度条件可表示为

$$\tau=K\frac{8CF}{\pi d^{2}}\leqslant[\tau] \tag{12-4}$$

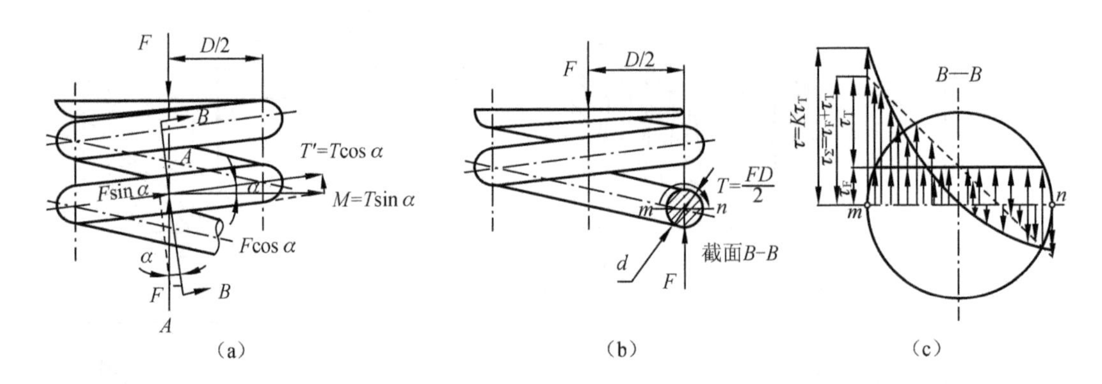

图 12-8　圆柱螺旋压缩弹簧的受力及应力分析

在设计时，利用式（12-4）确定弹簧丝的直径 d。在式（12-4）中，K 为弹簧曲度系数。对于圆截面弹簧丝，可按下式计算弹簧曲度系数，即

$$K\approx\frac{4C-1}{4C-4}+\frac{0.615}{C} \tag{12-5}$$

对圆柱螺旋压缩（或拉伸）弹簧受载后的轴向变形量λ，可根据材料力学中关于圆柱螺旋弹簧变形量的公式求得。

弹簧刚度是描述弹簧性能的主要参数之一，用 k_F 表示。它表示使弹簧产生单位变形时所需的力，刚度越大，需要的力越大，则弹簧的弹力就越大。影响弹簧刚度的因素很多，合理地选择 C 值能控制弹簧的弹力。此外，设计时还应综合考虑弹簧材料、弹簧丝的直径 d 等因素对弹簧刚度的影响。

12.3 弹簧的应用及技术发展

12.3.1 弹簧的应用

弹簧因具有以下功能而在很多领域和行业得到广泛的应用。

（1）测量功能。在弹性极限内，弹簧的伸长（或收缩）跟外力成正比。利用弹簧这一性质，可制作弹簧秤。

（2）紧压功能。例如，各种电器开关的两个触头中，必然有一个触头装有弹簧，以保证两个触头紧密接触。如果开关触头接触不良，那么接触处的电阻变大，电流通过时产生的热量变大，严重时还会使接触处的金属融化。卡口灯头的两个金属柱都装有弹簧，也是为了使其接触良好；螺口灯头的中心金属片及所有插座的接插金属片都是簧片，其功能都是使双方紧密接触。

又如，在订书机中有一个长螺旋弹簧，它能够顶紧钉书钉，当最前面的钉书钉被推出后，弹簧将后面的钉书钉送到最前面，以备钉书。再如，许多机器自动供料，自动步枪中的子弹自动上膛都依靠弹簧的压紧功能。

（3）复位功能。弹簧在外力作用下发生形变，撤去外力后，弹簧就能恢复原状。很多工具和设备都利用弹簧这一性质进行复位。例如，许多建筑物大门的合页上都安装了复位弹簧，可以实现自动复位。利用这一功能，可制作自动伞、自动铅笔等用品，十分方便。此外，各种按钮和按键也少不了复位弹簧。

（4）带动功能。机械钟表、发条玩具都依靠上紧的发条带动。当发条被上紧时，发条产生弯曲形变，存储一定的弹性势能。释放后，弹性势能转变为动能，通过传动机构带动钟表或玩具转动。玩具枪、发令枪和军用枪支都利用了弹簧的这一功能。

（5）缓冲功能。汽车的车架与车轮之间装有弹簧，利用弹簧的弹性减轻车辆的颠簸。

（6）振动发声功能。当空气在口琴、手风琴中的簧孔中流动时，冲击簧片，使簧片振动而发出声音。扭转弹簧的外形和拉压弹簧的外形相似，但前者承受的是绕弹簧轴线的外加力矩，主要用于压紧和储能。例如，使门上铰链复位、电动机中保持电刷的接触压力等。

12.3.2 弹簧的技术发展

在机电产品中，用量最大的弹簧主要有三大类：以汽车为主的机动车辆弹簧；以日用电器为主的电子产品弹簧；以摄像机、复印机和照相机为主的光学装置弹簧。

机动车辆弹簧主要向高强度发展，以减小质量，电子产品弹簧的主要发展方向是小型化，光学装置弹簧既要有高强度又要小型化。相应的弹簧设计方法、弹簧材料和弹簧加工技术等方面均有所发展。

（1）弹簧设计技术的发展。现代计算机技术的发展为弹簧的高精度设计提供了极大的支持。有限元是一种精密的解析技术，它被用来计算弹簧的应力和疲劳寿命的关系。利用计算机进行非线性规划寻求最优设计方案，使弹簧的优化设计也取得了成效。可靠性设计是为了保证所设计产品的可靠性而采用的一系列分析与设计技术，它的任务是在预测和预防产品可能发生故障的基础上，使所设计的产品达到规定的可靠性目标值，这是对传统设计方法的一种补充和完善。弹簧的设计在利用可靠性技术方面取得了一定的进展，但还需要进一步完善，需要数据的开发和积累。

弹簧应用技术的开发也给设计者提出了很多需要注意和解决的新问题，如材料、强压和喷丸处理对疲劳性能和松弛性能的影响。设计时难以精确计算这些影响程度，需要依靠实验数据确定。又如，按现行设计公式求出的圈数制成的弹簧刚度均比设计刚度小，需要减少有效圈数，方可达到设计要求等。

（2）弹簧材料的发展。弹簧应用技术的发展对材料提出了更高的要求，首先要求在高应力下提高疲劳寿命和抗松弛性能；其次是根据不同的用途，要求弹簧具有耐蚀性、非磁性、导电性、耐磨性、耐热性等。为此，除了开发新弹簧材料，还在严格控制弹簧材料的化学成分、降低非金属夹杂、提高表面质量和尺寸精度等方面也取得了有益的成效。

（3）弹簧加工技术的发展。机械弹簧的加工设备和加工生产线向着数控（NC）和计算机控制（CNC）的深度和广度发展。但随着弹簧材料及其几何形状的变化，加工工艺也有新的发展。

12.4　机座和箱体

机座和箱体是机器的基础部件，它将机器中的轴、套、齿轮、轴承等有关零件组成一个整体，使它们之间保持正确的位置关系，并按照一定的传动关系协调传递的运动和动力。因此，箱体的质量直接影响机器的精度、性能和使用寿命。

机座和箱体在一台机器的总质量中占很大的比例（例如，在机床中约占总质量的70%～90%），因此，正确地选择机座和箱体等零件的材料，正确设计其结构形式及尺寸，是减小机器质量、节约金属材料、提高工作精度、增强机器刚度及耐磨性的重要途径。下面对机座和箱体的一般类型、材料、制法、结构特点及基本设计准则做简要介绍。

12.4.1　机座和箱体的一般类型

机座（包括机架、基板等）和箱体（包括机壳、机匣等）的形式繁多，分类方法不一，就其一般构造形式而言，可划分为4大类：机座类［见图12-9（a）、图12-9（b）、图12-9（c）、图12-9（d）］、机架类［见图12-9（e）、图12-9（f）、图12-9（g）］、基板类［见图12-9（h）］和箱壳类［见图12-9（i）、图12-9（j）］。

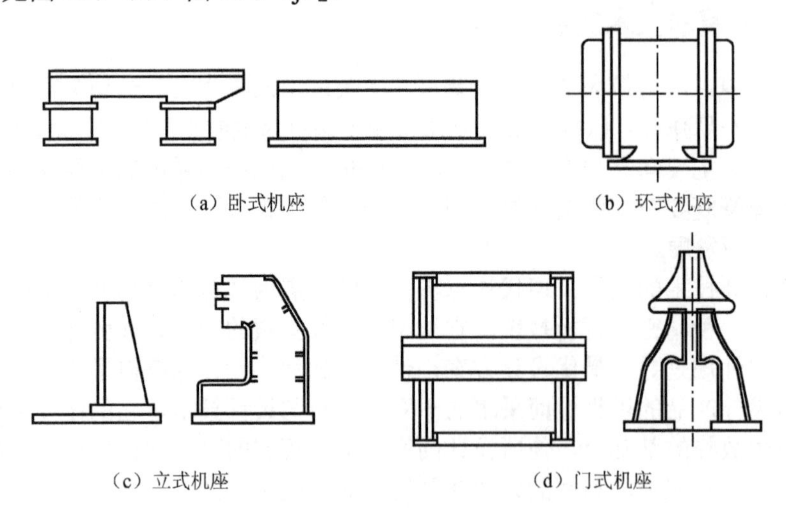

（a）卧式机座　（b）环式机座

（c）立式机座　（d）门式机座

图12-9　机座和箱体的形式

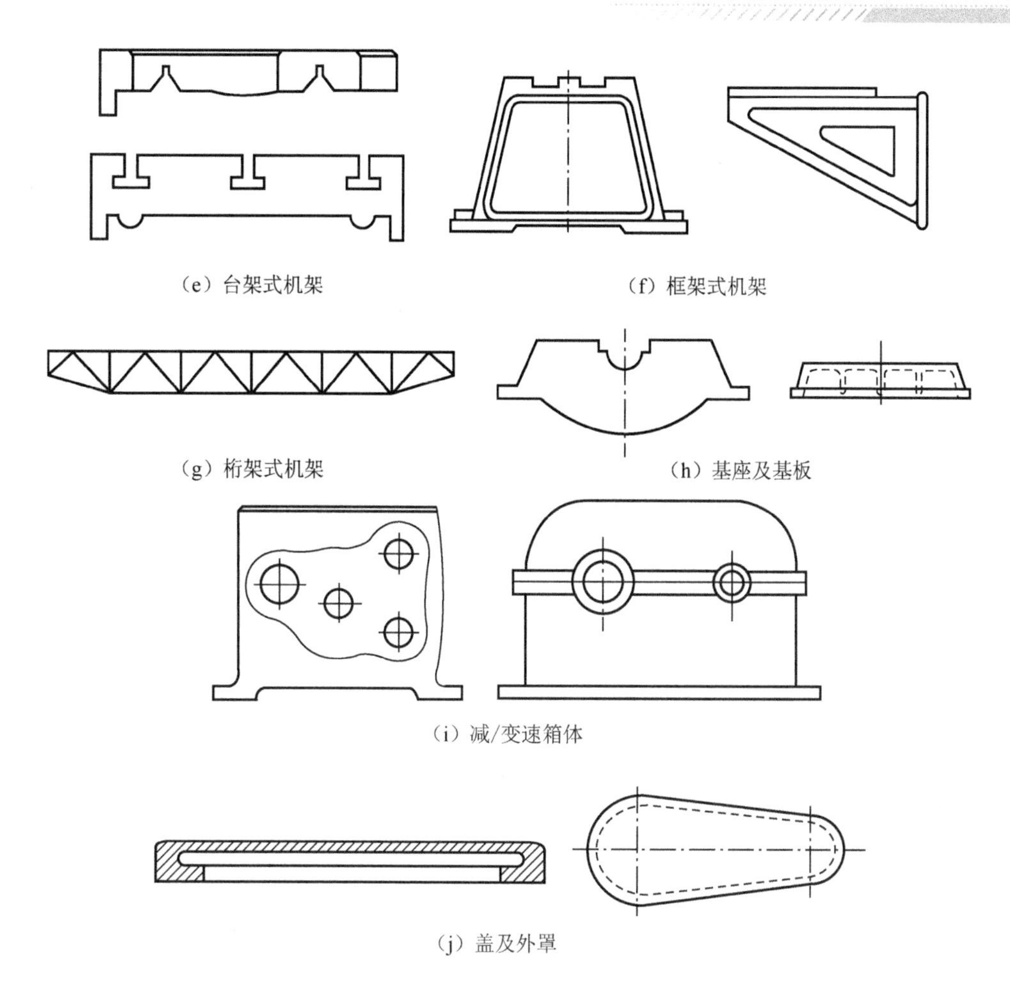

图 12-9　机座和箱体的形式（续）

若按结构分类，机座和箱体形式可分为整体式和装配式；按制法分类，机座和箱体形式又可分为铸造式、焊接式和拼焊式等。

12.4.2　机座和箱体的材料及制法

固定式机器，尤其是固定式重型机器的机座和箱体的结构较为复杂，刚度要求也较高，因而它们的制法通常都为铸造。铸造材料常采用便于施工又价廉的铸铁（包括普通灰铸铁、球墨铸铁与变性灰铸铁等），当要求强度高、刚度大时，用铸钢制作机座和箱体。若要求质量小，如运行式机器的机座和箱体，则用铝合金等轻合金。对于运行式机器，如飞机、汽车、拖拉机，以及运行式起重机等，减小机体的质量非常重要，常用钢或轻合金型材焊制这类机器的机座和箱体。大型机座的制造常采取先分零铸造再焊成一体的办法。

铸造及焊接零件的基本工艺、应用特性及一般选择原则在“金属工艺学”课程中阐述，设计时，应全面进行分析比较，以期设计合理且能符合生产实际。例如，一般情况下，对成批生产且结构复杂的零件，以铸造为宜；单件或少量生产且生产期限较短的零件，以焊接为宜。对具体的机座或箱体仍应分析其主要决定因素。例如，批量生产的中小型机床及内燃机等的机座结构复杂，应以铸造为主。

对批量生产的汽车底盘及运行式起重机的机座等，要求质量小和运行灵便，此类机座以焊接为宜。对质量及尺寸都不大的单件机座或箱体，要求制造简便和经济，应采用焊接。对单件大型机座或箱体，若单独采用铸造或焊接都不经济或不可能时，应采用拼焊结构等。

12.4.3 机座和箱体的截面形状

绝大多数的机座和箱体的受力情况都很复杂，因而它们会产生拉伸（或压缩）、弯曲、扭转等变形。当受到弯曲或扭转时，截面形状对于它们的强度和刚度有很大的影响。如果能正确设计机座和箱体的截面形状，从而在既不增大截面面积又不增大（甚至减小）零件质量（材料消耗量）的条件下，增大截面系数及截面的惯性矩，就能提高它们的强度和刚度。表 12-1 中列出了常用截面形状（面积接近相等）的对比。通过它们的相对强度和相对刚度的比较可知，虽然空心矩形截面的弯曲强度不及工字形截面，扭转强度不及圆形截面，但是它的扭转刚度比它们大很多，而且在采用空心矩形截面的机座和箱体的内外壁上，可比较容易装设其他机件，对于机座和箱体来说，它是结构性能较好的截面形状。因此，实际中绝大多数的机座和箱体都采用这种截面形状。

表 12-1 常用截面形状的对比

截面			弯曲			扭转			
形状		面积/cm²	许用弯矩/（N·m）	相对强度	相对刚度	许用扭矩/（N·m）	相对强度	单位长度许用扭矩/（N·m）	相对刚度
实心矩形截面	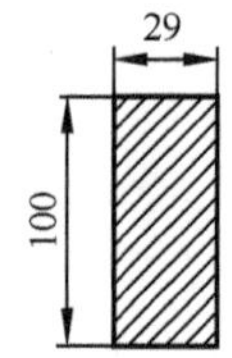	29.0	$4.83[\sigma_b]$	1.0	1.0	$0.27[\tau_\tau]$	1.0	$1.6G[\varphi_0]$	1.0
圆形截面	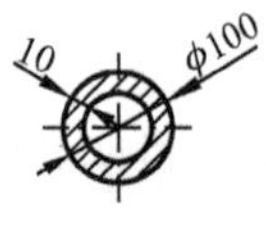	28.3	$5.82[\sigma_b]$	1.2	1.15	$11.6[\tau_\tau]$	43	$58G[\varphi_0]$	8.8
空心矩形截面	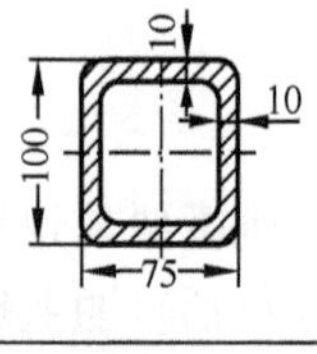	29.5	$6.63[\sigma_b]$	1.4	1.6	$10.4[\tau_\tau]$	38.5	$207G[\varphi_0]$	31.4
工字形截面	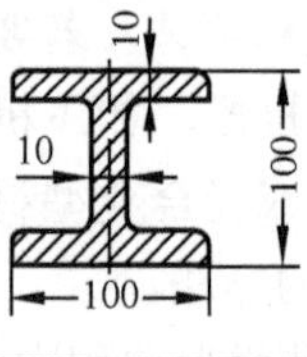	29.5	$9.0[\sigma_b]$	1.8	2.0	$1.2[\tau_\tau]$	4.5	$12.6G[\cdot\varphi_0\cdot]$	1.9

注：$[\sigma_b]$为许用弯曲应力值；$[\tau_\tau]$为许用扭转切应力；G 为切变模量；$[\varphi_0]$为单位长度许用扭切角。

12.4.4 肋板布置

在一般情况下，增加壁厚可以增大机座和箱体的强度和刚度，但不如加设肋板来得有利。因为加设肋板时，既可增大强度和刚度，又可在增大壁厚时减小质量。对于铸件，无须增加壁厚，就可减少铸造的缺陷。对于焊件，壁薄时更易保证焊接的品质，特别是受到铸造、焊接工艺及结构要求的限制时。例如，为了便于砂芯的安装或清除，以及在机座内部装置其他机件等，需要把机座制成一面或两面敞开的机座，或者至少需要在某些部位开出较大的孔洞，这样，必然大大削弱机座的刚度。此时，加设肋板更有必要。

肋板布置的正确与否对于加设肋板的效果有很大的影响。如果布置不当，不仅不能增大机座与箱体的强度和刚度，而且会造成材料浪费及制造困难增加。例如，为了便于焊制，桥式起重机的箱形主梁的肋板为直肋板。此外，肋板的结构形状也是需要考虑的重要影响因素，并且应随具体的应用场合及不同的工艺要求（如铸、铆、焊、胶等），把它设计成不同的结构形状。

12.4.5 机座和箱体的设计注意事项

机座和箱体等零件工作能力的主要指标是刚度，其次是强度和抗振性能。当它们同时用作轨道时，轨道部分还应具有足够的耐磨性。此外，对具体的机械，还应满足特殊的要求，并且力求具有良好的工艺性。机座和箱体的结构形状和尺寸大小取决于安装在它的内部或外部的零件和部件的形状与尺寸及其相互配置、受力与运动情况等。设计时，应使所安装的零件和部件便于装拆与操作。

对机座和箱体的一些结构尺寸，以前大多按照经验公式、经验数据或比照现用的类似机件进行设计，这对那些不太重要的场合虽是可行的，但带有一定的盲目性。对重要的机座和箱体，要考虑这种设计方法不够可靠，或者资料不够成熟，还需要用模型或实物进行实测试验，以便按照测定的数据进一步修改结构及尺寸，从而弥补经验设计的不足。随着科学技术和计算机辅助设计技术的发展，现在已有条件采用精确的数值计算方法，例如，采用有限元法决定前述一些结构尺寸，有限元法在箱体类零件设计中的应用非常有效。

设计机座和箱体时，为了方便机器的装配、调整、操纵、检修及维护，应在适当的位置开出大小适宜的孔洞。金属切削机床的机座还应具有便于迅速清除切屑或边角料的可能。各种机座均应有方便、可靠的与地基连接的装置。

机座和箱体的质量很大时，应设有便于起吊的装置，如吊装孔、吊钩或吊环等。如果需用绳索捆绑时，就必须保证捆吊时机座和箱体具有足够的刚度，并考虑在放置平稳后，绳索易于解下或抽出。另外，还须指出，机器工作时总要产生振动并发出噪声，对周围的人员、设备、产品质量及自然环境都会带来损害与污染，因而隔振也是设计机座与箱体时应该同时考虑的问题，特别是当机器转速或往复运动速度较高以及冲击严重时，必须通过阻尼或缓冲等手段使振动波在传递过程中迅速衰减到允许的范围内（可根据不同的车间设计规范取定）。最常见的隔振措施是在机座与地基之间加装由金属弹簧或橡胶等弹性元件制成的隔振器，可根据计算结果，从专业工厂的产品中选用隔振器，必要时也可委托厂家定做。

思 考 题

12-1 弹簧主要有哪些功能？试分别举出几个应用实例。

12-2 制造弹簧时采用冷卷或热卷与弹簧丝直径有何关系？冷卷或热卷后的热处理方法有何区别？

12-3　什么是弹簧的特性曲线？它与弹簧的刚度有什么关系？定刚度弹簧和变刚度弹簧的特性曲线有何区别？

12-4　圆柱螺旋压缩（或拉伸）弹簧受载时，弹簧丝截面上的应力最大点在什么地方？最大应力值如何确定？为什么要引入弹簧曲度系数 K？

12-5　弹簧的旋绕比 C 是如何定义的？设计弹簧时，C 值的取值范围是多少？C 值过大或过小有何不利？

12-6　弹簧强度计算和刚度计算的目的是什么？影响圆柱螺旋压缩（或拉伸）弹簧强度和刚度的主要因素有哪些？

12-7　已知圆柱螺旋压缩（或拉伸）弹簧的外载荷为 F，试分析只增大弹簧钢丝直径 d、有效圈数 n、中径 D 三者之一时，弹簧变形是增大还是减小。

12-8　现有两个圆柱螺旋拉伸弹簧，若它们的材料、弹簧钢丝直径、弹簧中径、端部结构等完全相同，仅有效圈数不同，试分析它们的强度、刚度大小有何不同。

12-9　当圆柱螺旋压缩弹簧有可能失稳时，可采用哪些措施防止其失稳？

12-10　机座与箱体一般可划分为几大类？各举一个应用实例。

12-11　机座与箱体工作能力的主要指标是什么？

12-12　布置机座与箱体的肋板时，一般应考虑哪些问题？

12-13　设计机座与箱体时，一般须注意哪些问题？

12-14　箱体类零件的一般结构设计分析——齿轮泵壳体结构设计分析。

齿轮泵是提供高油压的一个设备，低压油从左边吸进，通过动力使齿轮快速旋转，使出口的压力增高。因此，从工作原理出发，这个泵体的外壳在包容这一对齿轮时，齿顶处必须保证不漏油，并旋转自如，安放齿轮轴的孔及进出口通路、齿轮的前后侧面也不许漏油。根据对内腔的这些要求，确定合理的壁厚包容这一对齿轮。由于齿轮泵有一定的质量，而且在高速旋转时还会振动，因此必须用一个合理的底座固定整个泵体。在确定大体结构的基础上，根据被包容零件的相关尺寸参数、工作参数、泵壳的加工工艺、装配及安装等要求，确定泵壳的具体结构。

请上网查获齿轮泵体结构，再详细地分析其结构设计。

12-15　请上网查获剖分式齿轮减速机机座与盖的结构，分析其结构设计。

第 13 章　机械传动系统设计与实践

主要概念

机械传动系统、电动机的选择、常用的机械传动、传动路线、机构的运动形式转变、系统方案、方案创新设计、实例分析、传动系统方案的表达、传动系统运动及动力参数计算、减速器、结构装配图及零件图表达。

学习引导

本章内容是为了加强读者的机械传动系统设计能力而编排的，应用性很强。其中有常被读者忽略的概念。

机器一般是由原动机、传动系统、工作机三部分组成的，随着机电一体化技术的发展，有的机器还包括控制装置和其他辅助装置。原动机是机器完成工作任务的动力来源，最常用的是电动机。工作机是直接完成生产任务的执行机构，可以通过选择合适的机构或其组合来实现。传动系统则是把原动机的运动和动力转化为符合执行机构需要的中间传动机构，是大多数机器中最重要和最复杂的部分，其质量和成本在整台机器的质量和成本中占很大的比例，机器的工作性能在很大程度上取决于中间传动机构的优劣。

原动机的运动和动力与工作机的要求往往有很大差距，主要表现在以下 4 个方面：

（1）工作机所需要的速度、转矩与原动机提供的不一致。

（2）原动机的输出轴通常只作匀速单方向回转运动，而工作机要求的运动形式往往是多种多样的，如直线运动、间歇运动、螺旋运动、变速运动等。

（3）很多工作机在工作中需要变速，采用调整原动机速度的方法实现变速往往很不经济，甚至很难实现。

（4）在某些情况下，需要一个原动机带动若干装置并输出不同的运动形式和速度。

需要用传动系统解决上述问题，一般来说，传动系统的设计在机械设计中是必不可少的内容。

机械中除了采用机械传动，还经常采用液压传动、气压传动和电力传动。下面，我们仅讨论机械传动系统。

13.1　传动机构中原动机的选择

一般工业中多采用电动机作为原动机。电机学是一门重要的学科，有专业技术人员对其进行研究，但作为机械设计人员，必须对其有一个基本的了解，能够正确地选用和使用电动机。

选择电动机时主要考虑的因素有电动机形式及种类、电动机功率与转速、电动机安装与防护形式等。

电动机的种类多种多样，对于不需要调速或对调速要求不高的一般机械，首选三相鼠笼型异步电动机，因为它具有结构简单、坚固耐用、工作可靠、价格低廉和维护方便等优点。它的主要缺点就是调整困难、功率因数较低、启动电流较大及启动转矩较小。

电动机的防护形式有开启式、防护式、封闭式、防爆式和潜水式等。通常情况下选用开启式电动机，但它只适用于干燥而清洁的环境；对于潮湿、易受风雨侵蚀、多灰尘、易燃易爆、腐蚀性的环境，应该有针对性地做出选择。

电动机的功率应根据生产机械所需要的功率选择，尽量使电动机在额定负载下运行。选择时应注意以下两点：

（1）如果电动机功率选得过小，就会造成电动机长期过载，使其绝缘因发热而损坏，甚至电动机被烧毁。

（2）如果电动机功率选得过大，那么其输出机械功率不能得到充分利用，功率因数和效率都不高，不但对用户和电网都不利，而且还会造成电能浪费。

可以通过计算等方法确定电动机的功率，一般情况下，电动机的功率大小是根据工作机的载荷要求，并且在考虑传动系统中各环节效率的情况下获得的，然后根据电动机的标准选择电动机的功率。

所选择电动机的转速应尽量与工作机械需要的转速相同，可采用直接传动，这样既可以避免传动损失，又可以节省占地面积。若难以买到合适转速的电动机，可用带传动进行变速，但其传动比不宜大于 3。异步电动机的同步转速有 3000r/min、1500r/min、1000r/min、750r/min 等。在功率相同的情况下，电动机转速越低，体积越大，价格也越高，而且功率因数与效率较低；高转速电动机也有它的缺点，它的启动转矩较小而启动电流大，拖动低转速的机械时传动不方便，同时高转速电动机的轴承容易磨损。因此，一般选用 1000r/min 和 1500r/min 的电动机，它的转速也比较高，但它的适应性较强，功率因数也比较高。一般情况下，先根据工作机要求的转速或速度大小，合理考虑传动系统中减速或增速环节的传动比后，再根据电动机的标准确定电动机的转速。

13.2 常用机械传动的类型、主要特性及其选择原则

设计机械传动系统时，首先要掌握各种传动机构的性能和特点，这是进行机械传动系统设计的基础。传动机构的类型很多，选择不同类型的传动机构，将会得到不同形式的传动系统方案，会获得不同的系统工作性能。常用机械传动机构及其主要性能见表 13-1。

表 13-1 常用机械传动机构及其主要性能

传动类型	传动效率	传动比	圆周速度 v/（m/s）	相对成本	外廓尺寸	性能特点
带传动	平带：0.94～0.96 V 带：0.92～0.97	≤5～7	5～25（30）	低	大	过载打滑，传动平稳，缓冲吸振，可远距离传动，但传动比不恒定
	齿形带：0.95～0.98	≤10	50（80）	低	中	传动平稳，能保证固定传动比
链传动	开式：0.90～0.92 闭式：0.96～0.97	≤5～8	5～25	中	大	平均传动比准确，可在环境恶劣情况下工作；远距离传动，会产生冲击和振动

续表

传动类型	传动效率	传动比	圆周速度 v/（m/s）	相对成本	外廓尺寸	性能特点
齿轮传动	开式：0.92～0.96 闭式：0.96～0.99	开式≤3～5 闭式 7～10	≤5 ≤200	中	中 小	传动比恒定，功率和速度适用范围广，效率高，使用寿命长
蜗杆传动	自锁：0.4～0.45 不自锁：0.7～0.9	8～80 （1000）	15～50	高	小	传动比大，传动平稳，结构紧凑，可实现自锁，效率低
螺旋传动	滑动：0.3～0.6 滚动：≤0.9		高中低	中	小	传动平稳，能自锁，增力效果好
连杆机构	高	1	中	低	小	结构简单，易制造，能传递较大载荷，耐冲击，可远距离传动
凸轮机构	低		中 低	高	小	从动件可实现各种运动规律，高副接触磨损较大
摩擦轮传动	0.85～0.95	≤5～7	≤15～25	低	大	过载打滑，工作平稳，可在运动中调节传动比

在选择机械传动类型时，应考虑其主要性能指标：效率高、外廓尺寸小、质量小、运动性能良好、成本低以及符合生产条件等。选择传动类型的基本原则如下。

（1）当原动机的功率、转速或运动形式完全符合执行系统的工况要求时，可将原动机的输出轴与执行机构的输入轴用联轴器直接连接。这种连接结构最简单，传动效率最高。但当原动机的输出轴与执行机构的输入轴不在同一轴线上时，就需要采用等传动比的传动机构。

（2）原动机的输出功率满足执行机构要求，但输出的转速、转矩或运动形式不符合执行机构的需要。此时，需要采用能变速或转换运动形式的传动机构。

（3）当需要高速和大功率传动时，应选用承载能力大、传动平稳、效率高的传动类型，以节约能源，降低费用。

（4）当速度较低及中、小功率传动，并且要求传动比较大时，可选用单级蜗杆传动、多级齿轮传动、带和齿轮传动组合、带与齿轮和链传动等多种方案，对各种方案进行分析比较，选出综合性能较好的方案。

（5）在工作环境恶劣、粉尘较多时，尽量采用闭式传动，以延长零件的使用寿命，有的场合或采用链传动。

（6）尽可能采用结构简单的单级传动机构。当中心距较大时，可采用带传动或链传动；当传动比较大时，优先选用结构紧凑的蜗杆传动和行星齿轮传动。

（7）当执行机构的载荷频繁变化、变化量大且有可能过载时，为保证安全运转，可选用有过载保护的传动类型。摩擦传动是很好的选择，但会产生摩擦静电，在易燃、易爆的场合不能采用摩擦传动。

（8）在载荷经常变化、频繁换向的场合，宜在传动系统中设置一级具有缓冲、吸振功能的传动（如带传动）。

（9）在对噪声有严格要求的场合，应优先选择带传动、蜗杆传动、摩擦传动或螺旋传动。如果需要采用其他传动机构，应该从制造和装配精度、结构等方面采取措施，力求降低噪声。

（10）对单件、小批量生产的传动，尽量采用标准的传动机构，以降低成本，缩短制造周期。在机械传动系统设计中，实现同一种运动形式的转换可能会有好几种选择方案。表 13-2 所列是常用机构的运动形式转换，供选择时参考。

表 13-2 常用机构的运动形式转换

运动形式转换	运动转换机构
连续转动转换为往复摆动	曲柄摇杆机构、曲柄摇块机构、摆动从动件凸轮机构、转动导杆机构等
连续转动转换为直线运动	曲柄滑块机构、正弦机构、凸轮机构、带或链传动机构、齿轮齿条传动机构、螺旋传动机构以及一些机构的组合
直线移动转换为直线移动	斜面机构、具有两个移动副的连杆机构、凸轮机构、直线电动机等，但直线移动转换为直线移动的机构大多采用液压机构，用在送料、夹紧等装置中。各类液压阀芯、电磁阀芯机构也采用了直线移动到直线移动的运动变换
直线移动转换为定轴转动	曲柄滑块机构、齿轮齿条机构等
从连续转动到连续转动	齿轮机构、双曲柄机构、蜗杆传动、带传动、链传动等
连续转动转换为间歇运动	槽轮机构、棘轮机构、不完全齿轮机构、凸轮机构等

13.3 机械传动系统方案的设计、表达和实例

确定原动机和工作机的方案后，就可以进行机械传动系统的设计了，包括选择合理的传动路线、确定合适的传动机构形式及布置顺序、画出传动方案的机构运动简图、完整地表达出运动和动力的传递路线，以及各部分的组成和连接关系。

13.3.1 机械传动系统方案的设计

机械传动系统方案的设计是机械设计工作中的一个重要组成部分，是最具创造性的设计环节。正确合理地设计机械传动系统，对提高机械的性能和质量、降低机械的制造成本和使用费用等都是至关重要的。任何机械传动系统的设计方案都不是唯一的，在相同设计条件下，可以有不同的方案，应选择其中最佳方案。机械传动系统方案设计首先应满足工作机的工作要求（如功率及转速），其次要求结构简单紧凑、加工方便、成本低、传动效率高、使用维护方便等。

在设计机械传动系统时，把相同的传动机构按不同的传动路线及不同的顺序布置，就会产生不同的效果。只有合理地安排传动路线，恰当地布置传动机构，才能使整个机械传动系统获得较理想的性能。

1. 传动路线的选择

根据从原动机到工作机传递运动和动力的形式，传动路线可分为下列三种基本形式：单流传动、分流传动和汇流传动，如图 13-1 所示。

单流传动路线结构简单，但传动机构数目越多，传动系统的效率越低。因此，应尽量减少机构数目。当系统中只有一个执行机构和一个原动机时，宜采用单流传动路线。当系统中有多个执行机构但只有一个原动机时，可采用分流传动路线。当系统只有一个执行机构但需要多个运动且每个运动传递的功率都较大时，宜采用汇流传动路线。

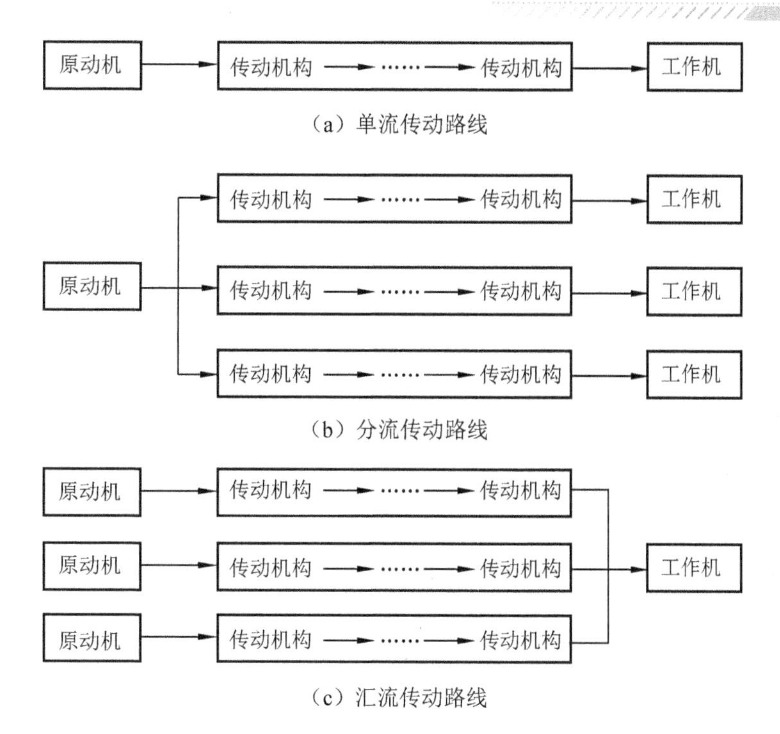

图 13-1　传动路线的基本形式

在实际应用中，可以根据需要把上述三种基本形式结合起来形成复合传动。主要根据执行机构的工作特性、执行机构和原动机的数目以及传动系统性能的要求决定传动路线，以传动系统结构简单、尺寸紧凑、传动链短、传动精度高、传动效率高、成本低为基本原则。

2. 传动机构的布置顺序

传动机构的布置顺序对传动系统的性能影响很大，一般应考虑以下几个基本点。

（1）机械运转平稳、减小振动。一般将传动平稳、动载荷小的机构放在高速级。例如，带传动机构传动平稳，能缓冲吸振，并可进行过载保护，一般把它布置在高速级。而链传动机构的运转不均匀，有冲击，应把它放在低速级；斜齿轮传动的平稳性比直齿轮传动好，它常被用于高速级或要求传动平稳的场合。

（2）提高传动系统的效率。蜗轮蜗杆传动平稳，但效率低。对于采用锡青铜为蜗轮材料的蜗杆传动，应把它布置在高速级，以利于形成润滑油膜，提高承载能力和传动效率。

（3）结构简单紧凑、易于加工制造。带传动结构布置在高速级不仅使传动平稳，而且可使传动机构尺寸紧凑。一般将改变运动形式的机构（如螺旋传动、连杆机构、凸轮机构等）布置在机械传动系统的最后一级（靠近执行机构或直接作为执行机构），使系统简单减小结构尺寸。大尺寸和大模数圆锥齿轮的加工较困难，因此应尽量把它放在高速级并限制其传动比，以减少其直径和模数。

（4）承载能力大、使用寿命长。开式齿轮传动机构应被布置在低速级，因为其工作环境较差、润滑条件不好，磨损严重、使用寿命较短。采用铝铁青铜或铸铁作为蜗轮材料的蜗杆传动机构常被布置在低速级，使齿面滑动速度较低，以防止齿轮胶合或严重磨损。

必须指出，上述几点仅为一般性建议而不是固定不变的，需要根据实际情况取其优点，灵活应用。例如，将带传动机构布置在最后一级的低速级，目的是用其吸振特性改善运转精度，这适合某些高精度的机器设计。总之，应视实际情况具体分析，必须结合整机总体布置、技术性能要求、制造和装配条件、原材料供应情况、工作环境状况、维护和修理等因素，综合分析和比较后确定。

13.3.2 机械传动系统方案的表达

机械系统传动方案中的各种机构一般用机构运动简图表示，单一机构的表达要按照《机构运动简图符号》（GB/T 4460—2013）绘制，该标准中有非常明确的画法和表达要求。机械系统传动方案的表达就是把选用的机构按照设计的顺序协调地连接起来，并按照比例绘制出一个完整的机械传动系统图。这个图能简单明了地表示运动和动力的传递方式和路线，以及各部件的组成和相互连接关系，同时便于进行机构的运动和受力分析。机械传动系统方案的表达是机械设计师必备知识。

图 13-2 是液体动压径向滑动轴承传动系统方案示意。

试验轴承由 JZT 型调速电动机通过带传动、变速箱和联轴器带动旋转。JZT 型调速电动机的调速范围为 120～1200r/min，无级变速。

带传动比 i=2.5，变速箱中有一个离合器和两对齿轮。齿轮传动的速比分别为 24/60 和 60/25，所以传动机构有两种传动比。当变速手柄位于右方时，速比为 24/60 的一对齿轮工作，当变速手柄位于左方时，速比为 60/25 的一对齿轮工作；变速箱与调速电机配合可得到 20～1200r/min 的无级变速的主轴转速。这是一个完整的单流传动方案。

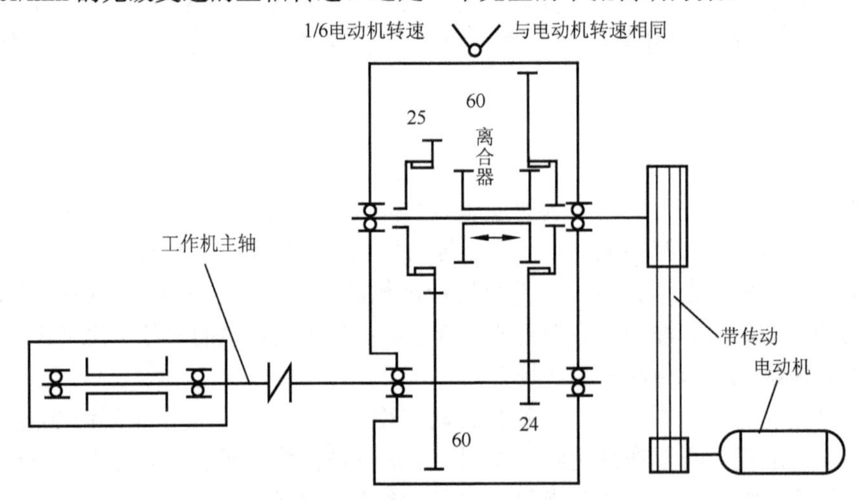

图 13-2 液体动压径向滑动轴承传动系统方案示意

13.3.3 机械传动系统方案设计实例

实例一：设计矿井巷道中的带式输送机（见图 13-3）的机械传动系统方案。

请思考以下几个问题。

（1）矿井巷道的工作条件（功率、速度）和工作环境如何？

（2）选择什么作为原动机？

（3）从原动机到输送机考虑用什么传动机构传动？

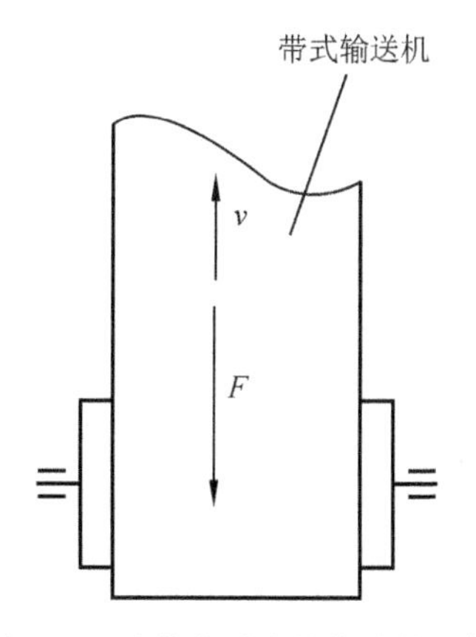

图 13-3 矿井巷道中的带式输送机

设计的 4 种传动系统方案如图 13-4 所示。

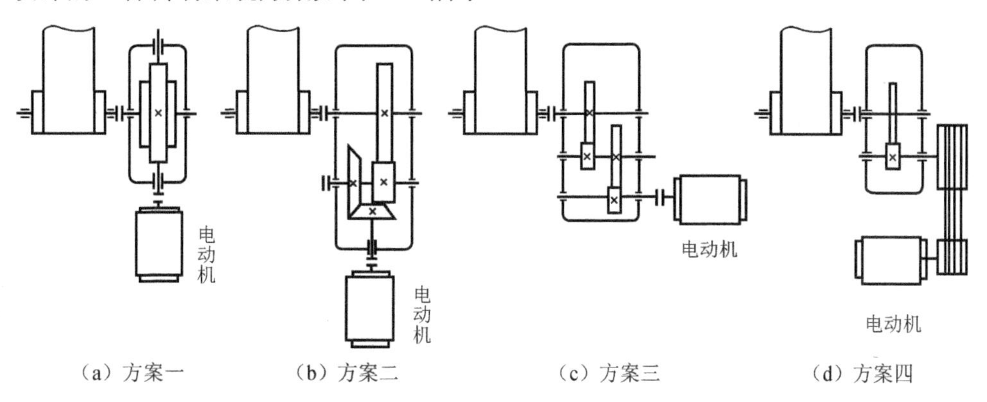

图 13-4 矿井巷道中的带式输送机传动系统方案

对上述 4 种传动系统方案进行比较，分析各种传动系统方案的构成及特点。请问哪种方案好？

分析如下：

方案一的传动机构结构紧凑，若在大功率和长期运转条件下使用，由于蜗杆传动效率低，功率损耗大，很不经济。

方案二的传动机构宽度尺寸较小，适合在恶劣环境下长期工作，但圆锥齿轮的加工比圆柱齿轮困难。

方案三与方案二比较，传动机构的宽度尺寸较大，输入轴的轴线与工作机位置水平布置，适合在恶劣环境下长期工作。

方案四比前 3 个方案的制造成本低，并且带传动有过载保护作用，但其传动机构的宽度和长度尺寸都较大，带传动不适合繁重的工作条件和恶劣环境。

矿井巷道中的工作特点是环境恶劣，需要长期工作。经比较可知，方案三和方案二较好，方案二的传动机构宽度尺寸比较小，更适合矿井巷道作业。因此，方案二最合理。

实例二：设计绕线机构的机械传动方案。已知电动机转速 $n_d = 960$ r/min，绕线轴有效长度 L=75mm，线径 d=0.6 mm，要求每分钟绕线 4 层，均匀分布。

传动方案设计：

（1）传动机构的传动比。

绕一层线的转数 $75/0.6 = 125\text{r}$

每分钟绕线 4 层，线轴转速 $n_1 = 125 \times 4 = 500\ \text{r/min}$

每分钟布线 4 层，布线往复运动为 2 次/min。

电动机与绕线轴之间的传动比为 960/500=1.92

电动机与往复运动机构之间的传动比为 960/2=480

（2）拟定传动系统方案：一台原动机要满足绕线和布线两个有协调关系的运动，因此应采用分流传动路线。电动机与绕线轴之间的传动比较小，可选用一级 V 带、齿轮、链轮和摩擦轮传动。考虑结构紧凑和传动比准确的要求，选用一级齿轮传动。

电动机和布线机构之间有减速和回转运动变往复运动两个要求，由于传动比较大，因此采用齿轮和蜗杆传动实现，执行机构采用凸轮机构。绕线机构的传动系统方案如图 13-5 所示。

（3）各级传动比分配。电动机与绕线轴之间的齿轮传动比为 1.92；选取第二对齿轮传动比为 4（满足单对齿轮传动比范围），蜗杆传动比为 480/1.92/4=62.5。

（4）运动和动力参数计算（略）。

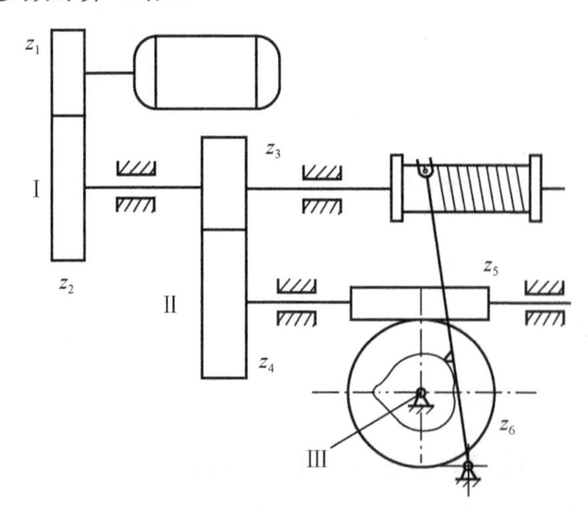

图 13-5　绕线机构的传动系统方案

13.4　机械传动系统的运动和动力参数的计算

在机械传动系统中，从原动机到执行部分的中间各环节都有功率消耗，如联轴器、轴承、各种传动等，其相应的效率值可参考机械设计手册。

图 13-6 是一个齿轮传动系统。设 $P_{入}$ 是 I 轴的输入功率，$P_{出}$ 是 III 轴的输出功率，$\eta_{齿轮}$ 为一对齿轮的啮合效率，$\eta_{轴承}$ 是一对轴承的效率，$\eta_{总}$ 是传动系统从输入端到输出端的总效率。需要分别确定 I 轴、II 轴、III 轴和齿轮传动的功率值。下面分步骤说明。

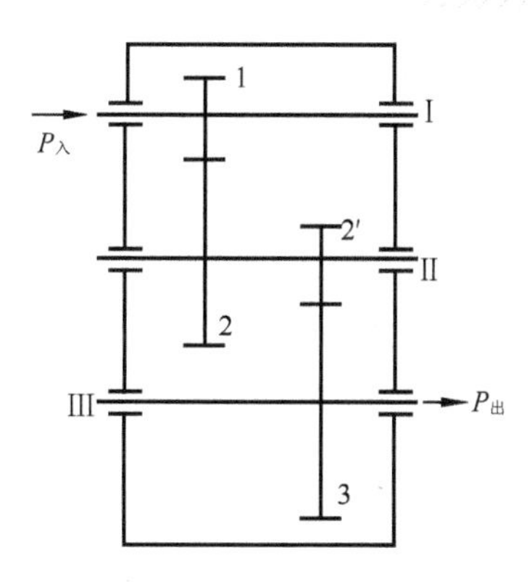

图 13-6 齿轮传动系统

（1）机械传动系统的总效率。机械传动系统的总效率等于各部分效率的乘积，即

$$\eta_{总}=\frac{P_{出}}{P_{入}}=\eta_{齿轮}^2\eta_{轴承}^3$$

（2）功率。如果已知输入功率 $P_{入}$ 或输出功率 $P_{出}$ 和效率 $\eta_{齿轮}$、$\eta_{轴承}$，就可以求出机械传动系统中各轴和各级齿轮传动的功率。对各轴和各级齿轮传动，选取各自的输入功率作为它们的名义功率。

设 P_{I}、P_{II}、P_{III} 分别为 I 轴、II 轴、III 轴的输入功率，$P_{1齿轮}$、$P_{2齿轮}$ 分别为第一级和第二级齿轮传动的输入功率。

$$P_{\mathrm{I}}=P_{入}$$

$$P_{\mathrm{II}}=P_{入}\eta_{轴承}\eta_{齿轮}$$

$$P_{\mathrm{III}}=P_{\mathrm{II}}\eta_{轴承}\eta_{齿轮}=P_{入}\eta_{轴承}^2\eta_{齿轮}^2$$

$$P_{出}=P_{\mathrm{III}}\eta_{轴承}=P_{入}\eta_{轴承}^3\eta_{齿轮}^2=P_{入}\eta_{总}$$

$$P_{1齿轮}=P_{入}\eta_{轴承}$$

$$P_{2齿轮}=P_{\mathrm{II}}\eta_{轴承}=P_{入}\eta_{齿轮}\eta_{轴承}^2$$

（3）转矩。在已知轴和传动件输入功率及相应转速的情况下，可以求出在该轴和传动件上的转矩 T。转矩计算公式为

$$T=9.55\times10^6\frac{P}{n}$$

式中，P 的单位是 kW，n 的单位是 r/min，转矩 T 的单位是 N·mm。

感兴趣的读者可以试着推导该传动系统中任意两个轴转矩之间的普遍关系。

13.5 机械传动系统方案的创新设计

在机械设计中有许多创新方法可以遵循，但没有固定的创新思路。下面以自动粘贴商标机为例，简单说明如何根据机器的使用要求对机械传动系统方案进行创新设计。

在轻工产品中常有粘贴商标的要求，例如，在饮料瓶或其他制品上粘贴商标。从机械设计的角度看，就是要完成以下几个机械动作。

（1）取纸动作：从一叠商标纸中取出一张。

（2）刷胶动作：在制品或商标纸上均匀刷胶。

（3）粘贴动作：把商标纸粘贴到制品上。

（4）压紧动作：把制品上的商标纸压紧。

（5）将制品送入或送出粘贴商标的位置。

实际上，只要设计出的机械传动系统能完成以上 5 个动作，粘贴商标机的方案设计就完成了。把用于完成 5 个动作的不同机构进行不同的组合，就可以得到多种方案，优化后选择其中的一种。如何用机构实现这 5 个动作？需要设计师的创新思维，举例如下。

（1）取纸动作机构的构思。这个动作可以借鉴相同或类似的有关机构。例如，参考图 13-7 所示的啤酒瓶上自动粘贴商标机的传动系统俯视图。

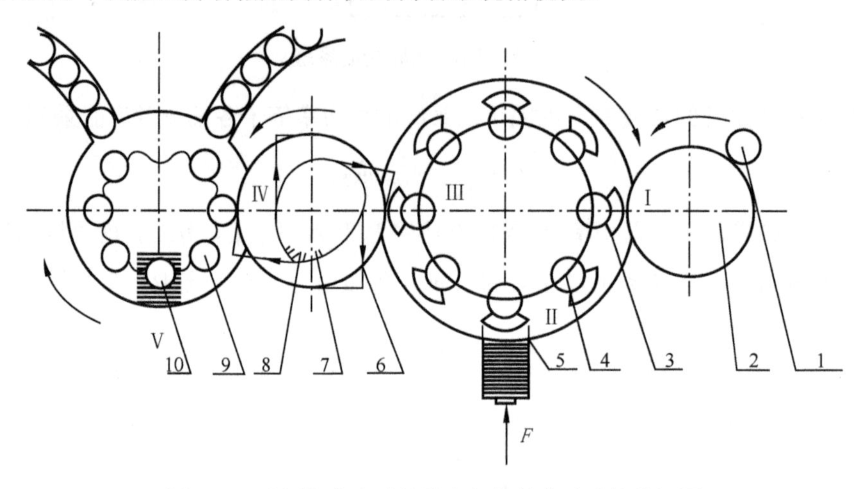

图 13-7　啤酒瓶上自动粘贴商标机的传动系统俯视图

图 13-7 中的 5 为整叠的商标纸，其后受弹簧力 F 的作用。当上胶取纸转盘 3 转动时，安装在上面的带胶辊 4 一边随上胶取纸转盘 3 转到商标纸的前部，一边相对上胶取纸转盘 3 摆动，从而将最上面的商标纸黏住并抽出一张，然后又随上胶取纸转盘 3 将商标纸送到另一个工位。

图 13-8 是胶印机的纸张分离工艺动作示意，其中图 13-8（a）为松纸吹嘴 4 开始吹气，使得上部的商标纸松动上扬；图 13-8（b）为压纸吹嘴 3 的尖端，该尖端插入被松纸吹嘴 4 吹起的第一张商标纸的下面，并把第二张商标纸压住；图 13-8（c）为压纸吹嘴 3 继续吹气使第一张商标纸完全飞起，以利于分纸吸嘴 2 将第一张商标纸吸走；图 13-8（d）为送纸吹嘴 1 接住分纸吸嘴 2 传递的商标纸后将其送走。这是利用吹气吸气完成纸张的分离。

另外，在一些小型纸张印刷机上，采用图 13-9 所示的纸张分离机构，它通过分纸针 3 将纸压住，当橡皮辊 4 转动时，从分纸针 3 中抽出单张纸，传送到前导辊 1 中并将纸 2 取出。

实际上，还有一些其他形式的取纸机构构思更为巧妙。

（2）刷胶机构系统方案构思。如何在商标纸或制品上刷胶完成上胶运动？图 13-7 所示的机构是先把胶水刷在带胶辊 4 上，再将带胶辊 4 上的胶水涂到商标纸上并黏住一张商标纸，最后把带有胶水的商标纸粘贴到啤酒瓶上。

图 13-10 为邮票上胶自动机方案。它由刷胶辊 2 先将胶水涂在八角 5 上，然后八角 5 转到邮票上方，邮票向上移动而被黏住，经压盖 6 轻压，使胶水分布均匀，最后由夹子 1 将涂有胶水的邮票取走。

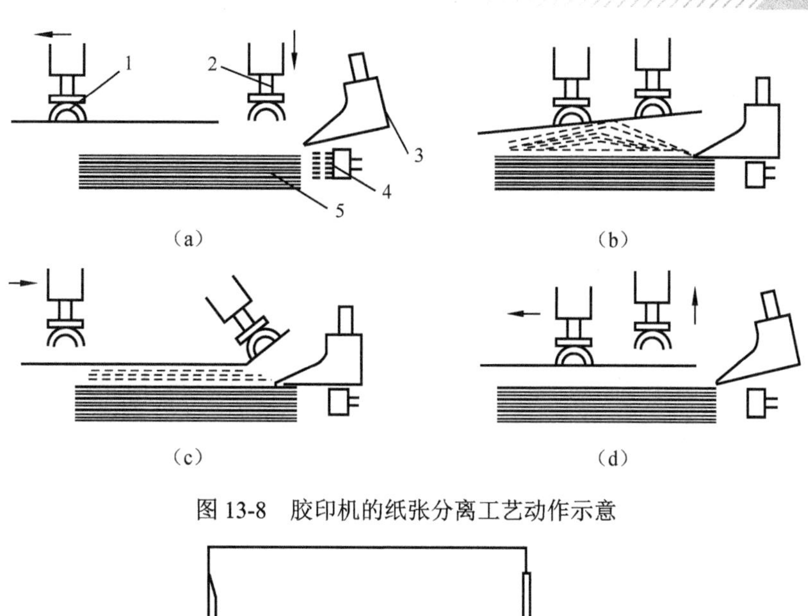

图 13-8 胶印机的纸张分离工艺动作示意

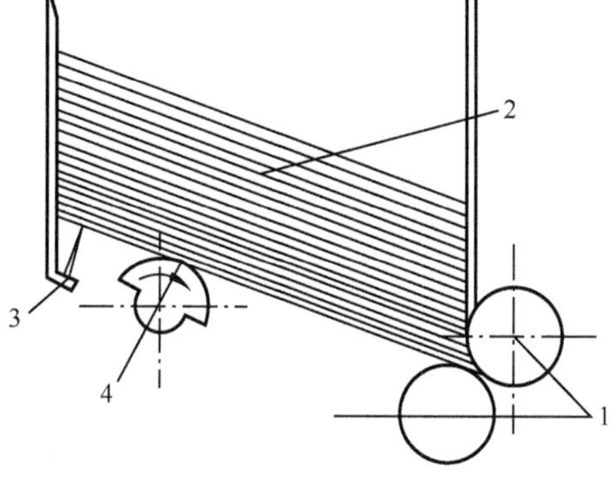

图 13-9 纸张分离机构

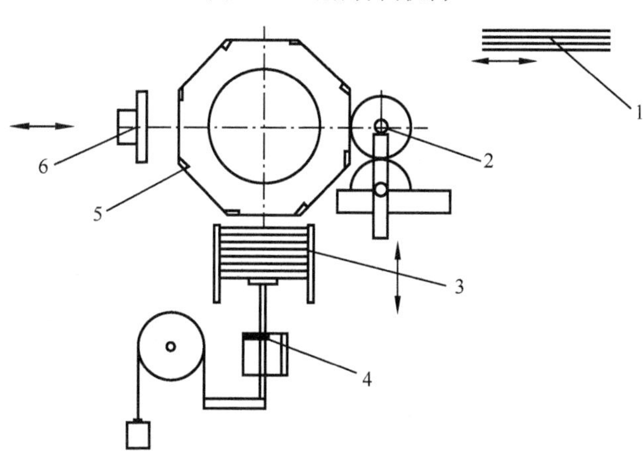

图 13-10 邮票上胶自动机方案

以上两例均是间接上胶，也可以构思直接上胶的方案。例如，在图 13-11 所示的商标纸上胶方案中，上胶皮带 1 带动圆柱形制品 4 转动的同时又给它涂上了胶水，圆柱形制品 4 在商标纸上滚动时，把商标纸黏住并在吸头 2 的协助下粘贴好商标纸。上胶皮带 1 上的胶水是由滚轮 5 提供的，滚轮 5 浸在胶水容器 6 中。设计师还可以构思其他上胶方法，但无非是直接上胶或间接上胶两种。

（3）粘贴上商标纸并完成压紧动作的机构系统的构思。如何将商标纸粘贴上制品并压紧？在图 13-7 所示的机构中，当传送带 10 将啤酒瓶送到 IV 工位时，粘贴上商标纸；送到 V 工位时，压刷 11 压紧商标纸。在图 13-10 所示的机构中由压头 6 压紧邮票。也可以采用一些其他方法实现商标纸或邮票的粘贴和压紧动作。

（4）完成制品传送动作的机构系统的构思。如何将制品自动送入/送出粘贴商标机和压紧工位？这可以采用各种形式的自动传送带。图 13-7 所示机构采用圆弧传送盘 9 将啤酒瓶送到传送带 10 上。而图 13-11 所示机构采用带传动，将制品送入/送出。另外，还可以使用其他各种形式的连续运动或间歇运动的传送带。这些传动机构都有成熟的技术和运动规律，设计师根据具体要求选用其中一种即可。

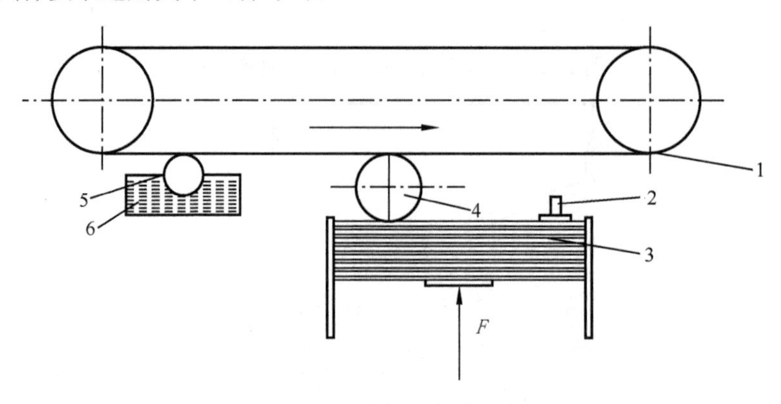

图 13-11　商标纸上胶方案

（5）创新设计方案的形成。根据以上机构系统的构思，设计师可以构成多种自动粘贴商标机的传动系统方案。不同方案各有特色。图 13-12 所示可作为创新构思方案之一。在这种方案中，参考印刷机中吹纸和吸纸动作机构，设计一个吹/吸气泵，在 I 工位时吸气（图中的 1 表示吸气口），吸住商标纸盒 3 中的一张商标纸，并在转轮转动时将第一张商标纸抽

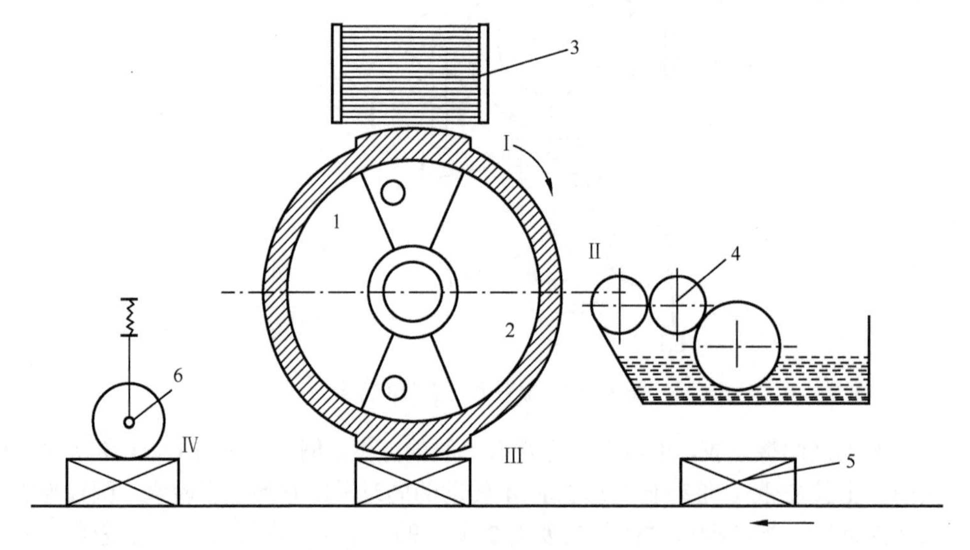

图 13-12　创新构思方案之一

走，在II工位由上胶辊4给商标纸上胶。当转到III工位时，与送入机构送来的方盒形制品相遇，吹气泵吹气（图中的2表示吹气口），将商标纸吹压在制品上。这样就可连续不断地自动完成粘贴商标的工作。这一创新方案受气动机构吹纸吸气的启发，设计出了一种吹/吸气泵构思，它使粘贴商标机的各个动作之间协调配合且合理，同时工作连续，可以提高生产效率。

在设计机械传动系统方案时，通常可根据设计要求拟定出多种方案，最终通过分析比较选择最优的方案。而一个方案的优劣只能通过科学的评价确定。在评价机械传动系统方案时，可使用最常用的评价方法，即技术经济评价法。此方法的特点是，先分别列出被评价方案的技术与经济指标，然后进行综合评价。

13.6 机械传动系统中的减速器及其发展趋势

减速器是一种独立的闭式传动机构，用来降低转速和增大转矩。它广泛应用于机械传动系统，几乎在各式各样的机械传动系统中都可以见到它。

如前所述，机器一般由原动机、传动部分（减速机装置）和工作机三个基本部分组成。减速器就是传动部分的机械传动机构，其作用是将动力机产生的机械能以机械的方式传送到工作机上。它可以是机械设备中完整的传动系统，也可以是在机械传动系统中的一部分。因此，它具有前述机械传动系统的主要功能。

13.6.1 减速器

1. 减速器的基本类型

减速器（见图 13-13）是一种相对精密的机械，它的种类繁多，型号各异，不同种类有不同的用途。按照传动类型，减速器可分为齿轮减速器（见图13-14）、蜗杆减速器（见图13-15）和行星齿轮减速器（见图13-16）等；按照传动级数的不同，减速器可分为单级减速器（见图13-17）和多级减速器（见图13-18）；按照传动的布置形式，减速器又可分为展开式双级减速器（见图13-19）、分流式双级减速器（见图13-20）和同轴式双级减速器（见图13-21）。

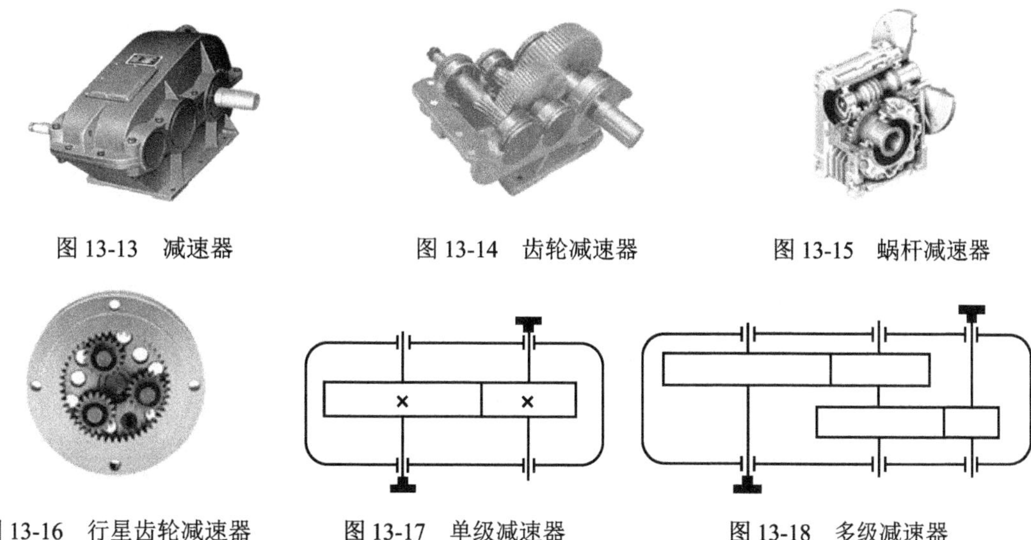

图13-13 减速器　图13-14 齿轮减速器　图13-15 蜗杆减速器

图13-16 行星齿轮减速器　图13-17 单级减速器　图13-18 多级减速器

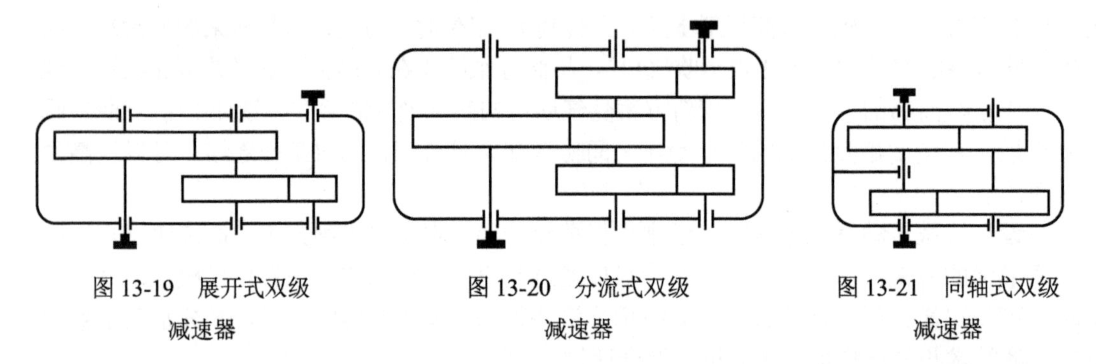

图 13-19　展开式双级减速器　　图 13-20　分流式双级减速器　　图 13-21　同轴式双级减速器

减速器已有标准系列产品，都由相应的代号表示。使用时只须结合所需传动功率、转速、传动比、工作条件和机器的总体布局等具体要求，从相关产品目录或有关手册中选择一种即可。只有在选择不到合适的产品时，才自行设计制造。

2. 减速器的基本结构

减速器主要由传动零件（齿轮或蜗杆）、轴、轴承、箱体及附件所组成，主要结构部件如图 13-22 所示。

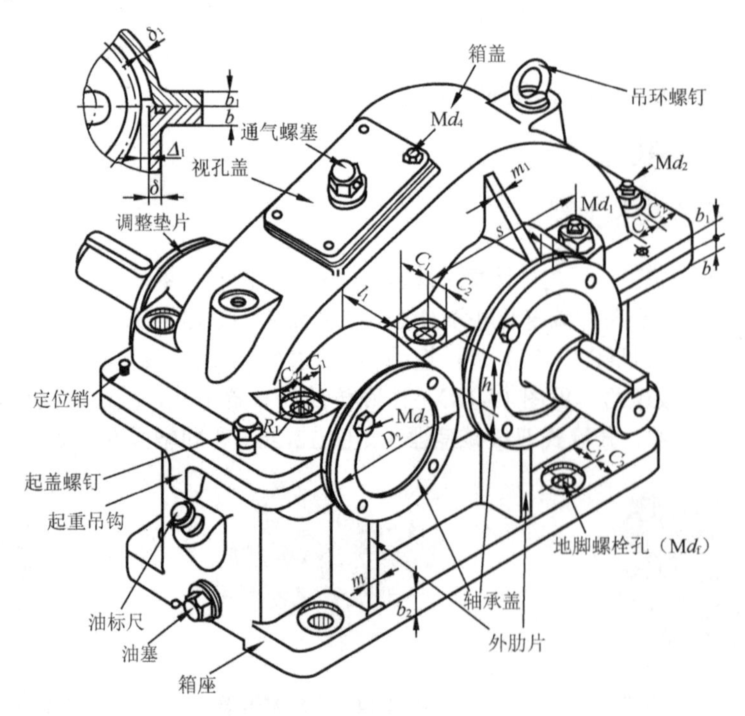

图 13-22　减速器主要结构部件

13.6.2　齿轮减速电动机

在一个普通电动机（单相或三相异步电动机）的输出轴前面，安装上一个齿轮减速器，就构成齿轮减速电动机。也就是把原动机和传动部分结合在一起形成一个整体，如图 13-23 所示。

图 13-23 齿轮减速电动机

齿轮减速电动机的应用非常广泛，属于机械设备不可或缺的动力设备，特别是在包装机械、印刷机械、瓦楞机械、彩盒机械、输送机械、食品机械、立体停车库设备、自动仓储、立体仓库、化工/纺织/染整设备上都少不了它。它广泛应用于钢铁行业、机械行业等，齿轮减速电动机在立体仓库运输线上的应用如图 13-24 所示，齿轮减速电动机在搅拌机中的应用如图 13-25 所示。齿轮减速电动机的作用是为这些机械设备提供相应的动力和速度，它的主要作用就是减速增扭（矩）。

齿轮减速电动机的特点如下。

（1）齿轮减速电动机是结合国际先进技术要求制造的，具有很高的科技含量。

（2）节省空间，可靠耐用，过载能力高，功率可达 95kW 以上。

（3）能耗低，性能优越，效率高达 95%以上。

（4）振动小，噪声低，节能高；齿轮选用优质锻钢材料制造，箱体材料为刚性铸铁，齿轮表面经过高频热处理。

（5）经过精密加工，确保定位精度。

（6）产品采用系列化、模块化的设计思想，有广泛的适应性；还采用较多的电机组合、安装位置和结构方案，可按实际需要选择任意转速和各种结构形式。

正因为以上特点，所以齿轮减速电动机在安装和维护方面有比较严格的要求。

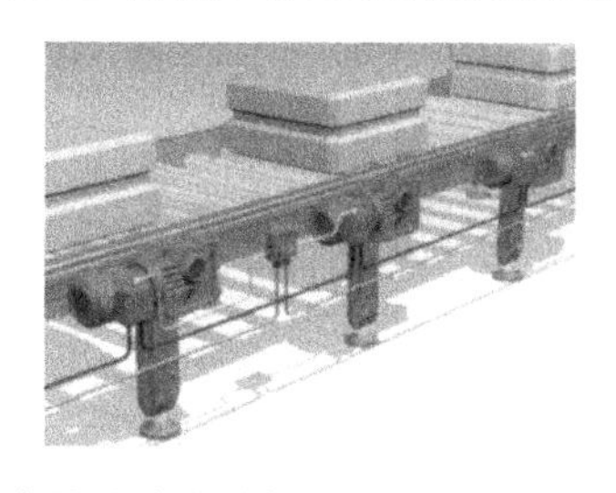

图 13-24 齿轮减速电动机在立体仓库运输线上的应用

图 13-25 齿轮减速电动机在搅拌机中的应用

13.6.3 减速器的发展趋势

进入 21 世纪以来，减速器技术有了很大的发展。通用减速器的发展趋势如下。

（1）高水平、高性能。圆柱齿轮普遍采用渗碳淬火、磨齿，承载能力提高 4 倍以上，体积小、质量小、噪声低、效率高、可靠性高。

（2）模块化组合设计。基本参数采用优先数，尺寸规格整齐，零件通用性和互换性强，产品系列容易扩充，利于组织批量生产和降低成本。

（3）形式多样化，变型设计多。摆脱了传统单一的底座安装方式，增添了悬挂式空心轴悬、浮动支承底座、电动机与减速器的一体式连接、多方位安装面等不同形式，扩大了使用范围。

13.7 装配图与零件图的表达示例

13.7.1 装配图的表达与示例

装配图是生产过程中重要的技术文件，它最能反映设计师的意图，并且可以表达机械或部件的工作原理、性能要求、零件之间的装配关系、零件的主要结构形状，以及在装配、检验时所需要的尺寸数据和技术要求。设计师在设计机器时，首先要绘制整个机器的装配图，然后拆画零件图。此外，在设计、装配、调整、检验和维修时都需要用到装配图。

在产品制造中，装配图是编制装配工艺规程、进行装配和检验的技术依据，即根据装配图把零件装配成合格的部件或机器。

在使用或维修机械设备时，也需要通过装配图了解机器的性能、结构、传动路线、工作原理、维护和使用方法。装配图直接反映设计师的技术思想，因此，装配图也是进行技术交流的重要技术文件。

装配图主要表达机器或零件各部分之间的相对位置、装配关系、连接方式和主要零件的结构形状等内容。

（1）必要的视图。用于正确、完整、清晰地表达装配体的工作原理、零件的结构形状及零件之间的装配关系。

（2）必要的尺寸。根据装配图的作用表明，在装配图中只须标准机器或部件的性能（规格）尺寸、装配尺寸、安装尺寸、整体外形尺寸等。

（3）技术要求。对用视图难于表达清楚的技术要求，通常采用文字和符号等补充说明，如机器或部件的加工、装配方法、检验要点、安装调试手段、表面油漆、包装运输等技术要求。技术要求应该工整地注写在视图的右方或下方。

（4）零部件的编号（序号）明细表和标题栏。为便于查找零件，对装配图中的每种零部件均应编一个序号，并将其零件名称图号、材料、数量等情况填写在明细表和标题栏的规定栏目中，同时填写好标题栏，以便管理图样。

13.7.2 零件图的表达与示例

零件图是表达单个零件形状、大小和特征的图样，也是在制造和检验机器零件时所用的图样，又称零件工作图。在生产过程中，需要根据零件图的技术要求进行生产准备、加工制造及检验。因此，它是指导零件生产的重要技术文件。

为了满足生产需要，一张完整的零件图应包括下列基本内容。

（1）一组视图。要综合运用视图、剖视、剖面及其他规定和简化画法，选择能把零件的内外结构形状表达清楚的一组视图。

（2）完整的尺寸。尺寸用于确定零件各部分的大小和位置。零件图上应标注加工完成和检验零件是否合格所需的全部尺寸。

（3）标题栏。说明零件的名称、材料、数量、日期、图的编号、比例，以及制图人员和审核人员的签字等。根据国家标准，标题栏有固定形式及尺寸，制图时应按标准绘制。

（4）技术要求。用一些规定的符号、数字、字母和文字注解，简明、准确地写出零件在使用、制造和检验时应达到的一些技术要求（包括表面粗糙度、尺寸公差、形状和位置公差、表面处理和材料处理等要求）。

在减速器轴的工作图（见图 10-12）中规定的符号和注解说明如下：

（1）两个 $\phi65_{-0.011}^{+0.035}$ 的轴颈与滚动轴承的内圈相配合，采用包容要求，以保证配合性质，按 GB/T 276—2013 规定，与滚动轴承配合的轴颈，为了保证装配后轴承的几何精度，在采用包容要求的前提下，又进一步提出了圆柱度公差 0.005 的要求；两个轴颈被安装滚动轴承后，将分别装配到相对应的箱体孔内。为了保证轴承外圈与箱体孔的配合性质，又规定这两个轴颈的径向跳动公差为 0.01mm。

（2）右侧 $\phi65$ mm 轴颈处的轴肩是轴承的止推面，起到一定的定位作用，参照 GB/T 275—2013，给出轴肩相对基准轴线 *AB* 的端面圆跳动公差 0.015mm。

（3）$\phi55_{-0.002}^{+0.021}$ 轴颈与轴上零件配合，有配合性质要求，也采用包容要求。

（4）为保证齿轮的正确啮合，对 $\phi55_{-0.002}^{+0.021}$ 轴颈上的键槽尺寸 $16_{-0.043}^{\ 0}$ 提出了对称度公差 0.08mm 的要求，其基准为键槽所在轴颈的轴线。

（5）同样道理，对 $\phi70_{-0.025}^{+0.035}$ 处的键槽也提出了相应的要求。

思考题与分析题

13-1　分析以下 3 个减速传动的布置方案是否合理，如有不合理之处，请指出并画出合理的布置方案。

（1）电动机—链传动—直齿圆柱齿轮—斜齿圆柱齿轮—执行机构。

（2）电动机—开式直齿轮—闭式直齿轮—带传动—执行机构。

（3）电动机—蜗杆传动—直齿锥齿轮—执行机构。

13-2　在图 13-27 所示的带式输送机的传动系统方案中，已知运输带的曳引力 F=2100N，运输带的速度 v=1.5m/s，卷筒直径 D=400mm，每天三班制工作，传动不逆转，载荷平稳，启动载荷是名义载荷的 1.25 倍，全部采用滚动轴承，传动机构的使用寿命为 5 年。要求：

（1）为该传动机构选取 Y 系列三相异步电动机。

（2）计算该传动机构的总传动比。

（3）初步确定各级传动比（运输带的速度允许误差为 ±5% ）。

（4）计算各轴的输入功率、转速和扭矩。

（5）计算带传动和齿轮传动的输入功率。

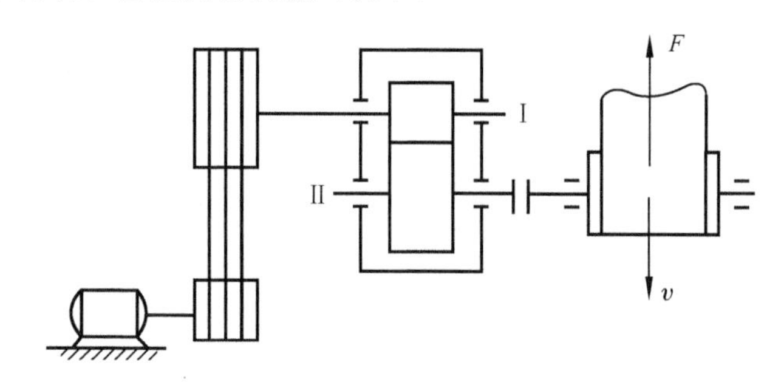

图 13-27　带式输送机的传动系统方案

13-3　试分析一个利用齿轮齿条的运动钻双孔装置的工作原理（见图 13-28）。可以同时在两个不同的方向对同一个零件的不同部位进行钻孔，并且能同时控制速度和进给深度。

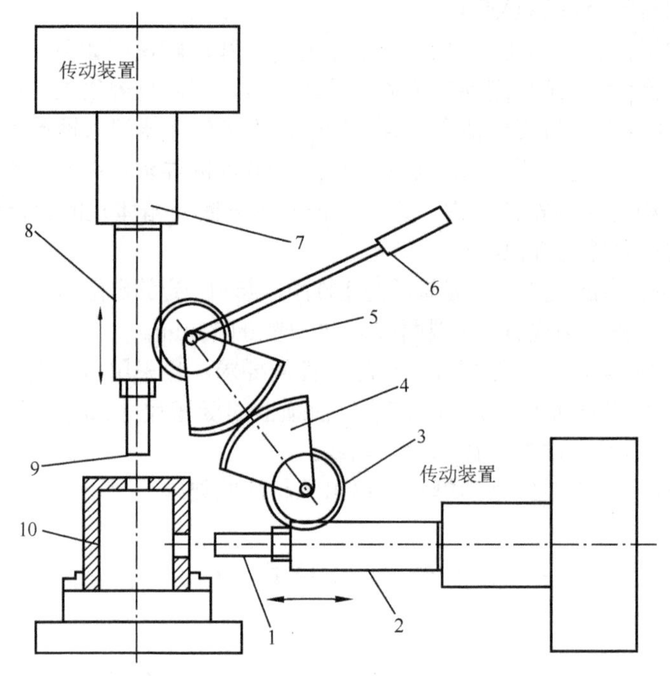

1, 9—钻头　2, 8—钻杆　3, 7—齿轮　4, 5—扇形齿轮　6—操作手柄　10—工件

图 13-28　运动钻双孔装置原理

提示：把钻头 1 和钻头 9、钻杆 2 和钻杆 8 分别做成齿条，齿轮 3 和齿轮 7 分别与其啮合。在操作手柄 6 的控制下，通过一对啮合的扇形齿轮（4 和 5）使两个齿条同时进给，钻出轴线相互呈 90° 的孔。

读者也可以试着设计能钻出轴线相互呈任意角度的孔。

13-4　对电动冲击钻的传动系统方案进行分析比较，选出你认为合适的一个方案。

电动冲击钻是一种常用的电动五金工具，主要用于坚硬而脆性较大的材料（如石材、水泥墙、瓷砖等）的钻孔。在工作中除钻削外，它还应承受一定的冲击力才能顺利地钻出孔。要求原动机为电动机。

实现电动冲击钻功能的传动系统方案很多，带动钻头旋转的方式主要由电动机通过齿轮传动系统完成，而实现钻头的冲击运动则有多种方式。下面仅对电动冲击钻的冲击机构的方案选择作简要分析和比较。

方案一：曲柄滑块冲击机构（见图 13-29）

本方案为实现钻孔和冲击功能，采用一个带套筒的齿轮 9、钻头 13，通过花键连接把它们安装在花键槽 12 内，使钻头 13 与齿轮 9 连成一体。电动机 1 转动，通过齿轮 6、齿轮 7、齿轮 8 带动齿轮 9 转动，使钻头 13 旋转进行钻孔。同时，由曲柄轮（此外相当于蜗轮）4、连杆 5 和撞头滑块 10 组成曲柄滑块冲击机构。电动机 1 输出的运动和动力经由齿轮 6、齿轮 2、蜗杆 3、蜗轮 4、连杆 5 传递给撞头滑块 10，撞头滑块 10 先撞击撞杆 11 再撞击钻头 13，实现冲击运动。钻头 13 受冲击时，可在花键槽 12 内移动。

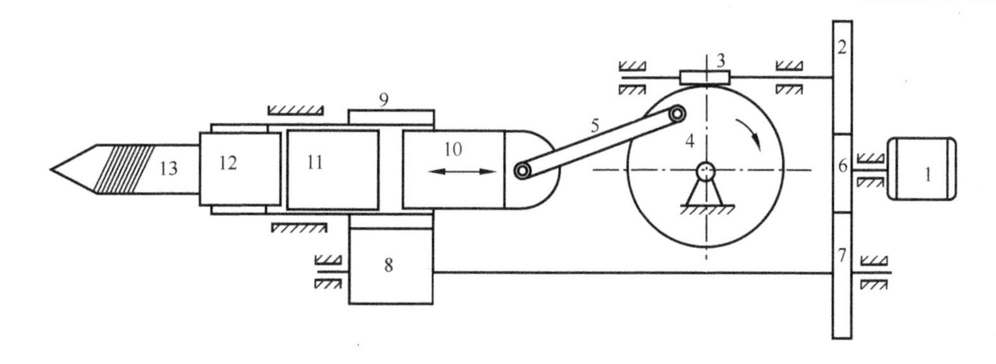

1—电动机　2, 6, 7, 8—齿轮　3—蜗杆　4—曲柄轮　5—连杆　9—套筒齿轮
10—撞头滑块　11—撞杆　12—花键槽　13—钻头

图 13-29　曲柄滑块冲击机构

该方案结构较为复杂，对安装精度要求较高。不然，会发生撞头滑块 10 在套筒内卡死的现象。同时，连杆 5 的连接销轴在冲击力较大时易折断。

方案二：偏心凸轮冲击机构（见图 13-30）

该方案采用偏心凸轮 5 作为冲击发生件，撞头 8 作为凸轮机构从动件。与方案一相同，该方案也是通过蜗轮 4、蜗杆 3 将电动机 1 的动力传递给与蜗轮 4 同轴的偏心凸轮 5。电动机 1 转动，凸轮机构工作，撞头 8 来回移动，撞击撞杆 12。撞头 8 与偏心凸轮 5 接触的顶部被做成半球状，以减少工作时的摩擦。弹簧 9 的作用是使撞头 8 在工作中与偏心凸轮 5 保持可靠的接触。该方案对安装精度要求不高，工作也比较安全可靠，但凸轮运动冲击较大，即非有效冲击较大，偏心凸轮轴销易损。

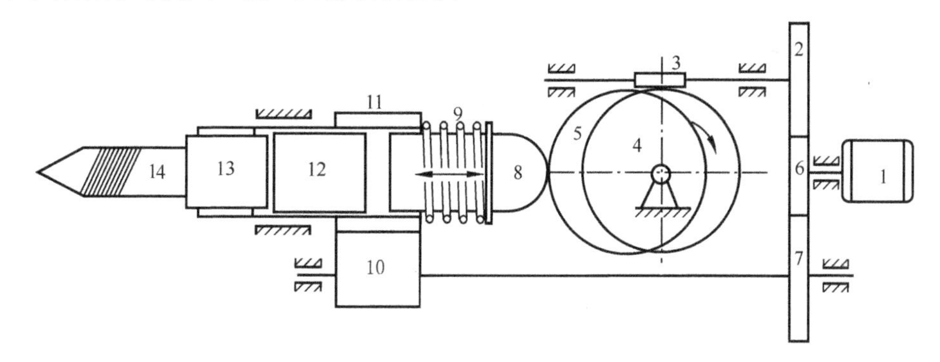

1—电动机　2, 6, 7, 10—齿轮　3—蜗杆　4—蜗轮　5—偏心凸轮　8—撞头
9—弹簧　11—套筒齿轮　12—撞杆　13—花键轴　14—钻头

图 13-30　偏心凸轮冲击机构

方案三：圆盘凸轮冲击机构（见图 13-31）

该方案将圆盘凸轮 6、从动杆 8（相当于撞头）组成圆盘凸轮冲击机构，这是一种变形的圆盘凸轮机构。

将圆盘凸轮 6 做成斜面圆柱状，从动杆 8 不直接与圆盘凸轮 6 接触，而是通过拨盘 5 拨动，使从动杆 8 作往复直线运动。电动机 1 通过一对啮合的齿轮 2 和齿轮 3（从动轮）直接将动力传递给与从动轮 3 同轴的圆盘凸轮 6 和套筒齿轮 9 的驱动齿轮 7，完成整个运动及动力传递。弹簧 4 的作用是在冲击机构工作中使拨盘 5 紧贴圆盘凸轮 6 的表面。该方案结构简单，可减弱凸轮机构易产生的硬性冲击，工作安全可靠。

方案三与前两个方案比较，省去了用于改变运动方向的蜗轮机构，简化了传动路线，结构紧凑且工作硬性冲击小，工作可靠。因此，可选用方案三。

绘制电动冲击钻的结构简图。图 13-32 是根据所选方案绘制出的电动冲击钻的结构简图，它清楚地反映了电动冲击钻的工作原理、各主要零件结构关系和装配关系及其基本轮廓。依据此结构简图，可进行零部件结构设计和外观造型设计。

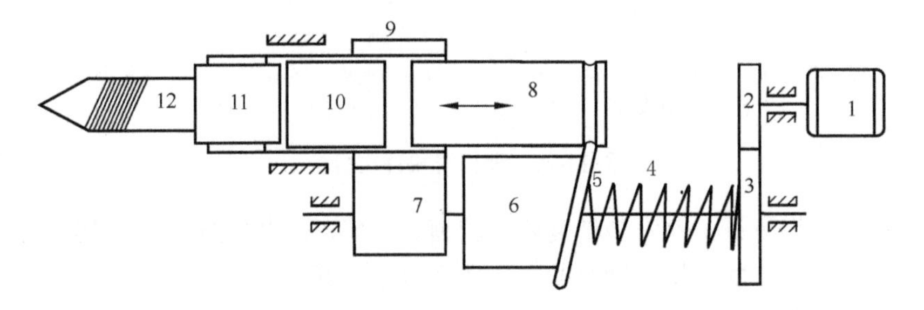

1—电动机　2, 3, 7—齿轮　4—弹簧　5—拨盘　6—圆盘凸轮　8—从动杆
9—套筒齿轮　10—撞杆　11—花键轴　12—钻头

图 13-31　圆盘凸轮冲击机构

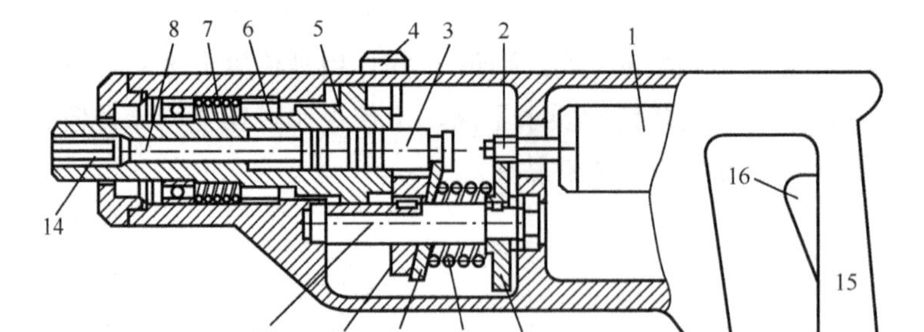

1—电动机　2, 9—齿轮　3—从动杆　4—冲击制动钮　5—滑块　6—套筒齿轮　7, 10—弹簧
8—撞头　11—拨盘　12—斜面凸轮　13—花键轴　14—花键槽　15—把手　16—开关

图 13-32　电动冲击钻的结构简图

请问：在上述分析的基础上，你能再设计出一个原理创新的电动冲击钻传动系统方案及其结构吗？

第 14 章　机械设计中的计算机辅助设计及实践

主要概念

计算机辅助设计、有限元分析、机械优化设计的三要素。

学习引导

计算机辅助设计广泛应用于企业，读者应该加强学习计算机辅助设计，了解其应用，提高自身设计技能，适应企业用人要求。

计算机辅助设计（Computer Aided Design，CAD）主要指设计人员借助计算机及图形设备开展相应的设计工作。随着现代化信息技术的发展，计算机软硬件的进步，计算机辅助设计技术逐步成为综合性应用技术，已成为设计人员不可缺少的工具。

14.1　计算机辅助设计简介

14.1.1　计算机辅助设计技术在机械设计中的应用

计算机辅助设计技术在机械设计中的应用主要体现在以下 6 个方面：

（1）二维绘图。这是计算机辅助设计技术在机械设计中最常见的应用方式，主要用于取代手工绘图。

（2）参数化设计。通常情况下，系列化机械零部件或依据一定标准制成的机械零部件在结构上具有一定的相似性，只需要根据实际情况对其尺寸进行相应的调整，借助参数化设计方法构建图形程序库。在将图像调出之后对其尺寸进行相应的调整，便可以获得一个新图形。

（3）图形及符号库。通过分解较为复杂的图形，获取一系列相对简单的图形或符号，并将其存放在图形及符号库中，根据实际需求进行调取。对其进行相应的编辑及调整之后，将其插入相应的图形中，为图形设计工作的开展创造了便利条件。

（4）工程分析。工程实践中，通常用到有限元分析、优化设计及动力学分析等。除此之外，特定的设计对象还有专属的工程分析，例如，在注塑模的设计过程中就需要进行流塑、冷却及变形等分析。

（5）三维造型。在设计机械零部件结构时，以实体造型为基础，并且采取诸如着色或消隐等一系列的后期处理措施，将物体的真实形状显示出来。此外，还可以对所设计的机械零部件结构进行装配或运动仿真，为确定该结构是否存在干扰因素提供便利。

（6）设计文档或生成报表。

14.1.2 计算机辅助设计技术的发展趋势

计算机辅助设计技术在今后一段时期将会朝着集成化、智能化、绿色化及网络化方向发展，系统的实用性及实际操作的便捷性也会相应得到提升。

设计、制造、生产和工程管理之间存在较为密切的关系，为促进工作效率的进一步提升，需要将计算机辅助设计、计算机辅助制造（Computer Aided Manufacturing，CAM）、计算机辅助工程（Computer Aided Engineering，CAE）有机结合，促进 CAD/CAM/CAE 一体化。

14.2 三维 CAD 软件在机械设计中的应用

目前，国际流行的三维 CAD 软件（多数包含 CAE 和 CAM 等模块）有数十种，它们的基本功能大体相同，但各有所长。企业在选择软件时，主要从企业当前的实际需求和近期的发展目标出发，以功能满足产品设计需求为原则，同时兼顾性价比、软件商的技术支持和售后服务等因素。目前，许多企业购置了 SolidWorks 软件，以此作为企业的产品开发平台。

SolidWorks 是一套基于 Windows 的 CAD/CAE/CAM/PDM（产品数据管理）桌面集成系统，已广泛应用于机械设计和机械制造各个行业，它主要包括机械零件设计、装配设计、动画和渲染、有限元高级分析技术和钣金制作等模块，功能强大，完全满足机械设计的需求。

基于 SolidWorks 蕴涵的现代设计思想和产品建模特点，有设计者建议将产品设计过程分为“功能设计、概念设计、结构设计、详细设计、出工程图”5 个阶段。下面以臂式斗轮取料机的设计为例，讨论理想的设计流程、各阶段的任务及人员职责。

（1）功能设计阶段的任务是根据用户的地理环境、输送需求，确定臂式斗轮取料机的结构形式及主要功能模块。

（2）概念设计阶段的任务是确定各个零部件之间的位置关系和运动关系，并且利用布局草图实现概念设计。这个阶段形成的布局草图是进行方案讨论和小组协同设计的基础。

概念设计由项目负责人完成，首先对产品进行模块划分、确定各个功能模块是采用标准模块，还是通过对已有的模块添加新配置进行变形设计，或者重新设计，然后采用布局草图确定各个功能模块之间的关系，重点是确定各个运动连接副的位置坐标或各个运动副之间的位置关系尺寸。

（3）结构设计阶段的主要任务有两个：其一是为运动仿真分析和结构有限元分析提供模型，凡是在分析中要忽略的细节（如小孔、倒角等）均不宜出现；其二是提供一个可以参加招投标的原理性设计方案，招投标中需要表达清楚的内容都要清楚地表达，而可以忽略的细节均省略。

结构设计一般由 6～10 人协同完成，每人负责 1～2 个功能模块的设计，每个功能模块作为一个独立的装配体。每个成员以总布局草图为基础进行派生设计，项目负责人根据总布局草图对各个功能模块进行总装配设计。

（4）结构设计的结果被传递给工业设计师，由他们进行产品的外观设计。结构设计的结果同时传递给仿真分析工程师，由他们进行运动仿真和结构强度分析。结构设计、工业设计、仿真分析三者之间不断地迭代，使产品的结构趋于完美。

（5）结构设计的结果被确定后再对其进行详细设计，详细设计阶段的任务是清楚地表达与产品加工和装配有关的每个细节，如零件模型中的倒角、螺钉孔、销钉孔，装配图中的紧固件、标准件等。最后，出工程图。

三维 CAD 软件的使用为设计创造了各种可能性。无论是用什么软件进行设计，对设计人员而言，就是追求无差错设计，提高设计质量和效率。无论什么项目，使用三维 CAD 软件都可以方便地实现小组协同设计。

14.3 基于二次开发的计算机辅助设计

如第 4 章所述，利用图解法设计连杆机构、凸轮机构等机构，可得到直观且清晰的几何关系。图解法简便易行，但图解法设计精度低，在应用中受到一定的限制。而利用解析法进行设计时，首先需要建立包含机构的各个尺寸参数和运动参数的解析关系式，然后根据已知的运动参数求解所需机构的尺寸参数。解析法的特点是机构的位置方程式相当复杂，计算求解过程较烦琐，直观性差，但精度较高。随着计算机技术的高速发展，利用计算机辅助设计技术进行机构设计的方法越来越广泛地应用于工程设计中。下面介绍一个计算机辅助设计例子，供读者参考。

【例 14-1】 滚子移动盘形凸轮机构的计算机辅助设计。

解： 设计步骤如下。

1）设计说明

本例的设计依据是参数化设计思想，目的是开发专业化的计算机辅助设计系统。具体过程如下：运用 AutoCAD 软件内嵌的 AutoLISP 程序设计语言和 DCI 对话框设计语言，基于解析法推导出的凸轮理论廓线方程，开发滚子移动盘形凸轮机构的计算机辅助设计系统，实现凸轮机构设计的完全自动化。

AutoLISP 程序设计语言是嵌入 AutoCAD 内部的一种编程语言，可直接调用 AutoCAD 命令，AutoLISP 程序设计语言具备一般高级程序设计语言的基本结构和功能，又具有一般高级程序设计语言所没有的强大图形功能，是当今 CAD 软件中被采用最广泛的程序设计语言之一。利用 AutoLISP 程序设计语言进行凸轮廓线的设计有两个优点：一是可以提高凸轮的设计精度；二是将解析法的设计结果在 AutoCAD 上绘制出来，为凸轮数控加工创造条件。

2）设计过程

（1）凸轮机构的设计计算和校验，即先根据工作要求选取初始值，再通过设计计算和校验确定最终的凸轮机构各项参数。

（2）绘制凸轮机构工程图。在设计计算工作正确进行的前提下，由设计者选定图纸幅面，系统自动完成所设计的凸轮机构零件图的绘制工作。

具体步骤如下：

（1）辅助设计系统的程序流程图。程序流程图是整个设计的关键，因为它反映程序设计的具体思路及程序运行的详细过程。在本例中的核心步骤如下：

① 通过设计计算和校验确定满足工作要求的凸轮基圆半径及滚子半径。

② 凸轮机构参数化绘图。其程序流程图如图 14-1 所示。

（2）程序运行过程。将所设计的AutoLISP程序和DCL程序存入某个根目录，在AutoCAD平台上加载AutoLISP程序，首先弹出的是“凸轮机构参数化设计”对话框，如图14-2所示。按照提示正确地输入凸轮转动中心*X*、*Y*坐标、基圆半径、滚子半径、推程运动角、回程运动角、远休止角、近休止角、偏距、升程等基本参数，然后单击“确定”按钮，弹出绘图“标题栏”对话框，如图14-3所示。在完成凸轮的设计计算和校验计算的前提下，开始设置标题栏相关内容。设置完毕，单击“确定”按钮，系统进入所设计凸轮的自动绘图阶段，最终绘制出凸轮轮廓，如图14-4所示。

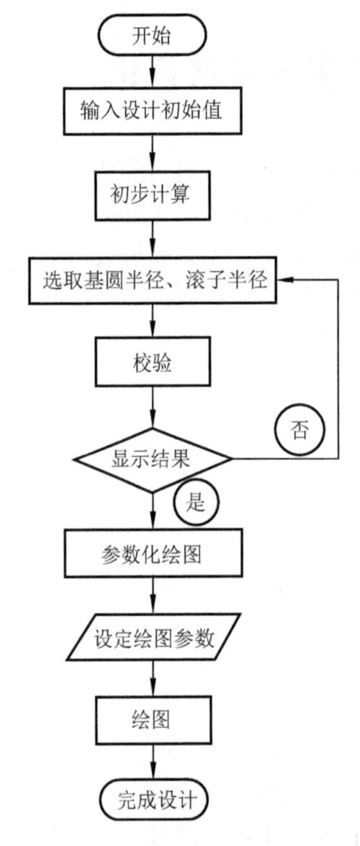

图14-1　程序流程图

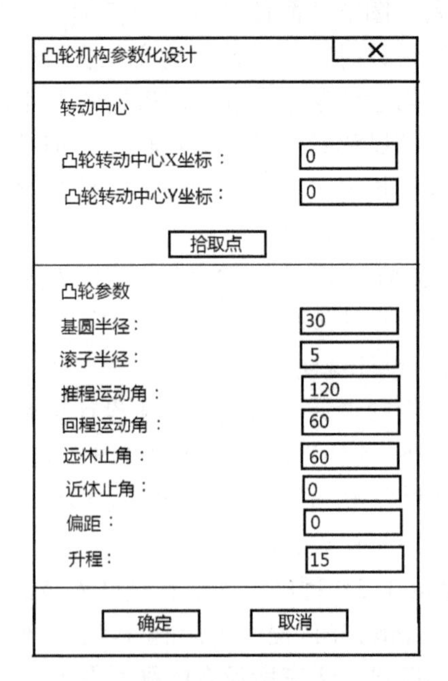

图14-2　“凸轮机构参数化设计”对话框

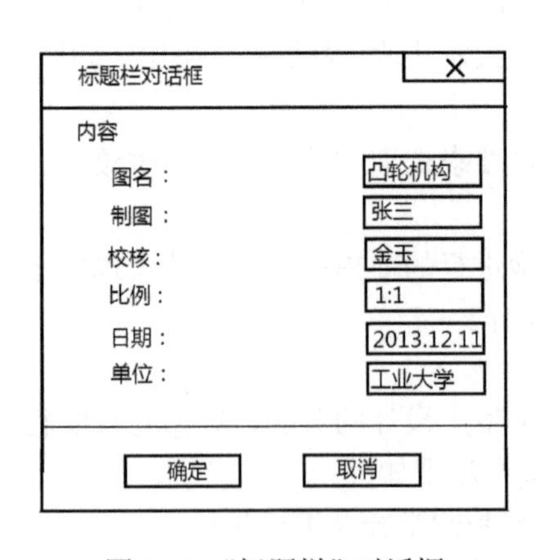

图14-3　“标题栏”对话框

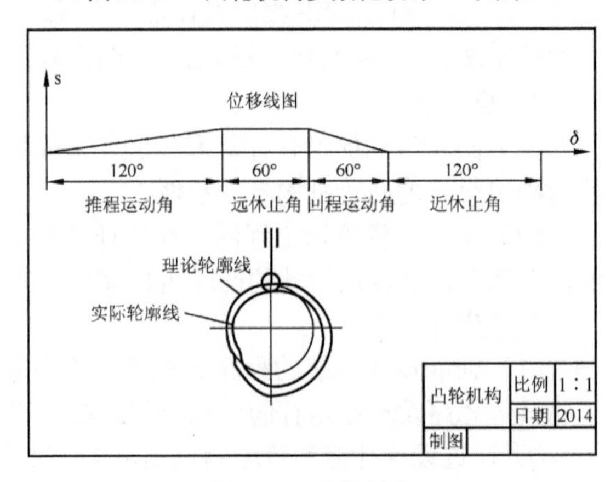

图14-4　凸轮轮廓

本例以模块化设计思想为指导，用 AutoLISP 程序设计语言和 DCI 对话框设计语言作为开发工具，对 AutoCAD 软件进行二次开发，开发出实用性强和操作简单的凸轮机构计算机辅助设计系统。该系统能够在输入凸轮机构相应参数的情况下，自动实现滚子移动盘形凸轮机构的设计计算、校验及绘图。这样既可缩短工程设计周期，又可达到提高设计工作质量和效率的目的。

14.4 有限元分析法在机械设计中的应用

14.4.1 有限元分析法简介

有限元分析（Finite Element Analysis，FEA）是指利用数学近似的方法，对真实物理系统（几何和载荷工况）进行模拟。它将求解域看成由许多称为有限元的互连子域组成，对每个单元假定一个合适的（较简单的）近似解，然后推导求解这个域总的满足条件（如结构的平衡条件），从而得到问题的解。由于大多数实际问题难以得到准确解，而有限元分析法不仅计算精度高，而且能适应各种复杂形状，因此它成为行之有效的工程分析手段。

有限元分析法最初应用于航空器的结构强度计算，随着计算机技术的快速发展和普及，现在的有限元分析法因其高效已广泛应用于几乎所有的科学技术领域。ANSYS 有限元分析软件是目前应用最广的计算机辅助分析软件，可以完成多种分析计算。

（1）结构静力学分析。结构静力学分析用来求解由外载荷引起的位移、应力和力。结构静力学分析很适合求解惯性和阻尼对结构的影响不太显著的问题。ANSYS 中的结构静力分析不仅可以进行线性分析，而且也可以进行非线性分析，如塑性、蠕变、膨胀、大变形、大应变及接触分析。

（2）结构动力学分析。结构动力学分析用来求解随时间变化的载荷对结构或部件的影响。与结构静力学分析不同，结构动力学分析要考虑随时间变化的力载荷，以及它对阻尼和惯性的影响。ANSYS 可进行的结构动力学分析类型包括瞬态动力学分析、模态分析、谐波响应分析及随机振动响应分析。

（3）结构非线性分析。结构非线性导致结构或部件的响应随外载荷不成比例变化。ANSYS 程序可用于求解静态和瞬态非线性问题，包括材料非线性、几何非线性和单元非线性三种。

14.4.2 基于 ANSYS Workbench 的仿真应用案例

ANSYS Workbench 界面由以下 6 部分组成：菜单栏、工具栏、工具箱（Toolbox）、工程项目窗口（Project Schematic）、信息窗口（Message）及进程窗口（Progress）。以结构静力学分析为例，其主要操作步骤包括构建几何模型、添加材料库、划分网格、施加载荷与约束、计算与结果后处理等步骤。

轴类件是机械结构中常用的零部件之一，与之配套的轴承支座也常出现在各类机构中。假设轴承支座承受 2000N 的载荷，该支座的材料为铝合金。在 ANSYS Workbench 的“Model（A4）”选项下，对“Geometry”和“Mesh”赋予材料属性并进行网格划分，如图 14-5 所示。

选择“Static Structural（A5）”选项，在 Environment（环境）工具栏中添加约束和载荷，如图 14-6 所示。

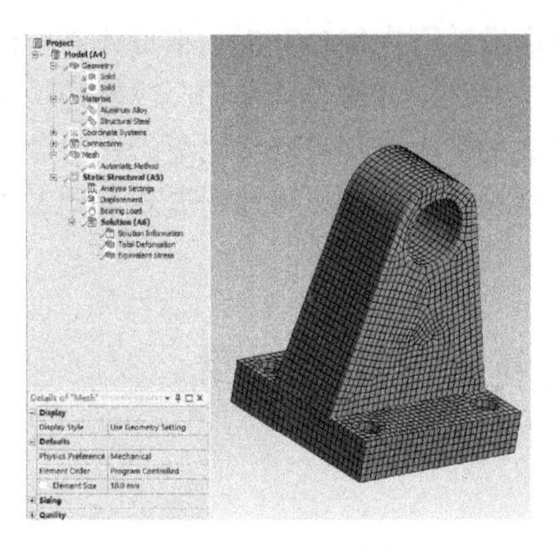

图 14-5　网格划分

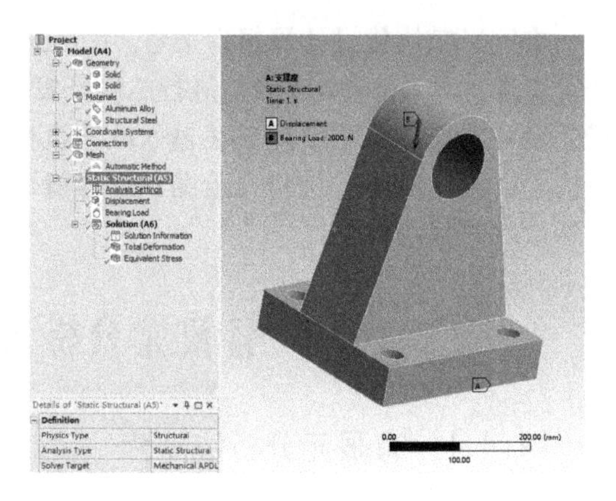

图 14-6　添加约束和载荷

选择“Solution（A6）”选项，进行求解并进行后处理，得到的应变云图与应力云图分别如图 14-7 和图 14-8 所示。

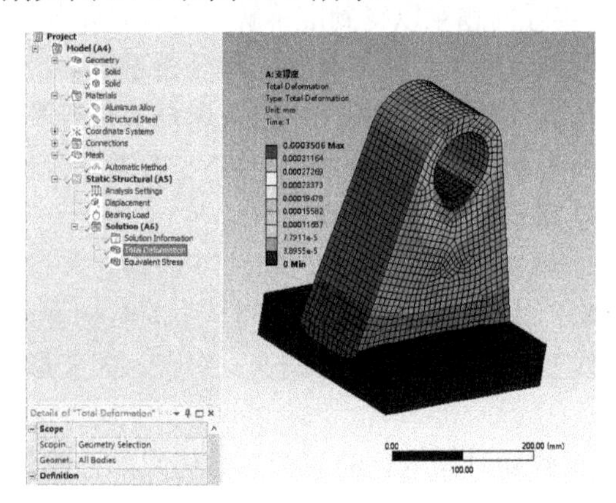

图 14-7　应变云图

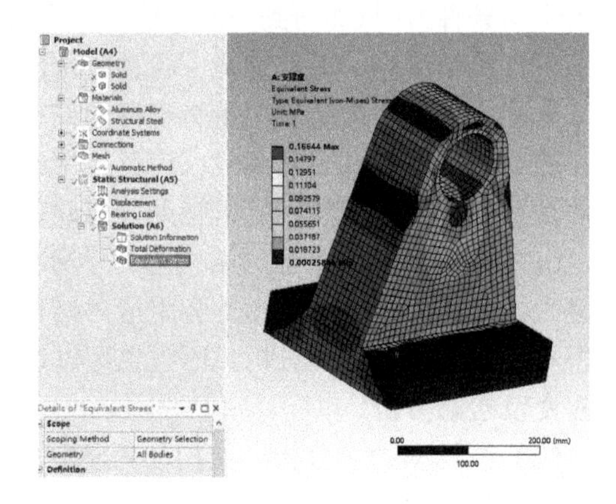

图 14-8　应力云图

14.5　机械优化设计简介

14.5.1　机械优化设计的概念与应用

一种机械产品从初始设计方案到试制成功，必须经过一个优化设计过程。随着科学技术的发展，新材料、新工艺、新技术的不断出现，机械产品的更新换代周期也日益缩短，这就不断要求加快设计过程，缩短设计周期。同时，机械产品设计中通常存在很多不同的潜在设计方案，而设计的完善与否，对机械产品的力学性能、使用价值、制造成本都有决定性的影响，进而也影响到使用机械产品的各个部门的工作质量和经济效果。因此，需要结合机械产品需求在这些潜在设计方案中找出最符合设计目标的方案。随着机械产品的设计工作变得越来越复杂，设计过程中要考虑的因素也更加多样化，精确性和科学性都与传统机械设计有巨大差别，以“经验判断”和“试错”为主的传统设计方法在设计效率、设计方案的完善程度等方面已很难满足要求。在这样的背景下，现代优化设计理论与方法在机械设计中的应用逐渐引起了人们的关注。

现代优化设计是指从一定的设计目标出发，综合考虑多方面的约束条件，主动从众多的可行性设计方案中寻找一种具有最佳性能的设计方案。与传统设计方法不同，现代优化设计方法以数学分析为基础，结合待求解的问题涉及的学科背景知识和计算机技术，以便设计人员从众多的可行性设计方案中找出尽可能好的设计方案。机械优化设计是现代优化设计理论方法在机械工程领域的应用，其概念范畴十分广阔，体现在机械工程领域的方方面面。例如，加工工艺参数优化问题、生产资源的调度配置问题、机器人路径规划问题、机械结构的轻量化设计问题、控制器的参数整定问题、生产管理决策问题等，都属于机械优化设计的范畴。实践证明，机械优化设计是保证产品具有所需的性能、减小自重或体积、降低产品成本的一种有效设计方法。同时也可使设计人员从大量烦琐和重复的计算工作中解脱出来，以更多的精力从事创造性的设计，大大提高设计效率。

在机械设计中，机械优化设计主要应用于以下 3 个方面：

（1）零部件的结构参数和几何形状的优化设计，以满足其力学性能和经济指标。

（2）机构或零部件之间的相互关系的优化设计，以满足一定的运动学和动力学性能指标。

（3）整机的综合性能指标的优化设计，以满足生产实践对装备提出的技术与经济的要求。

14.5.2 机械优化设计的一般过程

从流程及内容的角度考虑，机械优化设计主要包括建立数学模型、选择优化方法、控制计算过程、分析和整理计算结果 4 个方面。其实质是在一些等式和不等式约束条件下，求解设计方案参数的最优值。机械优化设计的一般过程如图 14-9 所示。

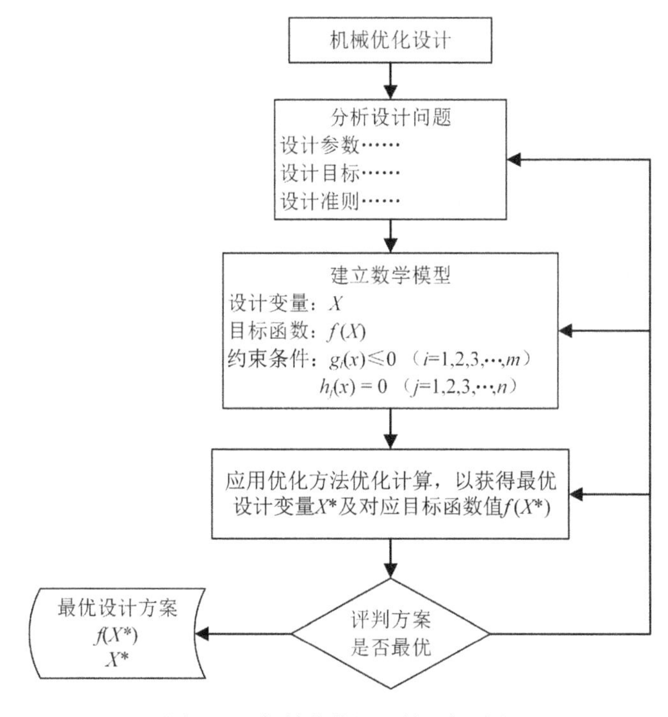

图 14-9 机械优化设计的一般过程

在机械优化设计过程中，最重要的是建立数学模型，也就是如何把工程实际问题变成科学的、完整的数学模型，这是优化设计成败的关键。数学模型建立得好，可以说优化设计问题已解决了一半，剩下的工作是选用什么最优方法程序求解及进行结果分析。建立什么样的数学模型，取决于所研制的产品和设计要求。在建模的过程中，要求设计人员对产品设计任务涉及的机械工程学科方面的知识都有深入透彻的理解。

与其他优化设计问题类似，机械优化设计问题的数学模型也包括设计变量、目标函数、约束条件三要素。设计变量是指存在于系统中并可以影响系统指标的一些变量，通常它们为一些几何参数或物理量参数；目标函数是指描述优化目标和设计变量之间关系的函数，在优化设计过程中用来比较不同设计方案的优劣；约束条件通常为设计变量的等式函数或不等式函数，即在优化设计过程中必须对设计变量施加的一些限制。

14.5.3 机械优化设计的发展趋势

机械优化设计是理论与实践并重的一类重要设计方法。在发展过程中，它的内涵也在不断地丰富。从目前来看，机械优化设计的主要发展趋势如下：

（1）随着数学理论方法和计算机技术的发展，机械优化设计的研究和应用的深度与广度越来越明显。

（2）优化设计与计算机辅助设计（CAD）、计算机辅助分析（CAA）、计算机辅助工程（CAE）、虚拟设计（VD）、绿色设计（Green Design）、可靠性设计（Reliability Design）等技术的结合越来越紧密。

（3）非数值优化方法将成为机械优化设计研究的主要方向，高度并行、分布式的算法将成为主要流趋势。

参考文献

[1] 杨可桢. 机械设计基础[M]. 7 版. 北京：高等教育出版社，2020.

[2] 王毅，程强. 机械设计基础[M]. 北京：电子工业出版社，2015.

[3] 高敏，张成忠. 工业设计工程基础 II[M]. 北京：高等教育出版社，2004.

[4] 蒋秀珍. 精密机械结构设计[M]. 北京：清华大学出版社，2011.

[5] 姜学东. 机械设计基础[M]. 西安：西安交通大学出版社，2013.

[6] 乔峰丽，郑江. 机械设计基础[M]. 北京：电子工业出版社，2011.

[7] 孙桓. 机械原理[M]. 8 版. 北京：高等教育出版社，2013.

[8] 陈国定，陈晓南，官德娟，等. 机械设计基础[M]. 北京：机械工业出版社，2007.

[9] 陈秀宁，等. 机械设计基础[M]. 4 版. 杭州：浙江大学出版社，2017.

[10] 范顺成，等. 机械设计基础[M]. 5 版. 北京：机械工业出版社，2017.

[11] 胡家秀，等. 机械设计基础[M]. 3 版. 北京：机械工业出版社，2017.

[12] 吴宗泽，罗圣国. 机械设计课程设计手册[M]. 北京：高等教育出版社，2018.

[13] 杨家军，张卫国. 机械设计基础[M]. 2 版. 武汉：华中科技大学出版社，2018.

[14] 侯书林，尹丽娟. 机械设计基础[M]. 北京：中国农业大学出版社，2013.

[15] 李文荣. 机械设计基础[M]. 北京：化学工业出版社，2011.

[16] 李建平. 机械设计基础[M]. 北京：北京理工大学出版，2010.

[17] 陈晓南，杨培林. 机械设计基础[M]. 3 版. 北京：科学出版社，2018.

[18] 吴立言. 机械设计教程[M]. 2 版. 西安：西北工业大学出版社，2012.

[19] 王建民. 机械设计基础[M]. 北京：中国电力出版社，2005.

[20] 康凤华，张磊. 机械设计基础教程[M]. 北京：冶金工业出版社，2011.

[21] 唐林. 机械设计基础[M]. 2 版. 北京：清华大学出版社，2013.

[22] 郑兰霞，连萌. 机械设计基础[M]. 北京：中国水利水电出版社，2013.

[23] 朱玉. 机械设计基础[M]. 北京：北京大学出版社，2013.

[24] 张策. 机械原理与机械设计[M]. 3 版. 北京：机械工业出版社，2019.

[25] 郭卫东. 机械原理[M]. 2 版. 北京：科学出版社，2013.

[26] 濮良贵，陈国定，吴立言. 机械设计[M]. 10 版. 北京：高等教育出版社，2019.

[27] 魏兵，杨文堤. 机械设计基础[M]. 武汉：华中科技大学出版社，2011.

[28] 陈云飞. 机械设计基础[M]. 北京：高等教育出版社，2017.

[29] 陶平. 机械设计基础[M]. 2 版. 武汉：华中科技大学出版社，2021.

[30] 喻全余，李作全. 机械设计基础[M]. 武汉：华中科技大学出版社，2013.

[31] 孟玲琴，王志伟. 机械设计基础[M]. 4 版. 北京：北京理工大学出版社，2017.

[32] 刘平. 机械制造技术[M]. 北京：机械工业出版社，2011.

[33] 王运炎，朱莉. 机械工程材料[M]. 3 版. 北京：机械工业出版社，2009.

[34] 郑修本. 机械制造工艺学[M]. 3 版. 北京：机械工业出版社，2019.